主要农作物根区精准定位施肥技术

双柏县农业农村局　组织编写

李洪文　周晓波　李春莲　等　主　编

中国农业出版社
北　京

内容简介
NEIRONG JIANJIE

全书共分八章。第一章回顾了国内外种植业施肥技术演进简史,化肥在种植业生产中的作用,收录了世界30多个国家(地区)近现代以来和中华民国以来中国化学肥料生产施用的情况,探讨了今后农作物施肥技术及其施肥方式的发展趋势、发展方向。第二章简述了植物根的类型及其耕层分布特征,土壤养分随土壤水迁移、扩散的规律与农作物施肥的关系,养分的吸收及其在植物体内运输方式;为在生产实践中通过改善作物根系物理生存空间和养分空间分布以调优作物根系构型,实现增产增效提供理论依据。第三章至第七章分别分析了7种主要粮食作物、5种经济作物、11种蔬菜、4种葱蒜类蔬菜、2种中药材的根及其根系耕层土壤分布规律,基于农作物对养分的需求特性,以及生育期尺度和土壤剖面立体空间尺度提出了根区精准定位施肥技术。第八章附录。第一节摘录了双柏县1951—2020年化肥施用量与主要农作物播种面积、产量情况;分别统计分析了双柏县1951—2020年主要粮食农作物、主要经济作物、主要水果氮磷钾养分带出农田(地)情况。摘录了作物形成100千克经济产量需要的主要养分量;摘录了主要作物适宜的土壤pH;植物养分氮、磷、钾元素与氧化物之间的换算及其换算系数;无土栽培部分植物营养液配方。第二节摘录了世界和部分国家(地区)1978—2015年耕地面积、1990—2016年主要作物收获面积;第三节摘录了主编以第一作者完成的部分学术论文和向上级有关部门提交的部分报告。

全书资料翔实,内容丰富,观点明确,力求理论与实践相融合,集理论与实践性、实用性为一体。作物根系在土壤中的分布规律和作物需肥特点等学术基础研究结果,可为智能远程可视化一键操作管控施肥,实现"靶向"精准施肥提供参考。可供农林院校相关专业的师生、农业农村工作管理干部阅读和参考。可作为农业科技人员、科技特派员下乡开展实用技能培训、职业农民培训的参考教材。

编　委　会

种植业发展的历史证明，施肥是提高农作物产量的重要手段（陈欢，曹承富等，2014；陈磊，郝明德等，2006），施肥在增加粮食、果菜生产和确保城乡居民生活对粮食等主要农产品的需求中发挥了不可替代的支撑作用（李书田，金继运等，2011），并且随着高产耐肥品种的推广，对化肥的依赖性将会进一步增大（王伟妮，鲁剑巍等，2010；闫湘，金继运等，2008）。长期以来，我国农作物产量的增加在很大程度上取决于化学肥料的施用和灌溉等条件的改善、增加。施肥尤其是科学合理施用化肥是农作物持续增产的关键因素（朱兆良，金继运等，2013）。众所周知，根系是作物吸收水分和养分的重要器官，科学合理施肥，要在了解和掌握肥料的特性及其在土壤中的迁移、扩散规律、作物需肥特点以及根系在土壤中的分布、生长以及吸收水肥特点的基础上才能实现。

在农作物生长发育过程中，根系的根尖、根毛通过穿插伸展于土壤微粒胶体之间的缝隙以吸收其根际微区域内的水分和溶解于水中的养分离子。施入土壤的氮磷钾等养分在水和微生物、矿物质等的作用下，分解为水溶性有效养分形态和作物难利用的养分形态，施入土壤的肥料会在施肥点周围形成一个高浓度养分区域，水溶性养分在重力和溶液浓度梯度差的作用下，向垂直方向和水平方向迁移、扩散（王小龙，2001；张晓雪，2012）。但氮磷钾有效养分的迁移与扩散各有所不同。其中，氮转化为铵态氮和硝态氮，他们在土壤中的迁移、扩散情况也有较大差异，硝态氮不易被土壤颗粒和土壤胶体吸附，随降雨与灌溉水量的增加，易遭受雨水或灌溉水的淋洗而迅速迁移与扩散、渗漏；而铵态氮则相对较慢，在土壤中被吸附、固定和挥发损失（黄绍敏等，2000；李宗新等，2008）。当降雨量为 0 毫米时氮素迁移、扩散到 4 厘米，降雨量 15 毫米、30 毫米、45 毫米时迁移、扩散到 6 厘米，降雨量 60 毫米时迁移、扩散到 8 厘米，氮素的迁移、扩散主要以硝态氮为主（郭颖，王俊等，2009；张晓雪，2012）。磷的迁移与扩散程度随着降雨量或浇水量的增加而增大，但是由于土壤固磷量大，且固定过程迅速，模拟降雨量 60 毫米及其以下时磷迁移、扩散程度较小，且磷素整体移动的距离较小。速效磷的迁移、扩散规律为60毫米、45毫米＞30毫米＞15毫米＞0毫米，而且在0毫米、15毫米、30毫米降雨量时可迁移、扩散到4厘米，45毫米、60毫米降雨量时迁移、扩散到6厘米（吕家珑等，1999；张晓雪，2012）。速效钾的迁移与扩散也随降雨量或土壤含水量的增加而显著提高，在0毫米降雨量时速效钾没有发生迁移、扩散，15毫米、30毫米降雨量时迁移、扩散到6厘米，45毫米、60毫米降雨量时扩散到8厘米（徐进等，1989；张晓雪，2012）。

　　在作物生长期内，存在于土壤离子库中的养分，要迁移、扩散到根土界面，移动到达根表，或者根系自身伸展到达养分所在部位、点位时被根系截获，才能被植物根系吸收利用。例如，植物根系一般仅能吸收距根表面1～4毫米根际土壤中的磷，"毛刷状"根毛能够高效获取土壤磷，并且增加根毛在土壤中的密度（李庆逵，1986；王树起等，2010；苏德纯，1995；严小龙，2000；蒙好生，冯娇银等2017）。因此，耕层土壤剖面的水平方向上，施肥点位置距离农作物根区太远，垂直方向上太深则易淋失，根毛、根尖难以够着；施肥点位在根区内距离根茎太近，则会促使根系群体过度聚集于相对较小的物理生存空间，根系伸展与吸收养分、水分的土壤物理空间较小，根系在土壤中的分布过密，一定程度上影响着根系功能的有效发挥，养分利用不充分；根系在土壤中的分布稀疏，养分迁移、扩散到根土界面的概率相对较小，养分被根系利用也不充分。若施肥过量或水肥配比不合理，根区土壤中的肥料养分浓度较大，会出现烧根、烧苗等现象；施肥时间过迟，根毛吸收水分、养分的功能开始衰退，将会错过根毛吸收水分、养分的最佳功能期时段，肥料利用率降低；施肥时间过早，肥料在土壤中滞留时间过长，部分有效养分形态难免会受到诸多因素的影响而转化成植物难吸收利用的形态，或随水淋失成为面源污染源而造成损失，与此同时，过早施肥，农作物根区的根毛群体量小，养分吸收量也相对较少。从全生育期的需肥规律来说，过早追肥，该时间段短暂过剩的有效养分易随水向下迁移、扩散而渗漏淋失，其肥效难以达到峰值，即，土壤养分的化学有效性、空间有效性、根际养分有效性受到较大影响。由此可见，在作物栽培及施肥作业管理过程中，通过施肥位置精准、氮磷钾养分配方精准、施肥数量精准、施肥时间精准，根据农作物根系的耕层分布及其生长特点精准定位施肥，改善作物根系物理生存空间和养分空间分布以调优作物根系构型，才能进一步提高肥效，提高肥料利用率。总之，施用的肥料所补充的氮磷钾等各种养分在数量上要非常接近作物全生育期需从土壤中摄取的养分累计量，实现当季施加的肥料和来自土壤的养分数量与作物对养分的需求在数量上匹配、时间上同步，使作物根系物理生存空间和养分供需时空分布上耦合，这样既可减少因过量施肥造成的环境污染和农产品质量下降，又可降低生产成本，减少农业面源污染源。

民以食为天，食以土为本。土壤是人类赖以生存和可持续绿色发展的基础，健康的生命需要健康的土壤和良好的环境来哺育。滥用化肥或过量施用化肥，使耕地土壤处于养分过剩、亚健康状态，土壤环境及其微生物群落结构以及土壤团粒结构遭到破坏，造成土壤板结，南方土壤酸化、北方土壤盐碱化进程加快，由此造成水肥利用率低，作物抗逆性变差，增加了农产品质量下降、农业面源污染、人类健康生存环境恶化风险。本书力图通过对植物需肥规律、根系耕层分布特点及其吸收水肥特点的了解基础上实现科学合理施肥提供指引，为提高耕地质量、培育健康土壤、降低农业面源污染、防范农产品质量下降和人类健康生存环境恶化风险，建立土壤质量提升与养分增效理论和技术体系提供技术支持。

本书的目的意义在于，人口持续增长，城市在持续扩张，气候在持续变化的大背景下，我们迫切需要共同努力，通过推广作物根区精准定位精确施肥技术，保护好生态环境较为脆弱、人类福祉的重要贡献者——土壤，以守护土地、珍爱土壤。为培育健康土壤，关爱植物，使其在绿色生态环境下生长，生产出健康的食物，满足人类不断增长的健康的食物和人类健康的需求提供支撑。

本书中的有机肥专指利用人、畜禽粪尿、动植物残体等含有机质的副产品为原料，农户堆捂自制的肥料，也叫农家肥。天然有机肥，是指林间林下腐殖土及其枯枝落叶、绿树叶和河滩、坝塘、房前屋后阴沟等的淤泥等可直接施用的肥料。商品有机肥是指农业农村行政主管部门登记备案，工业化生产的有机肥料。

随着植物营养分子生物学、土壤分子生态学、农作物及其根系特性、土壤养分保蓄供应规律、新型肥料等的研究不断深入，肥料生产技术的发展，作物施肥理念将会有所变化，本书中的部分观点将作为施肥历史记录。

《主要农作物根区精准定位施肥技术》是编者在总结从事农作物生产技术以来的工作经验的基础上，参考国内外同行学者的研究成果，结合生产实际潜心研究的成果，系统介绍了农作物施肥历史概况，农作物根区精准定位施肥技术等。

吕宝、杨春芳等双柏县农业农村局主要领导审阅了本书内容。由于编者水平有限，难免存在错误和纰漏与不足之处，敬请读者批评指正。

本书的出版，得到"云南省三区人才项目和科技特派员项目"和云南牧梦家我家农业科技有限公司的资助。在本书的编写过程中，得到了省、州、县同行学者和相关领导的指导、帮助，书内插图由双柏诚艺广告有限公司绘制，在此一并致谢。

李洪文

2023 年 7 月

目 录

CONTENTS

第一章

种植业施肥技术演变史概况

纵观人类社会发展的历程，经历了原始社会的原始采集、渔猎时代，到游耕农业、定耕农业时代，然后经历了工业时代、现代工业时代，再到现在的信息时代。其中，人类处于旧石器时期的采集、渔猎时代的历史，有两三百万年之久，进入新石器时期游耕及其刀耕火种的农业时代的历史至今不过一万年左右。在采集、渔猎时代，人类的食物都来自大自然的恩赐。从野食充饥逐步过渡到游耕种植，再到定耕农业是人类生活史上的飞跃。公元 500—1450 年的游耕撂荒、休闲、轮歇（轮作）耕作制，利用土壤的自然肥力，形成了自然肥力条件下的耕作制度、自然肥力耕作体系；到 18 世纪末的畜牧农业体系初步形成，进入到人为肥力阶段；到 20 世纪上半叶化肥、农药的农业体系，基本满足了人类社会对粮食等主要农产品的需求。

施肥制的历史演进与耕作制一样，经历了漫长的由利用自然肥力来种植农作物，到人为肥力养地的渐变演进过程。英国等欧洲国家到 13 世纪，实行三圃制，也叫三区轮作制（休闲地、春播地、秋冬播地），农田普遍不施肥，这种情况到 18 世纪仍没有多少改变。

施肥是培养地力，提高农作物产量的重要手段，它不仅为作物提供养分，还能改良土壤，提高土壤肥力。在农田生态系统中，作物与土壤间存在着营养元素的吸收、存留、输出和归还（根茬残留）的关系，施肥可以增加物质对农田的输入量，以达到增加从农田输出的农产品数量。但肥料的输入量是与一定的社会经济条件相联系的，因此是随着社会的发展而变化的。

第一节 国外种植业施肥技术演变史概况

一、土壤肥力与有机肥的施用

据金继运、刘荣乐等翻译的《土壤肥力与肥料》记载，尼罗河流域的古埃及和底格里斯河、幼发拉底河两河流域之间的美索不达米亚地区，即现在的伊拉克一带苏美尔人（公元前 6000—公元前 2000 年）聚居地，是可以追溯的人类从事农业生产并施用肥料，世界上有据可考的最早文明地区之一。据考证，在公元前 3500 年左右时，在狩猎的同时就已经有了比较发达的农业，但是当时由于幼发拉底河和底格里斯河上游的降雨量大，汛期长，洪水的泛滥，严重影响了农业生产的发展。公元前 4000—公元前 2000 年期间，由于几次洪水的泛滥，富含养分的河流冲积物覆盖了两河流域平原及其农田。公元前 3000 年中期，阿卡德帝国（公元前 2334 年—公元前 2193 年）建立之后，那里的人们就开始引渠灌溉，疏导洪水灌溉良田，利用富含养分的河水来灌溉农田，靠富含养分的河流冲积物补充地力。洪水给古巴比伦王国（公元前 3500 年左右—公元前 729 年）带来了威胁，同时也带来了沃土，使两河流域（底格里斯河和幼发拉底河）之间的美索不达米亚，即现在的伊拉克的农业生产得以繁荣和发展。公元前 2500 年前就有土地肥力的文字记载了，记载说大麦籽粒（种子）的收获量是播种量的 86～300 倍。公元前 4000 年—公元前 2250 年是两河文明的鼎盛时期，《旧约全书》称其为"希纳国"（Land of Shinar）。两河沿岸因河水泛滥而积淀成肥沃土壤，史称"肥沃的新月地带"。

大约 2000 年之后，希腊历史学家希罗多德（Herodo tus，约公元前 480 年—约公元前 425 年）报道了他在美索不达米亚地区旅行时，看到当地居民获得惊人的粮食产量，如此之高的产量是当时发展了完善的灌溉系统和提高了土壤肥力的结果，这要归功于每年的洪水泛滥。还有希腊哲学家、科学家狄奥夫拉斯塔（Theophrastus，公元前 372—公元前 287 年）提到底格里斯肥沃的冲积层，并提出把洪水尽可能长久地留在田间以沉淀更多的淤泥。后来人们逐渐认识到，在同一块土地上连续种植一种作物，不能获得好收成，施用植物和动物腐殖质可以恢复土壤肥力的措施可能就是源于这些经验。但具体什么时代开始应用土壤施肥就没有记载了。主动施用有机肥为作物供应养分最早的记录始于古希腊时期（公元前 800 年—公元前 146 年），世界著名诗人荷马（Oμηρos/Homer，公元前 900—公元前 800 年）所著的希腊史诗《奥德赛》（The Odyssey）中提到，奥德修斯（Odysseus）的父亲为葡萄园施肥，当奥德修斯阔别 20 年后回家时他那忠实的猎犬阿格斯（Argos）爬在一个粪堆上，诗中提到的粪堆可能是他父亲有意收集起来的。从这个描述可以证明希腊农业措施中的施肥早于公元前 900 年。

狄奥夫拉斯塔（Theophrastus，公元前 372—公元前 287 年）建议为瘦地施足肥料，肥地只施少量肥料。他还倡导一项到现在都在使用的良好措施，在畜禽圈舍中垫草，可以保存畜禽尿液，使之粪肥中的腐殖质增多。

希腊雅典城周围的菜地和橄榄林因为使用城市污水而变肥，这是古人应用有粪肥的城市污水作为肥料的最早记载。狄奥夫拉斯塔将粪肥按养分富集程度（肥效高低）、肥料应用价值递减的顺序排列为：人粪、猪粪、山羊粪、绵羊粪、母牛粪、公牛粪和马粪。之后，早期罗马农业作家瓦罗（Marcus Terentius Varro，公元前 116 年—公元前 27 年），于公元前 27 年也列出了一个相近似的顺序，只是将鸟粪和禽粪划分为比人粪更高的等级（金继运，刘荣乐等，1998）。罗马农业作家哥伦梅拉（Columella）于公元 1 世纪时建议给牛饲喂蜗牛苜蓿（又叫盾状苜蓿），因为他觉得这会使牛粪更肥。古希腊诗人阿克洛克斯（Archilochus）在约公元前 700 年观察到动物尸体有促进作物生长的效果。《旧约全书》（Old Testament）《申命记》中有"应将动物血浇在土地里"的记载。随着年代的推进，人们逐渐认识到将动物尸体、植物体埋入地里面可以提高肥力。

绿肥作物应用方面。狄奥夫拉斯塔（Theophrastus）观察到色萨利（Thessaly）和马其顿（Macedonia）的农民翻压一种豆类作物——蚕豆（Vicia faba），并观察到即使种得很密，籽粒产量也很高，这种作物能够肥田。说明在公元前 300 年左右希腊人就知道将绿色植物作肥料施用了。古罗马诗人弗吉尔（Virgil，公元前 70—公元前 19 年）曾倡导施用豆科作物以增加土壤中养分，进而提高农作物产量的措施。直至 19 世纪，德国的苜蓿种植者和美国的一些大豆种植者，他们利用苜蓿田或大豆田的土壤，转运接种至新开垦的农田，从而使作物产量得到提高。1838 年，法国农业化学家布森高（J. B. Boussingault）发现了豆科植物能固定氮，并于 1843 年建立了第一个农业试验站，对各种轮作制中作物产量和成分进行了较为精确的分析。

1886—1888 年德国两位科学家赫尔里格尔（H. Hellriegal）和威尔费思（Wilfarth）于 1886 年在砂培条件下证明，豆科植物只有形成根瘤菌才能固定大气中的氮，并转化为高等植物可以利用的养分形态。1888 年荷兰学者贝叶林克（M. M. Beijerinck）分离出根瘤菌，这是微生物肥料方面的突破，现已明确是根瘤菌的作用。这些细菌的发现，促使了第一家美国公司纳特尔公司于 1898 年生产和销售了土壤细菌接种剂。自此以后，就有诸多的细菌制剂用于土壤和农作物种子的拌种和包衣。

古人对利用矿质肥料和土壤改良方面也有了一定的认识。狄奥夫拉斯塔（Theophrastus）曾提出混合不同土壤的办法改善土壤肥力。将肥沃的土壤加在贫瘠的土壤中会提高后者的肥力，混合土壤可为一些田块豆科植物的种子提供更好的生长条件。另外，将细质地土壤混入粗质地土壤中可改善被处理土壤的水—气关系。

圣经上提到犹太人烧刺木丛和灌木丛时记载了草木灰的价值，公元 4 世纪希腊历史学家和随笔作家赞诺芬（Xenophon）和弗吉尔（Virgil，公元前 70—公元前 19 年）都报道过烧秸秆可以去除杂草。罗马政治家马尔库斯·波尔基乌斯·加图（Cato Maior，公元前234 年—公元前 149 年）倡导要求葡萄种植者将修剪的枝条就地烧掉后，把灰翻入土壤中用来肥田。罗马作家普林尼（Pliny，公元 62—113 年）提出，在地面上薄薄地撒一层石灰，施用一次土地肥力"即使管不到 50 年也足以维持多年"，普林尼（Pliny）还记述了施用石灰窑的石灰，对橄榄林特别有益。一些农民焚烧粪肥后将灰施于土壤。哥伦梅拉（Columella）也推荐在砾质土上施用泥灰，并将厚厚的石灰性土壤掺在其中，也记载了在低洼地土壤上撒施草木灰或石灰用来中和酸性。说明当时的古希腊人懂得利用绿肥（禾茎、草和菜根）和人工肥料（灰烬、石灰石）等方法，来为农作物施肥。

最早知道泥灰具有肥田作用的是埃琴纳岛（Aegina）上的居民。希腊人和高卢人在罗马人之前就知道将泥灰施于土壤中可以肥田，罗马人学到这种技术之后，将各种石灰物质分类，指明某种石灰物质适宜施用在粮食作物上，而另一种可能适用于草地。

狄奥夫拉斯塔（Theophrastus）和普林尼（Pliny）都认为硝石（即硝酸钾）可促进植物生长，是一种有用的肥料，圣经中《路加福音》也曾有类似记录。

弗吉尔（Virgil）还记述了另一种被认为是土壤化学测试方法的原型：味道很苦的土壤含盐，玉米长不好，这就证明这种含盐的土壤影响玉米正常生长。因此，哥伦梅拉（Columella）提出用品尝法来测定土壤的酸度和盐度；哥伦梅拉（Columella）还提出，检验土地是否适合某种作物的简便好办法是看庄稼是否生长。普林尼（Pliny）则指出可以根据地下草根变黑来检验土壤苦味；普林尼（Pliny）写道："证明土壤好坏的许多方法中，比较玉米茎的粗细是其中之一"。

许多早期的学者认为（现在许多人也这样认为），土壤颜色是其肥力的一个指标。普遍认为，黑色土壤肥沃，而浅色或灰色的土壤不肥沃。而哥伦梅拉（Columella）不认同土壤颜色是其肥力的指标,他指出,黑色沼泽土不肥沃而利比亚的浅色土壤肥力甚高。他认为,诸如土壤结构、质地和酸度是评价土壤肥力更好的指标。

随着人口的增长,城镇的发展,含有粪便的城镇废水被用作肥料施用于粮食作物、经济作物和园艺作物,促进了农业的发展。之后,这种作物施肥方式持续了数千年,被称之为"有机营养"阶段。

据有关文献报道,从 20 世纪 70 年代开始,欧美等发达国家十分重视有机肥的使用管理,制定、实施了有机肥管理和增施政策和法律。日本制定了《肥力促进法》,提出农业必须"依靠施用有机肥料培养地力,在培养地力的基础上合理施用化肥",要求稻田秸秆全部还田,茶园和果园树行间都施用有机物残体,使地表腐殖质覆盖度保持 2~3 厘米。英国十分重视土地资源的高效利用与养分资源管理,制订了土壤养分管理手册,指导农民科学耕作土壤,合理施肥,鼓励在种植业中施用泥炭、农家肥和畜禽粪便等有机肥,但对其用量、施用时期有明确的限制。英国环境食品与农村事务部规定,进入农田的有机肥总氮含量每年不能超过 250 千克/公顷。美国采取增施厩肥等有机肥,种植苜蓿、三叶草等作物恢复地力。丹麦规定至少要有 40%~50%的畜禽粪便被重新利用。法国规定必须对污水和粪便进行处理后播撒到农田中。在化肥工业发达的美国、日本,农业生产中大量施用经无害化处理的有机肥和生物有机肥,这是当今世界农业的一个新趋向。目前,世界上很多国家尤其是发达国家都加强了对有机肥的资源化使用管理,制定、实施了相关法律、政策。

二、植物矿质营养理论的提出

近代化学理论的飞速发展,为文艺复兴后期探索植物营养的机理提供了理论基础,欧洲学者先后创立了不同学说或理论,解释植物营养的机理。

18 世纪末至 19 世纪初,腐殖质营养学说占据植物营养理论的主导地位,这一理论认为,腐殖质是土壤中唯一的植物营养物质,而矿物质仅起间接作用,即加速腐殖质的转化与溶解,使其变成易被植物吸收的物质。腐殖质营养理论由瑞典学者瓦勒留斯(Wallerius,公元 1709—1785 年)最先提出,德国学者泰伊尔(Thaer,公元 1752—1828 年)是这一理论坚定的支持者。随后植物矿质营养理论的提出,否定了腐殖质营养理论,标志着植物营养学科的创立。长期以来人们一直认为,德国学者李比希(Justus von Liebig,公元 1803—1873 年)是植物矿质营养理论的创立人,他在 1840 年出版的《化学在农业及生理学上的应用》一书,否定了腐殖质营养理论,提出了植物矿质营养理论。实际上早在 1826 年,李比希的同胞斯普林格尔(Carl Sprengel,1787—1859)就提出,土壤中的可溶性盐是植物必需的营养物质,腐殖质的作用主要是培肥地力;1828 年,斯普林格尔提出了植物营养"最小养分律",他认为,植物生长需要 12 种营养物质,当缺乏其中的任何一种养分,植物将不能生长;其中的任何一种养分供应不足,将会影响植物的正常生长。较李比希早了 10 多年。20 世纪 40 年代,一些学者开始注意到斯普林格尔在植物营养理论创立过程中的贡献,1950 年温特(Wendt)通过较为翔实的资料证明了斯普林格尔对植物矿质营养理论及最小养分律的贡献(周建斌,2017)。因此,自 20 世纪 50 年代起,德国一些学者呼吁,应肯定斯普林格尔对植物营养理论建立做出的贡献,德国

"农业试验与研究协会"最早付诸行动，设立的一个奖项就以斯普林格尔与李比希的名字共同命名（Sprengel-Liebig Medal）。遗憾的是，不少文献至今仍将植物矿质营养理论的创立归功于李比希一个人的贡献，而忽视了斯普林格尔的作用。为何后人将植物矿质营养理论的创立归为李比希，而忽视了斯普林格尔的工作？一些学者认为，相对于当时人们的认知水平，斯普林格尔的理论当时过于超前，而李比希《化学在农业及生理学上的应用》一书出版时，欧美农业生产中土壤肥力退化问题引起了人们的普遍关注。斯普林格尔提出这一理论时，矿质肥料的资源有限，难以大规模进行肥料试验。还有，李比希当时是国际知名的化学家，但对农业化学知识的了解有限，书中存在一些有争论或错误的提法或观点，更易引起人们的关注。回顾这段历史，并不是否定李比希对植物营养学发展的贡献，只是作为后人，我们应该知道斯普林格尔对植物营养理论创立的贡献，以尊重历史。植物矿质营养理论的提出，是植物生理学及现代农业创立的标志之一，显著促进了农业生产的发展。1842 年，英国的劳伦斯（John B. Lawes）获得了用硫酸处理磷矿石加工磷肥（普通过磷酸钙）方法的专利，1843 年开始生产这种肥料，从此拉开了化学肥料工业的序幕。

1870 年，德国生产出钾肥；20 世纪初，人类合成氨研制成功。20 世纪 50 年代以来，化肥得到了大规模应用，并由此引发了第一次绿色革命。在全球范围内，农业生产几乎离不开化肥。据统计，在各种农业增产措施中，化肥的贡献率大约 30%。据联合国粮农组织（FAO）的统计，化肥在对农作物增产的总份额中约占 40%~60%。近年来，中国学者张福锁、朱兆良等研究认为，粮食增产与品种改良、施肥、灌水等因素具有正相关性，而其中化肥对粮食增产的贡献率达 50%。亚洲是世界上最大的化肥使用地区，其中氮肥需求占全球的 90%，磷肥占 70%，钾肥占 10%。

随着化肥工业生产技术的不断成熟与推广应用，世界各国在农业种植生产中的化肥施用量大幅增加（表 1 - 1），耕地面积化肥施用量和作物单位面积化肥施用量也逐年增加（表 1 - 2、表 1 - 3）。

表 1 - 1　世界和部分国家（地区）1970—2016 年化肥施用量（千吨）

国家和地区	年　份										
	1970/1971	1980/1981	1985/1986	1990	1993/1994	1995	1997	1998	1999	2002	2005
世界总合计	69 068.0	116 089.0	128 613.0	138 044.0	120 813	121 602	135 120	137 254	141 360	141 571	—
♯中国	—	12 694.0	17 758	25 903	31 501.0	35 937	39 807	40 837	41 243	43 394	48 866 (47 662)
孟加拉国	143.0	423.0	541	933	948.0	1 048	1 176	1 072	1 300	1 424	1 757
♯印度	1 813.0	5 231.0	8 504	12 584	12 366	13 564	14 308	16 195	18 372	16 123	20 588
印度尼西亚	240.0	1 229.0	1 972	2 387	2 589	2 466	2 824	2 463	2 659	2 992	3 443
伊朗	95.0	572.0	903	1 161	907	990	1 079	1 152	1 128	1 292	1 260
以色列	57.0	82.0	92	102	104	104	119	120	125	81	697
日本	2 139.0	1 816.0	2 034	1 839	1 818	1 759	1 564	1 510	1 437	1 284	1 177
缅甸	22.0	100	194	71	148	124	182	172	157	132	2

（续）

国家和地区	年　份										
	1970/1971	1980/1981	1985/1986	1990	1993/1994	1995	1997	1998	1999	2002	2005
朝鲜	309.0	729	844	832	781	753	170	171	198	266	722
韩国	563.0	825	807	916	974	966	913	906	872	690	722
巴基斯坦	283.0	1 007	1 511	1 893	2 147	2 184	2 413	2 659	2 824	2 963	4 069
菲律宾	201.0	334	283	588	566	602	666	810	742	723	813
泰国	81.0	291	434	1 044	1 207	1 311	1 519	1 479	1 802	1 701	1 724
土耳其	431.0	1 173	1 427	1 888	2 207	1 507	1 799	1 826	2 203	1 743	2 031
越南	311.0	247	386	544	934	1 279	1 513	1 572	1 935	1 975	1 985
埃及	373.0	664	864	965	973	852	1 158	1 011	1 188	1 269	2 199
尼日利亚	7.0	174	292	400	506	296	174	138	173	166	215
♯南非	558.0	1 058	879	792	844	752	810	780	804	965	666
加拿大	802	1 917	2 325	2 074	2 359	2 394	2 696	2 753	2 583	2 614	2 798
墨西哥	538	1 206	1 714	1 799	1 592	1 648	1 623	1 603	1 815	1 712	1 731
美国	15 535	21 274	17 831	18 587	20 350	19 297	20 310	20 205	19 868	19 298	19 274
阿根廷	87	113	162	166	297	462	851	832	823	740	1 396
♯巴西	1 002	4 198	3 197	3 164	4 150	5 022	4 844	5 491	5 856	7 682	8 057
法国	4 651	5 609	5 695	5 683	4 611	4 712	5 065	5 072	4 753	3 968	3 760
德国	4 763	5 169	4 823	3 272	2 672	2 906	2 819	2 857	3 034	2 594	2 526
意大利	1 338	2 120	2 102	1 944	1 902	1 891	1 820	1 841	1 772	1 433	1 215
荷兰	650	679	701	559	524	536	529	501	475	336	566
波兰	2 572	3 510	3 413	1 752	1 282	1 429	1 575	1 603	1 527	1 512	1 555
♯俄罗斯联邦	10 312	18 756	25 387	21 644	3 851	1 510	1 950	1 970	1 431	1 474	1 940
西班牙	1 216	1 662	1 734	1 976	1 914	1 920	2 164	2 062	2 314	2 160	1 762
乌克兰					1 343	974	860	888	418	589	604
英国	1 894	2 054	2 524	2 370	2 086	2 219	2 325	2 105	2 046	1 801	1 660
澳大利亚	964	1 229	1 155	1 164	1 511	1 726	2 016	2 260	2 303	2 280	2 215
新西兰	448	461	427	362	616	647	687	691	669	853	1 054

国家和地区	年　份									
	2006	2007	2008	2009	2010	2012	2013	2014	2015	2016
世界总合计			161 830	164 420	178 444	194 616	166 594	193 290	195 731	197 504
♯中国	55 925	46 564	50 843	53 723	57 398	69 016	38 522	59 747	60 226	59 845
孟加拉国	1 523	1 524	1 299	2 132	1 498	2 139	1 602	2 141	2 312	2 246
♯印度	19 258	22 572	24 275	26 494	28 080	25 565	24 731	25 819	26 753	25 948
印度尼西亚	4 062	3 733	4 160	4 280	4 296	4 578	4 808	4 977	5 241	5 437

（续）

国家和地区	年份									
	2006	2007	2008	2009	2010	2012	2013	2014	2015	2016
伊朗	1 901	1 436	1 549	1 199	904	466	487	464	1 482	1 121
以色列	141	160	76	58	61	108	77	72	72	72①
日本	1 761	1 491	1 200	1 010	1 120	1 100	1 087	1 016	936	936①
缅甸	18	120	35	60	68	170	181	221	166	195
朝鲜										
韩国	599	725	745	621	494	732	540	590	540	540①
巴基斯坦	3 812	3 573	3 324	4 438	4 065	3 536	4 121	4 091	4 179	4 480
菲律宾	542	720	696	759	771	630	400	1 024	842	880
泰国	1 797	2 088	1 990	1 914	2 504	2 537	2 819	2 560	2 639	2 719
土耳其	2 611	2 193	1 913	2 061	1 942	2 184	2 336	2 180	2 202	2 806
越南	2 028	2 700	1 805	2 527	1 888	1 901	2 396	2 547	3 139	3 008
埃及	1 342	1 591	2 007	1 451	1 738	1 611	1 743	1 769	1 870	1 870
尼日利亚			497	72	101	167	605	370	282	282①
♯南非	690	638	720	706	667	744	722	758	731	731
加拿大	1 787	3 805	2 569	2 110	2 905	3 414	4 052	4 115	5 081	3 835
墨西哥	1 652	1 605	1 110	1 300	1 555	1 666	1 810	1 922	2 342	2 572
美国	25 279	29 176	17 575	17 794	19 656	20 336	20 028	21 274	20 706	21 103
阿根廷	1 446	1 794	1 241	788	1 504	1 526	1 435	1 409	1 084	1 974
♯巴西	8 468	11 313	10 108	7 647	10 134	13 195	13 352	14 019	13 683	15 069
法国	3 492	3 830	2 668	2 720	2 776	2 504	2 574	2 777	3 117	3 117①
德国	2 303	2 308	1 914	2 167	2 507	2 354	2 416	2 584	2 397	2 397①
意大利	1 085	1 323	1 113	933	864	1 074	881	881	850	850①
荷兰	395	1 299	287	254	300	314	240	252	267	267①
波兰	1 794	2 659	2 393	1 812	2 145	2 331	2 180	2 531	1 910	1 910①
♯俄罗斯联邦	1 517	1 714	1 933	1 901	1 893	1 878	1 861	1 934	2 027	2 273
西班牙	1 795	1 984	1 331	1 211	1 637	1 541	1 749	1 858	1 857	1 857①
乌克兰	858	1 062	1 065	965	1 114	1 343	1 490	1 469	1 415	1 728
英国	1 502	1 549	1 250	1 447	1 484	1 456	1 545	1 517	1 484	1 484①
澳大利亚	1 904	1 823	1 491	1 366	2 399	2 106	2 352	2 544	2 471	3 137
新西兰	418	994	780	581	635	862	864	880	1 013	1 013

注：中国为公历年度，国外数字为跨越当年及下年的农业年度数字。本表化肥为折纯量，包括氮肥、磷肥和钾肥。1970/1971 年至 1993/1994 年资料来源于联合国粮农组织《肥料年鉴》（1981 年）、《肥料年鉴》（1994 年）、《肥料年鉴》（1996 年）。1999 年、1998 年、1997 年、1995 年、1990 年资料来源于联合国粮农组织数据库；其余年度资料来源于相应年度的联合国粮农组织数据库。俄罗斯联邦 1993/1994 年、1990/1991 年、1980/1981 年、1970/1971 年为苏联。♯表示为金砖国家，《金砖国家联合统计手册（2021）》中文版编委会，中国统计出版社有限公司，2022 年 2 月（下同）。①为 2015 年数据。

表 1－2 世界和部分国家（地区）1980—2015 年耕地面积化肥施用量（千克/公顷）

国家（地区）	1980	1985	1990	1993	1995	1997	1999	2002	2005	2007	2009	2012	2013	2014	2015
世界平均	87.15	95.42	101.75	89.97	89.30	97.98	103.25	100.82	—	—	119.04	139.42	118.33	136.39	137.27
＃中国	127.83	183.36	272.38	331.24	378.40	419.15	—	304.26	—	331.11	488.39	651.59	364.38	565.25	506.10
孟加拉国	47.46	61.02	97.76	100.32	123.94	148.56	160.49	177.56	221.01	191.22	281.64	278.52	2 085.94	279.14	297.94
＃印度	31.75	51.34	75.87	74.45	81.66	88.35	113.58	99.70	128.96	142.28	167.77	163.67	157.52	165.13	170.99
印度尼西亚	68.28	101.13	117.86	136.98	143.96	157.40	148.21	145.95	149.70	169.68	181.36	194.81	204.60	211.79	223.02
伊朗	44.06	60.60	71.89	54.47	58.34	60.79	65.20	86.02	76.23	85.12	69.67	26.31	32.73	31.59	100.88
以色列	252.31	281.35	293.10	297.14	295.45	339.03	356.13	238.24	2 178.13	516.13	193.33	372.41	265.52	240.00	240.00
日本	422.92	483.25	446.25	451.79	443.07	399.49	319.12	290.50	269.95	344.34	235.43	258.82	256.37	240.76	222.86
缅甸	10.45	20.22	7.42	15.45	13.00	19.05	16.44	13.39	0.20	11.34	5.43	15.71	16.81	20.48	15.26
朝鲜	452.80	508.43	489.41	459.41	442.94	100.00	116.47	106.40	0.00	—	—	—	—	—	—
韩国	400.49	401.69	469.02	518.91	540.57	529.58	513.24	410.71	440.24	453.13	388.13	481.58	360.00	398.65	369.86
巴基斯坦	50.37	74.79	92.41	103.27	103.75	114.72	132.99	138.14	191.21	166.19	217.23	1 668.71	135.25	134.40	137.29
菲律宾	64.18	52.90	107.30	102.54	109.06	130.08	133.69	126.84	142.63	141.18	140.56	113.51	71.56	183.18	150.63
泰国	17.62	24.53	59.68	68.58	76.73	88.91	122.59	107.18	121.41	137.37	125.10	153.20	167.70	152.29	156.99
土耳其	46.26	58.02	76.60	90.15	61.13	72.97	91.27	67.19	85.23	100.00	96.53	106.12	113.56	105.26	106.63
越南	41.58	68.73	101.89	169.82	232.17	274.64	336.52	294.78	300.76	425.20	402.39	297.03	373.79	397.35	448.43
埃及	290.46	374.84	422.50	397.14	302.45	408.61	419.20	437.59	733.00	526.82	503.82	575.36	636.13	662.55	644.83
尼日利亚	6.25	—	13.54	16.95	9.75	6.17	6.13	5.50	6.72	0.00	2.12	4.77	17.79	10.88	8.29
＃南非	85.05	—	58.93	68.26	50.42	52.73	54.50	65.42	45.15	44.00	49.20	62.00	57.76	60.64	58.48

（续）

国家（地区）	1980	1985	1990	1993	1995	1997	1999	2002	2005	2007	2009	2012	2013	2014	2015
加拿大	42.02	50.60	45.21	51.94	52.71	59.17	56.69	57.25	61.28	84.37	46.78	74.35	88.24	89.42	116.51
墨西哥	52.43	74.04	77.71	68.77	64.12	64.40	73.19	69.03	69.24	65.51	51.73	72.03	78.76	83.60	102.23
美国	112.71	94.96	100.07	109.56	103.89	114.78	112.28	109.64	110.48	171.19	109.33	131.11	131.90	137.61	135.99
阿根廷	4.52	6.48	6.64	11.88	18.48	34.04	32.92	21.96	48.98	55.20	25.42	38.84	36.15	35.94	27.65
#巴西	108.67	75.35	69.39	98.81	93.87	90.88	110.08	130.25	136.56	190.13	124.95	181.72	175.66	175.19	170.99
法国	321.03	317.75	315.74	252.59	257.35	276.70	258.86	215.07	203.13	207.81	148.23	136.91	140.58	151.50	168.67
德国	429.68	403.36	273.33	228.85	245.54	238.25	256.66	220.02	212.27	194.28	181.34	198.99	203.37	217.69	202.28
意大利	223.56	232.27	215.71	210.63	233.31	219.73	207.37	172.86	156.98	184.52	135.61	150.84	128.99	130.91	128.79
荷兰	859.49	848.67	635.95	578.37	608.40	587.78	519.69	365.22	621.98	1225.47	241.90	310.89	230.77	240.00	259.22
波兰	240.07	235.20	121.77	89.62	100.56	112.03	108.51	108.62	128.09	212.72	144.50	213.27	202.04	231.56	175.39
#俄罗斯联邦	82.84	111.76	96.24	29.74	11.53	15.47	11.45	11.94	15.93	14.10	15.61	15.68	15.22	15.71	16.46
西班牙	106.83	111.41	128.86	127.76	125.93	150.86	169.15	157.21	128.61	156.22	96.88	124.27	139.14	151.30	150.49
乌克兰	—	—	—	40.29	29.26	26.00	12.79	—	18.61	32.75	29.71	41.30	45.80	45.16	43.48
英国	296.35	360.26	358.71	343.04	374.33	364.42	345.78	313.22	289.70	254.35	239.17	234.46	246.41	243.50	246.92
澳大利亚	27.91	24.50	24.30	32.63	35.85	38.13	48.00	47.20	44.84	41.26	28.97	44.70	50.89	54.17	53.57
新西兰	184.40	170.80	141.35	251.43	409.75	441.51	430.23	568.67	702.45	1142.53	1236.61	1486.21	1570.91	1491.53	1716.95

注：耕地面积数据资料来源：1978年、1988年、1983年、1993年资料来源于联合国粮农组织《生产年鉴》1994年。德国1988年为联邦德国和民主德国之和。1980年、1985年、1990年、1995年资料来源于联合国粮农组织《生产年鉴》(1996年)。世界合计中1990年及以前苏联各国合计，1995年数据包括苏联各国；德国数据1980—1985年为联邦德国与民主德国之和。2007年、2009年、2012年资料来源于世界银行WDI数据库。其余数据资料来源于联合国粮农组织数据库。

表 1-3　世界和部分国家（地区）1990—2016 年主要作物收获面积化肥施用量（千克/公顷）

国家和地区	年　份									
	1990	1994	1995	1997	1998	2008	2009	2010	2013	2016
世界	150.0	144.3	131.0	157.3	146.1	156.0	160.2	175.1	154.3	181.1
♯中国	174.6	275.4	276.6	333.3	308.4	374.6	388.7	412.3	267.6	409.6
孟加拉国	620.3	80.6	767.8	97.5	723.3	92.6	155.1	105.4	109.8	156.0
♯印度	92.4	97.2	97.8	119.0	113.8	165.6	185.4	196.4	164.3	175.5
印度尼西亚	140.3	157.0	129.4	153.5	130.9	204.9	202.2	201.6	224.8	252.6
伊朗	104.6	90.7	89.9	107.7	107.6	161.8	108.1	80.8	42.7	111.5
以色列	459.0	1 106.4	500.0	1 214.3	603.0	493.2	344.0	363.5	437.5	453.7
日本	580.7	673.1	606.1	602.5	581.0	449.4	392.2	437.7	429.8	388.0
缅甸	10.2	17.2	14.5	19.4	22.3	3.3	5.6	6.2	16.9	19.7
朝鲜	1 518.2	430.8	1 407.5	110.2	316.7	—	—	—	—	—
韩国	488.5	671.7	598.5	671.8	565.2	572.3	478.5	390.8	448.7	478.0
巴基斯坦	115.6	158.4	125.7	176.1	158.2	175.6	233.2	224.3	221.2	236.3
菲律宾	70.4	81.5	75.3	92.8	118.2	77.0	82.8	88.0	42.8	92.7
泰国	82.0	106.0	102.7	124.5	107.5	134.7	122.5	161.3	157.9	192.5
土耳其	114.6	155.1	90.9	122.7	106.8	142.2	146.8	136.7	170.0	205.8
越南	74.1	121.7	150.7	180.5	170.1	169.7	242.4	177.5	215.7	275.8
埃及	296.1	371.8	231.3	413.4	282.1	399.3	314.7	422.9	402.3	397.6
尼日利亚	21.5	41.0	13.1	8.4	6.0	15.1	2.7	3.8	19.1	7.6
♯南非	113.5	129.5	123.6	116.3	140.5	147.2	162.5	145.5	135.1	187.8
加拿大	85.7	95.3	101.2	107.3	110.7	105.0	93.0	136.8	156.0	154.8
墨西哥	142.3	142.7	129.1	140.7	119.4	87.8	115.4	126.6	147.4	198.9
美国	192.6	223.9	204.2	213.5	205.8	179.8	186.9	204.1	207.0	212.1
阿根廷	10.8	19.8	28.4	47.4	44.8	45.5	29.9	51.6	44.5	57.5
♯巴西	81.3	114.3	125.3	134.6	146.3	180.4	137.1	179.8	208.2	219.9
法国	495.7	490.4	435.1	472.7	422.4	213.3	219.5	217.9	206.7	244.3
德国	378.4	336.9	346.9	333.2	321.9	207.7	235.5	283.1	275.4	284.9
意大利	282.2	414.0	303.1	—	293.9	—	184.9	—	179.6	179.3
荷兰	1 579.1	1 712.4	1 595.2	1 653.1	1 495.5	592.0	536.9	649.2	518.5	629.1
波兰	180.7	138.2	145.3	—	160.6	—	172.9	—	233.0	207.0
♯俄罗斯联邦	—	68.6	27.1	36.2	38.0	39.2	40.5	50.5	40.4	44.5
西班牙	830.7	281.9	909.0	307.2	1 012.7	151.8	151.9	211.1	219.7	229.3
乌克兰	—	—	—	—	—	55.7	51.4	61.0	75.1	95.2

（续）

国家和地区	年 份									
	1990	1994	1995	1997	1998	2008	2009	2010	2013	2016
英国	553.2	310.9	575.8	565.0	504.4	300.2	362.3	376.6	383.5	374.6
澳大利亚	81.4	123.1	109.0	115.8	121.7	66.9	61.6	108.1	107.2	153.8
新西兰	1 616.1	4 079.5	3 277.6	4 113.8	3 347.9	3 627.9	2 342.7	2 899.5	3 869.2	4 629.8

资料来源：联合国 FAO 数据库。1997 年资料来源：联合国粮农组织《生产季报》（1997 年 3/4 季）。国外按收获面积计算，中国按播种面积计算。中国的黄麻及黄麻类纤维指黄红麻。大豆中国指豆类。德国 1990 年及以前数字为民主德国和联邦德国合计数。

来源于联合国 FAO 数据库的作物收获面积：1990 年、1995 年、1998 年包含谷物、大豆、花生、油菜籽、芝麻、籽棉、黄麻及黄麻类纤维、甘蔗、甜菜、茶叶、烟叶、水果；1994 年、1997 年包含谷物、大豆、花生、油菜籽、芝麻、黄麻及黄麻类纤维、甘蔗、甜菜、茶叶、烟叶；2008 年、2009 年、2010 年、2013 年、2016 年包含谷物、大豆、根茎类作物、花生、油菜籽、籽棉、麻及麻类纤维、甘蔗、甜菜、茶叶、水果（不含瓜类）。

中国 1990 年数据来源于中国国家统计局，包含谷物、豆类（大豆为主）、薯类、油料（花生、油菜籽）、麻类（黄红麻、苎麻、亚麻）、糖料（甘蔗、甜菜）、烟叶（烤烟）、蔬菜、茶园、果园，其余年度数据来源于联合国 FAO 数据库。

随着世界各国化肥使用量的增加，促进了化肥工业的发展，世界各国的化肥产量也逐年增加（表 1-4）。

表 1-4　世界和部分国家（地区）1980—2014 年化肥产量（千吨）

国家和地区	年 份												
	1980	1985	1986	1987	1988	1989	1990	1991	1992	1993	1994	1995	1995
世界总合计	124 753	136 027	143 556	152 240	158 255	152 923	147 590	144 162	138 437	131 741	136 407	143 238	142 217
♯中国	12 321	13 222	13 597	16 722	17 402	18 025	18 797	19 795	20 479	19 563	22 728	25 481	25 481
孟加拉国	194	433	449	647	733	745	705	807	959	1 057	962	1 110	1 042
♯印度	3 023	5 783	7 109	7 168	9 002	8 581	9 081	9 898	9 786	9 105	10 507	11 385	11 395
印度尼西亚	1 178	2 212	2 485	2 533	2 584	2 920	2 937	2 803	2 950	2 900	3 038	3 221	3 147
伊朗	101	20	71	105	118	358	457	613	758	551	570	583	583
以色列	915	1 345	1 435	1 488	1 437	1 556	1 570	1 510	1 581	1 575	1 510	1 557	1 617
日本	1 850	1 677	1 565	1 517	1 467	1 391	1 386	1 356	1 299	1 250	1 227	1 176	1 199
缅甸	60	115	140	150	112	88	60	47	54	80	68	64	66
朝鲜	680	765	777	787	797	797	797	797	790	790	760	760	95
韩国	1 182	1 128	1 137	1 109	1 167	977	968	969	1 045	1 068	1 107	1 061	1 036
巴基斯坦	638	1 126	1 211	1 193	1 213	1 261	1 225	1 151	1 332	1 659	1 571	1 693	1 789
菲律宾	71	199	376	312	326	318	320	335	295	351	374	483	479
泰国													
土耳其		1 236	1 190	1 340	1 341	1 168		1 137	1 306	1 346	1 041	1 211	
越南	39	74	69	71	75	80	77	89	135	140	167	184	179
埃及	506	725	790	846	879	895	871	987	889	977	1 045	1 109	1 094
尼日利亚	5	5	5	78	271	317	334	289	347	194	168	162	139
♯南非	924	865	738	710	844	775	810	764	750	806	831	830	793

（续）

国家和地区	年 份											
	1980	1985	1986	1987	1988	1989	1990	1991	1992	1993	1994	1995	1995
加拿大	9 816	9 977	9 974	11 040	11 553	9 920	10 716	10 355	10 656	11 512	13 326	12 479	12 366
墨西哥	940	1 573	1 490	1 708	1 724	1 945	1 742	1 953	1 729	1 461	1 641	1 752	1 737
美国	23 377	18 195	21 367	22 729	23 420	23 173	24 269	25 635	25 628	25 480	25 899	25 587	25 587
阿根廷	31	30	45	43	51	50	41	42	33	48	43	50	58
♯巴西	1 966	1 980	2 226	2 255	2 118	1 967	1 895	1 945	1 818	2 114	2 391	2 262	2 284
法国	4 924	4 432	4 079	3 954	4 202	3 796	3 735	3 691	3 211	3 111	2 987	3 005	2 805
德国	9 558	8 786	8 506	8 833	8 718	8 220	5 921	5 209	5 039	4 292	4 586	4 768	4 562
意大利	1 876	1 763	1 608	1 857	1 869	1 565	1 295	1 432	1 335	927	894	951	876
荷兰	1 951	1 931	2 067	2 091	2 216	2 226	2 240	2 166	2 104	2 075	2 120	2 040	1 933
波兰	2 133	2 142	2 393	2 486	2 584	2 589	1 770	1 357	1 410	1 424	1 597	1 898	2 071
♯俄罗斯联邦		32 198	33 701	35 266	35 859	33 520	30 986	28 221	12 162	9 617	8 345	9 603	9 603
西班牙	2 147	2 149	2 146	2 180	2 109	2 064	1 805	1 675	1 742	1 997	1 732	1 759	1 908
乌克兰									3 256	2 627	2 314	2 200	
英国	1 800	1 839	1 991	1 779	1 793	1 730	1 601	1 514	1 383	1 439	1 370	1 473	1 399
澳大利亚	1 043	761	811	923	1 040	741	485	462	602	526	537	540	688
新西兰	346	336	251	278	224	265	231	268	368	387	334	336	324

国家和地区	年 份												
	1996	1997	1998	1999	2002	2005	2007	2008	2009	2010	2011	2013	2014
世界总合计	147 329	146 357	147 253	148 920	147 930								
♯中国	28 090	282 100	30 100	32 510	3 515 (37 910)	41490 (51 780)	65 100	51 240	55 530	57 420	60 460	68 870	67 720
孟加拉国	1 015	907	1 051	1 080	1 130	950	1 520	920	920	540	460		460
♯印度	11 208	13 163	13 633	13 930	14 460	15 310	22 570	12 730	15 930	16 390	19 060	16 240	16 430
印度尼西亚	3 341	3 342	3 130	3 150	3 080	3 220	3 730	3 540	3 860	4 040	4 090	4 250	4 270
伊朗	825	821	978	760	920	870	1 440	1 050	960	800	550	570	590
以色列	1 798	1 811	2 025	2 070	2 270	2 710		2 940	2 300	2 430	2 420	2 480	2 940
日本	1 183	1 093	1 031	1 050	1 040	1 070	1 490	880	880	910	860	830	760
缅甸	74	54	52	60	10								
朝鲜	92	92	119	80									
韩国	1 069	1 087	990	1 010	750	590	730	560	710	840	780	740	730
巴基斯坦	1 763	1 727	1 815	2 260	2 280	2 770	3 570	2 880	2 950	3 120	3 070	3 010	3 060
菲律宾	526	434	385	340	390	270	720						
泰国						170	1 780						

（续）

国家和地区	年份												
	1996	1997	1998	1999	2002	2005	2007	2008	2009	2010	2011	2013	2014
土耳其					940	1 240	2 190	790	990	1 300	1 370	1 300	1 180
越南	190	190	174	200		640	2 700	830	630	660	660	760	1 290
埃及	1 221	1 141	1 090	1 360	1 740	1 810	2 580	2 930	2 990	3 150	3 060	2 750	2 500
尼日利亚	124	46	82	90									
♯南非	850	825	842	840	580	590	640						
加拿大	12 398	13 578	12 698	12 480	12 160	11 460	47 50	10 230	9 490	13 930	13 510	13 140	13 430
墨西哥	1 921	1 757	1 616	1 460	480	450	1 600			990	560	1 070	990
美国	26 960	24 226	24 523	22 000	18 110	20 960	29 180	18 260	17 180	22 150	23 030	23 420	22 200
阿根廷	81	88	70	60	520	660	1 790		510	430	530		530
♯巴西	2 054	2 443	2 424	2 550	2 610	3 080	11 310	3 220	3 120	3 380	3 420	3 450	3 170
法国	2 925	2 677	2 409	2 200	1 130	3 620	3 830	1 740	620	1 390	1 490	920	1 350
德国	4 806	4 692	4 941	4 920	4 480	4 700	2 310	3 440	3 560	3 790	3 830	4 050	3 000
意大利	733	707	642	560	450	460	1 320	420	500	1 210		890	960
荷兰	2 043	1 988	1 971	1 780	1 140	1 740	1 300	1 600	1 560	1 610	1 590	1 830	1 830
波兰	1 990	2 031	2 177	1 730	1 620	2 330	2 660	2 390	1 790	1 750	2 300	1 860	2 180
♯俄罗斯联邦	9 093	9 367	9 198	11 160	12 910	16 620	1 710	16 200	162 000	16 820	17 210	16 520	17 680
西班牙	2 040	2 046	1 855	1 850	1 600	1 770	1 980	1 570	1 140	1 460	1 590	1 670	1 580
乌克兰					2 360	2 660	1 060	2 610	2 160	2 100	2 820	2 200	1 580
英国	1 572	1 707	1 773	1 660	1 130	1 480	1 550	940	790	660	660	820	620
澳大利亚	612	641	657	630	1 010	940	1 820	920	900	700	890	610	670
新西兰	310	351	353	370	440	460	990						

注：本表化肥为折纯量，包括氮肥、磷肥和钾肥。中国为公历年度。国外数字为跨越当年及下年的农业年度数字。德国1990年及以前数字为民主德国和联邦德国合计数。1980—1995年资料来源于联合国粮农组织《肥料年鉴》（1996年），其余资料来源于相应年度的联合国粮农组织数据库。

三、测土配方施肥技术的起源及其应用

研究指出，早在公元前50年，人们就开始测定土壤酸度，以判断土壤肥力的高低。国外对作物测土配方施肥的研究，虽可以追溯到早期（1640—1840年）对植物营养物质的探索，但出现根本性的转变则是在德国学者斯普林格尔和李比希的矿质营养学说问世之后。他们用纯化学的观点认识植物营养，为研制、生产和施用化学肥料，加速农业生产的发展进程作出了重要贡献，同时也为作物施肥科学的建立和发展奠定了一定基础。一个半世纪的今天，斯普林格尔和李比希的最小养分律和归还学说至今仍然被认为是合理施肥的基本依据。1842年英国人劳斯取得骨粉加硫酸制造过磷酸钙的专利权，开创了至今近180

余年的化肥施用历史。

20世纪80年代以来，发展中国家化肥施用量增长势头强劲，所占比例超过了发达国家，在世界化肥生产和消费中的地位越来越重要，其中亚洲特别是中国已成为世界化肥生产与消费大国（表1-5）。

表1-5　部分国家单位面积耕地用肥量和人均用肥量

国家和地区	肥料施用量（千克/公顷）			3种肥料人均用量
	N	P_2O_5	K_2O	［千克/（公顷·人）］
美国	56.1	25.8	29.7	93.4
苏联	35.6	24.1	21.1	70.4
比利时	220.6	116.6	161.7	42.8
丹麦	141	41.8	53.6	122.5
法国	115.1	95.1	90.6	104.5
民主德国	149.3	77.2	98.6	97.8
联邦德国	206.9	111.8	152.7	57.4
希腊	84.9	40.1	9.1	54.9
荷兰	560.7	96.2	131.8	48
英国	177.2	57.7	58.6	36.5
加拿大	20.3	14.3	8.3	80
巴西	14.6	32.1	21.1	34.3
秘鲁	24.2	5	3.3	6.3
墨西哥	37.7	10.8	3.2	17.3
中国	122.1	27.7	4.8	15.4
印度	20.8	6.5	3.7	7.6
日本	125.8	141.4	104.9	15.4
土耳其	22.2	17.3	1.7	25.9
阿尔及利亚	11.8	15.4	4.8	12.7
南非	34.4	33.3	10.3	36.1
埃及	194	35.7	2.6	15.8
扎伊尔	0.6	0.3	0.3	0.3
澳大利亚	5.6	19.2	2.9	84.8
新西兰	46.4	761.6	209.7	148.7
世界平均	41.5	21.7	16.7	26.2

资料来源：Fertilizer Yearbook, Vol. 31, Rome: FAO, 1981.

1843年，英国科学家在洛桑试验站安排长期肥效定位试验，开始了科学施肥技术的探索历程。各国土壤肥料科技工作者在确定科学合理的施肥数量、施肥品种、施肥方式和施肥时期方面，开展了大量的研究工作，到 20 世纪 30 年代初期，土壤测试技术有了较快发展，一系列土壤有效养分的浸提和测定方法被建立起来，这一时期建立的土壤有效磷测试方法如 Bray 法和 Morgan 法等一直到现在仍然被一些土壤分析实验室所采用。通过化学分析的方法，从最开始的土壤养分的快速提取到建立土壤化学组成与植物生长的关系，再构建植物最佳产量模型等，经过 100 多年的研究，到 20 世纪 40 年代，土壤测定在欧美国家作为制定肥料施用方案的有效手段已经为社会普遍接受。美国在 20 世纪 60 年代就已经建立了比较完善的测土施肥体系，每个州都有测土工作委员会，负责相关研究、校验研究与方法制定。县与乡的农业行政单位建有基层实验室，按照土壤分析工作委员会制定的方法与指标执行土样分析工作，直接指导农民施肥。目前，美国配方施肥技术覆盖面积达 80% 以上，40% 的玉米采用土壤或植株测试推荐施肥技术，大部分州都制定了测试技术规范。精准施肥在美国已经从试验研究走向普及应用，有 23% 的农场采用了精准施肥技术。其他发达国家如德国、日本等也很重视测土施肥，并建立了相应的管理措施，英国农业部出版了《推荐施肥技术手册》，进行分区和分类指导，每隔几年要组织专家更新一次。日本则在开展 4 次耕地调查和大量试验的基础上，建立了全国的作物施肥指标体系，制定了作物施肥指导手册，并研究开发了配方施肥专家系统。测土配方施肥技术、精准变量施肥技术、灌溉施肥（水肥一体化）技术、轻简施肥技术、叶面施肥技术等高效施肥技术相继成熟并在发达国家和发展中国家推广应用。精准变量施肥技术、灌溉施肥（水肥一体化）技术在发展中国家高产值、高效益作物种植中广泛应用。

1947 年以后美国等一些发达国家以液态氨为主的液体肥料开始大力推广，1950—1970 年进入高速发展时期。1986 年世界含氮液体肥料消费折纯氮量 400 万吨，1998 年为 580 万吨，年增长率平均达到 37%（表 1-6）。

表 1-6　1998 年世界含氮液体肥料消费量

国家和地区	美国	加拿大	西欧	东欧	墨西哥	中东	其他	合计
消费量（万吨）	370	11	107	12	10	4	66	580
占比例（%）	63.8	1.8	18.5	2.1	1.7	0.6	11.5	100

注：消费量为折纯氮。

20 世纪 60 年代以前，美国肥料销售以固体袋装化肥为主，约占销售总量的 55%，散装化肥占 30%，液体肥料占 15%。到了 90 年代末，固体袋装化肥的销售量降至总量的 15%，散装化肥和液体肥料则分别上升到 50% 和 35%。如美国液体磷肥消费量约占全国总消费量的 20%～25%（五氧化二磷），液体钾肥约占 10%（氧化钾），主要用于水果及其他经济作物。

在以水溶肥应用为主的水肥一体灌溉技术应用方面，据第六次国家微灌大会资料，1981—2000 年的 19 年间，世界水肥一体化技术应用面积增加了 633%，年平均增加 33%，达到 373.33 万公顷。近年来，在美国的灌溉农业中 60% 的马铃薯、25% 的玉米、33% 的果树已采用水肥一体化技术。以色列是水肥一体化技术应用的先进国家，到 2018 年该国的农业灌溉有 90% 的区域应用了水肥一体化灌溉施肥技术（中国腐植酸工业协会中华乌金文化传播中心，2019）。2003—2008 年，美国水肥一体化技术应用面积从 16.3

万公顷增长到 26 万公顷，增长 59.5%（USDA-NASS，2009）。

四、科学施肥技术的发展趋势

传统的土壤测定目的是通过分析发现土壤缺乏什么养分，从而提供相应的施肥措施。但是随着经济的发展和对高产的不断追求，肥料施用量在一些国家和地区快速增长，并带来了越来越严重的环境问题，如硝酸盐污染、水体富营养化等。随之而来的肥料施用与农产品安全、生态环境安全的问题引起了人们的广泛关注。在这样的情况下，土壤测定又逐渐成为判断某一地区施肥是否足够或过量的工具。目前，国外测土施肥发展趋势是：

1. Mehlich3 通用浸提剂（M$_3$）的发展与应用前景　M$_3$ 法作为多种大量元素和中微量元素浸提剂，目前在国际土壤测试分析方法研究中深受领域学者们的关注，有望成为适合于不同土壤类型的通用浸提剂。M$_3$ 法在不同土壤 pH 条件下的通用性比较好，广泛应用于各类型土壤检测而且测试值与传统方法的测试结果有很好的相关性。在中性和偏碱性条件下与 Olsen 法相比测试结果的相关性较高（R^2＝0.918）。以测试土壤有效磷为例，M$_3$-P 与 Bray-P 之间的相关系数达 0.990 4；测试酸性土壤有效磷，M$_3$-P 与 Bray-P 之间的相关系数达 0.9287，达到极显著。美国早在 20 世纪 90 年代中叶就进入了 M$_3$ 与传统方法勃莱（Bray）包括 Bray1 和 Bray2、Olsen 等浸提剂共存的时期。随着 M$_3$ 法与传统方法相关研究的不断深入和在各种土壤类型上的广泛应用，美国等发达国家目前已建立起一套完整的土壤测试和推荐施肥体系。

2. 智能化和信息化是现代欧美肥料推荐的发展趋势　除了常用的 SPAD 叶绿素仪、植株硝酸盐诊断、植株全氮分析等手段以外，光学和遥感技术被越来越多地应用到植株营养诊断中来。这些新技术的发展和应用正在颠覆传统的测土施肥技术。除了上述所涉及的地面、低空遥感技术外，覆盖更大面积的卫星遥感技术、成像光谱技术也在迅速发展，原位土壤养分分析技术、非破坏性的植物营养状况监测技术的发展也很迅速，这些新的技术手段的发展应用，使推荐施肥技术越来越向信息化方向发展。如美国已能够实现农田作业过程的智能导航和自动驾驶。自动驾驶系统可以根据需要配置成精准变量施肥、变量喷药等作业控制系统。全自动导航系统应用效果确定、明显，因而易于为从事规模化商业种植农户采用。

3. 以施肥为核心的农田养分投入管理是养分资源综合管理的主要手段　近年来，在欧美等国家的农业科研机构，原来一直以测土施肥为核心的农业推广体系也发生了改变，施肥的概念与决策领域有所拓展，开始进行兼顾生产、经济和环境目标的农场或农田养分管理推荐。总体来看，目前国外的施肥技术已经进入了以产量、品质和生态环境为目标的科学施肥时期。如何在提高肥料效益、保证粮食产量与减少肥料施用、保证环境安全问题上找出一个平衡点，成为施肥技术必须面临的问题，这也是未来高效施肥研究的重要驱动力。高效营养诊断技术、数字化养分管理系统、养分高效利用基因筛选、营养链一体化管理、作物营养调控技术和生态环境保护的施肥技术等将是未来高效施肥技术研究与应用的主要方向。

第二节　中国种植业施肥技术演变史概况

一、中国古代有机肥与施肥

我国的种植业有近万年的历史,施肥历史也十分悠久,成就卓著。随着社会的发展变化,我国劳动人民用自己的智慧和实践经验获得了用地养地的知识,逐渐形成了用地养地相结合的耕作技术体系,使我国几千年的土壤肥力与粮食生产得到相对的稳定发展。

我们的祖先在远古时代,实行粗放的农业耕作制度,大致经历了生荒、熟荒、休闲、轮种和多熟5个阶段。原始农业阶段“火耕水耨”所残留的草木灰等留在地里,起到肥料的作用。殷商时代(约公元前1600年—约公元前1066年),相传伊尹创造区田法,“教民粪种”;殷商甲骨文中已有“屎”、“壅”等字形记载,卜辞中有“屎有祖,乃坚田”的记载,意思是在施用足够的粪后再耕整田地,即施肥可以增产;西周(公元前1066年—公元前771年)开始,生产力有了很大的发展,自然农作物的施肥也会比殷商时代有所发展,最早记载施肥的著作是诗歌总集《诗经·周颂·良耜》,其中就有“其笠伊纠,其镈斯赵,以茶、蓼朽止,黍、稷茂止”的记载。蓼是水草,茶是苦菜,所谓“茶、蓼朽止,黍、稷茂止”的诗句,意思是苦菜、杂草等腐烂在地里能使庄稼长势茂盛。从以上典籍的记载,说明早在西周时期的人们就已经知道运用绿肥来培肥耕地土壤了,我国的先民在3000多年前就已经知道为农田施肥了。

春秋时期(公元前770—公元前476年),从一些典籍的片断章句,可证明当时对施肥的重视情况。例如老子(约公元前571年—公元前471年)所著的《老子》说:“天下有道,却走马以粪”;《论语·公冶长》说:“粪土之墙”等,可推知春秋时期对使用粪肥已提到重要地位。《左传》上有这样一句话:“为国家者,见恶,如农民之务去草焉,芟夷蕴崇之。”除草曰芟,蕴崇是积聚的意思。这句话就是说把青草割掉堆在一起制造草肥,说明春秋时期就已经使用野生绿肥,大致可以算是锄草肥田时期。

战国时期(公元前475—公元前221年),由于铁器生产工具的广泛运用,中耕的普遍推行以及灌溉技术的进步,农业生产有了进一步的发展。并且在战国“百家争鸣”的局面中,出现了很活跃的“农家”。《吕氏春秋》的《任地》、《辩土》、《审时》诸篇文献里,我们可以知道,战国时期对土壤的识别取得了相当的成就。《管子·地员篇》列举了18种土壤及其性状和肥瘠等。《尚书·禹贡》记载了全国的土壤地理。《吕氏春秋·任地篇》提出:“地可使肥,又可使棘。”指明了土壤肥力是可以改变的客观规律,进一步指出春耕要先耕强土,后耕柔土,并须将过于坚实之土变松些。由于当时的人们对土壤的这些认识,所以对肥力和土壤的关系就必然会有进一步的认识。孟子(公元前372—公元前289年)著《孟子·万章下》篇记载说:“耕者之所获,一夫百亩[1],百亩之粪,上农夫食九人。”是说一人耕种一百亩地,全部施肥,所产粮食能养活九口人。可见战国时代的人们施肥较为普遍。《孟子·滕文公》篇记载说:“凶年粪其田而不足。”意思是说在严重的荒年里,农民的收获所得连再生产时用于施肥都不够;《周礼·草人》记载:“草人掌土化之法以物

---

[1] 亩为非法定计量单位,1亩=1/15公顷≈667米^2。——编者注

地，相其宜则为之种。凡粪种，骍刚用牛，赤缇用羊，坟壤用麋，渴泽用鹿，城沪用貂，勃壤用狐，埴垆用豕，疆槛用蕡，轻爂用犬。"对这一项资料，历来学者们有许多不同的解释，我们认为还是清代学者江永（1681—1762 年）所著《周礼疑义举要》中的说法较恰当，即："种字当读去声。凡粪种，谓粪其地以种禾也。凡粪，当施之土。如用兽，则以骨灰撒诸田；用麻子，则用椿过麻油之渣布诸田。"《周礼·草人》所提"土化之法"，就是主张利用肥料改造土壤，把瘦地变为沃土，如"骍刚"（赤刚土）用牛粪，"赤缇"（赤黄土）用牛粪等，开创了因土施肥的先河。因此，这里所说的"粪种"，就是施肥下种的意思。在施肥的种类方面，除了人、畜粪被运用外，堆肥、灰肥也得到了进一步的利用。我国开始利用自然界中的绿色植物作为绿肥，如《礼记·月令篇》更清楚地记载说："仲夏之月……土润溽暑，大雨时行，烧薙行水，利以杀草，如以热汤，可以粪田畴，可以美土疆。"这里不仅记载了将青草割掉使之腐烂成绿肥，而且从"烧薙"可以看出草木灰肥的广泛使用。我们说的绿肥，其实当时也不仅仅限于青草，荀况（约公元前 313—公元前 238 年）著《荀子·致仕篇》记载："树落则粪本"，《荀子·富国篇》记载："掩田表亩，刺草殖谷，多粪肥田，是农夫众庶之事也。"荀况的学生韩非（约公元前 280—公元前 233 年）所著《韩非子·解老篇》记载说："积力于田畴，必且粪灌"。杨琼释注道："谓木叶落粪其根也。"在部分典籍中，"粪"是这样释注的，《康熙字典》释注有"秽也"、"是粪土也"、"又治也，培也"等意；《礼·月令篇》中有：可以粪田畴。疏：壅苗之根。"粪"于人可用之处，即往土地中施加粪肥。可见春秋战国时已知道将树叶用作肥料。

到了汉代（公元前 202—公元 220 年），农家肥源迅速扩大。据农学家氾胜之的《氾胜之书》记载，汉代农业生产者对肥料的认识是大大提高了，对于各种施肥方法的作用当时文献中也有记述。在施肥方法方面，基肥、种肥和追肥的施用已分别进行，基肥有的是大田漫撒，有的是在区田中集中施用。如西汉时期（公元前 206—公元 8 年）氾胜之（生卒年不详）著的《氾胜之书》记载："区田以粪气为美，非必须良田也。"区田法，是少种多收、抗旱高产的综合性技术。其特点是把农田作成若干宽幅或方形小区，采取深翻作区、集中施肥、等距点播、及时灌溉等措施。区田，是一种较为精细的耕作方法，可保证干旱地区的农作物丰收，实践证明有很大的现实意义。从以上记载看来，汉代农民已知道肥料是保证区田获得丰收的重要技术之一，只要施肥有方，条件较差的田也能获得丰收。《氾胜之书》开篇第一句就讲，"凡耕之本，在于趣时和土，务粪泽，早锄早获。"这里将勤于施肥和及时赶上时令等要素视为"耕之本"，足见对肥料的重视。《氾胜之书》记载，公元 2 世纪末以前，把"务粪泽"即保持土壤肥沃和水分，作为农业生产的基本条件，已经知道耕田时一定要等草长出来并下了雨再耕，这样"苗独生，草秽烂，皆成良田"，耕一遍的效用抵得上五遍，因为那些烂草都成了最好的肥料了，这是使用绿肥非常简便、有效的方法。此时期应该是养草肥田时期；公元 3 世纪初，开始种植苕子等作为稻田冬绿肥。汉代耕作者，还知道各种不同的作物，施以不同的肥料。用蚕屎和人粪尿腐熟作追肥施于麻田等。如种麻，待"麻生布叶，锄之，以蚕矢粪之"。当时溷肥（厕所人粪尿）、厩肥（牲畜粪肥）、蚕矢（蚕粪）及其他排泄物、碎骨等作肥料施用。可见，肥料种类大大增加。并根据土地的多少，施以一定数量的肥料。如区田，"一亩三千七百区，一日作千区。区种粟二十粒；美粪一升，合土和之"。《氾胜之书》还记载了"溲种法"，即在种子上粘上一层粪壳作为种肥的施肥方法。公元 1957 年，南京农学院植物生理教研组试验验证结果，"溲种法"的幼苗健壮，能使庄稼增加抗晒、抗旱、抗虫的能力。东汉（公元25—公元 220 年）思想家王充（公元 27—公元 97 年）在《论衡·率性篇》中说，对贫瘠的土壤"深耕细锄，厚加粪壤，勉致人功，以助地力，其树稼与彼肥沃者，相似类也。"主张通过人为措施，改良土壤，提高地力。

魏、晋、南北朝时期的突出成就是从过去简单地利用野生绿肥发展到栽培绿肥。西晋（公元 265—公元 316 年）时期郭义恭撰的《广志》里记载："苕草，色青黄，紫华，十二月稻下种之，蔓延殷盛，可以美田"，即稻后冬季种植苕草为现在的苕子。这是人工栽培绿肥的最早记载。北魏（公元 386—公元 534 年）贾思勰约在北魏永熙二年至东魏武定二年（公元 533—公元 544 年）间编著的农业巨著《齐民要术》进一步肯定了绿肥的增产效果和它在轮作中的地位。如："凡田地中，有良有薄者，即须加粪粪之"；更重要的是当时的人们已进一步知道对肥料的识别与制造。例如对绿肥，指出："若粪不可得者，五、六月中概种菉豆，至七月、八月，犁掩杀之，如以粪粪田，则良美与粪不殊，又省功力。"并对各种绿肥作物进一步加以比较，指出"凡美田之法，菉豆为上，小豆、胡麻次之……其美与蚕矢、熟粪同"。说菉豆等作绿肥在肥力上，不亚于蚕矢和熟粪。当时绿肥的栽培利用遍及南北各地，从大田种谷到种瓜、菜和葱等都用绿肥作基肥，并知桑田间作绿肥作物如绿豆、小豆和芜菁之类，可改良土壤和使桑树生长良好。在粪的制造上，首次发明了利用牛粪制造堆肥的"踏粪法"，即"凡人家秋收治田后，场上所有穰谷穰等，并须收贮一处。每日布牛脚下，三寸厚；每平旦收聚，堆积之。还依前布之，经宿即堆聚。经冬，一具牛踏成三十车粪。至十二月正月之间，即载粪粪地。"这是我国制造厩肥的最早记载。这一方法，一直被民间采用着，差不多各家农书都予以记载。不仅如此，在肥源的开辟上，也大大向前跨进了一步，如"种不求多，唯须良地；故墟新粪坏墙垣乃佳。"由此可见，魏时人们已知道将旧墙土也当作肥料使用了。直到今天，我国农村仍以旧墙土、炕土等用作肥料肥田。施肥技术的进步，反映在蔬菜生产上，是《齐民要术》总结的"粪大水勤"；在果树生产上也已知桃树增施熟粪，可提高桃子品质的记载。《齐民要术·种谷篇》中有"地势有良薄""顺天时，量地利，则用力少而成功多"的记述，可见，当时对于施肥方法和施肥所起的增产效果也有较为具体的探索。

土壤水分利用方面。《齐民要术·种葵篇》中也记载有"正月地释，驱羊踏破地皮。不踏即枯涸，皮破即膏润。"就是利用畜力及时切断土壤毛孔水的通道，起到有效的保墒作用。

在作物种类与土壤特性的相互适应性规律应用方面。《齐民要术·种葵篇》中记载了叶菜、根菜对土壤要求的区别：种葵，"地不厌良，故墟弥善，薄即粪之。"即需要用肥沃的熟地种葵；种蒜选择土地则讲究"蒜宜良软地"，并且在不同土质中种植，同一品种蒜的品质也会产生差异："白软地，蒜甜美而科大……刚强之地，辛辣而瘦小也"；种蔓菁萝卜类则强调"故墟新粪坏墙垣乃佳"，要求要用休闲地，最好用旧墙土作粪，根菜生长得好。而对于韭菜类具有"跳根"现象的蔬菜，在整地的时候就要求"畦欲极深"。类似的记载还有"姜宜白沙地"、"胡荽宜黑软青沙良地"、种苜蓿"地宜良熟"等等。由此可见，当时传统的蔬菜栽培技术不仅对土壤类型及其特性有了充分的认识和了解，而且还认识到，不同作物对土壤的适应性有差异。不同的农作物适合不同的土壤。事实上，在没有化肥农药的时代，土壤选择与作物栽培的丰产与高产紧密相关，在当时的科技条件下，能够认识到这一点，对当时农业生产的影响是十分重大的。

从隋（公元581—公元618年）唐（公元618—公元907年）时期，到五代十国（公元907—公元979年），我国的农业生产有了巨大的发展，然而记述这一阶段农业生产的历史书籍，却较为稀少。据有关文献，唐代有《兆民本业》、《演齐民要术》、《陈氏月录》、《四时纂要》等等，但遗留到现在的只有韩鄂（唐末五代时人，籍贯、生卒年不详）编著的《四时纂要》一书，多数古籍都已散失。《四时纂要》介绍的种茶法是一种"区种法"，是现代还在部分应用的茶苗播育方法，即：先是开坑，每坑圆三尺①，深一尺，坑间距二尺，每亩二百四十坑，在整地施肥之后，每坑播子六七十颗，覆土厚度是一寸②。第一年不要中耕除草，而要注意防旱，要求"旱即用米泔浇"；第二年，则在中耕除草的同时，还要注意施肥，但肥不能施得太多。足见当时的茶叶种植水平。施肥的方式，采用塘施（雍根）的方式，作物的整个生育期只施肥一次。

宋（公元960—公元1279年）时期，农业生产技术的重大进步是耕作者对土壤的肥力和植物营养，又较前人有了进一步的认识。南宋（1127—1279年）农学家陈敷（1076—1156年）编著的《农书》简明扼要地记载了当时农作的经验，提出了"地力常新"的理论，即主张用地与养地相结合，采用农田施肥的办法来保持和提高地力，提出："若能时加新沃之土壤，以粪治之，则益精熟肥美，其力常新壮矣，抑何沿海何衰之有"。这实际上就是现代建立在有机物质再循环基础上的农田生态系统，也可以说是"地力常新壮"观点的进一步发展，代表了传统农业生产的较高水平。他还阐述了"用粪得理"和用粪如用药的道理。说明宋代时期的农民在长期生产实践中认识到，土壤性质不同，应施用不同的粪肥，所谓"用粪如用药"。陈敷在《农书》中专讲施肥问题的"粪田之宜篇"中记载道："土壤气脉，其类不一，肥沃硗埆，美恶不同，治之各有宜也。"因而对于各种不同的土壤，能认真对待，施以不同的肥料；对于黑土，不能光看到其肥厚的一面，须知"然肥沃之过，或苗茂而实不坚"，因此"当取生新之土，以解利之，即辣爽得宜也"，尤其人的主观能动性对于改造土壤的决定意义，被充分肯定了，指出尽管"硗埆之土信瘠恶矣，然粪壤滋培，即其苗茂盛而实坚栗也"；任何一种土壤，只要"治之得宜，皆可成就"。《农书》中还记载了当时制造混合肥料的事实，把"扫除之土，燃烧之灰，簸扬之糠秕，断稿落叶，积而焚之，沃以粪汁"；陈氏《农书》中还记载了这样的事实："今夫种谷，必先修治秧田，于秋冬即再三深耕之……又积腐稿败叶，划雄枯朽根萎，遍铺烧治，即土暖且爽。"这种方法，实际上就是今天的"地面堆熏法"，燃烧过的枯枝叶灰分落留在土壤中起到肥田作用。在绿肥的应用方面，朱熹（1130—1200年）在《诗集传》中记载说："毒草朽则熟而苗盛"，应该说当时的耕作者对绿肥的运用已比较普遍。在肥料的种类上，糠也被用作基肥。在分期施肥方面，宋人也更精细了。以种桑来说，种前先施基肥，苗长到三、五寸高时就每隔五、七天，浇以小便。树逐渐长大后，再施以熟粪，并用一个竹筒插入树根旁，时以小便灌下。到次年正月后，将桑苗移植，在预先作好的洞穴

---

① 尺为非法定计量单位，1尺=1/3米。——编者注
② 寸为非法定计量单位，1寸=3.3厘米。——编者注

中，用熟粪三、两石作基肥。陈敷将此法"自本及末，分为三段"，不能不算认真、周到了。同时，也正由于人们对肥料非常珍视，所以使用时颇能注意节约，力争发挥肥效。如桑往往就和芋种在一起，"因粪芋即桑亦获肥益矣，是两得之也"。在果树施肥方面，南宋时柑橘已实行冬、夏各施一次肥料。

到了元代（1279—1368 年），农学家王祯（1271—1368 年）所著的《农书·粪壤篇》中在"粪壤篇"开篇就说："田有良薄，土有肥硗，耕农之事，粪壤为急，粪壤者所以变薄田为良田，化硗土为肥土也"，概括了施肥改土的作用，指出了施用肥料与培肥土壤、改良土壤的关系；书中还记载了从古代的土地轮休制到后来的土地常年利用，施肥是保持土壤肥力的必要措施；指出只要对土地能够很好地施家粪肥，"则地力常新壮而收获不减"，反映了对土壤肥力的科学认识。在肥料的种类上，王祯的《农书·粪壤篇》中还记述了多种粪肥如牲畜粪、苗粪、草粪、大粪、泥粪，以及沤肥、堆肥等的积制方法。如：踏粪、苗肥、草粪、火粪（熏土）各种动植物残体、泥肥、石灰等。如：除了一般的粪肥外，王祯记载说，"又有苗粪、草粪、火粪、泥粪之类。""一切禽兽毛羽，亲肌之物，最为肥泽，积之为粪，胜于草木。"合理施用农家肥方面，王祯认为，只有腐熟后施用，才能避免峻热伤苗，人粪直接施用还会伤害庄稼。在《农书·粪壤篇》中有"若骤用生粪及布粪太多，粪力峻热，即杀伤物。"的记载。为了保存肥效，还创建了设在农舍附近的粪屋和设在田头的地窖等积肥、保肥设施。这又广辟了肥源，打破了前人对肥源的一些保守观点。对于泥肥，王祯记载道："于沟港内乘船，以竹夹取青泥，核泼岸上，凝定裁成块子，担去同大粪和用，比常粪得力甚多。"在公元 1970 年代，河泥已被我国民间广泛地用作肥料，特别是做基肥。王祯在《农书·粪壤篇》里也总结了积肥和施肥技术，并提到："江南三月草长，则刈以踏稻田，岁岁如此，地力常盛。鲁明善的《农桑衣食摄要》，曾分别对一年十二个月的农作物详予阐述，尤其是农家的基本作物，如稻、麦、麻、豆等等，如何培植施肥，都有比较系统的记载。在记述"种葡萄"时说："预先于去年冬间截取藤枝旺者，约长三尺，埋窖于熟粪内，候春间树木萌芽发时取出，牵藤上架，根边常以煮肉肥汁放冷浇灌，三日以后以清水解之。"可见元时把肉汤也当作肥料了。这一时期的肥料种类也显著增加，新出现的肥料有河泥、麻枯（即芝麻饼）以及无机肥料石灰、石膏、食盐和硫磺等。为做到合理施用，当时提出：低田水冷，施用石灰，可使土变暖，有益发苗；作肥料，秧田施用麻枯和火粪最佳，但不可用大粪，尤忌生粪浇灌；种苎麻，用驴马生粪可生热御寒；种百合和韭用马粪尤为适宜；种山药，忌人粪尿，宜牛粪、麻枯等。多次追肥方法也在这一时期首次记载。足见当时的积肥、施肥技术又有了新的发展。

明代（1368 — 1644 年）著名科学家徐光启（1562 — 1633 年）著的《农政全书》中有"地土高下燥湿不同，而同于生物，生物之性虽同，而所生之物则有宜不宜焉。土性虽有宜不宜，人力亦有至不至，人力之至，亦或可以回天，况地乎？"的记载，这说明我们的先辈对于土壤可改造性的正确认识。在施肥技术上，徐光启认为应分清不同对象，以具体对待，如"凡棉田，于清明前先下壅，或粪，或灰，或豆饼，或生泥，多寡量田肥瘠"。主张根据农田不同肥力情况施用各种粪肥，并按照农田的肥瘠程度来确定施肥量，不能盲目地滥用肥料。强调运用肥料须恰如其分，施肥太多，则庄稼"虚长不实"，还易生虫，有害而无益。徐光启还在《粪壅规则》中记录了各地造肥、施肥的不同特点。明代王象晋

(1561 — 1653 年) 也主张增施肥料，精细耕作，他在《群芳谱》中记载说："积地莫如积粪。地多无粪，枉费人工"。明代袁黄（1533 — 1606 年）的《宝坛劝农书》一书分天时、地利、田制、播种、耕治、灌溉、粪壤、占验八章，主要介绍、推广关于顺应农时、辨别土质肥瘠、播种与中耕管理、沤制肥料、开垦荒地、兴修水利以及制作闸、涵、槽与汲水工具等方面的实用技术。已有"蒸粪法"记述，也记载了苗粪、草粪、大粪、毛粪、灰粪、泥粪等多种粪肥，并指出"泥粪为上"。当时还有用乌桕、油麻、豆碴、糖碴、酒精、豆屑等制造的饼肥。

宋应星（1587—1666 年）编著的《天工开物》，也记载了施肥方面的可贵经验。书中较精辟地记述了肥力对植物健全发育的影响，如："种胡麻法，或治畦圃，或垅田亩，土碎草净之极，然后以地灰微湿，拌匀麻子而撒种子。其色有黑、白、赤三者，其结角长寸许，有四棱者房小而子少，八棱者房大而子多，皆因肥瘠所致，非种性也。"说明植物因营养不同，其生长状况与收获量亦不同。在肥料的种类上，《天工开物》记载了南方用绿豆粉浆作基肥，证明肥效较好；在根据不同土壤的特性，"因地制宜"方面，宋应星对种稻技术，也有谓"凡稻土脉焦枯，则穗实萧索，勤农粪田，多方以助之。人畜秽遗、榨油枯饼、草皮、木叶以佐生机，普天之所同也；土性带冷浆者宜骨灰蘸秧根，石灰淹苗足，向阳暖土不宜也；土脉坚紧者，宜耕陇叠块，压薪而烧之，植坟松土不宜也"的论述记载，论述得相当精辟。成书于明末清初（1640 年前后）的《沈氏农书》中，强调养猪积肥对水稻施肥技术有比较详细的记载。称基肥为"垫肥"，称追肥为"接力"，认为追肥要按水稻生长发育季节施用，而且要看苗施肥。这一时期，随着农业生产的发展，农田施肥技术进一步提高，开始应用种肥、基肥、追肥等不同的施肥技术。

清代（1644—1911 年）的许多农学家，在前人研究的基础上，加以辑佚考订以及根据自身的实践，写出很多出色的农学著作。在作物施肥方面较之前人已经有较为全面、系统研究，尤其是在肥料的区别施用与堆（沤）制造方面。清初，陕西兴平农学家杨灿（1699—1794 年）编著的《知本提纲》中记载指出，施肥时应注意时宜、土宜、物宜之分。"时宜者，寒热不同，各应其候。春宜人粪、牲畜粪，夏宜草粪、泥粪、苗粪，秋宜火粪，冬宜骨蛤、皮毛之类是也。"将一年之中在不同季节应施何种肥料，说得很清楚。对于不同性质的土壤施用不同的肥料，杨灿记载说"因物试验反复实践"的重要，只要能"相地历验，自无不宜"，"七宜者，气脉不一，美恶不同，随土用粪，如因病下药。即如阴湿之地宜用火粪，黄壤宜用渣粪，沙土宜用草粪、泥粪……高燥之处宜用猪粪之类是也。"所谓"物宜"者，即"物性不齐，当随其性。即如稻田宜用骨蛤蹄角粪皮毛粪……油渣之类是也"。这种对施肥的认识，比前人确实是更为全面、深入。对于肥料的堆（沤）制造，也是非常重视。杨灿在《酿粪》中就记载了十种堆（沤）制造肥料的具体方法，涉及人粪、牲畜粪、草粪、火粪（包括硝土）、泥粪、骨蛤灰类、苗粪（黑豆、绿豆等）、渣粪、皮毛粪等等。农学家（清）杨巩在《农学合编》卷五"肥料"一章中的记载比杨灿的更进一步，杨巩记载的肥料有踏粪、蒸粪、酿粪、烧粪、火粪、草粪、窖粪、荻叶粪、埋粪、稻草粗糠粪、新鲜豆苗及菜麦叶粪、豆麻棉枯饼粪、干粪、牛马粪、羊粪、稿粪、蚕粪、骨肥、石灰、食盐、石膏等二十多种，并分别对其肥效、制作方法等作了说明。孙宅揆编著的《教稼书》（又名《区田图说》）中所记录的"蒸粪法"，其蒸制过程几乎和蒸酒一样。蒸粪不仅可以增加肥力，还附带杀死粪中所藏的草子、害虫等，可起到一举两得的效果。古人积制粪肥，还考虑到与生态环境相结合。张履祥（1611—1674 年）编著的《补农书》提到，在江南鱼米之乡，宜发展养猪养羊，猪羊粪可肥桑，桑叶喂蚕，蚕粪养鱼，鱼池中泥粪又可肥稻、桑、竹等，实行农牧结合、水陆互养，形成自然界中生物间的良性循环，即发展了多种经营，又注意到了生态平衡，此创举确实是难能可贵的。

在施肥方式方面，殷商时代到汉代中期，以雍根的方式施肥，作物的整个生育期只施一次肥。汉代末期到宋代初期，施肥方式有了一定改进，采用雍根、打塘施的方式施肥，但作物的整个生育期只知道施一次肥料。到宋代中期施肥方式有了较大改进，知道分次施用，即，先施基肥，作物生长期再分次施肥，主要采用打塘施、雍根施的方式施用肥料。到元末明初期，施肥方式有了很大的改进，种肥、基肥、追肥结合施用，旱地作物主要采用打塘施、雍根施的方式，水稻等水生作物和小麦等密植作物采用全田（地）撒施的方式施用肥料。

从这些古籍中，反映出我国农民在长期农业生产实践中积累了丰富的积制传统有机肥料、施用传统有机肥料、培养地力，用养结合的经验，通过施用传统有机肥，使之恢复或保持耕地土壤肥力，保证当时的粮食、蔬菜、水果等农产品产量的持续稳产，以有机肥维持低氮循环，不断丰富和发展了我国传统的肥料学科，形成了我国古代的施肥理论，是用地与养地相结合耕作系统的成功范例，使我国几千年的土壤肥力与粮食生产得到相对的稳定发展，奠定了基于施用传统有机肥中国古代施肥的基本理论。从总体看，中国当时的土地复种指数较高，但土地越种越肥，产量越种越高，没有出现过普遍的地力衰竭现象，就是注意高度用地与积极养地相结合，以获得持续的、不断增高的单位面积产量，这是中国传统农业区别于西欧中世纪农业的重要特点之一。我国传统农业施用有机肥维持作物产量、培肥地力的做法受到了国外学者的关注，都一致认为，传统农业时代的中国人把一切能充作肥料的东西都放到土壤里去，使其参与物质的再循环和资源的再利用，化无用为有用，保持地力常新。近代农业化学奠基人李比希（Justus von Liebig, 1803—1873）曾将中国能长久保持土壤肥力的奇迹，归结于其无与伦比的用地养地制度："就是从土壤中取走的植物养分，又以农产品残余部分的形式，全部归还土壤。"德国农学家瓦格纳（W. Wagner）根据他自己的亲身见闻说："在中国人口稠密和千百年来耕种的地带，一直到现在未呈现土地疲敝的现象，这要归功于他们的农民细心施肥这一点。"20 世纪初美国农学家金氏（King）来中国、日本和朝鲜考察农业后写的一本书叫《四千年农夫》，极力赞扬这一传统的培肥地力的方式。可见，这是我们祖先遗留给我们的宝贵遗产，是我国建设社会主义现代农业科学技术基础的一个重要方面，对发展现代生态农业仍有重要指导意义。

二、有机肥施用传统的继承与发扬

在近现代中国社会经济背景下，我国维持了有机肥积制和施用的优良传统，并有所创新，肥料种类以及传统有机肥为主并有新增。据东南大学对江苏农业的调查显示，20 世纪 20 年代苏南各县使用的肥料主要有猪粪、人粪、草灰、河泥、豆饼等。杭州地区 1902—1911 年海关报告称"常用肥料，有种三叶草生长在稻田，犁地时翻下，水草和河泥，还有菜籽饼和豆饼被广泛使用。"由于未曾提及化肥的字样，可以推断当时杭州地区化肥施用极少。接下来的 10 年时间里，化肥销售有所增加，但有机肥仍是主体："农民所施用的肥料，有粪肥、化肥等品种，当地产的明矾、绿矾、石膏和石灰为无机肥料，但施用相当少，主要是厩肥（汁）又称液体肥料、豆饼、菜籽饼、稻草灰、河泥和厩肥"。民国二十四年（1935）上海《川沙县志》·肥料中记载了当时农家使用的肥料种类：粪、牛粪、猪粪灰、羊粪灰、鸡粪灰、草河泥、堆肥、河泥堆、苜蓿头、豌豆箕、蚕蛹、腐蟹、豆饼、菜籽饼。据彭家元1936年编著《肥料学》（商务印书馆）记载，1901年氮肥从日本输入中国台湾地区，在栽培甘蔗的过程中施用；1906年从上海进口第一批化肥硫酸铵开始，进口数量逐年增加，由1912年的80万担[①]，到1923年超过100万担，到1930年达到高峰。1910年，化肥进口品种有过硫酸铵、磷酸钙、智利硝石、汤麦斯磷肥、氯化钾、硝酸铵、磷酸铵、硫酸钾，以及少数复合肥料，其中近80%为硫酸铵。20世纪20年代以后，化肥与农家肥的配合使用，肥料种类更为丰富。种植苜蓿、红萍等作绿肥作物积造有机肥，沿海地区农民将鱼蟹残体作为肥料，化肥的购买和施用者虽然很少，但它改变了当地人传统的肥料观念和施肥方式。化肥施用量逐步增加（表1-7）。

表1-7 民国时期（1924—1937年）**化学肥料进口数量统计**（担）

年份	化肥施用量	年份	化肥施用量
1924	986 379	1931	289 875
1925	1 016 028	1932	1 912 730
1926	1 256 512	1933	1 754 304
1927	1 423 338	1934	890 199
1928	2 532 220	1935	1 197 236
1929	2 640 634	1936	2 138 144
1930	3 798 356	1937	2 915 916

资料来源：中国第二历史档案馆：《中国旧海关史料》（1859—1948，北京：京华出版社）。1担=50千克。

说明：1934年后缺失东三省的数据。①民国十六年《中华农学会丛刊》第五十五期。②民国十六年《中华农学会丛刊》第五十五期。③王红谊、章楷、王思明，《中国近代农业改进史略》（北京：中国农业科技出版社，2001，103—109）。④陈方济，《对于人造肥料推行之管见》，《中华农学会报》第48期，1925年。⑤曹隆恭，《我国化肥施用与研究简史》，中国农史，1989，（4）：54-58，44。⑥中华人民共和国杭州海关，《近代浙江通商口岸经济社会概况（杭州关十年报告1922—1931）》（杭州：浙江人民出版社，2002：711）。

新中国成立后，党和政府十分重视肥料工作，号召广辟肥源，大力积造有机肥，发展化肥生产，科学施用肥料，使我国的肥料行业迅速发展。在此期间，有机肥应用数量、比例和利用方式都发生了显著改变，大致可分为4个阶段：

第一阶段（1949—1980年），有机肥占主导地位，农民沿用传统的种田方式，在吸取前人成果和实践经验的基础上，大量积造施用有机肥，此时化肥工业起步，主要以施用有机肥为主（表1-8），1949年有机养分投入量占总养分投入的99.9%，以后逐年下降，到20世纪70年代末，所占比例下降到60%左右，但仍在农业生产中发挥着主要作用。到1980年，有机养分投入所占比例下降到47.1%，化学肥料养分使用占比超过了有机养分，达52.9%。在这一阶段有机肥的利用方式主要是传统的农家积造方式。

---

① 担为非法定计量单位，1担=50千克。——编者注

表 1-8 1949—1983 年全国有机肥和化肥在施肥总量中所占百分比

年份	肥料投入总量（折成养分单位：万吨）	其中，投入总量中所占百分比	
		有机肥（%）	化肥（%）
1949	428.5	99.9	0.1
1957	694.8	91.0	9.0
1965	912.9	80.7	19.3
1975	1 603.3	66.4	33.6
1980	2 400.3	47.1	52.9
1983	2 861.7	42.0	58.0

数据来源：中央农业科学技术委员会及科学技术司编，《中国农业科技工作四十年》(1949—1989)。

第二阶段（1981—1995 年），有机无机肥料并重阶段：化肥工业迅速发展，有机肥主导地位逐步削弱，有机养分与无机养分贡献基本相当，有机养分的投入比例为 40%～50%，但利用方式已经发生了一些变化，出现了一些规模化处理有机肥资源的方式。1979 年以后，我国部分地区实行改革开放试点到全面推开的几年中，我国农业经济体制出现改革发展的好势头，出现部分农户自产自用堆肥和无机化肥兼用的农耕方式，农产品产量和品质有了明细优化的同时，催生出发酵有机肥产业化生产的形成和发展。利用专用堆肥菌剂好氧发酵堆肥，使得传统堆肥制作方式有了技术层面的提升。堆肥好氧发酵菌的研发和产品上市销售以及成套生产设备为农业生产和大面积施用优质发酵有机肥提供了极大方便。

第三阶段（1996 年至现在），有机肥占配角地位：有机肥由于受处理方法、施用条件等因素的限制，投入比例逐年下降，而这一阶段是化肥工业迅猛发展的阶段，无机养分的投入已经占绝对的主导地位。到 20 世纪末期，我国注重耕地的用养结合，可持续利用，推行"无公害农产品"行动，提倡发展"无公害农产品"、"绿色食品"和"有机食品"等，有机养分的投入比例基本稳定在 30% 以上。随着肥料事业的进一步发展，国家实施了有机质提升试点补贴工作，商品有机肥补贴以及绿肥补贴政策等；同时国家也加大了有机肥利用基础设施建设，实施了"沃土工程"、"沼气池工程"等来促进有机肥的发展。随着人民对有机肥认识的提高，又出现了秸秆腐熟还田技术、秸秆免耕还田技术、沼气肥综合利用技术、畜禽粪便无害化处理技术、有机肥工厂化加工技术以及有机无机肥料生产技术等，国家对有机肥的生产十分重视，在政策方面给予倾斜来支持其发展。2008 年 6 月开始，对于符合标准的生物有机肥产品实行免征增值税政策，为有机肥行业的发展提供了进一步的政策支持。国家还相继启动"无公害食品行动计划"、"绿色食品"、"有机食品"认证等相关计划及政策，对农产品进行质量安全控制，一定程度上也带动了有机肥的市场需求。根据国家统计局的统计数据，中国有机肥行业市场规模总体呈稳步上升态势。2000—2010 年的 10 年间，中国有机肥销售年均增速达到 56.72%，销售收入由 2000 年的 3.55 亿元增长至 2010 年的 317.63 亿元，增长了近 100 倍；2011 年达 519.14 亿元，2012 年达 629.69 亿元，同比增长 21.30%。随着生产技术的日渐成熟，我国有机肥行业将迎来快速发展时期。以有机肥为主的新型肥料开发开始起步发展，如对改良盐碱性或者重金属污染的土壤和以满足农作物对多种养分元素需求的靶向性肥料产品的研究，现代有机肥已走入肥料营销市场。目前有：有机无机复合（混）肥，测土配方肥，瓜果蔬菜专用有机肥、茶叶专用有机肥、经济林用有机肥、旱地粮食作物有机肥、水稻专用有机肥，育苗基质有机肥、有机无机螯合有机肥、功能性微生物菌肥、药用有机肥等。2017年以来，秸秆炭化还田循环利用技术试验示范起步。

土壤有机质提升与作物高产稳产具有协同效应。据徐明岗等对1985—2005年相关数据的分析研究结果，粮食单位面积增产份额中的贡献率，土壤改良培肥约占34%、优良品种约占35%、植保与栽培约占33%。不同区域土壤有机质提升的增产效应也有所不同：土壤有机质每提升1克C/千克，东北、西北、华北等北方玉米平均增产988千克/公顷，变幅660～1 220千克/公顷，小麦平均增产957千克/公顷，变幅575～1 152千克/公顷；南方玉米平均增产596千克/公顷，变幅436～705千克/公顷，平均增产小麦192千克/公顷，变幅169～214千克/公顷，水稻平均增产350千克/公顷，变幅345～354千克/公顷。而且，有机质提升提高了作物可持续性指数，降低产量的变异性。土壤有机质的提升，显著改善作物的稳产性，有机质每提升1克C/千克，玉米、小麦的可持续性指数提高5%左右，变异系数下降5%～8%，有机质对水稻稳产性影响不明显。

近年来，由于农村劳动力大量进城务工经商，加之农业生产效益低，与化肥相比，传统有机肥积制、施用费时费力，现代有机肥价格过高农民难以接受，对有机肥料的投入严重不足，农户对土地的劳动力投入大大减少，化肥被普遍施用，有机肥的积制和施用呈逐步减少的现象。化肥生产量和施用量都已跃居世界第一，全国无机养分投入占比上升到80%左右，有机养分施用量降至20%左右。化肥的大量施用使得中国农业生产率显著提升，作物亩产量已经达到世界先进水平，以7%的耕地养活了世界22%的人口，很好地解决了中国人的吃饭问题。但化肥的大量不合理施用，造成了土壤板结、土壤肥力下降、环境污染、生态恶化等，对土壤生态环境和农业可持续发展造成了严重影响，让人忧虑。

而欧美经济发达国家，目前有机肥施用比例多为45%～60%，美国则高达60%～70%。但是，按最乐观的估算，我国的有机肥施用量也只有3 036.7万吨（养分量），不足全部施肥量的36%。2008年我国有机肥资源实物量为49.5亿吨，其中的氮磷钾养分含量为7 405.7万吨，相当于化肥养分量的137%，但是我们仅利用了大约41%。以钾肥为例，我们在极其困难的条件下从罗布泊与察尔汗这些荒漠无人区开采钾盐，年产钾肥300余万吨，可是我国每年产出的秸秆就含钾1 400多万吨，如果加上人畜粪尿中的钾，钾资源总量在3 000万吨以上，是远比钾盐矿更丰富的钾肥资源。可是，这些宝贵资源却因利用率低而很大部分成为了环境污染源。

三、我国科学施肥的发展历程

从清末到新中国成立之前这段时期，我国的农业科学，特别是土壤肥料科学主要是从欧美、日本等资本主义国家引进了比较先进的现代农业理论，培养了为数不多的土壤肥料科技工作者。但由于在当时社会历史条件下，未能充分发挥科技人员的作用，土壤肥料科学发展比较缓慢。1901年氮肥（主要是硫酸铵）从日本输入我国台湾；1904年，从英国、德国、法国等国家进口到我国江苏、浙江等沿海地区引进推广施用，主要也是硫酸铵，其次为过磷酸钙、硫酸钾、氯化钾。20世纪20年代开始，当时的中央和江浙地方农业科教机构开展了大量的肥料试验研究工作，取得了对当时合理施肥具有重要指导价值的研究成果。江浙各农事试验场1925—1933年进行了水稻对氮、磷、钾营养元素需求的研究，得出了氮、磷、钾肥料混合施用的结论。30年代成立的中央农业试验所内设土壤肥料系，其主要职责是在全面开展土壤肥力调查的基础上，对化学肥料在中国的使用推广进行试验研究。1934年，江苏省建设厅为防止农民单独施用一种化肥，曾规定商贩在批购化肥时，氮、磷、钾三种肥料数量上必须按100：5：1的比例搭配。而浙江省的规定是：水稻产区内出售化肥，氮、磷、钾三种应按100：16.5：3的比例搭配。但事实上当时的农民很难做到按比例施用。为此1935年，江苏省、浙江省废弃上述不现实的规定，改将三种化肥按适当比例加以混合，配售给商贩。当时称这种混成复肥为"完全肥料"。为探求各种土壤中氮、磷、钾三要素的富缺状况和各种作物对三要素的需要程度，1935年1月至1943年，中央农业试验所土壤肥料系与相关地方农事机关合作，对江苏等14个省68个试验点的土壤进行了"地力测定"，得出各地土壤中氮素养分极为缺乏，长江上游、淮河流域和长江以南的许多地方缺乏磷素养分，钾素在各区土壤中均不缺乏的结论。根据多年的土壤肥力调查和化肥施用实验研究结果，40年代提出了"有机肥为主，化肥为辅；化肥中以硫酸铵为主，其他化肥为辅；作物施肥中以水稻为主"的"三为主"施肥指导方针建议。试验研究还揭示出化肥短期增产效果明显，而有机肥有利于改善土壤性状，保持土壤肥力，有机肥和化肥配合施用可扬长避短的研究结果。初步积累了一些有关合理施用化肥（主要是硫酸铵），特别是在按传统习惯施用有机肥料的基础上合理施用化学肥料的经验。

在蔬菜施肥方面，我国有"多粪水勤，不用问人"的说法，说的是蔬菜栽培应多施肥，勤浇水。20世纪初肥料多为畜禽与人的粪尿和草木灰、骨粉等，随着近代科技的发展，有效应用各种肥料的研究逐步兴起，通过对施用肥料数量种类的调控，进行有针对性的施肥。总体上化肥的施用经历了50年代的有机肥和氮肥配合施用，60年代的有机肥与氮、磷肥的配合施用，70年代及其以后的有机肥与氮、磷、钾及其部分微量元素肥料配合施用等发展阶段（丁晓蕾，2008；曹隆恭，1989）。

新中国成立以后，党和国家高度重视科学施肥工作，1950年，中央在北京召开了全国土壤肥料工作会议，将科学施肥作为发展粮食生产的重要措施之一，随后重点推广了氮肥，加强了有机肥料建设。提出了"有机肥料为主，无机肥料为辅"的肥料工作方针。1957年成立了全国化肥试验网，开展了第一次全国氮肥、磷肥肥效试验研究。1959—1962年组织开展了第二次全国氮、磷、钾三要素肥效试验，研究总结不同地区、不同作物施用氮、磷、钾化肥的增产效果与经济有效的施肥技术以及吸收利用的理论基础，为国家生产适合当时农业生产的化肥、合理分配化肥和经济有效使用化肥提供科学依据。为氮肥和磷肥在我国大面积的推广应用起到重要的推动作用和良好的示范带动作用。有机肥料方面，着重总结研究开辟肥源，提高质量，合理利用，以及对提高土壤肥力的作用。在继续推广氮肥的同时，注重了磷肥的推广和绿肥生产，为促进粮食生产发展发挥了重要作用。70年代以来，在总结试验研究和生产实践的基础上，于1974年提出了"以有机肥料为主，有机肥与无机肥配合施用"的施肥方针。在施用肥料技术上采用了更进步的科学措施，即根据作物需肥规律及当地土壤肥分含量和肥料的性能效应等，示范推广配方施肥技术，把施肥作业从经验上升到理论，从单一元素施用发展到多元素配合施用，国产复合肥和进口复合肥逐步得到示范应用，大大提高了施肥的经济效益。1959 年，我国开始生产复合肥料，当年生产复合肥料 5 万吨（养分折纯量），以后逐年增加。1959—1970 年的 12 年间累计生产了 15.8 万吨（养分折纯量），1971—1980 年的 10 年间共生产 348.7 万吨（养分折纯量），80 年代中期后有了较大的发展。1992 年，我国的复合（混）肥料施用量达到了 462.4 万吨（养分折纯量），占化肥施用总量的 15.8%。到 2000 年，复合（混）肥料施用量达到了 880.32 万吨（养分折纯量），占化肥施用总量的 21.3%。

1979—1984 年开展了第二次全国土壤普查，摸清了我国近 20 年来的耕地养分变化状况，以及化肥施用对我国耕地质量和养分变化的影响等情况。两次全国土壤普查在摸清土壤资源基本情况的基础上，大力推广土壤改良技术，中低产田地得到不同程度的改良，同时也为指导我国因土施肥，科学施肥，提高施肥效果提供了科学依据。1981—1996 年组织开展了第三次全国规模的化肥肥效试验，1992 年 6 月，联合国开发计划署与农业部签订了平衡施肥项目合作协议，这让我国土肥工作者接触到国际上最先进的科学施肥技术、设备和操作管理模式，为农业部和各项目省培养了一批土肥技术人才和管理人员，开始对氮、磷、钾和中、微量元素肥料协同效应进行了系统研究，国内科学施肥工作水平得到大幅度提高。随后，开展缺素补素、配方施肥和平衡施肥技术推广研究，探索了配方施肥技术规范和工作方法，总结提出了测、配、产、供、施"一条龙"的测土配方肥技术服务模式，初步建立了全国测土配方施肥技术体系。1996 年以来，各种形式的测土配方施肥补贴项目优先在我国粮食、油料等农产品主产省份实施，到 2010 年，我国测土配方施肥项目基本实现农业县全覆盖。到 2017 年基本建立了适应我国农业县县域气候、当前土壤、作物等农业生产现状的有自己特点的土壤测试推荐施肥体系。初步建立了县市区域主要农作物配方施肥技术参数，三元二次肥料效应方程、二元二次肥料效应方程、一元二次肥料效应方程，以及百千克籽粒（经济产量）需肥量和土壤养分丰缺指标，创建了县市域粮食、油料、瓜果、蔬菜、果树、烟叶、牧草等主要作物施肥指标体系、专用肥配方，推荐施肥配方及其施肥建议。2013 年以来，测土配方、精准施肥技术、水肥一体化技术开始在高效益经济作物上推广应用；近年来，高效环保、资源节约型新肥料的研究及应用日益受到重视，控释性复混（合）肥料、缓释型肥料因其提高化肥利用率、减少养分损失等优势受到广泛的欢迎，缓释型肥料、腐殖酸功能型肥料、控释性肥料等环境友好型肥料开始应用于国内大宗粮食、经济作物、经济林果。

节肥节水省力高效施肥技术应用方面。20 世纪 70 年代中期，液体肥料、水溶性肥料进入试验性生产、示范应用阶段。到 90 年代末，随着节水农业，管道输水、膜下滴灌等高效节水灌溉技术在高效益作物上的推广应用，水肥一体化（灌溉施肥）技术被重视，液体肥料、水溶性肥料开始在高产值、高效益作物上示范应用。到 21 世纪初，随着我国水肥一体化技术在新疆棉花种植、中西部地区部分果树、蔬菜种植管理中的示范推广，液体肥料施用量逐年增加，水溶性肥料生产量也逐年增加（图 1-1）。

特别是近年来，肥料生产及其应用正朝着高效复合化，并结合施肥机械化、运肥管道

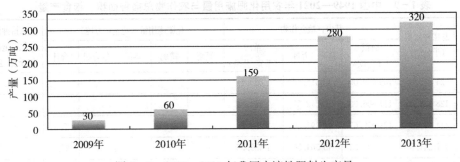

图 1-1　2009—2013 年我国水溶性肥料生产量

化、水肥滴灌（喷灌）仪表化、智能化方向发展。液氨、聚磷酸铵、聚磷酸钾等因具有养分浓度高或副成分少等优点，成为主要的化肥品种。很多化学肥料还趋向于制成流体肥料，并在其中掺入微量元素肥料和农药，成为多功能的复合肥料，便于管道运输和施肥灌溉（喷灌、滴灌）的结合，有省工、省水和省肥的优点。但是，长期大量地施用化学肥料，常导致环境污染。为保持农业生态平衡，2015 年中国农业部颁布了《到 2020 年化肥使用量零增长行动方案》，实施了有机肥替代化肥减量增效技术项目示范推广，提倡以植物营养为中心、土壤肥力为基础、科学应用肥料为手段，有机肥与化学肥料配合使用，既考虑各种养分的资源特征，又考虑多种养分资源的综合管理，养分供应和需求以及施肥与其他技术相结合，调节植物体内的生理过程和营养代谢水平，提高营养效率，兼顾人类生存所必需的食物营养与环境质量的优化，在满足作物对养分需要的同时，避免土壤性质恶化、环境污染和食品的安全。

由于化学肥料的逐步推广应用，我国粮食作物单位面积产量和总产量大幅度增加（图 1-2，表 1-9）。随着测土配方施肥、有机肥替代化肥技术的推广应用，化肥施用总量、单位面积施用量，到 2015 年之后逐年减少，农作物总播种面积平均每公顷化肥施用量由 2014 年的 363.46 千克/公顷，逐年下降到 2021 年的 307.73 千克/公顷。

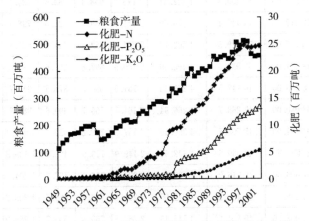

图 1-2　我国 1949—2001 年化肥使用量与粮食产量

表 1-9 中国 1949—2021 年农用化肥施用量与农作物总播种面积、粮食产量

年份	总播种面积（千公顷）	其中，粮食作物			化肥施用量（纯量，万吨）					总播种面积化肥施用量（千克/公顷）
		面积（千公顷）	总产（万吨）	单产（千克/公顷）	氮肥	磷肥	钾肥	复合肥	合计	
1949	124 286.00	109 959.00	11 318.00	1 029.29						0
1950	128 826.00	114 406.00	13 212.50	1 154.88						0
1952	141 256.00	123 978.67	16 391.50	1 322.12					7.8	0.55
1957	157 244.00	133 633.33	19 504.50	1 459.55					37.3	2.37
1962	140 228.67	121 620.67	15 441.00	1 269.60					63	4.49
1965	143 290.67	119 627.33	19 452.50	1 626.09					194.2	13.55
1970	143 487.33	119 267.00	23 995.50	2 011.91					351.3	24.48
1975	149 545.33	121 062.00	28 451.50	2 350.16					536.9	35.90
1976	149 722.67	120 743.00	28 630.50	2 371.19					582.8	38.93
1977	149 333.33	120 400.00	28 272.50	2 348.21					648.0	43.39
1978	150 104.00	120 587.00	30 476.5	2 527.35					884.0	58.89
1980	146 380.00	117 234.00	32 055.5	2 734.32	934.2	273.3	34.6	27.3	1 269.4	86.72
1985	143 626.00	108 845.00	37 910.8	3 483.01	1 204.9	310.9	80.4	179.6	1 775.8	123.64
1990	148 362.00	113 466.00	44 624.3	3 932.83	1 638.4	462.4	147.9	341.6	2 590.3	174.59
1991	149 586.00	112 314.00	43 529.0	3 875.65	1 726.1	499.6	173.9	405.5	2 805.1	187.52
1992	149 007.00	110 560.00	44 265.8	4 003.78	1 756.1	515.7	196.0	462.4	2 930.2	196.65
1993	147 741.00	110 509.00	45 648.8	4 130.78	1 835.1	575.1	212.3	529.4	3 151.9	213.34
1994	148 241.00	109 544.00	44 510.1	4 063.22	1 882.0	600.7	234.8	600.6	3 318.1	223.83
1995	149 879.00	110 060.00	46 661.8	4 239.67	2 021.9	632.4	268.5	670.8	3 593.6	239.77
1996	152 381.00	112 548.00	50 453.5	4 482.84	2 145.3	658.4	289.6	734.7	3 828.0	251.21
1997	153 969.00	112 912.00	49 417.1	4 376.60	2 171.7	689.1	322.0	798.1	3 980.9	258.55
1998	155 706.00	113 787.00	51 229.5	4 502.23	2 234.4	682.8	346.3	822.2	4 085.7	262.40
1999	156 373.00	113 161.00	50 838.6	4 492.59	2 180.9	697.8	365.5	880.0	4 124.3	263.75
2000	156 300.00	108 463.00	46 217.5	4 261.13	2 161.5	690.5	376.5	917.7	4 146.2	265.27
2001	155 708.00	106 080.00	45 263.7	4 266.94	2 164.1	705.7	399.6	983.7	4 253.1	273.15
2002	154 636.00	103 891.00	45 705.8	4 399.40	2 157.3	712.2	422.4	1 040.4	4 332.3	280.16
2003	152 415.00	99 410.00	43 069.5	4 332.51	2 149.9	713.9	438.0	1 109.8	4 411.6	289.45
2004	153 553.00	101 606.00	46 946.9	4 620.49	2 221.9	736.0	467.3	1 204.0	4 629.2	301.47
2005	155 488.00	104 278.00	48 402.2	4 641.65	2 229.3	743.8	489.5	1 303.2	4 765.8	306.51
2006	152 149.00	104 958.00	49 804.2	4 745.16	2 262.5	769.5	509.7	1 385.9	4 927.6	323.87
2007	153 464.00	105 638.00	50 160.3	4 748.32	2 297.2	773.0	533.6	1 503.0	5 106.8	332.77
2008	156 266.00	106 793.00	52 870.9	4 950.78	2 302.9	780.1	545.2	1 608.6	5 236.8	335.12
2009	155 590.00	110 255.00	53 940.9	4 892.38	2 329.9	797.7	564.3	1 698.7	5 390.6	346.46

（续）

年份	总播种面积（千公顷）	其中，粮食作物			化肥施用量（纯量，万吨）					总播种面积化肥施用量（千克/公顷）
		面积（千公顷）	总产（万吨）	单产（千克/公顷）	氮肥	磷肥	钾肥	复合肥	合计	
2010	156 785.00	111 695.00	55 911.3	5 005.71	2 353.7	805.6	586.4	1 798.5	5 544.2	353.62
2011	159 859.00	112 980.00	58 849.3	5 208.82	2 381.4	819.2	605.1	1 895.1	5 700.8	356.61
2012	161 827.00	114 368.00	61 222.6	5 353.12	2 399.9	828.6	617.7	1 990.0	5 836.2	360.64
2013	163 453.00	115 908.00	63 048.2	5 439.50	2 394.2	830.6	627.4	2 057.5	5 909.7	361.55
2014	165 183.00	117 455.00	63 964.8	5 445.90	2 392.9	845.3	641.9	2 115.8	5 995.9	363.46
2015	166 829.00	118 963.00	66 060.3	5 553.01	2 361.6	843.1	642.3	2 175.7	6 022.7	361.01
2016	166 939.00	119 230.00	66 043.5	5 539.17	2 310.5	830.0	636.9	2 207.1	5 984.5	358.48
2017	166 332.00	117 989.00	66 160.7	5 607.36	2 221.8	797.6	619.7	2 220.3	5 859.4	352.27
2018	165 902.00	117 038.00	65 789.2	5 621.18	2 065.4	728.9	590.3	2 268.8	5 653.4	340.77
2019	165 931.00	116 064.00	66 384.3	5 719.63	1 930.2	681.6	561.1	2 230.7	5 403.6	325.65
2020	167 487.00	116 768.00	66 949.2	5 733.52	1 833.9	653.8	541.9	2221	5 250.6	313.49
2021	168 695.00	117 631	68 284.7	5 804.99	1 745.3	627.1	524.8	2 294.0	5 191.3	307.73

备注：1949—2013 年资料来源于《新中国 65 年数据表》（中国国家统计局）；1965 年及以前化肥施用量、作物总播种面积资料来源于《中国统计年鉴》（1986），中国统计出版社，1986 年 10 月第 1 版。1978 年及以后资料来源于中国国家统计局相应年度统计年鉴。化肥施用量，1965 年及以前为各年销售量，1978 年及以后施用量，均为折纯量。总播种面积中，1965 年及以前包含粮食作物（稻谷、小麦、玉米、大豆、薯类），经济作物（棉花、花生、油菜籽、芝麻、黄麻、甘蔗、甜菜、烤烟、茶叶、水果），其他作物（蔬菜、青饲料、绿肥）。1978 年及以后的数据资料来源于国家统计局相应年度统计年鉴和国家粮油信息中心［EB/OL］。表中的总播种面积，1978 年至 2013 年包含粮食作物谷物（稻谷、小麦、玉米）、豆类（1978 年至 1990 年为大豆）、薯类，油料（花生、油菜籽），棉花，麻类（含黄红麻），糖料（甘蔗、甜菜），烟叶（含烤烟），蔬菜，茶园，果园；2014 年至 2021 年包含粮食作物谷物（稻谷、小麦、玉米）、豆类（含大豆）、薯类，油料（花生、油菜籽、芝麻），棉花，麻类，糖料（甘蔗、甜菜），烟叶（含烤烟），蔬菜，茶园，果园。

在农田土壤施肥方式方面，清朝末期至民国初期，农田施肥方式又有了一定的改进，旱地作物施肥主要采用打塘施、雍根施的方式，水稻等水生作物和小麦等密植作物采用全田（地）撒施的方式施用肥料；基肥（种肥）、幼苗期追施相结合施用的方法施用肥料。

到 60 年代，随着化肥工业的发展，肥料品种增加，氮肥、磷肥、钾肥等化学肥料先后被推广应用，施肥作为农业生产的主要措施被认可推广。旱地作物主要采用打塘施、穴施的方式，水稻等水生作物和小麦等密植作物采用全田（地）均匀撒施，中层施肥（耖耙肥）被政府主导示范推广，果树采用环状沟施、打塘施的方式施用。这一时期以来，政府主导推广了在施用基肥（种肥）的基础上，部分地区采用因地制宜根据作物生长阶段追施肥料这一技术措施。化学肥料主要以单质肥料为主，如尿素、普通过磷酸钙、硫酸钾、碳酸氢铵等，磷酸二铵的数量较少。肥料实物产品以袋装固体肥料为主。2007 年以来，随着侧深施肥技术在玉米、水稻、蔬菜等开始示范推广，旱地植物水肥一体化技术的应用，肥料实物产品中袋（桶）装液体肥料数量逐年增加。

从作物施肥的部位来说，60 年代以前，主要是给作物的根部施肥；60 年代之后，作物叶面施肥作为根部施肥之外的一种辅助施肥方式开始被重视，逐步得到推广应用。

到 80 年代，开始推广应用根据作物生长需肥规律和经济目的进行施肥，施肥方式出现多样化，玉米等稀植作物打塘施、穴施、雍根施等，水稻等密植作物以全田（地）均匀撒施作基肥（中层肥、秒耙肥）、全田（地）均匀撒施作追肥，经济林果沿主茎周边环状沟施、穴施等各种施肥方式，以及到 90 年代末开始生产应用的液体肥料、水溶性肥料、水肥一体滴灌、叶面施肥等技术相继在生产中应用。到 2007 年以来，水肥一体自动滴灌、全层施肥技术在产值效益较好的作物上广泛应用。以上这些施肥技术、施肥方式在粮食作物、经济作物、经济林果、花卉等作物栽培中因作物制宜被选择性推广应用。

纵观我国科学施肥技术研究应用史，到目前大致经历、正在经历参照施肥技术模式施肥、根据区域大配方施肥和针对具体田块的精准施肥三个阶段。

参照施肥技术模式。通过大量的科学试验和生产实践证明，某一种或某一类作物的施肥量和产量之间遵循着一定的生物统计规律，即同一种作物或某一类作物，可以找到施肥量和作物产量之间相对稳定的定量关系，以此为基础，结合当地具体的气候、土壤条件，作物需肥特点和目标产量及生产中存在的主要问题，制定出针对某一类或者某一种作物的施肥方法、施肥量、施肥时间相对统一的施肥技术标准或者方法，可作为复杂条件下施肥方法的基础，或在测土施肥遭到限制时使用的施肥方法。该模式又可以分为适用于水稻、玉米、小麦等目前处于高产作物的大田作物的施肥技术模式，蔬菜施肥技术模式，果树施肥技术模式三种模式。

区域大配方施肥。针对目前和将来一段时期我国种植业生产主要以家庭、小农户为单位分散种植为主，实现每块田地的测土施肥难度大的实际，根据多年的田间肥效试验研究成果和领域专家的生产实践经验，提出了以区域大配方为基础的施肥策略。即根据区域生产布局、气候条件、栽培条件（种植制度、灌溉条件和耕作方式）、地形（平原、丘陵、山地和高原）、土壤类型和土壤肥力条件等确定玉米、小麦、水稻等的施肥分区。依据区域内土壤养分供应特征、作物需求规律和肥效反应，结合"氮素总量控制、分期调控，磷肥恒量监控，钾肥肥效反应"的养分资源综合管理理论和技术，设计不同区域施肥配方，并制定相应的施肥建议和标准来指导施肥，即针对田（地）块土壤养分供给量与作物生产效益最大化对养分需求相适应的施肥配方或与其养分配比相近的复合肥或氮磷钾单质化肥，并合理安排基肥、追肥比例，追肥量按照作物生长发育各阶段需肥规律分配，并适时适量施用。

针对具体田块的精准施肥（精准变量施肥）。由于成土母质、土壤类型、地形、上茬作物的施肥情况、作物品种、生育阶段需肥特性、栽培条件等对土壤养分空间变异均有较大影响，因此，即使在同一田块内，不同区域的土壤肥力都存在较大的差异。针对这些差异情况，将土地细化成网格单元，根据不同地块单元的土壤特性、作物生长状况及田间环境等因素，进行 GPS 定位并在土壤养分信息化管理系统，以及物联网信息技术的支持下，决策生成作物田间施肥作业变量图，利用安装有田间计算机、定位信息接收器、电子变量控制器的农机（农业专用飞机）设备，根据作物田间施肥作业图中的相关信息有针对性地进行定时定量施肥作业。同时，根据作物生长发育各阶段的需肥规律、作物根际土壤调控技术适时调节肥料的投入量，以保证农作物生长均匀、整齐。

因农业劳动者对科学施肥技术的认知度和农产品生产效益、集约化经营程度、分散经营程度和生产力水平等的差异性，以上三种施肥模式将在近十多年和未来几十年的作物施肥作业中将根据农户生产力水平、经济条件等在各地适时适地同时应用。

水肥一体化技术应用方面。我国比美国等发达国家要晚近 20 年，其发展历程大致可分为 1974 年至 1980 年的尝试阶段，1981 年至 1986 年的引进与研究阶段，1987 年至 2001 年的地方示范推广阶段，2002 年至今的国家推动规模化发展阶段，国家大力推广水肥一体化技术（中国腐植酸工业协会中华乌金文化传播中心，2019）。

随着施肥机械装备与相关配套肥料技术的逐步成熟和完善，满足农业生产各个环节的施肥需求的施肥机械装备将向大型、复式、高效，并向着自动化、智能化和精准化的方向发展。肥料产品结构进一步优化，从单质化向高复合化、高浓度化转变，高效化、功能化肥料已经成为发展高产高效农业的首选，水溶肥料、缓控释肥料等新型肥料，有机肥料发展步伐加快。目前，效益较好的作物生产基本实现水肥一体自动化精准灌溉；水肥一体智能远程调控灌溉技术在部分高效益高产值作物生产中开始示范应用，由凭经验、盲目施肥浇水向根据作物需肥需水规律、土壤供肥供水性能和肥料效应的精准施肥浇水，实现水肥的精准利用。

从事规模化商业种植的小农户和发展较好的大户和农业新型经营主体，将实现农田作业过程的智能导航和自动驾驶。自动驾驶系统可以根据需要配置精准变量施肥、变量喷药等作业控制系统，融合信息感知、智能控制、自动化控制等多项技术，适应山区的小型化、规避地形、田块等复杂工况环境的精准定位，精准管控农田耕整、播种移栽、定位施肥施药（位置、深度）的智能机械装备将逐步应用于农业生产。通过农业生产各环节与物联网、大数据、云计算、人工智能、5G 等数字技术有效结合，实现高效、轻便、清洁、自娱式或娱乐式体验农业生产模式将在种养殖业、观光农业生产中广泛应用。农业绿色发展水平进一步提升，科学施肥技术广泛推广应用。化肥减量增效成为农业绿色发展的主要内容，绿色种养殖循环农业试点进展顺利，高效施肥服务模式初步构建。"十三五"末，三大粮食作物化肥利用率达 40.2%，比 2015 年末提高 5.0%，有机肥施用面积超过 5.5 亿亩次，比 2015 年增加 50.0%，配方肥占三大粮食作物施肥总量的 60.0%以上，2015 年以来，化肥使用量保持负增长（表 1-9）。机械施肥超过 7.0 亿亩次/年，水肥一体化技术应用 1.4 亿亩次/年，肥料产品的更新、施肥方式的变革，为推动农业绿色高效发展、粮食产量保持在 1.3 亿吨以上发挥了重要作用（第二十三届肥料双交会，南京，李增裕，2022）。

在土壤养分测试技术引进、消化集成应用方面，我国于 70 年代末 80 年代初，初步建立起一套覆盖到县（市）级的土壤养分测试技术体系，并在全国第二次土壤普查工作中发挥了主要作用，为摸清土壤家底，试验示范推广配方施肥技术提供了技术支持。到 90 年代中期，土壤养分常规测试技术进一步完善，为在全国范围的农产品重点县（市）推广平衡施肥技术提供服务。在此阶段时期，从国外先后引进了 ASI 法、M3 法等测试技术，针对我国土壤—植物特点进行了大量研究，积累了一些有用的数据，取得了许多成果（刘肃，李西开，1995；吴涛，黄勤，赵华南，2010）。2000 年初土壤养分测试技术更趋完善，为在全国范围大规模实施测土配方施肥工作提供服务打下了基础。从国外引进实验室数据自动采集处理技术、数字化养分管理技术、卫星遥感技术等并开展了大量研究，取得了一些阶段性成果。21 世纪第一个十年，进入到 ASI 法、Bray 法等传统浸提剂与 M3 法测试技术共存应用阶段。

农业先进技术的应用，促进了我国粮食、水果、茶叶等生产的发展，部分产品如谷物、花生、茶叶、水果等产量排名位次在世界前列（表 1 - 10）。

表 1 - 10 中国主要产品产量 1978—2020 年位居世界排名位次

年份	1978	1980	1990	2000	2005	2009	2010	2011	2020
化肥	3	3	3	1	1	1	1	1	1
谷物	2	1	1	1	1	1	1	1	1
肉类	3	3	1	1	1	1	1	1	1
籽棉	3	2	1	1	1	1	1	1	1
大豆	3	3	3	4	4	4	4	4	4
花生	2	2	2	1	1	1	1	1	1
油菜籽	2	2	1	1	1	1	1	2	2
甘蔗	7	9	4	3	3	3	3	3	3
茶叶	2	2	2	2	1	1	1	1	1
水果	9	10	4	1	1	1	1	1	1

资料来源：联合国粮农组织数据库。肉类 1990 年前为猪、牛、羊肉产量。水果不包括瓜类。

第三节　双柏县农业施肥演变简史

据有关历史资料记载，双柏县历史悠久，夏为梁州徼外地，商、周为百濮地。战国时期属滇国地。早在西汉元封二年（公元前 109 年）置益州郡之前，就有先民流落双柏，采集野食、渔猎、游耕、定耕以及定居垦荒造地农耕。元、明时期大量外地汉人迁入，与当地先民交合，农业生产有所发展。据此，双柏距今已有近 2100 多年的农耕历史。战国、秦汉时代，我国中原一带已经普遍施用有机肥料，西汉时期是农业生产发展较快的时期，施肥作为农业生产中的主要措施之一被广泛应用。当时较为先进的农作物耕种、施肥等农耕技术被陆续引进到双柏，施用的肥料种类和施肥数量随着当时的农业生产参与者对农业施肥技术的认知程度，以及当地农业生产对科学技术的需求，加之农业政策的变更、发展，发生了根本性变化。双柏县农业生产的历程和施肥技术发展的变化，明显地反映出社会的进步和农业科技水平的不断提高，呈明显的不同发展阶段。即从采集野食、渔猎逐步过渡到游耕轮歇农业、定耕农业，再到定居垦荒造地农耕及撂荒轮作，刀耕火种，再到施用人粪尿、动物粪便、草木灰、河泥、枯枝落叶等天然有机肥料，再到使用人工积制有机肥、商品有机肥，有机无机复合肥等。化肥的施用，经历了从少量到大量使用；从碳酸氢铵、普通过磷酸钙等低浓度单质化肥的施用到高浓度氮、磷化肥和复合（混）肥料的使用；从传统的简单施肥技术到氮肥深施、磷肥集中施用、分层施肥及不同地区和作物氮、磷化肥的合理配比平衡施用，测、配、供、一条龙服务；化学肥料与有机肥料配合施用；

因地制宜，根据作物需肥特点科学合理施肥；水肥一体自动滴灌（喷灌）以及水肥一体智能远程自动控制滴灌（喷灌）发展阶段。

一、农业农村工作管理及其技术推广机构历史沿革

（一）行政主管部门的历史沿革

据新编《双柏县志》和《双柏县农业志》（手抄本）记载，民国时期（1911年10至1949年10月），双柏县没有专司农业生产工作的相关机构。1949年10月，中华人民共和国成立，1950年1月，中国共产党领导的双柏县人民政府成立，于当年1月组建建设科（1950年1月至1958年9月），主管全县农、林、水利、城建、交通等；1953年11月组建农水科（1953年11月至1962年12月），主管全县种植、养殖、林业、水利、气象等；1962年12月组建农林科（1962年12月至1966年5月），主管全县种植、养殖、林业、水利、气象等；之后，于1966年5月成立农林科三人领导小组（1966年5月至1968年10月），主管全县种植、养殖、林业、水利等相关职能工作事务；1968年10月成立双柏县革委生产指挥组（1968年10月至1973年12月），主管全县农、林、水利、城建、交通等职能工作；1972年7月成立双柏县农业局革委会（1972年7月至1975年11月），主管全县种植、养殖等职能工作；1975年11月成立双柏县农业局（1975年11月至1978年6月），主管全县种植、养殖等相关职能工作；1978年6月，政府机构改革，划出养殖业相关职能，分设双柏县畜牧局和双柏县农业局（1978年6月至1983年6月）；1983年6月，政府机构改革，成立双柏县农牧局（1983年6月至1985年10月），主管全县种植、养殖等相关职能工作；1985年10月，政府机构改革，划出养殖业相关职能，分设双柏县农业局和双柏县畜牧局（1985年10月至1995年9月）；1995年9月，政府机构改革，撤销原双柏县农业局、畜牧局、农机局，相关职能合并管理，成立双柏县农牧局（1995年9月至2004年5月）；2004年6月，政府机构改革，将养殖业相关职能划出，分设双柏县农业局和双柏县畜牧局（2004年6月至2017年3月）。其中，2006年12月，全国兽医管理体制改革，双柏县畜牧局变更为双柏县畜牧兽医局；2005年2月，根据双柏县机构编制委员会《关于农业局等单位成立行政综合执法大队的通知》（双编发〔2004〕11号）文件精神组建双柏县农业行政综合执法大队（隶属于双柏县农业局下属股所级全额拨款的事业单位）、双柏县畜牧行政执法大队（隶属于双柏县畜牧局下属股所级全额拨款的事业单位），分别开展农用物资农作物种子、化肥、农药和兽药、饲料等的监管；2009年12月撤销原双柏县畜牧兽医局党组，畜牧系列的党务工作与双柏县农业局党委合并，双柏县畜牧兽医局的行政业务独立。2017年3月双柏县畜牧兽医局的行政业务等相关职能与双柏县农业局合并组建双柏县农业局（2017年3月至2019年3月），加挂双柏县畜牧兽医局牌子。2019年3月改称双柏县农业农村局，从林业、水务、财政、发改等部门隶转了一部分职能和相关人员到双柏县农业农村局，相应地增加了农村宅基地、农村人居环境、耕地及耕地质量、农村产业等管理职能职责；双柏县农业农村局内设农办秘书股、办公室、计划财务股、法规与行政审批股、种植业与农药管理股、规划与产业发展股、畜牧兽医股、科教与市场信息股、渔业渔政管理股、社会事务与环境资源股、农田建设管理股、农业机械化管理股、农产品质量安全监管股、老干部管理股（工会办公室）、政策与改革股

15 个股所级内设机构。根据双编发〔2019〕52 号文件精神，组建双柏县农业综合行政执法大队（正科级），双柏县农业综合行政执法大队与双柏县农业农村局实行"局队合一"行政体制，在双柏县农业农村局加挂"双柏县农业综合行政执法大队"牌子。由县农业农村局局长兼任县农业综合行政执法大队大队长，设常务副大队长 1 名（副科级），由县农业农村局副局长兼任，并于 2019 年 12 月挂牌正常办公运行。双编发〔2020〕17 号文件进一步明确了双柏县农业综合行政执法大队与双柏县农业农村局实行"局队合一"体制，在双柏县农业农村局加挂"双柏县农业综合行政执法大队"牌子，由局长兼任执法大队大队长，设常务副大队长 1 名（副科级），由副局长兼任。双柏县农业综合执法大队机构性质和机构级别待中央和省州政策明确后，按中央和省州文件执行；进一步明确了双柏县农业综合行政执法大队的职能职责。双柏县农业综合行政执法大队内设 5 个股所级内设机构，综合办、执法一队、执法二队、执法三队、执法四队，分别履行法律、法规、规章赋予农业行政主管部门的农产品质量安全、农作物种子、植物检疫、农药、兽医兽药（渔药）、肥料、饲料及饲料添加剂、渔业养殖与捕捞、渔政和渔业资源（含水产种质资源、水生野生动物保护、水产种苗）、畜禽养殖、种畜禽、动物防疫、生猪屠宰、农机安全、农业转基因生物安全、农业野生植物、动物诊疗机构、执业兽医、生鲜乳、农业环境保护、农村宅基地等执法职责，集中行使农业领域的行政处罚权以及与行政处罚有关的行政检查、行政强制权。负责组织农业行政执法案件的听证、案件移送等工作，参加农业行政复议及应诉。建立与检察院、法院、公安、司法等相关部门行政执法和刑事司法工作衔接机制等的落实。

2022 年 5 月，根据参照管理单位规范设置要求，将双柏县农机安全管理站和双柏县农业综合行政执法大队合并，设置为双柏县农业综合行政执法大队，并加挂双柏县农机安全管理站牌子，单位级别（规格）为副科级，单位性质为参公管理事业单位，设大队长 1 名（副科级）。2022 年 9 月，将双柏县农业农村局畜牧兽医股、渔业渔政管理股相关职责进行整合，设置畜牧兽医与渔业管理股，不在保留渔业渔政管理股、畜牧兽医股。

自成立主管农业的相关机构以来，主管种植业方面的机构一直都是正科级行政单位，主管养殖业（2004 年 6 月以来为正科级）、农业机械的机构为副科级行政机构，下设若干股所级事业单位机构，各自履行相关职能职责。

（二）农业技术推广服务部门的历史沿革

1956 年 6 月组建隶属于农水科的股所级事业单位——双柏县农业技术推广站，主要负责全县的种子、栽培、植保、土肥等方面的农业科学技术试验、示范和推广工作。1968 年 12 月，成立双柏县农技站革命领导小组，1977 年 12 月恢复双柏县农业技术推广站名称，其间，1976 年 8 月站内分设种子组、植保组、土肥组三个业务组，由双柏县农业技术推广站革命领导小组统一领导。1977 年 10 月，种子组升格成立股所级种子站。1985 年 3 月，植保组分开成立植保公司。1986 年 2 月，县农技推广站与植保公司合并，组建双柏县农业技术推广中心，中心内部分设植保组、栽培组、土肥组、技物配套经营服务组四个业务组。1987 年，县农技中心有职工 15 人。1997 年 9 月，中心内部设植保站、土肥站、农技站、农业科技咨询服务部四个职能单位，中心主任由分管副局长（副科级）担任，设三个副主任职位，分别由植保站站长、土肥站站长、农技站站长兼任副主任，下设中心办公室、财务室，将相关业务人员划归相应各站，业务工作各有侧重，相关工作由中心主任统筹调度，事业编制 26 名，在职 22 名。当时，土肥站有专技人员 6 人，侧重承担全县土肥水新技术引进试验示范推广工作，9 个乡镇各设 1～2 名土肥兼（专）职专技人员。1996 年组建农田建设办公室，承担农田地渠系配套、土壤改良工程等为主的高稳产农田建设工程工作。1997 年国家"863"计划智能化农业信息技术工程云南示范区双柏示范点建设，由当时的土肥站承担相关工作，2000 年 1 月，成立了具有独立法人的双柏县土壤肥料工作站，人员编制 7 人，在职 5 人。其间，由县农牧局安排两间 60 米² 的仓库、店铺，1 人专职、1 人配合，开展技物结合的物化技术推广承包经营服务，弥补当时相关工作经验不足。2000 年 6 月县人民政府下发调整充实双柏县电脑农业专家系统推广领导小组相关文件，领导小组组长由分管农业副县长担任，副组长由财政局、农业局、民宗局主要领导担任。下设办公室，办公室主任由土肥站站长担任。承担国家"863"计划智能化农业信息技术工程云南示范区双柏示范点的相关工作。自主立项开展了野生蔬菜、特色蔬菜栽培试验研究，获得相关科技成果两项次。

2012 年 2 月机构改革，双编发〔2012〕15 号文件双柏县土壤肥料工作站与双柏县农业技术推广站撤并，组建成立双柏县农业技术推广服务中心，加挂双柏县土壤肥料工作站牌子，股所级财政全额拨款事业单位，编制员额 21 人，在职 21 人。其中，明确 7 人专事土壤肥料相关工作。2017 年 5 月，根据双柏县机构编制委员会关于印发《双柏县农业局所属事业单位机构编制方案》的通知（双编发〔2017〕38 号）文件，双柏县农业技术推广服务中心为县农业局管理的公益一类股级事业单位，加挂双柏县土壤肥料工作站牌子，承担种植业技术试验、筛选、示范、培训、推广、技术服务和种植业技术推广体系管理工作；承担农作物新品种和土肥水新技术区域试验筛选、示范推广工作，以及为土肥水资源监测与合理开发提供技术服务。

据双编发〔2019〕31 号文件，机构改革部分职能划转，调减 1 个专技编制员额，双编发〔2021〕81 号文件，调减 1 个工勤人员编制员额。

据《中共双柏县委机构编制委员会关于调整双柏县农业农村局所属事业单位机构编制的通知》（双编发〔2022〕18 号）和《中共双柏县农业农村局委员会关于调整部分股室（单位）工作职能和部分工作人员岗位的通知》精神，撤销原与双柏县农业行政综合执法大队合署办公的双柏县种子管理站，相关职能划转到双柏县农业技术推广服务中心。2023 年 1 月 1 日起，原双柏县种子管理站的种子生产经营管理、救灾备荒种子储备和管理、种子项目工程管理、种子质量抽检、种质资源和品种管理、种业信息统计等相关工作职能移交双柏县农业技术推广服务中心履行。双柏县农业行政综合执法大队事业编制身份人员 6 人划转到双柏县农业技术推广服务中心，1 人划转到双柏县乡村产业发展中心。

（三）农用物资供销服务部门的历史沿革

新中国成立初期，在当时的计划经济、统购统销和派购体制下，双柏县自 20 世纪 70 年代初有化肥、农药等农用物资供销以来，由双柏县供销合作社下属的双柏县供销合作社农业生产资料公司专供、专营。例如：据《双柏县供销合作社志（1952—1987 年）》（手抄本 133～135 页）记载，1965 年供应化肥 57 113 千克，覆盖全县农业生产队的 64.0%，涉及 1 140 个生产队；1969 年供应钙镁磷 59 523 千克，合币 6 012.73 元，供应普通过磷酸钙 32 481 千克，合币 3 280.58 元。1973 年根据"县经委关于供应专用氮肥补贴的通知"要求，由县供销社计划供应水改旱、坡改梯地种玉米和新开田的生产队补贴尿素 25 万千克，涉及面积 1 103.13 公顷。到 90 年代初期，相关政策允许全额拨款的事业单位农业、林业技术推广服务部门以相关技术示范推广配套物资（技物配套）的方式供销化肥、农药为主的农用物资。21 世纪第一个十年，随着供销社、商业等相关部门机构改革，乡镇供销社及其购销点都在供销农用物资，双柏县供销社农业生产资料公司和全额拨款事业单位农业、林业技术推广服务部门营销化肥、农药为主的农用物资的规模逐年扩大，甚至允许委托给部分个体户参与营销。2005 年 2 月，组建双柏县农业局农业行政综合执法大队和双柏县畜牧局畜牧行政执法大队（股所级），分别开展农用物资农作物种子、化肥、农药和兽药、饲料等的行政执法监管。到 21 世纪第二个十年，化肥、农药营销主要为公司代理与个体商户营销相结合的方式。2018 年 6 月前，农药列为化学危险品管理，由工业局（工信局）办理经营许可证经营；2018 年 7 月 1 日后，由县农业局办理许可经营证经营。

二、施肥技术演变简史

（一）施用天然有机肥阶段（1955 年之前）

《双柏县农业志》（手抄本）记载，自先民落籍双柏，从采集野食、渔猎到游耕轮歇农业（迁移农业），逐步过渡到初步定耕农业、定耕农业再到定居垦荒造地农耕；从游耕轮歇、撂荒以恢复耕地自然肥力，到施用河滩、水塘淤泥、生活废弃物、天然有机肥料（林间草地自然腐解的动植物残体，河泥等，下同）等为主，再到养畜积肥施用肥田（地），水稻、玉米等收获后种植蚕豆、豌豆、绿豆等豆科肥田作物以保持和恢复耕地土壤肥力。到 1955 年，以压青为主要方式施用土著野生天然有机肥原料山茅草（Gramineae）等禾本科草类，铁刀木（Cassia siamea Lam.）、麻栎（Quercus acutissima Carruth.）、桤木（Alnus cremastogyne Burk.）等绿树叶，和蒿枝（Artemisia oodonocep Hala）等野生绿肥为主的历史有 2000 多年（车驷，刘友林等，1996）。轮歇地制度或撂荒，种植豆科肥田作物的方式恢复、维持耕地土壤肥力的历史也有 400 多年。人工积制的人畜粪尿等有机肥较少，没有矿物类肥料施用，施用天然有机肥料的习惯一直沿袭到新中国后的 1955 年，农作物生长所需的氮、磷、钾等养分来自于农家肥（有机肥）和耕地土壤的比重达 100%。施肥作物主要有水稻、玉米、烟草、蔬菜等作物，是政府当时主导种植的重要作物。

当时由于缺乏维持、恢复耕地土壤肥力的肥料，同一地块连续耕种一茬或两茬作物后土壤肥力下降，收获的农作物产量逐年降低，未能达到预期产量目标后，实行撂荒、休耕（轮歇地），使其肥力自然恢复。1958 年起至 20 世纪 80 年代中期，将轮歇地纳入统计年报（表 1 - 11）统计，对部分耕地由当时的农业生产大队安排实行轮歇休耕制度，部分地方还沿袭着"刀耕火种"的落后生产方式［《双柏土壤》（内部资料），1986 年 10 月，第 81 页］。安龙堡、大麦地等少数民族聚居的边远地区，还没有积造利用有机肥料的习惯，仍然处在"牛羊赶上山，从来不归家""村庄无厕所、畜禽无圈舍、尿屎遍地臭"，种植"卫生田""卫生地"的原始农业状态（《双柏县农业志》手抄本，第 111 页）。

表 1 - 11　双柏县（1952—1987 年）耕地面积变化

年份	农业人口（万人）	总耕地（公顷）			轮歇地（公顷）	人均耕地（亩）
		合计	水田	旱地		
1952	8.12	8 906.67	6 786.67	2 120.00	—	1.64
1953	8.33	9 266.67	6 980.00	2 286.67	—	1.71
1954	8.38	10 073.33	7 406.67	2 666.67	—	1.81
1955	8.49	9 540.00	6 840.00	2 700.00	—	1.65
1956	9.15	10 366.67	6 893.33	3 473.33	—	1.84
1957	8.24	10 880.00	7 226.67	3 653.33	—	1.81
1958	8.14	11 286.67	7 266.67	4 020.00	1 020.00	2.08
1 959	8.42	10 173.33	6 386.67	3 786.67	1 220.00	1.36
1960	8.37	14 186.67	6 200.00	7 986.67	2 613.33	2.56
1961	9.04	13 133.33	6 266.67	6 866.67	2 686.67	2.28
1962	9.38	12 746.67	6 366.67	6 380.00	2 426.67	2.08
1963	9.78	13 946.67	6 586.67	7 360.00	2 973.33	2.20
1964	9.98	14 033.33	6 800.00	7 233.33	2 853.33	2.15
1965	10.39	12 753.33	6 700.00	6 053.33	2 946.67	2.00
1966	10.05	13 213.33	6 740.00	6 473.33	—	1.96
1967	10.58	12 786.67	6 586.67	6 200.00	—	1.71
1968	11.07	12 593.33	6 640.00	5 953.33	—	1.61
1969	11.5	12 486.67	6 693.33	5 793.33	93.33	1.66
1970	11.53	12 233.33	6 653.33	5 580.00	1 480.00	1.61
1971	11.71	11 846.67	6 680.00	5 166.67	1 193.33	1.53
1972	12.3	12 166.67	6 613.33	5 553.33	1 060.00	1.20
1973	15.86	12 286.67	6 533.33	5 753.33	880.00	1.47
1974	11.9	11 226.67	5 760.00	5 466.67	660.00	1.42
1975	12.1	10 633.33	5 593.33	5 040.00	320.00	1.25
1976	12.29	10 633.33	5 620.00	5 013.33	386.67	1.30
1977	12.53	10 833.33	5 673.33	5 160.00	540.00	1.30
1978	12.7	11 013.33	5 720.00	5 293.33	620.00	1.30
1979	12.83	11 300.00	5 686.67	5 613.33	666.67	1.32
1980	12.93	11 626.67	5 593.33	6 033.33	666.67	1.35
1981	13.01	11 720.00	5 646.67	6 073.33	633.33	1.35
1982	13.16	11 853.33	5 753.33	6 100.00	600.00	1.35
1983	13.25	11 753.33	5 726.67	6 026.67	566.67	1.33
1984	13.3	11 686.67	5 786.67	5 900.00	453.33	1.32

（续）

年份	农业人口（万人）	总耕地（公顷）			轮歇地（公顷）	人均耕地（亩）
		合计	水田	旱地		
1985	13.38	11 673.33	5 786.67	5 886.67	520.00	1.31
1986	13.42	11 406.67	5 660.00	5 746.67	—	1.27
1987	13.53	17.18	5 666.67	5 780.00	—	1.27

数据来源：《双柏县农业志》（手抄本），2016 年翻抄电子版，31 页。

（二）施用人工积制有机肥，引进试验示范化肥阶段（1955—1980 年）

在这一阶段，双柏县农业生产全靠有机肥、烧野灰和轮歇（表 1-6）来保持和恢复地力，粮食产量很低。据《双柏县农业志》（手抄本）记载，1950—1968 年期间的农业生产以施用天然有机肥为主。1957 年，为广积肥源，培肥地力，政府主导，发动群众在全县掀起了大积大造和施用农家肥的生产高潮，全面掀起了铲田地埂、铲山草皮、打绿叶、拾粪沤粪、高温堆肥、挖腐殖土、搜集林间枯枝落叶、挖田头池塘积肥等运动。要求每个乡（相当于现在的村居委会）高温堆肥 20 堆，每堆 300 挑的工作任务。之后，随着有机肥积制技术的引进示范推广，人工积制有机肥（农家肥，下同）的应用原料品种也逐年增加，在 60 年代初的山茅草等禾本科（Gramineae）草类、铁刀木（Cassia siamea Lam.）、麻栎（Quercus acutissima Carruth.）、桤木（Alnus cremastogyne Burk.）等土著野生绿肥的基础上增加了水稻、玉米等作物秸秆。与此同时在全县组织推广种植了蚕豆、绿豆、山扁豆、豌豆、饭豆等豆科作物作为肥田作物。施肥作物主要有水稻、玉米、烟草、蔬菜、茶叶等。

60 年代末至 70 年中期，在施用人畜、家禽粪尿等农家肥的同时，大力组织开展铲草皮、采绿叶、割杂草、搜集腐殖土高温堆肥，组织开展了引进种植绿肥作物活动。

70 年代初，人口聚居村庄修盖厕所积肥，建盖畜厩积肥，以及在距离村庄较远的连片农田区域附件建盖田房（畜厩）养畜积肥等工作在全县推广普及。人畜粪尿、山草皮、杂草、腐殖土、枯枝树叶、作物秸秆以及废弃烟叶等被收集积制成有机肥料施用，施肥面积大大增加，苕子、苦草等人工栽培的绿肥，油枯、灶灰等肥料也开始施用。

1977 年以后随着畜牧业的进一步发展，农家肥、积制有机肥有所增加，蒿草（Artemisia；云南蒿 Artemisia yunnanensis J. F. jeffrey ex diels in Notes Roy. Bot. Gard. Edinb.）、麻栎（Quercus acutissima Carruth. 又名水冬瓜）、清香树等绿枝叶和山茅草（Gramineae）等土著野生（傅立国，陈潭清，洪涛等，2005；车驷，刘友林，祝华欣，1996）绿肥作为天然有机肥压青施用面积逐年减少，人工积制有机肥施用面积逐年增加。还有改良酸性土施用石灰、石膏、草木灰。施肥作物主要有水稻、玉米等政府当时主导推广种植的重要粮食作物和部分经济作物烟草等。

1958 年第一次土壤普查，在开展认土（识土）、用土、改土为主的土壤科技知识普及的基础上，制定实施了平整耕地，因土施肥，因作物施肥，深耕改土，压青培肥等技术措施。

1960 年县政府拨付专款 5.55 万元，在爱尼山区（现在的爱尼山乡）马龙河沿岸和碌嘉区（现在的碌嘉镇）河滩、荒山慌地实施开造新田新地和坡改梯、深耕改土等支出，占当年农业总支出 71.19 万元的 7.8%。1965 年全县改良耕地 313.33 公顷,其中,地改田 74.73 公顷,坡改梯 136.53 公顷,冷浸田、发秋田、瘦田(地)改良 108.73 公顷。

1971—1972 年提倡应用"5406"菌肥,农业部门筹建了菌肥小厂,生产"920"和"5406"菌种,供积制有机肥应用,但这项技术未推广应用。

苕子等养地绿肥作物引种应用方面。1964 年以后,引进示范与推广养地绿肥作物。先后引进种植示范了四川光叶苕、毛叶苕、光叶紫花苕、江苏早苕等苕类和苦草等养地绿肥作物,1965 年种植川苕 20.13 公顷、光叶紫花苕 4.67 公顷,到 1972 年全县推广苕子种植面积达 772.93 公顷,其中蓄留种子 133.33 公顷,收储光叶紫花苕种子 0.35 万千克。县政府重视养地绿肥作物苕子的种植工作,下发了抓紧夏播绿肥及建设苕子留种基地的通知,建成留种基地 133.33 公顷,收储的种子除本县留用之外,调供贵州、广西等省(自治区)。发展绿肥较好的有妥甸、麦地新、赤可郎、窝碑、普岩、柏子村、干海资等大队,1974 年光叶紫花苕留种基地发展至 529.27 公顷;光叶紫花苕为主的全县绿肥种植面积 1974 年达 1309.2 公顷,收储种子 0.43 万千克。据《云南省农业统计资料汇编 1978—1990 年》记载,双柏县绿肥播种面积 1978 年、1979 年分别为 350.2 公顷、369.2 公顷,1980 年下滑至 126.13 公顷,到 1989 年绿肥播种面积开始恢复性增长,达 283.93 公顷,1990 年增至 342.93 公顷。1994 年绿肥(光叶紫花苕)净种面积达 640 公顷,间作、套种面积 753.33 公顷,收储光叶紫花苕种子 4 万千克。1996 年收储种子量达 12.5 万千克;1997 年光叶紫花苕净种面积 904.0 公顷,间作、套种面积 1 780 公顷,收储光叶紫花苕种子 16.5 万千克。1997 年双柏县被云南省农业厅列为全省绿肥(光叶紫花苕)留种基地示范县。1999 年以后,光叶紫花苕净种面积 800~1 000 公顷,收储种子量在 4 万~9 万千克之间波动。80 年代、90 年代和 21 世纪第一个十年是云南省绿肥(光叶紫花苕)留种基地县。

水生绿肥作物应用方面。1974 年开始引进示范应用水生绿肥,云南本地红萍(*Azolla*,也叫绿萍)、细绿萍(*Azolla filiculoides* Lamk.)、水葫芦(*Eichhornia crassipes*)、水花生〔*Alternant hera philoxeroides* (Mart.) Griseb.〕等水生绿肥相继引入双柏试验示范,将水生绿肥放养于稻田、腊水田、小坝塘进行繁殖增殖,作为提高稻田土壤有机质和积造有机肥的原料。通过养殖,增加稻田、腊水田的有机肥料和培肥坝塘底泥,捞起就近施入田地;绿萍通过繁殖转运到水稻田继续繁殖,待绿萍长满田面将其捣入田泥中作肥料。经多点试验结果,红萍在海拔 1 400~2 100 米之间,萍层厚,冬季不搅动,入冬前覆盖薄膜可避免霜冻危害。水稻移栽后 10~15 天每公顷稻田放养 3 000~3 750千克效果好。双柏主要以政府主导的方式推广细绿萍,1975 年放养细绿萍 145.27 公顷;1976 年 140.6 公顷;1977 年 442.6 公顷;1978 年 563.37 公顷。实收测产 12 个点,增产稻谷 750 千克/公顷以上的 8 个点,750 千克/公顷以下的 4 个点;12 个点平均增产 1 066.5 千克/公顷,增 18.7%。实行家庭联产承包(1980 年)责任制以后,随着化学肥料的逐步普及推广,绿萍放养面积大幅度减少。

在化学肥料施用方面。据《双柏县农业志》(手抄本)记载,双柏县从 1955 年开始施用化肥试验示范(附录表 1-1),当年全县调供钙镁磷肥 0.2 万千克,分配碍嘉、大庄、法脿等公社的部分生产队在蚕豆、水稻上示范应用;1956 年调供普通过磷酸钙 0.7 万千克，尿素0.5万千克；1957年，分别引进碳酸氢铵、尿素0.66万千克，普通过磷酸钙、钙镁磷0.1万千克（附录表1-1）。过磷酸钙分配到碙嘉、大庄、法脿等公社的部分生产队在发秋田、冷浸田、蚕豆、水稻上施用，效果不明显，在水稻、玉米、烤烟、油菜上施用硫酸铵、硝酸铵、尿素，由于当时的农民群众对化肥的功效了解不够，盲目施肥，部分作物出现徒长、贪青，水稻稻瘟病害加重等情况，主要原因是当时主栽的农作物品种主要是大理谷、大安帮、黄鼠牙、大红谷、黄麻线、红安斑、蓝杆乌嘴谷、红根白、129、西红214（高海拔）等水稻和大黄包谷、大白包谷、小黄包谷、小白包谷等地方土著玉米品种，耐肥力弱，抗病性差。加之有些地方单施磷肥，不施其他肥料，作物长势差，植株矮小、穗头小，产量低；有些地方单施氮肥，庄稼长势好，或出现疯长，易发生病虫害，易倒伏，籽粒不饱满，产量低，贪青晚熟等，施用效益较差，推广应用难度较大。

据《双柏县农业志》手抄本记载，到1961年全县商品化肥施用量仅有14.4万千克（氮肥）应用于农业生产，应用面积很小。1967年、1972年政府主导示范推广氮肥、磷肥，磷肥免费送到田间地头也无人施用。当时，磷肥比氮肥难推广。之后，农业科技部门加强了化肥施用技术试验示范和宣传工作，全县化肥施用量有所增加。1965年开始，氮肥、磷肥施用量逐年有所增加，1970年全县化肥施用量大幅增加，达145.8万千克（商品实物），粮食单产达2 229.4千克/公顷（附录表1-1）。1970年以后，硫酸钾、氯化钾等开始引入双柏县，主要在政府主导推广种植的烤烟、重要的粮食作物等急需施肥的作物上示范应用，施用面积少，主要还是以施用农家肥为主，而且仅在重要的粮食作物上施用。

随着农作物施肥技术的逐步改进，施肥技术在部分作物上应用，全县粮食等主要作物产量有所提高。1977年，全县粮豆作物单产达1 944.69千克/公顷，1978年2 852.63千克/公顷，到1987年稳定在2 220.88千克/公顷以上（表1-12），在11年期间，单产总体上提升了14.2%，但受自然灾害和施肥、病虫害防控等农业生产技术普及较慢等的影响，粮豆单产不稳定，波动大。在这个时期，全县上下倡导堆制施用有机肥，有机肥的用量显著增加，而且粮食等重要作物开始少量施用氮肥，冷浸田、腊水田施用普通过磷酸钙、灶火灰。

表1-12 双柏县历年粮豆种植统计

年份	年末耕地（公顷）	总播种面积（公顷）	全年粮豆			农业人口（人）	农业人均有粮（千克）
			总面积（公顷）	单产（千克/公顷）	总产（万千克）		
1952	8 207.07	—	11 175.33	1 465.28	1 637.50		
1953	9 603.87	—	12 219.00	1 645.80	2 011.00		
1954	9 698.73	—	12 602.47	2 170.21	2 735.00		
1955	8 808.87	—	12 652.27	2 365.58	2 993.00		
1956	10 056.67	14 281.80	12 199.73	2 457.43	2 998.00		
1957	10 671.67	—	13 877.47	2 439.93	3 386.00		
1958	10 625.07	—	13 101.80	1 984.84	2 600.50		

（续）

年份	年末耕地（公顷）	总播种面积（公顷）	全年粮豆			农业人口（人）	农业人均有粮（千克）
			总面积（公顷）	单产（千克/公顷）	总产（万千克）		
1959	9 488.67	—	13 830.67	1 770.70	2 449.00	78 178	313
1960	12 771.07	—	20 297.13	1 471.05	2 985.80	77 551	385
1961	12 364.07	—	21 464.00	1 402.81	3 011.00	79 752	377
1962	11 987.87	19 573.47	18 614.33	1 785.18	3 323.00	84 721	392
1963	13 137.80	20 546.27	19 177.27	1 716.93	3 292.60	88 115	373
1964	13 194.00	20 915.00	19 736.13	1 907.16	3 764.00	91 150	413
1965	12 723.47	20 235.67	18 687.60	1 826.34	3 413.00	93 725	364
1966	11 578.33	18 787.47	17 512.87	1 802.67	3 157.00	93 448	338
1967	11 982.27	—	17 832.73	1 810.10	3 227.90	99 167	325
1968	11 816.47	—	18 132.93	1 950.04	3 536.00	103 166	343
1969	11 700.00	18 313.33	17 526.67	2 033.47	3 564.00		337
1970	11 486.67	18 986.67	17 700.00	2 202.26	3 898.00	107 268	363
1971	11 100.00	19 393.33	17 546.67	1 956.50	3 433.00	109 836	318
1972	11 380.00	19 373.33	17 473.33	2 248.00	3 928.00	123 007	319
1973	11 466.67	19 580.00	17 600.00	2 279.55	4 012.00	116 519	344
1974	11 233.33	20 080.00	17 686.67	2 014.51	3 563.00	118 992	299
1975	10 393.33	17 886.67	15 646.67	2 503.41	3 917.00	121 024	323
1976	10 633.33	18 226.67	16 033.33	2 469.23	3 959.00	122 940	322
1977	10 833.33	18 493.33	16 393.33	1 944.69	3 188.00	125 349	254
1978	11 013.33	19 326.67	17 100.00	2 852.63	4 878.00	126 995	345
1979	11 300.00	19 186.67	17 046.67	1 776.30	3 028.00	128 269	259
1980	11 626.67	19 133.33	17 246.67	1 606.51	2 770.70	129 326	214
1981	11 720.00	19 406.67	18 033.33	2 152.68	3 882.00	130 107	298
1982	11 853.33	19 980.00	18 086.67	2 030.22	3 672.00	131 563	279
1983	11 760.00	19 326.67	17 580.00	1 684.87	2 962.00	132 535	223
1984	11 686.67	19 393.33	17 500.00	2 298.86	4 023.00	133 051	301
1985	11 673.33	19 746.67	16 886.67	2 342.68	3 956.00	133 817	295
1986	11 400.00	19 000.00	16 700.00	1 932.93	3 228.00	134 221	240
1987	11 453.33	18 893.33	16 860.00	2 220.88	3 744.40	135 291	276

数据来源：《双柏县农业志》（手抄本），2016 年翻抄电子版，60 页。

　　1972—1978 年，在全县布置田间肥效试验点，开展磷肥、氮肥田间肥效试验示范。试验示范结果，磷肥在荞子、马铃薯、绿肥（四川光叶苕、毛叶苕、光叶紫花苕、江苏早苕等）、油菜（马尾籽、高脚黄）、蚕豆（双柏县大庄蚕豆）上施用增产显著。1978 年试验结果，每公顷施用普通过磷酸钙450～750千克，一般稻田增产稻谷10％以上，发秋田、冷浸田增产19％～29％；碍嘉镇等地的红壤土耕地施用磷、氮化肥，可增产玉米21.7％～34.5％。每公顷施用750千克钙镁磷肥，也可使稻谷、蚕豆、荞子等获得明显增产。至此，施用尿素对农作物生产的增产增收作用被农业生产者所接受，普通过磷酸钙、钙镁磷等磷肥在发秋田、冷浸田施用对水稻、蚕豆的增产效果陆续被部分农业生产者认可，但未被大面积施用。据《双柏县供销合作社志（1952—1987年）》手抄本记载，1972年钾肥引进双柏试用，品种有硫酸钾、氯化钾等，主要施用作物为烤烟。农业科技部门先后在水稻、玉米、烤烟等主要农作物上进行氮、磷、钾肥肥效试验，试验结果为氮肥增产6.5％～16.8％，磷肥增产1.4％～5.3％，钾肥增产0.43％～2.77％；烤烟施用钾肥，能提高烤烟中上等烟比例，产量、均价、产值都有一定提高，烤烟开始部分施用钾肥，水稻等粮食作物推广施用钾肥增产幅度小。

1978年引进以磷酸二氢钾为主的氮磷钾复合肥进行小面积试验示范，1979年调供复合肥商品量5.9万千克（附录表1-1），在烤烟上作为叶面肥喷施，可提高烤烟质量。1978年推广水稻喷施叶面肥增产543公顷。

从以上可看出，在这一阶段，农作物化肥的施用主要是当时的农业科技部门通过试验，举办示范样板，以及各级有关部门主办的农场示范施用，经济条件较差的生产队（合作社）、农户施用少或不施化肥，土肥技术推广工作主要是开展土杂肥、农家肥的积造、使用，从生产实践中总结集成推广了挖塘泥、铲草皮、搜扫牛羊粪、阴沟土、搜集林下腐殖土及其枯枝落叶、绿树叶等积制有机肥料的经验，以及化学肥料在粮食作物、经济作物上的试验示范集成相应的科学施肥技术要点。这一阶段的农业生产对有机肥料投入具有较大的依赖性，在施肥上始终贯彻以有机肥为主，化肥为辅的方针。

"文革"时期，各生产队都成立了专门的积造肥生产小组，负责有机肥资源的收集与利用。重要粮食作物每公顷施用量平均由1969年的10 500千克，增加到1972年的16 000～19 500千克。化肥使用方面，当时的农民对化肥的作用认识严重不足，部分农民甚至对化肥有抵制情绪，将上级有关部门免费发放的化肥特别是磷肥白白扔在田间地头和路边。化学肥料主要是示范推广氨水和碳酸氢铵深施及氮磷单质肥料的配合施用，都存在一定的阻力。这一时期，农作物施肥从施用天然有机肥为主逐步向因地制宜施用积制有机肥与施用天然有机肥相结合转变，养分投入上以低投入为主，在施用天然有机肥作为追肥或基肥的基础上，视地块肥力以及农作物的重要性、长势状况补施积制有机肥，或天然有机肥作基肥，积制有机肥作追肥。非重要作物一般不施肥。

在此阶段，受肥料资源量有限的制约，施用基肥就不施追肥，或只施一次追肥。施用人粪尿、畜禽粪便、草木灰和土著野生青草、绿树叶做基肥，大部分农作物不施用追肥。较为普遍的是每年种植少量的豆科作物或以撂荒轮歇或倒茬的方式保持、恢复耕地土壤的自然肥力。只有重要农作物施用追肥，施用基肥面积很少，全生育期多数面积只施一次肥料，有限的肥料仅施用在重要的粮食作物上。据有关统计资料，1978年前化肥的施用仅限于作物肥效的试验验证，以及举办科学施肥示范样板使用，化肥施用量极不稳定（表1-13，附录表1-1）。另据《双柏土壤》（内部资料）81页记载，到1982年，全县大春和小春作物施肥面积不足60％，占40％多的作物没有肥料施用。足见当时肥料的匮乏，以及经济落后的程度。

从全县农作物生产与土壤养分供需循环角度粗略分析结果，粮食作物、经济作物和水果（表1－14，附录表1－2，附录表1－3，附录表1－4）从农田地带走的氮磷钾养分随产量的增加而逐年增加，从1951年的117.15万千克，逐年增加到1965年的295.02万千克，1979年的308.13万千克，以此可以看出70年代以前几乎不施用化学肥料，主要通过施用农家肥料和撂荒轮歇种植的方式恢复耕地土壤肥力；1995年以前，全县农作物总播种面积平均每公顷化肥折纯施用量在112.64千克以下（表1－13）。作物从农田带走的氮磷钾养分中（表1－14，附录表1－2，附录表1－3，附录表1－4），农家肥和土壤供给的养分量，1951年为117.15万千克，占农作物带出农田养分量的100%；1965年280.63万千克，占农作物带出农田养分量的95.12%；1979年221.55万千克，占农作物带出农田养分量的72.16%。化学肥料养分施用量占农作物带出农田养分量的比例（表1－14），1951年至1964年为零，1965年仅占4.88%，1970年上升至13.12%，1973年后逐年上升，1979年上升至28.1%。1980年下降至26.96%，以后略有下降，1983年又上升至32.0%，之后呈波浪形上升。

表1－13　双柏县1951—2020年化肥施用量与粮食产量统计

年份	总播种面积（公顷）	粮食作物			化肥施用量（折纯）（万千克）				总播种面积施肥量（千克/公顷）			
		面积（公顷）	总产（万千克）	单产（千克/公顷）	N	P_2O_5	K_2O	小计	N	P_2O_5	K_2O	小计
1951	11 470.66	10 867.50	1 680.40	1 546.26	—	—	—	—	—	—	—	—
1952	12 228.47	11 547.40	2 168.30	1 877.74	—	—	—	—	—	—	—	—
1954	13 482.33	12 602.47	2 760.40	2 190.36	—	—	—	—	—	—	—	—
1955	14 574.67	12 866.27	3 011.10	2 340.31	—	0.03	—	0.03	—	0.02	—	0.02
1957	17 227.00	14 474.27	3 615.00	2 497.54	0.20	0.02	—	0.22	0.11	0.01	—	0.12
1959	17 544.20	14 955.20	2 639.80	1 765.14	—	—	—	—	—	—	—	—
1960	23 853.33	21 432.87	3 177.90	1 482.72	—	—	—	—	—	—	—	—
1962	20 802.67	19 772.47	3 575.00	1 808.07	0.15	—	—	0.15	0.07	—	—	0.07
1964	22 208.80	20 935.20	4 028.50	1 924.27	—	—	—	—	—	—	—	—
1965	21 228.40	19 843.93	3 622.10	1 825.29	8.61	5.78	—	14.39	4.06	2.72	—	6.78
1968	20 256.87	19 283.80	3 807.10	1 974.25	—	—	—	—	—	—	—	—
1970	20 204.49	18 880.30	4 209.30	2 229.41	36.39	4.17	—	40.56	18.01	2.06	—	20.07
1973	21 029.20	18 917.20	4 350.80	2 299.92	27.54	21.74	0.55	49.83	13.10	10.34	0.26	23.70
1976	18 224.53	16 034.60	3 959.60	2 469.41	—	—	—	—	—	—	—	—
1977	18 496.00	16 394.33	3 183.00	1 941.52	—	—	—	—	—	—	—	—
1978	19 327.20	17 104.07	4 378.00	2 559.62	36.57	23.56	—	60.13	18.92	12.19	—	31.11
1979	19 152.47	17 059.87	3 328.50	1 951.07	78.68	5.61	2.30	86.58	41.08	2.93	1.20	45.21
1980	19 130.80	17 251.60	2 770.75	1 606.08	62.30	8.81	0.22	71.32	32.57	4.61	0.12	37.28

（续）

年份	总播种面积（公顷）	粮食作物			化肥施用量（折纯）（万千克）				总播种面积施肥量（千克/公顷）			
		面积（公顷）	总产（万千克）	单产（千克/公顷）	N	P_2O_5	K_2O	小计	N	P_2O_5	K_2O	小计
1981	19 808.46	18 030.67	3 882.00	2 153.00	60.43	5.90	0.77	67.09	30.51	2.98	0.39	33.87
1982	19 980.07	18 083.73	3 672.50	2 030.83	61.92	6.50	1.09	69.51	30.99	3.25	0.55	34.79
1983	19 326.87	17 577.60	2 962.50	1 685.38	73.86	11.21	0.66	85.73	38.22	5.80	0.34	44.36
1984	19 390.93	17 503.93	4 023.20	2 298.46	77.60	10.10	3.35	91.05	40.02	5.21	1.73	46.96
1985	19 740.53	16 883.93	3 956.00	2 343.06	76.66	7.43	1.41	85.50	38.33	3.76	0.71	43.31
1986	19 003.20	16 704.07	3 228.00	1 932.46	96.96	16.04	1.27	114.27	51.02	8.44	0.67	60.13
1987	18 894.13	16 861.33	3 744.40	2 220.70	82.80	8.40	1.30	92.50	43.82	4.45	0.69	48.96
1988	19 277.93	16 731.87	3 209.20	1 918.02	121.30	15.80	1.30	138.40	62.92	8.20	0.67	71.79
1989	20 559.67	17 638.60	4 284.30	2 428.93	90.30	11.00	10.70	112.00	43.92	5.35	5.20	54.48
1990	21 298.93	18 466.80	4 490.50	2 431.66	166.50	13.10	1.90	181.50	78.17	6.15	0.89	85.22
1993	23 609.53	16 332.87	4 159.70	2 546.83	154.93	49.12	21.15	225.19	65.62	20.80	8.96	95.38
1994	24 533.07	18 132.67	4 886.10	2 694.64	155.48	51.01	22.61	229.10	63.38	20.79	9.21	93.38
1995	24 662.80	17 896.80	5 078.50	2 837.66	190.35	64.23	23.23	277.81	77.18	26.04	9.42	112.64
1996	25 472.33	18 514.33	5 303.90	2 864.75	268.71	70.43	33.40	372.55	105.49	27.65	13.11	146.26
1997	25 549.27	18 382.33	5 475.40	2 978.62	314.02	86.84	41.53	442.40	122.91	33.99	16.26	173.15
1998	24 561.07	19 734.73	5 951.30	3 015.65	317.69	78.85	37.76	434.30	129.35	32.10	15.38	176.82
2000	24 396.13	19 197.73	6 194.60	3 226.74	394.84	115.72	51.32	561.88	161.84	47.44	21.04	230.31
2001	24 705.13	18 892.20	6 369.60	3 371.55	455.58	118.57	65.04	639.20	184.41	47.99	26.33	258.73
2002	24 125.07	16 695.87	5 829.60	3 491.64	368.35	71.29	15.57	455.21	152.68	29.55	6.45	188.69
2003	23 288.73	16 497.20	5 696.00	3 452.71	376.22	79.08	28.81	484.11	161.55	33.96	12.37	207.87
2004	22 732.67	15 441.53	5 843.00	3 783.95	382.70	74.46	23.05	480.21	168.35	32.76	10.14	211.24
2005	23 232.20	15 030.87	5 277.40	3 511.04	386.19	89.17	17.05	492.42	166.23	38.38	7.34	211.95
2006	23 175.87	15 081.67	5 478.00	3 632.22	400.49	95.84	19.19	515.52	172.80	41.35	8.28	222.44
2007	23 418.13	15 311.73	5 554.90	3 627.87	418.00	104.33	23.90	546.22	178.49	44.55	10.20	233.25
2008	23 463.13	15 320.27	5 696.60	3 718.34	433.12	107.70	25.81	566.62	184.59	45.90	11.00	241.49
2009	23 613.33	14 958.20	5 713.20	3 819.44	441.60	111.27	25.05	577.92	187.01	47.12	10.61	244.74
2010	23 960.06	14 623.86	4 212.80	2 880.77	456.30	117.88	23.55	597.73	190.44	49.20	9.83	249.47
2011	25 581.33	16 561.47	5 940.10	3 586.70	477.64	123.52	26.04	627.20	186.72	48.29	10.18	245.18
2012	30 727.00	19 112.60	7 780.00	4 070.61	538.70	136.55	33.14	708.38	175.32	44.44	10.79	230.54
2013	33 636.33	20 051.13	7 977.40	3 978.53	556.82	148.76	39.38	744.96	165.54	44.23	11.71	221.48
2014	33 928.53	20 140.73	8 173.20	4 058.05	552.37	147.59	41.20	741.16	162.80	43.50	12.14	218.45

（续）

年份	总播种面积（公顷）	粮食作物				化肥施用量（折纯）（万千克）				总播种面积施肥量（千克/公顷）			
		面积（公顷）	总产（万千克）	单产（千克/公顷）		N	P_2O_5	K_2O	小计	N	P_2O_5	K_2O	小计
2015	34 295.27	20 371.53	8 300.50	4 074.56		572.14	161.77	47.73	781.64	166.83	47.17	13.92	227.92
2016	34 976.60	20 573.67	8 442.10	4 103.35		895.00	286.35	107.69	1 289.05	255.89	81.87	30.79	368.55
2018	35 659.20	19 224.67	8 065.70	4 195.49		834.52	283.46	113.54	1231.52	234.03	79.49	31.84	345.36
2019	37 344.53	19 543.73	8 136.60	4 163.28		823.64	282.12	113.07	1 218.83	220.55	75.55	30.28	326.38
2020	39 350.13	14 414.20	8 246.1	5 720.82		—	—	—	—	—	—	—	—

备注：表中相关数据分别摘自：1951 年至 2000 年相关数据摘自双柏县统计局 2001 年编制的《双柏县统计历史资料汇编》（1951—2000 年）；1978 至 1990 年作物播种面积和产量摘自云南省农牧渔业厅《云南省农业统计资料汇编》（1978—1990 年），其中，1978—1990 年烤烟为烟叶数据，1952—1955 年为烤烟摘自《大写的云南 60 年辉煌历程【发展成就下】83 页》；1955 至 1979 年化肥数据摘自《双柏县农业志》（手抄本），为商品实物量，1980 至 1990 年氮、磷、钾肥为折纯量，摘自云南省农牧渔业厅 1992 年 6 月编制的《云南省农业统计资料汇编》（1978—1990 年）74 页、80 页、86 页；1993—1998 年氮、磷、钾肥为商品实物量，1979 年至 1998 年复合肥为商品实物量，其余年份为折纯量。1951 年至 2008 年油料、甘蔗、蔬菜、水果产量合计摘自《大写的云南 60 年辉煌历程【发展成就下】83 页》，苹果，柑橘、梨、香蕉分品种水果数据摘自相应年度《双柏县领导干部经济工作手册》或《双柏县统计年鉴》（双柏县统计资料提要）。其余年份数据摘自相应年度的双柏县领导干部经济工作手册，或《双柏县统计年鉴》（双柏县统计资料提要）。

表 1-14　双柏县 1951—2020 年农作物养分带出农田（地）与化肥施用情况汇总

年份	农作物总播种面积（公顷）	农作物带出农田地养分（万千克）				化肥施用量（万千克）				农家肥或有机肥和土壤供给量（折纯，万千克）			
		N	P_2O_5	K_2O	小计	N	P_2O_5	K_2O	小计	N	P_2O_5	K_2O	小计
1951	11 470.66	48.35	20.58	48.22	117.15	—	—	—	—	48.35	20.58	48.22	117.15
1952	12 228.47	61.91	25.91	65.31	153.12	—	—	—	—	61.91	25.91	65.31	153.12
1954	13 482.33	76.21	32.24	79.60	188.06					76.21	32.24	79.60	188.06
1955	14 574.67	83.56	36.31	89.19	209.06		0.03		0.03	83.56	36.28	89.19	209.02
1957	17 227.00	113.69	45.77	121.81	281.28	0.20	0.02		0.22	113.50	45.75	121.81	281.06
1959	17 544.20	93.22	35.06	103.66	231.94	—			—	93.22	35.06	103.66	231.94
1960	23 853.33	100.67	35.62	103.37	239.66					100.67	35.62	103.37	239.66
1962	20 802.67	104.32	40.55	106.04	250.91	0.15			0.15	104.17	40.55	106.04	250.76
1964	22 208.80	120.42	45.85	123.52	289.78					120.42	45.85	123.52	289.78
1965	21 228.40	124.87	42.65	127.51	295.02	8.61	5.78		14.39	116.26	36.87	127.51	280.63
1968	20 256.87	123.19	44.69	127.39	295.27	—			—	123.19	44.69	127.39	295.27
1970	20 204.49	127.78	49.10	132.35	309.23	36.39	4.17		40.56	91.39	44.94	132.35	268.68
1973	21 029.20	147.22	53.80	154.28	355.29	27.54	21.74	0.55	49.83	119.68	32.05	153.73	305.46
1976	18 224.53	142.04	49.67	147.15	338.87	—			—	142.04	49.67	147.15	338.87
1977	18 496.00	114.96	39.59	117.96	272.51	—			—	114.96	39.59	117.96	272.51

（续）

年份	农作物总播种面积（公顷）	农作物带出农田地养分（万千克）				化肥施用量（万千克）				农家肥或有机肥和土壤供给量（折纯，万千克）			
		N	P₂O₅	K₂O	小计	N	P₂O₅	K₂O	小计	N	P₂O₅	K₂O	小计
1978	19 327.20	155.38	55.40	160.80	371.58	36.57	23.56	—	60.13	118.81	31.84	160.80	311.44
1979	19 152.47	124.92	44.81	138.40	308.13	78.68	5.61	2.30	86.58	46.24	39.21	136.11	221.55
1980	19 130.80	110.30	37.24	116.98	264.52	62.30	8.81	0.22	71.32	48.00	28.44	116.77	193.20
1981	19 808.46	135.09	50.15	145.98	331.22	60.43	5.90	0.77	67.09	74.66	44.26	145.21	264.13
1982	19 980.07	153.39	52.45	170.55	376.39	61.92	6.50	1.09	69.51	91.47	45.94	169.46	306.87
1983	19 326.87	112.48	38.03	117.28	267.80	73.86	11.21	0.66	85.73	38.62	26.82	116.62	182.07
1984	19 390.93	159.99	57.44	178.24	395.67	77.60	10.10	3.35	91.05	82.39	47.34	174.89	304.62
1985	19 740.53	192.39	65.76	233.02	491.18	76.66	7.43	1.41	85.50	115.73	58.33	231.61	405.68
1986	19 003.20	138.64	48.64	160.15	347.44	96.96	16.04	1.27	114.27	41.69	32.60	158.88	233.17
1987	18 894.13	172.61	58.40	198.77	429.78	82.80	8.40	1.30	92.50	89.81	50.00	197.47	337.28
1988	19 277.93	183.50	58.86	225.13	467.49	121.30	15.80	1.30	138.40	62.20	43.06	223.83	329.09
1989	20 559.67	219.01	71.16	260.17	550.33	90.30	11.00	10.70	112.00	128.71	60.16	249.47	438.33
1990	21 298.93	210.04	71.58	245.68	527.31	166.50	13.10	1.90	181.50	43.54	58.48	243.78	345.81
1993	23 609.53	380.24	109.14	494.43	983.81	154.93	49.12	21.15	225.19	225.31	60.02	473.29	758.62
1994	24 533.07	332.48	101.25	417.12	850.86	155.48	51.01	22.61	229.10	177.00	50.25	394.52	621.76
1995	24 662.8	401.24	118.18	323.19	842.61	190.35	64.23	23.23	277.81	210.89	53.95	299.96	564.80
1996	25 472.33	482.48	138.49	383.49	1 004.47	268.71	70.43	33.40	372.55	213.77	68.06	350.08	631.92
1997	25 549.27	586.43	165.33	460.47	1 212.23	314.02	86.84	41.53	442.40	272.41	78.48	418.94	769.83
1998	24 561.07	324.99	103.03	390.96	818.97	317.69	78.85	37.76	434.30	7.30	24.18	353.19	384.67
2000	24 396.13	351.01	110.73	429.05	890.79	394.84	115.72	51.32	561.88	−43.83	−4.99	377.73	328.91
2001	24 705.13	338.24	106.98	409.11	854.32	455.58	118.57	65.04	639.20	−117.35	−11.59	344.07	215.13
2002	24 125.07	367.27	111.62	452.02	930.91	368.35	71.29	15.57	455.21	−1.07	40.33	436.44	475.70
2003	23 288.73	356.55	107.65	436.99	901.19	376.22	79.08	28.81	484.11	−19.67	28.57	408.18	417.08
2004	22 732.67	391.97	118.12	486.70	996.79	382.70	74.46	23.05	480.21	9.27	43.65	463.65	516.57
2005	23 232.2	438.18	125.88	556.60	1 120.65	386.19	89.17	17.05	492.42	51.98	36.70	539.55	628.23
2006	23 175.87	434.98	126.60	550.29	1 111.88	400.49	95.84	19.19	515.52	34.50	30.77	531.10	596.36
2007	23 418.13	440.91	128.17	556.75	1 125.83	418.00	104.33	23.90	546.22	22.92	23.84	532.85	579.61
2008	23 463.13	494.31	141.52	631.80	1 267.63	433.12	107.70	25.81	566.62	61.20	33.82	605.99	701.01
2009	23 613.33	496.22	143.35	631.70	1271.27	441.60	111.27	25.05	577.92	54.62	32.08	606.65	693.35
2010	23 960.06	459.43	128.41	611.14	1 198.98	456.30	117.88	23.55	597.73	3.13	10.53	587.59	601.25
2011	25 581.33	477.88	138.10	598.40	1 214.38	477.64	123.52	26.04	627.20	0.24	14.57	572.36	587.17
2012	30 727	595.30	169.66	739.29	1 504.26	538.70	136.55	33.14	708.38	56.61	33.11	706.15	795.87
2013	33 636.33	551.88	158.13	667.29	1 377.30	556.82	148.76	39.38	744.96	−4.94	9.37	627.92	632.34

（续）

年份	农作物总播种面积（公顷）	农作物带出农田地养分（万千克）				化肥施用量（万千克）				农家肥或有机肥和土壤供给量（折纯，万千克）			
		N	P_2O_5	K_2O	小计	N	P_2O_5	K_2O	小计	N	P_2O_5	K_2O	小计
2014	33 928.53	559.63	159.86	672.50	1 391.99	552.37	147.59	41.20	741.16	7.26	12.27	631.31	650.83
2015	34 295.27	550.37	158.70	655.02	1 364.08	572.14	161.77	47.73	781.64	−21.78	−3.07	607.29	582.44
2016	34 976.6	539.70	156.36	640.00	1 336.06	895.00	286.35	107.69	1 289.05	−355.31	−129.99	532.31	47.01
2018	35 659.2	527.26	154.22	630.29	1 311.77	834.52	283.46	113.54	1231.52	−307.25	−129.24	516.75	80.26
2019	37 344.53	530.15	152.82	621.99	1 304.97	823.64	282.12	113.07	1 218.83	−293.49	−129.30	508.92	86.13
2020	39 350.13	533.61	154.24	632.44	1 320.292	—	—	—	—	—	—	—	—

备注：化肥商品实物量折纯计算。①1951—1995 年施用的单质化肥商品实物以碳酸氢铵、普通过磷酸钙、硫酸钾为主，尿素较少，因此，单质氮化肥以含纯氮 30%，磷化肥以含氧化磷 16%，钾化肥以含氧化钾 50% 折算；复合肥商品实物氮磷钾养分总含量以≥25%，≤30%的居多，因此，以含纯氮 13%，氧化磷 9%，氧化钾 5% 折算。②1996—1998 年施用的单质化肥商品实物以尿素、普通过磷酸钙、硫酸钾为主，碳酸氢铵较少。因此，单质氮化肥以含纯氮 40%，磷化肥以含氧化磷 17%，钾化肥以含氧化钾 50% 折算，1998 年之后的历史资料原始数据多为折纯量；复合肥商品实物氮磷钾养分总含量以≥25%，≤30%的居多，≥30%的相当少，因此，以含纯氮 14%，磷化肥含氧化磷 9%，钾化肥含 7% 折算。③1999—2010 年施用的复合肥商品实物氮磷钾养分总含量以≥25%，≤30%的较多，≥30%的较少，因此，以含纯氮 14%，磷化肥含氧化磷 9%，钾化肥含 7% 折算。④2011—2019 年施用的复合肥商品实物氮磷钾养分总含量以≥25%，≤30%的居少，≥30%的居多，因此，以含纯氮 18%，磷化肥含氧化磷 9%，钾化肥含 8% 折算。⑤1980—1990 年化肥折纯施用量摘自《云南省农业统计资料汇编（1978—1990 年）》。⑥所有数据来自附录表。⑦农家肥或有机肥料与土壤供给量＝作物经济产量带出农田地养分合计-化肥施用量。负值说明该种化学养分施用过量，正值说明该种化学养分施用不足，由农家肥或有机肥料与土壤供给。

（三）科学施肥技术的普及提高阶段

1. 有机肥与化肥均衡发展阶段（1980—1995 年）　20 世纪 80 年代初，全面实行家庭联产承包责任制以后，激发了广大农民群众的生产积极性，引进试验示范，在推广当时较为耐肥抗病的农作物新品种西南 175、广选 3 号、南占青、云粳 9 号、凤稻 5 号、凤稻 4 号、桂朝、油优（杂交水稻）等水稻品种和本地小白包谷、二季早、引二顶交种、吉楚、成单 4 号、七三单交等玉米品种的基础上，示范推广了以人畜粪便、稻草等作物秸秆、山茅草、绿树叶等为主要原料的垫厩积制、粪坑（塘）沤制农家肥技术，积制施用农家肥量逐年增加。80 年代到 90 年代中期前这段时期，由施用天然有机肥为主逐步向因地制宜积制施用农家肥与化学肥料相配合转变。据 1986 年 10 月刊印的《双柏土壤》（内部资料）84 页记载，经多年统计数据分析，到 80 年代初，全县平均每公顷耕地施用农家肥仅为21 000 千克，施用量较低，而且腐熟质量差，晒干之后运到田间施用，肥分损失大，肥效较差。加之耕地分布零散，远田远地多年不施农家肥的现象普遍存在。畜禽养殖量较多的农户，每公顷施用积制农家肥 15 000～22 500 千克，配施的化肥以尿素为主。

据 1986 年 10 月刊印的《双柏土壤》（内部资料）81 页、84 页记载，1982 年双柏县商品化肥实物施用量208.43 万千克。其中，氮肥 164.64 万千克，磷肥 36.28 万千克，复合肥 7.42 万千克。按当年农作物总播种面积分摊，氮、磷化肥和复合肥商品实物量平均每公顷使用量分别为 132.75～141.0 千克、27.0～29.25 千克、7.50 千克，化肥施用量少。从表 1-13 也可看到，1981 年、1982 年平均每公顷农作物总播种面积化肥施用折纯量分别只有 33.38 千克、34.79 千克。

1983 年，根据第二次土壤普查成果，针对当时双柏县"普遍存在的重氮肥，轻磷、钾肥；重追施，轻底（基）肥；表层撒施多，深层施用少；单独施用多，配合施用少等问题"，以及当时全县耕地土壤理化现状，提出并组织实施了"因土施肥，因作物施肥的同时，注意氮、磷、钾配合，适量施用底肥，因作物长势酌情追肥，深施化肥"，有机无机相结合的施肥策略，促进了粮食生产的较快发展［《双柏土壤》（内部资料）］。

这一时期，经农业部门反复试验示范和广泛宣传，农民进一步加深了对化肥的认识，从原来的拒绝施用到要求施用，农民对化肥的增产效果得到认同，农民群众使用化肥的数量快速增加，需求量逐年上升。以单纯追求作物高产为目标，化学肥料物化技术相继得到大面积推广应用，农民的施肥技术水平不断提高，施肥效益不断增长。化肥和有机肥的施用量也保持增长，有机、无机养分投入结构逐步优化。化学肥料施用量，即养分占作物从农田带走的氮磷钾养分的比例由 1980 年的 26.96%，增长到 1986 年的 32.89%，1980 年至 1995 年其比例在 17.72% 至 32.97% 之间上下波动（表 1-14，附录表 1-2，附录表 1-3，附录表 1-4）。这一时期，有机养分与无机养分比例结构较为合理。但这一时期，化肥施用以氮肥为主，其中，80 年代末至 90 年代初，化肥的施用品种以尿素为主，碳酸氢铵、普通过磷酸钙为辅，肥料结构以施用积制农家肥为主，化学肥料为辅；在大庄、碍嘉、妥甸等水稻主产区举办推广秒耙肥（中层施肥），适时适量追施化肥技术示范样板；1989 年开始试验示范配方施肥技术。到 1993 年，施用的化肥仍然以氮肥为主，磷肥为辅；肥料结构上以施用农家肥为主，化学肥料为辅。在施肥方法上初步建立推广了施用农家肥做底肥为主，化肥作追肥为辅，氮、磷配合的制度。氮、磷化肥在农业生产上开始发挥重要作用。所施用的化肥品种有碳酸氢铵、硫酸铵、硝酸铵、尿素、普通过磷酸钙等。80 年代中期至 90 年代初化肥缺口逐年增大，直到 90 年代中期，尿素、磷酸二铵等优质化肥供应在用肥旺季仍然较为紧缺。

化学肥料的施用，扩大了农田生态系统物质、能量和养分的循环，培肥了地力，耕地生产能力大幅提高，全县粮食产量稳定在 1980 年的 1 606.08 千克/公顷以上（表 1-13），以后逐年增加，1995 年稳定在 2 837.66 千克/公顷以上。化肥的施用，促进了农业的发展，解决了人民群众的衣食，城乡居民的食物结构发生了重大变化。

1980 年，由农业技术部门开展硼、钼、锌等微量元素肥料试验示范，1985 年县农技站调供硫酸锌 0.7 万千克，全县施用硫酸锌面积 224.73 公顷。硫酸锌作秒耙肥或追肥，每公顷 30～45 千克施用于冷浸田、发秋田。结果表明，能使稻谷每公顷增产 600～750 千克，最高每公顷增产 2 835 千克。

1983 年在大庄、妥甸、碍嘉等水稻主产区重点开展在施用氮肥、农家肥的基础上配合施用磷肥的试验示范。到 1985 年施用磷肥的效益开始显现，1987 年水稻、蚕豆、烤烟、玉米生产中在施用氮肥、农家肥的基础上配合磷肥的施肥模式较为普遍，由 1983 年的单纯施用氮肥逐步演变到 1986 年的氮肥、磷肥、农家肥配合施用，钾肥、复合（混）肥开始在烤烟生产中示范应用。

据《双柏县志（1988—2012 年）》记载，配方施肥面积，1988 年、1989 年、1990

年、1996 年分别为 102.47 公顷、209.6 公顷、386.47 公顷、3 997.67 公顷。

据烟草公司和农业科技部门提供的数据，在 20 世纪 80 年代初至 90 年代初，示范推广烤烟苗营养袋假植移栽、玉米营养袋育苗移栽技术，其中，烤烟幼苗营养袋假植移栽技术广泛应用于烤烟生产，烤烟幼苗营养袋假植移栽面积占烤烟种植面积的 90％以上；90年代初，开始在烤烟生产中示范推广大田营养土堆捂技术，其营养配方为：每亩配备厩肥600 千克，或作物秸秆 100 千克、尿素 10 千克、普通过磷酸钙 40 千克、硝酸钾 5 千克、未种过烟的砂壤土或犁底层以下的生土 800 千克、广谱性杀虫剂和杀菌剂各 0.3 千克为材料，在计划栽植烤烟的田间地头堆捂 30 多天备用。每亩需营养土约 1 500 千克以上，到90 年代中期，该项技术实现烤烟种植面积全覆盖。2019 年、2020 年、2021 年，大田营养土堆捂技术应用面积分别达 3 433.33 公顷、3 440.00 公顷、3 466.67 公顷。

1979 年至 1995 年间，政府有关部门和双柏县农业生产资料公司、双柏县烟草公司等断断续续调入氮、磷二元复合肥料，氮、磷、钾三元素复合肥料（表 1-15，附录表 1-1）在烤烟、水稻、玉米、瓜菜等作物上试验示范，深受农民欢迎。此后，复合肥料品种逐年增加，施用于各种农作物，增产效果显著，推广应用面积逐年扩大，促进了农作物均衡增产。这个时期段，化肥和有机肥基本是均衡施用，但化学肥料养分施用量占作物从农田带走的养分的比例有所提高，由 1978 年的 16.18％，逐步提高到 1995 年的 32.97％（表 1-14，附录表 1-2，附录表 1-3，附录表 1-4），说明化肥在养分投入中所占的比例有所增加，有机肥养分投入的占比开始逐年下降。

表 1-15　双柏县农资公司 1979—1986 年烤烟专用化肥供销情况

年份	复合肥（吨）			钾肥（吨）		
	购进	销售	库存	购进	销售	库存
1979	58	59	18		1	26
1980	4	23	4		1	31
1981	266	109	38		1	11
1982	244	261	68	8	15	3
1983	148	374	2	52	1	52
1984	100	90	16	8	57	69
1985	233	272	182	16	20	18
1986	240	348	10	67	15	57

注：摘自《双柏县供销合作社志（1952—1987 年）》，第 209～210 页。

2. 氮、磷、钾和复合肥料施用阶段（1993—2008 年）　1995 年通过实施平衡施肥项目、"丰收计划"项目、"两高一优"（即高产、高效、优质）为目标，政府有关部门和烟草公司等企业推动了氮、磷、钾合理搭配，狠抓了适量施用氮肥，增施磷肥，同时开展配方施肥，进入以化肥为主、有机肥配合的平衡施肥阶段。在配方施肥、优化配方施肥的基础上，引进试验示范了烤烟、水稻、玉米、小麦、马铃薯等作物专用复合（混）肥，根据土壤类型、作物需肥特性，在向种植户推荐施用 22 500 千克/公顷左右农家肥的基础上，尿素、过磷酸钙、硫酸钾或氯化钾等单质化肥配方施用，复混（合）肥料单独施，或与氮、磷钾单质化肥配合施。复合（混）肥和复合肥开始大面积推广应用，单质化肥由低浓度向高浓度方向发展，化肥施用总量迅速增加，但由于缺乏土壤测试和田间肥效试验经费，科学施肥试验示范集成推广严重滞后，盲目施肥现象仍然普遍，施肥效益开始下降。在这个阶段，各种复混（合）肥料纷纷上市，并推广应用，一定程度上提高了化肥利用率（表1-14），粮食产量快速上升（表1-13、附录表1-1）。烤烟专用复混（合）肥、稻麦专用复混（合）肥等相继在烤烟、水稻、玉米、小麦等作物上示范施用，复混（合）肥料品种、数量逐年增加，推广应用面积逐年扩大，到2000年初，在烤烟、水稻、玉米、小麦等作物上大面积推广应用，促进了农作物的均衡增产。

化肥施用类型由90年代初的以氮磷钾单质肥料为主，到90年代末的以氮磷钾单质肥料为主，氮磷钾或氮磷、氮钾复混（合）肥为辅相结合阶段，再到2007年发展到以复混（合）肥料为主，氮、磷、钾单质肥料为辅相结合阶段。多元素复混（合）肥料已广泛施用于各种农作物，增产效果显著。化肥在农业生产上的重要作用凸显。有机肥在农田养分投入中的比重逐年降低，化学肥料养分施用量占作物从农田带走的养分的比例逐年有所上升，由1995年的32.97%上升到1998年的53.03%，2000年上升到63.08%，2002年至2008年在48.90%~44.7%之间上下波动（表1-14，附录表1-2，附录表1-3，附录表1-4）。

另据双柏县统计局统计资料，农作物播种面积每公顷化肥用量由1994年的93.37千克增加到1995年的112.64千克，1998年增加到每公顷176.82千克（表1-13）；全县粮食单位面积产量，每公顷从1994年的2 694.64千克，增加到1995年的2 837.66千克，从1998年的3 015.65千克，增加到2000年的3226.74千克（表1-13，附录表1-1）。全县复混（合）施用量（商品实物）由1994年的292.1万千克，增加到1995年的388.6万千克，1998年达410.9万千克（附录表1-1）。据《双柏县志（1988—2012）》《双柏县年鉴》等有关资料，1996年硅钙肥、烤烟专用复混（合）肥在烤烟生产中大面积施用，水稻、玉米、小麦、香蕉、辣椒专用复混（合）肥推广应用面积大幅增加。到2000年全县水稻专用复混（合）肥施用面积1973公顷，占水稻种植面积的49.3%；玉米专用复混（合）肥施用面积2 935.33公顷，占玉米播种面积的55.0%；烤烟专用复混（合）肥施用面积3 333.33公顷，占烤烟种植面积的97.7%；蔬菜瓜果施用复混（合）肥面积达100%。水稻、小麦、玉米、甘蔗施用硅钙肥面积分别为295.67公顷、127.4公顷、178.67公顷、249.07公顷。施肥农作物逐步由水稻、玉米、小麦、蔬菜、大豆等，扩大至豌豆、菜豆、水果、干果等，以及园林园艺植物等。李洪文同志主持完成的《7.4万亩专用复合肥示范》项目获得州人民政府2001年度科技进步三等奖。之后，粮食单产也随复合施用量的增加而逐年增加。据《双柏县年鉴》（2004）记载，2003年在水稻、玉米、小麦、烤烟、香蕉等作物推广应用以复合（混）肥为主的节本增效配方施肥技术10 622.67公顷，覆盖率达64.4%，增加产值620.13万元。

3. 测土配方施肥（2008年至今）　针对施肥上存在的"三偏"，即偏氮、偏多、偏迟；"三重、三轻"，即重化肥、轻有机肥；重氮肥、轻磷肥、忽视钾肥；重追肥、轻基肥，进而导致农业生产施肥量高、肥料利用效率低，影响地力持续保持、提高，作物增产不增收的实际。实施了国家测土配方施肥项目（云南省测土配方施肥补贴项目，云农办种植〔2013〕276号），在项目实施过程中，采取边试验、边校正试验、边示范、边推广，逐步修正相关作物施肥技术指标的方法开展相关工作。

2008—2016 年，累计完成主要作物"3414"田间肥料效应完全实施试验 33 组，"3414"田间肥料效应部分实施（氮、钾二元二次试验，处理为"3414"试验方案中的处理编号 1、2、3、4、6、8、9、10、11，试验收获当天取 1、2、4、6、8 处理小区土壤与植株、籽粒样品供检测化验）试验 17 组，田间肥效校正试验 46 组，2＋X 田间肥效试验 8 组，同田肥效对比试验 50 组。

累计采集土样 2 681 个，其中，核心土样 600 个，辅助土样 1 680 个，试验示范基础土样 58 个、试验小区土样 298 个、监测点土样 45 个；试验作物植株籽粒样品 596 个，并对 2600 户农户的耕地立地条件、土壤理化性状与施肥管理水平进行了调查，土样涵盖了全县耕地土壤 5 大土类 23 个土属 52 个土种。

对所取的土样和植株、籽粒样品，按照《全国测土配方施肥技术规范》进行化验。2009 年取样用于耕地地力评价的 400 个核心土样，其中 325 个进行水分、pH、全氮、有机质、碱解氮、有效磷、速效钾、缓效钾、交换性镁、有效硫、有效锰等 13 项共计检测 4 225 项次；75 个土样检测水分、pH、全氮、有机质、碱解氮、有效磷、速效钾、缓效钾、交换性镁、有效硫、有效锰、有效锌、有效硼、有效钼等 16 项检测 1 200 项次；2014 年取核心土样 200 个，检测土壤养分等 14 项共计检测 2 800 项次，充实《测土配方施肥数据管理系统》中的数据库；核心土样共计检测 8 225 项次；1 680 个常规土样和"3414"完全实施试验、"3414"部分实施（氮钾二元二次）试验的 300 个试验基础土样、小区土样以及监测点土样进行常规 5 项理化性状检测；2＋X 试验 56 个土样检测氮、有效磷、有效钾、缓效钾、有效硼、有效钼等 8 项。共计检测土壤理化性状 18 573 项次；676 个试验作物植株、籽粒样品检测化验 2 908 项次（其中 2＋X 试验植株籽粒样品 48 个和蚕豆试验植株籽粒样品检测氮、磷、钾、硼、钼等 8 项）。

通过对 2 681 个土壤样品检测化验结果和田间肥效试验结果进行统计分析汇总，综合土壤类型、质地、气候类型等生态因子，揭示了近三十年来耕地土壤养分地域空间演变规律，创建了土壤养分校正系数、农作物土壤养分丰缺指标、土壤养分供应量、肥料利用率、农作物肥力分区施肥指标体系；开发了田间肥效试验数据频率分析和施肥决策技术。根据田间肥效试验，建立了肥料效应数学函数；根据概率学的基本原理、频率分析法、施肥决策理论，开发了"频率分析与施肥决策技术"软件，创建了精准施肥技术体系，解决了以往田间肥效试验推荐施肥量与生产实际有一定的偏差的问题。

建立了 GIS 支持下的耕地基础信息系统，对土壤分析化验结果和收集的资料进行系统的分析研究，并综合运用相关分析、因子分析、模糊评价、层次分析等数学原理，结合专家经验并用计算机拟合和插值分析等方法，构建定性和定量相结合的耕地生产潜力评价方法。利用 ArcGIS 软件作为空间数据的处理，Excel 作为属性数据的统计分析工具，运用层次分析法和模糊数学方法对双柏县耕地地力进行综合评价，把耕地基础设施建设、土壤理化性状、耕地土壤立地条件、耕作条件等建立空间数据库，深入了解影响耕地地力各因素分布现状和特征，通过评价因素的选取、评价单元划分、评价模型的建立，从而得出评价结果。获得了双柏县耕地养分以及空间和属性数据库，耕地地力分级面积，中低产田类型与面积，各等级耕地土壤类型及其土种面积地域空间分布，年均温和≥10℃积温等值段耕地面积及其乡镇分布,耕地养分分级面积和耕地地力等级海拔分段及其乡镇分布,耕地土壤属性状况等;摸清了双柏县耕地土壤类型、数量及其地域空间分布,揭示了双柏县耕地土壤理化性状、养分丰缺和演变规律、地力水平、中低产田类型及其限制因素等;特别是发现了土壤酸化、耕层变浅和耕地养分失衡等重大共性问题,为因土种植、因土施肥提供了科学依据。

在摸清双柏县近三十年来耕地土壤养分地域空间演变规律的基础上,以全县地形地貌、气候、海拔的相似性,农业生产布局、种植制度、农作物熟制及其发展方向的相对一致性和农业结构及其社会经济技术的相对一致性为依据,将全县农用耕地施肥划分为低热河谷区、中暖区、温凉区、高山冷凉区四个生态类型区,根据耕地土壤肥力现状,确定全县主要作物的施肥分区,每个生态类型区又分为高肥力亚区、中肥力亚区和低肥力亚区。

根据评价结果,将全县中低产田地划分为南方山地丘陵红、黄壤(含紫色土、石灰土)旱耕地坡地梯改型;南方山地丘陵红、黄壤(含紫色土、石灰土)旱耕地瘠薄培肥型;南方稻田渍涝潜育型;南方稻田干旱灌溉(含培肥)型四种类型及其分布现状。并针对性提出了改良技术措施和标准,提出了中低产耕地改良技术标准及其内容。

集成示范推广了两项施肥新技术。一是种肥、基肥、追肥平衡施肥法。农作物生长发育的全过程都在不断从外界获取养分,但在不同的生长时期对养分的需求比例是不同的,有的时期多,有的时期少,大多数作物都有需肥的关键期,如何在作物的营养关键期提供充足的养分,种肥、基肥、追肥平衡施肥法是获取高产的有效方法。二是全年定量均衡施肥法。大量的研究表明磷肥、钾肥、有机肥施入土壤,都能在下季作物留有后效,所以我们在计算施肥量时根据水稻、玉米等农作物生育期不同需肥特点,平衡计算施肥量,这样就可以节约化肥用量,减少施用化肥对环境造成的面源污染。

根据双柏县农作物种植区域布局、产量水平,结合土壤养分现状特性、肥力水平以及不同区域耕地土壤的供肥能力、农作物的需肥规律、肥料利用率、施肥配方的验证试验结果,制定了"稳氮磷、增施农肥和钾肥,补施硼肥等中微量元素肥料"的配方肥和施肥配方设计原则,根据各地区农作物产量水平、耕地养分状况、有机肥施用量、肥料利用率、养分供给率、每生产100千克经济产量所需氮、磷、钾数量等技术参数等灵活调整选肥、用肥策略。

应用田间肥效试验结果,根据双柏县土壤养分现状和气候、地貌、土壤类型、作物品种需肥特点、耕作制度等差异性,制定、推荐了适合双柏县大部分地区主要作物,便于厂家生产、方便农户结合田块肥力状况适当调整施肥配方的大配方和专用肥配方,按照"大配方、小调整"的原则,向大庄园等复合肥料厂家、农户推荐大配方5个。即水稻配方肥(N-P$_2$O$_5$-K$_2$O=22-6-10)、玉米配方肥(N-P$_2$O$_5$-K$_2$O=25-4-9)、油菜配方肥(N-P$_2$O$_5$-K$_2$O=19-7-9)、麦类配方肥(N-P$_2$O$_5$-K$_2$O=22-9-9)、蚕豆配方肥(N:P$_2$O$_5$:K$_2$O=8:9:7)。

玉米、水稻、油菜等主要粮油作物不同区域施肥配方34个。其中:

①水稻专用肥配方(N-P$_2$O$_5$-K$_2$O)5个:20-12-8、19-9-8、20-7-8、18-8-9、17-8-10或相近配方。

②玉米推荐配方(N-P$_2$O$_5$-K$_2$O)5个:19-9-7、15-10-10、16-8-6、15-15-15、10-10-

10 或相近配方。

③小麦推荐配方（N-P$_2$O$_5$-K$_2$O）3 个：15-15-15、15-10-10、10-15-15 或相近配方。

④油菜推荐配方（N-P$_2$O$_5$-K$_2$O）3 个：10-15-15、10-10-20、10-10-10 或相近配方。

⑤蚕豆推荐配方（N-P$_2$O$_5$-K$_2$O）3 个：10-15-10、9-13-15（S）、8-10-15（S）或相近配方。

⑥高寒种植层和冷凉种植层配方区 15 个施肥配方：

1）水稻推荐配方（N-P$_2$O$_5$-K$_2$O）4 个：17-12-8、16-8-6、15-10-20、15-7-12 或相近配方。

2）玉米推荐配方（N-P$_2$O$_5$-K$_2$O）3 个：15-10-10、16-8-6、10-10-10 或相近配方。

3）小麦推荐配方（N-P$_2$O$_5$-K$_2$O）3 个：15-15-15、15-10--10、10-15-15、10-10-10 或相近配方。

4）油菜推荐配方（N-P$_2$O$_5$-K$_2$O）3 个：10-15-15、10-10-20、10-10-10 或相近配方。

5）蚕豆推荐配方（N-P$_2$O$_5$-K$_2$O）2 个：10-15-20（B）、10-9-12（B）或相近配方。

根据农作物生长需肥规律，土壤供肥性能与肥料效应，因地制宜，因作物将氮、磷、钾合理配方后施用。

结合双柏县农民科技文化现状、生产实际，创建和实践了主要农作物测土配方施肥触摸屏查询系统、测土配方施肥、配方肥料施用，以及因地制宜、因作物特性采用种肥、基肥、追肥平衡施肥法和全年定量均衡施肥法等科学施肥技术推广模式，通过组织科技培训、科技赶集、发放测土配方施肥建议卡、制作田间施肥建议卡标牌、手机信息服务平台等多种方式宣传测土配方施肥技术，举办核心示范样板，试验筛选、示范辐射带动大面积推广应用，项目技术覆盖率达 90％以上。

通过实施项目，促进了全县主要农作物生产的发展，推进和辐射全县农业科技综合配套措施的推广应用，从而使全县在干旱、风雹等自然灾害条件下，确保了主要农产品的供需平衡，人均产粮、农民人均纯收入逐年提高。从表 1-13 可知，农作物播种面积由 2008 年的 23 463.13 公顷逐年增加到 2013 年的 33 636.33 公顷，全县农用化肥施用量（折纯量）由 2008 年的 566.62 万千克逐步增加到 2013 年的 744.96 万千克，但从 2013 年起逐步减少，2014 年减少到 741.16 万千克，较 2013 年减少 0.51％，2015 年又增加到 781.64 万千克，较上年增 5.46％，2016 年，增加到 1 289.05 万千克，之后逐年减少；粮食产量从 2008 年的 5 696.6 万千克，增加到到 2013 年的 7 977.4 万千克，2015 年达 8 300.5 万千克，2016 年达 8 442.10 万千克（表 1-13，附录表 1-2，附录表 1-3，附录表 1-4）。据双柏县统计局统计，农林牧渔业产值从 2008 年的 80 261 万元（其中，农业总产值 37 120 万元），到 2013 年 160 714 万元（其中，农业总产值 70 548 万元），2015 年实现农林牧渔业产值 177 828 万元，较上年的 171 091 万元增长 5.9％，其中，农业总产值 81 372 万元，较上年的 78 892 万元，增加产值 4.5％；2015 年绿色食品业实现产值 89 069 万元，较上年增加产值 13.2％，增加值 48 981 万元，增产 12.9％。

全县粮食产量一年登上一个新台阶，由 2008 年的 5696.6 万千克增加到 2015 年的 8 300.5 万千克（表 1-13），全县人均有粮由 2008 年的 366.2 千克增加到 2015 年的 539.0

千克，实现了粮食自给有余；全县农林牧渔业产值由 2008 年的 80261 万元，增加到 2015 年的 177 828 万元，按可比价格计算，年均增长 12 195.75 万元，年均增 15.2%，其中，农业产值由 2008 年的 37 120 万元，到 2014 年增加到 78 892 万元，2015 年增加到 81 372 万元，按可比价格计算，年均增长 5 531.5 万元，年均增长 14.9%。

2008 年至 2015 年（表 1-16，表 1-17），双柏县累计推广应用水稻、油菜等农作物科学施肥技术面积 113 533.33 公顷。其中：水稻、玉米等粮食作物累计推广应用科学施肥技术面积 107 900.00 公顷，增产粮食 7 474.55 万千克；推广油菜科学施肥技术面积 5 633.33 公顷，增产油菜 182.07 万千克。合计减少不合理化肥施用量氮、磷、钾（纯量）538.12 万千克，总计增收节支 22 855.88 万元（表 1-17）。对促进粮食稳定增产、农业节本增效、农民持续增收和节能减排发挥了积极作用。其中：

2013 至 2015 年累计使用科学施肥技术面积 49 280.00 公顷（表 1-18），新增粮油 3 415.11 万千克，减少不合理化肥施用量 237.02 万千克，增收节支 10 097.88 万元。

全县主要作物化肥利用率方面。从 2008 年实施项目到 2014 年，主要农作物当季氧化物肥料利用率与项目实施初期相比具有普遍提高（李洪文，寇兴荣等，2014）的趋势。其中：

玉米氮、磷、钾当季氧化物肥料利用率分别由 2008 年的 30.42%、16.2%、19.43%，提高到 2014 年的 31.40%、16.71%、20.04%，平均提高 3.2%，其中，氮、磷、钾分别提高了 3.2%、3.1%、3.2%；

表 1-16　双柏县主要农作物科学施肥技术推广应用及其缩值面积统计（公顷）

	项目	2008	2009	2010	2011	2012	2013	2014	2015	合计
水稻	应用面积	3 111.11	3 481.48	2 666.67	3 851.85	3 555.56	3 111.11	2 888.89	4 074.07	26 740.74
	缩值后面积	2 800.00	3 133.33	2 400.00	3 466.67	3 200.00	2 800.00	2 600.00	3 666.67	24 066.67
小麦	应用面积	2 888.89	3 259.26	3 555.56	3 592.59	3 577.78	3 481.48	3555.56	3 555.56	27 466.67
	缩值后面积	2 600.00	2 933.33	3 200.00	3 233.33	3 220.00	3 133.33	3 200.00	3 200.00	24 720.00
玉米	应用面积	3 407.41	4 037.04	4 162.96	4 888.89	5 111.11	7 259.26	7 385.19	7 555.56	43 807.41
	缩值后面积	3 066.67	3 633.33	3 746.67	4 400.00	4 600.00	6 533.33	6 646.67	6 800.00	39 426.67
蚕豆	应用面积	2 370.37	2 540.74	2 666.67	2 740.74	2 740.74	2 888.89	2 888.89	3 037.04	21 874.07
	缩值后面积	2 133.33	2 286.67	2 400.00	2 466.67	2 466.67	2 600.00	2 600.00	2 733.33	19 686.67
小计	应用面积	11 777.78	13 318.52	13 051.85	15 074.07	14 985.19	16 740.74	16 718.52	18 222.22	119 888.89
	缩值后面积	10 600.00	11 986.67	11 746.67	13 566.67	13 486.67	15 066.67	15 046.67	16 400.00	107 900.00
油菜	应用面积	814.81	1 333.33	111.11	37.04	888.89	814.81	1 148.15	1 111.11	6 259.26
	缩值后面积	733.33	1 200.00	100.00	33.33	800.00	733.33	1 033.33	1 000.00	5 633.33
总合计	应用面积	12 592.59	14 651.85	13 162.96	15 111.11	15 874.07	17 555.56	17 866.67	19 333.33	126 148.15
	缩值后面积	11 333.33	13 186.67	11 846.67	13 600.00	14 286.67	15 800.00	16 080.00	17 400.00	113 533.33

注：缩值系数为 0.9。

表 1-17 双柏县 2008—2015 年主要农作物科学施肥技术推广应用经济效益汇总

| 项目 | 增产量(千克/公顷) | 减少不合理纯养分施肥量(千克/公顷) | | | 面积(公顷) | 增产量(万千克) | 减少不合理纯养分施用量(万千克) | | | | 增收节支(万元) | | |
		氮(N)	磷(P_2O_5)	钾(K_2O)			氮(N)	磷(P_2O_5)	钾(K_2O)	合计	增产值(万千克)	减少投入化肥款(万元)	合计
水稻	904.4	25.4	15.7	7.80	24 066.67	2 176.59	61.15	37.78	18.77	117.71	5 441.47	690.84	6 132.32
小麦	380.1	20.4	12.4	6.13	24 720.00	939.61	50.43	30.73	15.15	96.31	2 067.14	564.37	2 631.50
玉米	945.8	25.8	16.5	12.75	39 426.67	3 728.97	101.72	65.05	50.27	217.04	8 203.74	1 344.88	9 548.62
蚕豆	319.7	19.6	12.9	7.96	19 686.67	629.38	38.59	25.42	15.67	79.67	2 895.16	480.89	3 376.05
粮食作物合计					107 900.00	7 474.55	251.89	158.98	99.86	510.73	18 607.51	3 080.97	21 688.49
油菜	323.2	22.7	16.1	9.87	5 633.333	182.07	12.76	9.07	5.56	27.39	1 001.38	166.01	1 167.39
总合计					113 533.33	7 656.62	264.65	168.05	105.43	538.12	19 608.89	3 246.99	22 855.88

注：纯养分是指氮、五氧化二磷、氧化钾。稻谷：2.5 元/千克，玉米：2.2 元/千克，蚕豆籽：4.6 元/千克，油菜籽：5.5 元/千克，小麦：2.2 元/千克，尿素：2.405 8 元/千克，普通过磷酸钙：0.80 元/千克，硫酸钾：4.85 元/千克。

表 1-18 双柏县 2013—2015 年主要农作物科学施肥技术推广应用经济效益汇总

| 项目 | 增产量(千克/公顷) | 减少不合理纯养分施肥量(千克/公顷) | | | 面积(公顷) | 增产量(万千克) | 减少不合理纯养分施用量(万千克) | | | | 增收节支 | | |
		氮(N)	磷(P_2O_5)	钾(K_2O)			氮(N)	磷(P_2O_5)	钾(K_2O)	合计	增产值(万千克)	减少投入化肥款(万元)	合计
水稻	904.4	25.4	15.7	7.80	9 066.67	819.99	23.04	14.23	7.07	44.35	2049.97	260.26	2 310.24
小麦	380.1	20.4	12.4	6.13	9 533.33	362.36	19.45	11.85	5.84	37.14	797.20	217.65	1 014.85
玉米	945.8	25.8	16.5	12.75	19 980.00	1 889.71	51.55	32.97	25.47	109.99	4 157.36	681.54	4 838.89
蚕豆	319.7	19.6	12.9	7.96	7 933.33	253.63	15.55	10.24	6.31	32.11	1 166.69	193.79	1 360.48
粮食作物合计					46 513.33	3 325.69	109.58	69.29	44.71	223.58	8 171.22	1 353.23	9 524.45
油菜	323.2	22.7	16.1	9.87	2 766.667	89.42	6.27	4.45	2.73	13.45	491.80	81.53	573.34
总合计					49 280.00	3 415.11	115.85	73.75	47.44	237.02	8 663.02	1 434.77	10 097.88

注：纯养分是指氮、五氧化二磷、氧化钾。稻谷：2.5 元/千克，玉米：2.2 元/千克，蚕豆籽：4.6 元/千克，油菜籽：5.5 元/千克，小麦：2.2 元/千克，尿素：2.405 8 元/千克，普通过磷酸钙：0.80 元/千克，硫酸钾：4.85 元/千克。

油菜氮、磷、钾当季氧化物肥料利用率分别由 2009 年的 23.43%、11.85%、23.58%，提高到 2014 年的 24.15%、12.17%、24.28%，平均提高 2.9%，其中，氮、磷、钾分别提高了 3.1%、2.7%、3.0%；

小麦氮、磷、钾当季氧化物肥料利用率分别由 2009 年的 34.69%、12.72%、34.74%，提高到 2014 年的 35.76%、13.09%、35.82%，平均提高 3.0%，其中，氮、磷、钾分别提高了 3.08%、2.88%、3.11%；

水稻氮、磷、钾当季氧化物肥料利用率分别由 2008 年的 33.23%、14.36%、27.89%，提高到 2014 年的 34.17%、14.74%、28.67%，平均提高 2.8%，其中，氮、

磷、钾分别提高了 2.8%、2.6%、2.8%；

蚕豆氮、磷、钾当季氧化物肥料利用率分别由 2009 年的 32.87%、19.02%、20.69%，提高到 2014 年的 33.83%、19.60%、21.28%，平均提高 2.9%，其中，氮、磷、钾分别提高了 2.9%、3.0%、2.8%。

播种面积化肥施用量。2007 年至 2011 年主要农作物单位面积化肥使用量逐年上升，由 2007 年的 233.24 千克/公顷增加到 2011 年的 260.43 千克/公顷，2012 年大幅下降，2013 年、2014 年小幅下降，2015 年又有所增加；粮食作物和经济作物总产量 2008 年、2009 年呈增长态势，2010 年有所下降，2011 年至 2015 年单位面积当季化肥施用量呈波浪形减少，粮食作物和经济作物总产量却逐年增加。

粮食作物单位面积产量。从表 1-13 和附录表 1-1 可知，2007 至 2015 年，粮食作物单位面积产量由于持续干旱，除 2010 年下降外，其余年份的单位面积产量都较 2007 年持续增产。单位面积产量由 2007 年的 3 627.871 千克/公顷，增加到 2009 年的 3 819.44 千克/公顷；2011 年至 2015 年持续增产，由 2011 年的 3 586.7 千克/公顷，增加到 2015 年的 4 074.56 千克/公顷，2018 年增加到 4 195.49 千克/公顷，2020 年达 5 720.82 千克/公顷（表 1-13、附录表 1-1）。

值得一提的是，以上这些成绩是在冬春连续干旱的大背景下取得的，更进一步说明了实施本项目在促进农作物增产增收，促进农业生产中发挥了积极作用。

相关图件编制及其专著论文方面。结合项目相关工作，建立了基于《县域耕地资源管理信息系统》的空间/属性数据库。编绘了双柏县土壤分布图、土地利用现状图、耕地地力等级图和耕地土壤有机质、全氮、有效磷、有效钾等养分分布图，以及地势分布立体模型与土壤取样点位图、土壤酸碱度分布图、气候分区图、年均温等值线图、≥10℃积温等值线图、年均降水量等值线图、坡度分级图等成果图 26 幅。

编著出版发行了《双柏县耕地地力调查与评价》（中国农业出版社）。撰写发表论文12 篇：《紫砂泥田水稻"3414"肥料效应田间试验》（现代农业科技，2012 年第 19 期，2012 年 10 月），《测土配方施肥对滇中低热河谷区水稻产量和经济效益的影响》（云南农业科技，213 年第 1 期总 268 期，2013 年 1 月），《云南紫泥田水稻测土配方施肥试验初报》（中国农学通报，2014 年第 30 卷第 15 期，2014 年 5 月），《田间肥效试验数据的频率分析和施肥决策》（中国农学通报，2014 年第 30 卷第 27 期，2013 年 9 月），《高原特色农业区中低产田改良措施》（云南农业科技，2014 年第 5 期，2014 年 9 月），《蚕豆测土配方施肥指标体系初报》（中国农学通报，2014 年第 31 卷第 36 期，2015 年 12 月）等。

这些成果为双柏县中低产田改造、产业发展规划、科学施肥及化肥零增长行动的开展提供了技术支撑。

相关成果获得云南省农业厅农业技术推广三等奖 2 项次、县政府科技进步一等奖 1 项次；相关论文获省土肥学会优秀论文二等奖 1 项次，州科协优秀论文一等奖 1 项次、二等奖 2 项次。

以实施测土配方施肥补贴项目为契机，投资 26.15 万元，改造建设了 105.4 平方米的化验室，4 名技术人员经过学习已掌握常规五项土样检测技术，检测化验土样 1 680 个8 400 多项次。

　　建立健全了农作物科学施肥技术服务体系。该项目的实施，给全县土肥事业注入了新的活力，建立了农作物科学施肥技术服务体系，增强了技术服务功能。县级有专职土肥技术人员 5 人，乡镇农技中心各有一名专职土壤肥料技术科技人员；建立了以县外肥料生产企业和县内 80 多家肥料营销店铺主为主的商业化运行，全额拨款（公益一类）农业技术推广服务部门无偿指导服务相配合，将肥料营销连锁店铺网络延伸到交通便利的村（居）委会，配方肥料、施肥配方等科学施肥技术直供到户到田的技术服务体系，为农业新型经营组织和小农民提供农作物科学施肥技术服务。

　　2016 年及之后粮食作物测土配方施肥技术应用面积每年在 20 万亩以上。

　　2010 年至 2012 年，在 8 个乡（镇）中选择有代表性的大庄、妥甸两个镇分两次对农户有机肥、化肥施用状况进行调查，采用随机抽样、面谈、问卷调查等方式，共走访、调查农户 311 户，其中：水稻 116 户，小麦 15 户，玉米 133 户，其他作物 10 户。通过调查，我们了解到，当年农民所施用的化学肥料主要有水稻、玉米、烤烟专用复合肥和氮磷钾单质化肥，单质化学肥料中，氮肥主要为尿素，磷肥为普通过磷酸钙，钾肥为硫酸钾。作物施肥分为基肥、追肥。施肥方式主要为旱地作物有机肥表施，化学肥料塘（穴）、沟施。其中：水稻、小麦等密植作物的基肥（秒耙肥或水皮肥）和追肥采用撒施，烤烟、玉米、油菜的基肥和追肥多数采用塘（穴）施，部分追肥采用水溶解后随水塘（穴）浇施。

　　有机肥施用方面。有机肥以人畜粪尿为主，作一次性底肥施用。水稻施用有机肥的农户，占调查农户的 83.16%，其中：最高施用量 22 500 千克/公顷，最低施用量 6 300 千克/公顷，加权平均每公顷施有机肥 12 300 千克；玉米施用有机肥的农户，占调查农户的 57.28%，最高施用量 3 3000 千克/公顷，最低施用量 12 900 千克/公顷，加权平均每公顷施有机肥 17 500 千克；烤烟等作物最低施用量 11 250 千克/公顷。玉米、油菜、烤烟采用基肥塘（穴）施，水稻、小麦、蚕豆等密植作物做基肥全田撒施。

　　商品有机肥主要在水果、蔬菜等高产值作物施用。

　　化肥施用方面。据调查，双柏县农民群众的施肥习惯是选择水稻、玉米、烤烟等作物专用复合（混）肥和单质肥料交替配合施用，根据作物需肥特性、地块肥力状况，在复合混肥中适量添加单质化肥作追肥或基肥。单质肥料中，氮肥主要为尿素，磷肥为普通过磷酸钙，钾肥为硫酸钾。

　　农作物氮、磷、钾施用方式和次数一般为：

　　氮化肥。水稻生产中，1976 年推广水皮肥，到 1984 年及之后推广秒耙肥（中层肥），到 1990 年及之后，水稻一般采用两次或三次施肥，即秒耙肥（中层肥）和分蘖肥、穗粒肥撒施；玉米采用三次施肥，即底肥塘施，分别于 3~5 叶期追施苗肥，大喇叭口期追施拔节肥，穴施或施肥后中耕覆土。

　　磷肥。一般作基肥施用，玉米、烤烟、油菜为塘施或沟施，水稻、小麦等密植作物撒施。

　　钾肥。绝大部分作基肥或追肥施用，玉米、烤烟、油菜、蔬菜塘施或沟施，水稻、小麦密植作物撒施。

　　高产值作物以根外追肥的方式补充养分。

　　施肥方式上，随着复合（混）肥等肥料生产技术的进一步成熟，多次施肥向一次性施肥发展，人工施肥向机械化施肥、水肥一体化灌溉施肥发展。长效缓释肥、水溶肥逐步得到推广应用。

长效缓释肥技术推广应用方面。刘康宜为法人的双柏县益农农资有限责任公司于2008年调供玉米、水稻、辣椒等长效缓释复合肥150万千克，分别在大庄镇、大麦地、妥甸等地进行销售，但当时，由于价格较一般的复混（合）肥高，加之农民群众对长效缓释复合肥的作用缺乏认识，没有销路；张勇为法人的双柏乐田农业科技有限公司2011年调供玉米、辣椒、水稻等长效缓释复合肥4万千克，分别在妥甸、独田、碍嘉等地进行销售，销路不好。2011年开始，这两家公司配合公益性农业技术服务部门开始在测土配方施肥项目示范核心区、粮食作物高产创建示范区和低热河谷水果蔬菜高效生产示范区开展试验示范应用，其效果具有减少人工施肥次数、节省人工成本等良好效益。之后，长效缓释复合肥逐步被农民群众接受，销路逐步转好。2015年起刘康宜的公司每年销售农家乐等长效缓释复合肥在250万千克以上，2020年达到298万千克以上；张勇的公司2016年起每年销售的长效缓释复合肥在12万千克以上。2015年长效缓释复合肥在全县玉米、油菜、蔬菜等作物生产中施用面积达2 911.1公顷，到2020年施用面积达11 644.44公顷。

在市场上销售较多的氮、磷、钾复合（混）肥养分含量分别为17-17-17、15-15-15、14-10-6、19-9-5、18-9-7、10-10-10。

在市场上销售较多的缓释长效肥料主要有：农家乐追神（氮-磷-钾＝28-0-5）、农家乐（氮-磷-钾＝18-9-5）、农家乐底肥宝（氮-磷-钾＝15-5-26）等。

在市场上销售较多的水溶肥料主要有：提苗专用的优美钙（氮-磷-钾＝16-6-36）、昆明农家乐复合肥有限责任公司生产的氮、磷、钾养分含量分别为15-5-31、18-18-18的复合肥，云天化生产的氮、磷、钾养分含量为17-17-17、10-8-32、19-19-19的复合肥。

机械化施肥方面。旱地稀植作物玉米、水果、蔬菜等由手动简易施肥器具深施肥、微耕机耕整地秒耙施用中层肥，向水肥一体自动灌溉方向发展。水稻、小麦等密植作物由田（地）表面施（水皮肥）向中层施肥（秒耙肥）方向发展。据《双柏县志》（1988—2012年）记载，水稻中层施肥面积，1988至1991年分别为2 400公顷、3 047.8公顷、3 705.67公顷、3 712.07公顷，1994年达到3 885.53公顷。1996年玉米等旱地作物手动简易机械深施化肥面积2020.27公顷；2007年、2008年机械深施化肥面积分别为1 393.33公顷、1 533.33公顷。1989年茶园中耕施肥达575.6公顷，茶园套种绿肥培肥地力34公顷。

肥料使用方法和新模式示范推广方面。围绕减氮、控磷、稳钾，补硫、锌、铁、锰、硼等微量元素的施肥原则，开展了以下几种肥料使用方法和新模式的示范应用。一是采用周期性深耕深松和保护性耕作，秸秆还田、测土配方施肥、增施有机肥。二是示范应用玉米、小麦种肥同播，适时追施肥料，注重小麦水肥耦合，推广氮肥后移，减少养分的挥发和流失；蔬菜、果树注重有机肥和无机肥配合使用，因地制宜推广应用水肥一体化施肥，有效控制氮肥、磷肥的用量。三是推广水肥一体化施肥。结合高效节水灌溉，示范应用滴灌施肥、喷灌施肥等技术，促进水肥一体化技术下地。四是推广适期施肥技术。合理确定基肥和追肥施用比例，推广因地、因苗、因水、因时分期施肥技术。因地因作物制宜推广小麦、水稻叶面喷肥和蔬菜、果树、烤烟等作物根外施肥技术。到2016年蔬菜、烟草、水果等高产值作物根外追肥技术应用较为普遍。

水溶肥技术示范应用方面。以水肥一体自动灌溉技术为主的高效节肥、节水、节工技术引进应用示范为突破。2010 年，以戈辉为法人的双柏伟业农业科技有限公司在大麦地镇普龙新村流转耕地 5.33 公顷，应用水肥一体滴灌技术种植蔬菜 3.33 公顷，试种葡萄 2.0 公顷。到 2015 年大麦地镇绿汁江沿岸普龙、峨足等一带应用水肥一体滴灌技术种植葡萄面积一度达到 400 多公顷。以膜下滴灌、垄膜上滴灌两大技术为主的水肥一体化灌溉技术在高产值蔬菜、水果、烤烟连片种植中广泛应用。在大庄镇、大麦地镇、妥甸镇等低热河谷地带产业发展较好的乡镇，水果、蔬菜等高产高效大田作物应用具有很好的效果。到 2016 年，蔬菜、水果生产过程中应用水肥一体化滴灌技术已由土地流转承包经营大户向小农户辐射，在玉米、菜豆、豌豆、花椒等生产中应用面积逐年增加，高效节水节肥应用管理水平有了突破性提高，节本增效明显，对高效节水、节肥农业发展具有较大的推动作用。

到 2019 年底，双柏县高效节水农业面积达 2 960.03 公顷，占当年总播种面积的 4.5% 左右。其中，水肥一体化技术应用面积 1 633.33 公顷，其中，烤烟水肥一体化技术应用面积 1 400 公顷；2020 年、2021 年全县水肥一体化技术应用面积分别达 2 000 公顷、2 133.33 公顷，其中烤烟分别为 1 128 公顷、806.67 公顷。水肥一体化灌溉施肥技术在保护地栽培和高产值高效益果树、蔬菜栽培中广泛应用。据双柏县县委书记、县长金鸿在 2022 年县委农村工作会议上的讲话中记载，2021 年全县建成以微灌、滴灌为主的高效节水灌溉面积 1 466.7 公顷，建成水药肥一体化灌溉技术示范基地 1 173.3 公顷，示范带动全县轻简化节水节肥技术推广。"增产施肥、经济施肥、环保施肥"理念贯穿到农作物生产的土肥水管理工作中，精准把握"精、调、改、替" 4 字要领，即稳步推进精准施肥、调整化肥施用结构、改进施肥方式、有机肥替代化肥。依托新型经营主体和专业化服务组织，集中连片整体实施，加快转变施肥方式，深入推进科学施肥，增加有机肥资源利用，减少不合理化肥投入，为双柏县走高产高效、优质环保、可持续发展之路，促进粮食增产、农民增收和生态环境安全提供技术支持。推进了蔬菜、水果、烤烟、粮食等生产基地的快速发展，加快了土地流转进程，为全县农业产业化建设起到了十分重要的示范带动作用。

水肥一体化灌溉方式上，主要采用膜上滴灌、膜下滴灌和浅埋滴灌三种，以膜上滴灌与膜下滴灌各占一半，浅埋滴灌少。

化肥减量增效技术示范应用方面。2018 年在大庄镇干海资村委会实施"双柏县水稻化肥减量增效技术示范"项目，核心示范区面积 13.33 公顷，按"减氮控磷稳钾"的施肥原则，在当地水稻高产栽培施肥现状的基础上减少氮肥施用量，增施农家肥，实现化肥减量增效的目标，与当地当时传统施肥相比，化肥减施量 8.5%，稻谷产量与当地不减施同类田块产量持平，土壤有机质含量提高 1.5% 以上；在双柏县农盛农业开发有限公司大庄镇大庄社区蔬菜种植基地实施"楚雄州设施蔬菜化肥减量增效技术示范"项目，核心示范区面积 13.33 公顷（番茄和芦笋各 6.67 公顷），与当地当时传统施肥相比，化肥减施量 10% 以上，设施菜地土壤有机质含量提高 5% 以上，产量产值与当地减施同类田块持平。2018 年 9 月 4~5 日，全州耕地质量保护与提升暨蔬菜化肥减量增效现场观摩培训会在双柏县召开。2019 年、2020 年、2021 年化肥减量增效技术示范应用面积分别为 2 008.0 公顷、2 107.5公顷、2 113.8公顷。

农业生产用水类型方面。双柏县农业灌溉水类型以水库和河流来水为主，而自然降雨、山泉水、池塘水是重要的农业灌溉用水水源补充。部分旱地和雷响田（望天田）基本上没有稳定的灌溉水源，主要靠自然降雨补给。2017年开始，部分农业新型经营主体在生产基地打深井抽取地下水作为水果蔬菜生产用水。

纵观农业发展史，在植物与土壤养分循环体系中，化学肥料出现之前的传统农业生产与消费中，氮磷钾等养分以封闭模式的物质循环，维持地力经久不衰，主要作物产量长期相对稳定，而且增长缓慢。随着化学肥料的施用和施用量的增加，主要农作物的产量快速增加，但是从生态环境、资源、能源以及农业生产成本等综合考虑，化学肥料的过量施用一定程度上迟滞了农业的可持续发展。有机肥与化学肥料结合施用，开发应用环境友好型肥料才是农业可持续发展的正确道路。

（四）智慧农业、数字乡村示范基地建设

智慧农业、数字农业建设方面。近年来，特别是2021年以来，农产品质量安全与追溯管理体系（州、县、乡）平台、农产品区域电子商务公用品牌营销工程、电子商务进农村物流信息共享平台、全国植物检疫信息平台等高原特色农产品大数据平台，以及城际、城乡高效物流配送体系建设稳步推进，初步构建了覆盖县乡镇、村委会的"数字政务＋数字农业＋农村电商＋物流＋网点＋站点"的服务架构，标志着双柏县智慧农业、数字乡村雏形基本形成。为承接省内外物联网产业技术成果资源与双柏县农业产业发展需求有效对接，推动科技成果转移转化提质增效打下了一定的基础。

农作物水肥一体智能远程管控灌溉技术引进集成试验性应用方面。以张伟为法人的双柏县三江葡萄庄园有限公司于2019年引进安装水肥一体远程有线、无线智能管控灌溉相关设施设备，在双柏县大麦地镇9.33公顷阳光玫瑰葡萄生产基地试验性示范应用。

2021年3月，运用沪滇协作项目资金启动实施双柏马龙河流域数字农业谷示范项目。项目建设选取马龙河流域、大庄镇26户农业新型经营主体（基地）基本建成了"神农口袋"等数字农业云APP平台并上线试运行。双柏县数字农业云平台主要架构有全县农业总览、数字河谷、种植业、养殖业、乡村振兴、气象监测6个功能板块，以农业数字化管理、产品溯源体系、微电商、领域专家面对面等多个功能维度打造区域农业云平台。当年9月下旬，覆盖266.67公顷的种养殖基地的水肥一体化系统、植保系统、智能养殖监测系统、水体监测系统、农情监控系统和农业大数据管理中心的功能模块架构已基本成形，物联网相关设备设施加紧安装调试。基本实现根据区域气象、土壤养分和品种特性定量设计基肥施用量，根据实时长势信息精确推荐适宜追肥量，为化肥减施增效和施肥作业效率提升提供技术新途径。为今后在马龙河流域和大庄镇建成基于农业物联网的数字农业示范基地（无人农场、无人农庄）和现代农业科技产业园，蔬菜、水果、畜禽等的种养殖与营销实现全程人机智能远程协作动态精准管控，提升农业生产的标准化、集约化和自动化、智能化水平，推动双柏农业跨越式发展，破解农业生产运营过程中青壮劳动力短缺，运行成本高等问题奠定了一定基础。其中，双柏县农盛农业开发有限公司黑蛇河数字农业基地已建成全天候气象监控系统，水肥一体化系统已投入试验性应用，其效果较为理想。

水肥一体自动灌溉、无人机绿色防控、水肥一体远程智能协作控制灌溉等新技术新成果在

部分农业企业的部分基地试运行，部分玉米、果蔬生产基地采用无人机喷施叶面肥，农业新型经营主体的生产基地已经成为集聚农业先进技术资源、全面开放共享的农技推广新平台。

通过土壤—农作物资源智能化综合管理系统的运用，实现远程协作智能优化施肥，实现减肥提质增效。根据作物品种和产量水平，有机肥与化肥的配合施用，将 N、P、K 和多种可促进作物生长的中微量元素与有机肥加以科学配方，进行精准施肥作业，基本达到施肥位置精准、施肥数量精准、施肥时期精准，实现农业节本增效，减少农业面源污染。

自此，双柏县的农业生产开始进入生产与生态并重的科学施肥阶段，但受农村千家万户小规模生产的限制，旧的工作机制不适应新形势发展、而新的工作机制又没有建立起来的情况下，加之投入严重不足，这些先进实用的施肥技术，将在今后一段时期仍然停留在小面积、小范围试验示范阶段。而且受地形地貌，以及耕地零碎、台田、梯地面积大，投入不足等的影响下，引进人工智能、大数据、区块链、物联网等现代信息技术，配套建设智能化远程协作管控自动灌溉、土壤监测、气象预警、病虫害和养分监控、电子灭虫等数字化综合服务管理系统，引进具有智能启停、行驶、转弯、避障、掉头等人机智能远程协作动态管控的无人农机作业装备系统，通过手机或电脑远程监控、管控，开展农田耕整、精准播栽、精准施肥、精准浇水、作物病虫害精准识别、精准施药防控、精准柔性采收产品，以及农产品采收、分级、包装与运输、出入库等全过程无人农机自主协同作业；畜禽养殖饲料精准配方、精准饲喂、粪便精准清理、疫病精准识别防控、精准屠宰加工，以及畜禽产品出入库、分级加工、冷鲜物流等智能化远程精准决策营销管控。农业种养殖全程实现智能远程协作管控，实现生产、加工、营销全程智能化、数字化、无人化智慧作业，从现在的"脸朝黄土背朝天"的耕种模式，到"脸朝屏幕背朝云"的农业信息化、智慧化的农业生产模式，将在近十年之内在双柏县的部分种养殖基地实现。

参 考 文 献

曹隆恭 . 1989. 我国化肥施用与研究简史 [J] . 中国农史 (4)：54-58，44.

车驷，刘友林，祝华欣 . 1996. 云南省有机肥料 [M] . 昆明：云南科技出版社，115-130.

陈广锋，杜森，江荣风，等 . 2013. 我国水肥一体化技术应用及研究现状 [J] . 中国农技推广，39 (5)：39-41.

陈欢，曹承富，孔令聪，等 . 2014. 长期施肥下淮北砂姜黑土区小麦产量稳定性研究 [J] . 中国农业科学，47 (13)：2580-2590.

陈磊，郝明德，张少民 . 2006. 黄土高原长期施肥对小麦产量及肥料利用率的影响 [J] . 麦类作物学报，26 (05)：101-105.

丁晓蕾 . 2008. 20 世纪中国蔬菜科技发展研究 [D] . 南京：南京农业大学 .

傅立国，陈潭清，洪涛，等，2005. 中国高等植物 (十一) [M] . 青岛：青岛出版社：371-441.

葛建军，何文选 . 2008. 柑橘测土配方施肥技术指标体系的研究与应用 [J] . 邵阳学院学报自然科学版，5 (2)：90-93.

胡美术，王希辉 . 2011. 居山游耕：中越边境瑶族生计方式形成动因与探索 [J] . 湖北民族学院学报 (哲学社会科学版)，29 (4)：18-22.

贾思勰 (北魏)，缪启愉校释 . 1982. 齐民要术校释 [M] . 北京：农业出版社 .

金继运，白由路，杨俐苹，等 . 2006. 高效土壤养分测试技术与设备 [M] . 北京：中国农业出版社，89-94.

金继运，刘荣乐，等译.1998.土壤肥力与肥料［M］//［美］S.L.蒂斯代尔，W.L.纳尔逊，［加］J.D.毕腾.北京：中国农业科技出版社，1-15.

李寒松，贾振超，张锋，等.2018.国内外水肥一体化技术发展现状与趋势［J］.农业装备与车辆工程（6）：17-20.

李洪文，寇兴荣，张家海，等.2014.双柏县耕地地力调查与评价［M］.北京：中国农业出版社：11-26.

李书田，金继运.2011.中国不同区域农田养分输入、输出与平衡［J］.中国农业科学，44（20）：4207-4229.

刘肃，李酉开.1995.Mehilh3通用浸提剂的研究［J］.土壤学报，32（2）：132-141.

刘彦威.2004.关于我国古籍中有机肥施用问题的概述［J］.山西农业大学学报（社会科学版），2004，3（2）：145-147.

双柏县地方志编纂委员会.2013.双柏县志（1988-2012年）［M］.昆明：云南出版集团，云南人民出版社，393-415.

谭黎明，谭佳远.2014.古代农田施肥理论的研究［J］.安徽农业科学，42（21）：7296-7297.

陶安丽.2016.游耕、水稻与甘蔗：中越边境莽人村的生计变迁［D］.上海：华东师范大学.

涂仕华，朱钟麟.2001.国内外复混肥料的发展趋势［J］.西南农业学报，14（1）：92-95.

王伟妮，鲁剑巍，李银水，等.2010.当前生产条件下不同作物施肥效果和肥料贡献率研究［J］.中国农业科学，43（19）：3997-4007.

王兴仁，江荣风，张福锁.2016.我国科学施肥技术的发展历程及趋势［J］.磷肥与复肥，31（2）：1-5.

王云霞.2003.液体肥料的应用现状与发展趋势［J］.化肥设计，41（4）：10-13.

吴涛，黄勤，赵华南.2010.Mehilh3通用浸提剂的研究进展［J］.吉林农业（8）：91-92.

谢光辉，王晓玉，任兰天.2010.中国作物秸秆资源评估研究现状［J］.生物工程学报，26（7）：855-863.

徐光启（明）.1956.农政全书［M］.北京：中华书局.

闫湘，金继运，何萍，等.2008.提高肥料利用率技术研究进展［J］.中国农业科学，41（2）：450-459.

袁建华.2006.试论拉祜族游猎游耕农业文化［J］.思茅师范高等专科学校学报，22（5）：24-25.

云南省统计局.2010.大写的云南60年辉煌历程［发展成就下］（1949—2008）［M］.昆明：云南出版集团有限公司，云南人民出版社公司.

章楷.2000.百年来我国种植业施肥的演进和发展［J］.中国农史，19（3）：107-113.

赵松乔.1991.中国农业（种植业）的历史发展和地理分布［J］.地理研究，10（1）：1-10.

赵文旻.2016.精准变量施肥技术研究现状及发展趋势［J］.科技与创新，16：32-33.

中国大百科全书出版社编辑部.1990.中国大百科全书·农业［M］.北京：中国大百科全书出版：600.

中国腐植酸工业协会中华乌金文化传播中心.2019.腐植酸水溶肥与水肥一体化发展历程［J］.腐植酸（3）：78-79.

中国农业科学院土壤肥料研究所.1962.中国肥料概论［M］.上海：上海科学技术出版社.

中华人民共和国农业部，中国农业年鉴编辑委员会.1981—2016.中国农业年鉴（1980—2015）［M］.北京：中国农业出版社.

周建斌.2017.作物营养从有机肥到化肥的变化与反思［J］.植物营养与肥料学报，23（6）：1686-1693.

朱兆良，金继运.2013.保障我国粮食安全的肥料问题［J］.植物营养与肥料学报，19（2）：259-273.

第二章

植物根的种类及根系的类型与施肥

　　根系作为植物不可分割的一个有机组成部分，是吸收水分和养分的主要器官，是植物与土壤进行物质交换和信息交流的桥梁，对植物的生长和发育具有至关重要的作用。根系的构型决定作物的产量。根是某些植物长期适应陆上生活过程中发展起来的一种向下生长的器官。它具有吸收水分并将水与矿物质输导到茎，以及储藏养分，固着和支持地上部分植株的功能，少数植物的根也有繁殖的作用。通常根向下生长，是隐藏在地面以下的，但也并不绝对，也有些植物的根不长在地下，而是长在空气中，甚至向上生长。此外，并非所有植物都有根。世界上所拥有的50多万种植物中，只有20多万种高等植物才具有真正的根，其余近30万种低等植物是没有根的，它们还没有进化到具有根这个器官的水平。有些低等植物有根的外形，但不具有根的构造，充其量只能称它为假根。

第一节　按照根的发生来划分

一、定根

　　当种子萌发时，首先突破种皮向外生长，不断垂直向下生长的部分即是主根。如大家所熟悉的蚕豆，当它发芽时，突破种皮向外伸出呈白色条状的就是根，以后不断向下生长即形成主根。同样，作蔬菜食用的黄豆芽、绿豆芽，它们都有一条长长的白色的东西，这也是根，以后就形成主根。当主根生长到一定长度后，产生各级大小分支。侧根从主根向四周生长，与主根成一定的角度，侧根又可产生分枝，这些分枝统称为侧根。在黄豆芽、绿豆芽中，有时会看到当主根长得较长时，就会在主根的近末端处，有一些向侧面生长的分枝，这就是侧根。侧根生长过程中，可能再分枝，形成新的侧根，这就是第二级侧根。还可以有第三级侧根、第四级侧根等，无穷无尽地产生新的侧根，但作为主根则永远只有一条，不存在第二级主根。

二、不定根

　　不定根是植物生长过程中根的发生位置不固定，而由茎、叶、老根或胚轴上发生的根。例如剪取一段垂柳枝条，插在潮湿的泥土中，不久在插入泥中的茎上长出了根，这就是不定根。一个水仙头，放在水中没几天，在它的底部密集地生出一环根，这也是不定根。不定根可以产生各级分枝根，如垂柳的不定根有分枝，这些分枝也称为侧根；不定根也有不分枝的，如水仙的不定根无分枝。

第二节　按照根的功能来划分

一、贮藏根

贮藏根生长在地下，形态多样，形体肥大，能贮藏养料，常见于二年或多年生的草本植物。它所贮藏的养料，可以供越冬植物来年生长发育的需要。贮藏根是由根的不同部分发育而成的，可分为肉质直根、块根两类。

（一）肉质直根

肉质直根是由主根发育而成，一棵植株上仅有一个肉质直根，在肉质直根的近地面一端的顶部，有一段节间极短的茎，其下由肥大的主根构成肉质直根的主体，一般不分枝，仅在肥大的肉质直根上先有细小须状的侧根。例如，十字花科的萝卜、根用芥菜、甘蓝、芜菁，伞形科的胡萝卜，菊科的牛蒡、婆罗门参，藜科的根甜菜等的食用部分都属肉质直根。从肉质直根的外形看，最常见的有圆柱状肉质直根、圆锥状肉质直根和圆球状肉质直根，它们又可简称为圆柱状根、圆锥状根、圆球状根。蒲公英、黄芪就是圆柱状根，胡萝卜就是圆锥状根，红皮或白皮的圆萝卜就是圆球状根。

（二）块根

块根是由侧根或不定根的局部膨大而形成。它与肉质直根的来源不同，因而在一棵植株上，可以在多条侧根中或多条不定根上形成多个块根。块根与肉质直根在构造上也不同，在它的近地表一端的顶部，没有茎的部分，整个块根全部由根的膨大而形成。甘薯、马铃薯在地下形成的肥大部分，就是最常见的块根，还有大丽花、何首乌、百部、麦冬、天麻、山药、木薯、三七等植物都具有块根。根据块根的外形可分为纺锤状根、块状根，如百部为纺锤状根，甘薯、何首乌、马铃薯为块状根。在不同的植物中，块状根的大小、色泽、质地都有许多不同，都可以作为识别植物的依据。

二、气生根

气生根是比较特殊的一类根，它在地表以上的茎秆上长出或发自茎秆基部而悬垂于空气之中，以吸收和贮存水分，能起到吸收气体或支撑植物体向上生长的作用，常见于多年生的草本或木本植物中。如石斛、常春藤等。根据气生根的功能，又可分为以下几种：

（一）攀援根

攀援根是一种不定根，它通常从藤本植物的地上茎藤上长出，根的先端常有吸盘以攀附于其他物体上，使细长柔弱的茎能领先其他物体向上生长，这类不定根称为攀援根，常见于木质藤本植物，如常春藤、凌霄。

（二）支柱根

某些植物能从茎秆上或近地表的茎节上长出一些不定根，它向下深入土中，能起到支持植物直立生长的作用，这类不定根称为支柱根。通常支柱根可见于玉米、甘蔗、薏苡等，在茎秆的基部接近地表的几个节上，在节的四周生出许多不定根，斜向伸入土中，支持玉米、甘蔗的直立，减少倒伏。生长在我国南方的榕树，也常见有巨大的支柱根。在江浙一带温室中生长的印度橡胶树，它的茎上也常有细长下垂向土中生长的支柱根。

（三）呼吸根

某些植物，由于长期生活在缺氧的环境中，逐步形成了一种向上生长，露出地表或水面的不定根。它能吸取大气中的气体，以补充土壤中氧气的不足。多年生草本植物吊兰中，在匍匐茎上长出新植株时，也生有许多粗短的气生根；石斛的茎节上也常有许多气生根。

三、寄生根

寄生根是寄生植物所特有的一种根，着生于其他寄主植物的地上茎干或根部，它有吸盘能直接深入寄主的组织中，从寄主体内吸取养料，具有这种性能的根称为寄生根。

第三节 按照根的总体形态来划分

根的总体形态，是指在一植株上，包括它的主根、各级侧根、不定根，连同不定根上所有的侧根的形态，按照根系形态分为两种类型。

一、直根系

直根系由主根、侧根、支根、小根、根毛共同构成。在外观上，主根发育强盛，长圆锥状，有分枝，在粗度与长度方面极易与侧根区别，主根垂直向下生长，主根由胚根发育而来，因其着生于茎干基部，有一定生长部位，故又名定根。这种由主根、各级侧根、支根、小根、根毛组成的根系称为直根系，如大豆、马铃薯、蚕豆、白菜、青菜、石榴、核桃、蒲公英、雪松等植物的根系。双子叶植物的根系多为直根系。

二、须根系

须根系由不定根构成，无垂直向下生长的主根，在根系中不能明显地区分出主根，或在早期停止生长或枯萎，由茎的基部长出许多较长而粗细大致相同，丛生须状或纤维状的根，这种根系称为须根系，如水稻、玉米、小麦、杂草、苜蓿以及水仙、百合、葱、蒜等单子叶植物的根系。龙胆等少数双子叶植物的根也是须根系。

第四节 植物根系在土层中的分布特征分类

一、草本植物根系

草本植物的根系以直径不超过 1 毫米的须根为主。根系密度随土壤剖面深度的增加而下降。根系密度大体上分布于三个层区，即在 0～30 厘米土层中根系密度迅速降低，在 30～70 厘米土层中逐渐减少，70～150 厘米土层已处于非常低的水平，根系密度接近于 0。土层中总根数的分布规律也大致呈现类似规律。总根数的 90% 分布在 0～30 厘米的土层内，8% 分布在 30～70 厘米的土层中，约有 2% 的总根数分布在 70 厘米以下土层中。其根型多以水平根型和散生根型为主。

二、灌木植物根系

灌木根系形态构成复杂，具有发达的主根和侧根。主根直径 2～10 毫米不等。部分灌木甚至拥有一条以上的主根，沿坡面伸延或者作为垂直主根深入土壤内部，部分灌木主根能够到达 200～300 厘米厚的土层处。绝大部分侧根从主根分出并向周围辐射开来，层层分支，并和表层土盘结在一起形成与坡面平行的根际土层。根系在土层中的分布形式是：主根集中分布在 0～80 厘米的土层内，主根中直径超过 6 毫米的骨骼根集中分布在 0～50 厘米的土层中；而直径不超过 1 毫米的毛细根有超过 60％分布于 30～80 厘米的土层内。

三、乔木植物根系

乔木根系粗壮，比绝大部分草本和灌木的根系发达。大部分乔木都具有垂直向下生长的主根和副主根，主根贯入边坡和土壤内部长达数米，乔木还具有发达的水平根和心根等根系，以西南地区常见的云南松为例，在地表下 40 厘米土层中，侧根密集，一般占总根系生物量的 60％以上。这些侧根顺坡伸延，相互盘绕，与土壤一起形成基本与坡面平行的根际土层。

四、木本植物根系

一般木本植物的根可以分为三种：垂直根、侧根和须根。根据三种根的形状和分布规律又可分为以下三种类型：散生根型、水平根型和主直根型。

（一）散生根型

主根不明显，各个根系之间没有明显的大小区别，以次生根和支原生根为主，以根颈作为中心，以辐射状向地下土层中的各个方向扩展，以这种方式投射成网络状结构、纤细的吸收根群，如槭、冷杉、杉木等树种。

（二）水平根型

由数量众多的链状细根和固着根沿着土层表面的水平方向延伸生长而成。没有发达的主根，但其不定根或侧根发达，并且以网状形式向四周扩展，因此，绝大部分根系都分布于土壤表层，以 20～30 厘米的土壤表层为主，如云杉、悬铃木等。其分布的深度和范围，依土壤类型、树种、砧木类型及环境条件而异，并受土壤、肥水管理的影响。

（三）主直根型

由明显强壮并与其他根系垂直向下生长的主根和许多侧根组成，主根在整个根系中占据主导地位，主直根系的主根发达，较各级侧根粗壮而长，其垂直深入土层可达 3～5 米，其中细小的吸收根大多是带有根毛或者是真菌感染的短根，在松、栎等类树种中，主直根系最为常见，如油松、杨树、白榆等。

五、深根系和浅根系

植物根系在土壤中分布的深度和广度常因植物的种类、生长发育的生态环境的好坏、土壤条件以及人为因素的影响而不同。根据根系在土壤中的分布深度，分为深根系和浅根系两类。

（一）深根系

深根系植物的主根发达，垂直向下生长，长入土壤的深度达 2～5 米，甚至 10 米以上，这种向土壤深处分布的根系，称深根系。如大豆、核桃、蓖麻、油松、马尾松、白榆等。如马尾松 1 年生苗主根达 20～30 厘米，长成后可深达 5 米以上。

（二）浅根系

浅根系植物的主根不发达，侧根或不定根较主根发达，并以水平方向向四周扩展，其长度远远超过主根，并占有较大的面积，根系大部分分布在土壤浅层。如车前、小麦、水稻等。

一般直根系多为深根系，须根系多为浅根系。但不是所有的直根系都属于深根系。根的深度在植物不同生长发育期有所不同，一般规律是植物的根系与地上部分具有一定的相关性，即任何植物苗期的根系均很浅，随着生育期根系生长，从而形成庞大的根系。

根系在土壤中的分布范围常远远大于地上部分（茎、叶的面积），即根系的深度大于植株的高度，而广度大于植株冠幅的扩展范围。

农作物的根系大都分布在土壤的疏松耕作层里，适当的深耕可以增加根系的吸收面积，使作物获得高产，此外，不同作物进行间作套种时，必须考虑这些作物的根系在土层中的分布状态，如用深根系和浅根系作物互相搭配，能够分别吸收利用不同深度土层中的肥水，有利于提高单位面积的产量。例如：玉米与大豆（菜豆），小麦与蚕豆间作、套种。

第五节　植物根系与地上部分（茎、叶）的相互关系

在植物的生活中，地下部分和地上部分的相互关系首先表现在相互依赖上。地下部分的生命活动依赖于地上部分产生的糖类、蛋白质、维生素和某些生长物质，而地上部分的生命活动也必须依赖地下部分吸收的水分、矿质养分以及根中合成的植物激素、氨基酸等生长物质。叶靠茎、枝的支撑，使其扩展空间，以充分行使其光合作用功能。地下部分和地上部分在物质上的相互供应，使得它们相互促进，共同发展。

地下部分和地上部分的相互关系还表现在它们的相互制约。除这两部分的生长都需要营养物质从而表现竞争性的制约外，还会由于环境条件对它们的影响不同而表现不同的反应。例如当土壤含水量开始下降时，地下部分一般不易发生水分亏缺而照常生长，但地上部分茎、叶的蒸腾和生长常因水分供不应求而明显受到抑制。当地上部分迅速生长时，养分则集中在迅速生长的部分，根系则处于缓慢生长；反之，如果根系处于大量生长时，地上部分则处于缓慢生长。

因此，根系的生长与地上部分具有交替生长的特点。也就是说农作物的营养生长有一个营养生长中心，只有这样，才能保证其某一部分的生长。

地下部分和地上部分的重量之比，称为根冠比。虽然它只是一个相对数值，但它可以反映出栽培作物的生长状况，以及环境条件对作物地下部分和地上部分的不同影响。一般温度较高、土壤水分较多、氮肥充足、磷肥供应较少、光照较弱时，常有利于地上部分的生长，所以根冠比降低；而在相反的情况下，则常有利于地下部分的生长，所以根冠比增大。农业生产上常以根冠比作为控制协调地下部分与地上部分生长的参考数据。萝卜、甜

菜、甘薯等作物，既要求整个植株生长茂盛，又要求有较大的根冠比才能增加地下部分的产量，所以栽培这类作物时，常通过其生长期的需肥特性科学施肥、疏松耕层土壤等各种措施改变其根冠比，以增加产量。一般生长前期根冠比约为 0.2，接近收获期时约为 2 较适宜。再如，茶树幼苗期根系与枝叶的生长速度几乎相同，根冠比基本在 1 左右，在自然生长条件下，根冠比在 1∶1.5 左右。在采摘和修剪条件下，地上部生长特别旺盛，其生长量常超过根系生长量的 2~3 倍。随着树龄增加，地上部与根系之间，仍保持一定的比例关系。在生产实践中人们常通过修剪、深耕等手段调控地上部与根系的生长发育，达到树冠更新复壮的目的。

第六节　植物对矿质养分的吸收、运输和利用

一、根系对养分的吸收

根系是植物体吸收水分、养分和机械固定作物植株的重要器官，同时也是植物体与根际微环境之间建立相互关系，进行物质交换的桥梁，在很大程度上是通过根系来完成对水分、养分的吸收，极少数可通过植物叶或茎体表等地上器官吸收养分，即养分从植物体的外部介质通过细胞原生质膜进入植物体中细胞内的任何部分。因此，植物根系的粗壮发达、生命力强、耐肥耐水是植物丰产的基础。

（一）根吸收养分的部位

我们知道，植物与外界环境进行物质交换，主要通过根系来完成。植物根的外部形态虽然因植物的不同类型而有较大的差异，但从基本解剖学结构来说，还是相似的。单就一条根来说，从根顶端向着生根毛的区域称为根尖，根尖是根进行养分吸收、合成和分泌的主要部位，根据幼嫩根的根尖内部结构可将其从下至上分为 4 部分：根冠、分生区、伸长区和根毛区（李春俭，2015）。根冠主要起保护根尖和向地性生长的作用；分生区主要起维持根冠生长和根系伸长的作用；伸长区主要通过细胞伸长和分化完成根的生长；根毛区是根系吸收养分和水分最活跃的部位，大致距离根冠以上 1 厘米左右的地方，总长度一般只有几毫米，这是因为在结构上，此区域的韧皮部和木质部都已经开始了分化，已初步具备输送养分的能力，但内皮层的凯氏带尚未完全分化出来而不至于造成屏障，因而有利于养分的吸收（张俊伶，2021）。在生理活性上，也是根部细胞生长最快，呼吸作用旺盛，质膜正急骤增加的地方。就一条根而言，幼嫩根吸收能力比衰老根强，同一时期越靠近基部吸收能力越弱。

此外，分生区和伸长区的细胞生长迅速，代谢活动旺盛，因此不仅吸收面积大，也保证了养分吸收所需的生物能量。根毛区分化成熟，长度一般有数厘米，表面布满根毛，每平方毫米上就有数百条之多。由于根毛的数量多，总表面积大，而且具有黏性的根毛易与土壤颗粒紧贴，增加了根系与土壤的接触面，加之该根段内的木质部已充分分化形成，吸收的离子态养分可以快速转运到地上部，使根系吸收养分的速度与数量成十倍、百倍甚至千倍地增加，而近根尖部分虽吸收积累的离子最多，但所吸收的离子不能及时转运到其他部位。所以，大约在距离根尖 10 厘米以内的根毛区是根系吸收养分面积最大和最多的区域，愈靠近根尖的地方吸收能力愈强。对于一些依赖水分吸收的养分，根毛区的作用更

为明显。

根对养分的吸收很大程度上受根结构特点的制约，而根系的吸肥特点决定了在施肥实践中应注意根系形态和分布特征，将肥料施于合理位置和深度。一般来讲，种肥（除与种子混播的肥料外）施用深度应距种子 5～6 厘米或与播种相适应的地方，将肥料集中施于 1～2 个点位或环形施用，而基肥则应将肥料施到根系分布最密集的 20 厘米左右的耕层之中。在植物生长期间追肥时，应根据肥料的性质和种植状况，把肥料特别是化肥追施到近根的地方，以增加养分和根系的接触面积，促进根系对养分的吸收，这样可以使溶解度小的肥料（如磷肥）提高其溶解度，减少铵态氮的挥发和硝态氮的流失所造成的损失。

对于根系来说，无论主根还是侧根都具有根尖，根尖是根系生命活动最为活跃的部分，扮演着吸收养分的重要角色。通常根尖成熟区根毛的寿命只有 1～2 周，根毛死亡之后，伸长区就会产生新的根毛来补充，所以根毛区一直在向前推移，也改变了根系在土壤中吸收养分的位置。根毛的形成大大增加了根系吸收养分的面积，但是根毛易受土壤湿度影响，在干旱的土壤里几乎不能发育。

（二）根系吸收养分的主要形态

作物根系一般能吸收气态、离子态和分子态 3 种养分。

气态养分。气态养分有 CO_2、O_2、SO_2、水汽（H_2O）等，主要通过扩散作用进入植物体内，也可以从多孔的叶子进入，即由气孔经细胞间隙进入叶内。

离子态养分。植物根能吸收的离子态养分可分为阳离子和阴离子两类。阳离子养分有 NH_4^+、K^+、Ca^{2+}、Mg^{2+}、Fe^{2+}、Mn^{2+}、Cu^{2+}、Zn^{2+} 等；阴离子养分有 NO_3^-、$H_2PO_4^-$、HPO_4^{2-}、SO_4^{2-}、H_2BO^{3-}、H_2BO^{4-}、$B_4O_7^{2-}$、$M_nO_4^{2-}$、Cl^- 等。

作物根系也能吸收少量水溶性分子态的有机养分，如尿素、氨基酸、糖类、磷脂类、生长素、维生素和抗生素等。但是大部分有机态养分必须经过微生物分解转化为离子态养分才能被吸收利用。

（三）根系对矿质养分的吸收过程

作物根系从土壤中吸收矿质养分的过程主要有土壤矿质养分（离子）向根表的迁移、离子吸附在根部细胞膜表面、离子跨膜运输进入根细胞内部三种。

1. 土壤矿质养分（离子）向根表的迁移　对于整个土壤空间来说，根系分布只占了约 3% 的体积，仅仅依靠根系主动去觅食养分不能满足作物生长的需求，所以养分向根表的迁移是植物获取养分的重要途径。土壤养分离子向根表面迁移途径主要有三种：主动截获、质流（集流）和扩散。

主动截获。是指养分在土壤中不经过迁移，而是根系在生长发育中直接从与根系接触的土壤颗粒表面吸收养分，类似于接触交换的过程。一般根表面与土壤微颗粒表面的距离<5 纳米。根系截获供应的养分量与根系接触土壤的体积以及与根容积相当的周围土壤中含有的养分量有关，由于与根系接触的土壤很少（1%～3%），一般不超过 10%，因此养分截获量很少。通过这种方式得到的养分通常不到植物需要量的 5%。其中，N、P、K 所占的比例很小，Ca、Mg 所占的比例较高。

质流。是指植物的蒸腾作用和根系吸收水分造成根表土壤与土体之间出现明显的水势差，土壤水分由土体向根表流动，引起水流中所携带的溶质（养分）随水流向根表迁移、运动。养分通过质流方式迁移的距离较长，数量较多。某种养分通过质流到达根表面的数量取决于植物的蒸腾率和土壤溶液中该养分的浓度。当土壤中离子态的养分含量较多、浓度较大时，供应根表的养分也随着增加。氮和钙、镁主要是由质流供给。

扩散。是指由于植物根系对养分离子的吸收，导致根表的养分离子浓度下降，在根系表面出现一个养分耗竭区，从而形成土体与根表之间的浓度梯度，使养分离子从浓度高的土体向浓度低的根表迁移的过程，这就是养分的扩散作用。这种迁移一般速度慢，迁移距离短（0.1～15 毫米）。不同迁移方式对植物养分吸收的贡献不同。在大多数情况下，质流和扩散是根系获得养分的主要途径。影响养分扩散速率的因素：土体中的水分含量、养分离子的扩散系数（$NO_3^- > K^+ > H_2PO_4^-$）、土壤质地和土壤温度。扩散对供应钾的贡献最大，其次是磷和氮。

不同养分的迁移方式不同，钙、镁和硝态氮主要依靠质流；磷酸二氢根离子、钾离子等主要依靠扩散迁移（表2-1）。养分的迁移方式，一定程度上还取决于土壤溶液中各种养分的浓度。养分浓度高有利于质流；养分浓度低扩散的作用相对较大。

表2-1 根系获取大量元素（养分）的途径

养分	养分形态	根获取养分的途径
氮	NO_3^-、NH_4^+	质流
磷	$H_2PO_4^-$、HPO_4^{2-}	扩散
钾	K^+	扩散
钙	Ca^{2+}	质流
镁	Mg^{2+}	质流
硫	SO_4^{2-}	质流

①对于根系来说，主动截获就是根生长到哪就"吃"到哪，直接从接触的土壤中获取养分。但该方式获取的养分只占极少部分，主要还是通过质流或扩散获取养分。

②根系的质流主要取决于根系吸水和植物蒸腾作用的强弱，此过程植物体内形成不断将水分向上拉的"拉力"，导致土壤溶液与根表面形成压力差，该压力促使土壤养分随水分向根表迁移。

③根系不断从微根际土壤中吸收养分，导致微根际根区土壤中养分浓度的降低，离根区较远土壤的养分浓度相对较高，形成根区土壤养分的梯度差，有助于养分向低浓度微根际区域扩散，进而到达根表。

不论质流还是扩散，若要完成养分向根表的迁移，必须有水作为媒介。也就是说，肥料只有溶解在水里面才能到达根表被吸收，否则养分就变成了无效养分，无法被根系吸收。

2. 养分离子吸附在根细胞膜表面 到达根系表面的养分离子必须穿过由细胞间隙、细胞壁微孔和细胞壁与原生质膜之间的空隙构成的自由空间（质外体）到达根细胞质膜，并且与根细胞表面的离子（H^+ 和 HCO_3^-，由根呼吸产生）发生交换，并吸附在细胞膜上的吸附位点。其中的细胞壁微孔（10纳米左右）构成了物质进出细胞壁的通道，水分和无机离子可以由此进入。

3. 养分离子的跨膜吸收过程 离子在根中经质外体途径和共质体途径到达输导组织。短距离运输（横向运输），根表皮→皮层→内皮层→中柱（导管）。质外体途径：Ca^{2+}、Mg^{2+}等；共质体途径：NO_3^-、$H_2PO_4^-$、K^+、SO_4^{2-}、Cl^-等。

养分离子通过自由空间到达原生质膜吸附位点后，还需穿过该膜和各种细胞器（线粒体、叶绿体、液泡等）膜才能进入细胞质内，参与各种代谢活动。由于生物膜是一种半透性膜，对外界离子的吸收具有一定的选择性，这种选择性因植物种类而异。养分的跨膜吸收分为主动吸收和被动吸收两种。主动吸收又称代谢吸收，是一个需要消耗能量的代谢过程，具有选择性；被动吸收又称非代谢吸收，不需要消耗能量，属物理或物理化学作用。根系吸收初期以被动吸收为主，后期以主动吸收为主，通常是两者相结合进行。

（1）养分的被动吸收 根系对养分的被动吸收主要以截流、扩散、质流和离子交换等形式进行。被动吸收不需要消耗能量，属于物理的或物理化学的作用，是植物吸收养分的初级阶段，是养分离子通过扩散作用，不直接消耗代谢能量而透过质膜进入细胞内的过程。二氧化碳、氧气等气体和水可以从高浓度向低浓度扩散，通过质流进入植物体内。离子态养分质流进入根内，主要受土壤溶液中离子态养分含量和植物蒸腾作用的影响。当离子态养分较多（施肥后）、气温较高、植物蒸腾作用较大时，通过质流进入根内的矿质元素也多。根系进行呼吸所产生的H^+离子和HCO_3^-离子（或OH^-离子）与土壤中阴、阳离子进行交换，使部分离子态养分吸附在根细胞表面而被植物吸收。

植物细胞的质膜是半透膜，离子可由浓度较大的膜外向浓度较低的膜内扩散，当达到平衡后，被动吸收就随即终止，转向主动吸收。

（2）养分离子的主动吸收 主动吸收需要消耗能量，且有选择性。是指养分离子逆浓度梯度，利用代谢能量透过质膜进入细胞内的过程，消耗能量吸收土壤中的养分，而且能在植物体内离子态养分浓度比外界土壤中溶液浓度高的情况下，根系仍能逆浓度吸收，且吸收时具有选择性，这是植物吸收养分的高级阶段。植物吸收养分常常是被动吸收与主动吸收两者相结合进行的。

主动吸收方式有离子泵和偶联运输两种方式。离子泵是存在于细胞膜上的一种蛋白质，它在消耗三磷酸腺苷的同时将氢离子、钠离子或钙离子等从膜的一边泵到另一边。离子的运输与能量消耗由同一个蛋白质完成。偶联运输是利用氢离子泵或钠、钾离子泵形成的跨膜质子梯度或钠离子梯度中产生的自由能量运输养分或离子，即氢离子或钠离子作为驱动离子驱动运输蛋白，将被运输离子或养分由电化学势低的地方运到电化学势高的地方。类似于上坡运动，需要消耗大量代谢能。一般细胞质膜电势为负值，有利于阳离子养分吸收，而不利于阴离子养分吸收。因此大多数阳离子养分是被动吸收的，而阴离子养分是主动吸收的。

4. 根系吸收养分向地上部运输 根系吸收的养分穿过皮质层进入木质部导管，然后再向上运输。包括短距离运输和长距离运输两个过程。

（1）短距离运输 也叫横向运输或径向运输，指养分穿过皮层进入中柱的过程。在该过程中，养分离子迁移有两条途径，即质外体途径和共质体途径。

①质外体途径。质外体是细胞膜外，有细胞壁相互连接形成的一个体系，大致相当于

自由空间，由细胞壁和细胞间隙，再加上中柱内的部分组织构成。由于内皮层细胞上凯氏带的阻隔，质外体中的水分和养分不能直接进入中柱，而必须先跨膜进入原生质体内，通过共质体途径进入中柱。根尖（分生区和伸长区）的中柱发育不全，内皮层的凯氏带不完整或没有形成，这时质外体的养分和水分可以直接进入中柱。由于钙离子、正二价镁离子等在共质体的移动性很差，它们主要通过质外体途径运输，因此根尖在这些离子的吸收中占有很重要的地位。

②共质体途径。共质体是由细胞的原生质体通过胞间连丝连接起来的一个连续体系。离子进入共质体需要跨膜。离子在共质体运输的难易取决于主动吸收和液胞对离子的选择与调节能力，以及体内离子间的相互影响。如为了避免与磷酸根发生沉淀，细胞质中钙离子浓度很低。植物养分中的钾离子、磷酸二氢根、硝酸根、硫酸根和氯离子多半是通过共质体横向运输的，特别是在低浓度时，共质体的运输量很大。

（2）长距离运输　也叫纵向运输或径向运输，是指养分（无机离子和有机物质）和水分通过木质部和韧皮部的筛管组织由根系向地上部，或由地上部向根系的运输。

①木质部。由无细胞质和细胞器的导管组成。水和无机离子通过木质部向地上部输送。运输的主要机制是质流，动力是蒸腾作用和根压。一般情况下蒸腾拉力起主要作用，特别是对硼、硅和钙等养分运输影响很大。运输过程木质部导管中的养分也与相邻的薄壁细胞进行交换，同时养分离子也受细胞壁电荷的影响。

②韧皮部运输。韧皮部由筛管、伴胞和薄壁细胞等活细胞组成。其运输特点是双向运输，一般是向"生理库"输送养分。养分在韧皮部的运输受蒸腾作用的影响很小。

③木质部和韧皮部之间的养分转移。由于两者相距很近，因此，两个系统之间也存在养分交换。在养分长距离运输过程中，木质部和韧皮部的养分交换对调节植物体内养分分配，满足各部分的营养需求起重要作用。这种养分转移是通过转移细胞完成的。禾本科植物的茎节部位即是养分转移的主要部位。

④韧皮部中养分的移动性。不同营养元素在韧皮部中的移动性不同。营养元素按其在韧皮部中移动性的难易程度分为移动性大的、移动性小的和难移动的 3 组。移动性大的：氮、磷、钾、镁；移动性小的：铁、锰、锌、铜；难移动的：硼，钙。

营养元素在韧皮部中的移动性在一定程度上反映了该元素再利用能力的大小。再利用程度大的元素，养分缺乏首先表现在老的部位，而再利用程度小的元素，缺素症状首先表现在幼嫩器官。

（四）根对有机养分的吸收

应用无菌技术和同位素技术得到证实，根系不仅能吸收无机养分，也能直接吸收利用那些分子量小、结构比较简单的有机态养分（如各种氨基酸、磷酸己糖、磷酸甘油酸和酰胺等），它是通过生物膜酶载体进入细胞的。近年来，使用微量放射自显影的研究表明，放射性同位素^{14}C（WC）标记的腐殖酸分子能完整地被植物根系吸收，并可输送到茎叶中。可见土壤和肥料中的有机态养分是植物养分的直接来源之一。如大麦能吸收赖氨酸，玉米能吸收甘氨酸，大麦、小麦和菜豆能吸收各种磷酸己糖和磷酸甘油酸，水稻幼苗能直接吸收各种氨基酸和核苷酸以及核酸等。所以有机肥不但能提高土壤肥力，也能直接被根系吸收，营养植株，既能肥土，又能肥作物。

（五）影响植物根系吸收矿质元素的因素

1. 土壤温度　土壤温度过高或过低，都会使根系吸收矿物质的速率下降。超过 40℃ 的温度会使酶钝化，影响根部代谢，也使细胞透性加大而引起矿物质被动外流；温度过低，代谢减弱，主动吸收慢，细胞质黏性也增大，离子进入困难。同时，土壤中离子扩散速率降低。

有研究表明，大多数植物根系吸收养分要求的适宜土壤温度为 15~25℃。在 0~30℃ 范围内，随着温度的升高，根系吸收养分加快，吸收的数量也增加。在低温时，植物的呼吸作用减弱，养分吸收的数量也随之减少，当温度低于 2℃ 时，植物只有被动吸收，因为在这种低温下，植物不能进行呼吸作用。当土温超过 30℃ 以上时，养分吸收也显著减少，若土温超过 40℃，吸收养分急剧减少，因为温度过高根系迅速老化，体内酶变性，吸收养分也趋于停止，严重时细胞死亡。细胞膜在高温下透性增加，养分常有外渗现象。

低温影响植物对磷、钾的吸收比氮明显。所以植物越冬时常需施磷肥，以补偿低温吸收阴离子不足的影响。钾可增强植物的抗寒性，所以，越冬植物要多施磷、钾肥。

不同植物吸收养分对温度的反应也不同，如低温会明显影响燕麦、四季萝卜对磷的吸收；而对黄瓜、葱、萝卜的影响则较小。就水稻而言，其适宜水温为 30~32℃，温度过高过低，均影响对养分的吸收。其中影响较显著的有 Si、K、P 和 NH_4^+，而 Ca、Mg 则影响较少。大麦根际土温以 18℃ 较好，如温度过低，影响 K、P 的吸收最为明显，对 Ca、Mg 影响则较小。氮的吸收因形态而有差别，低温影响硝态氮的吸收远远大于铵态氮。其他植物最适根际土温：棉花为 28~30℃，马铃薯为 20℃，玉米为 25~30℃，烟草为 22℃，番茄为 25℃。温度在 6~12℃ 及 24~30℃ 时，大麦吸收 K^+ 的数量比在 12~24℃ 时要少得多。

2. 土壤通气状况　多数植物吸收养分是一个好氧过程，土壤通气状况良好，能增强呼吸作用和 ATP 的供应，促进根系对矿物质的吸收。反之，土壤排水不良，呈厌氧状态，植物吸收养分垂直下降，甚至出现养分倒流（外溢）现象。在淹水情况下，植物叶色发黄，持续淹水，植株窒息死亡，就是由于缺氧不能进行有氧吸收致使厌氧微生物大量滋生，它们所形成的终极产物如乙烯、甲烷、硫化物、氰化物、丁酸和其他脂肪酸大量积累，抑制呼吸作用导致死亡。某些植物如水稻、芦苇等，在淹水条件下仍能正常生长，是因为它们的叶部和茎秆有特殊的构造能进入氧气，并向根部运输供给植物利用。

3. 土壤溶液的浓度　土壤溶液的浓度在一定范围内增大时，根部吸收离子的量也随之增加。但当土壤浓度高出此范围时，根部吸收离子的速率就不再与土壤浓度有密切关系。而且，土壤溶液浓度过高，土壤水势降低，还可能造成根系吸水困难。因此，农业生产上不宜一次施用化肥过多，否则，不仅造成浪费，还会导致"烧苗"发生。

4. 土壤溶液的 pH　pH 的大小直接影响根系的生长。大多数植物的根系在微酸性（pH5.5~6.5）的环境中生长良好，也有些植物（如甘蔗、甜菜等）的根系适于在较为碱性的环境中生长。当土壤偏酸（pH 较低）时，根瘤菌会死亡，固氮菌失去固氮能力。当土壤偏碱（pH 较高）时，反硝化细菌等对农业有害的细菌发育良好，这些都会对植物的氮素营养产生不利影响。

研究表明，在酸性土壤中，植物吸收阴离子多于阳离子；而在碱性土壤中，吸收阳离子多于阴离子。在 pH4.0～7.0 范围内，番茄培养液的 pH 越低，则使阴离子 $NO_3^- $-N 的吸收增加；反之，则阳离子 NH_4^+-N 的吸收增加。

土壤溶液中的酸碱度影响土壤养分的有效性。在酸性条件下，植物较易吸附外界溶液的阴离子养分；在碱性条件下，植物较易吸收外界溶液的阳离子养分。大多数养分在 pH 6.5～7.5 时其有效性最高。

在石灰性土壤上，土壤 pH 在 7.5 以上，施入的过磷酸钙中的 H_2PO^{4-} 离子常受土壤中钙、镁、铁等离子的影响，而形成难溶性磷化合物，使磷的有效性降低。在石灰性土壤上，铁的有效性降低，使植物常常出现缺铁现象。在盐碱地上施用石膏，不仅降低了土壤中 Na^+ 的浓度，同时，Ca^{2+} 的存在还可消除 Na^+ 等单一盐类对植物的危害。总之，由于土壤溶液 pH 的不同，其中一些离子的形态也发生了变化，这样养分的有效性也就产生了差异，最后必然反映在植物对养分的吸收上。

各种植物对土壤溶液的酸碱度的敏感性不一样。据中国科学院南京土壤研究所在江西甘家山红壤试验结果：大麦对酸度最敏感，金花菜、小麦、大豆、豌豆次之，花生、小米又次之，芝麻、黑麦、荞麦、萝卜、油菜都比较耐酸，而以马铃薯最耐酸。茶树只宜于在酸性红壤中生长。植物对土壤碱性的敏感性也有类似情况。田菁耐碱性较强，大麦次之，马铃薯不耐碱，而荞麦无论酸、碱都能适应。

土壤溶液中的 pH 较低时，有利于岩石的风化和 K^+、Mg^{2+}、Ca^{2+}、Mn^{2+} 等的释放，也有利于碳酸盐、磷酸盐、硫酸盐等的溶解，从而有利于根系对这些矿物质的吸收。但 pH 较低，易引起磷、钾、钙、镁等的淋失，同时引起铝、铁、锰等的溶解度增大而造成毒害。相反，当土壤溶液中 pH 增高时，铁、磷、钙、镁、铜、锌等会形成不溶物，有效性降低。

5. 土壤水分含量 水是植物生长发育的必要条件之一，土壤中养分的释放、迁移和植物吸收养分等都和土壤水分有密切关系，土壤水分适宜时，养分释放及其迁移速率都高，从而能够提高养分的有效性和肥料中养分的利用率。当土壤含水量低时，无机态养分的浓度相对提高，直接影响植物根对养分的吸收与利用；反之，当土壤含水量过高时，一方面稀释土壤中养分的浓度，加速养分的流失，另一方面会使土壤下层的氧不足，根系集中生长在表层，不利于吸收深层养分，同时有可能出现局部缺氧而导致有害物质的产生而影响植物的正常生长，甚至死亡。施肥的增产效果在很大程度上与土壤含水量有很密切的关系，呈现出明显的水肥耦合关系。

6. 土壤中离子间的相互作用 溶液中某一离子的存在会影响另一离子的吸收。例如，溴的存在会使氯的吸收减少；钾、铷和铯三者之间互相竞争。

二、植物吸收矿质元素的特点

根系吸收矿质元素与吸收水分是既相互关联又相互独立的过程。

(一)相互关联

①矿质元素必须溶于水中才能被植物吸收，随水一起进入根部的质外体，随水流分布到植株各部分。

②由于矿质养分的吸收，降低了根系细胞的渗透势，形成了水势差，促进了植物对水

分的吸收。

③ 植物根系吸收的矿质养分与吸收水分之间不成比例。矿质养分和水分两者被植物吸收是相对的，既相关，又有相对独立性。

（二）相互独立

①矿质养分与水的吸收机理不同，水分吸收主要是以蒸腾拉力作用引起的被动吸水为主，而矿质养分吸收则是以消耗代谢能的主动吸收为主，有饱和效应。

②植物从营养环境中吸收养分离子时，具有选择性，即根部吸收的离子数量不与溶液中的离子浓度成比例。

③矿质养分与水的分配方向不同，水分主要分配到叶片用于蒸腾作用，而矿质养分主要分配到当时的生长中心，而且植物吸收养分的量与吸水的量无一致关系。

④根对养分离子的吸收具有选择性与积累性。植物对同一溶液中的不同养分离子或同一盐分的阳离子和阴离子吸收的比例不同，从而引起外界溶液 pH 发生变化。不同物种对盐分的吸收具有选择性，如番茄吸收 Ca、Mg 多，而水稻吸收 Si 多；同种植物对同一种盐的不同离子吸收具有选择性，如玉米，对同一种盐的不同离子吸收的差异，如生理酸性盐 $(NH_4)_2SO_4$、生理碱性盐 $NaNO_3$ 或 $Ca(NO_3)_2$、生理中性盐 KNO_3 等，表现出选择性吸收。积累性，植物能够逆浓度梯度吸收某些物质，积累在细胞的某些部位。

⑤根系吸收单一盐会受毒害。任何植物，假若培养在某一单盐溶液中，不久即呈现不正常状态，最后死亡，这种现象称为单盐毒害。单盐毒害无论是营养元素或非营养元素都可发生，而且在溶液很稀时植物就会受害。若在单盐溶液中加入少量其他盐类，这种毒害现象就会消除，这种现象被称为离子间的拮抗作用。

三、植物地上部对矿质养分的吸收

（一）根外营养的机理

植物地上部分吸收的矿质养分，被称为根外营养或叶片营养。根外营养的主要器官是茎和叶，其中叶的比例更大。根外营养是植物营养的一种方式，但只是一种辅助方式。根外营养可能是通过湿润的角质层上的裂缝、气孔和从表层细胞延伸到角质层的外质连丝，使喷洒于植物叶部的养分进入叶肉细胞，然后转移到细胞内部，最后抵达叶脉韧皮部，也可横向运至木质部，而后再转运至各处参与代谢过程。

（二）根外营养的特点

植物的根外营养和根部营养比较起来一般具有以下特点：

1. 直接供给植物养分 可防止有些易被土壤固定的营养元素如磷、锰、铁、锌等养分在土壤中的固定和转化，直接供给植物需要；某些生理活性物质如赤霉素等，采用根外喷施就能克服施入土壤易于转化的缺点。

2. 养分吸收转化比根部快，能及时满足植物需要 由于根外追肥的养分吸收和转移的速度快，所以这一技术可作为及时防治某些缺素症或植物因遭受自然灾害，需要迅速补救营养或解决植物生长后期根系吸收养分能力弱的有效措施。

3. 促进根部营养，强株健体 据有关研究，根外追肥可提高光合作用和呼吸作用的强度，显著地促进酶活性，从而直接影响植物体内一系列重要的生理生化过程；同时也改善了植物对根部有机养分的供应，增强根系吸收水分和养分的能力。

4. 节省肥料，经济效益高 根外喷施磷、钾肥和微量元素肥料，用量只相当于土壤施用量的 10%～20%。肥料用量大大节省，成本降低，因而经济效益就高，特别是对微量元素肥料，采用根外追肥不仅可以节省肥料，而且还能避免因土壤施肥不匀和施用量过大所产生的毒害。

（三）影响根外营养效果的因素

1. 植物叶片对不同种类矿质肥料的养分吸收速率不同 叶片对钾的吸收速率依次为：$KCl > KNO_3 > K_2HPO_4$，对氮的吸收速率依次为：尿素 > 硝酸盐 > 铵盐，所以在喷施微量元素时，适当加入少量尿素可提高其肥效。

2. 溶液的组成 溶液组成取决于根外追肥的目的，小麦苗期由于土壤缺磷，致使根系发育不良，形成弱苗，及时喷施磷肥，可以促进根系发育，使麦苗由弱变壮正常生长。受低温影响的棉花苗，喷施尿素可增大叶面积，加强光合作用；禾谷类作物在生长后期喷施磷钾，可以促进早熟；喷施铁可防治果树黄叶病，喷施锌可防治苹果小叶病，喷施硼可防治棉花、油菜的蕾而不花、花而不实。

3. 溶液的浓度及酸碱反应 在一定浓度范围内，矿质养分进入叶片的速率和数量随浓度的提高而增强，但浓度过高会造成伤害。一般在叶片不受肥害的情况下，适当提高浓度，可提高根外营养的效果，尿素与其他盐类混合，还可提高盐类中其他离子的通透速度。同时还要注意某些微量元素有效与毒害的浓度差别很小，更应严格掌握，以免植物受害，溶液的 pH 随供给的养分离子形态不同可有所不同，如果主要供给阳离子时，溶液调至微碱性；反之，供给阴离子时，溶液应调至弱酸性。

4. 叶片对养分的吸附能力与溶液在叶片上吸着的时间长短呈正相关，即时间愈长，吸附量愈多 试验证明，溶液在叶片上保持的时间在 30 分钟到 1 小时之间吸收的速度快，吸收量大。要使养分溶液能在叶、茎上保持较长时间，一般喷施时间最好在傍晚无风的天气下进行，可防止叶面很快变干。

5. 温度对营养元素进入叶片有间接影响 温度下降，叶片吸收养分减慢；温度过高，液体蒸发，影响叶片对矿质养分的吸收。

6. 叶片与养分吸收 像棉花、油菜、豆类、薯类等双子叶植物，因叶面积大，角质层较薄，溶液中的养分易被吸收；而稻、麦、谷子等单子叶植物，叶面积小，角质层较厚，溶液中养分的吸收比较困难，在单子叶植物上进行根外追肥要加大浓度。从叶片结构上看，叶子表面的表皮组织下是栅状组织，比较致密；叶背面是海绵组织，比较疏松，细胞间隙较大，孔道细胞也多，故喷施叶背面养分吸收快些。

7. 喷施次数及部位不同，养分在叶细胞内的移动不同 一般认为，移动性很强的营养元素为氮、钾、钠，移动性强弱排序为氮 > 钾 > 钠；能移动的营养元素为磷、氯、硫，移动性强弱排序为磷 > 氯 > 硫；部分移动的营养元素为锌、铜、钼、锰、铁等微量元素，移动性强弱排序为锌 > 铜 > 锰 > 铁 > 钼；不移动的营养元素有硼、钙等。在喷施不易移动的营养元素时，必须增加喷施的次数，同时必须注意喷施部位，如铁肥，只有喷施在新叶上效果较好。每隔一定时期连续喷洒的效果，比喷洒一次的效果好。但是喷洒次数过多，必然会多用劳力，增加成本，因此生产实践中应掌握在 2～3 次为宜。

四、影响植物吸收养分的条件

植物吸收养分是一种复杂的生理现象，植物生长的许多内外因素共同对养分吸收起着制约作用，其内在因素就是植物的遗传特性，而外部因素是气候和土壤条件。

(一)植物吸收养分的基因型差异

同一种植物的不同品种或品系，由于基因型差异，产量不同，虽然植株中养分浓度相差不大，但从土壤中带走的养分却相差很大。如杂交种和其他高产品种需肥量都高于常规品种，如果施肥量不足就不能发挥高产优势。不同植物营养的基因型决定了不同植物器官及生理差异，决定着植物对不同养分的吸收、运输与利用状况。

植物根、叶、茎的形态大小、位置、角度等不同，吸收养分的能力也有所不同，由于光合作用能力不同，造成可供吸收养分需要消耗的能量也不同，也就影响着根系对养分的吸收能力。

1. 根系形态特征对养分吸收的影响　土壤中有效养分只有到达根系表面才能为植物吸收，成为实际有效养分。对于整个土体来说，植物根系仅占据极少部分空间，扩大根系与土壤的接触面，对促进根系对土壤养分的吸收有重要的意义。

(1) 形态结构　单子叶植物的根属须根系，粗细比较均匀，根长和表面积都比较大。双子叶植物的根属直根系，粗细悬殊较大，根长和总吸收表面积都小于须根系。

(2) 根毛　除洋葱、胡萝卜等少数植物没有根毛或根毛少而短之外，大多数农作物的根系都有根毛。根毛的存在缩短了养分迁移到根表的距离，增加了总吸收表面积。根毛的另一作用是加强共质体的养分运输。

(3) 植物根系的特性　①根系深度与耕层土壤养分的有效性。根系分布深度关系着植物从土壤剖面中获取养分的深度和有效空间，通常农作物的根深为50～100厘米。植物种类差异和环境因素对根系分布深度有很大影响。②根系密度与养分空间有效性。根系密度是指单位土壤体积中根的总长度，表示有多大比例的土壤体积向根供应养分。

根系吸收养分能力的大小，还与根表面积、根密度和根的形态有关，包括根的长度、侧根数量、根毛多少和根尖数。双子叶植物的根与单子叶植物的根在形态上不同，因而在对养分的利用上也有很大差别。如禾本科牧草的根可以吸收黏土矿物层间的非交换性钾，而豆科牧草对这种养分的吸收能力较弱。

根系吸收养分的潜力远远超过植物对养分的需要。所以，只要一小部分根系所吸收的养分就能满足整株植物的需要。从理论上说，即使土壤溶液中养分浓度较低时，根系吸收的养分也能基本满足植物的需要。生产实践中，在田间并不是所有根系都能与土壤密切接触，因为根系穿过土壤颗粒间隙时必然会遇到许多孔隙，因此，只有一部分根系在吸收水分和养分。

应该注意的是，养分也影响根的形态和分布，从而影响养分的吸收。在养分供应良好的地方根系密度大；养分缺乏，根系生长受影响，如缺氮、缺镁或缺锰时，根系细而长。缺钾时根系不能发育。氮磷营养对根系生长有促进作用，但由于氮磷营养促进地上部的生长比促进根系生长快，因而在良好的氮磷营养下，植物的根/冠比相对较小。钙和硼对植物根系的生长有直接的影响，在整个根系中，一部分根若缺钙，则这部分根就死亡；缺硼时，根虽不致死亡，但停止生长。

2. 根系对难溶性养分的活化和利用能力具有明显的植物种类和基因型差异　不同植物种类以及同一植物的不同基因型释放有机物质的种类和数量差异很大，活化和利用难溶性养分的能力显著不同。而且许多植物只有在营养胁迫下才表现出对难溶性养分的活化能力。根系的上述作用往往难以与根际生物作用区分开来。但是，在根际养分的活化过程中，植物根系一般起主导作用，因为土壤生物需要的碳源和能源主要来自根系淀积物。

植物根系能够直接活化和利用根系附近的难溶性无机和有机固相养分的方式主要有：根际酸化作用、有机配位体的螯溶作用、根际氧化还原电位（Eh）改变和还原性物质的还原溶解作用等，促进根际无机固相养分物质的活化（还原溶解作用），以及释放酶类对有机态养分物质转化的影响（酶促反应）。

（二）植物的生理生化特性对养分吸收的影响

1. 根系的阳离子交换量　根系阳离子交换量与养分吸收有着密切的关系。如 Ca^{2+} 和 Mg^{2+} 等二价阳离子的根系阳离子交换量越大，被吸收的数量也越多（周健民、沈仁芳，2013）。植物根系具有较高的阳离子交换量，甚至还有较小的阴离子交换特性。根系阳离子交换量的大小可以反映根系对难溶性养分的利用能力。一般双子叶植物的根系阳离子交换量较高，单子叶植物较低。

2. 根系的氧化力　植物根系氧化力的大小与整个植株生命活动的强度紧密相关，当植物根系的氧化力较大时，根的有氧呼吸也较旺盛，吸收氮、磷养分也较多，而且还可氧化根表面和紧靠根附近的各种还原物质，例如亚铁、低价锰和硫化氢、有机酸等，从而保证根的正常代谢。根的氧化力，既可作为植物根系活力及其生命活动的重要指标，还可作为诊断植物发育和吸收养分的障碍因素的指标。

3. 酶活性　植物吸收养分是个能动的过程，是根据体内代谢活动的需要而进行的选择性吸收，因而与植物体内的酶活性有一定的相关性。植物体内磷酸酯酶活性影响植物对磷的吸收速率；植物体内硝酸还原酶的活性影响着植物对硝酸盐的吸收与利用，传统的水稻作物都认为水稻前期不能利用硝态氮，但旱育秧及水稻旱作的研究结果表明，水稻苗期体内也存在着较强的硝酸还原酶活性，因此旱作条件下水稻一生均能很好地吸收和利用硝态氮。

另外，根系的氧化还原力、新陈代谢等生理活动对养分的吸收也有影响。生长素、激动素、脱落酸和植物毒素，在植物体内虽然含量很少，但对植物代谢活动起着重要作用。有研究表明，植物激素和植物毒素起着调节养分吸收和输送的作用，而它们的活性大小受控于相应的基因，所以同样影响着植物对养分的吸收。

（三）植物的生育特点对养分吸收的影响

植物营养的共性和个性如下：

（1）共性　所有高等植物都需要 17 种必需营养元素，即 C、H、O、N、P、K、Ca、Mg、S、Fe、Mn、Zn、Cu、Mo、B、Cl、Ni，这是作物营养的共性。

（2）个性　不同植物或同种植物在不同的生育期所需要的养分也是有差别的，即每种植物在营养方面都有其特殊的需求。

①不同植物种类对元素的吸收具有选择性。植物种类不同，体内所含的养分也不一

样，这是由于植物选择性吸收所造成的。例如，烟草体内含钾多，叶用蔬菜体内含氮多。

　　某些植物对于有益元素的必需性很强烈。如水稻是硅的蓄积植物，水稻需要用硅来构成茎秆和叶片表皮细胞的细胞壁，以增强它的抗性和耐肥性。

　　许多植物对元素的形态也有一定的选择性。如水稻，在生长前期是典型的喜铵植物。一些喜酸植物，例如酸模，在代谢过程中能形成有机酸的铵盐来消除氨的毒害，因而可以吸收较多的铵盐而不会中毒。

　　②同一种植物不同生育阶段对元素的吸收具有选择性。植物在各生育阶段，对营养元素的种类、数量和比例都有不同的需求。一般生长初期吸收的数量少，吸收强度低，随着时间的推移，对营养元素的吸收逐渐增加，往往在雌性器官分化期达吸收高峰，到了成熟阶段，对营养元素的吸收又渐趋减少，但从单位根长来说养分吸收速率总是幼龄期较高。在整个生育期中，根据反应强弱和敏感性可以把植物对养分的反应分为营养临界期和肥料最大效率期。所谓营养临界期是指植物对养分供应不足或过多显示非常敏感的时期，不同植物对于不同营养元素的临界期不同。大多数植物磷的营养临界期在幼苗期，如冬小麦在幼苗始期、棉花和油菜在幼苗期、玉米在三叶期。氮的营养临界期，对于水稻来说为三叶期和幼穗分化期；棉花在现蕾初期；小麦、玉米为分蘖期和幼穗分化期。水稻对钾的营养临界期在分蘖期和幼穗形成期。

　　在植物的生育阶段中，施肥能获得植物生产最大效益的时期，叫做肥料最大效率期。这一时期，作物生长迅速，吸收养分能力特别强，如能及时满足植物对养分的需要，产量提高效果将非常显著。据试验表明，玉米的氮素最大效率期在喇叭口期至抽雄期；油菜为花薹期；棉花的氮、磷最大效率期均在花铃期；对于甘薯，块根膨大期是磷钾肥料的最大效率期。

　　植物吸收养分有年变化、阶段性变化，还有日变化，甚至还有从几小时至数秒钟的脉冲式变化。这种周期性变化是植物内在基因的外在表现。如果环境条件符合上述基因表达变化，将大大促进植物生长。改变外在环境条件，适应这种基因表达变化可以获得高产。

五、土壤养分的生物有效性

　　土壤中各种营养元素的全量很丰富，但绝大部分对植物无效，只有少部分在短期内能被植物吸收的土壤养分才是植物的有效养分，以矿质养分为主的土壤养分所在的空间位置处于生长期内的植物根际，或接近植物根表，或短期内可以迁移到根表、根土界面被植物吸收，才能成为有效养分。

（一）土壤养分的化学有效养分

　　化学有效养分有可溶性的离子态、简单分子态、易分解态和交换吸附态、某些气态等，多种养分存在于土壤中，其有效性受土壤养分的强度因素与容量因素、缓冲因素（缓冲容量）、植物特性、生长期等的影响较大。

（二）土壤养分的空间有效性

　　1. 养分位置与有效性　土壤中有效养分只有达到根系表面才能为植物吸收，成为实际有效养分。对于整个土体来说，植物根系仅占据极少部分空间，平均根系土壤容积百分数大约为3%，因而养分的迁移对提高土壤养分的空间有效性十分重要。

2. 养分向根表的迁移 土壤中养分到达根表有两种机理：一是根对土壤养分的主动截获；二是在植物生长与代谢活动（如蒸腾、吸收等）影响下，土壤养分向根表的迁移。

截获所得的养分实际是根系所占据土壤容积中的养分，它主要决定于根系容积大小和土壤中有效养分的浓度。

土壤养分向根表的迁移有两种方式：即质流和扩散。

不同迁移方式对植物养分供应的贡献。在植物养分吸收总量中，通过根系截获的数量很少，大多数情况下，质流和扩散是植物根系获取养分的主要途径。

对不同营养元素而言，不同供应方式的贡献各不相同，Ca^{2+}、Mg^{2+} 和 NO_3^- 主要靠质流供应，而 $H_2PO_4^-$、K^+、NH_4^+ 等扩散是主要的迁移方式。

在相同蒸腾条件下，土壤溶液中浓度高的元素，质流供应的量就大。

（三）植物根系生长特性与根际养分有效性

1. 植物根的特性 由于植物的种类不同，根及其根系的发生、功能、形态结构，以及在土层中的自然分布规律差异较大。

（1）形态结构 单子叶植物的根属须根系，粗细比较均匀，根长和表面积都比较大。双子叶植物的根属直根系，粗细悬殊较大，根长和总吸收表面积都小于须根系。

（2）根毛 除洋葱、胡萝卜等少数植物没有根毛或根毛少而短之外，大多数农作物的根系都有根毛。罗汉松的情况比较特殊，根直径大于 0.2~0.3 厘米的无根毛，根直径 0.1~0.2 厘米的有少量根毛。龙葵的根直径 0.1-0.2 厘米的根毛多而长。根毛的存在缩短了养分迁移到根表的距离，增加了水肥总吸收表面积。根毛的另一作用是加强共质体的养分运输。

（3）根系深度与底层土壤养分的生物有效性 根系分布深度与植物从土壤剖面中获取养分的深度和有效空间有着紧密的关系，通常农作物的根深为 50~100 厘米。但植物种类的差异、环境因素对根系分布深度有很大的影响。一年生植物通常在开花期根即停止生长，由于时间不长，大部分根都集中于 0~30 厘米的土层中，表土层以下根的密度随土层深度增加而减少。即使土壤条件适宜，一年生植物的根系也很少超过 2 米；多年生植物较一年生植物的根深，一般可达 2 米以上，多年生牧草根系甚至可达 3 米以上。不过，根总体积的 2/3 仍然分布于表层 0~30 厘米的土壤中。植物根系的分布深度说明植物不仅从表土，而且也可从底土中吸收养分。

（4）根系密度与养分空间有效性 根系密度是指单位土壤体积中根的总长度，表示有多大比例的土壤体积向根供应养分。根系密度大，说明供应养分的有效空间就大，表明在不同土层中，根系密度与土体中供应养分的相对体积之间的关系。

在根系密度相同的条件下，土体供应钾和磷的有效体积有较大的差异，主要原因是钾在土壤中的移动性大于磷。在一定根系密度范围内，根系密度与养分吸收速率呈正比。然而，当根系达到一定密度后，由于植物之间存在着养分的竞争吸收，吸收速率就不会再增加。

不同根系密度条件下，土体向根供应磷、钾养分的相对有效体积相差较大。土层深度 0~10 厘米，根系密度大于 72 厘米/厘米^3 时，养分供应的相对有效体积磷、钾分别是 20%、50%；土层深度大于 10 厘米，根系密度小于 2 厘米/厘米^3 时，养分供应的相对有效体积磷、钾分别是 5%、12%（陆景陵，2010；胡霭堂，周立祥等，2003；蔡昆争，

2011；王宝山，2017）。

2. 根际养分及理化、生物学特点　根际是指受植物根系活动的影响，在物理、化学和生物学性质上不同于土体的那部分微域土区。根际的范围很小，一般指离根轴表面数毫米之内。植物对根际的影响不仅存在于根系表面到土体土壤的径向方向上，而且也存在于根基部到根尖的纵向方向上。其范围因植物种类和土壤性质不同而有差异。根际的许多化学条件和生物化学过程不同于土体土壤。其中最明显的就是根际 pH、氧化还原电位和微生物活性的变化等。由于根系分泌物的作用，根际微生物群落的种类与数量也有所不同。这些变化对根际微域内营养物质的转化、土壤养分的有效性以及作物生长发育和抗逆性等都有明显的影响。

（1）根际养分分布　根系吸收养分要求根际养分既有一定的供应强度又能持续供应。根际土壤溶液中养分浓度的分布与土体土壤有明显的差异，它主要受根吸收速率与养分迁移速率的综合影响。与此同时，根际养分的供应强度又直接影响植物的营养状况。

根际养分浓度。由于植物的吸收速率和养分在土壤中的迁移速率不同，根际养分浓度的分布与土体比较会出现累积、亏缺或持平 3 种不同的状况，因而由土体到根际，土壤溶液中养分浓度的分布不均匀。当土壤溶液养分浓度高、植物蒸腾量大、养分供应方式以质流为主时，根对水分的吸收速率高于养分的吸收速率，这时根际的养分浓度高于土体的养分浓度，根际出现养分累积区。在土壤溶液中养分浓度低、植物蒸腾强度小、根系吸收土壤溶液中养分的速率大于吸收水分的速率时，根际即出现养分亏缺区。在一定条件下，当水分的蒸腾速率和养分的吸收速率相等时，根际不会出现浓度梯度，根际与土体之间养分浓度均匀，出现平稳状态，但这种情况很少出现。

影响根际养分浓度的因素。影响根际养分浓度的因素主要有以下几方面：一是营养元素种类的影响。不同的营养元素在土壤溶液中的浓度差异很大，如 Ca^{2+}、NO_3^-、SO_4^{2-}、Mg^{2+} 等养分在土壤溶液中含量较高，在根际一般有累积；相反，$H_2PO_4^-$、NH_4^+、K^+ 和一些微量营养元素 Fe^{2+}、Mn^{2+}、Zn^{2+} 等养分在土壤溶液中的浓度低，由于植物吸收，根际则出现亏缺。二是土壤缓冲性能的影响。根际养分的分布与土壤黏粒含量和缓冲能力有关。黏粒含量少的土壤，对养分的吸附力弱，离子迁移速率快，养分亏缺范围大；相反，黏粒含量多的土壤，缓冲能力强，对养分的吸附力强，土壤溶液中养分浓度低，离子迁移速率小，土壤养分耗竭区则窄。三是植物营养特性的影响。根系吸收养分能力的强弱影响根际养分浓度的分布。不同植物之间在根系容积、养分吸收速率、最低吸收浓度、蒸腾强度等方面都有差异。禾本科植物与豆科植物相比，不仅根量大而且根毛多，因而在间套（混）种植情况下，禾本科植物对土壤中移动性小的养分竞争能力大于豆科植物。在自然生态条件下，这种竞争的结果有利于禾本科植物的生长。

（2）根际 pH　pH 是影响土壤养分有效性的重要因素。植物根系的活动对根际土壤的酸碱性产生显著的影响。因此，根际 pH 状况往往会出现升高或降低，与土体土壤相比，其差异有时可高出 1 个 pH 单位。pH 的变化是根际微生态系统中一个最为活跃的因素，从多方面影响着土壤养分的有效性。

根际 pH 的变化直接影响着微区养分的形态、含量与转化，因而也影响养分的有效性。根际 pH 降低，可增加有益元素硅的溶解，使硅的有效性增加，间接地提高了根系对病害的抵抗能力。例如，施用铵态氮肥或含氯肥料可以有效地降低小麦全蚀病的发病率，这是根际 pH 变化的间接效应。

（3）根际氧化还原电位　氧化还原电位的改变影响土壤中有机与无机物质反应的方向与速率，进而改变土壤中多种养分元素（如铁、锰、锌、磷等）的有效性。

根际微区的特点是在有机物（尤其是可溶性有机物丰富）、酶和微生物的作用下生物活性很强，使得根际的氧化还原状况不同于土体。对于旱作土壤来说，根际的氧化还原电位（Eh）值都低于土体，一般可降低 50～100 毫伏。水稻生长于渍水条件下，长期处于还原状况，但由于水稻根系具有输氧的特性，体内存在着由叶片向根部的输氧组织，并有部分氧排出根外，使根际的氧化还原电位高于土体，因而可使水稻根际还原性的有毒物质减少（Fe^{2+}、Mn^{2+}、H_2S 等），在水稻旺盛生长时，根系氧化力强，根际 Eh 增高，Fe^{2+} 氧化成 Fe^{3+}，淀积于水稻根表呈现褐色；而当根系氧化力降低后，根际 Eh 下降，Fe^{2+} 和 H_2S 的浓度增高，对根造成毒害，根表出现黑褐色。植物养分胁迫对根际 Eh 也有影响，在缺乏氮、磷、钾养分时，根际 Eh 下降，尤其是钾供应不足时，影响更为显著。

总之，根际的氧化还原状况对土壤养分的有效性影响十分明显。根际 Eh 的改变，影响到氮素的反硝化和变价金属（包括养分元素和某些有害元素）的溶解度和有效性（或毒性）。豆科植物根际的氧化还原状况还直接影响其共生固氮作用。

（4）根分泌物　根分泌物是指植物生长过程中，根不同部位向其生长介质中释放的有机物质的总称，包括有机物质、高分子黏胶物质、根细胞脱落物及其分解产物以及气体、质子和养分离子等。根系分泌物不仅数量可观，而且作用很大，它是保持根际微生态系统活力的关键因素，也是根际物质循环的重要组成成分。由于根系分泌物极大地改变了根—土界面物理、化学和生物学性状，因而对土壤中各种养分的生物有效性有着重要的影响。

（5）根际微生物　由于根系向根际土壤中释放大量的有机物，促进了微生物的活动，使其数量远高于非根际，约为非根际土壤的 10～100 倍。这些微生物与根系所组成的特殊生态体系是根际微生态系统中的重要组成部分，对根际土壤养分的有效性及其养分循环起着重要作用。

六、养分在植物体内的运转和利用

通过根部或根外器官吸收的养分进入植物体后，除了满足自身生长发育需要外，大量的养分要进行短距离运输，即养分沿根表皮、皮层、内皮层到达中柱（导管）的运输，和长距离运输，即养分沿木质部导管向上，或者沿韧皮部筛管向上或向下在根部与地上部之间进行运移，以提供植物其他器官和组织对养分的需要，实现这一目的最重要的途径是木质部运输和韧皮部运输，水和无机养分主要通过木质部向上运输，也可以通过韧皮部向下运输；而有机养分主要在韧皮部内向上和向下运输。

养分进入植物体后就参与植物的生理生化过程，发挥着自己的生理和营养功能，由于植物在不同的生育时期对养分的数量和比例要求不同，环境中养分供应水平与程度也不一样，因而植物体内的养分就会随生长中心的转移而使养分再分配与再利用。

植物不同生育期具有不同的生长中心，这些生长中心，既是矿质元素的输入中心，也是光合产物的分配中心，光合产物一般优先分配到生长中心。例如南瓜、茄子等茄果类蔬菜苗期的无机与有机同化物的分配中心是新生叶片和茎、根；花蕾期至初果期分配中心转向花果和茎、叶、根；而在果实膨大期，果实和嫩茎、叶是同化物的唯一去向。稻、麦分蘖期无机与有机同化物的分配中心是新生叶片、分蘖和根；孕穗期至抽穗期分配中心转向穗和茎；而在乳熟期，穗子几乎是同化物的唯一去向。

但是，各种养分转移的情况和数量各有不同，一般 N、P、S、Mg、K 在植物体内较易移动，再利用程度较高，而 B、Ca 很难被再利用（表 2-2）。

表 2-2 营养元素在植物体内的移动性与再利用程度的关系

营养元素	移动性	再利用程度	缺素症出现部位
N、P、K、Mg	大	高	老叶
S、Fe、Mn、Zn、Cu、Mo	小	低	新叶
Ca、B	难移动	很低	新叶顶端分生组织

第七节 植物根系与施肥

一、根据植物根系、土壤、气候、水分特点合理施肥

根系是植物重要的器官之一，主根、侧根、毛细根（毛根）有其各自特定的功能。其中，主根和侧根主要起到框架、支撑和延伸的作用，毛细根（毛根）则是作物吸收养分和水分的主要器官，也是给植物补充养分的重要器官，更是合成多种生理活性物质的重要器官，是植物与土壤进行物质交换和信息交流的桥梁，对植物的生长和发育具有至关重要的作用，常通过改变构型和时空分布来适应生境的变化。

根据根尖的结构，可将根尖分为根冠、分生区、伸长区、根毛区。根毛区是根尖吸收水分和溶于水中的矿物质的主要部位，当根毛穿过土壤颗粒的空隙时，与土壤颗粒紧密黏附在一起，以利于吸收土壤中的水分和无机盐。组成根系的每条毛根均能吸收土壤中的水分和无机盐等营养物质，将水与矿物质输导到茎、叶，以及储藏在有关部位及其器官。

研究证明，植物对矿质元素和水分的吸收能力与根系的大小和在土壤中的分布有关；根系与地上部分是一个相互依赖、相互作用的统一体，根系的生长发育状况和地上部分的生长发育状况息息相关，耕翻土地、施肥、浇水等主要农业措施首先直接影响到根系的生长、分布和其功能的发挥，然后对地上部起作用而影响到产量的高低。

根系与地上部分及产量的关系密切。以大豆为例，地下部分生长越好，供给地上部分的无机营养越充足，地上部分生长越旺盛，光合产物也就会越多，从而分配给地下部分根系发育所需的有机营养就多，促进了根系的良好发育，地下部分与地上部分紧密联系，相辅相成，"根系众多，则花叶繁茂"，所以提高肥力增加产量是通过作物根系的发展来实现的。

作物根系的生长发育状况及其在土壤中的时空分布，不仅决定作物在生长期内对水分和养分的吸收利用能力，还直接影响作物地上部冠层的建成、同化物的分配、作物对养分的吸收及最终产量的形成。根系生长具有趋肥性，土壤养分对根系生长具有可塑性，在肥料集中的土层中，一般根系比较密集。

为确保施肥质量、效益，土壤施肥需根据具体条件灵活掌握。雨前或大雨时不宜施肥，以避免养分随水流失，雨后初晴应抢时间施肥；雨季或雨后肥料应干施，旱季灌水施肥或施肥后随即灌水，以防土壤水中的养分浓度较大导致烧根影响根系健康、正常生长。沙性大、有机质含量少的土壤，施入的硫酸铵、尿素等速效肥料，容易随雨水或灌溉水流失，这样的土壤虽然供肥性能好，但作物生长中后期易出现脱肥早衰，作物产量不高；而质地黏重、有机质含量较多的土壤，保肥性能好，施入的肥料不易流失，但供肥慢，施肥后见效也慢。因此，要针对不同的土壤类型特点、天气、作物根系类型特点等采取相应的施肥策略，施肥措施也要有所差异。

对于保肥保水性能差、有机质含量少的沙性土壤，除基肥中多施有机肥料外，施用化肥应勤施、薄施，即少吃多餐的方式施肥，并要浅施，覆土盖严，以避免一次施肥过量引起"烧苗"和养分流失，并防止中后期脱肥引起早衰。对保肥性能好的黏土或有机质含量多的土壤，化肥一次用量可较沙性土壤多一点，也不易造成"烧苗"和养分流失。但这样的土壤对养分吸收和保蓄能力较强，养分释放供给缓慢。因此，在作物生长前期，要采用种肥或提早追肥，以促进早期生长。到了生长中后期要适当控制化肥，尤其是氮肥用量，以免引起徒长，造成减产，而且要深浅结合，并要保持表层土壤疏松。山地红壤应深施肥，施肥的深度根据作物根系在土壤中分布的深度而定，采用条施或沟施（穴施）、中层施肥、侧深施肥等，这样既改良了土壤，又可引导根系向深层伸展，增加作物根系在耕层土壤中的养分吸收面积，同时有利于抗旱和抗寒。在农作物发根盛期，结合根系发育可浅施氮肥，如果此时深施肥会导致截断新根过多，加之肥料浓肥较大，会影响新根正常生长发育及其功能发挥。由于氮肥施入土壤后易于流失，因此，氮肥宜施在农作物根系主要分布的耕层范围之内，并且一次用量不宜太多。应用根系的趋肥性能，将作物根系引导至有利于抗旱、抗寒的耕层土壤空间。要将肥料施于根系够得着的范围内，让根系追着肥料生长，待作物根系伸长到施肥位置及其附近的时候养分被作物吸收；但是，若施肥位置距离根系较远，根毛（新根）一时半会儿够不着，施肥效益将会有所下降。而水肥一体滴灌，可将滴灌带（滴灌头）随作物根系特别是根毛在耕层土壤中的伸长、分布特点适时移动，即将滴灌带（滴灌头）随着新根的生长慢慢向外挪，沿着根毛（新根）较密集的区域滴灌集中施肥，使农作物根系在土壤中慢慢向外伸长、扩张，形成具有农作物自然特征的根系在土层中的天然分布形状和形态，以增加根系在耕层中的分布空间，扩大水肥吸收空间、面积，为构建高产高效株型奠定基础。

近百年来的研究和生产实践证明，正确选择植物的施肥位置、时期是获得较高产量和经济效益的主要技术措施之一。现代科学研究证实，根系生长、土壤养分、水分与时空的合理匹配是作物高效获取土壤养分和气候资源的关键，更是实现作物高产高效、保护生态环境的核心。因此，在作物栽培中，肥料要施对时间、施对位置、精准施肥，基本达到施肥时间精准，既符合作物在不同生育时期对养分的需求，又给予作物最恰当的矿质养分及其数量；施肥位置精准，施于临近农作物根际距离新根根尖10厘米左右吸收养分的土壤剖面空间位置，找准根区，适量灌溉，做到新生根系及其"毛刷状"根毛在哪里，水肥就跟进到哪里；施肥数量精准，施用肥料所补充的养分数量在扣除土壤供肥量之后，接近或等于作物从出苗（移栽）到成熟收获时所需的养分总数量。要因地制宜选择应用根部施肥、叶面施肥，准确把握植物施肥部位及其时间、数量、肥料类型，以及肥料品种、土壤施肥位置与深度，实现土壤养分供应量、施入肥料的养分量与作物目标产量对养分的需求，在数量上和各种营养元素上匹配、时间上同步、水肥高效耦合，提高土壤—作物系统中作物对养分的吸收，减少养分淋失，避免因过量施肥造成的环境污染和农产品质量下降，增加生产成本。

二、根据肥料在土壤中的迁移与扩散规律施肥

在农作物生长发育过程中，根系的根尖、根毛通过穿插伸展于土壤微粒胶体之间的缝隙以吸收其微小区域内的土壤养分、水分。存在于土壤离子库中的养分，要迁移、扩散到根土界面，移动到达根表，或者根系自身伸展到达养分所在部位、点位时被根系截获，才能被植物根系吸收利用。施入土壤的氮磷钾等养分在水和微生物、矿物质等的作用下，分解为水溶性有效养分形态和作物难利用的养分形态，施入土壤的肥料会在施肥点周围的微小区域形成一个高浓度养分区域，水溶性养分在重力和肥料养分浓度梯度差的作用下，在土壤中向垂直方向和水平方向渗透扩散，高浓度区域向低浓度区域渗透扩散。但渗透扩散的速度氮、磷、钾速效养分之间，不同形态养分如硝态氮和铵态氮之间也有所不同（王小龙，2001；张晓雪，2012）。

有研究发现，沙土中随着耕层土壤湿润深度的增加，氮、磷、钾速效养分也随之向下迁移。磷在土壤中的扩散移动较弱，向下扩散的程度较小；土壤速效钾扩散量较大，且扩散的较快，整体移动距离相对较大；氮在土壤中扩散的程度较大，且相对均匀。其中，当耕层土壤湿润深度达 20 厘米耕层时，65.1％的氮、79.4％的钾集中在 0～10 厘米土层内，而 67.1％的磷仍集中在 0～5 厘米土层内；当耕层湿润深度达 30 厘米时，占 82.3％的氮分布在 0～20 厘米的土层内，占 83.7％的磷集中在 0～10 厘米土层内，占 74.7％的钾集中在 5～20 厘米土层内（王小龙，2001；张晓雪，2012）。

硝态氮和铵态氮随降雨与灌溉水在耕层中向下淋溶的情况有所不同。其中，随降雨与灌溉水量的增加，与铵态氮相比，硝态氮不易被土壤颗粒和土壤胶体吸附，更易于遭受雨水或灌溉水的淋洗而迅速迁移与扩散、渗漏，而铵态氮则相对较慢，在土壤中被吸附、固定和挥发损失（黄绍敏等，2000；李宗新等，2008）。模拟降雨量 15 毫米以下时，氮的扩散、迁移随降雨量的增加而增加较快，但降雨量在 15 毫米以上至 45 毫米以下时扩散、迁移较为平稳，增幅较小，降雨量在 60 毫米以上时氮扩散、迁移幅度增加（张晓雪，2012）。从以上可知，氮肥施入土壤后，转化为铵态氮和硝态氮，其中大部分铵态氮被吸附、固定在土壤中，若氮肥施入量较大，则土壤对铵态氮的吸附达到饱和后，铵态氮在入渗水流的作用下发生扩散、迁移，土壤铵态氮的扩散、迁移是一个较为缓慢的过程。

土壤持留的氮量与有机肥施用量、土壤肥力关系密切。设施菜地土壤硝态氮的迁移过程受有机肥施用水平和土壤肥力的影响，当每公顷施用量小于 20 吨的时候，土壤硝态氮累积不显著，说明一部分氮养分随水流失了；施用有机肥 60 吨时，随施用量增加，土壤硝态氮累积峰值随土壤肥力水平的提高而增加，土壤持留的氮量随之增加（郭颖等，2009）。

水溶性磷随降雨量、降雨强度和土壤排水量的增大，排水中总磷和颗粒附着磷含量越高，颗粒附着磷占总磷的比例也越大，磷扩散、迁移程度越大（吕家珑等，1999）；磷的

扩散、迁移程度随着降雨量的增加而增大。模拟降雨量 60 毫米及其以下时磷扩散程度较小，且磷素整体移动的距离较小。速效磷的扩散、迁移规律为降雨量 60 毫米、45 毫米＞30 毫米＞15 毫米＞0 毫米（张晓雪，2012），这是由于土壤固磷量大，且固定过程十分迅速而导致的。速效钾的扩散、迁移也与速效磷相似，随土壤含水量的增加而显著提高（徐进等，1989；张晓雪，2012），说明速效钾在土壤中的移动性强，扩散性较大，易随土壤水下移，同样随降雨量的增加其扩散程度增大。

当肥料施入土壤后，会在施肥点周围形成一个养分高浓度区域，降雨量对肥料中的氮磷钾养分在土壤中移动有明显的影响。降雨量 0 毫米时氮素扩散到 4 厘米，降雨量 15 毫米、30 毫米、45 毫米时扩散到 6 厘米，降雨量 60 毫米时扩散到 8 厘米，氮素迁移主要以硝态氮为主；磷素在 0 毫米、15 毫米、30 毫米降雨量时都扩散到了 4 厘米，45 毫米、60 毫米降雨量时扩散到 6 厘米；钾素在 0 毫米降雨量时没有发生扩散、迁移，15 毫米、30 毫米降雨量时扩散到 6 厘米，45 毫米、60 毫米降雨量时扩散、迁移到 8 厘米（张晓雪，2012）。

参 考 文 献

蔡昆争 . 2011. 作物根系生理生态学 [M] . 北京：化学工业出版社 .

储成才，王毅，王二涛 . 2021. 植物氮磷钾养分高效利用研究现状与展望 [J] . 中国科学：生命科学，51 (10)：1415-1423.

胡霭堂，周立祥，等 . 2003. 植物营养学 [M] . 2 版 . 北京：中国农业大学出版社 .

李春俭 . 2015. 高级植物营养学 [M] . 北京：中国农业大学出版社 .

卢树昌 . 2021. 土壤肥料学 [M] . 2 版 . 北京：中国农业出版社 .

陆景陵 . 2010. 植物营养学（上）[M] . 2 版 . 北京：中国农业大学出版社 .

任丽萍，宋玉芳，许华夏 . 2001. 旱田养分淋溶规律及对地下水影响的研究 [J] . 农业环境科学学报，20 (3)：133-136.

施卫明，李光杰，艾超，等 . 2022. 中国植物营养生物学研究重要进展和展望 [J] . 植物营养与肥料学报，28 (12)：2310-2323.

宋玉芳，任丽萍，许华夏 . 2001. 不同施肥条件下旱田养分淋溶规律实验研究 [J] . 生态学杂志，20 (6)：20-24.

王宝山 . 2017. 植物生理学 [M] . 3 版 . 北京：科学出版社 .

王虎，王旭东 . 2007. 滴灌施肥条件下土壤水分和速效磷的分布规律 [J] . 西北农林科技大学学报（自然科学版），35 (5)：141-143.

张福锁，崔振岭，王激清，等 . 2007. 中国土壤和植物养分管理现状与改进策略 [J] . 植物学通报 (6)：687-694.

张俊伶 . 2021. 植物营养学 [M] . 北京：中国农业大学出版社 .

赵桂仿 . 2022. 植物学 [M] . 北京：科学出版社 .

周健民，沈仁芳 . 2013. 土壤学大辞典 [M] . 北京：科学出版社 .

Sun L, Zhang M, Liu X, et al. 2020. Aluminium is essential for root growth and development of tea plants (Camellia sinensis) [J] . Journal of Integrative Plant Biology, 62 (7)：984-997.

第三章

粮 食 作 物

第一节 水 稻

水稻（*Oryza sativa* L.）是禾本科稻属谷类一年生水生草本作物，原产于中国和印度。按稻谷类型分为籼稻和粳稻，早稻和中晚稻，糯稻和非糯稻。按留种方式分为常规水稻和杂交水稻。水稻的一生从种子萌发开始，要经过出苗期、分蘖期、拔节期、孕穗期、抽穗期、开花期和灌浆成熟期等一系列生长发育过程。

水稻是仅次于小麦的世界第二大粮食作物。我国水稻播种面积占粮食作物播种面积的30%左右，而稻谷产量却占粮食总产的40%以上，播种面积和总产量均居粮食作物之首，是我国的第一大作物。全国约有2/3的人口以稻米为主食，是我国用占世界7%的耕地养活占世界22%人口的重要保障。

一、水稻根系的类型及其构成

水稻根系为须根系。由于发生的先后和部位不同，可分为种子根、冠根和不定根三种，通常由一条种子根、多条不定根和侧根组成。根系的形态是由冠根（一次不定根）及各次分枝的侧根构成的。种子根可分为初生胚根和次生胚根，初生胚根只有一条，直接由胚根生长而成，初生胚根为1～4条，从中胚轴上长出，一般只有在深播或化学药剂处理时才能发生。种子根垂直向下生长，其作用主要是吸收水分、支持幼苗生长，一般待节根形成之后就枯萎。

冠根（后生根）发生在茎秆基部近地面3厘米左右的茎节上，通常在茎的最下部一、二、三、四各茎节成轮状发生，数目甚多，形成稠密的根群（须根）。随着分蘖增加，根群也逐渐发展，每一须根上又发生多条支根。不定根一般指冠根以外的根，由地上部分茎节上所生。冠根和侧根的生长发育角度、数量、长度及粗度构成了深浅粗细各异的根系。据日本学者川田等（1987）研究认为，水稻从基部密集的节间萌发大量不定根——冠根，每一节位萌发上位和下位2列冠根，每条冠根（一次根）又可萌发众多分枝根，大的分枝根又可长出小的分枝根，最多达5～6次分枝；中下部节位的冠根长而粗，分枝少；上部3个节位的冠根细而短，分枝多，在0～5厘米表土层密集成网。根系是水稻吸收水分、养分，固定和支持植株的器官，它不仅具有吸收功能，也是水稻重要的代谢器官，在水稻生长发育和产量形成过程中起着非常重要的作用。

二、根系在土层中的分布特征

据本书编者观察，水稻根系在土壤中的分布因生育阶段有所不同。在分蘖期，一级根大量发生，主要分布在 20 厘米耕层内，横向伸展呈扁椭圆形；拔节期，根分枝大量发生，并向纵深发展；到抽穗期，根系转变为倒卵圆形横向可达 40 厘米左右，深度可达 50 厘米以上；在开花期，根部不再继续伸展，活力逐渐减弱；接近成熟期，根系吸收养分的活力几近停止，这时所需养分全部靠植株体内的养分转移维持。

从总体上看，水稻根系在 0～20 厘米耕层内的分布约占总根量的 90% 左右，从全生育期看，其根量在抽穗期达峰值。

高产水稻品种根总干重和总体积均要比低产品种高，其中表层的根系优势尤为明显。侧根发达的高产水稻，根系总长度和根长密度均很大，在土壤中密集成网，且根系总吸收表面积在孕穗期最大。不同穗形品种的根系性状对水稻产量的形成影响差异明显。其中，大穗形品种在每株根干重、不定根根粗上具有优势，小穗形品种在每株不定根数量、不定根总长上表现优越。

丁颖、邓植仪（1936）研究报道，水稻的整个根系可分为上层根（最上 3 个发根节上的根）和下层根（自上而下第 4 发根节以下所有节位的根）两部分，上层根数量与产量呈显著正相关，下层根的生长和吸收能力对颖花数、穗重及产量的高低密切相关。川田等（1987）研究发现，水稻生育初期发生的下部节位的下位根直径较小，大部分是横向扩展，分布于土壤的上层；分蘖期发生的中部节位的下位根粗而长，向斜下方向伸长，多分布于土壤的中层和斜下层；幼穗形成期前后长出的下位根最粗最长，大多向直下或接近直下方向伸长，分布于土壤的下层，有的伸长到犁底层以下；幼穗形成期至抽穗后长出的上部 3 个节位的下位根直径小，短但分枝多，均向横的方向或向上方向伸长，呈网状分布于土壤表层；抽穗以后，上部 3 个节位的冠根继续伸长和分枝，直至成熟全根定型。深层根系在水稻前期和中前期起主要作用，其根量对水稻在高产水平下进一步实现超高产有着不可替代的作用。分蘖期发生的根较粗，斜下方向伸展分布于中下层；幼穗期形成前后长出的根最粗，大多向下伸展。郑景生、林文等（1999）研究大田产量水平在 6.1～12.6 吨/公顷的水稻根系分布情况，并采用通径分析方法分析各层根系对产量的贡献率，发现 0～5 厘米土层的上层根的贡献率为 65%，5～20 厘米土层的下层根的贡献率为 35%，而土层 20 厘米以下根系与产量无关。

凌启鸿、陆卫平等（1989）研究认为，叶角的大小在很大程度上受根系在土层中分布状况所调控，水稻根系对地上部生长、产量形成的影响不仅取决于根系的形态指标，而且与根系在土壤中的分布特征有密切关系。根系的分布与产量构成因素有密切的关系，根系分布较深且多纵向、少横向时，叶角较小，叶片趋向于直立、挺直，结实率较高；反之，根系分布较浅且多横向时，叶角较大，叶片趋向于披垂，结实率较低，而且根系分布较深且多纵向时，较大的叶片仍可保持直立，较小的叶片更易直立，叶角更小。因此，在群体叶面积指数较大的情况下，培育分布深而多纵向的根系，有利于改善群体通风透光，增加群体光合作用，增加根系活力，进而提高产量。吴伟明、宋祥甫等（2001）研究报道认为，许多高产水稻在实际生产中表现出明显的不易早衰、青秆黄熟等特性，可能得益于其根系的深扎特性，在 20 厘米以下耕层的根系干物重占总根重的百分比，籼型水稻一般在 10% 以下，而粳型水稻一般高于 15%。亚种间杂交水稻的根系分布特性更接近粳型水稻。

丁颖、邓植仪（1936）认为，植株的长高与根系的深扎基本同步。

张宝国（2007 年）研究报道，鲜根体积和根干物重在土壤表层（0～10 厘米）占 71% 以上，土层 10～20 厘米占 15% 左右，土层 20 厘米以下仅占 5% 左右。在抽穗旺盛期、乳熟期、完熟期的根干物重与结实率、理论产量分别呈显著正相关，与单株有效穗数呈显著负相关；鲜根体积与结实率呈显著正相关，与单株有效穗呈显著负相关；总根数与结实率呈显著正相关。在分蘖盛期、抽穗旺盛期、乳熟期和完熟期的根干物重、鲜根体积和总根数与糙米率、胶稠度、碱消值、蛋白质呈显著正相关。

王贺、王伯伦等（2009）研究报道，齐穗期根系生长旺盛，中层（10～20 厘米）和下层（20～30 厘米）根系对水稻生长影响较大；成熟期仍保持较高的根系活性，且成熟期上层（0～10 厘米）根系对水稻生长影响较大；水稻根系在各层中的分布总体表现为越接近稻株中心，所占比例越大。蔡昆争、骆世明等（2003 年）研究报道，水稻品种之间的根系体积和质量总量存在差异，各品种的根系体积和质量均随土层深度增加而下降，主要分布在耕作层（0～20 厘米），其中，表层（0～10 厘米）占 80% 以上，而耕作层以下则根较少。根的垂直分布可用指数模型、乘幂模型、对数函数、多项式函数表示，相关系数都在 0.9 以上，上层（0～10 厘米）根质量与产量之间没有显著的相关关系，而下层（10 厘米以下）根质量与产量之间呈显著正相关关系，相关系数达 0.725 8。所以，从整株根系和高产的角度来看，适当减少表层根系，培育和增加深层根系的比例有利于促进水稻产量的提高。张玉（2014）报道，重施基肥显著增加水稻根系纵向分布深度，其根系横向分布距离下降。

磷素养分的丰缺以及磷的形态特征和动态变化，直接影响作物的生长发育，有研究认为，施磷极大地促进了杂交水稻根系的生长发育和植株干重的增加，保持适当的施磷水平能增强杂交水稻根系活力并保持较长时间；施用有机肥料的水田，水稻根系分布密度极高，根数多，布满了全耕层，浮根的形成也极显著；相反，耕层根量少，分布稀疏，尤其是浮根的形成极差。褚光、杨凯鹏等（2012）认为，不同种类的肥料对根系的生长发育作用不同，甚至同一肥料的不同形态对水稻根系所起的作用也不同。施用堆肥主要可以促进冠根与支根的整体发育；施用氮肥主要促进冠根分枝；施用磷肥主要促进水稻根系发根；施用钾肥则可在增加根数和根重的同时，促进白根的发生；施用硅肥则能促进水稻根系的发育及根系对其他养分的吸收。

深耕土壤改善土壤环境是促进作物根系下扎，增加下层（10 厘米以下）根量比例的一项重要措施。犁底层结构紧密，通气性差，深耕打破犁底层，改善通气状况，有利于根系生长，使下层根比例增大。

水稻高产群体必须有生命力极强的根系，即有一定长度、数量、活力的须根，良好的土壤环境对构建高产水稻根系作用很大。水稻产量和根系之间关系密切，大量的实验证明，每增加一条根，可增加 10 粒籽粒，根多穗就多，同等穗数时根多粒就多，根多千粒重就增加，水稻每丛的穗数、每穗的实粒数与水稻根系成正比。根系的分布和株型有直接关系，从而影响水稻产量；水稻根少、根浅，整体分布面积就小，叶片和植株的夹角就大；相反，水稻根系根毛多，或者说水稻根深而广，根的分布面积就大，叶夹角较小，株型收敛，相比之下这样的株型更能获得较强的光合效率，产量就可提高。

三、水稻施肥技术

（一）水稻施肥最佳时间和空间位点

适宜的浅层施肥能使有效养分集中分布于土壤上层，与水稻根系在耕层中的分布特性相吻合，利于根系对养分的吸收利用，促进水稻苗期的生长和养分的累积。据有关研究，施肥深度 1 厘米处理根际微域环境养分浓度高，根系优先吸收到丰富的速效养分，其他施肥处理施肥位点养分随水迁移，根系也可以不同程度地吸收到所提供的养分。

不同施肥深度对秧苗生物量有较大的影响。孙浩燕、李小坤、任涛等（2014，2015）研究报道，随着生育进程的推进，秧苗生物量呈现逐渐增加的趋势。其中，播种后 10 天，各处理生物量无显著差异；播种后 20 天，处理间差异开始显现，表现为施肥深度 1 厘米处理生物量显著高于其他处理；播种后 30 天，施肥深度 1 厘米处理生物量表现出明显优势；播种后 40 天，施肥深度 5 厘米处理优势也有所体现。说明施肥较浅有利于水稻秧苗的生长。浅层施肥可以促进水稻苗期生长，提高氮、磷、钾养分吸收能力。随着生育进程的推进，土壤有效养分含量均逐渐下降，且有向下迁移的趋势，其中施肥深度 1 厘米和 5 厘米处理上层土壤有效养分含量高于其他处理。适宜的浅层施肥使有效养分集中分布于土壤上层，符合水稻根系分布特性，利于根系对养分的吸收利用，促进秧苗的生长和养分的累积。因此，施肥深度 1 厘米处理根系生长分布、养分吸收量都表现出明显优势，根系活力及下层（10 厘米以下）根系比重均显著增加；施肥深度 5 厘米处理次之。随着生育进程的推进，土壤有效养分含量均逐渐下降，且有向下迁移的趋势；其中施肥深度 1 厘米和 5 厘米处理 0～10 厘米土层中无机氮、速效磷、速效钾含量显著高于其他处理。

另据舒时富、唐湘如、罗锡文等（2011）研究发现，深施超级稻专用肥与水皮面施相比，能显著增加土壤中有机质和氮、磷、钾质量分数及大团聚体组成，提高土壤脲酶、过氧化氢酶和蔗糖酶活性，增加水稻产量。

综合以上研究结果，水稻侧位深施肥应保证浅层施肥深度不超过 5 厘米，深层施肥深度不超过 10 厘米范围。稻株根茎侧位水平方向 3～5 厘米，土表下 5 厘米根区施用肥料（图 3-1），即在水稻插秧的同时，将肥料施于秧苗侧位耕层土壤中，可在大幅提升肥料利用效率的同时，还能有效减少农业面源污染，可为农业生产智能化、生态化发展提供技术支撑。而且这种施肥方法，施肥位置在秧苗根茎侧位附近，秧苗返青后肥料养分很快被吸收，有利于水稻根系生长，有利于水稻良好根系构型的建成，有利于保证水稻高产稳产。

为防止侧深施肥的水稻初期生长旺盛，中后期衰落，在水稻生育的中后期要按照田间水稻生育叶龄诊断，结合田间水稻长势长相及时施用调节肥和穗肥，调节肥的施用占氮肥总量的 10% 左右，穗肥占氮肥总量的 20%、钾肥总量的 30%～40%。也可以与机插秧同步一次性施用水稻专用控释肥，并结合水稻"健身栽培"防病喷施叶面追肥 2～3 次，培育分蘖足、长势较好、个体壮、叶色持绿性好的水稻群体（图 3-2）。

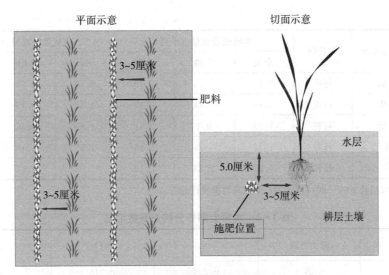

图 3-1　水稻侧深施肥示意图

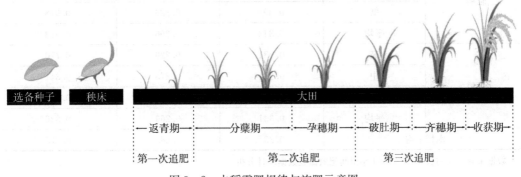

图 3-2　水稻需肥规律与施肥示意图

（二）水稻需肥特征

水稻属喜肥作物，仅仅依靠土壤的供给不能够满足水稻生长发育的需要，必须根据水稻不同生长发育期的需肥特点进行相应元素肥料的施用，尤其是需要量较大的氮、磷、钾元素肥料。据田间肥效试验结果分析，每生产 100 千克稻谷，需从土壤中吸收氮、磷、钾的数量（表 3-1）、水稻土壤养分校正系数（表 3-2）、水稻肥料单季利用率（表 3-3）因稻田土壤肥力等级不同存在一定的差异，而且籼稻与粳稻之间也存在一定的差异（李洪文，寇兴荣等，2014）。

表 3-1　100 千克稻谷吸收的养分量

水稻类型	肥力等级	收获物	单质肥吸收量（千克）			氧化物吸收量（千克）		
			全氮	全磷	全钾	N	P_2O_5	K_2O
籼稻	高	籽粒	2.11	0.24	2.33	2.11	0.56	2.8
	中	籽粒	1.92	0.24	2.19	1.92	0.54	2.63
	低	籽粒	1.76	0.23	2.14	1.76	0.53	2.57
	平均	籽粒	1.93	0.24	2.22	1.93	0.54	2.67

（续）

水稻类型	肥力等级	收获物	单质肥吸收量（千克）			氧化物吸收量（千克）		
			全氮	全磷	全钾	N	P_2O_5	K_2O
粳稻	高	籽粒	2.19	0.24	2.19	2.19	0.54	2.63
	中	籽粒	1.88	0.21	2.17	1.88	0.48	2.60
	低	籽粒	1.69	0.2	2.11	1.69	0.45	2.53
	平均	籽粒	1.92	0.21	2.16	1.92	0.49	2.59
水稻平均		籽粒	1.93	0.23	2.19	1.93	0.52	2.63

数据来源：双柏县 2008—2014 年田间肥效试验数据统计分析。

表 3-2　水稻土壤养分校正系数汇总

水稻类型	肥力等级	N	P_2O_5	K_2O
籼稻	高	0.294	0.246	0.821
	中	0.342	0.317	0.941
	低	0.392	0.326	0.978
	平均	0.343	0.296	0.913
粳稻	高	0.281	0.226	0.770
	中	0.331	0.275	0.841
	低	0.382	0.306	0.896
	平均	0.331	0.269	0.836
水稻平均		0.337	0.283	0.875

数据来源：双柏县 2008—2014 年田间肥效试验数据统计分析。

表 3-3　水稻肥料单季利用率汇总

水稻类型	肥力等级	样本数（个）	当季肥料利用率（%）			氧化物当季肥料利用率（%）		
			氮	磷	钾	N	P_2O_5	K_2O
籼稻	高	3	35.35	8.58	25.34	35.35	19.67	30.41
	中	3	34.59	8.45	23.60	34.59	19.36	28.32
	低	3	33.33	7.90	21.84	33.33	18.11	26.21
	平均	—	34.42	8.31	23.59	34.42	19.05	28.31
粳稻	高	3	34.29	5.27	25.27	34.29	12.07	30.32
	中	3	34.11	4.43	24.96	34.11	10.16	29.95
	低	3	33.19	3.76	22.11	33.19	8.62	26.53
	平均	—	33.86	4.49	24.11	33.86	10.283	28.93
水稻平均		—	34.14	6.40	23.85	34.14	14.67	28.62

数据来源：双柏县 2008—2014 年田间肥效试验数据统计分析。

1. 氮素吸收规律　水稻在生长过程中对氮素的吸收有两个显著的高峰，第一个高峰期是水稻分蘖期，即水稻插秧后两周；第二个高峰期是插秧后的 7～8 周，如果此时氮元素缺乏，常常会导致颖花退化而降低最终产量。

2. 磷素吸收规律 水稻对磷的吸收量较小，远比氮元素少，平均约为氮肥施用量的一半，但是磷是水稻生长比较关键的元素，尤其在水稻生育后期需要较多。水稻生长的全生育期都需要磷元素，水稻对磷的吸收规律与氮元素相似，在幼苗期和分蘖期吸收最多，插秧后21天左右为吸收高峰，此时磷元素在水稻体内的积累量约占全生育期总磷量的54%左右，此时如果磷元素缺乏，会影响水稻的有效分蘖数及地上与地下部分干物质的积累。

水稻在幼苗期吸收的磷元素，可以在整个生育过程反复多次从衰老器官向新生器官转移，直至水稻成熟时，会有约60%～80%磷元素转移集中到籽粒中，而抽穗后水稻吸收的磷元素则大多残留于根部。

生长前期吸收的磷占全吸收量的60%～70%；后期主要依赖磷在植物体内的运转再利用，运转率可达70%～80%。

3. 钾素吸收规律 水稻对钾的吸收量较大，甚至高于氮元素，但是水稻对钾元素的吸收较早，到水稻抽穗开花前就基本完成了钾元素的吸收。水稻幼苗期吸收钾元素的量较低，植株体内钾元素含量只要保证在0.5%～1.5%之间就不会影响水稻的正常分蘖。钾的吸收高峰表现在分蘖中期到拔节幼穗分化期，即钾素营养临界期。此时植株茎叶中钾的含量保持在2%以上。如果孕穗期茎、叶含钾量不足1.2%，会导致颖花数显著减少。抽穗期至收获期茎、叶中的钾并不像氮、磷那样向籽粒集中，其含量一般维持在1.2%～2%之间。同一作物，不同品种的需钾有所不同，如水稻：矮秆高产良种＞高秆品种粳稻＞籼稻杂交稻＞常规稻，晚稻＞早稻。

一般作物钾的临界期在苗期，因此钾肥一般用作基肥，特别是生育期短的作物。如果基肥、追肥分开施，追肥应在最大需钾期前尽早施入。含有效钾素较多的有机肥料施用量高时，可少施或不施化学钾肥。

（三）水稻施肥量推荐

在推荐的化肥施用量中扣减有机肥提供的氮、磷、钾养分量之后作为有机肥替代化肥的氮、磷、钾化肥施用量（下同）。

1. 水稻土壤养分丰缺指标推荐施肥量 见表3-4。

表3-4 水稻土壤养分丰缺指标和施肥量推荐

肥力等级	相对产量（%）	土壤养分丰缺指标（毫克/千克）			推荐施肥量（千克/公顷）		
		碱解氮	有效磷	速效钾	N	P₂O₅	K₂O
低	<65	<67.0	<6.5	<50	285～305	150～180	100～120
较低	65～75	67.1～116.0	6.6～12	50.0～100.0	265～285	120～150	80～100
中	75～85	116.1～150	12.1～21.0	100.1～150	245～265	90～120	60～80
较高	85～95	150.1～235	21.1～36.0	150.1～200.0	225～245	<90	<60
高	>95	>235.0	>36.0	>200.0	205～225	—	—

数据来源：双柏县2008—2014年田间肥效试验数据统计分析。

2. 水稻肥力分区施肥量推荐 见表3-5。

表3-5 双柏县水稻肥力分区施肥指标

土壤肥力水平（毫克/千克）			建议施肥量（千克/公顷）			产量水平（千克/公顷）
碱解氮	有效磷	速效钾	N	P_2O_5	K_2O	
>235	>36	>200	225～240	40～60	30～45	10 250～11 250
150～235	21～36	151～200	240～270	60～75	45～75	9 750～10 500
116～150	12～21	100～150	270～300	75～90	75～90	9 000～9 750
<116	<12	<100	300～330	90～110	90～105	8 250～9 000

3. 水稻施肥大配方推荐 配方（N-P_2O_5-K_2O）为：20-12-8、15-10-20、16-8-6或相近配方。施肥配方及其施肥量参考表3-6。

表3-6 双柏县水稻不同生态区施肥配方及其施肥量推荐

生态区域	产量水平（千克/公顷）	施肥配方及其施肥量（千克/公顷）			底肥（千克/公顷）	中层肥（%）			分蘖肥（%）	穗肥（%）
		N	P_2O_5	K_2O	农家肥	尿素	普通过磷酸钙	硫酸钾	尿素	尿素
海拔1 900米以上稻区	6 000	90～105	90～120	60～75	18 000	30～40	100	65	60～70	0
	6 750	90～120	90～135	60～90	18 000	30～40	100	65	60～70	0
	7 500	90～135	105～150	75～105	18 000	30～40	100	65	60～70	0
海拔1 500—1 900米稻区	8 250	135～165	105～150	90～105	21 000	30～40	100	65	60～70	0
	9 450	165～225	120～165	105～120	21 000	30～35	100	65	65～70	5～10
	10 500	225～270	135～180	120～135	21 000	30～35	100	65	55～60	10～15
海拔1 000—1 500米稻区	9 750	165～195	120～165	90～120	22 500	30～35	100	65	60～70	5～10
	10 500	225～270	135～180	105～135	22 500	30～35	100	65	55～60	10～15
	11 250	255～300	150～195	120～135	22 500	30～35	100	65	55～60	10～15
海拔1 000米以下稻区	9 750	165～195	120～165	90～120	22 500	30～35	100	65	55～60	10～15
	11 250	255～300	150～195	120～150	22 500	30～35	100	65	55～60	10～15
	12 000	330～375	210～240	150～180	22 500	30～35	100	65	55～60	10～15

注：中等肥力土壤推荐施用量。氮肥的基蘖肥与穗肥比例根据土壤肥力确定，高肥力土壤4.5～5.0：5.5～5.0，中肥力土壤5.5：4.5，低肥力土壤6:4。磷肥作基肥一次施用。钾肥65%左右作基肥，35%左右作促花肥。

（四）配方肥和专用肥施用推荐

1. 温凉粳稻区（海拔1 900～2 150米） 目标产量9 000千克/公顷以上，公顷施用水稻控释配方肥（N-P_2O_5-K_2O=18-5-12或相近配方）450～675千克，一次性作中层肥施用。

2. 中海拔一季粳稻区（海拔1 500～1 900米） 目标产量9 750千克/公顷以上，公顷施用水稻控释配方肥（N-P_2O_5-K_2O=24-6-10或25-8-10或相近配方）600～675千克，作中层肥、分蘖肥和穗肥，公顷追施尿素75～165千克。

3. 籼稻区（海拔1 500米以下） 目标产量9 750千克/公顷以上，公顷施用水稻控释配方肥（N-P_2O_5-K_2O=24-6-10或25-8-10或相近配方）450～525千克，作中层肥、分蘖肥和穗肥，公顷追施尿素 120～150 千克。

缺锌区域隔年施用硫酸锌 15～30 千克/公顷；在土壤 pH 较低（偏酸）的田块基施含硅碱性肥料，或普通过磷酸钙、生石灰任选其中一种。施用量为：普通过磷酸钙 600～750 千克/公顷，生石灰 450～750 千克/公顷。

（五）施肥技术推荐

1. 品种选择 根据各地生态环境、生产条件、栽培水平及病虫害发生情况，合理选择适宜良种。粳稻区可选择楚粳 27、楚粳 28、楚粳 37、楚粳 39、楚粳 40，楚粳 49、楚粳 48、云粳 37、云粳 38、云粳 39、凤稻 17、凤稻 23、凤稻 26、凤稻 29、丽粳 11、丽粳 15、云两优 501 等；籼稻区可选择明两优 468、宜香优 2115、宜优 673、内 6 优 107、宜香和两优系列等良种。

2. 因地制宜，合理确定移栽密度 应综合考虑地理条件、土壤肥力、品种类型、种植形式等因素确定适宜的栽插密度。一般而言，肥力中偏上，大穗型品种偏稀；肥力中偏下，穗数型品种偏密；低海拔地区偏稀，高海拔地区偏密；旱育秧偏稀，湿润育秧偏密；杂交稻偏稀，常规稻偏密；抛秧（抛栽）密度偏稀，手工栽秧方式的密度偏密，机插秧方式的较密。

杂交稻：肥田每公顷栽 27 万～30 万丛（穴），基本苗 90 万～105 万，中等肥力田每公顷栽 30 万～33 万丛（穴），基本苗 105 万～120 万，瘦田每公顷栽 33 万～37.5 万丛（穴），使基本苗达到 135 万～150 万以上，最高茎蘖数控制在 375 万～450 万，有效穗 270 万～330 万，穗均粒数 130～160 粒，结实率 85% 以上。

粳型常规稻：旱育秧每公顷栽 37.5 万～52.5 万丛（穴）、湿润育秧每公顷栽 60 万～75 万丛（穴）；中海拔 33 万～37.5 万丛（穴），高海域 45 万～52.5 万丛（穴）；机插秧每公顷栽 27.75 万丛（穴），基本苗 90 万苗左右。每公顷有效穗 360 万～435 万。

籼型常规稻：旱育秧每公顷栽 22.5 万～37.5 万丛（穴）、湿润育种每公顷栽 30 万～45 万丛（穴），海拔低、肥力高的宜稀，海拔高、肥力差的宜密。

杂交稻每丛（穴）移栽 1～2 苗，常规稻每丛（穴）2～3 苗；机插秧每丛栽 3～4 苗，做好缺塘补苗。保证杂交稻基本苗达到每公顷 45 万～60 万，常规稻和瘦田栽杂交稻基本苗达到每公顷 105 万～150 万。栽插深度 2～3 厘米，有利于秧苗成活和低位分的发生。

3. 水稻秧田施肥 水稻育秧分为旱育秧、水育秧、湿润育秧、塑料薄膜保温育秧等多种形式。在水稻育秧田也要重视施用有机肥，由于有机肥料养分全，肥效长，含有丰富的水稻生长所必需的营养元素，并且能够改善土壤结构，增加透气性，提高土壤保肥、保墒的能力，是良好的土壤改良剂。

秧苗追肥，在秧苗 3 叶期以后，如果秧苗的叶片普遍发黄或退绿出现缺肥现象时，每 100 平方米苗床可用磷酸二氢钾或硫酸铵 2～3 千克，兑水 200～300 千克进行叶面喷施，叶面喷肥后要浇清水，以防肥害。

移栽前 4～5 天，最好再施用一次送嫁肥，每公顷施用尿素 90～105 千克，以确保秧苗移栽后缩短返青时间，迅速恢复生长。

4. 水稻本田施肥

（1）基肥 基肥非常重要，并且最适宜施用有机肥，一般每公顷施有机肥 30 000～

450 00 千克,同时还要适量施用化肥,由于水稻前期不吸收硝态氮,因此,一般每公顷施用尿素 105~120 千克、过磷酸钙 450~600 千克、氯化钾 120~150 千克,另外,每公顷施用 90~120 千克硅肥。基肥应在插秧前结合整地施用,施肥深度应在 12~20 厘米,或专用机械于插秧时同步侧深施肥。

为了充分发挥水稻的施肥效应,除了施足基肥外,在追肥上必须施好"三肥",即分蘖肥、穗肥和粒肥。水稻施肥要根据品种特性、土壤肥力、气候因子和栽培条件等诸项因素来通盘考虑,灵活应用。如早稻生育期短,需肥相对要少,施肥要早而集中;中稻、晚稻生育期较长,需肥量大,强度大,则应增加追肥次数,提高追肥比例。水稻对肥料的需求表现在营养时期、营养临界期和营养最大效率期。水稻氮、磷、钾肥的营养临界期一般出现在三叶期,有时氮、钾的营养临界期还出现在幼穗分化和幼穗形成期。水稻的营养最大效率期出现在幼穗分化生长期,是营养生长和生殖生长最旺盛的阶段,也是需肥的关键时期。

（2）追肥　水稻追肥有 3 个重要的施肥时期,包括分蘖期、抽穗期、成熟期。

分蘖肥。在水稻返青后及时追施分蘖肥,促进植株分蘖,提高分蘖数量,并促进低节位分蘖的生长。分蘖肥一般分 2 次施用,第一次在返青后,能够起到促进分蘖的作用,第二次在分蘖盛期,能够保证稻苗生长整齐,起到保蘖成穗的作用。

穗肥。穗肥是追肥的重点,此期叶面积逐渐增加,干物质积累相应增多,是水稻整个生长过程中吸收养分数量最多、强度最大的时期,应加强肥水管理。同时,在幼穗大约 1 厘米时,是稻穗形成和籽粒发育的基础时期,在这一时期应控制无效分蘖的产生。

粒肥。水稻抽穗直至成熟期间,要以提高结实率、保证完全成熟、增加千粒重为目标进行合理施肥。这期间,要视水稻的长势追肥,宜少不宜多。追施粒肥可以增强植株的抗病性、抗逆性;延长叶片的功能期,防止早衰;提高植株根的活力;加快灌浆,促进籽粒饱满,增加千粒重,从而达到增加产量、提高品质的作用。

5. 因土施肥　根据水稻土壤质地状况制定相应的施肥技术方案。黏性土,要减少化肥施用总量,适当降低中层肥和分蘖肥用量,并根据分蘖和叶色的长势情况,合理施用穗肥;砂性土,采用少量多次的施肥方法,并根据作物长势调整每次施用量。

6. 因前作施肥　前作是麦类的田块,氮肥可在推荐施肥量的基础上追加 30~45 千克/公顷;前作是豆类、油菜、蔬菜、绿肥或冬闲的田块,氮肥可在推荐施肥量的基础上调减 45~60 千克/公顷。氮肥作为中层肥和分蘖肥的比例可达 80%;穗肥可视田间苗情酌情而定,一般不超过 20%,于水稻主茎拔节（基部节间伸长 0.5~1.0 厘米,幼穗分化期）施用。

7. 增施有机肥　采取秸秆机械粉碎还田、快速腐熟还田、过腹还田、种植绿肥等措施,增加土壤有机质含量。底肥要坚持以农家肥为主,施用 15 000~22 500 千克/公顷;在农家肥源有限或缺乏的地方,施用商品有机肥 1 500~2 250 千克/公顷。

8. 水稻机插秧同步侧深施肥技术　将新型农机、专用肥料、配套农艺于一体,在水稻机械插秧时同步将颗粒状专用缓释肥料定位、定量、均匀地施于秧苗侧 3.0~5.0 厘米,施肥深度 4.0~5.0 厘米,使肥料在土壤中缓慢分解,延长肥效,显著提高肥料利用率。

（六）水稻各种肥料的科学运筹

1. 基肥和蘖肥的精确施用

①移栽中、大苗的，基肥一般应占基蘖肥总量的 70%～80%，分蘖肥占 20%～30%，于移栽后 1 个叶龄（约 5 天）施用。地力高、基肥施用量大、基本苗足的田块也可不施分蘖肥。

②机插小苗对基肥的吸收利用率低，基肥宜少，以占基蘖肥总量的 20%～30% 为宜；以分蘖肥为主，占基蘖肥总量的 70%～80%，在移栽后第 2、第 3 个叶龄（移栽后 8～10 天）时施用，于第 3 个叶龄期开始发挥肥效，促进第 7、8、9、10 及 11 叶龄期同伸有效分蘖的发生，一般不需要施第 2 次分蘖肥。视情况，也可分 2 次施用，第 1 次用全部蘖肥的 60%，于第 1、2 个叶龄间（7～8 天）施用，隔 2 周后施剩余的 40%。

基肥宜用专用配方肥，移栽中、大苗的施用配比为（或接近）$N-P_2O_5-K_2O=18-9-15$ 的配方肥约 450～510 千克/公顷，小苗移载和直播稻的施用配比为 $N-P_2O_5-K_2O=10-12-20$ 的配方肥约千克 375～415 千克/公顷，也可用相应数量的单质氮、磷、钾肥。

③直播稻基蘖肥比例与机插小苗的相似。分蘖肥分 2 次施用，第 1 次在 2 叶 1 心时施用，第 2 次隔 2 周左右施用，每次各施 50%。

2. 穗肥的精确施用 穗肥分促花肥和保花肥，一般比例为 7∶3，分别在倒 4、倒 2 叶施用。进一步微调，又分 4 类苗情：一是群体适宜，叶色正常的：分促花肥（倒 4 叶露尖，占穗肥总量的 60%～70%）、保花肥（倒 2 叶出生，占 30%～40%）二次施用。二是群体适宜或较小、叶色落黄较早的：应提早到倒 5 叶期开始施穗肥，并于倒 4 叶、倒 2 叶分三次施用。氮肥数量比原计划要增加 10%～15%，三次施用的比例一般以 3∶4∶3 为好。三是群体适宜、叶色过深的：如 N-n 叶龄期以后顶 4 叶＞顶 3 叶，穗肥要推迟到群体叶色"落黄"时才能施用，且次数只宜一次，数量要减少，作保花肥施用。四是群体过大、叶色正常的：对于 N-n 叶龄期苗过多（因基本苗多造成茎蘖数过多），高峰苗达适宜穗数 1.5 倍以上的过大群体，只要在 N-n＋1 至 N-n＋2 叶龄期能正常"落黄"的，还应按原计划在倒 4 叶及倒 2 叶施用穗肥，穗肥数量不能减少。

（七）水稻专用缓控释复合肥施用技术

1. 掌握好水稻控释肥养分配比 根据双柏县土壤水稻产区土壤养分地力特点，一般宜选用控释肥氮磷钾养分配比为含氮 23%～29%，含磷 7%～9%，含钾 10%～15%（表 3-7）。

表 3-7 水稻专用缓控释复合肥及其施用量推荐

肥力等级	肥料配方 ($N-P_2O_5-K_2O$)	稻谷产量（千克/公顷）	肥料施用量（千克/公顷）
高肥力	23-7-10	＞10 500	1 050～1 200
		9 750～10 500	900～1 050
		＜9 750	750～900
中肥力	26-8-12	＞10 500	1 050～1 200
		9 750～10 500	900～1 050
		＜9 750	750～900

（续）

肥力等级	肥料配方 (N-P₂O₅-K₂O)	稻谷产量（千克/公顷）	肥料施用量（千克/公顷）
低肥力	29-9-15	900～10 500	900～1 050
		<900	750～900

2. 掌握好水稻控释肥的施肥量 按照推荐施肥量视田块水稻单产水平、肥力等级作基肥一次性施用，秋冬季种植蔬菜田块可适当降低施肥量，降低6%～10%的推荐量，杂交水稻等耐肥品种可在推荐量基础上增加10%～15%的用量。

3. 掌握好施肥操作方法 ①作中层肥或耖耙肥。水稻控释肥在水稻移栽前犁耙田后均匀撒施，施后再把肥料耙匀于整个耕作层中之后插秧，为防止施肥不均，建议把肥料等量分为两份，按纵横方向分两次均匀撒施；②机械插秧与施肥同步。使用水稻插秧测深施肥一体机，于插秧时同步开沟将颗粒肥料精准埋置在秧苗旁3.5～5厘米、深4～10厘米侧位处，从而实现一边插秧一边施肥，并建有料箱、排料动态蜂鸣报警系统。施肥前必须调节好田水，施肥后7天内避免排水和灌水。

四、水稻控释肥一次性施用的注意事项

①选用符合国家肥料登记制度标准的肥料。

②水稻控释肥按推荐施用量作基肥一次施用后不再追肥，可满足水稻整个生育期的营养需求。但如施肥后短期遇大暴雨等出现养分流失，或持续低温阴雨等情况，可适当补充追肥，补充追肥量一般为尿素每公顷45～60千克，但不能超过75千克。

③早稻和1 900米以上海拔稻区由于气温低，秧苗容易出现沤根或分蘖慢，建议采用减少控释肥用量75～150千克/公顷，加尿素45～60千克/公顷或碳酸氢铵120～150千克/公顷，可促秧苗早分蘖，够苗足穗。

参 考 文 献

蔡昆争，骆世明，段舜山.2003.水稻根系的空间分布及其与产量的关系 [J].华南农业大学学报（自然科学版），24（3）：1-4.

褚光，杨凯鹏，王静超，等.2012.水稻根系形态与生理研究进展 [J].安徽农业科学，40（9）：5097-5101.

丁颖，邓植仪.1936.稻根发展及分布情形之观察 [J].中华农学会报，155：174-182.

李洪文，李保华，李春莲，等.2012.紫砂泥田水稻"3414"肥料效应田间试验 [J].现代农业科技，19：14-16.

李洪文，李保华，施文发，等.2013.测土配方施肥对滇中低热河谷区水稻产量和经济效益的影响 [J].云南农业科技，1：9-12.

李洪文，苏正飙，李春莲，等.2014.云南紫泥田水稻测土配方施肥试验初报 [J].中国农学通报，30（15）：17-23.

凌启鸿，陆卫平，蔡建中，等.1989.水稻根系分布与叶角关系的研究初报 [J].作物学报，15（2）：123-131.

刘晓霞，潘贤，张欢 . 2020. 施肥方式及化肥用量对水稻产量和氮肥利用效率的影响 [J]. 中国农学通
　　报，36（34）：1-4.

刘晓霞，潘贤，张欢 . 2020. 施肥方式及化肥用量对水稻产量和氮肥利用效率的影响 [J]. 中国农学通
　　报，36（34）：1-4.

史正军，樊小林 . 2002. 水稻根系生长及根构型对氮素供应的适应性变化 [J]. 西北农林科技大学学报
　　（自然科学版），30（6）：1-6.

孙浩燕，李小坤，任涛，等 . 2014. 浅层施肥对水稻苗期根系生长及分布的影响 [J]. 中国农业科学，
　　47（12）：2476-2484.

王贺，王伯伦，李静，等 . 2009. 不同穗型水稻品种根系空间分布的研究 [J]. 安徽农业科学，37
　　（12）：5414-5417.

王静 . 2014. 不同磷水平处理对水稻幼苗生长及部分矿质元素吸收的影响 [D]. 重庆：西南大学 .

吴伟明，宋祥甫，孙宗修，等 . 2001. 不同类型水稻的根系分布特征比较 [J]. 中国水稻科学，15
　　（4）：276-280.

熊艳，王平华，何晓滨，等 . 2012. 云南省水稻土壤养分丰缺指标及肥料利用率研究 [J]. 西南农业学
　　报，25（3）：930-934.

严小龙、廖红、年海，等 . 2007. 根系生物学原理与应用 [M]. 北京：科学出版社 .

张宝国 . 2007. 不同穗型水稻品种根的空间分布以及与产量和品质的关系 [D]. 延边大学 .

张玉 . 2014. 玉米和水稻根系的空间分布特性及栽培调控研究 [D]. 南宁：广西大学 .

郑景生，林文，姜照伟，等 . 1999. 超高产水稻根系发育形成学研究 [J]. 福建农业大学学报，14
　　（3）：1-6.

周璇，辛景树，沈欣，等 . 2021. 关于水稻机插秧同步侧深施肥技术集成推广的思考 [J]. 中国农学通
　　报，37（2）：140-146.

第二节　玉　米

玉米（*Zea mays* L.）是禾本科一年生高大草本植物，又名苞谷、苞米棒子等。原产于中美洲和南美洲，是世界重要的粮食作物，现广泛种植于世界热带和温带地区。按用途分为：粮用饲用品种、菜用品种（包括糯质型、甜质型、玉米笋型）、加工品种（甜玉米、玉米笋）、爆粒型品种（爆米花专用品种）等。

玉米全生育期分为出苗期、三叶期、七叶期、拔节期、大喇叭口期、抽雄期、吐丝期、灌浆、乳熟、成熟等主要发育时期。生育期的长短因品种、播种期、光照、温度等环境条件差异而有所不同，一般早熟品种、播种晚的和温度高的情况下，生育期短。

玉米的适宜种植密度受品种特性、土壤肥力、气候条件、土地状况、管理水平等因素的影响。因此，确定适宜密度时，应根据所有因素综合考虑，因地制宜，灵活运用。精细管理的宜密，阳坡地和砂壤土地宜密，水热资源充足的玉米宜密，肥地宜密，瘦地宜稀。株型紧凑和抗倒伏品种宜密，杂交玉米每公顷播种密度为：平展叶型中晚熟品种 45 000～52 500 株，竖叶型中早熟品种 67 500～75 000 株，中间型中早熟品种介于平展叶型和竖叶型之间，为 52 500～67 500 株。

一、玉米根系的类型及其构成

玉米的根是须根系，由胚根和节根组成。节根又分为次生根和气生根。胚根又叫种子根、初生根，包括主胚根和侧胚根，在玉米种子胚胎发育时由胚柄分化发育而成。玉米种子萌发时，首先突破胚根鞘伸出一条根，称主胚根或初生根。它垂直向下生长，入土深度一般20～40厘米，直径约0.3厘米。主胚根伸出2～3天后，从中胚轴基部盾片（内子叶）茎上侧长出3～7条侧胚根，植物学上叫初生根系。

次生根，是玉米根系的主要部分，轮生于地下茎节上。由茎基部、节间的根带，即居间分生组织基部长出，因从茎节部产生，故称节根。在玉米3～4叶期开始生长，以后逐渐增多，并取代初生根而起到吸收养分的主要作用。成熟的植株次生根通常为50～90条，水平分布范围直径可达1米，深度可达植株地上高度的80%。

气生根，在地上部茎节上长出，又叫支持根，一般在玉米拔节至抽雄期，在地表的1～3茎节上轮生出来，因玉米的品种和水肥条件决定气生根的多少，常有3～6层。气生根根尖常分泌黏液，入土后能分生侧根，本身可以合成氨基酸，一部分被运送到地上部各个器官合成蛋白质，一部分在根内直接合成蛋白质。

李济生等（1981）研究报道，把胚根和第1层节根统称为初生根，在初生根、次生根和气生根上都可以产生分枝和根毛，分别组成初生根系、次生根系和气生根系。这3种根系交错分布，共同构成玉米强大而密集的根系，其中次生根和气生根分枝多、根毛密、根量大、功能期长，是玉米的主要根系。玉米的初生根和第1～4层节根在苗期主要为种子的出土和苗期提供水分和无机营养，拔节期后其生长缓慢或基本停止；第5～6层节根在拔节至孕穗期；第7层以上一般为气生根，发生于孕穗至抽雄期。在玉米的一生中，均以较上层的、新发生的根的吸收作用最大。

二、根系在土层中的分布特征

玉米根的生长表现为重量和长度的生长。一般而言，根系的生长速度，特别是垂直方向生长速度有较明显的"慢—快—慢"的规律。

戚廷香、梁文科等（2003）研究报道认为，玉米根系在土壤中的分布包括根的走向、根在水平和垂直方向的延展范围以及不同土层中的根密度等；不同玉米品种之间的根表面积在土壤中的水平分布规律基本趋于一致，植株周边根系较多，以植株为中心，由里到外逐渐减少，1/4行距处为40%～45%，1/2行距处为20%～25%，1/2株距处为25%～30%；不同品种根表面积水平分布比例品种间有差异，可作为确定玉米株行距的技术指标之一。王鸿斌、赵兰坡等（2012）研究认为，初生根和第1～4层次生根与地面呈小于45°的夹角伸长。随着根层数的提高，次生根与地面的夹角逐渐增大。根系干重的85%～90%分布于距植株20厘米、深40厘米的柱状土壤内。邓旭阳、周淑秋等（2004）报道，玉米根系在土壤中的分布包括根的走向、根在水平和垂直方向的延展范围以及不同土层中的根密度等。不同类型的根在土壤中的走向不同。玉米的主体根系分布在0～40厘米土层中，并随着生育期的推进，后期深层根量增加。李少昆等（1992）研究报道，玉米根系在土壤中的纵向分布呈指数函数关系，横向分布呈S形曲线，而且不同类型的根在土壤中的走向不同。一般初生根长出后，先垂直入土，然后斜向四周生长。第1至第4层节根与地面呈较小夹角向外伸展；第5、6层节根和气生根向下穿过耕层，几乎垂直向下生长，使中后期玉米整株根系的外观形状呈"介"字形。于振文等（2003）研究认为，不同生育时期根在土壤中的分布不同，苗期根系分布在0～40厘米土层中；至开花期根入土深度可达160厘米，0～40厘米土层根量占该期总根量的80％左右；蜡熟期根系入土深度可达180厘米，0～40厘米土层根量占该生育期总根量的55％左右。由此可见，玉米的主体根系分布在0～40厘米土层中，随生育期的推进，后期深层根量增加。戚廷香、梁文科等（2003）研究报道认为，0～40厘米土层中占根系总量的50％～60％，41～70厘米土层中占根系总量的25％～30％，71厘米以下土层中较稀少。总体而言，玉米吸收养分的活力区主要集中在0～40厘米土层中。

赵秉强、张福锁等（2001）研究报道，麦田间作地膜覆盖早春播种玉米（简称早春玉米）根系数量与活性的空间分布及变化规律，间作地膜覆盖早春玉米拔节期根深100厘米左右，大喇叭口期140厘米左右，乳熟期达到最大根深160厘米左右。随生育进程推进，根量与根重密度基本呈小→大→小变化；根系数量及重量密度在垂直土体中呈T形分布，0～20厘米为高密度层，20～40厘米、40～80厘米为中密度层，80～120厘米为低密度层，120～160厘米为稀密度层。根系相对稳定后，约有75％的根干重分布在0～20厘米土层，85％左右在40厘米以上土层，95％左右在80厘米以上土层。根系含水率在垂直空间呈上低下高趋势，随生育期推进，含水率呈下降趋势。根系活性与根量相反，呈倒T形分布，根系活性随生育进程推进，呈减低趋势，且根系活力高位点又呈下移变化，拔节期20～40厘米土层根系活性较高，大喇叭口期40厘米以下土层较高，乳熟期和成熟期以80厘米以下土层较高。根系TTC还原总量及总量密度随生育进程推进呈低→高→低变化，以大喇叭口期为高。上下又呈T形分布，0～20厘米为高量高密度区，20～80厘米为中量中密度区，80～120厘米为低量低密度区，120～160厘米为稀量稀密度区。成熟期20厘米以下土层根系活性具有反弹上升现象。宋日等（2002）研究认为，紧凑型玉米土壤深层根量较多，水平分布集中，耐密植，易获得高产。根系在土壤中的分布不同，吸收物质的数量有差异，玉米10～11片叶展开时，根的垂直吸收活跃层在10厘米，吐丝时在20厘米，蜡熟时在100厘米。

改善土壤肥力，可促进根系生长、增加根毛密度、扩大作物觅取水分及养分的土壤空间和增强根系生理功能。施氮对根的生长有局部刺激作用，局部增施氮肥能够改变根的生长。牟金明等（1999）认为，底施氮肥增加了地上及0～40厘米土层玉米根系干重，而底施磷钾肥使40厘米土层以下根重增加。此外，宋海星等（2003）研究认为，增加氮肥还可以不改变根重而使根的长度增加，即细长根系增多。王启现等（2002）研究报道，养分对根系生长的促进作用和生育期有关，因此确定最佳施肥时期是很重要的。不同施氮时期，尤其是吐丝期施氮能够明显增加产量和改善品质。韩立军（2004）研究报道，施氮期主要影响上层土中根长、根半径和根系活力，推迟施氮期能提高根系活力和亚表层土中根长。拔节期前玉米根系对钾肥不敏感，大喇叭口期后根系干重、根体积、地上干重均与施钾水平呈正相关，施用微肥对玉米根系有显著影响。李翠兰（2001）报道，施用微肥能增加玉米苗期根长，减小根半径，扩大根系体积、根系吸收表面积和根系密度，有利于根系对营养元素尤其是磷素的吸收。

王聚辉、程子祥等（2015）研究报道，玉米的植株形态和根系性状都属于品种的固有特征，最初的几层根入土角度较大，便于吸收浅层的水肥，而较高节位的根层入土角度较小，有利于向深层发展，拓展水肥吸收空间，增加根系对深层土壤水分和养分的吸收。玉米植株的茎叶夹角与根系的入土角度是确定玉米大田种植密度的主要参考技术指标。

有研究表明，苗期至灌浆乳熟期，甜玉米根系不断向下生长，不同生育阶段根系主要吸水深度，苗期为 20 厘米、拔节期为 40 厘米、抽雄吐丝期为 50 厘米、灌浆乳熟期为 60 厘米（张雷，黄英，王树鹏等，2021）。

三、玉米根系的生长与发育

玉米的根系发育可分为两个阶段，第一阶段是种子根系统的发育，第二阶段是节根系统发育。

玉米出苗之后，种子根所形成的就叫种子根系统，也叫胚根系。种子根系统生长与发育完成后，节根系统的生长与发育状况的好坏是幼苗的下一个关键生长阶段，更是保证玉米植株健康成长的关键。健康苗壮的玉米植株很大程度上取决于大约二叶期到六叶期节根的发育。与大豆或蚕豆等直根系作物相比，玉米是须根系，在根系中不能明显地区分出主根。

诸如土壤过干、土壤板结、通透性差、土壤过湿、土壤温度过低、昆虫破坏、除草剂破坏、耕作压实、土壤酸化等原因会导致根系发育迟缓或受限制，从而阻碍整个植株的发育。

（一）胚（种子）根系统

种子萌发时，首先突破胚根鞘伸出的一条根，叫主胚根或初生胚根（种子根），它垂直向下生长，一般入土深度 20～40 厘米，根粗约 0.3 厘米。主胚根伸出 2～3 天后，从中胚轴基部、盾片（内子叶）节上侧长出 3～7 条次生胚根。次生胚根实际是玉米的第一层节根，因其作用与初生胚根相同，故把二者合称为胚根系，植物学上称初生根系。玉米初生根是苗期吸收肥水的主要根系，其吸收量占根系吸收总量的比例随着节根的产生与增多而逐渐降低，但全生育期一直具有其生理功能。

胚根系统通过从土壤中吸收水分来帮助维持幼苗的发育，但玉米幼苗主要依赖于籽粒淀粉胚乳的能量储备来提供营养，直到节根系统得以发育。大致在一叶期的生长阶段之前，随着初生节根系统从中胚轴上方的节开始发育，胚根系统的生长速度急剧下降。

胚根系统虽然对玉米植株的生长发育贡献微小，但初生胚根或次生胚根的早期损害会阻碍幼苗的发育并延缓出苗。如果籽粒本身和中胚轴保持健康，这种损害就不一定会导致幼苗立即死亡，但可能会导致出苗延迟或幼苗在地下倒出。随着时间的推移，越来越多的节根逐渐形成，胚根系统的损害对幼苗存活的影响会越来越小。

胚根受损害的类型有：吸胀冷害、致死或亚致死低温造成的发芽后伤害，以及因过量施肥且靠近籽粒而造成的"盐分"伤害。此类根部受损伤的症状包括根部延缓发育，根部组织变褐色，根部大量分支和根部组织彻底死亡，胚芽鞘被撕裂导致地下弯曲、地下生叶，以致初生胚根死亡等。幼苗在一叶期晚期至二叶期早期，如果初生胚根死亡、次生胚根健康，或初生胚根受损但仍然活着的玉米幼苗也发育也迟缓。如果胚根从内核中长出来时受到严重破坏，则整个胚根可能会死亡。当初生胚根拉长了 2.5 厘米左右时，受损害的根尖不一定会导致整个根的死亡，但腋根分生组织可能会因根尖分生组织的受损害而引发较多的根分支。

还有一种"无根玉米"综合症，也会导致玉米幼苗发育迟缓，此症状不太常见但偶尔会发生。该症状在玉米幼苗二叶期至四叶期易发生，尤其在节根初始伸长阶段，由于表土过分干燥导致根尖区域即分生组织失水，从根冠部区域生出的节根会死亡。由于玉米幼苗的根冠通常位于土壤表层以下 1.5～2.0 厘米位置，因此特别容易受表层土壤干旱的影响而发生"无根玉米"综合症。

（二）节根系统

节根由茎基部节间的根带，即节间分生组织基部长出，因从茎节部位产生，故称节根。从地表以下茎节上长出来的节根为地下节根，从地上茎节上长出的节根为地上节根。玉米节根条数多，分枝密，是玉米根群的主体。节根在植物学上叫次生根系，节根系统显然是玉米的主要根系。

节根系从中胚轴上方的各个节点开始依次生长，从幼苗的最低节点（称为"根冠"）开始。当第一片叶子的叶环变得可见时，可以通过在最低节点上的轻微肿胀来识别第一组节根。到一叶期的后期，第一组节根已开始明显拉长。到二叶期时，第一组节根清晰可见，第二组节根可能从幼苗的第二个节点开始拉长。茎组织的伸长在四叶期和五叶期之间开始。第五节上方的节间伸长通常会使第六节高于地面。随后延伸的茎秆节间数量增加，将导致其余茎秆节的位置越来越高。在地面茎秆节上方形成的节根通常称为"支撑"根，但其功能与在地下形成的那些节根相同。如果表层土壤条件适宜，则支撑根将成功穿透土壤，扩散并有效吸收土壤上层的水分和养分。

将圆秆拔节期的玉米茎秆基部从纵面削开可以看见一个"木质"的三角形。这个三角形通常由四个茎节点组成，依次与底部的第一个茎节堆叠，其相关的节点间不伸长，相对于地上的节间是压缩的节间。通常第一个延伸的节是在第四个节之上，第四个节间约延长 6.35 毫米到 12.7 毫米，在第四个节之上可以找到通常位于土壤表面以下或仅在土壤表层的第五个节点。因此，通常在地下可以检测到五节的螺纹，对于地下的每个茎节都可以找到一组节根。

到三叶期时，玉米幼苗从对胚储备营养依赖过渡到对节根的营养依赖。在一叶期至五叶期期间，对最初的几组节根发育中的根部根系造成的损害会严重阻碍或延缓玉米植株的发育。在节根受损害的时候，迫使幼苗对籽粒储备营养的依赖持续时间超过了最佳时期。如果籽粒储备的营养几乎耗尽，则很容易阻碍幼苗的持续发育，壮苗变弱苗、幼苗死亡的情况并不罕见。阻碍节根发育的胁迫类型可能有：化肥盐害、病害、虫害、除草剂伤害、过度潮湿或干燥的土壤、土壤压实（耕作或种植）、低温冷害、土壤盐渍化和土壤酸化等。

四、玉米施肥技术

（一）玉米施肥最佳时间和空间位点

深层根系有利于玉米生长和获得高产。深松、深耕以优化土壤耕作，结合局部施用硫酸铵加磷肥既可以促进根系在上层土壤中大量增生，又可以利用玉米根系具有的趋肥性促进根系下扎，增加深层根系的分布，使根系与土壤氮和水分在时空上更为匹配，促进地上部生长，提高玉米产量、氮肥效率。不同施肥位置及其点状、条状施肥方法对玉米根系在耕层的分布和经济产量有一定影响。于晓芳等（2013）研究发现，深松及氮肥适量深施，增加了根重、根体积及根表面积，促进了根系下移，提高了根系活力，增加了作物产量。吴小宾（2016）报道认为，深层根系（20~60 厘米）与玉米产量的关系符合线性＋平台模型，以耕层根系干重计，获得最高产量需要的深层根系的比例最小为 3.3%。当深层根系的比例小于 3.3% 时，玉米产量随着深层根系的增多而增加；当深层根系的比例超过 3.3% 时，玉米的产量不再增加，而是维持在高产水平，表明深层根系对产量的正效应变弱。磷肥施在种子较近距离，玉米能够较早吸收磷素养分，促进玉米根系生长，增加玉米对磷素养分的吸收。陈学留、朱献玳等（1986）研究报道，玉米对磷肥的利用率以浅施者为最高，0~20 厘米浅施磷方式，有利于玉米整个生长期对磷的吸收利用；吴小宾（2016）研究报道，普通尿素大量集中施用条件下，以侧方位条状（或分散状）施肥方式最好，不宜采用种子下方施用。不计劳力成本，普通尿素分次施用处理肥料经济收益最高，但与缓释肥料侧下方 5 厘米点位施用和正下方 10 厘米点位施用处理差别较小。磷肥侧下位 5 厘米点状施用和正下位 5 厘米点状施用处理干物质累积量、养分吸收量及根系长度明显高于磷肥侧下位 10 厘米点状施用和正下位 10 厘米点状施用处理。杨云马、孙彦铭等（2018）研究报道，玉米根系在磷肥施用位点处集中生长，磷肥深施（24 厘米土层）有利于玉米根系向土壤深层生长，能够诱导根系向深层生长，显著提高夏玉米产量。

吴小宾（2016）研究报道，钾肥施用位置对玉米生长初期植株干物质累积量及养分吸收量影响较小，对植株含钾量和根系干重有一定影响，钾肥侧下位和正下位 5 厘米点状施用处理植物含钾量和根系干重低于 10 厘米点状施用处理。试验中观察发现，玉米根系沿着钾肥施用点的外围生长，对钾素浓度较高区域有趋避性。控释氮肥施用位置对玉米根系形态、干物质累积量、养分吸收及氮素养分在土壤中运移有明显影响。玉米生长 45 天时，正下方 10 厘米施用控释氮肥处理地上部干物质累积量和植株吸氮量明显高于侧下方 10 厘米施用控释氮肥处理；玉米生长 100 天时，二者无明显差异。控释氮肥氮素养分横向扩散半径为 6~10 厘米，且有明显的下移特征。侧方施肥处理氮素养分主要分布在玉米植株的单侧，而下方施肥处理氮素养分扩散范围基本在玉米根系较为密集的植株正下方。条状施肥条件下，普通尿素分次施用比一次施用能够提高 9% 玉米产量，缓释肥料一次施用与常规肥料分次施用产量无明显差异；不同位置点状施用缓释肥料，玉米产量不同，侧下方 5厘米点状施肥处理和正下方 10 厘米点状施肥处理产量高于其他处理。施用缓释肥料能够减少硝态氮向下淋洗，保持氮素养分在较浅土层，利于下季作物吸收利用。与常规肥料相比，缓释肥料可施入到离种子较近位置。种子正下方施用缓释肥料能够促使养分扩散区域与玉米根系吸收区域耦合，减少肥料资源浪费，促进玉米对养分的吸收和利用，提高夏玉米产量。

于晓芳、高聚林、叶君等（2013）研究表明，氮肥深施（5~25 厘米）能明显增加玉米单株根质量、根体积和根表面积，显著提高根系活力，促使根系下移，明显提高深层根系的比重，进而提高玉米产量和氮肥利用效率。赵亚丽、杨春收等（2010）研究结果显示，夏玉米施用磷肥增产效果显著，磷肥集中深施效果优于分层施，分层施效果优于浅施，且以磷肥集中深施在 15 厘米土层时夏玉米产量、养分吸收量和磷肥效果最好。

（二）玉米需肥特征

玉米是高产作物，植株高大，吸收养分多，施肥增产效果极为显著。据田间肥效试验结果分析，随着产量的提高，吸收到植株体内的营养数量也增多，一生中吸收的养分（表 3-8）以氮为最多，钾次之，磷较少；每生产 100 千克籽粒，需要吸收 N 2.69～3.15 千克，P_2O_5 0.40～0.67 千克，K_2O 2.30～2.60 千克。每生产 100 千克玉米籽粒吸收氮、磷、钾的量（表 3-8）和土壤养分校正系数（表 3-9）、肥料单季利用率（表 3-10）因土壤肥力等级不同存在一定的差异（李洪文，寇兴荣等，2014）。

表 3-8　100 千克玉米籽粒产量吸收的养分量

肥力等级	收获物	单质肥吸收量（千克）			氧化物吸收量（千克）		
		全氮	全磷	全钾	N	P_2O_5	K_2O
高	籽粒	3.15	0.29	2.17	3.15	0.67	2.6
中	籽粒	2.9	0.2	2.01	2.9	0.46	2.41
低	籽粒	2.69	0.17	1.92	2.69	0.4	2.3
平均	籽粒	2.91	0.22	2.03	2.91	0.51	2.44

数据来源：2008—2014 年田间肥效试验数据统计分析。

表 3-9　玉米土壤养分校正系数汇总

肥力等级	N	P_2O_5	K_2O
高	0.635	0.635	0.659
中	0.827	0.887	0.791
低	0.935	0.967	0.978
平均	0.799	0.83	0.809 3

数据来源：2008—2014 年田间肥效试验数据统计分析。

表 3-10　玉米肥料利用率汇总

肥力等级	样本数（个）	当季肥料利用率（%）			氧化物肥料当季利用率（%）		
		氮	磷	钾	N	P_2O_5	K_2O
高	3	31.97	7.4	16.57	31.97	16.95	19.88
中	8	31.56	7.31	16.22	31.56	16.76	19.46
低	3	30.43	7.12	15.82	30.43	16.32	18.98
平均	—	31.32	7.28	16.2	31.32	16.68	19.44

数据来源：2008—2014 年田间肥效试验数据统计分析。

玉米不同生育阶段对养分的需求数量、比例有很大不同（图 3-3），从出苗到拔节，吸收氮 2.5%、有效磷 1.12%、有效钾 3%；从拔节到开花，吸收氮 51.15%、有效磷 63.81%、有效钾 97%；从开花到成熟，吸收氮 46.35%、有效磷 35.07%、有效钾 0%。

一般春玉米苗期（拔节前）吸氮仅占总量的 2.2%，中期（拔节至抽穗开花）占 51.2%，后期（抽穗后）占 46.6%。而夏玉米苗期吸氮占 9.7%，中期占 78.4%，后期占 11.9%。春玉米吸磷，苗期占总吸收量的 1.1%，中期占 63.9%，后期占 35.0%；夏玉米苗期吸收磷占 10.5%，中期占 80%，后期占 9.5%。玉米对钾的吸收，春夏玉米均在拔节后迅速增加，且在开花期达到峰值，吸收速率大，容易导致供钾不足，出现缺钾症状。

玉米对锌非常敏感，在碱性和石灰性土壤容易缺锌。长期施磷肥的地区，由于磷与锌的拮抗作用，易诱发缺锌，应给予补充。

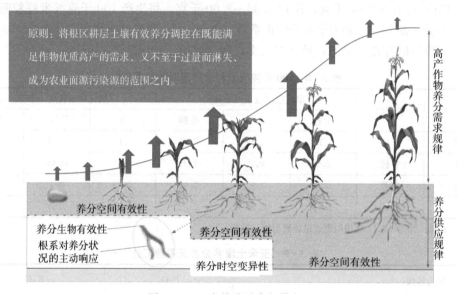

原则：将根区耕层土壤有效养分调控在既能满足作物优质高产的需求，又不至于过量而淋失，成为农业面源污染源的范围之内。

图 3-3　玉米养分需求与供应

玉米营养临界期：玉米磷素营养临界期在三叶期，这个时期是由种子营养转向土壤营养的时期；玉米氮素临界期则比磷稍后，通常在营养生长转向生殖生长的时期。临界期对养分需求并不大，但养分要全面，比例要适宜。这个时期营养元素过多、过少或者不平衡，对玉米生长发育都将产生明显的不良影响，而且以后无论怎样补充缺乏的营养元素都无济于事。

玉米营养最大效率期：玉米最大效率期在大喇叭口期，这是玉米养分吸收最快最大的时期。这期间玉米需要养分的绝对数量和相对数量都最大，吸收速度也最快，肥料的作用最大，此时肥料施用量适宜，玉米增产效果最明显。

（三）玉米施肥量推荐

1. 玉米土壤养分丰缺指标推荐施肥量　见表 3-11。

表 3-11　玉米土壤养分丰缺指标和推荐施肥量

肥力等级	土壤养分丰缺指标（毫克/千克）			推荐施肥量（千克/公顷）		
	碱解氮	有效磷	速效钾	N	P_2O_5	K_2O
低	<75	<6	<60	360~390	160~180	135~150
较低	75~95	6~12	60~100	330~360	160~130	135~120

（续）

肥力等级	土壤养分丰缺指标（毫克/千克）			推荐施肥量（千克/公顷）		
	碱解氮	有效磷	速效钾	N	P_2O_5	K_2O
中	95～160	12～25	100～200	300～330	130～100	120～105
较高	160～230	25～45	200～280	330～285	100～90	105～90
高	>230	>45	>280	285～260	<90	<90

数据来源：2008—2014 年田间肥效试验结果统计分析。

2. 玉米肥力分区施肥量推荐 见表 3－12。

表 3－12 玉米肥力分区施肥量推荐

土壤肥力水平（毫克/千克）			建议施肥量（千克/公顷）			产量水平（千克/公顷）
碱解氮	有效磷	速效钾	N	P_2O_5	K_2O	
>230	>45	>280	285～330	20～40	40～60	>11 250
160～230	25～45	200～280	300～345	40～60	60～80	9 750～11 250
95～160	12～25	100～200	330～360	60～80	80～100	8 250～9 750
<95	<12	<100	360～390	80～105	100～120	8 250～6 750

数据来源：2008—2014 年田间肥效试验结果统计分析。

3. 玉米施肥大配方推荐 配方（N-P_2O_5-K_2O）为：25-4-9、15-10-10、17-8-9、18-9-5、10-15-15、10-10-10 或相近配方。施肥配方及其施肥量参考表 3－13。

表 3－13 玉米施肥配方及其施肥量推荐

配方	产量水平（千克/公顷）	纯养分施用总量（千克/公顷）			底肥（%）				追肥（%）		
		N	P_2O_5	K_2O	农家肥	N	P_2O_5	K_2O	苗肥（3至5叶期）N	秆肥（拔节期）N	穗肥（大喇叭口期）N
配方一	>11 250	450～525	120～180	105～150	100	0	100	100	15～20	30～35	50～55
配方二	9 750～11 250	390～450	105～150	90～135	100	0	100	100	15～20	30～35	50～55
配方三	8 250～9 750	345～390	90～135	75～120	100	0	100	100	15～20	30～35	50～55
配方四	6 750～8 250	285～345	90～120	75～105	100	0	100	100	15～20	30～35	50～55

注：中等肥力土壤推荐施用量，农家肥推荐施用量 22 500 千克/公顷。

（四）配方肥和专用肥施用推荐

1. 基追结合施肥法 海拔在 1 900 米以上地区：目标产量 9 750 千克/公顷以上，每公顷施用玉米专用复合肥（N-P_2O_5-K_2O＝15-15-15 或 15-10-10 或相近配方）525～600 千克作基肥，秆肥和穗肥追施尿素 285～390 千克/公顷。

海拔在 1 900 米以下地区：目标产量 9 750 千克/公顷以上，每公顷施用玉米专用复合肥（N-P_2O_5-K_2O＝15-15-15 或 15-10-10 或相近配方）600～675 千克作基肥，秆肥和穗肥追施尿素 390～525 千克/公顷。

缺锌区域隔年施用硫酸锌 15～30 千克/公顷；在土壤 pH 较低的田块每公顷基施含硅

碱性肥料或生石灰 450～750 千克。

2. 一次性施肥法　应用玉米种、肥异位一体播种机械同步完成播种与施肥。选用玉米专用控释配方肥。

海拔在 1 900 米以上地区：目标产量 9 750 千克/公顷以上，每公顷施用玉米控释配方肥（$N-P_2O_5-K_2O=28-6-8$ 或相近配方）750～825 千克一次性作基肥施用。

海拔在 1 900 米以下地区：目标产量 9 750 千克/公顷以上，每公顷施用玉米控释配方肥（$N-P_2O_5-K_2O=28-6-8$ 或相近配方）825～900 千克一次性作基肥施用。

缺锌区域隔年施用硫酸锌 15～30 千克/公顷；在土壤 pH 较低的田块每公顷基施含硅碱性肥料或生石灰 450～750 千克。

（五）施肥技术推荐

1. 施肥原则　结合玉米需肥规律，玉米施肥在技术上应该把握"基肥为主，追肥为辅"的原则，施用基肥以有机肥为主，配合化学肥料；追肥以速效氮肥为主，配合施加磷、钾肥料。总体要做到，施足基肥，适施种肥，轻施苗肥，巧施秆肥，重施穗肥，酌施粒肥。磷肥、钾肥作底肥施用，提倡施用微量元素硫酸锌，每公顷 7.5～15 千克。

2. 根据生态条件施肥

（1）低热种植层和温暖种植层

施肥量：每公顷施纯氮 270 千克、氧化磷 75 千克、氧化钾 90 千克。

施用比例：氮基肥 20%、苗肥 20%、穗粒肥 60%；磷、钾肥全作基肥。

施肥方法：每公顷施农家肥 12 000～18 000 千克、玉米专用肥（17-8-9）600 千克作基肥，施尿素 120 千克作苗肥、尿素 300～330 千克作穗粒肥。

（2）冷凉种植层和高寒种植层

施肥量：每公顷施纯氮 330 千克、氧化磷 105 千克、钾 105 千克。

施用比例：氮基肥 30%、苗肥 20%、穗粒肥 50%；磷、钾肥全部作基肥。

施肥方法：每公顷施农家肥 30 000～37 500 千克、玉米专用肥（18-9-5）750 千克、七水硫酸锌 15～30 千克作基肥，施尿素 120 千克作苗肥、尿素 330～375 千克作穗粒肥。

3. 玉米不同时期的施肥

（1）基肥和种肥

第一，基肥。基肥可在耕地起畦时施入，播种前把肥料均匀地条施在垄沟，使施入的肥料集中到玉米苗正下方或侧方位根系区域内，深度以 10～15 厘米为宜；或在翻地前均匀施于地表，然后翻到 18～20 厘米土层。有机肥做基肥可每公顷施入 30 000～45 000 千克，同时，可配施计划施用总量的全部磷肥、钾肥，1/3 左右的氮肥。此外，玉米对锌元素较为敏感，如果土壤中有效锌含量低于 0.5～0.6 毫克/千克的地块，须要针对性地补充锌肥。常用的锌肥有硫酸锌和氯化锌，每公顷用量在 30 千克左右，浸种使用浓度为 0.02%～0.05%。基肥用肥中如果含有适度锌肥，就没有必要单独施锌肥。还有一种情况，如果是在石灰性和碱性土壤中栽培玉米，长期种植会导致缺锌问题出现，此时非常有必要及时做好补锌准备。

水肥一体滴灌条件下，可根据土壤基础肥力优化基肥、追肥比例，中高肥力农田玉米基肥可以适当减施后移至拔节期甚至大喇叭口期，即控前促后，以实现耕层土壤养分供应与玉米养分吸收同步，提高植株对供给养分的吸收利用，降低土壤硝态氮残留，同时促进前期根系下扎（许丽，邵长侠，朱瑞华，李松坚，孙雪芳等，2021）。

第二，种肥。播种时施于种子附近的肥料叫种肥。用作种肥的肥料包括氮、磷、钾化肥总施用量的1/4量和部分中、微量元素肥料。种肥的施用方法，施于种侧或种下3～5厘米处，条施和穴施。常用肥料为三元复合肥，使用量为10～15千克/公顷。必须避免种子和肥料接触，以免烧种、烧苗，影响出苗质量。如果施用玉米专用控释肥，可采用机械同步完成播种与施肥作业，将肥料施于玉米种子正下肥或侧方位5～7厘米处。

（2）追肥　氮肥施用总量的2/3可做追肥，宜追施在距植株10～15厘米处，开沟5～10厘米深施用，施后覆土。追肥分4个阶段，第一阶段为幼苗3～5叶期，第二阶段为幼苗7～9片叶，第三阶段为雄穗发育到四分体期，第四阶段为后期生长阶段。追肥重点施肥期为第二和第三阶段，现将施肥重点介绍如下，供参考。

第一阶段，苗肥。可在幼苗3～5叶期，结合间苗、定苗、中耕除草进行，此时施肥可有效促进根系发育，有利于幼苗生长。苗肥约占总追肥量的1/10，本着早施、轻施、偏施的原则进行施肥，也就是补基肥性缓，促小苗赶大苗，促弱苗变壮苗，达到苗齐、苗壮的目的。

第二阶段，秆肥。春玉米、夏玉米分别在7～9片叶、5～6片展开叶时施用，也就是在玉米圆秆拔节前后施用。秆肥占总追肥量的20%～30%，对于茎部生长、幼穗分化，实现茎秆粗壮培育目标，有着积极促进作用。但是，一定要合理控制追肥量，尤其是避免营养过剩，茎部生长过旺，导致茎秆倒伏。

第三阶段，穗肥。穗肥是指雄穗发育至四分体期，正值雌穗进入小花分化期的追肥，这时是决定雌穗粒数的关键时期。在距抽雄10～15天的大喇叭口期施入，可减少小花退化，促进穗大粒多的作用，并对后期籽粒灌浆也有良好效果。一般中熟品种展开叶9片左右，可见叶14片左右，夏玉米在11～13片展开叶，植株叶片呈现大喇叭的形状，此时正值雌穗小花分化盛期，营养生长和生殖生长并进，需要较多的养分，是决定果穗大小和行数分化的关键时期，宜采用速效氮肥，结合浇水和中耕，以迅速发挥肥效。这次追肥可促进雌穗小花分化，达到穗大、粒多、增产的目的，所以生产上也称攻穗肥。穗肥一般应重施，施肥量占总追肥量的60%左右。

第四阶段，粒肥。可在抽雄穗前后10～15天追施，此时植株叶片即将完全展开或已完全展开，雌穗完成受精，玉米从营养生长转入生殖生长阶段。追施粒肥，可延长绿叶功能、预防脱肥早衰、增重颗粒。粒肥施用量占总施肥量的10%以下，具体要结合玉米生长实际情况而定，一般要本着"轻施"、"巧施"的原则。如果穗肥不足，植株发生脱肥，果穗节以上叶色黄绿，下部叶早枯，粒肥可适当多施；反之，则可少施或不施。此外，并不是所用的玉米品种都适合追施粒肥，对于甜玉米和糯玉米，处于收获鲜苞为目的，一般灌浆期会比较短，此时最好不要追施粒肥。

在以上四个阶段的追肥作业中，必须结合打穴或者是开沟进行深施。同时，还要保证追肥时有充足水分保证。如果遇到干旱，应该结合浇水抗旱，这样可有效提高肥料利用率，实现丰产和高产的目的。

对于不同地块和不同玉米品种以及不同用途的玉米，施肥方法不同，用肥量也不同，要根据目标产量和地块土壤供肥量来决定，要应用测土配方施肥技术定期进行测土，依据产量确定施肥品种和施肥量，最大限度提高肥料利用率，减少投入成本，获得较高的经济效益。

4. 品种选择 根据各地生态环境、生产条件、栽培水平及病虫害发生情况，合理选择适宜良种。海拔 1 900 米以下区域可选择楚单 7 号、北玉 16、北玉 21、云瑞 47、云瑞 88、五谷 1790 等；海拔 1 900 米以上区域可选择云瑞 999、云瑞 505、纪元 8 号、泓丰 159、金秋玉 45、云瑞 668、红单 6 号、路单 12 等。

5. 因土施肥 根据耕地土壤类型特点制定相应的施肥技术方案。红（黄）壤和燥红土性耕地应适当增加磷、钾肥用量，增施含硅碱性肥料或生石灰调节土壤酸性；紫色土和紫色性水稻土，应适当调减磷、钾肥用量。

6. 因前作施肥 前作是麦类的田块，氮肥可在推荐施肥量的基础上追加 30～45 千克/公顷；前作是豆类、油菜、蔬菜、绿肥或冬闲的田块，氮肥可在推荐施肥量的基础上调减 45～60 千克/公顷。氮肥用量的 20%～30% 作底肥，20%～30% 在 5～6 片展开叶时追施苗肥壮秆，40%～60% 在 9～11 片展开叶时追施秆肥攻穗。

7. 增施有机肥 采取秸秆机械粉碎还田、快速腐熟还田、过腹还田、种植绿肥等措施，增加土壤有机质含量。底肥要坚持以农家肥为主，施用 18 000～22 500 千克/公顷；在农家肥源有限或缺乏的地方，施用商品有机肥 1 500～2 250 千克/公顷。

在推荐的化肥施用量中扣减有机肥能提供的氮、磷、钾养分量之后，作为有机肥替代化肥的氮、磷、钾化肥施用量。

（六）玉米专用缓控释复合肥施用技术

1. 肥料选择及其施用量 ①肥料类型。脲醛内质型缓释肥（$N-P_2O_5-K_2O=26-6-8-S-Zn$），黏矿复合型缓释肥（$N-P_2O_5-K_2O=24-6-10-S-Zn$），磷矿复合型（$N-P_2O_5-K_2O=30-4-18-S-Zn$）。②施肥量。目标产量 6 000～7 500 千克/公顷，施控释肥 600～675 千克/公顷；目标产量 7 500～9 750 千克/公顷，施控释肥 675～750 千克/公顷；目标产量 9 750～11 250 千克/公顷，施控释肥 750～825 千克/公顷；目标产量 12 000 千克/公顷以上，施控释肥 900 千克/公顷。

中、低等肥力水平，土壤质地为砂土的地块在以上施肥量的基础上可增施 100～150 千克/公顷缓释肥。

2. 施肥方法 ①种肥同播。应用专用种肥同播机械、机具在完成玉米播种的同时，同步将颗粒肥料精准埋置在玉米种子侧位水平方向 8～10 厘米、深 5 厘米处，确保肥料与种子隔离，以避免烧苗烂根，从而实现一边播种一边施肥，即种肥同播。②追肥。目标产量 9 750～11 250 千克/公顷，分别在大喇叭口期、抽雄初期追施尿素 150 千克/公顷；12 000 千克/公顷以上目标产量地块，分别在大喇叭口、抽雄初期追施尿素 225 千克/公顷。施肥方法应灵活掌握，施用深度 10～20 厘米，有利于玉米根系向下生长，增加抗倒伏和吸肥能力。

3. 注意事项 ①选择符合国家肥料等级制度要求、标准的含有缓释肥料、控释肥料或稳定性肥料、脲醛缓释肥料等复混肥料作为一次性施肥的肥料；②应保证施肥深度，注意种、肥隔离，以避免烧种或烧苗；③在保水、保肥性差的砂性土壤地块不推荐施用缓释肥料。

（七）种肥施用注意事项

在三叶期（离乳期）发育阶段，玉米植株能否成功地从吸收胚的营养过渡到从节根吸收营养，将极大地影响作物是否继续强劲而均匀地生长。在从胚吸收营养阶段，即三叶期前，幼苗基本整齐一致的田地很多。然而，如果节根的发育受到化肥盐害、病害、虫害、除草剂伤害、过度潮湿或干燥的土壤、土壤压实（耕作或种植）等的胁迫而受到损害，或从胚营养供给向节根支持营养的过渡失败或不成功，整齐一致的幼苗将在三叶期之后减缓生长，构建高产优质苗架的目标将难以实现。在这个阶段，追肥在确保胚营养供给向节根支持营养的过渡成功进行中发挥了作用。据有关观察研究，在三叶期时，一个或多个节根将进入到距种子周围约 5 厘米，种子下面 5 厘米的作物养分吸收空间区带中。在播种时距种子周围约 5 厘米，种子下面 5 厘米放置的肥料比追肥时放置于根区更具优势，相对于放置在节根发育的根区位置更有利，并且可以使用较高比例的氮和磷或钾，而不会对种子造成伤害或影响出苗。

参 考 文 献

才晓玲，李志洪 . 2009. 土壤容重和施肥条件对玉米根系生长的影响 [J]. 云南农业大学学报（自然科学版），24（3）：470-473.

陈学留，朱献珉，等 . 1986. 玉米根系对磷肥的吸收利用研究 [J]. 核农学报（2）：29-33.

邓旭阳，周淑秋，等 . 2004. 玉米根系几何造型研究 [J]. 工程图学学报，25（4）：62-66.

韩立军，李羽，等 . 2004. 钾肥对玉米根系生长状况及地上干物质积累的影响 [J]. 吉林农业大学学报，26（1）：10-12.

黄爱缨，蔡一林，滕中华，等 . 2008. 玉米自交系苗期耐低磷的根系生理特性研究 [J]. 中国生态农业学报，16（6）：1419-1422.

姜琳琳，韩立思，韩晓日，等 . 2011. 氮素对玉米幼苗生长，根系形态及氮素利用效率的影响 [J]. 植物营养与肥料学报，17（1）：247-253.

李翠兰，李志洪，等 . 2001. 不同肥料处理对玉米苗期根系生长的影响 [J]. 吉林农业大学学报，23（3）：87-89.

李济生，董淑琴 . 1981. 玉米根系的初步研究 [J]. 北京农业科技（6）：18-22.

李少昆，涂华坊，等 . 1992. 玉米根系在土壤中的分布及与地上部分的关系 [J]. 新疆农业科学（3）：99-103.

牟金明，李万辉，迟力加，等 . 1999. 玉米根茬还田与玉米根系的空间分布 [J]. 吉林农业大学学报，21（4）：47-51.

戚廷香，梁文科，等 . 2003. 玉米不同品种根系分布和干物质积累的动态变化研究 [J]. 玉米科学，11（3）：76-79.

宋海星，李生秀 . 2003. 玉米生长空间对根系吸收特性的影响 [J]. 中国农业科学，36（8）：899-904.

宋日，吴春胜，等 . 2002. 松嫩平原平展和紧凑型玉米品种根系分布特征 [J]. 沈阳农业大学学报，33（4）：241-243.

谭海燕，童江云，陆峻波，等 . 2014. 刘云南省昆明市土壤养分含量分析及玉米土壤养分丰缺指标研究 [J]. 西南农业学报，27（5）：1995-1999.

王鸿斌，赵兰坡，薛泽中．2012.吉林玉米带黑土剖面构型对玉米根系空间分布特征的影响研究//中国土壤学会．面向未来的土壤科学（上册）—中国土壤学会第十二次全国会员代表大会暨第九届海峡两岸土壤肥料学术交流研讨会论文集［M］．成都：电子科技大学出版社．

王聚辉，程子祥，修文雯，等．2015.玉米茎叶夹角与根系入土角度相关性研究［J］．华北农学报，30（S1）：173-178.

王启现，王璞，等．2002.吐丝期施氮对夏玉米粒重和籽粒粗蛋白的影响［J］．中国农业大学学报，7（1）：59-64.

吴小宾．2016.集约化玉米体系养分高效利用的根层调控及其机械化实现途径研究［D］．北京：中国农业大学．

熊艳，王平华，何晓滨，等．2013.云南省旱地玉米土壤养分丰缺指标及肥料利用率研究［J］．西南农业学报，26（1）：203-208.

许丽，邵长侠，朱瑞华，等．2021.滴灌条件下基肥减施后移对夏玉米养分吸收和根系生长的影响［J］．中国农学通报，37（3）：50-60.

杨云马，孙彦铭，贾良良，等．2018.磷肥施用深度对夏玉米产量及根系分布的影响［J］．中国农业科学，51（8）：1518-1526.

于晓芳，高聚林，叶君，等．2013.深松及氮肥深施对超高产春玉米根系生长、产量及氮肥利用效率的影响［J］．玉米科学，21（1）：114-119.

于振文，等．2003.作物栽培学［M］．北京：中国农业出版社．

张错，马各富．2014.永善县玉米土壤养分丰缺及推荐施肥指标体系的建立［J］，现代农业科技，1：14-15.

张雷，黄英，王树鹏，等．2021.元谋小春甜玉米蒸发蒸腾规律及影响因素试验研究［J］．中国农学通报，37（1）：1-6.

赵亚丽，杨春收，王群，等．2010.磷肥施用深度对夏玉米产量和养分吸收的影响［J］．中国农业科学，43（23）：4805-4813.

第三节 小 麦

　　小麦是禾本科植物，小麦属植物的统称，代表种为普通小麦（*Triticum aestivum* L.），是三大谷物之一，在世界各地广泛种植。小麦是中国最重要的口粮之一。小麦从出苗到成熟所经历的天数，因品种特性、生态条件和播种早晚的不同而有很大的差别。一般春小麦生育期 100～120 天，冬小麦 230～280 天。通常把小麦生育期分为若干个生育时期，一般包括：出苗期、三叶期、分蘖期、越冬期、返青期、起身期（生物学拔节）、拔节期、孕穗期、抽穗期、开花期、灌浆期、成熟期 12 个时期。春小麦无越冬期和返青期。长江以南和四川盆地冬小麦也无越冬期和返青期。云南小麦生育期随海拔升高而相应增加，海拔 1 200～1 600 米地区为 140～160 天，海拔 1 600～1 800 米地区为 160～185 天，海拔 1 800～2 000 米地区为 185～200 天，海拔 2 000 米以上地区为 200～220 天。在当前生产中，多穗型品种每公顷培育有效穗 750 万穗左右，大穗型品种 450 万穗左右。

一、小麦根系的类型及其构成

生产实践证明，根多、根深、根壮是小麦高产的基础。

小麦根系由种子根、次生根（又叫节根）和不定根组成。初生根、次生根及其分枝根构成小麦的根系。初生根是直接生长在小麦种子上的根，因此又叫种子根或胚根。种子根一般在7～10天之内全部形成，生育期间平均每天伸长1.5厘米左右，伸长的同时可分枝2～4次，其生长点多达5 000～10 000个。当主茎第一叶展开时停止生长，一般3～5条，偶尔7～8条根，入土1.5～2.5米。主胚根和第一对侧根吸收能力比次生根强，次生根发生的时间较晚，持续时间长，是生长在小麦分蘖节上的根。生长健壮的小麦每株次生根数量可达30～70条，多者可达100条以上，但大田群体中一般在30条以下。小麦种子根发生数和种子大小成正比，一般3～5条，最多7～8条。

二、小麦根系的生长及其在土层中的分布特征

小麦根系在植物学上属浅根系类型，为须根系。据观察，小麦种子根多分枝，扎根集中，倾向于垂直分布，在生育前期种子根生长速度超过地上部分。种子根长出8～10天后，可深入到耕层以下，当麦苗开始分蘖时可深达50厘米左右。其入土深度，因土壤条件和播种深度而异，土壤黏重潮湿时入土浅；反之则深。播种深浅适宜时，种子根发育良好；播种过深，由于幼芽出土过程中消耗较多养分，种子根生长不良，出苗期延长，麦苗出土后瘦弱，根系少，地中茎变长，次生根和单株分蘖，叶片也变窄变长。

次生根在分蘖开始以后，从分蘖节上由下而上发生，在适宜的环境条件下，一般主茎每生长一个分蘖，就要在该分蘖节上生长1～2条次生根，它们属于主茎。当分蘖本身具有三片叶后，在分蘖基部也能直接生出次生根。具有四片叶麦株的分蘖可以形成自己的次生根，进行独立营养。因此，分蘖多的麦株，根系也较发达。次生根吸收的水分和养分，通常供给分蘖生长发育之用。次生根比种子根略粗壮，出生后先与地面呈锐角向四周扩散，再向下扎。其入土后较种子根浅，多集中于20～30厘米耕层中，在适宜条件下越冬时可达30～60厘米，最后可达40～80厘米。春后发生的次生根，入土很浅。冬小麦次生根有两个生长旺盛期，一是冬前分蘖期，二是春季分蘖期。根系生长持续到抽穗、开花为止，最大深度达100厘米左右。春小麦次生根的生长只有一个旺盛期，即拔节始期，同时春小麦营养生长期短、分蘖少、发育快，故次生根形成的时间短且晚，次生根少，若肥水不足时，次生根的形成便受到很大抑制。因此，春小麦种子根系作用较次生根强，整个根系的吸收机能也比冬小麦高。

在根系发育过程中，新根不断产生，老根不断老化，其吸水能力或吸水活性也在不断地变化，深层根系的吸水能力远大于表层。根系的吸水能力通常用吸水速率来表示，即在单位土层深度内，单位根长在1日内所吸收的水量。研究表明，在供水充足的条件下，60～80厘米深度处的吸水速率比0～10厘米增加了2倍多（张喜英，1999），说明深层根系虽然根量不大，但吸水量大于表层根系吸水量。

冬小麦根系生长时间、空间分布规律与季节时序、氮磷施用及其供给有关。有关研究结果表明，是冬前较快，越冬不停，拔节至抽穗最快，抽穗后生长减缓并达到最大。空间

分布规律是：冬小麦根系随土层深度的分布，无论是根长还是根重都是由上到下逐渐减少，遵循指数递减模型生长。施用氮肥和磷肥能显著促进冬小麦根系的生长，尤其是施用磷肥不仅能增加上层根系的数量，而且还能促使根系下扎，增强小麦对深层土壤水分的利用能力，提高小麦对干旱的抵抗力（张和平，刘晓楠，1993）。

李俊义、王润珍、刘荣荣等（1999 年）报道，麦苗达五叶期时，大量根系分布在 3～60 厘米处，根系入土垂直深度达 140 厘米。小麦扬花期株高 70 厘米，大量根系分布在 3～60 厘米土层。此时，根系入土垂直深度已达 160 厘米。小麦根系到扬花期更为发达，根量增加。

刘荣花、朱自玺、方文松（2008）研究报道，小麦根系在土壤中总的分布趋势是：0～5 厘米土层根量较小，5～10 厘米土层根量最大。冬小麦根量主要集中在上层，根长密度、根质量密度在 0～50 厘米土层内分别占 57.7% 和 66.7%，而在 50～100 厘米土层分别占 23.4% 和 18.7%。

冬小麦根系入土深度一般可达 150～200 厘米（苗果园，1989；马元喜，1987）。而春小麦由于根系形成期较短，其入土深度不及冬小麦，一般为 100～150 厘米。马丽荣等（2002）研究发现，小麦根系的数量和重量随分蘖的发生而不断增加，在最高分蘖期小麦根的数量最大，而在抽穗前后根的总重量达最大。抽穗以后根逐渐死亡，根系在土壤中的分布与有效磷在土壤中的分布集中区基本一致，根系的 80% 分布在土壤耕层中。阎素红等（2002）发现，小麦根系主要集中在耕层，其中 0～30 厘米的土层中占总根量的 60%，30～80 厘米土层中占 30%。王化岑等（2002）研究发现，超高产小麦根系在土壤中的垂直分布状态自上而下逐层递减，根系条数和生物量都符合自上而下锥形递减模式。卢振民等（1991）研究发现，根系直径分布呈表层直径大、中层直径较小、下层直径增大。杨兆生等（2002）研究发现，小麦根系表面积的最大值在 0～20 厘米土层，以后随着土层增加，表面积逐渐减小，根系直径表层最大，中层直径较小，下层直径最大。杨兆生等（1999）研究表明，小麦在开花期根系生长量达到高峰后，呈直线下降趋势。开花后根系主要分布在 60～120 厘米，根系的衰退区主要在 30～60 厘米耕层，而且盛花期衰退速度最快，60～100 厘米耕层下降速度较慢，深层根系（100～120 厘米）的衰退速度慢，生产中应采用促进根系下扎的栽培技术。

水分因素对小麦根系的生长发育及其土层分布影响最大，不同土壤水分胁迫可调控冬小麦根系生长分布。水分充分，根系较多集中在表层，水分缺乏，上层的干旱促使根系向深层发育，但重度干旱使小麦总根质量密度减少并使根质量密度、根长密度减小。小麦总根质量密度以土壤轻度干旱的最多，重度干旱的最少，所以轻度干旱有利于小麦根系的生长。薛丽华、段俊杰、王志敏（2010）研究报道，土壤水分正常条件下，根系主要集中在浅土层，土壤干旱时根系在深层的分布明显增多。王亚萍、胡正华、张雪松（2016）研究表明，在 0～10 厘米土层，不同土壤水分胁迫下根质量占总根质量的比例为 80%～90%，即浅层（0～10 厘米）土壤中根质量密度最大，几乎是深土层（10～50 厘米）的 10 倍。由此可知，冬小麦根系在浅层土中分布较多，深层较少。土壤含水量一直处于较低状态的重度干旱处理在 30 厘米以下土层中根质量比例较高，说明干旱促进根系向下延伸，使土壤中下层根质量比例增大。

浅层根系与深层根系协调分布才有可能使农作物获得高产。研究表明，在水分条件胁迫下，深层根量与产量呈正相关关系，并达显著水平（李鲁华，李世清，翟军海等，2001年），表明小麦根系向深层发育有利于吸收更多的水分和养分，以满足根系本身和地上部分的需要；孙书姿、陈秀敏等（2008年）的研究也表明，干旱胁迫条件下，小麦产量与80～120厘米土层根干重与产量呈正相关，且达0.05显著水平。进一步证明了干旱胁迫下，冬小麦主要利用土壤深层水分，主要是深层根系对产量起作用，浅层和中层根系作用不大，且根系总量与产量关系也不大。而在土壤水分充足条件下，小麦产量与20～60厘米耕层根长密度、根系活力呈显著线性正回归关系，与60～80厘米土层根长密度、根系活力无相关性；产量与0～40厘米土层根干重密度呈显著抛物线回归关系，与40～60厘米土层根干重密度呈显著线性正回归关系，与60～80厘米土层根干重密度无相关性。

三、小麦施肥技术

（一）小麦施肥最佳空间位点

作物产量的形成和品质的提高在很大程度上取决于提高作物对土壤深层水分和养分的利用能力，深层根系是小麦经济产量的功能根系。张永清、李华、苗果园（2006）研究报道，延长深层根系的功能期，有利于春小麦经济产量的形成。在施肥的土壤层次中春小麦的根重较大，根长密度较高，根系活力也较大。较深层次（10～30厘米）施肥有利于春小麦深层根重、根长密度及根系活力的提高，可以提高春小麦根系超氧化物歧化酶（SOD）、过氧化物酶（POD）活性，降低根系过氧化作用产物丙二醛（MDA）含量，延缓下层根系的衰老，因此有利于春小麦根系对较深层次土壤中水分和养分的利用；施肥深度不仅可以影响春小麦根系分布和活力，而且可以影响春小麦旗叶面积和光合速率。生产中可以通过适当调节施肥深度的方法，改变春小麦根系在不同深度土层中的分布，增加下层根系的活力并提高叶片的光合效率，最终实现提高产量的目的。

张永清、苗果园（2006）研究报道，施肥深度可改变不同土层中冬小麦根重及根系活性，较深层次（50～100厘米）施肥有利于冬小麦根长增加和下层土壤中根重及根系活性的提高，同时可增加旗叶叶面积和净光合率，并使冬小麦根系SOD和POD活性保持较高水平，抑制过氧化产物MDA的产生，延缓根系及旗叶衰老，明显提高小麦产量。施肥过深（150厘米）虽能诱导根系下扎，但小麦总根重和产量却均有所下降。

薛少平、朱瑞祥、姚万生（2008）研究报道，在种子下位施肥各处理中，小麦产量随施肥量的增加呈逐渐增加趋势；不同施肥处理的小麦产量，以肥料施于种子下6厘米的最高。侧位施肥各处理中，肥料距离种子越远对种子发芽、出苗和生长影响越小，距种子4厘米就对小麦根系下扎和幼苗生长无大的影响。不同施肥处理的小麦产量，也是以肥料施于种子侧位6厘米的产量最高，但与肥料施于种子侧位4厘米的相比较，产量差异很小。可见，小麦施肥位置和距离，以侧位施肥的效果最好，下位施肥的次之，混施的最差。因此，种子下位施肥，以肥料施于种子下6厘米最好，侧位施肥，肥料施于种子侧位4～6厘米为宜。

张永清、李华（2006）报道，在施肥的土壤层次中小麦的根重较大，根长密度较高，根系活力也较大。较深层次（10～30厘米）施肥有利于小麦深层根重、根长密度及根系活力的提高，因此有利于小麦根系对较深层次土壤中水分和养分的利用。

张永清、苗果园等（2006）研究发现，深层施肥（20～30 厘米）有利于小麦根系生长，提高根系活力，增加根长密度；段文学、于振文、石玉等（2013）研究表明，施氮深度 20 厘米与氮肥表面撒施相比，旱地小麦产量提高 7.2%～9.8%，氮肥偏生产力提高 8.0%～10.9%。

石岩、位东斌等（2001）对小麦的研究结果，较深层次（20～40 厘米）施肥，根的超氧物歧化酶、过氧化氢酶活性能保持较高水平，根系活力和根可溶性蛋白质含量降低慢，抑制膜脂过氧化物产物丙二醛的产生，利于延迟根系衰老；施肥过浅（0～20 厘米）和施肥过深（60～80 厘米），都会导致根系加快衰老，产量下降。舒时富（2011）、陈亚宇（2013）研究发现，将肥料施到土壤特定层次，即农作物根系生长密集的耕层，是易于作物根系吸收利用的一项施肥措施，能够达到高效、增产、节肥、环保的目的。

（二）小麦需肥特征

小麦对氮、磷、钾三要素的吸收量因气候、土壤、栽培措施、品种特性等条件不同，产量表现不同，氮、磷、钾的吸收量和每形成 100 千克籽粒所需养分的数量、比例也有一定的差异。根据田间肥效试验结果进行综合分析，每生产 100 千克籽粒（表 3-14）约需吸收 N 3.1～3.6 千克、P_2O_5 0.89～1.6 千克、K_2O 2.4～2.7 千克。生产 100 千克小麦籽粒吸收氮、磷、钾的量（表 3-14）和土壤养分校正系数（表 3-15）、肥料单季利用率（表 3-16）因土壤肥力等级不同存在一定的差异（李洪文等，2014）。

表 3-14　100 千克小麦籽粒产量吸收的养分量

肥力等级	收获物	单质肥吸收量（千克）			氧化物吸收量（千克）		
		全氮	全磷	全钾	N	P_2O_5	K_2O
高	籽粒	3.63	0.18	2.28	3.63	0.89	2.73
中	籽粒	3.36	0.17	2.05	3.36	1.28	2.46
低	籽粒	3.05	0.14	1.98	3.05	1.62	2.38
平均	籽粒	3.35	0.16	2.1	3.35	1.26	2.52

数据来源：2008—2014 年田间肥效试验数据统计分析。

表 3-15　小麦土壤养分校正系数汇总

肥力等级	N	P_2O_5	K_2O
高	0.221 8	0.088 1	0.108
中	0.243 2	0.110 4	0.124
低	0.264 3	0.134 6	0.154
平均	0.243 1	0.111	0.129

数据来源：2008—2014 年田间肥效试验数据统计分析。

表 3-16　小麦肥料利用率汇总

肥力等级	样本数（个）	当季肥料利用率（%）			氧化物肥料当季利用率（%）		
		氮	磷	钾	N	P_2O_5	K_2O
高	6	36.4	5.85	30.18	36.4	13.41	36.22

（续）

肥力等级	样本数（个）	当季肥料利用率（%）			氧化物肥料当季利用率（%）		
		氮	磷	钾	N	P_2O_5	K_2O
中	8	36	5.66	29.81	36	12.98	35.77
低	5	34.74	5.53	29.48	34.74	12.67	35.38
平均	—	35.71	5.68	29.83	35.71	13.02	35.79

数据来源：2008—2014年田间肥效试验数据统计分析。

小麦对氮的吸收有两个高峰：一是在出苗到拔节阶段，吸收氮占总氮量的40%左右；二是在拔节到孕穗开花阶段，吸收氮占总氮量的30%~40%，在开花以后仍有少量吸收。

小麦对磷的吸收规律为：分蘖期吸收的磷约占总量的30%，拔节后吸收率急剧增长，孕穗期到成熟期吸收最多，约占总磷量的40%。

小麦对钾的吸收规律为：分蘖期吸收的钾约占总钾量的30%，拔节后急剧增长，以拔节到孕穗、开花期吸收最多，约占总量的60%左右，到开花时对钾的吸收已达到最大量。

（三）小麦施肥量推荐

1. 小麦土壤养分丰缺指标推荐施肥量 见表3-17。

表3-17 小麦土壤养分丰缺指标和推荐施肥量

肥力等级	土壤养分丰缺指标（毫克/千克）			推荐施肥量（千克/公顷）		
	碱解氮	有效磷	速效钾	N	P_2O_5	K_2O
低	<80.0	<6.0	<50	305~340	140~160	135~150
较低	80.1~95.0	6.0~12.0	50.0~80.0	285~305	120~140	110~135
中	95.1~121.0	12.1~25.0	80.1~125.0	265~285	100~120	90~110
较高	121.1~160	25.1~45.0	125.1~200.0	245~265	<100	<90
高	>160.0	>45.0	>200.0	220~245		

数据来源：2008—2014年田间肥效试验数据统计分析。

2. 小麦肥力分区施肥指标 见表3-18。

表3-18 双柏县小麦肥力分区施肥指标

土壤肥力水平（毫克/千克）			建议施肥量（千克/公顷）			产量水平
碱解氮	有效磷	速效钾	N	P_2O_5	K_2O	（千克/公顷）
>150	>40	>200	195~240	30~45	19~25	4 500~5 250
121~150	20~40	151~200	240~285	45~60	25~30	3 900~4 500
91~120	10~20	101~150	285~315	60~90	30~45	3 450~3 900
<90	<10	<100	315~360	90~105	45~60	3 000~3 450

（四）配方肥和专用肥施用推荐

推荐配方（N-P_2O_5-K_2O）：22-9-9、15-15-15、15-10-10、10-15-15或相近配方。施肥配方及其施肥量参考表3-19。

表 3-19　小麦施肥配方推荐

施肥配方	产量水平（千克/公顷）	纯养分量（千克/公顷）			底肥（千克/公顷）	种肥（%）			分蘖肥（%）	拔节肥（%）
		N	P_2O_5	K_2O	农家肥	尿素	普通过磷酸钙	硫酸钾	尿素	尿素
配方一	3 000～3 450	195～225	90～120	75～105	15 000	8～12	100	100	30～35	53～57
配方二	3 450～3 900	225～255	105～120	90～120	15 000	8～12	100	100	30～35	53～57
配方三	3 900～4 500	255～285	120～135	105～135	15 000	8～12	100	100	30～35	53～57
配方四	4 500～5 250	285～330	120～165	120～150	15 000	8～12	100	100	30～35	53～57

（五）施肥技术推荐

根据小麦的需肥规律，在小麦生育前期，冬小麦在返青前，春小麦在分蘖前应适量追施速效氮、磷化肥，以促进根、茎、蘖的生长，增强抗性具有积极意义。

冬小麦生长进入返青至拔节期，是追肥的关键时期，应重施返青拔节肥。对地力较差和晚播弱苗，早追返青肥极为重要，应以速效氮肥为主，并配合磷肥和钾肥，追施量占总追肥量的 50%～60%。在拔节至开花阶段也是施肥的关键时期，此时生长中心和营养中心转向茎和穗，特别是高产麦田，更要重施拔节肥，必须加强氮素营养，才有利于小花分化，增加结实率，促进穗大粒多。

春小麦应重施分蘖肥，未施分蘖肥的地块，更要重施拔节肥。在开花前，还应施用一定数量的孕穗肥，以满足春小麦第二需肥高峰的需要。追肥应以氮为主，氮磷配合。生育后期，对养分吸收显著减少，为了防止早衰，并有效地增加粒重，可进行根外喷施磷、钾肥料，不宜施用较多氮肥，也不宜施用时期过晚，以防贪青晚熟，降低产量与效益。

1. 小麦不同时期的施肥

（1）基肥　基肥用量一般应占总用量的 40%～60%，且以腐熟有机肥为主，磷、钾肥一般全部作基肥施入。

（2）种肥　种肥可采用沟施或拌种，拌种用量一般每公顷施硫酸铵 75 千克、过磷酸钙 150 千克。

（3）苗肥　一般在小麦播种后约半个月至 1 个月或三叶期以前施用速效氮肥，用量为总施肥量的 20% 左右，但需注意防止氮素施用过量，否则会使幼苗徒长，易受冻害而不利于安全越冬。

（4）腊肥　一般在肥力较低、基肥不足、追肥用量较少、苗情长势较弱的地区或田块施用；在基肥充足、追肥用量多时，或在肥力水平较高的地区或田块，以及高产施肥中要求有控有促时，均不宜施用腊肥。

（5）拔节孕穗肥　须根据小麦长势长相灵活掌握，既要防止脱肥早衰，又要防止过肥倒伏。一般在群体叶片退淡、基部第一节间长度趋于稳定时施用拔节肥，有利于壮秆大穗的形成，而不会引起徒长倒伏；若群体叶片不退淡，叶片披垂，则不施或推迟至叶片褪淡时再施，否则易导致群体过大，茎秆软弱而倒伏。拔节肥大多施速效肥，用量一般为每公顷施硫酸铵 75～225 千克；在剑叶露尖时，如叶色褪淡，有早衰现象，可补施孕穗肥，一般每公顷施硫酸铵 80～150 千克。

2. 小麦施肥的肥料运筹方案

（1）马鞍促控型　该法适用于高产小麦的栽培。通过前期促，达到分蘖多，穗数足；中期控可抑制徒长，防倒伏，搭好高产架子，为后期促打好基础；拔节后促有利于幼穗分化，增加小穗小花数，减少退化数，增加生育后期上部叶片的同化功能，促进增粒增重。

（2）连续促进型　这种施肥法适应两种情况：一是大面积生产上土壤肥力低，麦苗生长差，群体偏小；二是生育期短的春小麦和冬播早熟春性品种以及晚茬麦田。在肥料分配上采取"基肥足、苗肥速、穗肥巧"，即适当增加基肥与苗肥（分蘖肥）比例，促进早发分蘖；在拔节孕穗期酌情施用穗肥，以增加有效分蘖与每穗粒数，但用量不能太多，以防贪青迟熟。

（3）全层施肥法　该法一般应用于灌溉条件较好的冬、春小麦区。其做法是选用符合国家相关标准的小麦专用控释肥，在播种时将全部肥料一次性分层施下，并配合施种肥，以后不再施肥，仅及时浇水和采用其他促控措施。其作用原理是通过多种调节机制使肥料养分前期缓慢释放，延长小麦底肥的养分释放周期，突出特点是肥料养分释放率和释放期与作物需肥特性有机结合，从而大幅度提高肥料养分的利用率。这种方法的长处是提高肥效，节约劳力，降低成本，因而值得提倡。但在保肥性差的砂土和地下水位高的田块不宜采用，否则易导致肥料损失。

参 考 文 献

陈亚宇，黄凤球，王翠红，等.2013.化肥深施技术的研究进展［J］.湖南农业科学（21）：29-33.

段文学，于振文，石玉，等.2013.施氮深度对旱地小麦耗水特性和干物质积累与分配的影响［J］.作物学报，39（4）：657-664.

李俊义，王润珍，刘荣荣，等.1999.北疆棉区冬麦根系分布规律研究［J］.中国棉花（6）：22-23.

李鲁华，李世清，翟军海，等.2001.小麦根系与土壤水分胁迫关系的研究进展［J］.西北植物学报，21（1）：1-7.

刘荣花，朱自玺，方文松，等.2008.冬小麦根系分布规律［J］.生态学杂志，27（11）：2024-2027.

卢振民，熊勤学.1991.冬小麦根系各种参数垂直分布试验研究［J］.应用生态学报，2（2）：127-133.

马丽荣，王鹤龄，李兴涛，等.2002.小麦根系的生长与活力研究［J］.甘肃农业科技（8）：18-19.

马元喜.1999.小麦的根［M］.北京：中国农业出版社：71-79.

苗果园，高志强，张云亭，等.2002.水肥对小麦根系整体影响及其与地上部相关的研究［J］.作物学报，28（4）：445-450.

苗果园.1989.黄土高原地冬小麦根系生长发育规律的研究［J］.作物学报，15（2）：104-115.

石岩，位东斌，于振文，等.2001.施肥深度对旱地小麦花后根系衰老的影响［J］.应用生态学报，12（4）：573-575.

舒时富，唐湘如，罗锡文，等.2011.机械深施缓释肥对精量穴直播超级稻生理特性的影响［J］.农业工程学报，27（3）：89-92.

孙书孟，陈秀敏，乔文臣，等.2008.冬小麦干旱胁迫下不同土层根量分布与产量的关系［J］河北农业科学，12（5）：6-8.

王化岑，刘万代，王晨阳.2002.超高产小麦根系生长规律与垂直分布状态研究［J］.中国学通报，18（2）：6-7，29.

王亚萍，胡正华，张雪松，等.2016.土壤水分胁迫对冬小麦根系分布规律的影响［J］.江苏农业科学［J］.44（11）：67-71.

薛丽华，段俊杰，王志敏，等.2010.不同水分条件下对冬小麦根系时空分布、土壤水利用和产量的影响［J］.生态学报，30（19）：5296-5305.

薛少平，朱瑞祥，姚万生，等.2008.机播小麦种子与肥料适宜间隔距离研究［J］.农业工程学报，24（1）：147-151.

阎素红，杨兆生，王俊娟，等.2002.不同类型小麦品种根系生长特性研究［J］.中国农业科学，35（8）：906-910.

杨兆生，阎素红，于俊娟，等.2002.不同类型小麦根系生长发育及分布规律的研究［J］.麦类作物学报，20（1）：47-50.

杨兆生，张立祯，闫素红，等.1999.小麦开花后根系衰退及分布规律的初步研究［J］.华北农学报，14（1）：28-31.

张和平，刘晓楠.1993.华北平原冬小麦根系生长规律及其与氮肥磷肥和水分的关系［J］.华北农学报，8（4）：76-82.

张喜英.1999.作物根系与土壤水利用［M］.北京：气象出版社.

张永清，李华，苗果园.2006.施肥深度对春小麦根系分布及后期衰老的影响［J］.土壤，38（1）：110-112.

张永清，苗果园.2006.冬小麦根系对施肥深度的生物学响应研究［J］.中国生态农业学报，14（4）：72-75.

第四节　蚕　豆

蚕豆（*Vicia faba* L.），别名南豆、胡豆、罗汉豆、佛豆、兰花豆、坚豆等，属于豆科，蝶形花亚科，豌豆属，一年生或越年生草本植物。

蚕豆是世界上第三大重要的冬季食用豆科作物，是粮食、蔬菜和饲料、绿肥兼用作物。蚕豆营养价值较高，其蛋白质含量为25%～35%。蚕豆还富含糖、矿物质、维生素、钙和铁。此外，作为固氮作物，蚕豆可以将自然界中分子态氮转化为氮素化合物，增加土壤氮素含量。

我国蚕豆生产居世界之首，主要产区包括云南、四川、重庆、湖北、甘肃、青海。滇中地区多数县市蚕豆全生育期一般在160～180天，产鲜荚14 250～18 450千克/公顷。依据生育特点和栽培管理不同，一般可分为出苗期、分枝期、现蕾期、开花结荚期、鼓粒期、成熟期六个阶段。滇中地区各县市蚕豆品种主要有K0729、双柏大庄蚕豆、芸豆147、芸豆324、芸豆早7、本地豆等，其中以K0729、双柏大庄蚕豆为主，占蚕豆种植面积的80%以上。随着社会的进步，人们的生活质量和健康水平都在不断提高，市场对于蚕豆的需求也呈多样化。

一、蚕豆根系类型及其构成

叶茵（2003）研究报道认为，蚕豆是我国重要的豆科作物，广泛种植于西北和西南地区。蚕豆为直根系，为圆锥根系，具有庞大的根系，由主根、侧根、须根、根毛、根瘤组成。蚕豆的主根和侧根上有根瘤菌共生，形成根瘤。根瘤呈长椭圆形，常聚生在一起，粉红色。蚕豆的根瘤菌可和豌豆、扁豆互相接种。在蚕豆生长发育的最初阶段产生了初生根系，初生胚根在萌发过程中率先突破种皮，然后在胚轴基部产生次生胚根。我们把初生胚根和次生胚根统称为初生根系。初生根和次生根以及分枝和根毛一起构成了蚕豆发达的根系，而这些根的发育程度和蚕豆产量密切相关，也对籽粒的品质产生影响。

马元喜、王晨阳、周继泽（2008）研究表明，蚕豆初生根系的吸水能力比次生根系要好，蚕豆的初生根系可以增加深层次土壤的根系活性，提高蚕豆的抗旱能力，可以提高蚕豆抵御干旱、寒冷的气候，增加产量。蚕豆的初生根可以决定健壮根系和壮苗的形成，同时对整个蚕豆植株的正常生长、蚕豆籽粒的高产稳产和质量影响很大。

与大多数禾本科作物相比，蚕豆根系较粗，而且蚕豆根系具有很强的养分活化能力，是生理适应型的作物，能够根据土壤养分供应状况来改变根系形态，具有高效利用土壤养分的生物特性。廖晗茹、李春杰、李海港、张福锁（2017）研究表明，蚕豆在未受到养分胁迫的情况下，根系能够感知土壤养分供应的不足，产生相应的适应环境的改变，改变不同直径根系的比例和中等根系（直径 0.3～0.7 毫米）的长度，保持粗根和细根的数量，增加了根系总长度，既扩大了根系的吸收空间面积，增强吸收土壤养分的能力，避免植株生长受到养分缺乏的胁迫，又能维持植物支撑能力和避免由于根系周转过快而造成光合碳的过多损失。

异质养分供应诱导未受养分胁迫的蚕豆增生中等根系。廖晗茹、李春杰、李海港、张福锁（2017）研究发现，在低养分土壤中，苗期蚕豆在养分供应侧和未供应侧均产生了大量的中等根系；在高养分土壤中，只在未供应养分侧有中等根系增生，粗根系（直径＞0.7 毫米）和细根系（直径＜0.3 毫米）的根系长度保持相对稳定。

廖晗茹、李春杰、李海港、张福锁（2017）的研究还表明，无论低养分土壤还是高养分土壤，直径为 0.3～0.7 毫米的中等根系都是蚕豆根系的主体，分别占总根长的 67.5％和 73.1％。陈杨（2005）报道，出苗 42 天时，蚕豆根系直径在 0.5～1.5 毫米的占全部根长的 75.9％，出苗 42 天时，0～15 厘米耕层的蚕豆根长占全部根长的 81.2％，根重占全部根重的 86.0％。因此，在常规条件下，土壤中的养分在上层分布的比例较高，因此，在相同的土壤环境条件下，蚕豆能更好地利用上层土壤的养分，满足其自身的生长发育。

二、蚕豆根系在土层中的分布特征

叶茜（2003）研究报道，种子萌发时，先长出一条胚根，随着胚根尖端生长点的不断分裂生长，形成圆锥形的主根。主根粗壮，入土可达 80 厘米以上，最深可达 150 厘米。主根上生长着很多侧根，侧根在土壤表层水平伸长至 35.9～80 厘米时向下垂直生长，可深达 60.9～190 厘米。蚕豆的主要根群分布在距地表 30 厘米以内的耕层内。陈杨、李隆（2005）研究报道，蚕豆根系呈 T 形分布状态，主要分布在 0～15 厘米砂层，出苗 42 天时，0～15 厘米耕层的蚕豆根长占全部根长的 82.3％，根重占全部根重的 86.8％。李萍、刘玉皎（2013）研究表明，蚕豆根系占整个土层中根的比例，0～20 厘米土层中苗期为 68.83％，盛花期为 51.53％，结荚期为 43.00％，成熟期为 46.15％；20～40 厘米土层中，苗期为31.12%，盛花期为16.67%，结荚期为17.71%，成熟期为27.86%；40～60厘米土层中，盛花期为13.22%，结荚期为32.04%，成熟期为19.54%；60～80厘米土层中，盛花期为18.58%，结荚期为7.42%，成熟期为6.45%。在0～20厘米土层中蚕豆的根系干质量占总根干质量比例，盛花期为68.21%，结荚期为60.70%，成熟期为74.01%。

李洪英（2014）研究表明，蚕豆单作的根干重和根系活力随着生育历程的推进逐步增加，到蚕豆结荚期达到最大。蚕豆结荚期在0～80厘米土层中，土层越深根干重越小；在40～60厘米土层中根含水率最高，根系活力最强。张瑜、刘海涛、周亚平、李春俭（2015）研究表明，蚕豆根系多分布于0～20厘米耕层土壤。因此，在常规条件下，土壤中的养分在耕层分布的比例较高，蚕豆能更好地利用上层土壤的养分，满足其自身的生长发育。

据观察，蚕豆根系在耕层中具有立体空间分布特征。主根入土80～150厘米，主根上的侧根于近地表部分呈水平分布，延展50～80厘米，但大部分根集中在30厘米土层之内。砂土中的蚕豆根系主要分布于植株周边耕层垂直方向0～25厘米，占根系总量的80%～87%，0～30厘米土层之内的蚕豆根系占根系总量的89.36%～91.77%；水平方向距离主根15厘米范围内，占根系总量的64.56%～77.36%。行间和株间的中间位置耕层根密度最大。

三、蚕豆施肥技术

（一）蚕豆施肥最佳时间和空间位点

蚕豆的施肥体系一般由基肥、种肥和追肥组成。施肥的原则是既要保证蚕豆有足够的营养，又要发挥根瘤菌的固氮作用。无论是在生长前期或后期，施氮都不应该过量，以免影响根瘤菌生长或引起倒伏。

基肥。蚕豆根系较发达，入土较深，根瘤形成早。一般在播种前施入人粪肥、过磷酸钙、氯化钾作为基肥。高肥力田地可利用前茬作物水稻、烤烟、玉米等残遗的肥效。在低肥力土壤上种植蚕豆，可以施过磷酸钙、氯化钾每公顷各150千克作基肥，穴施或耕整田地时施于10～15厘米耕层土壤中。

种肥。蚕豆是双子叶作物，出苗时种子顶土困难，种肥最好施于距离种子下部或侧下位6～10厘米，避免种子与化学肥料直接接触。

追肥。在苗高10厘米、4～6片叶时施一次提苗肥，进入花期、幼荚期要进行第二次追肥，在距离植株8～12厘米处穴施覆土或者水肥一体化滴灌施肥。

（二）蚕豆需肥特征

蚕豆是需肥量较大的作物，据相关研究，不同生育阶段的蚕豆吸收各种营养元素的量不尽相同。从发芽到出苗所需养分由种子子叶供给，从出苗至始花期吸收钾的数量占其一生中吸收总量的37%，为所需养分之首，其次是钙和氮，分别占25%和20%，再次是磷，占10%。从始花到终花期是营养生长和生殖生长并进阶段，是蚕豆需要营养物质的关键时期，这一阶段吸收氮素量可占全生育期吸收总量的48%，磷占60%，钾占46%，钙占59%。花荚期之后对营养物质的需要量相对减少。灌浆到成熟占全生育期吸收总量的比重为氮 32%、磷 30%、钾 17%、钙 16%。开花结荚期钾、磷供应不足，对后期产量的形成影响很大。另外，蚕豆对微量元素钼和硼反应敏感，硼能促进根瘤菌固氮，减少落花落荚，提高结荚率；钼对蚕豆根系和根瘤的发育均有良好影响。因此，科学合理施肥是蚕豆高产的关键。据有关研究报道，综合田间肥效试验结果分析，每生产 100 千克蚕豆籽粒约需吸收 N 5.85～6.22 千克、P_2O_5 0.71～0.79 千克、K_2O 3.16～3.56 千克（表 3 - 20）。生产 100 千克蚕豆籽粒吸收氮、磷、钾的量（表 3 - 20）和土壤养分校正系数（表 3 - 21）、肥料单季利用率（表 3 - 22）因土壤肥力等级不同存在一定的差异（李洪文，寇兴荣等，2014）。虽然蚕豆所需氮元素主要是由蚕豆根瘤菌固氮供应的，但仍有 1/3 需要从土壤中吸收，其他元素养分同样需要从土壤中吸收，因此需要施肥。所以，在增施磷、钾肥的同时，合理施氮是提高蚕豆产量的重要措施。

表 3 - 20　100 千克蚕豆籽粒产量吸收的养分量

肥力等级	收获物	单质肥吸收量（千克）			氧化物吸收量（千克）		
		全氮	全磷	全钾	N	P_2O_5	K_2O
高	籽粒	6.22	0.34	2.97	6.22	0.79	3.56
中	籽粒	6.01	0.32	2.81	6.01	0.73	3.37
低	籽粒	5.85	0.31	2.63	5.85	0.71	3.16
平均	籽粒	6.03	0.32	2.8	6.03	0.74	3.36

数据来源：2008—2014 年田间肥效试验数据统计分析。

表 3 - 21　蚕豆土壤养分校正系数汇总

肥力等级	N	P_2O_5	K_2O
高	0.997	0.251	0.459
中	1.178	0.363	0.548
低	1.335	0.523	0.579
平均	1.17	0.379	0.529

数据来源：2008—2014 年田间肥效试验数据统计分析。

表 3 - 22　蚕豆肥料利用率汇总

肥力等级	样本数（个）	当季肥料利用率（%）			氧化物肥料当季利用率（%）		
		氮	磷	钾	N	P_2O_5	K_2O
高	3	34.17	8.67	17.94	34.17	19.87	21.53
中	6	33.78	8.48	17.69	33.78	19.44	21.23
低	4	33.43	8.43	17.53	33.43	19.32	21.03
平均	—	33.79	8.53	17.72	33.79	19.54	21.26

数据来源：2008—2014 年田间肥效试验数据统计分析。

（三）蚕豆施肥量推荐

1. 蚕豆土壤养分丰缺指标推荐施肥量　见表 3 - 23。

表 3-23　蚕豆土壤养分丰缺指标和推荐施肥量

肥力等级	土壤养分丰缺指标（毫克/千克）			推荐施肥量（千克/公顷）		
	碱解氮	有效磷	速效钾	N	P_2O_5	K_2O
低	<90.0	<12.0	<80	100～120	130～160	50～70
较低	90.1～120.0	12.1～22.0	80.1～100.0	80～100	100～130	40～50
中	120.1～160.0	22.1～35.0	100.1～125.0	60～80	80～100	30～40
较高	160.1～220.0	35.1～50.0	125.1～145.0	<60	<80	<30
高	>220.0	>50.0	>145.0	—	—	—

注：推荐施肥量为纯养分量。

2. 蚕豆肥力分区施肥量推荐　见表 3-24。

表 3-24　蚕豆肥力分区施肥指标

土壤肥力水平（毫克/千克）			建议施肥量（千克/公顷）			产量水平（千克/公顷）
碱解氮	有效磷	速效钾	N	P_2O_5	K_2O	
>150	>40	>200	50～60	10～30	—	4 500～5 250
121～150	20～40	151～200	60～90	30～60	70～80	3 750～4 500
91～120	10～20	101～150	90～120	60～90	80～90	3 000～3 750
<90	<10	<100	120～150	90～110	90～100	2 250～3 000

3. 配方肥和专用肥施用推荐　蚕豆配方专用肥（N：P_2O_5：K_2O=8：9：7）为 9-13-15、8-10-15 或相近配方。蚕豆施肥配方及其施肥量参考表 3-25。

表 3-25　双柏县蚕豆施肥推荐

施肥配方	产量水平（千克/公顷）	纯养分量（千克/公顷）			底肥（千克/公顷）	底肥（塘、穴）肥（%）			追肥（%）		
		N	P_2O_5	K_2O	农家肥	尿素	普通过磷酸钙	硫酸钾	苗肥 尿素	花蕾肥 尿素	花荚肥 尿素
配方一	4 500～5 250	75～90	210～240	150～180	22 500	0	100	100	30	30	40
配方二	3 750～4 500	60～75	180～210	120～150	22 500	0	100	100	30	30	40
配方三	3 000～3 750	45～60	150～180	105～135	22 500	0	100	100	30	30	40
配方四	2 250～3 000	30～45	120～150	90～120	22 500	0	100	100	30	30	40

注：中等肥力土壤推荐施用量。

（四）施肥技术推荐

1. 施肥原则　蚕豆施肥应以农家肥和磷钾肥为主，增施钾肥，适量施用氮肥，蚕豆生长较弱的地块及时追施氮肥或腐熟人粪尿兑水 10 倍浇施 3 次左右。钼、硼等微量元素缺乏土壤，适量施用钼、硼等微量元素，加强田间管理，酌情调整氮肥施用比例、时间。

2. 施肥技术要点

（1）基肥　结合整地每公顷施腐熟农家肥 15 000～30 000 千克，计划施用总量的磷肥、钾肥全部作基肥。

（2）追肥　追肥应看苗情施肥。苗期长势肥壮，土壤肥力好可以不施追肥，如果幼苗长势弱，可于4～6片真叶，苗高约6～10厘米时，以腐熟人粪尿兑水10倍加复合肥每公顷150千克浇施，3天1次，浇施3次左右；现蕾期、结荚期再施上述肥料各一次；花荚期前追肥应结合中耕除草培土，到花荚期后可以不用中耕培土。冬季生长不好，或迟播苗小瘦弱的田块，于现蕾期适量追施氮肥作为花蕾肥，特别是干旱年份，豆苗长势弱，追肥的增产效果就更明显。一般每公顷追施尿素45～75千克，深施盖土。缺磷的田块应追施磷肥，每公顷施过磷酸钙300千克左右。冬发长势良好的蚕豆，现蕾期不宜再追施氮肥，避免茎叶徒长，加剧花荚脱落，造成减产。

追施花荚肥的时间和数量，要看蚕豆植株的长势和地力而定。蚕豆植株生长正常和地力中等的田块，以刚进入盛花期追施为宜；长势差，迟发苗小的田块，以初花期追肥为好。通常每公顷施尿素75～120千克。若地力差，还应增加追肥量。另外，在始花期、盛花期用0.1%～0.2%的钼酸铵溶液各喷施一次，可以减少落花落荚，增加结荚数和每荚粒数，一般可增产10%左右。缺钾的田块，应喷施0.2%磷酸二氢钾溶液，或喷施1%浓度的过磷酸钙溶液，增产效果很明显。喷肥溶液的用量，一般每公顷用配制好的肥液900～1 050千克，喷施要均匀，以茎叶布满肥液为度。

参 考 文 献

陈杨，李隆，张福锁.2005.大豆和蚕豆苗期根系生长特征的比较［J］.应用生态学报，16（11）：2112-2116.

李洪文，李春莲，叶和生，等.2015.蚕豆测土配方施肥指标体系初报［J］.中国农学通报，31（36）：78-86.

李洪英.2014.马铃薯、蚕豆间作对二者根系的影响［J］.湖北农业科学，53（15）：3495-3496，3677.

李萍，刘玉皎.2013.高海拔地区蚕豆/马铃薯根系时空分布特征及根系活性研究［J］.宁夏大学学报（自然科学版），34（4）：338-343.

廖晗茹，李春杰，李海港，等.2017.蚕豆增加直径为0.3～0.7毫米的中等根系根长适应土壤异质养分供应［J］.植物营养与肥料学报，23（1）：224-230.

罗正东，伍正菊，侯永顺，等.2007.蚕豆田间肥效试验的研究与应用//江荣风，杜森主编，第二届全国测土配方施肥技术研讨会议论文集［M］.北京：中国农业大学出版社：498-502.

马元喜，王晨阳，周继泽.2008.蚕豆根系主要生态效应的研究［J］.河南农业大学学报（1）：77-79.

王绍辉，张福墁.2002.局部施肥对植株生长及根系形态的影响［J］.土壤通报，33（2）：153-155.

叶茵.2003.中国蚕豆学［M］.北京：中国农业出版社.

张瑜，刘海涛，周亚平，等.2015.田间玉米和蚕豆对低磷胁迫响应的差异比较［J］.植物营养与肥料学报，21（4）：911-919.

第五节　大　豆

大豆［*Glycine max*（Linn.）Merr.］，通称黄豆，为双子叶植物纲、豆科、大豆属，一年生草本。大豆原产于中国，已有4 700多年的种植历史，现全中国普遍种植，是我国主要的粮食和油料作物之一，云南各地都有栽培，是当今世界第五大作物。大豆全生育期分为播种出苗期、幼苗期、分枝期、开花结荚期、鼓粒成熟期。全生育期 90～150 天，大豆群体属于平叶型冠层，其栽培密度与大豆产量密切相关，过稀过密都不利于提高产量。大豆适宜栽培密度应根据品种类型、气候状况、土壤肥力等综合考虑。在当前常规栽培条件下，每公顷栽培密度 22 万～30 万株，密植栽培条件下，每公顷 32 万～39 万株。合理施肥是提高大豆产量的重要途径，适宜的施肥位置对提高大豆产量及肥料利用率具有重要作用。

一、大豆根系的类型及其构成

大豆根系分类国内外并无统一的标准，有按照支根发生时间来划分的，也有按照支根出现部位来划分的，还有按照支根的作用来划分的。日本学者田中典幸（1964）对豆科植物根系形态发生进行了系统研究，提出豆科植物根系分为三种类型，即小增粗型（豌豆型）、中间型（基部肥大型）和增粗型（苜蓿型），其中大豆属于中间型（基部肥大型）。而我国大豆育种家王金陵（1995）通过对大豆根系生长发育状况的进一步观察研究，认为大豆根系基本呈钟罩形，近似于苜蓿根系。关于大豆根系的组成，我国学者田佩占（1984）等认为可分为主根和侧根（或称支根），把主根以外的部分都称为侧根。

田佩占（1984）研究报道认为，主根与根节附近的侧根都是在根系的发生初期分生，而大豆主根并不比侧根发达，因而可统称为初生根，是由下胚轴甚至是茎分生出来的根系。一是分生时间比较晚，二是基因型间存在着明显的差异，因此可统称为次生根，大豆初生根与后生根的相对差异是植株对不同层次水分及养分利用的生态适应性状，品种间初生根数和后生根数的差异均较为明显，后生根的差异更大一些。根据初生根、后生根的差异可将大豆品种划分为初生根型、后生根型和中间型三种类型。初生根型品种较能利用深层土壤水分，对于地下水位高，但上层土壤因少雨而较干旱的地区有较好的适应性，后生根型品种较能利用土壤表层水分，适于雨量较多或较为湿润的地区，中间型品种则具有更为广泛的适应性。王法宏（1989）在研究不同抗旱类型大豆品种根系特性时，对根系生态类型进行了探讨。他将下胚轴上发出的一级支根叫做"上部侧根"，而将胚根上发出的一级支根叫"下部侧根"，因此将大豆根系划分为"浅根型"、"深根型"和"中间型"三种类型。"深根型"品种较能利用土壤深层的水分以及适应于干旱条件，"浅根型"品种适于雨量较多或较为湿润的地区，"中间型"品种既能利用表层土壤水分，又能利用深层土壤水分，具有较广泛的适应性。

王国义、张培英、孙聪殊、沈昌蒲（2001）和沈昌蒲、季尚宁、龚振平（2002）研究表明，大豆根系在生长过程中有较频繁的新老更替的特性，根系的新老更替是大豆特殊的新陈代谢类型。从苗期开始直到鼓粒期都具有频繁的根系新老更替现象，尤其是开花期，新根系迅速生长，新老更替明显，代谢旺盛，而且观察到在老根死去的基部又生出新根。在常规技术条件下大豆根系在分枝期至开花期生长迅速，结荚期达到高峰。

陈杨、李隆（2005）研究表明，出苗 42 天时，大豆根系直径在 0.25～1.0 毫米的占全部根系的 70.2%。

条播大豆主根处的第一级侧根生长至行间或株间时遇到邻行、邻株根系时就转而向下呈钟罩形，而单株生长的大豆主根上第一级根系只略微有些倾斜，不呈钟罩形。

大豆根系的生长与地上部分息息相关，地下部分生长越好，供给地上部分的无机营养越充足，地上部分生长越旺盛，光合产物也就会越多，从而分配给地下部分根系发育所需的有机营养就多，从而促进根系的良好发育，地下部分与地上部分紧密联系，相辅相成，"根系众多，则花叶繁茂"，所以提高肥力增加产量是通过作物根系的发展来实现的。

二、大豆根系在土层中的分布特征

大豆是深根系作物，最大根深可达 150 厘米，甚至 200 厘米，但最大根量仍是分布于 0～50 厘米耕层。大豆根系在土层中具有水平分布和垂直分布特征。王金陵（1995）试验观察研究认为，大豆根系的一般特征为：根大部分分布在 0～20 厘米的表土耕作层内，地表下 7～8 厘米的主根粗大，且主要的支根亦分生于此土层。粗大支根自主根分生以后，即向四方平行扩展，可达 40 厘米以上。王法宏（1990）对夏大豆根系生长规律的研究报道认为，大豆苗期的根系是由几条向四周近似于平行扩展的支根和垂直生长的主根组成；自现蕾期开始，支根大量产生，并由近似于平行扩展开始转入向下的垂直生长；到鼓粒期时，根系中新生根的生长已基本停止，此时的大豆根系呈钟罩状分布。

根系生长与花荚形成的关系密切。章建新、周婷、贾珂珂（2012）研究报道，超高产大豆的最重要特征是单位面积上形成比高产品种更多花数、荚数和粒数，并具有较长的开花期、结荚期和较高的日开花、结荚。大豆生殖生长期根系性状与产量间有很好的正相关。

李思忠、章建新（2016）研究报道，春大豆中熟品种（产量为 4 762.5～6 202.8 千克/公顷）80% 的根系是在开花、结荚期形成的，伴随着大豆根量增大和分布加深，主茎各节上的花、荚大体按自下而上的先后顺序形成；花、荚期根系干重和伤流势与开花、结荚数呈显著的正相关关系。大豆在开花、结荚期形成近 80% 的大豆根量；超高产品种（系）在花期、荚期的根系伤流量、0～80 厘米土层总根干重、0～40 厘米土层根系活性、总花数、总荚数明显高于高产品种（系）；花期根干重增量和根系伤流势与总花数的相关系数分别为 0.970^*、0.898^*，花荚期根干重增量和伤流势与总荚数的相关系数分别为 0.905^*、0.770^*。

王金陵（1992）的研究报道与孙广玉、张荣华、黄忠文（2002）的研究结果基本一致，他们的研究报道认为，大豆根系在土层中的水平分布以主根为中心，随着距离的加大根量逐渐减少，形成了以主根为中心的圆柱形土体范围。何庸、孙广玉、程学刚等（1997）报道认为大豆根系水平分布随生育时期的推进逐渐向外移；龚振平、沈昌蒲、赵福华等（2000）研究表明，大豆分枝期至开花期根系生长迅速，占苗期至鼓粒期总根量的 60%～70%，结荚期根系在土层中的分布情况为：0～10 厘米根重比其他层次占绝对优势，占 0～20 厘米土层根重的 50% 及以上；10～20 厘米土层根重分布比例经方差分析，深松比未深松差异达到极显著水平，即深松有使根重向下层分布的趋势。结荚期根长在 10～20 厘米土层占优势，因为结荚期 10～20 厘米土层的大豆根系多为分枝根，分枝根细而长，所以 10～20 厘米土层根长最长。

孙广玉、张荣华、黄忠文（2002）研究报道，大豆根系干重 80% 以上的重量集中在距离植株水平方向15厘米范围内，15厘米以外范围的根系不到10％，其根系干重85％分布在垂直方向的0～10厘米耕层，呈现T形分布；章建新、朱倩倩、王维俊（2013）研究也认为，大豆根系干重85％分布在垂直方向的0～10厘米。另外，孙广玉、何庸、张荣华等（1996）对根系生长和根系活性的研究结果表明，大豆根系85％集中在0～12.7厘米的水平范围内，因此，最合理的株距为12.7厘米，行距为12.7厘米，大豆的最佳种植密度应为62万株/公顷。李劲松（2007）研究报道，高产春大豆根系总根量的73.1％～78.8％主要集中在耕层中水平方向上距主茎15厘米的范围，垂直方向上根量的80.2％～82.3％主要集中在0～20厘米的范围，20厘米以下土层根量锐减，50厘米以下土层根量极少，整个根系干重分布近似于T形分布。适宜的密度、行距配置有利于大豆根系在水平方向的扩展，在垂直方向上的下扎。

孙广玉、张荣华、黄忠文（2002）研究报道，粗大的主根根段及其又粗又长的侧根（或称支持根），以及一级侧根分生出的二、三级侧根都集中在3～10厘米土层内，根系粗大而且木质化程度高，因此其干重占绝对优势。10～20厘米土层根干重大大低于0～10厘米土层内的根系干重，但这部分根系纤细，木质化程度低，根系网络密集。18厘米以下土层的根量锐减，在20～28厘米土层深度范围内根系分布出现一个低密度区，28厘米土层以下根量略有增加，35厘米以下土层根量再度减少，根量极少。而15厘米以上土层中，根系干重占全株根系干重的81.7％～75.2％。大豆根系的垂直分布为耕作、施肥等农艺措施提供了依据。促进15厘米以下根系的生长，尤其是为25厘米以下的根系提供适宜的根际环境，可提高大豆产量。

林蔚刚、吴俊江、董德健等（2012）认为，大豆根系的根长、根表面积、根体积及根干重均主要分布于0～10厘米深度的土壤剖面中。

龚振平（2000）研究表明，大豆根系干重和根长的变化趋势是相同的，在整个生育期呈单峰曲线变化，最高峰出现在结荚期，主要集中分布在0～20厘米耕层，其中50％以上集中在0～10厘米土层中。陈杨（2005）研究发现，大豆根系呈T形分布状态，80％以上的根系分布在0～15厘米土层中，这与前人的研究结果基本一致。有人还研究发现，根系长度在耕层中也占到一半，随着生育期的推进，10～20厘米土层的根长接近于0～10厘米土层的根长，这与陈杨（2005）的结果不尽相同，主要原因是：大田中，10～20厘米的土层中肥效发挥的最好，是植物生长和吸收养分的主要区域，而且在结荚期，10～20厘米的土层中分枝根较多。

陈杨、李隆（2005年）研究表明，大豆根系呈T形分布状态，主要分布在0～15厘米耕层，出苗42天时，大豆根系直径在0.25～1.0毫米的占全部根系的70.2％，0～15厘米耕层大豆根长占全部根长的79.4％，根重占全部根重的83.1％。

三、大豆施肥技术

（一）大豆需肥特点

大豆对主要营养元素的需求，依其类型、品种以及所处地区土壤、气候条件的不同而有差异。大豆对氮磷钾三要素的需求比例为1∶0.17～0.23∶0.39～0.41。大豆需氮虽然多，但可通过根瘤固氮，一般每亩可从大气中获取氮5～7.5千克，约为大豆需氮量的

40％～60％。大豆的生长发育分为苗期、分枝期、开花期、结荚期、鼓粒期和成熟期。全生育期为90～150天。每生产100千克大豆，需从土壤中吸收氮1.8～10.1千克、磷1.8～3.0千克、钾2.9～3.0千克。大豆出苗至分枝期吸氮率为全生育期吸氮总量的15％。分枝至盛花期为16.4％，盛花至结荚期为28.3％，鼓粒期为24％，开花至鼓粒期是大豆吸氮的高峰期。苗期至初花期吸磷率为17％，初花至鼓粒期为70％，鼓粒至成熟期为13％。可见，大豆生长中期对磷的需要最多。开花前钾的累计吸收率占43％，开花至鼓粒期吸钾率为39.5％，鼓粒至成熟期仍需吸收17.2％的钾。从以上可知，开花至鼓粒期是大豆干物质积累的高峰期，又是吸收氮、磷、钾养分的高峰期。

大豆对钙需求量较大，其籽粒钙含量是小麦籽粒钙含量的10多倍；大豆喜硫，施用硫酸钾较氯化钾更能提高大豆品质；钼有助于根瘤形成和提高固氮作用，大豆对缺钼敏感。所以要注意钙、硫、钼等中微量元素的缺乏和施肥矫正。

(二) 大豆施肥最佳时间和空间位点

杨方人（1986）研究报道，旱作条件下，大豆公顷产量3 000千克以下时，0～10厘米表土层根量与产量呈显著正相关（r＝0.783），表层根与产量的直线回归方程为$Y_e = 0.327X-109.05$（Y_e代表大豆公顷产量，X代表表土层根量）。大豆公顷产量超过3 000千克时，表层根与产量的相关关系较低（r＝0.465），直线回归方程为$Y_e = 0.060 5X + 332.89$。杨方人（1986）的研究还指出，低肥条件下，通过表层施肥、灌水等措施来增加表层根量，可使大豆产量达到每公顷3 000千克，若要求产量提高到每公顷3 000千克以上时，除考虑到增加表层根量外，还必须通过深松、深施肥等促根深扎，培育增加10厘米以下耕层根量的比例。

张晓雪、吴冬婷、龚振平、马春梅（2012）研究认为，随着根系的生长，在根系附近的肥料有利于根系的吸收，保证对植株地上部养分的充分供应，促进营养体发育，从而增加植株干物质积累量。施肥深度对大豆产量的影响也表现为种下6厘米处理最高，但与种子同层施肥、种下12厘米、18厘米、24厘米差异不显著。以条沟底肥施用，施于种子的下部或距离种子侧位5～10厘米处；施于种子同层至种下6厘米最有利于大豆苗期氮肥吸收，表层施肥、种下24厘米施肥氮肥吸收效果不好。宋秋来、张晓雪、周全（2014）研究结果表明，大豆植株干物质积累及产量随着侧向施肥距离的增加呈逐渐减少的趋势；盛荚期（R4期）之前大豆植株干物质积累量以种下6厘米施肥最高，成熟期（R8期）干物质积累量及产量以种下6厘米和侧向0～6厘米处理最高，在侧向0厘米、6厘米、12厘米处理间无明显差异。因此，大豆种植行距在0～24厘米范围，肥料施于两行大豆中间是合理的施肥位置。姜海澄、从殿林（2006）研究认为，高寒山区大豆除少量肥料施在上层外，大部施于种下7～10厘米有利于大豆生长；刘艳辉、曾昭杰（2005）认为，钾肥施在种侧10厘米、种下5厘米，对大豆出苗率、产量及品质的影响最优。苏海英（2015）研究报道，大豆施肥一般分为基肥、种肥、追肥，基肥可进行一次性分层施入，即将全部化肥分别侧深施到种下6～8厘米和10～12厘米土层，上、下土层的施肥量约占总施肥量的1/3和2/3，于播种前施用。基肥的分层施入，可以满足大豆在分枝期、开花期、结荚期、鼓粒期根系特点及深度所吸取的养分。磷肥和少量氮肥作为种肥，应施于种下3～4厘米。

据试验研究，肥料与种子处于同一位置，会严重影响出苗。随着施肥量的增加，大豆出苗率逐渐降低，差异十分显著。因此，在施用种肥时要注意与种子隔开，以免肥料与种子直接接触，导致出现烧种烧苗的现象，会使出苗率降低。

追施氮肥时间应根据大豆苗情酌情确定，一般于大豆开花前 5～7 天或初花期施入适量的氮肥，苗期和开花前期叶面喷施钼酸铵或过磷酸钙水稀溶液，以提高肥效，增加产量。

大豆施肥可利用种肥同步机械作业技术，在播种时利用播种施肥一体机一次性做基肥使用，将肥料施在种子正下方或一侧。

（三）大豆施肥量推荐

1. 大豆土壤养分丰缺指标推荐施肥量 见表 3-26。

表 3-26 大豆土壤丰缺指标及其施肥量推荐

肥力等级	产量水平（吨/公顷）	土壤养分含量（毫克/千克）			施肥量（千克/公顷）		
		碱解氮	有效磷	速效钾	氮（N）	磷（P_2O_5）	钾（K_2O）
极低		<60	<10	<70	75	55	50
低		61～90	10～20	70～100	55	45	40
中	2 250	91～120	20～35	100～150	45	35	30
高		121～150	35～45	150～200	35	25	20
极高		>150	>45	>200	25	15	0
极低		<60	<10	<70	85	65	60
低		61～90	10～20	70～100	75	55	50
中	3 000	91～120	20～35	100～150	65	45	40
高		121～150	35～45	150～200	55	35	30
极高		>150	>45	>200	40	25	25
极低		<60	<10	<70	120	75	75
低		61～90	10～20	70～100	105	65	65
中	3 750	91～120	20～35	100～150	85	55	55
高		121～150	35～45	150～200	75	45	45
极高		>150	>45	>200	65	35	35

2. 大豆肥力分区施肥量推荐 在土壤肥力低的地块，每公顷施纯氮 90～105 千克，磷（P_2O_5）、钾（K_2O）各 120～135 千克；在土壤肥力高的地块，施氮量宜为 60～75 千克，磷（P_2O_5）、钾（K_2O）各 105～120 千克。

（四）配方肥和专用肥施用推荐

大豆施肥大配方推荐（N-P_2O_5-K_2O）：16-8-16、14-8-18、14-12-14 和 15-15-15 或相近配方。

（五）施肥原则

大豆施肥应氮、磷、钾配合，氮肥适当少施，追肥应以初花期为重点；要注意钙、硫和钼等中、微量元素缺乏的地块，可采取叶面施肥、微肥拌种等措施解决；提倡根瘤菌剂混合拌种，以提高结瘤效率；注意大豆重迎茬问题及其与施肥的关系。对重茬严重又难以避免的地块，可适当增加氮肥施用量或选用通用型复合肥，以弥补大豆重茬造成的固氮能力下降。但施氮量不可过多，否则反而抑制固氮作用。在偏酸性土壤上，选择生理碱性肥料或生理中性肥料，磷肥选择钙镁磷肥，钙肥选择石灰。再有就是要提倡侧深施肥，施肥位置在种子侧面5～7厘米、种子下面5～8厘米。如做不到侧深施肥，可采用双层施肥方法，分层、分厢将肥料分双层施入垄体，第一层作种肥，将化肥总量的30%左右和全部有机肥施于种子侧面5～7厘米，可将化肥总量的50%施到种下12～14厘米的第二层，余下的20%作追肥。难以做到分层施肥时，土壤肥力高的地块采取侧深施肥，肥力较低的地块采取深施肥，尤其磷肥要集中深施到种下10厘米左右。

（六）施肥技术推荐

大豆是需肥较多的作物之一，施肥对大豆的优质高产举足轻重。因此，施肥要根据其品种特性、土壤肥力高低、有机肥的质量、前茬作物施肥量以及栽培措施等综合考虑。

1. 微肥拌种　根瘤菌粉拌种：每5千克种子用根瘤菌粉20～30克、清水250克，在盆中把种子与菌粉充分拌匀，晾干后播种。微肥拌种：播种前按每5千克种子称取钼酸铵5～10克，用250克温水充分溶解钼酸铵，然后将肥液喷洒在种子上，使肥液与种子充分接触，晾干后即可播种。对缺硼或缺锌的地块，则要用0.05%的硼砂溶液或0.1%的硫酸锌溶液进行拌种。

2. 施足基肥　栽培大豆施用基肥以有机肥为主，化肥为辅，化肥以磷、钾肥为主，氮肥为辅。春大豆施用总量100%的有机肥、磷肥和50%的钾肥在播种前结合整地作基肥施用，施后将肥料耙入土中，使土肥融合。夏大豆由于时间紧，施用基肥应选择速效性有机肥料或化肥为主。低肥力地块，每公顷应施纯氮90～105千克，磷（P_2O_5）、钾（K_2O）各150～180千克；高肥力地块，施氮量宜为60～75千克，磷（P_2O_5）、钾（K_2O）各120～150千克，撒施后翻耕。

3. 施用种肥　若基肥施用不足，或未施基肥的地块，每公顷用150～225千克过磷酸钙或75千克磷酸二铵作种肥，种子未进行微肥拌种处理时，则缺硼的土壤加硼砂6～9千克。由于大豆是双子叶作物，出苗时种子顶土困难，种肥最好施于种子侧下位或侧面，切勿使种子与肥料直接接触。

4. 巧施追肥　大豆追肥要根据植株的长势和土壤肥力情况灵活掌握，对未施基肥或基肥不足的地块，应及时进行追肥，一般每公顷追尿素45～60千克或碳酸氢铵150～225千克、过磷酸钙300千克、钾肥150千克。氮肥可在苗期和初花期各追一半，磷、钾肥宜早追施，追施方法以开沟条施为好；对施足基肥的地块，也要根据各生育阶段的生长情况追肥，若苗弱而黄，可适量补充氮肥，瘠薄地和弱苗可适当多施追肥，以防止脱肥早衰。开花结荚期是大豆需肥最多的时期，应在开花前5～7天施用一次速效性肥料，每公顷可追施尿素30～75千克、钾肥105～120千克，以保证这一时期植株生长对养分的需要。若豆苗生长健壮，叶面积系数过大，土壤碱解氮含量在80毫克/千克以上，初花期不必追施氮肥，以免造成徒长和倒伏。土壤有效磷低于10毫克/千克，则磷肥施用时期以开花前的分枝期较好。土壤有效钾含量100毫克/千克以下时，应酌情追施钾肥，钾肥应在分枝期施用。追施肥料时先在两行大豆之间挖深度为15～20厘米的施肥沟，然后施肥覆土。

5. 根外补肥 大豆进入花荚期是需要各种营养元素最多的时期，而鼓粒期后植株根系开始衰老，吸收能力下降，大豆常因缺肥而造成早衰减产。大豆叶片对养分有很强的吸收能力，叶面喷肥可延长叶片的功能期，对鼓粒结实有明显促进作用，一般能增产10%～20%。方法是：每公顷可用磷酸二铵15千克或尿素7.5～15千克或过磷酸钙22.5～30千克或磷酸二氢钾3.0～4.5千克，兑水750～900千克，于晴天傍晚喷施（其中如用过磷酸钙要先预浸24～28小时后过滤再喷），喷施部位以叶片背面为好。从结荚开始每隔7～10天喷1次，连喷2～3次。

参 考 文 献

陈杨，李隆，张福锁.2005.大豆和蚕豆苗期根系生长特征的比较［J］.应用生态学报，16（11）：2112-2116.

龚振平，沈昌蒲，赵福华.2000.大豆肥田机制的研究Ⅱ常规技术条件下大豆根系动态［J］.大豆科学，19（4）：351-355.

何庸，孙广玉，程学刚.1997.草甸黑土中大豆根系及其活性的动态分布［J］.中国油料，19（2）：28-31.

姜海澄，从殿林.2006.浅谈高寒山区大豆生产技术［J］.大豆通报，83（4）：11-13.

李劲松.2007.高产春大豆根系生长规律研究［D］.乌鲁木齐：新疆农业大学.

李思忠，章建新.2016.春大豆根系生长与花荚形成的关系研究［J］.干旱地区农业研究，4（5）：91-97.

林蔚刚，吴俊江，董德健，等.2012.不同秸秆还田模式对大豆根系分布的影响［J］.大豆科学，31（4）：584-588.

刘艳辉，曾昭杰.2005.高产大豆钾肥施用技术的探讨［J］.杂粮作物，25（3）：213-214.

沈昌蒲，季尚宁，龚振平.2002.大豆肥田机制的研究Ⅵ.大豆肥田机制研究的总结和讨论［J］.大豆科学，21（1）：43-46.

宋秋来，张晓雪，周全.2014.侧向施肥距离对大豆氮磷钾吸收及产量的影响［J］.大豆科学，33（1）：79-82.

苏海英.2015.大豆地上部分及根系生长与需肥特点研究［J］.现代化农业，428（3）：9-10.

孙广玉，何庸，张荣华，等.1996.大豆根系生长和活性特点的研究［J］.大豆科学，15（4）：317-321.

孙广玉，张荣华，黄忠文.2002.大豆根系在土层中分布特点的研究［J］.中国油料作物学报，24（1）：45-47.

田佩占.1984.大豆品种根系的生态类型研究［J］.作物学报，10（3）：173-178.

田中典幸，等.1991.大豆根系的数量分析［J］.国外农学一大豆（6）：28-31.

王法宏.1989.大豆不同抗旱性品种根系性状的比较研究.Ⅰ形态特征及组织解剖结构［J］.中国油料（1）：32-37.

王法宏.1990.夏大豆根系生长规律的初步研究［J］.莱阳农学院学报，7（1）：24-27.

王国义，张培英，孙聪殊，等.2001.大豆肥田机制的研究Ⅳ大豆对耕层土壤微形态的动态影响［J］.大豆科学，20（3）：204-208.

王金陵.1995.大豆根系的初步观察［J］.农业学报，6（3）：262-270.

杨方人 . 1986. 旱作大豆高产综合技术对根系发育及生理功能影响的研究 [J]. 黑龙江八一农垦大学学报 (2): 17-22.

张晓雪, 吴冬婷, 龚振平, 等 . 2012. 施肥深度对大豆氮磷钾吸收及产量的影响 [J]. 核农学报, 26 (2): 364-368.

章建新, 周婷, 贾珂珂 . 2012. 超高产大豆品种花荚形成及其时空分布 [J]. 大豆科学, 31 (5): 739-743.

章建新, 朱倩倩, 王维俊 . 2013. 不同滴水量对大豆根系生长和花荚形成的影响 [J]. 大豆科学, 32 (5): 609-613.

Tanaka N. 1964. Studies on the three types of root system formation in leguminous crops plant [J]. Agri. Bull. Sage Univ, 20: 31-43.

第六节　甘　薯

　　甘薯 [*Ipomoea batatas* (L.) Lam.] 属于旋花科、甘薯属、甘薯组, 别称红山药、朱薯、番薯、甘薯、金薯、番茄、玉枕薯、山芋、地瓜、山药 (方言)、甜薯、红薯、红苕 (多地方言)、白薯、萌番薯等。为同源六倍体, 在温带, 由于霜后低温使茎叶枯死, 为蔓生性一年生草本植物; 在热带为蔓生性多年生。我国华北地区春薯的生育期一般为 150~190 天, 夏薯为 110~120 天。甘薯全生育期分为苗床期、发根缓苗期、分枝结薯期、薯蔓同长期和回秧收获期。

　　甘薯具地下块根, 呈纺锤形、圆形、椭圆形, 块根的形状除与品种有关外, 还受栽培条件影响。块根皮色有紫红、黄、淡黄、淡红、白等颜色, 由周皮中的色素决定。薯肉基本色是白、黄、淡黄、橘红、杏黄或带有紫晕。甘薯属双子叶植物, 实生苗最先长出一对子叶, 茎上每节着生一片叶, 以 2/5 叶序呈螺旋状排列。茎蔓长 2 米以上, 平卧或上升, 偶有缠绕, 多分枝, 叶片通常为宽卵形, 长 4~13 厘米, 宽 3~13 厘米, 叶片颜色常因品种不同而异, 叶柄长短不一, 聚伞花序腋生, 花冠分洪色、白色、紫色或者淡紫色, 钟状或漏斗状, 长 3~4 厘米, 蒴果卵形或扁圆形, 有假隔膜, 分为 4 室, 种子 1~4 粒, 通常 2 粒, 无毛。

一、甘薯根系类型及其在土层中的分布特征

　　按来源分, 可将甘薯的根分为定根和不定根。用种子繁殖时, 实生苗先形成 1 条主根, 是胚发育形成的种子根 (定根), 以后在其上生出侧根。一般主根和一部分侧根发育成块根, 但它膨大的很慢, 当年产量不高。薯茎扦插、薯块繁殖时, 生出的均属不定根 (与从种子上发生的种子根相区别)。薯蔓的节上最容易发根, 薯蔓的节间、叶柄和叶片也有发根能力。甘薯不定根初期 (幼根阶段) 外观幼嫩白色, 内部有双子叶植物根的一般特征, 以后由于内部分化状况的不同, 发育成纤维根、柴根和块根 3 种不同的根。按形态分为细根 (须根、纤维根)、块根 (可食用的薯块)、粗根 (大懒根、牛蒡根、柴根)。

　　细根是吸收水分、养分的主要器官。土壤湿度过大、通气不良或施用氮肥过多, 有利

于纤维根的形成。在日照充足、土壤通气性好、肥水条件适宜、气温 22～24℃且昼夜温差大的条件下，纤维根形成层的活力增强，会抑制其木质化作用，有利于根的加粗从而形成块根；相反，若遇到土壤湿度过小、土壤干硬、通气不良等不利环境条件，就会使块根膨大受阻，从而形成牛蒡根（也叫梗根或柴根），失去利用价值。

1. 纤维根 又称细根、须根，呈纤维状，细而长，上有很多分枝和根毛，具有吸收水分和养分的功能。纤维根在生长前期生长迅速，分布较浅；后期生长缓慢，并向纵深发展，入土深度可达 80～100 厘米，最深可达 170 厘米，但 80%左右分布在 0～30 厘米的土层内。在土壤潮湿、通气不良和氮肥过多时，着地的茎蔓也会生长较多的须根。

2. 柴根 又叫粗根、梗根、牛蒡根，根长 30～100 厘米，粗如手指。甘薯根是先伸长，后加粗。在开始加粗过程中，由于受到不利气候条件（如低温多雨）、土壤条件（如氮肥施得过多，而磷、钾肥施得过少，湿度过小、土壤干硬、通气不良等）和环境条件的影响，会使块根膨大受阻，使根内组织发生变化，中途停止加粗而形成了柴根。柴根消耗养分，无经济价值，生产上应防止发生。

3. 块根 也叫贮藏根，是根的一种变态。它就是供人们食用、加工的薯块。甘薯块根既是贮藏养分的器官，又是重要的繁殖器官。块根是蔓节上比较粗大的不定根，在土壤通气性好，肥、水、温等条件适宜的情况下长成的。甘薯块根多生长在 5～25 厘米深的土层内，在 30 厘米以下土层很少有薯块发生。

二、土壤养分供给对甘薯根系生长发育的影响

甘薯属于营养繁殖的匍匐类块根作物，根系构建与小麦、玉米等作物不同。甘薯具有较强的发根能力，生长前期根系分化，一部分不定根分化为吸收养分和水分的毛细根和消耗养分的中等根，最主要的一部分根系贮存功能异常发达并逐渐向块根发展（王翠娟，史春余，王振振等，2014；江苏省农业科学院和山东省农业科学院，1984）。因此，甘薯根系数量多、分布广，根构建过程中的主要矛盾不是吸收功能，而是生长前期的根系分化和生长中后期的块根膨大。一般栽培条件下，甘薯移栽后 20～30 天很快在茎基部长出4～10 对相邻的不定根，之后不定根分化增粗并逐渐膨大成为膨大根，到甘薯茎叶封垄期单株有效薯数基本趋于稳定。其后，地上部光合产物在块根中积累并促进其膨大，这是制约甘薯产量的两个关键过程。

作物根系的生长受品种、栽培措施、环境因子等影响，其中土壤养分是影响作物根系生长的主要环境因素，氮、磷、钾元素肥料是甘薯生长发育必需的元素肥料。

氮素是甘薯生长发育必需的元素肥料之一，过量、过早施用对甘薯根系、薯块的分化生长不利。有研究报道，适量氮可促进水稻、玉米、小麦、棉花等作物根系发育，而缺氮或过量氮对根系生长都不利。甘薯根系对氮的响应与水稻、玉米、小麦、棉花等作物有所不同，甘薯根系的生长和分化与培养液中 NO_3^- 的浓度成反比，当培养液中 NO_3^- 浓度达到 210 毫克/千克时，甘薯根系分化完全受到抑制（史正军，樊小林，2002；姜琳琳，韩立思，韩晓日，2011；邱喜阳，王晨阳，王彦丽，2012；谢志良，田长彦，2011；平文超，永江，刘连涛，2012）。宁运旺、马洪波、许仙菊等（2013）的研究表明，纯氮施用量100 千克/公顷时甘薯一级根（直径 0.2～10 毫米）和二级根（直径 0.0～0.2 毫米）总

根根长、总根根量分别达到最大值，而且其不定根数量比纯氮施用量 50 千克/公顷处理增加了 65%。而宁运旺、马洪波、张辉等（2013）研究表明，在土壤理化性状为 pH 7.05，有机质 6.36 克/千克，碱解氮 44.14 毫克/千克，有效磷 6.71 毫克/千克，速效钾 52.00 毫克/千克的耕地土壤上，与不施氮肥相比，施氮肥处理下甘薯生长前期的根系鲜质量、根长、根平均直径、根表面积和根体积均显著降低，施氮不利于甘薯分化根的形成，且随着施氮量的增加，甘薯根系生物量和根系形态指标：根尖数、根长、根平均直径、根表面积和根体积，均呈显著下降趋势，而且直径大于 1.5 毫米的分化根的根系形态指标也呈显著下降。因此，可以认为氮是影响甘薯根系前期生长和分化的主要因素之一，生长前期施氮不利于甘薯根系的生长和分化。

宁运旺、曹炳阁、马洪波等（2013）的研究结果表明，在基础地力较差的瘠薄地块，增施氮肥能显著提高块根产量，但在基础地力中等及以上的地块，孙泽强、董晓霞、王学君等（2013）的研究结果显示，施用氮肥，反而减产。

唐忠厚、李洪民、张爱军等（2013）研究表明，氮素形态也影响块根发育。铵态氮处理较硝态氮、酰胺态氮处理块根产量分别增加 10.6%、17.2%。

甘薯产量是由每公顷有效株数、单株薯块数和平均薯重构成，增加单株薯块数和平均薯重是提高单位面积产量的关键。郑艳霞（2004）和史春余、王振林、赵秉强等（2002）研究报道，施钾有利于根系的生长，有利于光合产物向地下部的运输和积累。周虹、张超凡、张亚等（2013）和齐鹤鹏、安霞、刘源、朱国鹏等（2016）的研究认为，施钾有利于光合产物在根系的分配与积累，促进甘薯生长前期根系的伸长，不定根早期向须根和块根分化，提高了须根和块根分化量，有利于有效薯块的早期形成，为形成较多的有效薯块数奠定基础。同时，施钾促进了薯块膨大期光合产物在根系的分配与积累，有利于甘薯生长中后期块根的持续膨大，提高单株薯块重。

宁运旺、马洪波、张辉等（2013）研究表明，土壤肥力较低的耕地土壤上，施磷与不施磷相比，能显著增加甘薯分化根的根尖数、根长、根表面积和根体积，直径大于 1.5 毫米分化根的根系形态指标显著增加，这说明施磷对甘薯生长前期根系生长和分化均有一定促进作用。氮磷钾配方施肥对块根产量的增产效果更佳，汪顺义、李欢、刘庆等（2015）研究报道，氮钾配施处理纤维根和块根分化比例升高 0.2% 和 12.4%，柴根分化比例降低 12.6%，提高了根系活力和根平均直径。与此同时，宁运旺、马洪波、许仙菊等（2013）研究表明，施钾促进了甘薯前期根系的伸长，提高了须根分化量，促进了根系的增粗，不定根早期向块根的分化，薯块膨大期施钾，有利于甘薯生长中后期块根的持续膨大。

陈磊、王盛锋、刘荣乐等（2012）研究报道，作物缺磷时根系形态和根型改变，即根冠比增加及根毛数量增加；曾后清、朱毅勇、包勇等（2010）研究报道，缺磷胁迫下，作物根系通常会产生大量侧根来扩大根系在土壤中的吸收面积。但宁运旺、马洪波、张辉等（2013）研究表明，随着施磷量的增加，甘薯根系生物量和各项根系形态指标均呈上升趋势，冠根比呈下降趋势，而且施磷可使直径大于 1.5 毫米的分化根根系形态指标显著增加。表明甘薯根系对磷的响应与大多数作物不同，施磷对甘薯生长前期根系生长和分化均有一定促进作用。

三、甘薯施肥技术推荐

(一) 甘薯需肥规律

甘薯对土壤的适应性比较强，是最耐土壤酸性的作物之一，同时也比较耐碱，在 pH5.5~8.0 之间，对产量没有太大的影响。但从土壤的物理性状看，则以松软、通气性好的土壤最为理想，良好的通气条件是块根形成和肥大的重要条件之一，并对细根吸收肥料氮、磷、钾养分作用显著。

甘薯对氮素的吸收在生长的前期和中期吸收速度较快，需要量大，到茎叶生长盛期吸收量达到高峰，块根膨大盛期，对氮素吸收速度变慢，需要量减少；对磷素的吸收则随着甘薯茎叶的生长逐渐增多，到薯块膨大期吸收量达到高峰，但在甘薯的整个生育期内，对磷的吸收速度均慢；对钾素的吸收前期速度较慢，中、后期的吸收速度快，其吸收积累最快时期，是在薯块膨大最快之时，甘薯需钾量从开始生长到收获比氮、磷都高。甘薯需肥以钾素最多，氮素次之，磷素最少，且具有较强的从土壤中吸取磷的能力。据有关研究，每生产 1 000 千克鲜块根，需要从土壤中吸收速效氮 3.5~3.72 千克，有效磷 1.72~1.8 千克，有效钾 5.5~7.48 千克，三者的比例大致为 2∶1∶4。

甘薯为喜钾作物，适宜的土壤含钾量为 115 毫克/千克，钾吸收最多。对氮素较敏感，适应范围较小，速效氮为 50~60 毫克/千克，小于 50 毫克/千克，影响甘薯的正常生长，60~70 毫克/千克，甘薯有不同程度的徒长，而产量较高，高于 70 毫克/千克严重徒长，造成大幅度减产。适宜土壤速效磷含量 24 毫克/千克。

(二) 最佳施肥时间和空间位点

甘薯采用垄体分层施肥，垄上双行移栽技术。

基肥施用。肥料多时，采用深层施肥与分层施肥相结合的方法，粗肥、迟效肥深施，细肥与速效肥浅施。即农家肥或商品有机肥总量的 60% 与磷肥总量的 40% 混合于耕耙碎垡前全田施用，理墒起垄时农家肥总量的 40%、磷肥总量的 60%、钾肥总量的 50% 施于墒体中心线位置、墒高 1/4 处，垄上栽植双行薯苗。肥料少时，要在起垄时集中施在垄底或在栽插时进行穴施，以充分发挥肥料的作用，薯苗成活后即可吸收。

基肥中的速效氮、速效钾肥料，应集中穴施在上层，以便薯苗成活后就能吸收。

追肥施用。施于甘薯主茎苗侧下方 7~10 厘米处开小穴或开小沟施入，施后随即浇水盖土。

(三) 施肥量推荐

甘薯土壤有效养分丰缺指标参见表 3-27。

表 3-27 甘薯土壤有效养分丰缺指标

肥力等级	碱解氮 (毫克/千克)	有效磷 (毫克/千克)	速效钾 (毫克/千克)
高	>250	>90	>200
较高	200~250	60~90	150~200
中等	150~200	30~60	120~150

（续）

肥力等级	碱解氮（毫克/千克）	有效磷（毫克/千克）	速效钾（毫克/千克）
缺乏	60～150	15～30	80～120
极缺	<60	<15	<80

1. 氮肥施用量推荐　参见表 3 - 28。

表 3 - 28　甘薯土壤养分推荐施用量（N，千克/公顷）

肥力等级	碱解氮（毫克/千克）	目标产量（鲜薯，吨/公顷）						备注
		<20	25	30	35	40	45	目标产量（鲜薯，吨/公顷）
高	>250	<75	75～85	85～95	95～105	105～115	115～125	
较高	200～250	<85	85～95	95～105	105～115	115～125	125～135	
中等	150～200	<95	95～105	105～115	115～125	125～135	135～145	施肥量（N，千克/公顷）
缺乏	60～150	<105	105～115	115～125	125～135	135～145	145～155	
极缺	<60	<115	115～125	125～135	135～145	145～155	155～165	

注：氮肥总量的 50% 作基肥，35%、15% 视苗情长势分别于苗活棵时和结薯期施用。

2. 磷肥施用量推荐　参见表 3 - 29。

表 3 - 29　甘薯土壤养分推荐施用量（P₂O₅，千克/公顷）

肥力等级	有效磷（毫克/千克）	目标产量（鲜薯，吨/公顷）						备注
		<20	25	30	35	40	45	目标产量（鲜薯，吨/公顷）
高	>90	0	0	0	<35	35～45	45～55	
较高	60～90	0	0	0	<45	45～55	55～65	
中等	30～60	0	0	<35	35～55	55～65	65～75	施肥量（P₂O₅，千克/公顷）
缺乏	15～30	<30	30～45	35～55	55～65	65～75	75～85	
极缺	<15	<45	45～55	55～65	65～75	75～85	85～95	

注：磷肥一次性作基肥施用。

3. 钾肥施用量推荐　参见表 3 - 30。

表 3 - 30　甘薯土壤养分推荐施用量（K₂O，千克/公顷）

肥力等级	有效钾（毫克/千克）	目标产量（鲜薯，吨/公顷）						备注
		<20	25	30	35	40	45	目标产量（鲜薯，吨/公顷）
高	>200	45～55	55～65	65～75	75～85	85～105	105～125	施肥量（K₂O，千克/公顷）
较高	150～200	55～65	65～75	75～85	85～100	115～125	125～135	
中等	120～150	65～75	75～85	85～100	100～115	125～135	135～155	

（续）

肥力等级	有效钾（毫克/千克）	目标产量（鲜薯，吨/公顷）						备注
		<20	25	30	35	40	45	目标产量（鲜薯，吨/公顷）
缺乏	80～120	145～155	155～165	165～175	175～185	185～195	195～210	施肥量（K_2O，千克/公顷）
极缺	<80	210～225	225～240	240～255	255～270	270～285	285～300	

注：钾肥总量的50%作基肥，余下50%分别作壮蔓肥、催薯肥施用。

（四）施肥技术推荐

1. 施足基肥 应以农家肥为主，化肥为辅，农家肥要充分腐熟。基肥用量一般占总施肥量的60%～80%。施肥量依产而定。

在起垄时集中施在垄底。做到深浅结合，有效满足甘薯前、中、后期养分的需要，促进甘薯正常生长。

2. 因地制宜合理追肥 根据不同生长时期的长相和需要，确定追肥时期、种类、数量和方法，做到合理追肥。

提苗肥。提苗肥一般追施速效肥，以补充基肥不足和弥补基肥肥效缓慢的缺点和不足，一般在栽秧后3～5天内结合查苗、补苗进行追肥，在薯苗穴部近根处侧下方7～10厘米处开小穴施入，施后随即浇水盖土，也可用1%尿素水灌根；在栽秧后半个月内团棵期前后追施提苗肥，注意小株多施，大株少施，干旱条件下不要追肥。

壮蔓肥。甘薯进入壮蔓期后，地下部分生长势转旺，地下根网形成，块根开始形成、膨大，吸肥力增强，为加速扩大叶面积，提高光合生产效率，甘薯栽插后30～40天要施用壮蔓肥。施肥量因薯地肥力、薯苗长势而异，长势差的多施；长势较好的，用量可减少一半。如上次提苗或团棵期施氮肥量较大，壮株催薯肥就应以磷、钾为主，氮肥为辅，或以氮、钾并重，分别攻壮秧和催薯。基肥用量多的高产田可以不追肥，或仅只追施钾肥，以达到壮株催薯、快长稳长的目的。

催薯肥。催薯肥要以钾肥为主，以硫酸钾作为催薯肥施用效果最好。施肥期一般掌握在栽秧后90～100天。催薯肥施肥方法以破垄施肥较好，即在垄的一侧，用犁破开三分之一，随即施肥。施肥时加水，可尽快发挥其肥效。催薯期施钾，能有效延长叶片功能期，增强茎叶活力，提高光合效率，促进光合产物的运转，促进薯块膨大。

裂缝肥。容易发生早衰的地块、茎叶盛长阶段长势差的地块和前几次追肥不足的地块，在垄面土壤开细裂缝时，追施少量速效氮肥，顺裂缝灌施1%尿素水或硫酸铵60～90千克/公顷，兑水6 000～9 000千克/公顷，或施腐熟人粪尿等有机肥液。

注意事项：一是甘薯是忌氯作物，选用肥料时要注意不用含有氯元素的肥料；二是碳酸氢铵不宜撒施、面施，可制成混肥颗粒深施；三是施用人畜粪尿时应充分腐熟；四是草木灰不能和氮、磷肥料混合，要分别施用。

参 考 文 献

齐鹤鹏，安霞，刘源，等.2016.施钾量对甘薯产量及钾素吸收利用的影响[J].江苏农业学报，32（1）：84-89.

周虹，张超凡，张亚，等.2013.氮磷钾肥不同配比对甘薯性状及产量的影响［J］.湖南农业科学，（23）：54-56，60.

陈磊，王盛锋，刘荣乐，等.2012.不同磷供应水平下小麦根系形态及根际过程的变化特征［J］.植物营养与肥料学报，18（2）：324-331.

江苏省农业科学院，山东省农业科学院.1984.中国甘薯栽培学［M］.上海：上海科学技术出版社：41-45.

姜琳琳，韩立思，韩晓日，等.2011.氮素对玉米幼苗生长、根系形态及氮素利用效率的影响［J］.植物营养与肥料学报，17（1）：247-253.

马若囡，刘庆，李欢，等.2017.缺磷胁迫对甘薯前期根系发育及养分吸收的影响［J］.华北农学报，32（5）：171-176.

宁运旺，曹炳阁，马洪波，等.2012.氮肥用量对滨海滩涂区甘干物质积累，氮素效率和钾钠吸收的影响［J］.中国生态农业学报，20（8）：982-987.

宁运旺，马洪波，许仙菊，等.2013.氮磷钾缺乏对甘薯前期生长和养分吸收的影响［J］.中国农业科学，46（3）：486-495.

宁运旺，马洪波，张辉，等.2013.氮、磷、钾对甘薯生长前期根系形态和植株内源激素含量的影响［J］.江苏农业学报，29（6）：1326-1332.

潘艳花，马忠明，吕晓东，2012.等.不同供钾水平对西瓜幼苗生长和根系形态的影响［J］.中国生态农业学报，20：536-541.

平文超，张永江，刘连涛，等.2012.棉花根系生长分布及生理特性的研究进展［J］.棉花学报，24（2）：183-190.

邱喜阳，王晨阳，王彦丽，等.2012.施氮量对冬小麦根系生长分布及产量的影响［J］.西北农业学报，21（1）：53-58.

史春余，王振林，赵秉强，等.2002.钾营养对甘薯某些生理特性和产量形成的影响［J］.植物营养与肥料学报，8（1）：81-85.

史正军，樊小林.2002.水稻根系生长及根构型对氮素供应的适应性变化［J］.西北农林科技大学学报（自然科学版），30（6）：1-6.

孙泽强，董晓霞，王学君，等.2013.施氮量对多用型甘薯济薯21产量和养分吸收的影响［J］.山东农业科学，45（11）：70-73.

唐忠厚，李洪民，张爱君，等.2013.甘薯叶光合特性与块根主要性状对氮素供应形态的响应［J］.植物营养与肥料学报，19（6）：1494-1501.

汪顺义，李欢，刘庆，等.2015.氮钾互作对甘薯根系发育及碳氮代谢酶活性的影响［J］.华北农学报，30（5）：167-173.

王翠娟，史春余，王振振，等.2014.覆膜栽培对甘薯幼根生长发育、块根形成及产量的影响［J］.作物学报，40（9）：1677-1685.

王翠娟，史春余，王振振，等.2014.覆膜栽培对甘薯幼根生长发育、块根形成及产量的影响［J］.作物学报，40：1677-1685.

吴春红，刘庆，孔凡美，等.2016.氮肥施用量对不同紫甘薯品种产量和氮素效率的影响［J］.作物学报，42（1）：113-122.

谢志良，田长彦.2011.膜下滴灌水氮耦合对棉花干物质积累和氮素吸收及水氮利用效率的影响［J］.植物营养与肥料学报，17（1）：160-165.

曾后清，朱毅勇，包勇，等.2010.缺磷胁迫下番茄侧根形成与mi164及NAC1表达的关系［J］.植物营养与肥料学报，16（1）：166-171.

郑艳霞.2004.钾对甘薯同化物积累和分配的影响［J］.土壤肥料，4：14-16.

邹春琴，李振声，李继云.2001.小麦对钾高效吸收的根系形态学和生理学特征［J］.植物营养与肥料学报，7（1）：36-43.

第七节　马　铃　薯

马铃薯（学名：*Solanum tuberosum* L.），属茄科，种子有性繁殖为多年生草本植物；块茎繁殖一般为一年生草本植物，云南、广西、海南等省（自治区）低热河谷地区秋冬播则为越年生；高 30～80 厘米。无毛或被疏柔毛。茎分地上茎和地下茎两部分。薯皮颜色分别有白、黄、粉红、红、紫色和黑色；薯肉颜色分别有白、淡黄、黄色、黑色、紫色及黑紫色。地下块茎椭圆形、扁圆形或长圆形，直径 3～10 厘米，具芽眼，侧芽着生于凹隐的"芽眼"内，一端有短茎基或茎痕。着生于匍匐茎上，成密集状。块茎可供食用，是全球第四大重要的粮食作物，仅次于小麦、稻谷和玉米。马铃薯又名山药蛋、洋芋、洋山芋、洋芋头、香山芋、洋番芋、山洋芋、阳芋、地蛋、土豆等。马铃薯主要生产国有中国、俄罗斯联邦、印度、乌克兰、美国等。中国是世界马铃薯总产最多的国家。

马铃薯无性繁殖过程需经过发芽期、幼苗期和发棵期三个生长期，继而进入结薯期和休眠期，完成一个生育周期。收获的块茎经过一段休眠之后，在 4℃下即可发芽，13℃时芽生长最快。茎叶生长的最适温度为 21℃；块茎形成期的最适温度，白天为 14～24℃，夜间为 12～17℃。

一、马铃薯根系类型及其在土层中的分布特征

马铃薯根具有内生性特性，由靠近维管系统外围的初生韧皮部薄壁细胞的分裂活动发生，若芽组织老化则会深入到较内部的维管形成层附近才发生。由于马铃薯根的这种内生性，所以导致其发芽期要经过很长时间，春播马铃薯一般在播后一个月时间左右才会出土；秋播即使用 3～4 厘米长的大芽播种，也要 10 天左右。发芽期对土壤的温、湿、气要求也较严格。播种后若遇雨或浇水造成土壤板结，透气性差，则根系发生和生长缓慢，常成为影响栽培成败的关键。

马铃薯用块茎种植和种子种植时，其所长出的根的形态不相同。由种子进行有性繁殖所发生的根为直根系，有主根、侧根之分，根的分枝随植株的不断生长而逐渐增多，土壤中呈圆锥状分布，一般称圆锥根系。水肥条件好的情况下，种子种植的马铃薯的根系也很发达。

用块茎繁殖所发生的根为不定根，无主根、侧根之分，呈须根状态，为须根系。分枝能力强，是根系的主体。根据其发生的时期、部位、分布状况可分为两类：一类是当芽长到 3～4 厘米时，从初生芽的基部 3～4 节上发生的不定根，即芽眼根后节根，也叫初生根（芽眼根），这个根分枝能力强，分布广，在土层中先水平生长，约伸长到 30 厘米左右，然后垂直向下生长，深度可达 150～200 厘米，是马铃薯的早期主体根系，虽然是先出芽后生根，但根比芽长得快，在薯苗出土前就能形成大量的根群，靠这些根的根毛吸收养分

和水分。

　　另一类是在地下茎的中上部节上长出的不定根，也叫做匍匐根，又叫后生根。这类根有的在幼苗出土前就生成了，也有的在幼苗生长过程中培土后陆续生长出来，一般发生3～5条根，长20厘米左右。匍匐根都在土壤表层，很短并很少有分枝，但吸收磷素的能力很强，并能在很短时间内把吸收的磷素输送到地上部的茎叶中去。

　　马铃薯的大量根系斜着向下，主要分布在0～60厘米的土层内，一般不超过70厘米，个别根系入土深度150～200厘米，大部分根系分布在0～30厘米的土层内；以植株为中心，呈放射状沿不同方向减小，水平伸展30～60厘米，然后垂直向下生长。马铃薯根系的多少和强弱，分布的深浅，直接关系到植株抗旱性的强弱，直接关系着植株是否生长得健壮繁茂，对薯块的产量和质量都有直接的影响；在根系发达程度方面，晚熟品种要比早熟品种的根系发达，而早熟品种根系分布较浅，比晚熟品种长势弱，数量少；晚熟品种根系入土较深，分布广。因此，在种植马铃薯的过程中，要根据马铃薯不同品种的特性和根系的分布情况来确定株距和行距，这样才能获得高产。

　　李萍、刘玉皎（2013）研究表明，单作马铃薯根系占整个土层根系的比例，随其生育期而变化。苗期，在0～20厘米土层中占64.71%，20～40厘米土层中占35.29%；块茎形成期，在0～20厘米土层中占39.00%，20～40厘米土层中占36.51%，40～60厘米土层中占17.32%，60～80厘米土层中占7.33%；块茎增长期，在0～20厘米土层中占51.43%，20～40厘米土层中占25.71%，40～60厘米土层中占13.25%，60～80厘米土层中占9.87%；淀粉积累期，在0～20厘米土层中占46.15%，20～40厘米土层中占29.23%，40～60厘米土层中占20.00%，60～80厘米土层中占4.62%。

　　块茎形成期及其以后的块茎增长期、淀粉积累期这几个生育阶段在0～20厘米土层中的根系干质量占总根干质量比例变化不大，分别在75.50%、76.90%、75.67%左右波动。

　　连作年限对马铃薯根系形态和养分吸收能力有影响。张文明、邱慧珍、刘星、张俊莲等（2014）研究表明，连作降低了马铃薯根系活力和活跃吸收面积、总吸收面积，连作3年、4年和5年的根系活力比轮作2年的分别下降了53.71%、66.84%和66.69%，活跃吸收面积分别下降了57.6%、75.7%和75.6%，总吸收面积分别下降了51.4%、67.9%和67.6%；由于连作降低了马铃薯根系活力、活跃吸收面积和总吸收面积，导致根系吸收能力下降，而根系为了维持植株正常生长，通过刺激根系，特别是0～0.5毫米和0.5～1.0毫米直径范围内根系的生长来获取更多的养分和水分来满足地上部植株的生长需求。因此，连作明显增加了马铃薯0～0.5毫米和0.5～1.0毫米直径范围内的总根长、表面积、根体积和根尖数，特别是连作年限超过3年的0～0.5毫米和0.5～1.0毫米直径范围内的根系生长显著增加。连作增加了马铃薯根冠比，随连作年限的延长，其根冠比越大。与轮作相比，连作5年的根冠比增加了70.9%。根冠比越大，则根系消耗光合产物的量越大，说明在连作逆境条件下，根系总体的生长受到抑制，导致根系干物质积累的下降，从而根系对养分的吸收减少，进而影响了地上部干物质的积累；而地上干物质的减少又影响光合产物的形成和向下运输，从而反过来影响根系的发育。此外，从根系形态的变化结果可知，根系为了应对连作逆境，为了吸收更多的养分供地上部生长，进而"刺激"了根系的发育，从而导致根冠比增大。这是马铃薯通过增加根系生长量来应对连作逆境的主动性适应机制。因此，根冠比增大也是马铃薯在连作条件下的主动形态学适应，但根冠比过大，根系消耗大量光合产物，使光合产物向生殖器官的输送量减少，影响地上部生物学产量和经济产量的形成。

二、马铃薯施肥技术推荐

（一）马铃薯的需肥特点

马铃薯在整个生育期间不同生育时段所需营养物质的种类和数量不同。马铃薯吸收最多的矿质养分为氮、磷、钾，其次是钙、镁、硫及微量元素铁、硼、锌等。其中，芽条生长期主要养分来自于马铃薯母薯；在幼苗期，由于块茎中含有丰富的营养，从外界吸收养分较少，所以对水、肥要求较低，占总需求量的5%以下；发棵期（块茎形成期）吸收养分量迅速增加，到结薯期（块茎形成至块茎膨大中期）达到最高峰，这个时期，对氮、磷、钾和微量元素的需求都较高；从块茎膨大后期到淀粉积累期，根系吸收养分速率开始下降，薯块中积累的养分很大一部分来自于地上部分的回流。各生育期吸收氮（纯 N）、磷（P_2O_5）、钾（K_2O）养分，按占总吸肥量的百分数计算，幼苗期分别为6%、8%和9%，发棵期为38%、34%和36%，结薯期为56%、58%和55%。每生产 1 000 千克马铃薯块茎，需吸收纯 N 4.4~6 千克、P_2O_5 1~3 千克、K_2O 7.9~13 千克，三者比例约为 1∶0.4~0.5∶2.0~2.5。吸收养分量和比例受种植区域、栽培品种、栽培方式等影响，所以生产中需要采用不同的施肥量和施肥方式，才能满足不同马铃薯品种正常生长发育的需要。马铃薯对钾的吸收量最多，氮次之，磷最少。马铃薯全株中养分含量在各生育时期均表现为：钾＞氮＞磷。

马铃薯各生育期对氮、磷、钾的吸收特点各不同。据有关研究结果，氮肥的最快吸收期是块茎形成期，平均每日每株45毫克，每日每公顷2.03千克，是苗期的2.5倍，淀粉积累期的5倍，其次是块茎增长期；磷肥的最快吸收期也是块茎形成期，平均每日每株7.5毫克，每日每公顷0.34千克，是苗期的2.8倍，淀粉积累期的2.9倍；钾肥的最快吸收期是块茎增长期，平均每日每株54毫克，每日每公顷2.43千克，是苗期的6倍，淀粉积累期的5倍，其次是块茎积累期。

不同生育期氮、磷、钾绝对吸收量比例为：苗期 1∶0.15∶1.11，块茎形成期 1∶0.17∶1.14，块茎增长期 1∶0.18∶1.58，淀粉积累期 1∶0.30∶1.45。随着成熟度的推进，需磷、钾的比例逐步提高，需氮的比例减少。从相对需要量上来看，苗期需肥量氮＞磷＝钾，块茎形成期需肥量氮＞磷＞钾，磷、钾需要量较以前有所增加，块茎增长期需肥量钾＞氮＝磷，淀粉积累期需肥量磷＞钾＞氮。

随着植株营养中心由茎叶向块茎的转移，氮、磷、钾在体内的分布也相应地发生转移。苗期，茎叶是生长中心，氮、磷、钾分布于茎叶，氮、磷以叶为中心，钾以茎为中心。块茎形成期，氮、磷的营养中心仍然是叶，钾的营养中心是茎，块茎中分布较少。块茎增长期，磷、钾在块茎和茎叶的含量接近1∶1，是营养中心转移的时期，氮的营养中心仍然是茎叶。淀粉积累期，氮的营养中心也转移到块茎，茎叶中氮、磷、钾向块茎中迅速转移。成熟期，氮的运转率达67%，磷的运转率达77%，钾的运转率为74%。

若从马铃薯茎、叶中的氮、磷、钾含量达到最大量时算起，到成熟茎叶枯死为止流出量的百分率为转移率，则氮的转移率为51%～54%，磷的转移率为54%～59%，钾的转移率为42%～44%。一般叶片的转移率高于茎秆，尤其是氮素表现更为明显。

（二）马铃薯最佳施肥时间和空间位点

在马铃薯施肥时期、方法及分配方面，要采用基肥和追肥两种。一是施足基肥。将1/2有机肥翻入耕作层，另1/2有机肥与化肥可作为种肥在播种前开沟施于播种沟中。二是追肥。发芽期（萌芽至出苗）无需施肥；幼苗期（出苗至团棵）及时追施氮肥；发棵期（发棵至主茎顶叶展平）慎重施肥；氮肥和钾肥在植株顶端现蕾期（块茎形成期）进行追施，结薯期可叶面喷肥。

在施肥位置上，基肥在种植前沟施或穴施，深度要求15～20厘米。追肥施在行间（垄双行）或垄侧（垄单行）条施或穴施，肥料埋深5～8厘米，条施或穴施于距离马铃薯茎基15厘米左右，施肥后覆土并灌水（图3-4）。

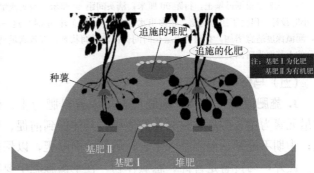

图3-4 马铃薯施肥示意

（三）马铃薯施肥量推荐

见表3-31。

表3-31 马铃薯土壤养分丰缺指标与施肥量推荐

肥力等级	相对产量（%）	土壤养分含量（毫克/千克）			土壤养分施用量推荐（千克/公顷）		
		碱解氮	有效磷	速效钾	N	P₂O₅	K₂O
高	>95	>200	>45	>250	0～60	0～60	0～60
较高	85～95	170～200	34～45	180～250	60～90	60～75	60～90
中等	75～85	150～170	23～34	120～180	90～105	75～90	90～105
低	65～75	115～150	12～23	70～120	105～120	90～105	105～135
较低	55～65	90～115	6.5～12	40～70	120～150	105～120	135～165
极低	<55	<90	<6.5	<40	150～180	120	165～180

（四）马铃薯水肥一体化滴灌技术

水肥一体化滴灌，应该做到根系伸长到哪，灌溉水就湿润到哪。通常滴灌的湿润面占田间面积的50%左右，而马铃薯根系的深度在30厘米左右，每次灌溉水肥分布深度宜控制在根系以下 10 厘米左右，即 40 厘米，如果灌溉深度过大，易造成肥料淋洗而损失，导致马铃薯后期脱肥，但灌溉过浅，夏季砂壤土蒸发量较大，马铃薯总是处于干旱状态，也不利于植株生长，尤其是发棵期。马铃薯不同时期灌水量及灌溉时间如表 3-32。

表 3-32 滴灌条件下马铃薯不同时期灌水量及灌溉时间

时期	幼苗期	发棵前期	发棵后期	结薯前期
适宜土壤湿度（%）	60	70~80	60	70~80
灌溉起始湿度（%）	60	70	60	70
灌溉目标湿度（%）	70	80	70	80
灌溉湿润深度（厘米）	40	50	40	50
灌溉水量（米³/亩）	3	4	3	4
灌溉时间（小时）	1.5	2	1.5	2
灌溉频率	幼苗期和发棵后期可以 5~7 天灌溉一次，发棵前期和结薯前期 3~5 天灌溉一次。			

注：该表是根据砂壤土，行距 90 厘米，滴头间距 30 厘米，滴头流量 0.8~1.0 升/小时（实际滴头流量按照 1.38 升/小时设计，但由于压力问题，很多出水量在 0.8~1.0 升/小时）这一情况计算的。发棵前期和结薯前期需水量较大，灌溉深度适宜增加，有利于土壤长时间保持较湿润状态，有效满足马铃薯对水分的需求，同时肥料养分也可伴随水分的上移而重新回到根层。

（五）马铃薯施肥方法

1. 施肥原则　马铃薯施肥应遵循以有机肥为主、化肥为辅；基肥为主、追肥为辅；大量元素为主、微量元素为辅的原则。具体做到前促、中控、后保，前期施肥以氮、磷为主；中期不施肥，控制茎叶生长；后期叶面喷肥，以保持叶片的光合作用效率，多制造养分。此外，马铃薯是喜钾、忌氯作物，在平衡施肥中要特别重视钾肥的施用，应选用硫酸钾，不宜施用过多的含氯肥料，如氯化钾，否则会影响马铃薯的品质。

2. 重施基肥　基肥用量一般占总施肥量的 70%，基肥以充分腐熟的农家肥为主，化肥为辅。配施一定量的氮、磷、钾化肥，既能全面提供养分，又能改善土壤的物理性质，有利于马铃薯的生长和结薯。马铃薯产量 30 000 千克/公顷左右的地块，施有机肥 45 000~52 500 千克/公顷，尿素 300~375 千克/公顷，过磷酸钙 600~750 千克/公顷，硫酸钾 270~300 千克/公顷，高产田块施肥量可适当增加。化肥要施于离种薯 4~5 厘米处，避免与种薯直接接触，以防烧种。基肥的施用方法是耕前将有机肥撒施于地面，化肥应在种植前集中沟施，施肥深度 15 厘米左右。

3. 巧施追肥　同等数量的氮肥，做种肥比追肥增产显著，追肥又是早追比晚追效果好。一般在开花前进行。早熟品种于苗期追施，中晚熟品种于现蕾期追施效果较好。在不缺肥的情况下，就不必追肥。根据生长情况，在现蕾或块茎形成期应酌情进行追肥，常用的氮肥有硫酸铵、尿素，磷肥有过磷酸钙，钾肥有硫酸钾等。将肥料施入根茎旁的沟（穴）中覆土，追肥后及时浇水，加快肥料溶解。追肥时间应在下午 3 点之后进行，以避免肥害现象发生。

（1）发芽期（萌芽至出苗）无需施肥　这一阶段中芽伸长，发根和形成匍匐茎，营养和水分主要靠种薯，无需再追肥，只要保证土壤疏松透气，根系呼吸畅通即可。

（2）幼苗期及时追施氮肥　幼苗期（出苗至团棵），从出苗到第六叶或第八叶展平，即完成1个叶序的生长，称为"团棵"，是主茎第二段生长，为马铃薯的幼苗期。该期以茎叶和根的生长为中心，生长速度快，顶端孕育花蕾，侧生枝叶开始发生，团棵前后匍匐茎尖端开始膨大，形成块茎。在施肥上，应紧紧配合其生长快速的特点，力求早施氮肥，可于出苗展叶后每公顷追施两次纯氮（N）37.5～75千克，同时加强水分管理、中耕除草。

（3）发棵期慎重施肥　发棵期是指从团棵到第十二或第十六叶展开，早熟品种以第一花序开花；晚熟品种以第二花序开花，为马铃薯的发棵期。此期根系继续扩展，茎叶生长加快，块茎可膨大至3～5厘米，它是以发棵为中心转到块茎旺盛生长为中心的转折阶段，此时建立起强大的同化系统是保证旺盛结薯的重要基础。其形态标志为，早熟品种大致从现蕾至始花；晚熟品种则于第二花序开放。这一阶段的管理重点是协调好制造养分、消耗和积累养分这三个方面，既要促使茎叶具有较强的同化功能，又要控制茎叶，不使其疯长，促进养分迅速向块茎运转，促进结薯。所以发棵期追肥要慎重，特别是氮肥，需要补肥时要么放在发棵早期，要么等到结薯初期，否则会因秧棵过旺而延缓结薯。若在转折期秧棵太盛，可喷0.2%的矮壮素控制。

（4）结薯期叶面喷肥　结薯期以块茎膨大为主，期间茎叶发展日益减少，基部叶片开始转黄和枯落，植株各部分的有机养分不断向块茎运转，块茎迅速膨大，尤以开花期的十余天为快，大约一半的产量在这一阶段形成。追肥宜在开花期进行，以磷、钾肥为主，施磷、钾肥可使马铃薯淀粉含量提高，从而提高其品质和产量。又因马铃薯叶面积大，角质层较薄，为叶面喷肥创造了良好的条件。故可在开花期每亩喷施0.3%的磷酸二氢钾1～2次。

参 考 文 献

李萍，刘玉皎.2013.高海拔地区蚕豆/马铃薯根系时空分布特征及根系活性研究［J］.宁夏大学学报（自然科学版），34（4）：338-343.

唐黑，张英，余鸿村，等.2017.马铃薯不同施肥量对产量的影响［J］.现代园艺（9）：8-9.

田丰，张永成.2004.马铃薯根系吸收活力与产量相关性研究［J］.干旱地区农业研究（2）：105-107.

王立德，廖红，王秀荣，等.2004.植物根毛的发生、发育及养分吸收［J］.植物学通报，21（6）：649-659.

严小龙，廖红，年海，等.2007.根系生物学原理与应用［M］.北京：科学出版社.

杨永华，胡礼芝，和义忠，等.2017.马铃薯施肥指标体系的建立和应用［J］.江西农业（13）：38，73.

张朝春.2002.马铃薯优化推荐施肥技术体系的研究［D］.北京：中国农业大学.

张文明，邱慧珍，刘星，等.2014.连作对马铃薯根系形态及吸收能力的影响［J］.干旱地区农业研究，32（1）：34-37，46.

张文明，邱慧珍，刘星，等.2014.连作对马铃薯根系生物学特征和叶片抗逆生理的影响［J］.干旱地区农业研究，32（4）：21-23，52.

张新华，李丽槐，赵彪，等.2018.大理州马铃薯作物土壤养分丰缺指标体系与施肥指标建立［J］.现代农业科技（12）：78-79，84.

第四章

经 济 作 物

第一节 烤 烟

烤烟（Flue cured tobacco），亦称火管烤烟，源于美国的弗吉尼亚州，因而也被称为弗吉尼亚型。为双子叶植物纲（Dictyledoneae）管花目（Tubiflorae）茄科（Solanaceae）烟草属（*Nicotiana*）烟草种（*Tabacum*）植物，在烤房内利用火管或其他加热方式加热调制的烟叶，是我国也是世界上栽培面积最大的烟草类型，是我国经济作物中一项重要的农产品，是卷烟工业的主要原料，也是我国出口的大宗农产品之一。我国烤烟生产主要集中分布在云南、河南、贵州、山东等省。

烤烟生育期为 160～180 天，苗床期为 60 天左右，分为出苗期、十字期、生根期、成苗期。大田期为 100～120 天，分为缓苗期、伸根期、旺长期、成熟期。

一、烤烟根系的构成

烤烟的根属圆锥根系，主要由主根、侧根和不定根三部分组成。烤烟种子萌发时，胚根突破种皮后直接生长成主根，主根产生的各级大小分支都叫侧根，由茎上发生的根都叫不定根。烤烟属直根系植物，不像大豆、棉花的主根那么典型，同时由于移栽时主根被切断，以后就在主根和根茎部分发生许多侧根，侧根又可产生二级侧根和三级侧根等。烤烟茎上可以产生不定根。有研究表明烤烟根系在苗期至成熟前期随发育进程呈指数递增（缓苗期除外），在同一深度区域内，土层中根系生物量随时间呈线性增长；根系主要有三级侧根和三轮不定根，随发育进程依次发生，第 3 片真叶展开时，出现二级侧根，第 4～6 片真叶展开期间的根系生物量是上一叶龄的 2～3 倍，是烤烟苗根系生长物理调控（控水炼苗）和化学调控的关键时期，第 6 片真叶展开时出现三级侧根，不定根的发生是在移栽后 10～20 天，随培土的次数增加而产生不同轮次的不定根；烤烟苗移栽以后根系生物量随生育进程呈指数增长，41 天左右其根系生长进入高峰期，次生根和不定根根系的生物量干重显著增加，打顶后根系生长量较打顶前大幅增加。其中，侧根干重增加 29.5%，而不定根干重增加了 2.5 倍，证明打顶措施不影响根系生长，说明打顶前后这一时间段是侧根和不定根根系快速生长和干物质积累的主要时期，打顶后不定根仍然不断发生，其生物量在移栽 66 天后占总根量的 43.8%，其中占侧根量的 77.8%（易建华，孙在军，贾志红，2005）。因此，在苗期培育的一级侧根越多，烟株中后期的根系就会越庞大，有利于水分和养分的吸收。而烤烟又具有易发生不定根的特性，对于二段育苗方式，应对第3～4真叶展开的烟苗进行假植，使主根自近基部断裂而发生数量不等的不定根以补偿部分或大部分损失的一级侧根，增加根系数量。

根系构型主要由一级侧根所决定，一级侧根的角度范围为0°～90°。其中，20°～50°区间的根系生物量占总生物量的60.7%，值得注意的是，在81°～90°区间根系重量也较高，占到14%，而0°～20°根系重量百分比分布很小，这与根系吸水吸肥特性相一致，角度小的根系主要功能是下扎吸水，角度大的主要是吸收养分；二级侧根的数量集中在50°～80°区间，占总数的56%；不同轮次的不定根根系愈靠土壤上层，其分布愈与垄土表面平行；二级及其以上侧根和不定根数量多且较细小，表面积大，分布广，有利于吸收土层中的养分。生产上基肥的几种不同施用方式未改变根系的T形结构，但影响根系在不同土层中的分布（易建华，孙在军，贾志红，2005）。

有研究表明，烤烟在整个根系中，直径小于1.5毫米的根是根系吸收营养物质的主体。移栽后90天烤烟根系中主根＋根茎占到总根生物量的46.1%，构成了烤烟根系的脊柱；一级侧根平均直径在5毫米以上，且5毫米以上直径的根系主要也为侧根，平均长度在67厘米以上，构成了烤烟根系的基本骨架；后发的不定根数倍于侧根，而且较细长，干重占到整个根系的23.8%，成为烤烟根系的有力补充；直径小于1.5毫米的根数目占到整个根系数目的63.4%（朱列书，赵松义，2004）。

二、烤烟根系在土层中的分布特征

随着生育期的推进，烤烟根系垂直分布逐渐加深，横向分布依次拓展。在不同类型土壤中，根重、根长、根表面积及活跃吸收面积垂直分布的趋势基本相同。随耕层的加深，各项指标迅速减少。

一般情况下，烤烟主根可以下扎200厘米以上，但70%～80%的根系集中于16～50厘米的土层内，烤烟根系的横向半径分布为25～28厘米（刘国顺，2003；中国农业科学院烟草研究所，2005）。烤烟根系生长有两个高峰：一是旺长期，根系干重增加很快；二是圆顶期，由于打顶的原因使烤烟第2次产生新根，根量增加（易建华，孙在军，贾志红，2005）。在生产中，由于犁底层的存在，烤烟根系密集深度在地表以下40厘米。密集宽度在距茎根四周40厘米范围，打顶后有根系伸长到40厘米以下或40厘米以外，呈圆锥形分布（刘国顺，2003）。烤烟团棵期之前，根系主要分布在0～20厘米耕作层，至打顶期时20～40厘米土层根系开始发生，至圆顶期时0～40厘米土层根量迅速增加，但不论横向还是纵向，0～20厘米土层内的根长和根重均远大于其他各层次之和（倪纪恒，2002）。也有研究认为，烟株根系在土层中的垂直分布呈T形结构，其生物量随土层深度增加而递减，大多集中分布在10～20厘米的土层内，30厘米以下土层中分布很少；在不同生育时期，根系生物量随土层深度的增加呈指数减少，而在同一深度区域内，根系生物量随时间呈线性增加。在各个生育时期，根系生物量主要分布在0～20厘米深的土层内，占总量的70%以上，这主要归因于近基部次生根的增粗和不定根数量增多及增粗（易建华，孙在军，贾志红，2005）。

烤烟根长密度在不同耕层的表现有不同的变化趋势，在 0～10 厘米土层，烤烟根长密度呈 S 形曲线变化，前期增长缓慢，移栽后 50 天至移栽后 90 天增幅迅速加大，移栽后 90 天以后又迅速减慢，甚至停止增加；10～20、20～30 和 30～40 厘米土层，烤烟根系的根长密度出现两个快速增长期，这与烤烟的二次发根特性相吻合。用根系扫描法辅助观察发现，0～10 厘米土层的根系主要为不定根，10～20 厘米土层的根系主要为一级侧根和更下级的侧根（黄泽春，屠乃美，朱宗第等，2012）。

烤烟根长密度在土壤中的水平分布也出现不同的变化趋势，在距主根轴 0～10 厘米处，其根长密度在移栽后 30～50 天和 70～90 天出现了快速增长期，移栽 90 天以后增长缓慢；距主根轴 10～20 厘米处，烤烟根长密度的变化在移栽后 90 天内呈直线增长趋势，移栽 90 天后停止增长，甚至出现负增长。距主根轴 20～30 厘米和 30～40 厘米处，烤烟根长密度平缓增长；同时，在移栽后的 30 天前，在距主根轴 30～40 厘米处未检测到根系，说明烤烟根系在移栽后 30 天以后才伸长到 30～40 厘米以外；跟垂直分布一样，烤烟距主根轴 0～20 厘米处的根长密度远大于距主根轴 20～40 厘米处的根长密度，说明烤烟根系的水平分布也主要在距主根轴 0～20 厘米处密集（黄泽春，屠乃美，朱宗第等，2012）。

有研究结果表明，进入旺长期后，施入土壤的有机物料对烟株根系的生长发育及其耕层分布有明显的促进作用，烤烟进入旺长期后，施用有机物料的处理烟株根系在 30～40 厘米垂直土层以及水平方向距茎基部 20～30 厘米的分布均比对照增多。在移栽 80 天各处理烟株的根群分布中，使用有机物料最多的处理烟株根系在 30～40 厘米垂直土层内的质量分布为 18 克，而对照仅为 4.1 克；在水平方向上垄两侧 20～30 厘米的土层内，使用有机物料处理的根系分布为 34.9 克，是对照 16.2 克的 2 倍多（张晓娇，刘国顺，叶协锋，万海涛，马志远等，2013）。

烤烟的主要吸收根系多在茎基周围 15～20 厘米范围内，在大田生产中，由于距土表 20 厘米以下土壤中一般存在一个紧实的犁底层，根系难以下扎，因此，烤烟根系的分布实际上以在距地表 15 厘米左右的侧向分布为主。特别是在地膜覆盖的情况下，垂直于主茎的底下基本上很少有根系分布，大部分分布在距地表 12 厘米左右的土层，且根尖上卷。主要的吸收根系多在茎基周围 15～20 厘米范围内。可采用培土的方法使茎秆上长出很多不定根，起到充分吸收表土营养的作用（戴冕，1982）。低起垄、高培土分次分层供肥促使烟草产生大量的不定根，因此增加了烟株的吸收面积，从而促进了烟株对 N、K 元素的吸收（周冀衡，1995）。另外，宽幅条施和撒施能促进根系向 10～20 厘米层中的分布（易建华，孙在军，贾志红，2005）。

三、烤烟施肥技术推荐

（一）烤烟需肥规律

由于烟株各个器官在不同时期对干物质和养分的需要不同，外界环境条件不断变化，干物质和养分在烟株各个器官中的分配随烟株的生长发育不断发生变化。

1. 部位不同吸收量不同 烤烟对三要素的吸收量以钾最多，氮次之，磷最少；三要素在烟株体内的分配以叶最多、茎次之、根最少；茎内以磷、钾含量多，氮较少。一般每生产 100 千克烤干烟叶，需氮（N）2.2～3.0 千克、磷（P_2O_5）1.2～2.0 千克、钾（K_2O）4.8～6.3 千克、氧化钙 6.38 千克、氧化镁 0.48 千克、氧化铁 0.61 千克。

2. 生育期不同吸收量不同 苗床阶段。在十字期以前需肥量较少，十字期以后需肥量逐渐增加，以移栽前 15 天内需肥量最多，这一时期吸收的氮量占苗床阶段烟草吸氮总量的 68.4%、磷占 72.7%、钾占 76.7%。大田阶段。在移栽后 30 天内吸收养分较少，此时段吸收氮、磷、钾分别占全生育期吸收总量的 6.6%、5.0%、5.6%。大量吸肥时期在移栽后的 45～75 天，吸收高峰是在团棵、现蕾期，这一时期氮、磷、钾三要素的吸收量，分别为烟株吸收氮总量的 44%～62%、吸收五氧化二磷总量的 50%～70%、吸收氧化钾总量的 59%～65%；此后各种养分吸收量逐渐下降，打顶以后由于发生次生根，收获前半个月，氮、磷、钾等土壤养分吸收有增多现象，其中以铁、锰、氮、钾更突出。此时如果土壤含氮量过多，容易造成徒长，形成黑暴烟，不宜烘烤。

虽然团棵、现蕾期是烤烟需肥的主要时期，但施到土壤中的肥料，需要经过一段时间分解，烟株才能吸收利用。因此，主要肥料要在烟苗吸收肥料高峰之前，即团棵前（培小垄）时施用适量的肥料，才能满足烟株旺长对肥料的需要，而在此之后，烤烟不应再留有较多的可给态土壤养分，以便烟叶落黄成熟，做到"少时富、老来穷"。

3. 施肥期不同作用不同 烤烟苗床期至生育前期，对氮、磷、钾的吸收量虽然少，但作用很大，如这一时期养分供应充足，即使后期稍有缺乏，也没有大的影响；但如果前期缺肥，即使中后期补给，也不能使之恢复正常生长发育。

4. 氮肥的氮源不同吸收量不同 用硝态氮做氮肥时，烤烟植株能充分吸收，生长发育健壮；而以铵态氮做氮肥时，植株吸收受阻，生长发育不良。究其原因是硝态氮肥能促进烤烟植株对钾离子的吸收，抑制对氯离子的吸收，因此可以说，硝态氮肥对烤烟植株有促进生长和提高品质的作用。

（二）烤烟最佳施肥时间和空间位点

1. 苗床期施肥

（1）地苗苗床施肥 烤烟育苗时间短，要求烟苗生长快、苗齐苗壮，适时移栽。其苗床施肥特点是要求基肥足、追肥均匀而及时。烟苗 4～5 片真叶时，如发现烟苗叶片薄而发黄，即是脱肥症状。每畦可用尿素 50 克、磷酸二氢钾 50 克，混合兑水稀释 200 倍液喷洒烟苗，然后再用清水喷洒 1～2 遍。移栽前可用同样方法再喷施一次。如果苗床底肥不足，烟苗小十字期可用 100 克尿素加 100 克磷酸二氢钾撒入苗床，再用喷壶洒足水或浇一次水。

（2）漂浮育苗施肥 营养液中只需含有氮、磷、钾三大元素即可基本满足烟苗生长需求。营养液浓度不能过高或过低，氮磷钾比例以 1∶0.5∶1 为宜。烟苗生长早期（播种后 30 天前）营养液中氮素浓度以 50～100 毫克/千克为宜，播种 30 天以后以 100～200 毫克/千克为宜，磷和钾的浓度按上述 1∶0.5∶1 添加即可。为合理便于掌握和计算，可直接采用氮磷钾比例为 15∶7∶15 或者比例相近的复合肥。氮应以硝态氮为主（60%～70%），配以适当比例的铵态氮（30%～40%）。

池水管理，原则是"先浅后深"。播种后，气温较低，池水深度应控制在 5 厘米左右。待到大十字期后，随着气温升高，池水应逐渐加深到 10～15 厘米。肥料管理，原则是

"先少后多"。第一次施肥在第一片真叶出现时，施肥以盘计算，每盘 25 克。必须将营养液肥先溶解，再分次混匀施入池水中；第二次施肥在第三片真叶出现时进行，施肥量和施肥方法均与第一次相同，池水深度 10～15 厘米；第三次施肥，在第二次施肥后 15 天左右，此时，烟苗一般会出现明显的缺肥现象，施肥量以 20 克为宜。施肥应灵活掌握，根据叶色深浅，适量追肥。

2. 大田施肥

（1）基肥　深翻旋耕后基肥采用单条带沟施的方法，将肥料施于距垄塘中心线 10 厘米处，施肥深度为 10～20 厘米，然后进行机械理塘。

（2）追肥　烟苗移栽后，分三次施用，移栽后 7 天（缓苗期）和烟株"团棵后、旺长前"施用，同时进行大培土。烤烟缓苗期施追肥应施于叶尖垂直滴水线处土层中，穴施或条沟施。浅追肥施肥深度 5～8 厘米。穴施：烟苗两侧 6～10 厘米处打穴施肥；条沟施：注意苗肥隔离，肥料在苗株侧下方 6～8 厘米处。

提苗肥宜兑水浇施以水调肥；追肥结合提沟培土进行环施，即于烟株周围，距烟株 10～15 厘米环施或两侧施肥。

烤烟生长后期喷施叶面肥。

（三）植烟土壤养分适宜性指标

1. 土壤 pH　有研究发现，土壤 pH 直接影响优质烟的生产，在贵州，生产优质烟最适宜的土壤 pH 5.5～7.0（漆智平，唐树梅，1995）。云南植烟土壤适宜的 pH 范围为 5.5～7.5（强继业，朱海平，周振春等，2005）。土壤氮素在 pH 6～8 的范围内有效性最高，磷素在 pH 6.5～7.5 时有效性最高，钾、钙、镁的有效性以土壤 pH 6～8 时最佳（苏德成，2005）。

2. 土壤有机质含量　有研究表明，当土壤有机质含量超过 45g/千克，容易造成上部叶不易正常落黄，烤后烟叶化学成分不协调，吃味辛辣，可用性差；土壤有机质含量过低则出现烟株生长矮小，叶小而薄，烟叶吃味平淡；只有在含量适宜的情况下，烟叶才具有优良的外观品质和内在品质，烤后糖碱比协调，吃味醇和（胡国松等，2000；郝葳，田孝华，1996）。一般情况下，植烟土壤有机质含量 10～20 克/千克为优质烤烟生产适宜范围，而南方植烟区 15～30 克/千克，适宜优质烤烟生产（黄成江，张晓海，李天福等，2007）。云南省植烟土壤有机质含量 25～35 克/千克，为烤烟生长最适含量范围（孙燕，高焕梅，和林涛，2007；王树会，邵岩，李天福等，2006；李枝桦，伞金辉，陈兴位等，2017）。

3. 土壤氮含量　氮素作为烤烟生长的三大必需营养元素之一，土壤氮含量是满足烟株生长发育最主要的物质基础之一。若土壤中的氮含量较高，可能会引起土壤中氮含量过剩使烟株生长旺盛，从而导致黑暴烟；如果土壤中的氮含量较少，有可能导致烟株矮小，叶片小而薄，所以土壤氮含量过多或过少都会导致烟株不能正常发育，只有氮素供应适宜时，才能使烟叶产量稳定，烟叶外观品质和内在品质优良（王树会，邵岩，李天福等，2006；杨瑞吉，杨祁峰，牛俊义，2004）。一般来说，植烟土壤碱解氮含量在 100～150 毫克/千克被认为是云南烤烟生长适宜范围（李卫，周冀衡，张一扬等，2010；黄成江，张晓海，李天福，王树会等，2007）。

4. 土壤有效磷含量　磷是植物营养的三大要素之一，烟株体内许多必需的有机物都有磷参与合成，进而影响烟株光合作用、呼吸作用，以及植物抗逆性，土壤中的磷含量过低时可能导致烟株的抗病性减弱，从而降低烟叶的可用性。植烟土壤有效磷含量过高、过低均可导致烟叶品质下降（章新，李明，杨硕媛等，2010）。根据云南省的生产经验，植烟土壤有效磷含量为 20～40 毫克/千克是烤烟生长适宜范围，含量大于 80 毫克/千克时被认为过高，低于 10 毫克/千克时则为缺磷土壤（陈江华，李志宏，刘建利等，2004；黄成江，张晓海，李天福等，2007）。

5. 土壤有效钾含量 烟草是喜钾作物，钾素可促进烟株光能利用率，促进蛋白质合成，调节细胞渗透压，提高烟株抗逆性，提升烤烟香气、吃味、色泽等（曹志洪，1991）。烟草学界学者认为，植烟土壤速效钾含量在 150 毫克/千克以上就能满足烤烟的正常生长需要，超过 350 毫克/千克则过高，低于 80 毫克/千克将严重影响烟株对钾素的吸收（邓小华，杨丽丽，周米良等，2013），影响烟叶质量和工业可用性；适宜种植烤烟的土壤速效钾含量为 120～200 毫克/千克（窦逢科，1992；吴礼，2004）。

6. 土壤交换性镁 镁能增加烟株叶绿素和类胡萝卜素含量，提高烟株的光合强度和蒸腾强度，有利于提高烟叶内在品质和增加产量（崔国明，张晓海，1998）。交换性镁在 100 毫克/千克以下很可能会导致烟株缺镁；在 400 毫克/千克以上很可能会导致与钙和钾离子产生拮抗，影响烤烟吸收其他阳离子（李志宏，徐爱国，龙怀玉等，2004；付亚丽，李宏光，付国润等，2012）；植烟土壤交换性镁含量 100～200 毫克/千克为云南烤烟生长适宜范围。

7. 土壤交换性钙 钙作为植物细胞平衡代谢的调节元素，在烟株生长中可维持其体内酸碱环境。缺钙对根生长影响明显，幼苗缺钙，叶片皱缩，叶尖向下弯曲，逐渐枯死。一般认为，交换性钙在 800 毫克/千克以下很可能会导致烟株缺钙，在 2 000 毫克/千克以上很可能会因拮抗而影响烤烟吸收其他阳离子（张希杰，1988；江厚龙，李华川，王红锋等，2014）；植烟土壤交换性钙含量 800～1 200 毫克/千克为云南烤烟生长适宜范围。

综合以上学者的研究成果，建立植烟土壤养分适宜性指标（表 4-1）。

表 4-1　植烟土壤养分适宜性指标

养分指标	高	偏高	适宜	偏低	低
土壤 pH	>7.5	7.0～7.5	7.0～5.5	5.5～4.5	<4.5
有机质（克/千克）	>35	25～35	15～25	7～15	<7
碱解氮（毫克/千克）	>200	150～200	100～150	65～100	<65
有效磷（毫克/千克）	>80	40～80	20～40	10～20	<10
速效钾（毫克/千克）	>350	220～350	150～220	80～150	<80
水溶性氯（毫克/千克）	>45	30～45	20～30	10～20	<10
交换性钙（毫克/千克）	>2 000	1 200～2 000	800～1 200	400～800	<400
交换性镁（毫克/千克）	>400	200～400	100～200	50～100	<50
有效硼（毫克/千克）	>1.5	1.0～1.5	0.5～1.0	0.2～0.5	<0.2
有效锌（毫克/千克）	>3.0	1.0～3.0	0.5～1.0	0.3～0.5	<0.3

（四）土壤养分管理建议

①植烟土壤有机质含量较高的地块，生产中应控制烤烟当季有机肥的施用，建议将腐熟有机肥施用于烤烟的前茬作物上。

②土壤碱解氮含量偏高的土壤，宜减少氮肥的施用并控制有机肥施用，也可以适量施用秸秆（4 500～7 500 千克/公顷）和纯氮（30～40 千克/公顷）或烤烟当季间套种非豆科作物以调控烟株生长期土壤中过剩的氮肥供应（洪丽芳，付丽波，苏帆，2008）；碱解氮含量适宜的土壤，在保证烟叶生长需氮量的同时，控制烟叶生长后期的氮素供应，利于保证烟叶品质的形成；烤烟为喜硝态氮作物，硝态氮的适量供应可有效改善烟叶的氮素营养。

③土壤有效磷含量<20 毫克/千克的地块应适当增加磷肥施用量，速效磷含量>40 毫克/千克的地块应适当控制磷肥用量。为提高烤烟磷肥利用率，针对磷素易被土壤固定，移动性差的特点，尽量分层施用磷肥；对于酸性土壤，调节土壤酸碱度至 6.5 左右，以减少磷的固定；提高土壤有机质含量，可增加土壤有机磷含量；通过盖膜等措施提高土温，提高土壤磷的有效性。

④土壤速效钾含量偏高的地块，应保持正常钾肥施用量，钾肥施用过多不仅不利于增加烟叶含钾量，甚至会减少烟叶钾含量，因烟株对钾素的吸收是主动吸收的耗能过程，过量施用钾肥，烟株根系载体蛋白酶被钾离子饱和，会过量消耗能量，烟叶钾含量增加不显著，并且可能出现下降。

⑤烤烟生产中普遍施用磷肥，施用的肥料品种多数为过磷酸钙和钙镁磷肥，因此烟叶缺钙现象少，不需专门施用钙、镁肥。

⑥土壤有效硫含量偏高的地块，避免硫素过量供应对烟叶品质产生不利影响，施用钾肥时选用硝酸钾代替硫酸钾，施用磷肥时以磷酸二铵替代；有效硫偏低的土壤，施用钾肥时选用硫酸钾。

⑦硼含量较高的土壤，可通过调节土壤酸碱来调节，微酸性土壤导致土壤有效硼含量增加，而过碱则易被固定；砂质土壤硼含量还可以通过掺入黏质土壤的方法加以改良。土壤有效硼含量偏低，可以基施、叶面喷施和种子处理等方法施用硼酸或硼砂。

⑧土壤水溶性氯含量处于适宜烤烟种植的土壤，无需施用氯肥；含氯量过高的土壤应减少氯化钾等含氯肥料的投入，另外大量施用人粪尿也会导致土壤含氯量过高，因此少施含氯化肥和人粪尿，多用畜禽有机肥，必要时可以淋洗或漫灌洗盐。

（五）烤烟水肥一体滴灌技术

针对近几年来烟区烤烟移栽期干旱少雨、大田生长期间歇性干旱严重，引起烟株早期氮素利用低、中后期氮素供应过量，影响烟叶正常成熟采收和收购管理的实际情况，发展水肥一体滴灌，优化烟田水分管理，合理调控烟田水肥供应，实现水肥资源同步高效利用，可达到既节水又增产的双重目标，能确保烟叶生长发育良好、落黄成熟正常，提高烟叶品质，增加种烟收入，为烤烟可持续发展打下坚实的基础。

1. 滴灌系统构建　烤烟滴灌系统由水源、泵站、首部枢纽、各级管网及滴灌带五部分组成。

（1）水源与泵站　水质符合烤烟灌溉要求的水源，均可作为灌溉水源。滴灌属于有压灌溉，要求系统能够提供所需要的压力，除利用天然水源与灌溉地块之间的地形高差建设自压灌溉系统外，均需设置泵站。泵站由水泵机组、建筑物及进出水管路系统组成，一般利用离心泵机组或潜水电泵（面积较小地块采用单机单泵控制），辅助设备还包括进出水管、进排气阀、安全阀、过滤系统等。以井为水源的泵站布置在井旁或井上，对于地面水源，泵站选址要考虑地形地貌等条件合理选择。

（2）首部枢纽 首部枢纽由止回阀、空气阀、加肥器、过滤器、压力表及流量表等组成。

（3）管路系统 滴灌管路主要为塑料管，一般使用聚氯乙烯（PVC）、聚丙烯（PP）和聚乙烯（PE）管。在首部枢纽一般使用镀锌钢管和 PVC 管。滴灌系统从首部枢纽、输水管道到田间支毛管，需用大量不同直径（4～250 毫米）和不同类型的管件。在设计时，不同管材、不同规格应选用不同的管件。

（4）系统布置 系统可布置于山坡梯田上，充分利用地形高差产生水压。于蓄水池加压水泵进口处设置立式高效过滤装置，在过滤器前安装高压差式施肥装置。

水源：可在坡顶修建引水池塘和蓄水池，蓄水池蓄水量以 200～250 米³为宜。蓄水池一般为浆砌钢筋砖结构，内径 10 米左右，砖厚 24 厘米，池高 2.5 米左右，采用防水砂浆衬里。

动力：用 18 马力柴油机泵（Q＝30 米³/小时，H＝55 米）将池塘水提至 37 米高差的蓄水池内，再用 12 马力柴油机泵（Q＝20 米³/小时，H＝45 米）将水送到灌区进行滴灌。系统管网采用固定灌溉系统，由四级管道组成，管材为 PVC、PE 管。

主干管：一般采用 PVC 或 PE 管材，目前产品规格为 ϕ90 毫米、PVCϕ63 毫米、PEϕ50 毫米、PEϕ40 毫米，主干管从蓄水池接出，由高向低贯穿地块，将地块分为两个相等的区域固定布置。

分干管：一般采用 PE 管材，规格为 ϕ40 毫米，由支干管垂直接出，共分为若干组，垂直于烤烟种植方向固定布置。

支管（滴灌带）：一般使用聚乙烯滴灌带，平行重叠于种植方向，用阀门与支干管相接，固定布置。铺于烤烟根部，非生产季节收回，由分干管垂直接出，滴口间距 0.3～0.35 米。地膜烟可采用膜下滴灌方式，不覆盖地膜的烟田将滴灌带直接铺设地表即可。

2. 烤烟滴灌配套技术

（1）水分管理 根据烟株需水规律、土壤墒情、根系分布、土壤性状、设施条件和技术措施，制定相应的灌溉方案，内容包括烟叶全生育期的灌水量、灌水次数、灌溉时间和每次灌水量等，并根据天气情况、土壤墒情、烤烟长势及时对灌溉方案进行调整，以适时适量满足烤烟不同生育期水分需要。滴灌为局部灌溉，将水和肥限定在根系生长范围内，不同生育期应根据烟株根系分布确定适宜的湿润深度和范围。在生长前期，土壤湿润比可以取下限，随着根系扩展，湿润比可以逐步提高到上限。烤烟生长前期膜下滴灌需水量较少，揭膜培土后需加大滴灌水量或延长滴灌时间以满足烟株水分需求。一般烤烟大田生育期需滴灌 8～10 次（表4-2），移栽后 3～4 周若持续干旱，进行第一次滴灌。团棵期到旺长期旬降雨量不足 40 毫米或连续 5 天无有效降雨，须进行滴灌。成熟期旬降雨量不足 30 毫米或持续干旱，须进行滴灌（表4-3）。

表 4-2　烤烟滴灌灌溉指标

生育期	干旱指标 （％）	计划湿润层 （厘米）	滴灌次数 （次）	灌水定额 （千克/株）	灌水周期 （天）
还苗期	≤50	20～25	0	—	—
伸根期	≤50	20～26	2	0.5～1.1	5～7
旺长性	≤70	40～50	4	1.5～2.1	5～7
成熟期	≤60	30～40	2	1.5～1.8	5～7

注：烟田干旱指标为土壤相对含水量（占田间持水量）。

一般情况下：

伸根期（栽后 20 天内）原则上不滴灌。第一次灌溉应在移栽后 20～25 天之间。此次灌溉以施肥为主，灌水为辅，滴灌时间 30～40 分钟/次，0.5～0.8 升/（株·次），旺长期以前灌溉 2～3 次，总灌水量 22.5～37.5 米³/公顷。

旺长期以后，雨水充足时，可不进行滴灌，干旱时进行 2～3 次滴灌，0.8～1.0 升/（株·次），总灌水 30～45 米³/公顷为宜，在水肥一体条件下，要灌溉结合施肥 3 次，旺长前期以氮肥为主，后期以钾肥为主。

成熟期根据墒情，进行 1～2 次滴灌，滴灌时间 30～40 分钟/次，0.5～0.8 升/（株·次），旺长期以前灌溉 2～3 次，总灌水量 22.5～37.5 米³/公顷。

表 4-3　烤烟各生育阶段需水特性及其耗水量占全生育期总耗水量

生育阶段	所需土壤含水量 （％）	全生育期耗水量 占比（％）	需水特点
还苗期 （移栽—还苗）	70～80	17～20	此阶段烟苗小蒸发量小，耗水量少；但是移栽时要确保定根水充足，保证烟苗成活。
伸根期 （还苗—团棵）	60		随着烟苗生长，耗水量逐渐增加，轻度干旱对于促进根系生长，向较深土层分布，提供抗旱能力有利，一般情况下不提倡灌水。
旺长期 （团棵—现蕾）	70～80	46～48	此阶段烟株生长旺盛，蒸腾量快速增加，耗水量大，对水分需要量最多，因此，必须加强灌溉，土壤含水量必须保持在旱地土壤最大田间持水量的 80% 以上。
成熟期 （现蕾—采完）	60～70	32～37	此阶段进入采收期，田间烟叶面积逐渐减少，蒸腾量相应下降，耗水量有所减少，但是，此期土壤水分状况对烟叶成熟和烟叶质量影响较大，土壤水分不足时应适时适量灌溉。

（2）肥料选配　烤烟水肥一体化滴灌所用肥料，应选择烟草专用固体全水溶性肥料，也可选配液体肥料、液体生物菌肥和发酵肥滤液等，并随着烤烟生育期进展选择不同配方的全水溶性肥料。每次施肥使用的肥料品种应控制在 2 个以内，不同肥料间的搭配使用，应充分考虑肥料品种之间的相容性，避免相互反应产生沉淀或拮抗作用，混合后会产生沉淀的肥料要单独施用。肥料溶液最好现配现用，特别是在水质不好的情况下，防止肥料成分与水中物质产生反应。在与农药混配进行灌根时，要避免酸性肥与碱性农药混配、碱性肥与酸性农药混配。一般情况下，选择水溶性三元复合肥（N：P_2O_5：K_2O＝15：15：30）、水溶性硝酸钾（N：K_2O＝13.5：44）、水溶性硫酸钾（K_2O＝50%）、水溶性磷酸二氢钾

（$K_2O=33.9\%$）作为主体肥料使用。也可以使用全营养液体水溶肥或有机无机复合液体水溶肥。

（3）滴灌施肥方案确定 结合烤烟长势和土壤墒情等因素，制定科学的水肥比例、供给次数和供给时间，准确把握烟株的营养状况，做到看烟（长势）、看天（天气）、看地（墒情）适时适量施肥，精量动态施肥，实现水肥的高效利用和精准管理、精准控制，充分发挥水肥之间互作效应，充分利用水肥资源，有效提高肥料的利用率。

要按照水肥一体、分期供肥、少量多次、一次一配方的原则，制订施肥方案。首先根据烟叶目标产量、不同土壤肥力、有机肥养分供应、水肥一体化技术条件下肥料利用率和不同的生长阶段对土壤养分的需求等因素计算施肥量；再次设计包括基肥与追肥比例、基肥的使用种类和数量、不同生育期的施肥次数、时期、施肥量以及每次通过滴灌系统施肥的肥料品种、养分配比等，并根据天气情况、土壤墒情、烤烟长势及时对施肥制度进行调整，适时适量满足烤烟不同生育期养分需要（表4-4）。由于水肥一体化条件下水肥利用率大幅提高，计算滴灌施肥量时，肥料利用率可按较常规施肥提高 $20\%\sim30\%$ 计算。一般水肥一体化滴灌施肥，在手工施肥量的基础上，每公顷减施纯氮水平 $15\sim22.5$ 千克。云烟系列品种、NC 系列品种公顷施纯氮控制在 75 千克以内；红大品种公顷施纯氮控制在 52.5 千克以内；k326 品种公顷施纯氮控制在 82.5 千克以内。土壤肥力较低地块，成熟期每公顷补施水溶性硫酸钾肥 $120\sim150$ 千克或黄腐酸钾或磷酸二氢钾 $30\sim37.5$ 千克，以保证烟叶落黄成熟。

表4-4 烤烟水肥一体化施肥指标

生育阶段	肥料种类	滴肥次数（次）	施肥量（千克/公顷）	肥料浓度（%）
移栽时	三元复合肥	0	$150\sim225$（基肥）	—
伸根期	三元复合水溶肥、氮钾追肥	1	$60\sim75$	$0.1\sim0.2$
旺长期	三元复合水溶肥、水溶性钾肥	$2\sim3$	$75\sim120$	$0.3\sim0.5$
成熟期	水溶性钾肥	$1\sim2$	$60\sim75$	0.4

（4）施肥方法 水肥一体化滴灌施肥，单次施肥量不宜过大，否则易造成湿润区养分浓度过高而发生盐害。因此，少量多次是水肥一体化的基本灌溉施肥原则。由于每次滴灌施肥量小，养分消耗相对较快，故需多次施肥。多次滴灌施肥水符合烤烟根系不间断吸收养分的特点，可以减少肥料损失。理论上，灌溉施肥划分次数越多，植株营养调控越精准，在实际操作中，滴灌施肥以 $6\sim8$ 次为宜，肥料浓度掌握在 $0.1\%\sim0.5\%$，肥液浓度可根据土壤湿度适当调节，土壤干燥时浓度为 $0.1\%\sim0.2\%$，土壤湿润时浓度为 $0.3\%\sim0.5\%$，浓度较高时要减少单次施肥量。滴肥时间，温度高的天气，施肥应该选在早上 10 时之前或下午 4 时以后，不要在阳光强射下施肥或雨天施肥。避免在土壤过湿时滴肥而影响滴灌施肥效果，应采用起高垄、开沟排水等方法降低土壤湿度。滴灌施肥，应先滴清水 10 分钟，再滴肥水维持足够时间完成施肥，再滴清水 10 分钟。

（5）注意事项 每次施肥前应先滴清水 10 分钟，待滴灌带水压稳定后再施肥，施肥完成后再滴清水 15 分钟清洗管道，将管道中残留的肥液全部稀释清洗排出，否则滴头处容易生长青苔、藻类等，堵塞滴头；施肥过程中，应定时监测灌水器流出的水溶液浓度，避免肥害。要定期检查，及时维修系统设备，防止漏水；定期对离心过滤器进行清洗排沙。烟叶首次滴灌前和末次灌溉后应用清水冲洗系统。烤烟采收完后应进行系统主管、支管排水，防止结冰爆管，田间毛管或滴灌带撤除回收，妥善保管，以便来年使用。

（六）烤烟手工浇灌施肥量推荐

根据烤烟营养特性和需肥规律，综合考虑烤烟品种特性、植烟土壤类型、肥力高低、保水保肥能力等因素，选择适宜的肥料种类、形态与配比，确定人工浇灌烤烟经济合理的施肥量，采用最佳的施肥方法，最终达到烟叶优质高效的目的。

1. 氮肥用量的确定 在精耕细作的条件下，中等肥力土壤上种植烤烟 k326、云烟 85、v2、云烟 87 等需肥量大的品种，适宜的施氮量一般为 105～135 千克/公顷；红大、G28 等需肥量少的品种为 60～90 千克/公顷，其中，红大为 60～75 千克/公顷，G28 为 75～90 千克/公顷。

2. 磷肥用量的确定 氮磷比（$N：P_2O_5$）可普遍地由过去的 $1：1.5～2.0$ 降至 $1：0.5～1.0$。在一般情况下，如施用了 12-12-24、10-10-25、15-15-15 的烟草复合肥后，就不必再施用普通过磷酸钙或钙镁磷肥；如施用的烟草复合肥是硝酸钾，每公顷施用普通过磷酸钙或钙镁磷 300～450 千克，就可满足烤烟生产的需要。磷肥可根据土壤分析结果和所用复合肥进行有针对性的施用。

3. 钾肥用量的确定 在低施氮水平下的钾肥配比要高于高施氮水平下的钾肥配比，如种植红花大金元、G28 等品种，施氮 60～90 千克/公顷，氮钾比（$N：K_2O$）应采用 $1：2.6～3.5$；如种植 k326、云烟 85、云烟 87、v2 等品种，施氮 105～135 千克/公顷，氮钾比可采用 $1：2.5～3.0$。总之，每公顷施钾量可掌握在 225～300 千克范围内。

（七）施肥方法

基肥应以总施用量 60% 的氮、钾和全部磷肥，第一次追肥应以总量 10% 的氮、钾，二次追肥占总量 20%～30% 的氮、钾。在追肥种类方面，以硝酸钾为好。硝态氮可使烟株直接吸收利用，在土壤中残留期短，一般既可保证生长需要，又可及时成熟落黄，保证烟叶品质。若用含有铵态氮肥的肥料，因铵态氮肥需要进一步转化，从而使其在土壤中残留时间较长，易造成烟叶贪青晚熟，易烤性差，降低产量和品质。

具体操作方法：

结合整地施基肥。开沟 15～20 厘米单行条施或间隔 20 厘米双行条施饼肥、磷肥、复合肥、钾肥和微肥，最好采用双行条施，这符合烟草根系的分布规律，肥效能得到最大限度地发挥。

均匀穴施复合肥。在栽后 10～20 天，追施硝态氮、钾肥，氮钾比以 $1：2～3$ 为好，追肥的位置以最大叶片叶尖垂直滴水线土壤处的位置为宜。采用环状施肥，使肥料与烟株保持 10～15 厘米的距离，防止肥料与烟株根系直接接触，避免烧苗。特别是一次性施肥的地膜烟，更要注意这个问题。

旺长和圆顶期叶面要喷施磷酸二氢钾。

参 考 文 献

曹志洪．1991.优质烤烟生产的土壤与施肥［M］.南京：江苏科学技术出版社.

陈江华，李志宏，刘建利，等．2004.全国主要烟区土壤养分丰缺状况评价［J］.中国烟草学报（3）：18-22.

崔国明，张晓海．1998.镁对烤烟生理生化及品质和产量的影响研究［J］.中国烟草科学（1）：5-7.

戴冕．1982.烟根的形成与发展［J］.中国烤烟（1）：43-49.

邓小华，杨丽丽，周米良，等．2013.湘西喀斯特区植烟土壤速效钾含量分布及影响因素［J］.山地学报，31（5）：519-526.

窦逢科．1992.烟草品质与土壤肥料［M］.郑州：郑州科学技术出版社.

付亚丽，李宏光，付国润，等．2012.红河植烟土壤中微量元素含量分析［J］.云南农业大学学报（自然科学）（1）：73-79.

郝葳，田孝华．1996.优质烟区土壤物理性状分析与研究［J］.烟草科技（5）：34-35.

洪丽芳，付丽波，苏帆．2008.高肥力植烟土壤氮素调控［M］.北京：中国大地出版社.

胡国松，等．2000.烤烟营养原理［M］.北京：科学出版社：277.

黄成江，张晓海，李天福，等．2007.植烟土壤理化性状的适宜性研究进展［J］.中国农业科技导报，9（1）：42-46.

黄泽春，屠乃美，朱宗第，等．2012.大田期烤烟根系生长与分布研究［J］.中国烟草学报，18（1）：35-39.

江厚龙，李华川，王红锋，等．2014.植烟土壤中微量元素空间变异性及适宜性评价［J］.西南大学学报（自然科学版），36（12）：1-7.

李卫，周冀衡，张一扬，等．2010.云南曲靖烟区土壤肥力状况综合评价［J］.中国烟草学报（2）：61-65.

李枝桦，伞金辉，陈兴位，等．2017.云南植烟土壤有机质与养分的关系及主要养分的空间变化［J］.江苏农业科学，45（12）：220-224.

李志宏，徐爱国，龙怀玉，等．2004.中国植烟土壤肥力状况及其与美国优质烟区比较［J］.中国农业科学，37（s）：36-42.

刘国顺，2003.烟草栽培学［M］.北京：中国农业出版社.

倪纪恒．2002.不同土壤类型与调控措施对烟草根系生长与分布的影响［D］.郑州：河南农业大学.

漆智平，唐树梅．1995.烤烟根际土壤pH值研究［J］.热带作物研究［J］（4）：33-36.

强继业，朱海平，周振春，等．2005.云南省部分地区烤烟适宜pH值范围的缓冲研究［J］.中国生态农业学报（2）：149-151.

苏德成，中国农业科学院烟草研究所．2005.中国烟草栽培学［M］.上海：上海科学技术出版社：641.

孙燕，高焕梅，林涛．2007.土壤有机质及有机肥对烟草品质的影响［J］.安徽农业科学（20）：6160-6161.

王树会，邵岩，李天福，等．2006.云南12个地州植烟土壤养分状况与施肥对策［J］.土壤通报（4）：684-687.

王树会，邵岩，李天福，等．2006.云南植烟土壤有机质与氮含量的研究［J］.中国土壤与肥料（5）：18-20，27.

吴礼．2004.土壤肥料学［M］.北京：中国农业出版社.

杨瑞吉，杨祁峰，牛俊义.2004.表征土壤肥力主要指标的研究进展［J］.甘肃农业大学学报（1）：86-91.

易建华，孙在军，贾志红.2005.烤烟根系构型及动态建成规律的研究［J］.作物学报，31（7）：915-920.

张希杰，王树声，李念胜.1988.微量元素与烟叶内在品质的相关性［J］.烟草科技（3）：36-39.

张晓娇，刘国顺，叶协锋，等.2013.不同用量有机物料与复合肥配施对烟草根系生长发育的影响［J］.江西农业学报，25（8）：12-16.

章新，李明，杨硕媛，等.2010.磷素水平对烟叶化学成分和感官评吸质量的影响［J］.安徽农业科学（10）：5091-5093，5109.

中国农业科学院烟草研究所.2005.中国烟草栽培学［M］.上海：上海科学技术出版社.

周冀衡.1995.培土与施肥对烟株根系发育及氮钾吸收效率的影响［J］.中国烟草学报（4）：46-51.

朱列书，赵松义.2004.烟草营养学［M］.长春：吉林科学技术出版社：11-26.

第二节　花　　生

花生（peanut），原名落花生（学名：*Arachis hypogaea* Linn.），又名"长生果"、"泥豆"等，是我国产量丰富、食用广泛的一种坚果。属蔷薇目，豆科一年生草本植物，茎直立或匍匐。按花生籽粒的大小分为大花生、中花生和小花生三大类型；按生育期的长短分为早熟、中熟、晚熟三种；按植株形态分直立、蔓生、半蔓生三种；按花生荚果和籽粒的形态、皮色等分为普通型、多粒型、珍珠豆型三类。我国花生的主要产地为山东、河南、河北三省，安徽、江苏、辽宁、四川、湖北和闽粤桂沿海一带也是重要产区。

一、花生根系的类型及其构成

花生的根由主根、侧根和很多次生细根组成。根据有关调查研究，根上着生直径1～3毫米的豇豆族根瘤菌。花生根系的形成首先是胚根突破种皮，迅速垂直向下伸长，成为主根；随着主根的迅速生长，主根由上而下依次出生多条一级侧根，早期长出的有四列一级侧根也生长迅速，呈十字状排列，侧根上又长许多次生细根，构成花生根系主要的立体框架；随着一级侧根的生长，二至七级侧根相继长出。主根和多级侧根按其各自的规律，长出3万余条根，组成了花生庞大的圆锥根系。在苗期出现四级根，在花针期出现五级根，在结荚期和饱果期出现七级根。

苗期至花针期是花生一级侧根发育的重要时期。从苗期到饱果期主根长、最长一级侧根长均表现为梯级增长。在苗期，花生主根生长迅速，是花生最长的根。从苗期末到饱果期末期，四条最长一级侧根中有1～2条的生长速度超过了主根，最长一级侧根成为花生最长的根。但是花生全生育期内早期长出的四条最长一级侧根的平均长度均没有超过主根长。呈十字状排列的四条一级侧根中，偏南方向的一条一般是最长的。立蔓型、半蔓型、爬蔓型花生各级侧根数量占比有所不同。

爬蔓型花生根系的主要组成部分为二至四级侧根，占根总数的97.0％～98.0％，是根系的主要组成部分，七级侧根条数数量最少，整个花生生长期内仅出现5条。其中，苗期二级侧根和三级侧根，占根总数的 95％左右；花针期二、三级侧根总条数占侧根总条数的 98％左右；在结荚期二、三级侧根总条数占侧根总条数的 97％左右；在饱果期二、三级侧根总条数占侧根总条数的 97％左右。在苗期、花针期二级侧根总条数大于三级侧根总条数，到结荚期、饱果期三级侧根总条数大于二级侧根总条数，四级侧根总条数迅速增加，其根系数量仅次于二级侧根总条数而成为第三大侧根。由此可以看出，深厚土体对爬蔓型花生二、三级侧根在花生生长中起着重要作用，四级侧根在饱果期起着重要作用。

立蔓型花生根系的主要组成部分为：苗期二级侧根和三级侧根，占根总数的 95％左右；花针期二、三级侧根总条数占侧根总条数的 95％左右；在结荚期二、三级侧根总条数占侧根总条数的 95％左右；在饱果期二、三级侧根总条数占侧根总条数的 95.％左右。在每个生育期当中，二级侧根条数都是最多的，其次是三级侧根条数。由此可见，深厚土体对立蔓型花生二、三级侧根在花生生长中起着重要作用。

半蔓型花生根系的主要组成部分为二级侧根、三级侧根和四级侧根，占根总数的 96％左右，是根系的主要组成部分，七级侧根条数数量最少，整个花生生长期内仅出现 4 条。其中，苗期二级侧根和三级侧根，占根总数的 97％左右；花针期二、三级侧根总条数占侧根总条数的 94％左右；在结荚期二、三级侧根总条数占侧根总条数的 93％左右；在饱果期二、三级侧根总条数占侧根总条数的 82％左右。由此可见，深厚土体对半蔓型花生二、三级侧根在花生生长中起着重要作用，四级侧根在饱果期起着重要作用。

从以上可以看出，花生一级和二级侧根条数，半蔓型花生的根条数是最多的，三级侧根条数爬蔓型花生超过了半蔓型花生，爬蔓型和半蔓型花生的三级侧根生长优势明显强于立蔓型花生；四级侧根条数爬蔓型花生大于半蔓型花生，爬蔓型和半蔓型花生的四级侧根生长优势明显强于立蔓型花生。半蔓型花生和爬蔓型花生的根系生长优势主要表现在三级和四级侧根上。在立蔓型花生整个生育期中六级、七级侧根条数没有出现过，而半蔓型和爬蔓型花生不仅出现过而且在两个生育时段内都出现过，这充分说明半蔓型花生和爬蔓型花生的根系生长优势主要表现在三级和四级侧根上，而立蔓型花生根系生长与半蔓型花生和爬蔓型花生相比没有明显的优势。

二、花生根系在土层中的分布特征

田间剖面观察结果表明，花生主根入土深度可达 100 厘米以上，甚至 200 厘米左右，但主体根系在 0～40 厘米土层，根群主要分布在 10～30 厘米土层中，深耕地块根群则可扩展至 30 厘米深的土层中。0～31 厘米土层分布的花生根系群占总量的 70％～85％。其中，浅层土壤（0～20 厘米）中的根系比例较大，则抗旱性一般较弱。花针期正常供水条件下 20～80 厘米土层内有较高根干重、根系长度、根系表面积和根系比例，可以增强花生的抗旱性。花针期干旱条件下能在 20～60 厘米土层内维持较高的根量和根系比例，抗旱性强。因此，应通过增加耕层土壤特别是 20～60 厘米土层内根系长度、表面积、体积、干重及其分配比例等方式来获取深层土壤中的水分和养分，以提高其抗旱能力。

根系横向分布可达 60 多厘米。在苗期，花生根系形态以主根为轴心、各级侧根组成的倒立的圆锥体结构，主根为最长的根。从苗期末期到饱果期，花生根系形态上部为钝圆锥体结构；中间为近似圆柱体的立体网状结构；下部为以主根为轴心的近似圆柱体框架结构，最长一级侧根是最长的根，在饱果期，主根不一定是入土最深的根。半蔓型花生主根是最长的根，爬蔓型花生和立蔓型花生的主根不一定是入土最深的根。

有研究表明，不同株型花生侧根范围值变化小，在苗期，立蔓型、半蔓型、爬蔓型花生侧根范围值分别为 10.5 厘米、11.1 厘米、11.2 厘米左右，最长一级侧根长分别为10.7 厘米、12.2 厘米、11.3 厘米左右，与侧根范围基本相等；经测量，一级侧根开始生长时与主根几乎成 90°角接近水平生长，早期长出的四条最长一级侧根生长一段时间后开始略向下生长到 40~55 厘米长时转向近似垂直向下生长，这时的侧根根尖入土深度距它从主根着生处的垂直距离为 10~13 厘米，而主根一直进行垂直向下生长。在苗期末，立蔓型、半蔓型、爬蔓型花生侧根范围值分别为 34.9 厘米、34.2 厘米、38.1 厘米左右；从花针期一直到饱果期，立蔓型、半蔓型、爬蔓型花生侧根范围值基本在 40~43 厘米、43~45 厘米和 45~55 厘米（刘忠良，2013）。

从苗期末期一直到饱果期，当四条最长一级侧根的侧根跨度达到 40~55 厘米最大值时，由接近于水平生长转向垂直生长，花生的侧根跨度基本上不再增加或增加很小，而入土深度却迅速增加，每条一级侧根的外形与抛物线相似。由于成为根群框架的每条一级侧根的侧根跨度稍有差异，所以在侧根垂直生长的区段形成了以主根为轴心，以早期长出的几条一级侧根为立体框架，以侧根跨度为半径的近似圆柱体结构，圆柱形状部分占花生主根长的比例从花生苗期到饱果期一直迅速增长，从苗期末期的 50.8% 一直到饱果末期达到 83.1%（刘忠良，2013）。

花生的根长密度一般在播种后 66 天和 80 天，15 厘米和 30 厘米土层的根长密度较高。15 厘米土层根长密度一直到播种后 80 天呈增加的趋势；播种后 68 天根长达到最大值；在 60 厘米和 120 厘米土层范围内从播种 45 天到收获的一段时间里，根长密度没有明显增加。

有研究结果表明，在适宜的环境和土壤水分条件下，花生根系在种后 40~45 天（生长前期）便扩展到 120 厘米深土层中，侧向根系沿水平方向至少向外延伸 46 厘米（刘忠良，2013）。

而在深厚土体中，不同类型花生主根、一级侧根的增长动态总趋势大体相似。立蔓型花生苗期主根长与一级侧根长分别为 63 厘米、75 厘米；花针期主根长与饱果期主根长与一级侧根长分别为 188 厘米、208 厘米。半蔓型花生苗期主根长与一级侧根长分别为 77厘米、86 厘米；花针期主根长与饱果期主根长与一级侧根长分别为 179 厘米、203 厘米。爬蔓型花生苗期主根长与一级侧根长分别为 73 厘米、78 厘米；花针期主根长与饱果期主根长与一级侧根长分别为 170 厘米、206 厘米（刘忠良，2013）。

深厚土体中，各类型花生一级侧根长从苗期末期开始一直到饱果后期都大于主根长；主根长和一级侧根长从苗期到饱果期长度一直是增长的；立蔓型在饱果期一级侧根长比主根长长 20 厘米，半蔓型在饱果期一级侧根长比主根长长 34 厘米，爬蔓型在饱果期一级侧根长比主根长长 36 厘米。深厚土体中各类型花生一级侧根长从苗期末期开始一直到饱果后期都是花生最长的根系（刘忠良，2013）。

　　土壤质地对花生根系分布具有一定的影响，砂土土壤疏松，活土层深厚，有利于花生根系向深层土壤生长，但其保水性及养分水平较差，导致根系活力后期下降较快，虽有利于花生荚果的膨大，干物质积累早而快，但后期荚果干物质积累少，不利于高产。黏土土壤致密，通气性差，虽然其保水性及养分水平较高，根系活力后期下降较慢，但在整个生育期不利于花生根系深扎，根系主要分布在上层土壤，不利于花生荚果干物质积累。壤土致密性和通气性介于砂土及黏土之间，土壤养分特性适中，有利于花生根系生长并保持较强的根系活力，荚果干物质积累中后期较多。因此，最终荚果产量、籽仁产量和有效果数均表现为壤土最大，砂土次之，黏土最小（刘忠良，2013）。

三、花生施肥技术

（一）花生生长发育需肥规律

　　花生不仅根系能够吸收营养物质，而且果针、幼果也有较强的吸收能力。花生正常生长发育需氮、磷、钾、钙、镁、硫、锌、铜、铁、锰等多种元素，其中需要量大的氮、磷、钾、钙吸收量依次是 $N>K_2O>CaO>P_2O_5$。但花生靠根瘤菌供氮可达 70%～80%，实际上要求施氮水平不高，突出花生嗜钾、钙的营养特性。另外，花生对硼、钼、铁和锰、镁、硫等的需求也迫切，反应敏感。

　　根据国内外 30 余组田间肥效试验数据统计，每生产 100 千克荚果，全株吸收的纯氮量平均为（5.45±0.68）千克，P_2O_5（1.04±0.238）千克，K_2O（2.615±0.672 8）千克，全株吸收 CaO（1.5～3.5）千克，一般为 2～2.5 千克，铁 0.16 千克，硅 1.5 千克，大约比例 N : P : K : Ca=5 : 1 : 3 : 2。每生产 100 千克花生米所需氮 6.5～6.8 千克，K_2O（3.6～3.2）千克，P_2O_5（1.2～1.4）千克，CaO（3.8～4.0）千克，以及硼、钼、铁、锌、硫等微量元素。

　　养分吸收高峰在盛花期，N、P、Ca 的吸收高峰在盛花期末，约占全生育期吸收总量50%左右；K 的吸收高峰在初花期，也占吸收总量的 50%左右，因此，在花生施肥实践中，结荚以前要最大限度地满足花生对这些营养元素的需求。

　　花生的整个生育期对氮的吸收两头多，中间少；磷素的吸收分配是两头少，中间多，也就是幼苗期、饱果期、成熟期吸收量少，开花下针期、结荚期吸收量多。钾在花生植株体内很容易移动，随着花生的生长发育从老组织向新生部位移动，幼芽、嫩叶、根尖中均富含钾，而在成熟的老组织和籽仁中含量较低。花生对钾的吸收以开花下针期较多，结荚期次之，饱果期较少。

　　花生对钙的吸收量也很大，而且不同品种类型对钙的吸收量也不同，基本顺序是：爬蔓型花生大于半蔓型花生大于立蔓型花生，大果型品种大于小果型品种，普通型品种大于珍珠型品种。花生不同生育期对钙的吸收，以结荚期较多，开花下针期次之，幼苗期和饱果期较少。花生具有嗜钾、钙的营养特性，硅对花生的产量提高也很明显。

　　花生的吸肥能力很强，除根系外，果针、幼果和叶子也都直接吸收养分。

（二）花生施肥最佳时间及其空间位点

　　基肥。氮、磷、钾肥作基肥施用，一般占总施肥量的 80%以上，施肥深度在 10～20厘米。要注意化肥、粪肥与种子隔离。

追肥。花生追肥的最佳时间分别在出苗后 15 天左右的 3～5 叶期、初花期、果荚充实期、团棵期,以提高花生品质和产量。追肥深度要达到 10 厘米以上至 20 厘米土层,距离主茎 8～15 厘米处,水肥一体化滴灌应将滴灌带布设于距离植株 8～15 厘米处。

一般而言,花生施足基肥就不需要追肥,尤其是覆膜栽培。若是露地栽培,或者是基肥施用少、土壤肥力不足,则需要根据幼苗长势,在开花下针期结合中耕培土追肥。

苗期追肥一般追施速效氮肥,以促进幼苗生长;花针期追肥,一般需要追施尿素、磷酸二铵、硫酸钾或者是草木灰,施肥量在 75～105 千克/公顷。结荚期追肥是为了促进植株果实营养物质积累,预防早衰,一般追施磷肥和钙肥。

(三)花生施肥量推荐

见表 4-5。

表 4-5 花生土壤有效养分丰缺指标与施肥量推荐

肥力等级	相对产量(%)	土壤养分含量(毫克/千克)			土壤养分施用量推荐(千克/公顷)		
		碱解氮	有效磷	速效钾	N	P_2O_5	K_2O
高	>95	>146	>60	>135	67.5	37.5	75
较高	85～95	110～146	36～60	75～135	67.5～90.0	37.5～60	75.0～112.5
中等	75～85	85～110	20～36	35～75	90.0～120.0	60.0～75.0	112.5～135.0
较低	65～75	60～85	11～20	20～35	120.0～142.5	75.0～82.5	135.0～142.5
低	<65	<60	<11	<20	142.5	82.5	142.5

(四)花生施肥方法推荐

根据花生需肥特点,花生施肥要以有机肥为主,配合施用化学肥料;将氮、磷、钾肥与钙肥、钼肥、硼肥等合理搭配施用;在施足基肥的情况下,根据花生长势选用速效肥料适时适量追肥。其具体施肥方法如下:

1. 施足基肥 花生基肥应以厩肥、堆肥、饼肥、火烧土等有机肥料为主,公顷施用量 15 000～30 000 千克/公顷,辅以氮、磷、钾、钙、微肥等化学肥料,具体数量需视土壤肥力确定(表 4-5)。基肥中化肥用量,应占总施肥量的 80% 以上。缺钙的土壤,每公顷应加施石膏粉 225～300 千克。偏酸的土壤,施一定数量的石灰进行调节。一般采取分散施肥与集中施肥相结合,先将大部分肥料在播种前整地时作基肥撒施,留少部分结合播种集中沟施或穴施。为了提高磷肥肥效,可在施肥前将磷肥与有机肥堆沤 15～20 天。花生播种时,可用根瘤菌剂、石膏粉、钼酸铵、硼酸水溶液拌种(或浸种)。

2. 适时追肥 根部追肥应在始花前进行,对长势偏弱的花生,每公顷追施尿素 75～90 千克。如果花生中后期(结荚饱果期)脱肥,可采取喷施叶面肥,一般是补充微量元素,譬如硼砂溶液(在苗期、花期都需要喷施),或者是整个生育期都可以喷施的 0.2%～0.3% 的磷酸二氢钾溶液,促进花生植株健康生长、饱果壮粒。后期,花生封行后不追肥,除非出现"脱肥现象",此时可用 1%～2% 尿素溶液进行叶面喷施,每隔 7～l0 天喷 1 次,连喷 2～3 次,可保根、保叶,提高结实率和百粒重。

需要注意的是,如果土壤肥力较好或者是追肥过多,导致花生植株长势过旺,提早封行,此时可考虑喷洒适量多效唑抑制植株生长。

参 考 文 献

封海胜，徐宜民，万书波．1993．花生育种与栽培［M］．北京：农业出版社．

刘忠良，邵俊飞，刘丽涛，等．2014．半蔓型花生根系生长立体分布状态的研究［J］．农业科技通信，
　　6：141-144．

刘忠良．2013．不同株型花生根系形态的研究［J］．青岛农业大学学报（自然科学版），30（4）：283-
　　285，299．

山东省花生研究所．1990．花生栽培生理［M］．上海：上海科学技术出版社．

孙彦浩．1991．花生高产栽培［M］．北京：金盾出版社．

万书波．2003．中国花生栽培学［M］．上海：上海科学技术出版社．

王亮，管蓓．2015．龙岩市新罗区花生施肥指标体系建立和施肥建议［J］．安徽农学通报，21（24）：
　　62-64．

颜明娟，章明清，李娟，等．2010．福建花生测土配方施肥指标体系研究［J］．中国油料作物学报，32
　　（4）：424-430．

杨学忠．2011．滦南县花生测土配方施肥指标体系研究［J］．农业网络信息（4）：21-25．

于俊红，张桥，张育灿，等．2014．广东省花生测土配方施肥钾素指标体系研究［J］．中国农学通报，
　　30（30）：106-110．

张桥，张育灿，林日强，等．2014．广东省花生测土配方施肥氮素指标体系研究［J］．中国农学通报，
　　30（33）：101-104．

张育灿，于俊红，林日强，等．2014．广东省花生测土配方施肥磷素指标体系研究［J］．中国农学通
　　报，30（36）：211-215．

郑荔敏．2016．花生测土配方施肥指标体系研究［J］．福建农业科技（10）：7-9．

第三节　油　菜

　　油菜（*Brassica napus* L.），又叫油白菜、苦菜，十字花科芸薹属植物，原产我国。农学上将植物中种子含油的多个物种统称油菜。目前，油菜主要栽培（品种）类型有：白菜型油菜［*Brassica rapa*（*campestris*）L.］，芥菜型油菜（*Brassica juncea* L.），甘蓝型油菜（*Brassica napus* L.）。

　　我国油菜主要分布在安徽、河南、四川等长江流域一带，为两年生作物。在秋季播种育苗，次年5月收获。春播秋收的一年生油菜主要分布在新疆西南地区以及甘肃、青海和内蒙古等地。

一、油菜根系的构成

　　油菜根系为直根系，分为主根、侧根、支根和细根，主根是在种子萌发之后，胚根伸入土中逐渐形成的。当第一片真叶出现后，主根的基部两侧开始长出侧根。随着植株的生长，主根不断变粗变长，同时储藏大量的养分，以备越冬和次年生长的营养之用。随着主根的生长，侧根数也在不断增加，从侧根上又长出很多支根和细根。由此，主根、侧根、支根和细根构成油菜完整的根系。

二、油菜根系在土层中的分布特征

油菜根系生长与土壤质地、耕作条件、施肥水平有密切的相关性。土壤结构良好，土层深厚而肥沃，精耕细作，则主根纵向伸长可达1～2米，支细根数量增多，分布也加深加宽；在干旱条件下，油菜的主根会加深，但支细根数量却大大减少。密度过大，根系会由于营养面积变小而发育不良。移栽油菜，主根被折断，不能深扎，侧根较发达，抗旱、抗倒能力不及直播油菜。增施磷肥、硼肥等对根系的发育和侧根增长有明显的促进作用。根系的数量及分布又直接影响到地上植株的生长发育，根深则叶茂。油菜的根系对土壤作用也较大，它可以改良土壤的结构性状，增加土壤蓄水量，并通过根系分泌物对土壤微生物的活动产生有益的影响以提高土壤肥力。根端细胞分泌的有机酸类可以溶解土壤中难溶性磷，以提高土壤中速效磷含量，是油菜根所特有的功能。

据有关研究，分布在23厘米土层以下的油菜根系干重最多占根系总干重的15%，主根最深可达约45厘米，而侧根可下扎到约90厘米（Claes Kjellstrom，1991）。油菜主根越长，所发生的侧根越多，根体积也相应增大；油菜的发根特性是根和根茎越粗，所发生的侧根越多，而密度越大，侧根数目越少，根中的水分越少，纤维化、木质化程度越高。根系越粗壮，根系中的含水量越多，根系生活力越强。一般耕作水平下，直播油菜的主根入土深度为40～50厘米之间，深耕和干旱时可达100厘米以上。油菜的根生命力旺盛，育苗移栽的油菜在高栽培水平下，能够获得较高的产量，正是由于移栽过程中，主根被拔断或损伤，促使支根生长，且生长势强，能充分吸收利用表层土壤的养分和水分（刘唐兴，官春云等，2008）。

直播油菜与移栽油菜根系在土层中的分布各有其特点。直播油菜根系比移栽油菜分布更深，直播油菜苗期到初花期时，其根系在0～10厘米土层的分布显著低于移栽油菜，但在10～20厘米土层生长的比例高于移栽油菜，特别是在20～30厘米土层生长的比例极显著高于移栽油菜（袁金展，马霓，张春雷等，2014）。

油菜根系耕层分布特点与氮肥的丰缺和施用也有一定关系。在正常施氮的条件下，不同品种油菜的根系干重、一级侧根数以及总根长与氮高效吸收关系密切；在氮胁迫条件下，油菜的根系干重和一级侧根数与氮高效吸收关系密切（刘德明，刘强，荣湘民等，2008）。在施氮水平不相同时，苗期和初花期移栽油菜根系的根干重均显著高于直播根系，且高氮水平显著高于低氮水平。在施氮水平相同时，供试品种均表现出移栽种植的油菜根系总根长、表面积、体积、侧根数、根干重、根颈粗等各项指标高于直播油菜（袁金展，马霓，张春雷，李俊，2014）。

在高氮水平下的根系总根长、表面积、体积、侧根数、根干重高于低氮水平。直播油菜在三个土壤层次的根重密度显著高于移栽油菜，且高氮水平下在0～10厘米、10～20厘米、20～30厘米三个土壤层次的根重密度高于低氮水平，在0～10厘米土壤层次达到显著水平；到初花期，直播和移栽油菜根重密度发生了变化，直播油菜在0～10厘米土层的根重密度要小于移栽油菜，但在10～20厘米、20～30厘米土层深度的根重密度则大于移栽油菜；从苗期到初花期，直播油菜在0～10厘米层土壤根系分布比例显著低于移栽油菜，但在10～20厘米、20～30厘米层则显著高于移栽油菜；这一阶段高氮水平下0～10

厘米土层油菜根系分布比例均高于低氮水平，10～20厘米、20～20厘米土层均低于低氮水平（袁金展，马霓，张春雷，李俊，2014）。

高氮水平下的根系群体指标高于低氮水平，且高氮水平下的油菜产量较低氮水平下的高。增施氮肥会增加根系直径和根系生物量，缺少肥料时，根系的长度会增加，但是平均直径很小，根系显得很瘦弱。受油菜根系生长特性的影响，当养分充足时，地上部分和地下部分生长健壮；养分不足时，根系会扩大生长范围，以寻求更多的养分，其结果是根系消耗植株其他器官的养分，使得地上部和地下部均显得瘦弱。因此，在合理密植的基础上，适当提高氮肥施用量可以促进油菜根系粗壮型生长，提高油菜籽粒产量（袁金展，马霓，张春雷等，2014）。

土壤磷丰缺程度影响油菜根系的生长。有关试验结果表明，在缺磷胁迫条件下，油菜幼苗通过增加根长、根半径、根表面积、根密度来增强吸磷能力。低磷处理根重较小，说明油菜苗期在缺磷时不是通过增加根重来调节植株对土壤磷的吸收，而是减少根半径，从而增加根比表面积，以提高根系对土壤磷的吸收。施磷540千克/公顷开始，随着施磷量的增加，根系参数逐渐减少，说明土壤磷素供应过多，对根长、根半径、根表面积、根密度都有不正常的影响，其中以施磷2 708千克/公顷处理较正常，其原因可能是由于磷的生理功能所致，土壤磷素供应水平的高低，影响到油菜幼苗的各种代谢，使根的生长受磷素的制约（黄智刚，2000）。

发达的根系不仅有利于油菜吸收水分和养分，而且能提高油菜的抗倒伏能力，降低油菜因倒伏而减产的可能性。花期根干质量是决定油菜群体籽粒产量的主要因素，根干重量越大，籽粒产量越高，粗壮的根系是油菜获得高产的关键，移栽油菜的根系比直播油菜更为粗壮，增施氮肥有助于根系粗壮型生长（袁金展，马霓，张春雷等，2014）。主根下扎深度和根干重量与油菜的抗倒伏系数显著相关。冬油菜在初花期、盛花期和角果期地上部干物质量显著增加，角果期主根直径和干质量，以及0～10厘米和10～20厘米耕层土壤中的侧根密度显著增加。冬油菜蕾薹期和角果期0～10厘米土层的侧根密度最大，且侧根密度随土层深度加深而大幅度降低（谷晓博，李援农，周昌明等，2016）。

油菜等农作物根系在土壤中的生长和分布主要受耕层土壤机械强度、紧实度、通气性等土壤物理状况变化的影响，土壤容积密度增加，其容积质量增加，土壤孔隙度和通气性降低，大孔隙减少，机械阻力明显增加，增加了根系向下生长的阻力，进而阻碍作物根系的生长，使得根系较为瘦弱，进一步影响到植物地上部分的生长；土壤过于疏松，根系表面与土壤接触较少，养分、水分不易吸收；适当增加土壤紧实度会因为根系与土壤结合得更加紧密而使得根系更容易吸收到养分和水分，因此会促进植株的生长，但限制根系生物量的增加，土壤紧实度过高会制约和破坏根系的生长，使根重减小，降低对养分水分的吸收，不利于植株的生长。土壤紧实度对根系的影响与土壤养分状况密切相关，土壤养分状况较差时，土壤紧实度的增加不会增加根系对养分的吸收，而会影响植株的生长（张兴义，隋跃宇，2005）。

据官春云1978年的研究，油菜根系的生长规律一般表现为：出苗至花芽分化期间以主根下扎为主，下扎深度可达主根总长的一半；花芽分化至现蕾其主根继续下扎，快速彭大，并形成大量侧根和支根，到开花时形成庞大的倒锥型根系。油菜根系干重，出苗至花芽分化期间不断增加，花芽分化至现蕾期间由于气温逐步下降，地上部分生长缓慢，根系生长相对加快。入春之后随着气温升高，地上部分生长加快，而根系生长相对减缓，特别是油菜开花以后，这种现象在油菜长势较好的地块更为突出。油菜苗期根系生长量大，则根系中储藏的相对较多，促进后期生长发育和产量形成。冬前和越冬期间根系生长量越大，油菜产量越大。

三、油菜施肥技术推荐

（一）油菜施肥最佳时间和空间位点

表层施肥能够显著增加上层土壤中的根系数量，深层施肥能够显著促进中下层土壤中的根系发育。因此，在条件允许的情况下，可以采取表层施肥与深层施肥相结合的方法，不仅使上层根系生长良好，而且促使下层根量增加，扩大吸收范围，增加下层根系的数量和活力，达到"以肥促根，以根调水"，提高下层土壤中水分的利用率，最大限度地实现增产的目的。一般情况下，直播油菜密度较高时，增加氮肥施用量，表施不利于油菜根系向下生长。由于密度比较高的油菜根系过多地集中在表土层，会出现"拥挤效应"。因此，适当深施氮肥会引导根系向下生长，适当避开"拥挤效应"，有利于直播油菜根系粗壮型生长（袁金展，马霓，张春雷等，2014）。

有研究认为，氮肥深施可以显著提高油菜对氮、磷、钾养分的吸收利用，为提高油菜产量奠定一定的基础，氮肥基施深度 16 厘米时，油菜获得了最高产量，氮肥吸收利用率和农学利用率也明显提高。因此，综合考虑油菜产量及其氮肥利用率，确定 16 厘米为较佳油菜氮肥基施深度，最优施肥深度会随着不同的土壤及其肥力、耕作方式以及作物品种等有所改变（鲁飘飘，武际，胡现荣等，2014）。

在冬油菜苗期和花期 10～20 厘米土层的侧根干质量、侧根长、侧根体积和侧根表面积，15 厘米耕层施肥处理最大，且显著大于 5 厘米、10 厘米耕层施肥处理；15 厘米耕层施肥处理在冬油菜花期和收获时的地上部干物质量及地上部植株的氮、磷、钾吸收量，15 厘米耕层施肥处理显著大于 5 厘米、10 厘米耕层施肥处理；15 厘米耕层施肥处理产量也最大，并显著大于 5 厘米、10 厘米耕层施肥处理；地上部植株中氮、磷、钾吸收量 15 厘米耕层施肥处理显著大于 10 厘米耕层施肥处理。因此，综合考虑冬油菜的根系分布、养分吸收量和籽粒产量，地表下 15 厘米为冬油菜较优的施肥深度（谷晓博，李援农，杜娅丹，任全茂等，2016）。在生产中，适当深松 25～30 厘米土层，并结合秸秆还田、氮肥深施、重施有机肥等技术，改良 20～30 厘米土层，避免土壤过度压实造成的危害，可促进直播油菜根系粗壮型生长，提高直播油菜产量（袁金展，马霓，张春雷，2014）。

（二）油菜需肥特征

油菜是我国主要油料作物之一，与其他作物相比，具有需肥量大，耐肥性强，对磷、硼很敏感的作物。具有对氮、钾需要量大，对磷、硼需要量少但反应敏感的营养特性。油菜从出苗到成熟的整个生长过程可分为苗期、蕾薹期、花期和角果发育期，各生育阶段对氮、磷、钾等营养物质的需求和比例不同，不同油菜品种之间的营养期差别较大，生育期最短的春油菜不足 100 天，而晚熟冬油菜生育期最长可达到 270 天左右。苗期相对较长，虽对养分的需求量较少，但这一时期是侧枝生长和花芽分化的关键时期，对营养物质特别敏感，春油菜要争取早追提苗肥，促苗早发，培育壮苗，冬油菜则必须在春季追施起身肥。薹花期是油菜生长最旺盛的时期，也是决定产量的关键时期，此后需肥量显著下降，肥料过量反而会导致贪青晚熟。公顷产量 2 250～3 750 千克油菜籽的情况下，每生产 100 千克的菜籽需吸收氮、磷（P_2O_5）、钾（K_2O）养分量（表 4-6）、土壤养分校正系数（表 4-7）、肥料利用率（表 4-8）因耕地肥力水平不同有一定的差异（李洪文，寇兴荣等，2014）。在一定生产水平下，生产相同重量的产品，油菜对氮、磷、钾的需要量是水稻、小麦和玉米的 3～5 倍。

表 4-6　100 千克油菜籽粒产量吸收的养分量

肥力等级	收获物	单质肥吸收量（千克）			氧化物吸收量（千克）		
		全氮	全磷	全钾	N	P_2O_5	K_2O
高	籽粒	5.21	0.47	3.71	5.21	1.07	4.45
中	籽粒	5	0.4	3.52	5.0	0.92	4.22
低	籽粒	4.84	0.38	3.16	4.84	0.88	3.79
平均	籽粒	5.02	0.42	3.46	5.02	0.96	4.15

数据来源：2008—2014 年田间肥效试验数据统计分析。

油菜每生产 100 千克籽粒从土壤中吸收氮、磷、钾的数量（表 4-6）、油菜土壤养分校正系数（表 4-7）、油菜肥料单季利用率（表 4-8）因耕地土壤肥力等级不同存在一定的差异（李洪文，寇兴荣，2014）。

表 4-7　油菜土壤养分校正系数汇总

肥力水平	N	P_2O_5	K_2O
高	0.121 5	0.486	0.168
中	0.132	0.609	0.229
低	0.153	0.655	0.248
平均	0.135 5	0.583	0.215

数据来源：2008—2014 年田间肥效试验数据统计分析。

表 4-8　油菜肥料利用率汇总

作物	肥力水平	样本数（个）	单季肥料利用率（%）			氧化物肥料单季利用率（%）		
			氮	磷	钾	N	P_2O_5	K_2O
油菜	高	4	24.57	5.67	20.64	24.57	12.99	24.77
	中	5	24.13	5.17	20.44	24.13	11.86	24.53
	低	4	23.68	5	19.53	23.68	11.47	23.43
	平均	—	24.13	5.28	20.2	24.13	12.11	24.24

（三）油菜施肥量推荐

1. 油菜肥力分区施肥量推荐　见表 4-9。

表 4 - 9　双柏县油菜肥力分区施肥指标

土壤肥力水平（毫克/千克）			建议施肥量（千克/公顷）			目标产量（千克/公顷）
碱解氮	有效磷	速效钾	N	P_2O_5	K_2O	
>150	>40	>200	90～120	30～45	30～45	>3 300
121～150	20～40	151～200	120～150	45～60	45～60	2 700～3 300
91～120	10～20	101～150	150～180	60～80	60～80	2 100～2 700
<90	<10	<100	180～210	80～100	80～100	1 500～2 100

2. 油菜土壤养分丰缺指标推荐施肥量　见表 4 - 10。

表 4 - 10　油菜土壤养分丰缺指标和推荐施肥量

肥力等级	土壤养分丰缺指标（毫克/千克）			推荐施肥量（千克/公顷）		
	碱解氮	有效磷	速效钾	N	P_2O_5	K_2O
低	<80.0	<6.0	<60	340～360	145～165	110～130
较低	80.1～100.0	6.0～14.0	60.1～90.0	320～340	125～145	90～110
中	100.1～125.0	14.1～25.0	90.1～125.0	300～320	120～125	60～90
较高	125.1～180	25.1～50.0	125.1～200.0	280～300	<120	<60
高	>180.0	>50.0	>200.0	265～280	—	—

注：推荐施肥量为纯养分量。

3. 油菜施肥大配方推荐　油菜专用肥大配方（N-P_2O_5-K_2O=19-7-9），推荐配方（N-P_2O_5-K_2O）：10-15-15、10-10-20、10-10-10，或相近配方（表 4 - 11）。

表 4 - 11　双柏县油菜施肥配方推荐

作物	配方	目标产量（千克/公顷）	纯养分量（千克/公顷）			底肥（千克/公顷）	塘（底）肥（%）			苗肥（%）	蕾薹肥（%）
			N	P_2O_5	K_2O	农家肥	尿素	普通过磷酸钙	硫酸钾	尿素	尿素
油菜	配方一	>3 300	165～210	120～165	105～120	18 000	0	100	100	30～40	60～70
	配方二	2 700～3 300	150～195	105～150	90～105	18 000	0	100	100	30～40	60～70
	配方三	2 100～2 700	135～180	90～135	75～90	18 000	0	100	100	30～40	60～70
	配方四	1 500～2 100	120～165	75～105	45～75	18 000	0	100	100	30～40	60～70

（四）油菜施肥方法推荐

油菜施肥要遵循底肥足，苗肥早，薹肥稳，花肥巧的原则。确保冬前油菜苗（小寒苗）主茎总叶片数（叶痕数＋绿叶数）17～20 片，主茎绿叶数 8～10 片，最大叶宽 10～15 厘米，最大叶长 25～35 厘米，根颈粗 1.6～2.1 厘米，菜苗开展度 40～60 厘米左右，全田基本封行但不抽薹，越冬期间绿叶数继续增加至 10～12 片，根颈粗 2.1～2.8 厘米，叶色浓绿，叶片厚实，根系发达，叶片开展而不下垂；春后苗（始花苗）主茎总叶片数（叶痕数＋绿叶数）28～32 片，主茎绿叶数 18～24 片，长柄叶：短柄叶：无柄叶＝5：6：7，由下往上数第一片无柄叶长 22～28 厘米，无柄叶宽 10～15 厘米，薹高 100 厘米左右，薹茎粗 2.2 厘米左右，10 厘米以上有效分枝 10～20 个左右，主轴长 70 厘米左右，第一次分枝花序发育时间与主花序发育时间基本一致。春后发苗不脱肥、不旺长，开花比较集中（官春云，1978；高秀芳，胡志中等，1997）。

1. 施足基肥 施用氮肥总量的50%，以及全部的磷、钾肥和农家肥作基肥。农家肥施用量视肥质好坏而定，一般每公顷施45～75吨，农家肥或商品有机肥与硼肥拌和均匀后按目标产量所需最小养分量折算成的专用肥或配方肥一次性作底肥施用。基肥不足，幼苗瘦弱，即使大量追肥也难弥补。

推荐使用的基肥配方肥（N-P_2O_5-K_2O）：10-15-15、10-10-20、10-10-10，每公顷推荐使用量450～600千克；缺硼土壤每公顷施含硼量为11%左右的硼砂7.5～15.0千克。

2. 追肥 分腊肥（苗后期追肥）和蕾薹肥（抽薹中期），氮肥用总量的20%作苗前肥（三叶期）、50%作五叶肥、30%作蕾薹肥施用。如果油菜长势弱，可在抽薹初期追肥，以免早衰；长势强，可在抽薹后期，薹高30～50厘米时追施，以免疯长。花期应根据油菜长势决定是否追肥，如果需追肥可在开花结荚期喷施1%尿素或磷酸二氢钾溶液50～70千克，有较好的效果。

水肥一体灌溉将是油菜生产的发展方向。有研究结果表明，冬油菜蕾薹期灌水60毫米、施纯氮80千克/公顷是水肥一体灌溉施氮最优组合（谷晓博，李援农，杜娅丹等，2016）；盆栽试验结果表明，各生育期将水分控制在田间持水量的80%，每公顷施氧化钾140～160千克组合时，油菜产量最高（胡中科，刘超，庄文化等，2013）；蕾薹期和开花期将水分控制在田间持水量的80%，每公顷施氧化钾70～80千克组合时，经济系数最高（胡中科，庄文化，刘超等，2014）。有研究发现，高钾水平及适宜水分组合能显著促进油菜绿叶增多及叶面积增长。在施用相同钾肥情况下，一定程度干旱能提高油菜叶绿素的累积量，虽然钾肥的施用对叶绿素累积无明显作用，但能在一定程度上缓解干旱带来的不利影响（周雪菲，尹霄，李东旭等，2015）。由此可见，在油菜水肥一体灌溉中，水肥一体的优化组合对油菜生长发育所产生的耦合效应，可改善油菜群体结构质量，提高油菜籽产量、质量等。应用水肥一体化技术将是油菜高产高效的必由之路。

参 考 文 献

高秀芳，胡志中，罗绕其，等.1997.油菜的"秋壮、冬发、春稳"高产栽培技术 [J].江苏农机与农艺（6）：18.

谷晓博，李援农，杜娅丹，等.2016.施肥深度对冬油菜产量、根系分布和养分吸收的影响 [J].农业机械学报，47（6）：120-128，206.

谷晓博，李援农，杜娅丹，等.2016.水氮耦合对冬油菜氮营养指数和光能利用效率的影响 [J].农业机械学报，47（2）：122-132，

谷晓博，李援农，周昌明，等.2016.垄沟集雨补灌对冬油菜根系、产量与水分利用效率的影响 [J].农业机械学报，47（4）：90-112.

官春云.1978.油菜"冬发" [J].中国农业科学（4）：40-45.

何峰，王垦，李向林，等.2012.垄沟集雨对干旱半干旱区土壤水热条件及老芒麦产草量的影响 [J].农业工程学报，28（12）：122-126.

胡中科，刘超，庄文化，等.2013.水钾耦合对油菜生长特性及产量的影响 [J].灌溉排水学报，32（6）：54-57.

胡中科，庄文化，刘超，等.2014.紫色土壤区水钾耦合对油菜产量及水分利用效率的影响研究［J］. 水土保持研究，21（4）：87-91.

黄智刚.2000.不同施磷量对油菜根系形态和磷吸收的影响［J］.广西农学报（3）：27-29.

李富春，任祥，王琦，等.2013.垄沟集雨种植对燕麦根系分布特征的影响［J］.生态学杂志，32（11）：2966-2972.

刘德明，刘强，荣湘民，等.2008.油菜根系特性与氮效率系数的关系研究［J］.湖南农业科学（2）：64-66，70.

刘唐兴，官春云.2008.不同密度的油菜根系特征和产量与倒伏之间的相关性初探［J］.西南农业学报，21（1）：23-25.

鲁飘飘，武际，胡现荣，等.2014.氮肥基施深度对油菜产量和养分吸收利用的影响［J］.中国农学通报，30（30）：34-37.

任小龙，贾志宽，陈小莉，等.2007.模拟降水量条件下垄沟集雨种植对土壤养分分布及夏玉米根系生长的影响［J］.农业工程学报，23（12）：94-99.

袁金展，马霓，张春雷，等.2014.移栽与直播对油菜根系建成及籽粒产量的影响［J］.中国油料作物学报.36（2）：189-197.

张兴义，隋跃宇.2005.土壤压实对农作物影响概述［J］.农业机械学报，36（10）：161-164.

周雪菲，尹霄，李东旭，等.2015.水钾耦合对油菜苗期光和特性的影响［J］.节水灌溉（3）：1-4.

第四节　甜　瓜

甜瓜（Cucumis melo L.）又称香瓜、哈密瓜等。为葫芦科一年生攀援或匍匐茎草本植物。世界十大水果之一，具有遗传多态性，果实大小、形状、果皮与果肉颜色等各方面都具有丰富的变异类型。

一、甜瓜根系的类型及其构成

甜瓜属直根系作物，由主根、各级侧根和根毛组成。主根由胚根发育而成，主根的分枝性较差，二级侧根的数目很少，通常只有3条或4条。但二级和三级根本身的生长则很发达，分枝性也很强，可再分生出多级侧根，分布范围广。甜瓜的主侧根的作用是扩大根系在土壤中的范围，伸长和固定植株。着生在各级侧根上的根毛是根系的主要生物活性部分，根毛均为白色，寿命短，更新快。

除由胚根形成的根系外，甜瓜的茎蔓匍匐地面生长时，还会长出不定根。不定根长度为30厘米左右，也可吸收水分和养分，还能固定枝蔓。

二、甜瓜根系在土层中的分布特征

据观察，甜瓜根系发生较早。在2片子叶展开时，主根长达15厘米以上，当幼苗4片真叶时，主根深度和侧根横展幅度均超过24厘米，若此时移栽伤及根系，会因根系纤细、易损伤，木栓化程度高，再生力弱，新根发生缓慢，导致幼苗移植后恢复缓慢，幼苗期长，甚至影响成活。5片真叶后，随着茎、叶的旺盛生长，根系迅速扩展，在开花时，甜瓜根系发展到最大程度，进入结果后期，根的生长逐渐减缓，而后逐渐衰减。土壤水分、土壤质地、植株营养面积和整枝方式等都会影响根系发育和根系构型、大小和根系的健康。

甜瓜根系适宜较小的温度变化，对地温变化敏感；好氧性强，生长前期、中期根系的呼吸作用尤为强烈。供氧充足与否不仅影响根系自身的生长与扩展，而且也影响根系的吸收功能。随着根际氧含量的增多，各种营养元素的吸收量都增加，甚至成倍增加；反之，甜瓜根系的呼吸受到抑制，吸收功能减弱。

在直播情况下，甜瓜根系可深入土层150~200厘米。侧根发达，长度可达200~300厘米，主要根系分布在0~30厘米土层中，在10~15厘米土层分布最为密集。在开花时，甜瓜根系发展到最大程度，而后逐渐衰减，土壤水分、土壤质地、植株营养面积和整枝方式等都会影响根系发育和根系构型、大小和根系的健康。

在较好的栽培条件下，主侧根总长度可达3 200厘米左右，主要分布在0~30厘米的耕作层中，其中在8~10厘米范围内根密度大。90%左右的吸收根生长在二级、三级侧根上，幼根的外表皮细胞特化向外伸长形成的根毛，是甜瓜吸收水分和营养的主要器官。

甜瓜根系分布因种类与品种而有差异，厚皮甜瓜根系发达，主根伸展深可达150厘米左右，侧根伸展半径可达100厘米左右，能充分利用土壤深层的水分，耐旱能力强；薄皮甜瓜根系较小，主根深50~60厘米，侧根伸展半径100厘米以上。此外，甜瓜根系的生长和分布还与土壤的理化性状和栽培条件有关，疏松肥沃的砂质土壤，根系生长得深而广，侧根、根毛也多；土质黏重、板结的土壤，根系生长发育不良。

岳文俊、张富仓、李志军、吴立峰（2015）研究表明，甜瓜根系呈垂直分布规律，主要分布在0~30厘米土层中，随土层深度的加深，各土层内根系长度逐渐减小，0~15厘米土层根系长度占0~60厘米根系总长的比例大，为49.40%~54.03%；15~30厘米土层根系长度所占比例次之，为26.00%~30.43%；45~60厘米土层根系长度所占比例小，为1.73%~6.57%。在相同施氮量条件下，0~15厘米土层内的根系长度占0~60厘米根系总长的比例随灌水量的增大而增大，而45~60厘米土层所占比例却逐渐减小，表明低灌溉水量下土壤表层含水量偏低，使得根系向土壤深层处延伸，吸取下层土壤水分以满足作物生长需要。在相同灌溉水量条件下，0~15厘米土层内根系长度占0~60厘米根系总长的比例随施氮量的增大而增大，而45~60厘米土层所占0~60厘米根系总长比例却逐渐减小，显现出高氮肥浅根化趋势，增施氮肥不利于根系向土层深处伸展。

三、甜瓜施肥技术推荐

（一）甜瓜施肥最佳时间和土壤空间位点

甜瓜根系范围较广，根群集中分布在12~25厘米耕层范围内，根系所占土壤体积范围大。因此，在施足底肥的前提下，要根据甜瓜各个生长阶段对于养分的需求特点适时追肥，采用沟施或穴施。一般在幼苗期5~6片真叶时，追施第一次肥，这时以氮肥为主，搭配适量的磷钾肥。环沟（点）施于离根茎15~20厘米处，5~12厘米土层中，施肥后盖土浇水，促进幼苗快速生长。而第二次施肥一般在坐果期，这时以钾肥为主。膨瓜期根外喷施磷钾肥。

（二）甜瓜需肥特点

甜瓜需肥量大，对养分吸收以幼苗期吸肥最少，开花后氮、磷、钾吸收量逐渐增加，氮、钾吸收高峰在坐果后 16～17 天（网纹甜瓜在网纹开始发生期），坐果后 26～27 天（网纹甜瓜在网纹发生终止期）就急剧下降。磷、钙吸收高峰在坐果后 26～27 天，并延续至果实成熟。开花到果实膨大末期的 1 个月左右时间内，是甜瓜吸收矿质养分最多的时期，也是肥料的最大效率期。甜瓜为忌氯作物，不宜施用氯化铵、氯化钾等肥料。

甜瓜喜硝态氮，若铵态氮过多，影响光合效率，而且造成氨中毒，并使水分吸收受到抑制，网纹甜瓜果皮发青，且不美观。生长前期植株吸氮过多会造成徒长，降低坐果率。果实成熟期吸氮过量，会降低果实含糖量和维生素 C 含量，并延迟成熟。磷能促进蔗糖与淀粉的合成，使甜瓜果实含糖量提高。缺磷会加速叶片老化。土温过低（15℃以下）、土壤水分过多或不足、供氧不良等均会影响根系对磷的吸收。

钾能促进糖的合成与运转，减轻枯萎病的危害。钾对蛋白质合成有重要作用，若钾不足则叶片黄化，同化产物运转受阻，光合强度也受影响。

钙和硼不仅影响果实糖分含量，而且影响果实外观。钙不足不仅影响果实含糖量，而且果实表面网纹粗糙，果皮泛白，损坏果实外观；缺硼会影响甜瓜糖分积累，果肉易出现褐色斑点，影响产品的商品质量。

甜瓜需钾和钙较多，按吸收养分排列为钾＞氮＞钙＞磷＞镁，钙取代磷，位序排在第三，因此钾和钙对甜瓜产量影响很大。据报道，生产 5 000 千克甜瓜时，每形成 1 000 千克产品需吸收氮（N）2.5～3.5 千克、磷（P_2O_5）1.3～1.7 千克、钾（K_2O）4.4～6.8 千克、钙（CaO）5.0 千克、镁（MgO）1.1 千克、硅（Si）1.5 千克、硼（B）0.05 千克、锌（Zn）0.2 千克。可见，甜瓜需钾较多。营养元素在甜瓜的产量形成、品质提高中起着重要的作用。一般认为甜瓜氮素肥料的利用率为 20％～40％，磷素肥料的利用率为 10％～25％，钾素肥料的利用率为 30％～50％。具体施肥量，可根据目标产量及肥料的有效养分含量估算。

（三）甜瓜施肥量推荐

参见表 4 - 12。

表 4 - 12　甜瓜施肥量推荐

土壤肥力等级		高	中	低
目标产量（吨/公顷）		55.0～60.0	50.0～55.0	37.5～46.5
农家肥（吨/公顷）		45.0～60.0	60.0～75.0	75.0～90.0
氮肥（纯氮） （千克/公顷）	基肥	40.0～55.0	55.0～65.0	65.0～75.0
	追肥	90.0～115.0	115.0～150.0	150.0～180.0
磷肥（氧化磷） （千克/公顷）	基肥	75.0～90.0	90.0～120.0	120.0～180.0
	追肥	20.0～30.0	30.0～35.0	35.0～45.0
钾（氧化钾） （千克/公顷）	基肥	37.5～45.0	45.0～60.0	60.0～90.0
	追肥	75.0～120.0	120.0～145.0	145.0～165.0

根外追肥：幼果膨大初期至果实成熟期前，分别喷施 0.5％硝酸钙、0.5％磷酸二氢钾 2～3 次

（四）甜瓜施肥方法

甜瓜的施肥应遵照控氮、施磷、增钾的原则，分为基肥和追肥。有机肥做基肥，氮、磷、钾肥作基肥和追施（表4-12）。

（1）基肥　结合整地、预整地时施，基肥以充分腐熟的人粪尿、堆肥、饼肥（或商品有机肥）等有机肥为主，并与磷、钾、钙等化肥混合施用。

（2）追肥　在幼苗期5～6片真叶时（伸蔓期）摘心后追施第一次肥，以氮为主适当配施磷、钾肥，追施第二次肥一般在坐果初期，这时以钾肥为主，搭配适量磷、氮肥。果实膨大初期追施第三次肥，要增施磷、钾肥，酌情施用钙、镁、硼等肥料，肥料种类应以富含磷、钾的优质有机肥为主，如油饼类肥料、鱼肥、人粪、鸡、鸭粪等。果实膨大中期根外追肥，每7天喷施一次磷酸二氢钾溶液，喷施2～3次。

（五）大棚甜瓜水肥一体滴灌技术

1. 滴灌管网铺设　移栽定植前15～20天，瓜地整理好后开沟做畦，完成滴灌管（带）的铺设。一般6米大棚和8米大棚均作两畦，每畦畦宽一般在2.4～3.5米，根据畦宽和种植密度铺设滴灌管（带）。一般主管上接三通，侧边连接滴灌带，向每畦送肥送水。为保证滴灌带首尾均匀送水送肥，在大棚过长时，可在大棚中间安装主管道，管道中间接四通接头，侧边分别各接1条滴管，向大棚两端均匀输送水分、养分。

滴管安装好后，每隔60厘米用小竹片拱成半圆形卡住滴管带，插稳在地上，半圆顶距滴管充满水时距离0.5厘米为宜，这样有利于覆盖薄膜后薄膜与滴管不紧贴、泥沙不堵塞滴管出水孔。以上工作完成后开始覆盖地膜。

2. 地膜覆盖　铺设滴灌管（带）网后，进行地膜覆盖，地膜覆盖的方式依当地自然条件、作物种类、生产季节及栽培习惯不同而异。但须注意地膜与滴灌带重合处，压紧压实地膜，使地膜尽量贴近滴灌带。

3. 大棚甜瓜水肥一体滴灌追肥　春季大棚甜瓜在施足底肥后，前期如土壤偏干、瓜苗生长不健壮、苗体偏小、叶片和心叶生长不舒展，可在气温回升后的晴天中午前后滴灌一次0.2%～0.3%的尿素溶液，加快瓜苗生长；伸蔓初期每公顷施用尿素60～75千克；当幼瓜长至鸡蛋大小时，随水滴灌膨瓜肥，分2～3次滴灌，每10～15天滴灌一次，每公顷施水溶肥（N-P$_2$O$_5$-K$_2$O＋TE＝20-20-20＋TE）75～150千克，膨瓜期转入成熟期可滴施硫酸钾75千克，以促进营养转化形成糖分。每次加肥时须控制好肥液浓度，一般1米^{3}水中加入约1千克肥料，根据田间长势，适当增减用肥量。

秋季大棚甜瓜生育期短，若土壤中残留的前茬作物养分较高，一般不需另外施用基肥。移栽后，及时足量滴灌定根水。为缩短缓苗期，后期可通过滴灌，适量滴水，保持土壤湿润。定植后一周滴灌一次肥水，幼瓜坐稳后每隔5～7天滴灌一次肥水，采瓜前7～10天停止肥水，以防裂瓜。追肥每公顷用水溶肥（N-P$_2$O$_5$-K$_2$O＋TE＝20-20-20＋TE）总量约225千克左右，同时可根据苗情，在成熟期叶面喷施高磷钾型水溶性肥1次，防止植株早衰，提高西瓜品质。

4. 滴灌系统日常维护

①每次滴灌施肥时，先滴清水，等管道充满水后开始施肥。施肥结束后继续滴灌清水20～30分钟，以冲洗管道。

②滴灌施肥系统运行一个生长季后，应打开过滤器下部的排污阀放污，清洗过滤网。施肥罐底部的残渣要经常清理，每3次滴灌施肥后，将每条滴灌管（带）末端打开进行冲洗。如果水中碳酸盐含量较高，每一个生长季后，用30％的稀盐酸溶液（40～50升）注入滴灌管（带），保留20分钟，然后用清水冲洗。

③要定期检查，及时维修系统设备，防止漏水和堵塞。冬季来临前应进行系统排水，防止结冰爆管，做好易损部件保护。

5. 日常栽培管理　其他栽培措施按常规生产措施实施，包括整枝理蔓、授粉、疏果、病虫防治等。

6. 注意事项

（1）做好滴灌系统的维护　在生产过程中，注意不要损坏滴灌管道及滴灌带，特别是换季时，收藏好滴灌带，避免换茬整地时损坏管带。

（2）避免肥液灼伤植株　一是肥料浓度控制在0.1％以下，同时滴头不能直接接触植株根部，一般离根基部10厘米左右，防止高浓度肥液直接接触栽培作物根茎基部，灼伤植株。

（3）避免过度灌溉施肥　由于采用了滴灌系统，施肥灌水特别省工省力，只要一开开关即可进行水肥同灌，不能因为方便而过度施用肥料，造成不必要的浪费，同时影响肥料的吸收利用率。

参 考 文 献

董肖杰，李淑文，柴彦亮，等.2009.不同供水条件对小南瓜产量及根系发育的影响 [J].农业工程学报，25（增）：17-20.

康利允，常高正，高宁宁，等.2018.不同氮、钾肥施用量对甜瓜养分吸收、分配及产量的影响 [J].中国农业科学，51（9）：1758-1770.

刘世全，曹红霞，张建青，等.2014.不同水氮供应对小南瓜根系生长、产量和水氮利用效率的影响 [J].中国农业科学，47（7）：1362-1371.

买买提江·艾外都，祖丽胡玛·吐尔逊.2018.氮磷钾肥不同配施对厚皮甜瓜产量和经济效应的影响 [J].热带农业工程，42（3）：4-6.

吴海华，陈波浪，盛建东，等.2012.南疆全立架露地栽培甜瓜平衡施肥参数的初步研究 [J].新疆农业科学，49（10）：1793-1798.

吴海华，盛建东，陈波浪，等.2013.不同水氮组合对全立架栽培伽师瓜产量与品质的影响 [J].植物营养与肥料学报，19（4）：885-892.

吴永成，郭军，顾闻峰，等.2012.响应面设计在同纹属新品种珍珠精确施肥中的应用 [J].江苏农业科学，40（3）：125-126.

薛亮，马忠明，杜少平.2012.沙漠绿洲灌区不同水氮水平对甜瓜产量和品质的影响 [J].灌溉排水学报，32（3）：132-134.

岳文俊，张富仓，李志军，等.2015.日光温室甜瓜根系生长及单果重的水氮耦合效应 [J].中国农业科学，48（10）：1996-2006.

张兆辉，杨晓峰，左恩强，等.2014.甜瓜N、P、K配方施肥数学模型构建的研究 [J].中国农学通报，30（16）：102-107.

第五节 魔　芋

魔芋为天南星科魔芋属多年生宿根草本植物。别名：鬼芋、花麻蛇、南星头、蛇头草、灰草、山豆腐等。为天南星科（Araceae）魔芋属（*Amorphopha llus* Blume）的总称，栽培学上属于薯芋类半阴性块茎作物。每年都经历幼苗期、换头期、块茎膨大期和块茎成熟期四个生长时期。其中，魔芋的幼苗期可分为出苗前和出苗后两个时期，出苗前为栽培后约一个月的时间，出苗后包括叶的抽叶期和开叶期，约一个月时间；魔芋的茎和叶快速生长期大致为魔芋叶片的展开期，约一个月的时间。

一、魔芋根系类型及其在土层中的分布特征

魔芋根属不定根，它由茎（球茎或根状茎）上芽的鳞片基部长出（即茎的肩部、节的位置）。如果魔芋顶芽损伤，在生出的侧芽旁边也会长出不定根。几根到十几根的根呈密集环生、肉质、弦状，呈水平状长在地表下 10～20 厘米的土层，属浅根系，是魔芋吸收水分和土壤养分的器官。根向四周伸长延伸，恰似种芋的一个保护网。若取一条根观察，可以看到根尖的最前端是根冠，紧接其后的约有 1 厘米光滑的根段，是生长点和伸长区，而后是很长一段长满根毛的根毛区和侧根生长区。魔芋的弧状根长约 30 厘米，最长可达100 厘米，其侧根也很密集，较小，长度多在 3～5 厘米，长的可达 15 厘米左右。在良好的土壤条件下，多数根可以长到叶柄长度的 1～2 倍。总之，其根系特征：肉质须根，根毛发达，皮薄汁多，质脆易断，是魔芋吸收水分和土壤养分的器官。

魔芋在生长期中，根系不断被代谢，老根长到一定时期便会枯死，新的根不断补充，7 月以后新根逐渐减少，8 月中旬以后，根的生长明显减弱，10 月以后，球茎接近成熟时，弧状根首先衰退，在近球茎端转为褐色而枯萎，接着须根也开始枯萎，根基部与球茎形成离层而脱离，从而在年生长周期内完成新老根更替过程。

二、施肥技术推荐

（一）魔芋需肥规律

魔芋是半阴性块茎植物，它的根系多，吸收力较强，是需肥量大、忌氯块茎作物，具有喜肥怕瘦、喜钾怕氯的特点。从幼叶出土到展叶，其生长的全部营养由种芋提供，根系并不吸收土壤养分，只起吸收水分的作用。展叶到成熟期其根系从土壤吸收养分。整个生育期需要 16 种元素，对于土壤中氮、磷、钾、钙、镁等元素需求较大。据有关研究，每生产 1 000 千克的魔芋，就要吸收纯氮 5～6 千克、氧化磷 4～5 千克、氧化钾 7～8 千克。整个生长发育期，吸收钾肥最多，氮肥次之，磷肥最少，需肥规律氮：磷：钾为 1：0.80～0.83：1.40～1.33。魔芋在不同生育阶段对氮、磷、钾的需求也不同。魔芋在换头期前对氮、磷、钾的需求量不多，到换头之后需肥量逐步增加，球茎膨大期的需求量达到高峰期，球茎成熟期逐渐减少。

（1）对氮的需求规律　总的来说，魔芋生长发育的前半期对氮的吸收速率急剧增加，在球茎继续膨大期略有下降，在成熟期急剧下降。说明在魔芋生长发育的前半期需要大量

的氮肥用于魔芋地上部的形态建成和地下球茎和根的生长发育；在魔芋球茎继续膨大期需要较多的氮来维持魔芋叶的功能和球茎的膨大；在魔芋球茎成熟休眠期，由于魔芋根和叶的衰老，对氮的吸收急剧减少。

从魔芋对硝态氮和非硝态氮的吸收情况来看，魔芋在种球茎衰减期对硝态氮的吸收维持在一个相对较高的水平，之后急剧增加，在种球茎继续膨大期略有下降，之后急剧下降；魔芋对非硝态氮（主要是尿素）的吸收表现为，在种球茎衰减期魔芋对非硝态氮有从少到多急剧增加的吸收过程，在之后的生长发育期中维持在最高水平。

魔芋对硝态氮的吸收基本符合总氮的吸收规律，只是在生长发育前期魔芋对硝态氮的利用较为稳定，且魔芋整个生长发育期中对硝态氮和非硝态氮的利用各占一半，因此用于魔芋肥料中，硝态氮和非硝态氮应各占一半。后期硝态氮的急剧下降跟魔芋叶片急剧衰老的趋势一样，可能是由于魔芋叶片易吸收利用硝态氮来促进叶片的生长发育和维持叶片功能。

（2）对钾的需求规律　魔芋生长发育期对钾的吸收量较大，魔芋生长发育的前半期对钾的吸收急剧增加，后半期略有下降；魔芋对钾的吸收与对全氮的吸收过程相似，只是在生长发育的后半期维持在较高吸收量。

（3）对磷的吸收规律　魔芋整个生长发育期间对磷的吸收都保持在一定的吸收量，对磷的需求较为稳定。

有关试验研究表明，魔芋的不同生长发育期对肥料的需求也有所不同。在魔芋开叶（叶突破叶芽鳞片的包裹）之前（0～40天）断肥使其叶面积减小；在开叶后到茎叶迅速生长期（40～80天）断肥使其地面植株生长发育受到最大抑制，之后的断肥不影响叶面积的增减；在魔芋生长的前半期和后半期都供给充足的养分，其叶面积最大，地面植株生长最旺盛，新球茎鲜重最高，但干物率最低；在生长发育前半期只供给少量养分，其叶面积较小，产量低。

在生长发育前半期充分满足肥料的基础上，后半期减少施肥，植株表现最为良好，虽叶面积稍小和地面植株稍小于全生育期充分供肥小区，但其产量高，干物质重量可以与全生育期充分供给营养相当，干物率高、粗粉率高和氮肥利用率高，发病率低。

茎叶迅速生长期之后的断肥实验表明，生长发育后半期的断肥在降低新球茎鲜重的同时能保持干物重；粗粉率的比较研究发现，全生育期持续供肥的试验小区魔芋粗粉率最低，而生长发育后半期断肥的试验小区魔芋粗粉率特别高，而且全生长发育期持续供肥的试验小区魔芋球茎质量最差。

魔芋在出苗（魔芋叶芽突破土层漏出叶芽）后16天开始吸收土壤养分；在出苗后33～73天干物质大量形成时，氮的吸收量最多，平均每天达39.9毫克；磷的吸收高峰在出苗后48～78天，平均每天吸收7.4毫克；钾吸收早，速度增加快，吸收量高，氮磷钾之比为6∶1∶8；出苗后63天，球茎膨大速度加快，钾、氮吸收的波幅变化较大，而磷相对平稳，含量大小依次为钾＞氮＞磷。

从以上可以看出，魔芋生长发育前半期吸收充足的养分，能获得较好的叶面积，在后半期断肥，能确保新球茎的高产量和高品质。因此，魔芋生长发育前半期充分供给和吸收养分，地面植株生长旺盛，后半期在维持有效制造养分的同时，慢慢减少氮、磷、钾等养分吸收量，可促进魔芋球茎和小球茎肥大、饱满，产量最高、品质最好。

（二）最佳施肥时间和空间位点

魔芋属块茎作物，其根为弦状根，浅根系作物，根系多，吸收力较强，必须培肥土壤和科学施肥相结合。要遵循底肥和追肥相辅相成，农家肥和复合肥各有其用，相互结合的原则。应在施足基肥的前提下，在魔芋出苗开始展叶封行前追施。在施肥过程中，肥料和魔芋块茎之间应保持一定的距离，尤其是对沤制的有机肥，一定要完全腐熟，以免肥中带菌及发酵灼烧烧伤魔芋块茎和根系。

1. 基肥 基肥的施用一般在栽种前 10～15 天，或在播种时施于种植沟内，或在两行种植沟之间另挖一行施肥沟施下或在魔芋刚出苗时进行全层施肥。具体方法：

一是魔芋开始出土时结合中耕培土时施基肥，并培土。即在两行魔芋之间挖 10 厘米的施肥沟，将腐熟的有机肥和专用肥混匀后施于沟内覆土覆盖。

二是在种植魔芋时将种植沟挖深约 12～15 厘米，在沟底施经腐熟的有机肥，再施专用肥，然后覆盖一层约 3 厘米厚的土，斜放种芋后再盖一层土，再覆盖 3～5 厘米厚的松毛或稻草。

三是把种芋斜放于种植沟底，盖上一层经腐熟的有机肥（腐殖质），距离种芋四周水平方向 7～10 厘米处再施专用肥，覆土即可。上述 3 种方法的共同点是基肥集中施用，接近种芋，但又不直接接触，肥料利用率高，但又不伤种芋。

将肥料置于种芋之上是一种较好的方法，具体方法是将种芋斜放于深约 12～15 厘米植株沟，盖 3～5 厘米厚的土，再施化肥，再覆盖 3～5 厘米厚的松毛或稻草；或者覆盖一层经腐熟的有机肥（腐殖质），再覆盖 3～5 厘米厚的松毛或稻草；魔芋根系从顶部长出后可被直接吸收利用。但应慎重施用化肥，施用量不宜过量。

2. 追肥 魔芋追肥的原则是生育前期、中期应供给充足的养分，确保地上部分旺盛生长，而在生育后期（7 月下旬以后），在维持有效养分供给的前提下应减少施肥，控制地上部分生长，促使地下部分块茎中干物质的积累，充实球茎和根状茎。根据土壤肥力情况，在魔芋生长过程中结合中耕除草培土施用，一般追施在行间浅沟，施肥后覆土覆盖，或者施于魔芋植株（种球）周边 10～15 厘米处，追肥后立即培土覆盖。

（三）施肥量推荐

在中低肥力地块种植魔芋，施 N 225～270 千克/公顷、P_2O_5 75～97.5 千克/公顷和 K_2O 210～262.5 千克/公顷，无论产量还是经济效益都最好（表 4 - 13）。周军、杨应祥（2009）研究表明，施用硅、钙、钾、镁等元素肥料，可减轻魔芋病害发生。

表 4 - 13　魔芋土壤有效养分丰缺指标和土壤养分推荐施用量

肥力等级	土壤有效养分丰缺指标（毫克/千克）			土壤养分推荐施用量（千克/公顷）		
	碱解氮	有效磷	速效钾	N	P_2O_5	K_2O
高	>250	>90	>200	90	0	0
较高	200～250	60～90	150～200	135	0	60
中等	150～200	30～60	120～150	180	45	120
低	60～150	15～30	80～120	225	60	165

（续）

肥力等级	土壤有效养分丰缺指标（毫克/千克）			土壤养分推荐施用量（千克/公顷）		
	碱解氮	有效磷	速效钾	N	P₂O₅	K₂O
极低	<100	<15	<80	270	75	210
目标产量（鲜块茎，吨/公顷）				37.5		

（四）施肥方法推荐

1. 施肥原则 魔芋幼苗期从土壤中吸收的养分较少，进入到生长期（展开叶期）后，开始从土壤中快速吸收养分，而到了块茎膨大期，对于养分吸收量达到顶峰。所以施肥时要重施基肥，施足基肥，基肥占总施肥量的 70%～80% 之间，施肥时要以有机肥为主，化肥为辅，追肥时少量或不施。早施芽肥，在芽鞘出土时结合除草施人畜粪尿或尿素。

2. 施足基肥 在播种前结合土壤翻耕，施入优质腐熟有机肥 75 000～120 000 千克/公顷，以及复合肥 900～1 200 千克/公顷，也可以用磷酸钙和硫酸钾各 750 千克/公顷代替。将肥料施入播种沟底，与土壤混合均匀，再覆盖 3～5 厘米肥土后播种，覆土盖严种芋，以避免种芋和肥料直接接触，影响发芽。

3. 合理追肥 魔芋追肥一般分 2～4 次。第一次追肥在魔芋出苗至展叶期，此次追肥主要是促进地上部分生长；第二次追肥一般在魔芋开始换头，第三次追肥在 7 月中下旬，第四次追肥在 8 月上旬。球茎膨大初期，以专用肥为主，施用含钾高的复合肥。施肥量约占施肥总量的 10% 左右，其主要作用是增强叶片长势、防止叶片早衰和延长光合作用时间，有利于产量的提高。如果基肥施用充足，可以根据魔芋苗的长势情况来酌情确定追肥次数、追肥量。

4. 田间农事活动注意事项 魔芋属块茎作物，根系多，吸收力强，植株、块茎水分含量多且皮薄，田间农事活动易造成对魔芋的损伤致使魔芋发病，因此在田间农事活动过程中应注意以下几个方面：播种魔芋时要保持三干，即种芋干、土壤干、肥料干，这样可以降低发生魔芋病害的风险。肥料与魔芋块茎要保持一定的距离。有机肥一定要完全腐熟，禽类粪便不宜做魔芋肥料。中耕、追肥应在晴天魔芋田间叶面露水干后进行。魔芋换头期间不能施用化学肥料。换头结束后追施含钾量较高的肥料以及草木灰、硫酸钾等。

参 考 文 献

田科虎，周光来，李锐.2010.鹤峰县测土配方施肥指标体系研究［J］.湖北民族学院学报（自然科学版），28（1）：25-29.

张燕，张翔，张跃雄，等.2016.魔芋种植需肥规律研究［J］.安徽农业科学，44（25）：28-30.

钟刚琼，盛德贤，牟方贵，等.2004.魔芋根系生长发育研究探讨［J］.陕西农业科学（6）：102-103.

第五章

蔬 菜

第一节 番 茄

番茄（学名：*Solanum lycopersicum*），又名西红柿、洋柿子，为管状花目茄科番茄属番茄科，一年生或多年生草本植物。番茄原产南美洲，中国南北方广泛栽培，是我国重要的蔬菜作物，是云南省主要的栽培蔬菜之一。番茄按其生长发育过程可分为发芽期（从种子发芽到第一片真叶出现）、幼苗期（从第一片真叶出现到开始现蕾）、开花坐果期（从第一花序现蕾到开花结果）、结果期（从第一花序坐果到拉秧）四个时期。

一、番茄根系的类型及其构成

番茄为深根性作物，由胚轴中的幼根伸长、分枝形成主根和各级侧根、根毛构成根系，起固定植株和供给地上部水分和营养的作用。番茄根再生能力强，育苗移栽时，当主根被截断时易产生大量侧根，并横向发展，这种特性决定了番茄育苗期幼苗移植或定植时易缓苗，成活率高。番茄茎基部和茎上，特别是茎节上易发生不定根，这种不定根与侧根相比入土浅、分布广度小，但同样也具有吸收能力和支持作用。生产上常常采用培土、压蔓及徒长苗进行"卧栽"等措施，诱发和利用不定根来防止倒伏，促进根系发达。

二、番茄根系在土层中的分布特征

番茄为深根性作物，根系发达，分布广而深，且根的再生能力强，根颈和茎上，特别是茎节上易生不定根，在良好的条件下，可以采用扦插繁殖。番茄的主根在不受损害的情况下，盛果期主根入土可达 150 厘米以上，根系展开幅度达 250 厘米左右。育苗移栽时，主根被切断，易产生大量侧根，并横向发展，大部分根群分布在 30～50 厘米的土层中，横向分布直径可达 130～170 厘米。番茄吸收水肥能力强，有一定的耐旱、耐肥能力。在番茄根茎或茎上，特别是茎节上发生的不定根生长很快，在良好的环境条件下，栽后 30 天左右可长达 100 厘米左右。

根据编者 2018 年在双柏县大庄镇大庄村委会定点观测表明，育苗移栽的番茄，在定植缓苗后至开花之间相对较短的苗期内，根系生长及分布区域主要集中在距植株5～8厘米处垂直方向0～10厘米土层，根系长度也以10厘米以内居多，且具有典型的双子叶植物所具有的直根系特征，主根较为粗壮，强势发育，侧根较为细弱。开花结果期根系继续生长发育，根系长度增加，根系分布区域扩大，主要集中分布在距植株5厘米处垂直方向0～20厘米土层，根系长度集中为5～15厘米。盛果期番茄根系进一步生长，根系长度集中分布在5～15厘米范围，盛果期距地表0～30厘米，距植株水平方向15厘米的区域根系层土壤水分变化明显，地表以下15～25厘米，距植株水平距离0～10厘米范围内最易出现土壤水分低值区。

在番茄的栽培管理中，要强调促根、养根和护根，关键在于主根、侧根和毛细根。主根，是根系的主体，是纵向根，决定着根群的大小；侧根，是由主根和自身分生，并构建分生的多级根，是横向根，决定着根群的范围；毛细根，是由主根和侧根分生而成的，数量众多，决定着根系的功能。实际生产中，主根扎得越深，侧根越多，毛细根越密，则番茄越容易获得高产。

在开花坐果期灌水量大不利于番茄根系向纵深生长，符合"水大根浅"的特征。结果初期，番茄根系生物量达到生育期最大值，随灌水量减小而增大，根系主要分布在0～40厘米的土壤中，同时可以看出，番茄根系生物量随土壤深度增加而减少，随灌溉水量减少而增加。番茄根系生物量在0～40厘米的土层中累计百分比达85%以上，根系趋于表层化，这主要是膜下滴灌条件下，根系的向水性所致（齐广平，张恩和，2009）。

番茄根系生物量大部分集中在0～30厘米的土层内，30厘米以下变化相对缓慢，开花坐果期和盛果期内，根长密度在土壤0～30厘米内随着根区含水量的升高呈现递增的趋势。根区水分变化对根系发育的影响在番茄开花初期较为明显，最终影响到根冠比和产量的构成；番茄生育后期，根区水分对深层根系生物量的贡献要高于对根长密度的贡献力，适水灌溉和充分灌溉对根系的水平分布无显著差异，但显著高于调亏灌溉，根系水平分布的集中区域随土壤含水量的升高逐渐远离滴灌带，在水分胁迫情况下，根系较集中地分布在离滴灌带垂直距离较近的范围内，使根系对土体剖面空间的更大范围内水分、养分的吸收受到限制，也会削弱植株的抗倒伏能力（方志刚，马富裕，崔静，郑重等，2008）。

随着施氮量的增加，整根的根长、根表面积、根体积和根干重均显著增加，各层土壤中的根密度也随之增加。施氮量一定时，先施氮处理中整根的根长大于先灌水处理，而根表面积、根体积和平均直径都小于先灌水处理；先施氮使得根系中细根（<1毫米）的比例增加且整根的平均直径下降，使得0～10厘米土层中的细根明显增加，而且细根系占整个根系的比例和产量之间有很好的正相关关系，整个根系中细根比例的增加会带来产量的增加，但处理间的产量差异不显著；先灌水处理导致直径大于1毫米根系增加，从而致使根表面积和根体积增加。在垂直土壤剖面上，先灌水处理使上层土壤的根密度增加，约95%的番茄根系主要集中在0～20厘米土层，且随着土层深度的增加，各处理土层根系长度比例依次递减，其中，0～10厘米土层根系长度所占比例最大，为85.26%～87.0%，10～20厘米土层次之，为8.36%～10.38%，20～30厘米土层最少，为3.07%～4.39%。其结果表明，先施氮后灌水的运行方式更有利于根

系向土壤深层延伸（刘世和，曹红霞，杨慧等，2016；栗岩峰，李久生，饶敏杰等，2006），主要原因是根系的生长具有趋肥性，被水溶解后的氮肥渗透到深土层中，将根系引导到深层土壤中的缘故。

植物的根在有效磷含量较高的区域分布越多，根系接触到的土壤面积越大，越有利于植物对土壤磷的吸收，即植物根长会随着土层深度的加深逐渐减小（魏其克，1987；卢振民，1991；郭再华等，2005），原因是由于植物根系形态随着磷供应水平的改变发生适应性变化来增加根系与土壤的接触面积，以提高植株对土壤中有效磷的获取，从而提高磷肥利用效率（严小龙等，2000；王秀荣等，2004；曹丽霞等，2009；吴俊江等，2009）。

低磷胁迫环境下植物更趋向于增加根长和根表面积以便获得更多的磷营养（刘灵等，2008），这种根系空间配置的改变，促使番茄根干质量增加，从而使根冠比增加。

在供磷条件下，番茄的总根长和根直径 0～1.5 毫米范围内的细根长与土层深度有关，且在 0～15 厘米土层的总根长和细根长显著高于 15～30 厘米土层（郭再华等，2005）。当 15～30 厘米和 30～45 厘米土壤中有效磷含量分别为 16.2 毫克/千克和 11.4 毫克/千克时，低于番茄正常生长对磷养分需要的条件下，这类土壤不施磷肥的情况下，较深层土壤中番茄的根冠比高于表层土壤，且在 15～30 厘米土层差异显著（于洪杰，陈少灿，周新刚等，2016）。

因此，在番茄栽培管理过程中对磷肥的施用量要求严格，施用量过高或过低都会造成番茄产量的下降（王进等，2006；张彦才等，2008）。

三、番茄施肥技术推荐

（一）番茄最佳施肥时间和空间位点

磷在土壤中的移动性很小，植物根系一般仅能吸收距根表面 1～4 毫米根际土壤中的磷（李庆逵，1986；王树起等，2010；苏德纯，1995），而且番茄植株地上部的生物量受施磷水平和土层深度的共同影响，而番茄根系干质量、总根长、根表面积、根体积以及 0～1.5 毫米根直径、总根长受施磷水平影响较大，受土层深度影响较小。因此，深耕施肥时需综合考虑施磷水平及翻地深度，可适当将深度为 0～15 厘米的表层土壤翻耕成垄墒以增厚活土层，为作物根系伸展提供较大的土体空间，以便植物更好地生长发育和对磷、钾等养分的吸收利用（郭再华等，2005）。不同土层深度及磷水平对番茄地上部生物量均有影响，表层土壤施磷更利于番茄生物量的积累；根系形态受施磷水平影响较大，受土层深度影响不显著（于洪杰，陈少灿，周新刚，吴凤芝等，2016）。

综合以上前人研究成果，番茄施肥应以基肥为主，结合整地将肥料均匀撒于地表，翻耕、耧平耙实。也可进行条沟施，深度为 8～10 厘米，施好后覆土。特别是磷肥要注意施于作物根系密集区域，即在植株根茎水平方向 3～20 厘米和垂直方向 5～15 厘米范围的土层（图 5-1）。

定植期施足底肥的前提下，幼苗长至 5～6 片叶时，根据苗情追施壮苗肥；于第一穗果开始膨大时结合浇水施用平衡型水溶性肥料，第一个果的直径长至 1.5～2.5 厘米时追肥浇水，第二和第三果直径长至 3 厘米大小时，分别进行第二和第三次施肥浇水。每次采果后，交替施用高钾水溶肥和平衡型水溶肥，滴灌或冲施。

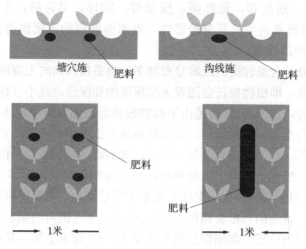

图 5-1　番茄底肥施用方法示意

（二）番茄的需肥特点

番茄是连续开花结果的蔬菜，生长期长，产量高，需要从土壤中吸收大量养分。其生长过程中对钾肥的需求量最高，其次为钙和氮，磷、镁较少。据有关试验研究测算，每生产 1 000 千克番茄需吸收氮（N）2.7～3.2 千克、磷（P_2O_5）0.6～1.0 千克、钾（K_2O）4.9～5.1 千克、钙（CaO）2.5～4.2 千克、镁（MgO）0.43～0.90 千克。一生中对氮、磷、钾、钙、镁 5 种营养元素的吸收比例约为 1∶0.26∶1.8∶0.74∶0.18，其中，肥料三要素的吸收比例氮∶磷∶钾为 1∶0.28∶1.80。番茄在不同生育时期对养分的吸收量不同，其吸收量随着植株的生长发育而增加。育苗时，氮、磷、钾比例为 1∶2∶2，育出的壮苗可提早开花结果，提高结果率。在幼苗期以氮素营养为主，定植后一个月内吸肥量仅占总吸收量的 10%～13%，其中钾的增加量最低。定植以后 20 天及其之后，吸钾量猛增，其次是磷。各元素吸收顺序为：钾＞氮＞钙＞磷＞镁。在第一穗果开始结果时，营养生长和生殖生长同步进行，对氮、磷、钾的吸收量迅速增加，氮在三要素中占 50%，钾只占 32%，到结果盛期（第一穗果开始采收，第二穗果膨大，第三穗果形成）时，番茄达到需肥高峰期，此期氮吸收量只占 36%，而钾已占 50%；吸肥量占总吸收量的 50%～80%，此后养分吸收量逐渐减少。

氮肥对其茎叶的生长、果实的发育及产量形成有重要作用。磷能够促进幼苗根系生长发育，花芽分化，提早开花结果，改善品质，番茄对磷的吸收不多，但对磷敏感。对磷素吸收能力较弱，前期吸收量较大，第一穗果实长到核桃大小时，植株吸磷量约占整个生育期的 90%。钾可增强番茄的抗性，促进果实发育，提高品质。番茄的需钾量最大，约为氮的 2 倍，需钾规律和氮相似，前期少，中后期大。钙的吸收与氮相似，果实膨大期缺钙，容易使果实发生脐腐病、心腐病及空洞果。番茄对缺铁、缺锰和缺锌都比较敏感。番茄生长量大，产量高，需肥量大，并且番茄采收期较长，必须有充足的营养才能满足其茎叶生长和陆续开花结果的需要，所以番茄施肥应施足基肥，适时追肥，并且需要边采收边供给养分。

在生产实践中畸形果的出现往往与番茄花芽分化时遇到低温有直接关系，但是氮肥过多，植株生长过旺，尤其是育苗期间多肥、多湿，茎秆生长过粗，也是产生畸形果的诱因。在生长季施用氮肥过多还会引起顶叶非病毒性"卷叶",其外形与番茄病毒症状相似,但不是番茄病毒病,但氮肥施用过多引起卷叶后很容易感染病毒病。此外,高温干旱季节,果实出现的"脐腐病"与钙营养不足有密切关系。

(三)番茄施肥量推荐

1. 苗期施肥 采用专用育苗基质,或在播种前半个月准备好育苗床土,床土需要肥沃的菜园土,一般每立方米床土施腐熟有机肥 5 千克左右(马粪七成,大粪三成),掺入纯氮(N)0.2 千克(相当于 1 千克硫酸铵)、P_2O_5 0.1~1.0 千克(相当于 0.7~7 千克过磷酸钙)、K_2O 0.1 千克(相当于 0.2 千克硫酸钾),随即充分拌匀。根据番茄苗长势情况适时追施肥料。

2. 定植及定植后施肥量推荐

(1)番茄土壤有效养分丰缺指标 见表 5-1。

表 5-1 番茄土壤有效养分丰缺指标

肥力等级	碱解氮 (毫克/千克)	有效磷 (毫克/千克)	速效钾 (毫克/千克)
低	<80	<10	<77
较低	80~125	10~20	77~110
中	125~170	20~30	110~165.0
较高	170~210	30~45	165.0~215
高	>210	>45	>215

(2)有机肥施用量 见表 5-2。

表 5-2 番茄土壤有机质等级及其有机肥基肥推荐施用量 (吨/公顷)

有机质 (克/千克)	很丰富	丰富	中	缺乏	很缺	极缺
	>40	30.1~40	20.1~30	10.1~20	6~10	<6
农家肥 (吨/公顷)	5~8	8~11	11~13	13~16	16~18	18~21
商品有机肥 (吨/公顷)	2~4	4~6	6~8	8~10	10~12	12~14

(3)氮肥施用量推荐 见表 5-3。

表 5-3 番茄土壤有效氮等级及其不同目标产量氮肥施用量(N,千克/公顷)

肥力等级	碱解氮 (毫克/千克)	目标产量(鲜番茄,吨/公顷)					备注
		<50	50~80	80~120	120~160	160~200	目标产量 (吨/公顷)
低	<80	140~175	170~220	220~260	270~310	310~360	施肥量 (N, 千克/公顷)
较低	80~125	100~140	130~170	160~190	180~220	210~280	
中	125~170	75~100	90~130	115~150	140~180	170~210	
较高	170~210	50~75	60~90	70~115	100~140	130~170	
高	>210	<50	40~60	50~70	70~100	90~130	

（4）磷肥施用量推荐　见表5-4。

表5-4　番茄土壤有效磷等级及其不同目标产量磷肥施用量（P_2O_5，千克/公顷）

肥力等级	有效磷（毫克/千克）	目标产量（鲜番茄，吨/公顷）					备注
		<50	50~80	80~120	120~160	160~200	目标产量（吨/公顷）
低	<10	80~100	120~140	150~180	190~210	230~250	
较低	10~20	50~80	90~100	140~150	160~190	200~230	施肥量（P_2O_5，千克/公顷）
中	20~30	40~50	60~90	110~140	130~160	160~200	
较高	30~45	<40	30~50	60~110	80~130	100~160	
高	>45	0	0	<60	<80	<100	

注：磷肥总量的60%作基肥，40%作追肥施用。

（5）钾肥施用量推荐　见表5-5。

表5-5　番茄土壤有效钾等级及其不同目标产量钾肥施用量（K_2O，千克/公顷）

肥力等级	速效钾（毫克/千克）	目标产量（鲜番茄，吨/公顷）					备注
		<50	50~80	80~120	120~160	160~200	目标产量（吨/公顷）
低	<77	150~180	180~240	240~340	450~550	550~650	
较低	77~110	105~150	150~180	180~240	340~4500	450~550	施肥量（K_2O，千克/公顷）
中	110~165.0	80~105	105~150	150~180	240~340	340~450	
较高	165.0~215	53~80	80~105	105~150	150~240	240~340	
高	>215	<53	53~80	80~105	105~150	150~240	

注：钾肥总施用量的30%作基肥于预整地时施用，70%作追肥分次施用。

（四）番茄施肥方法推荐

1. 施肥原则

①合理施用有机肥，调减氮磷肥数量，增施钾肥，非石灰性土壤及酸性土壤需补充钙、镁、硼等中微量元素。

②根据作物产量、茬口及土壤肥力条件合理配施化肥，大部分磷肥基施、氮钾肥追施；生长前期不宜频繁追肥，而要重视花后和中后期追肥。

③与高产栽培技术结合，采用"少量多次"的原则，合理灌溉施肥。

④土壤退化的大棚需进行秸秆还田或施用高C/N比的有机肥，少施禽类粪肥，增加轮作次数，达到除盐和减轻连作障碍的目的。

2. 番茄合理施肥的原则　番茄对肥料十分敏感，追肥过早过迟、过多过少、过于集中，均不利于番茄生长。所以合理施肥是番茄高产的一项重要措施，应掌握"一控、二促、三喷、四忌"的原则。

一控：番茄定植至坐果前这一时期，追肥技术上应采取控制追肥，看苗追肥，若追肥过早、过多、过于集中，则茎粗叶大、叶色浓绿，造成植株徒长，甚至引起落花落果。所以除植株严重缺肥的情况下，略施清水粪或生化有机液肥（500倍）外，一般都应控制追肥。

二促：番茄幼果期和采收期应重施追肥，促进生长发育，在第一花序坐果以后，且果实有核桃大时，植株要分枝，幼果要膨大，又要继续开花结果，养分消耗大，此时要施用速效肥料1～2次，采取勤追猛保的方法，不断供给养分，才能满足番茄不断生长发育的需要，否则会造成后期脱肥，从而影响果实发育，导致植株早衰。一般在晴天每隔10天施一次浓度30%的人粪尿或含硫复合肥浸出液，以保证植株不脱肥，促进幼果迅速膨大。

三喷：番茄不仅由根部从土壤中吸收营养元素，而且可以由叶片吸收矿质营养等，以促进果实及种子的发育。所以在果实生长期间，特别是前期连续阴雨不能进行地下追肥时，应进行2～3次叶面喷肥，可用生化有机液肥300～500倍液喷施，还可用螯合态多元复合微肥500倍液喷施，以提高番茄的品质。

四忌：即番茄追肥，忌在土壤较湿和中午高温条件下进行，忌用高浓度肥料，忌过于集中施肥，一则易使植株徒长，二则易产生肥害，湿土施肥，易引起落花、落叶和落果等生理性病害，在高温高湿条件下施肥，由于土壤湿度大、气温高，植株叶片水分蒸发量大，会影响植株根系功能的正常运转，引起植株死亡。湿度大和高温条件下施肥，还易引起青枯病发生。因此，施追肥的时间应避开高温时段，以清晨或傍晚进行为宜。

3. 施肥要点

（1）施足底肥　定植期要施足底肥，特别是对于早熟性较好的番茄品种来说，果实发育快，前三层结果紧凑，对肥水要求较高。

（2）巧施追肥　根据土壤肥力状况、底肥施用情况、苗情长势强弱情况等酌情适时追肥。若土壤肥力较低、底肥施用不足或较少、苗情长势弱，则进行第一次追肥，在定植后10～15天冲施催苗肥，促苗早发根；第二次追肥，在花芽分化之前追施番茄专用高磷水溶配方肥，促进花芽分化，保花保果，提高坐果率；第三次追肥，在第一穗果开始膨大时冲施、重施催果肥，每10～15天冲施一次番茄专用水溶配方肥，达到膨果、增产，增强抗逆性；第四次追肥，当第一穗果发白，或第一穗果临近收获，第二、第三穗果迅速膨大时，进入盛果中后期，每10～15天冲施一次番茄专用高钾水溶配方肥，既可延长结果期，提高果实品质，又可防止早衰减产。

若番茄营养生长中等，植株生长较弱，第一穗花期应及时浇水施肥。第一次冲施肥必须等到果实有核桃大时再浇，以免营养生长过旺，影响果实发育。追肥以钾、氮肥为主，辅以必要的微量元素，不可偏施氮肥。番茄专用冲施肥效果比较好。

土壤缺钾的情况下，中后期追施钾肥对番茄果实着色均匀、减少畸形果、提高果品质量具有重要作用。

每次采果后，交替施用，滴灌或冲施高钾水溶肥（N-P_2O_5-K_2O=14-14-30或18-5-27）和平衡型水溶肥（N-P_2O_5-K_2O=20-20-20或19-19-19），并结合使用腐殖酸水溶肥料刺激根系活力，提高植株的生长活力，促进果实快速膨大，提高果实品质，防止植株早衰，延长采收期。

土壤pH小于6时易出现钙、镁、硼缺乏，可基施钙肥、镁肥，根外补施2～3次0.1%浓度的硼肥。

保护地番茄施肥，要防止施肥过多引起的盐分障碍。施肥时应增加有机肥投入，化肥用量比露地可减少20％～30％，而且宜少量多次施用，并注意要及时灌水压盐，以促进番茄的生长发育。

叶面肥，在定植15天左右喷施一次，在花芽分化前期喷施一次，盛果期喷施一次。如0.3％～0.5％尿素、0.5％磷酸二氢钾、0.1％硼砂等，以延缓衰老，延长采收期，争取中后期产量。

（五）番茄无土栽培营养液的管理

1. 营养液配方选用 适宜番茄生长的营养液配方为：硝酸钙：450克/吨，硝酸钾：375克/吨，磷酸二氢钾：140克/吨，硫酸镁：250克/吨；EDTA铁钠盐：20克/吨，硼酸：3克/吨，硫酸锰：2克/吨，硫酸锌：0.2克/吨，硫酸铜：0.1克/吨，钼酸铵：0.1克/吨。

在开花结果盛期适当增加硝酸钙的用量，预防脐腐病。

2. 营养液浓度管理 番茄营养液浓度（EC值）不同生长阶段有所不同，从定植到开花前EC值控制在1.5～2.0毫西/厘米，开花到第一批果采收时EC值控制在2.0～2.5毫西/厘米，开始采收后可把浓度提高到3毫西/厘米，有助于品质的提高，确保产量（王萍，2017）。

3. 营养液酸碱度管理 酸碱性管理，番茄生长的最适pH 5.5～6.5。一般栽培过程中pH呈上升趋势，当pH小于7.5时，番茄仍正常生长，但pH大于8，就会破坏养分的平衡，引起Fe、Mn、B、P等的沉淀，将会出现缺素症状，必须及时调整。

（六）设施番茄水肥一体化管理技术

①根据土地面积、形状设置合理的管道布置方式。温室内的主管道两端各留1米，支管长8.3米（北边空1.2米，南边空0.5米），选择功率为370瓦，扬程16米的喷射泵，主管道为直径32毫米的黑色橡胶管，支管选20毫米直径的黑色塑料管，滴管口间距30厘米左右，支管间距为：小间距（之间无过道）为50～55厘米，大间距（之间设过道）为1～1.2米。

②选择适用的化肥种类。水肥一体化滴灌所选择的肥料必须符合"水溶性肥料类及其相关标准"，以防堵塞管道，促进根系对养分的吸收。

③滴灌施肥方案确定。要根据耕地土壤地力现状、茬口安排、栽培品种等确定合理的滴灌施肥方案。将地力划分为低、中、高三个肥力等级。中等肥力要获得目标产量300吨/公顷，每公顷总施用量为纯氮、氧化磷、氧化钾分别为552～690千克、216～240千克、750～900千克，低等肥力及高等肥力地块施肥量在此基础上分别增加和降低15％～20％。

④施足基肥。每公顷施用农家肥等有机肥75 000千克左右，尿素、过磷酸钙、硫酸钾分别为225千克、450千克、150千克左右，开深15厘米、宽25厘米的施肥沟，化肥与农家肥充分均匀混合后施于施肥沟，以施肥沟为中心线起垄（畦）备移栽。

⑤定植后3～4天滴灌1次缓苗水，缓苗水后1周内不再浇水，用于蹲苗，促使根系向纵深发展，为以后生长、开花、坐果打下良好基础。

⑥缓苗后至开花坐果期，水肥需要量增大，为促进植株快速生长，每7天需滴灌浇水1次，每次浇水2.0小时左右，使土壤相对湿度达到80％左右，第一穗果实坐住时随水浇施肥料1次，氮、磷、钾施用量分别为追肥的15％左右，分2～3次均匀滴灌施入。

　　⑦果实膨大期及采收初期每 5 天滴灌浇水 1 次，每次浇水约 2 小时，结果盛期每 3 天浇水 1 次，每次浇水 1.5 小时左右，保持土壤相对湿度在 65% 左右，拉秧前半个月不再浇水施肥。留果穗数 10～12 穗，分别在每隔一穗果（每穗果时用量减半）的膨大期（约半个月）追肥 1 次，每次每公顷追施纯氮 55.2～69 千克、氧化磷 12～14.4 千克、氧化钾 6.0 千克左右。采收盛期严防土壤忽干忽湿，为防早衰和畸形果的产生，应增施适量叶面肥或微肥。

　　⑧浇水施肥宜选在晴天上午 10 点以前或下午 5 点以后，正午温度过高、阴雨天时不宜浇水。浇水时开启顶通风和底通风，以便降低空气湿度。每次浇水施肥时间比例按 1∶2∶1，即每次施肥前 1/4 和最后的 1/4 时间浇清水，中间 1/2 的时间随水滴灌施肥，或先滴清水 10～15 分钟再滴肥水，最后再滴 10～15 分钟清水，以利肥料的充分吸收，同时可清洁管道。

　　注意事项：①为使水肥浇灌均匀，需将地面整平。过滤器和滴灌孔需定期（1 周 1 次）检查清洗，以防堵塞。②需要根据当地土壤、气候条件等做出适当调整，更好地与当地环境相结合，以增加产量，提高效益。

参 考 文 献

曹丽霞，陈贵林，敦惠霞，等 . 2009. 缺磷胁迫对黑籽南瓜幼苗根系生长和根系分泌物的影响 [J] . 华北农学报，24 (5)：164-169.

方志刚，马富裕，崔静，等 . 2008. 加工番茄膜下滴灌根系分布规律的研究 [J] . 新疆农业科学，45 (1)：15-20.

郭再华，贺立源，徐才国 . 2005. 低磷胁迫时植物根系的形态学变化 [J] . 土壤通报，36 (5)：760-764.

李娟，章明清，姚宝全，等 . 2011. 福建省主要蔬菜氮磷钾营养特性及其施肥指标体系研究Ⅱ. 主要蔬菜氮磷钾施肥效应及其土壤养分丰缺指标 [J] . 福建农业学报，26 (3)：432-439.

栗岩峰，李久生，饶敏杰 . 2006. 滴灌施肥时水肥顺序对番茄根系分布和产量的影响 [J] . 农业工程学报，22 (7)：205-207.

刘灵，廖红，王秀荣，等 . 2008. 不同根构型大豆对低磷的适应性变化及其与磷效率的关系 [J] . 中国农业科学，41 (4)：1089-1099.

刘世和，曹红霞，杨慧，等 . 2016. 灌水量和滴灌系统运行方式对番茄根系分布的影响 [J] . 灌溉排水学报，35 (2)：77-80.

卢振民 . 1991. 冬小麦根系各种参数垂直分布实验研究 [J] . 应用生态学报，2 (2)：127-133.

齐广平，张恩和 . 2009. 膜下滴灌条件下不同灌溉量对番茄根系分布和产量的影响 [J] . 中国沙漠，29 (3)：463-467.

石小虎，曹红霞，杜太生，等 . 2013. 膜下沟灌水氮耦合对温室番茄根系分布和水分利用效率的影响 [J] . 西北农林科技大学学报（自然科学版），41 (2)，89-93，100.

苏德纯 . 1995. 从土壤中磷的空间分布特征探讨提高磷肥及土壤磷有效性的新途径 [J] . 磷肥与复肥，31 (10)：74-76.

王进，田丽萍，白丽，等 . 2006. 覆膜滴灌条件下氮磷钾肥配施对加工番茄生物学性状与产量的影响 [J] . 石河子大学学报，24 (2)：205-209.

王萍 . 2017. 生育期营养液浓度调控对番茄生长、产量及品质的影响 [D] 杨凌：西北农林科技大学 .

王秀荣，廖红，严小龙 . 2004. 不同供磷水平对拟南芥根形态的影响 [J] . 西南农业学报，17 (1)：

193-195.

魏其克.1987. 冬小麦不同群体根系发育规律的研究 [J]. 西北农业大学学报，15（3）：49-56.

吴俊江，马凤鸣，林浩，等.2009. 不同磷效基因型大豆在生长关键时期根系形态变化的研究 [J].
大豆科学，28（4）：821-832.

严小龙，廖红，戈振扬，等.2000. 植物根构型特性与磷吸收效率 [J]. 植物学通报，17（6）：
511-519.

颜冬云，张民.2005. 控释复合肥对番茄生长效应的影响研究 [J]. 植物营养与肥料学报，11（1）：
110-115.

于洪杰，陈少灿，周新刚，等.2016. 不同土层深度及磷水平对番茄生物量及根系形态的影响 [J].
中国蔬菜，4：42-47.

张彦才，李若楠，王丽英，等.2008. 磷肥对日光温室番茄磷营养和产量及土壤酶活性的影响 [J].
植物营养与肥料学报，14（6）：1193-1199.

第二节　黄　瓜

黄瓜（学名：*Cucumis sativus* L.），为葫芦目葫芦科黄瓜（甜瓜）属黄瓜种，一年生蔓生或攀援草本植物。也叫青瓜、胡瓜，为瓜类蔬菜。中国各地普遍栽培，且许多地区均有温室或塑料大棚栽培，现广泛种植于温带和热带地区。黄瓜为中国各地夏季主要蔬菜之一。茎藤药用，能消炎、祛痰、镇痉。

一、黄瓜根系的特点及其构成

黄瓜的根系由主根、侧根、须根和不定根组成。主根又称初生根，由胚根发育而成。侧根又叫次生根，是在主根一定部位发生。一级侧根又可分生出二级侧根，二级侧根又可分生出三级侧根。不定根多从根颈部和茎上发生，因此，黄瓜幼苗期在子叶下部的胚轴上通过培土较易发生不定根，而且不定根比主根和侧根相对强壮一些。所有主根、侧根上都可分生出更为纤细的须根。

黄瓜根系的形成层（维管束鞘）易老化，并且发生早而快。如根系老化后或断根，很难生出新根。所以育苗移栽时，苗龄不宜过长，在10天苗龄时移栽成活率最高。定植时，要防止根系老化和断根，应尽量保护根系的完整。黄瓜根系的再生力在不同的类型或品种之间存在着差别，一般春季栽培的早熟类型品种，比夏季栽培的晚熟类型品种再生力强。

生产实践中如果嫁接部位过低或定植过深，接穗的不定根接触到土壤，就会影响黄瓜嫁接防病、抗寒效果。

二、黄瓜根系在土层中的分布特征

黄瓜由于原产于热带雨林地区，极易从腐殖质土壤中吸收水分和养分，形成分布浅而弱的根系。因此，黄瓜属浅根系作物，通常主根向土层垂直伸长，在直播不断根的情况下，播种出苗6周其主根伸长可达60～100厘米深的土层中，并不断分生一次侧根，二次侧根，以致三次侧根。深入土壤深层的仅仅为主根，主要吸收水肥的根群多集中分布在25～30厘米土层中，其中0～20厘米土层分布更为密集。主根上分生的侧根向四周水平伸展，伸展的宽度可达 200 厘米左右，但主要集中于植株周围半径 30～40 厘米的范围内，其中 5～10 厘米土层分布更为密集。这些特点决定了黄瓜根系喜肥、好气和好湿，栽培上要求选择肥沃疏松和湿润的土壤条件，在栽培中要求定植要浅。

三、黄瓜施肥技术推荐

（一）黄瓜最佳施肥时间和空间位点

黄瓜的主要施肥期：定植前施足基肥，定植后施促苗肥、促瓜肥，盛瓜期追肥（4～6 次）。

黄瓜根系较弱，基肥应集中深施，即先将地深翻整平后，在起垄处开 60 厘米宽、10 厘米深的沟，将有机肥和复合（混）肥均匀铺施覆埋后起垄 15～25 厘米定植。追肥：适时施用促苗肥（4～5 片叶）、初瓜肥、盛瓜肥。距离植株根茎 6～25 厘米处条施或穴施于 6 厘米土层；水肥一体化滴灌应将滴灌管布设于距离植株根茎 6～15 厘米处。土壤肥力较低苗架长势弱的地块施促苗肥（随浇苗水），初瓜期施肥（初瓜期是指黄瓜第一根瓜长到拇指粗细，到第一批根瓜达到商品瓜为止的一段管理时期）和盛瓜期施肥每 7～10 天追肥 1 次，或根据采收情况每采收 2 次，追肥 1 次，以促进瓜果膨大，提高产量和品质。

根外追肥，结瓜盛期可以叶面喷施，补充磷、钾、氮元素的不足。

（二）黄瓜需肥规律

黄瓜的营养生长与生殖生长并进时间长，产量高，需肥量大，喜肥但不耐肥，是典型的果蔬型瓜类作物。黄瓜具有选择性吸收养分的特性，属喜硝态氮作物。黄瓜从播种到收获结束大约 90～150 天。冬暖大棚栽培的越冬黄瓜生育期长达 8～10 个月。整个生育期的需肥特性，受多种环境条件的影响，但生产 1 000 千克产品需肥量基本是恒定的。研究结果表明，黄瓜对氮、磷、钾等元素养分的吸收量与产量呈正相关，即每 1 000 千克果实需氮（N）2.8～3.2 千克、磷（P_2O_5）1.2～1.8 千克、钾（K_2O）3.3～4.4 千克、钙（CaO）2.9～3.9 千克、镁（MgO）0.6～0.8 千克。从以上可看出，黄瓜一生中对钾的需求量最高，其次为氮、钙，再次为磷、镁等，其对氮、磷、钾的需求比例基本符合 1：0.56：1.38。

在整个结瓜期中，初瓜期需要吸收大量的钾素，对氮、磷的需求量相对较低，形成 1 000 千克黄瓜所吸收的 N 为 1.9 千克、P_2O_5 为 1.4 千克、K_2O 为 3.6 千克；盛瓜期表现出与初瓜期类似的规律，对钾的需求量最高，其形成 1 000 千克黄瓜所吸收的 N 为 2.1～2.7 千克、P_2O_5 为 1.2～1.6 千克、K_2O 为 2.7～3.4 千克；末瓜期则对养分的需求量降低，尤其是钾，其形成 1 000 千克黄瓜所吸收的 N 为 1.8 千克、P_2O_5 为 1.0 千克、K_2O 为 1.9 千克。所以黄瓜施基肥时多施磷肥，少施氮、钾肥，追肥以氮、钾肥为主，适当配施磷肥及各种微肥。黄瓜具有喜肥但不耐肥的特点，因此每次追肥量不宜太大，否则易造成肥害、烧苗现象出现。

黄瓜具有多次结实、多次采收的特性。不同品种、茬口及生育期需求养分的种类、数量和比例也各不相同。黄瓜生长过程中对氮、磷、钾、钙、镁的吸收动态，大致符合 S 形曲线。例如氮的吸收，定植时，植株吸收的氮素仅占全生育期的 1.9%，定植 30 天后增至 26.9%，定植 50 天后猛增至全生育期的 59.6%，70 天后吸收量占到全生育期的 82.9%，此后逐渐减少。可见，黄瓜对氮的吸收是随生长量的增加而增加。在定植 30 天内，叶中各种养分的含量比果实多，而茎最少；至 50 天，果实的吸收量与叶相近；到 70

天，果实吸收量超过叶部，而茎则增长很慢，最终吸收量也很少。由此可知，黄瓜吸收的矿质养分主要是分配到果实形成产量，其次是分配到叶片。

（三）黄瓜施肥量推荐

黄瓜生育前期养分需求量较小，随生育期的推进，养分吸收量显著增加，到结瓜期时达到吸收高峰。在全生育期内，氮素养分吸收量持续增加，进入果实采收期急剧增加，黄瓜是喜硝态氮作物，在只供给铵态氮时，叶片变小，生长缓慢，钙、镁吸收量降低，且常发生缺钙的生理障碍；干旱或土壤溶液浓度过大会诱发植株生理性缺钙，使产量降低。硝态氮肥和铵态氮肥交替施用，可以减轻这种生理障碍，并促进黄瓜增产，铵态氮肥施用量不超过氮肥施用总量的 1/4～1/3 时效果才好。黄瓜对磷的吸收量初期较少，到果实膨大期和采收期增加。黄瓜对钾的吸收量多，其次是氮，再次是磷。

磷酸二铵、过磷酸钙、硝酸磷肥均可作为磷肥追施，而硝酸磷肥是最理想的品种，硫酸钾、磷酸二氢钾均可作为钾肥追施，而磷酸二氢钾是最理想的叶面喷施肥料，其浓度不要大于 0.2%，并要注意其纯度，杂质过多对叶片有害。氯化钾肥慎用或最好不用，因氯离子会使叶片老化变脆。

1. 黄瓜土壤有效养分丰缺指标　见表 5-6。

表 5-6　黄瓜土壤有效养分丰缺指标

肥力等级	碱解氮 （毫克/千克）	有效磷 （毫克/千克）	速效钾 （毫克/千克）
低	<70	<25	<90
较低	70～110	25～40	90～120
中	110～150	40～65	120～165
较高	150～190	65～90	165～220
高	>190	>90	>220

2. 穴盘基质育苗　黄瓜育苗基质配比为草炭 2 份、蛭石 1 份，此外，每立方米基质加 15∶15∶15 氮磷钾三元复合肥 1.5～2.2 千克，或 1.0～1.5 千克尿素和 1.0～1.2 千克磷酸二氢钾。肥料与基质充分混合均匀。

3. 定植及其定植后肥料施用量推荐

（1）氮肥施用量　见表 5-7。

表 5-7　黄瓜土壤有效氮等级及其不同目标产量氮肥施用量（N，千克/公顷）

肥力等级	碱解氮 （毫克/千克）	目标产量（鲜黄瓜，吨/公顷）					备注
		<50	50～80	80～120	120～160	160～200	目标产量 （吨/公顷）
低	<70	210～250	250～290	290～330	330～370	370～420	
较低	70～110	170～210	210～250	250～290	290～330	330～370	施肥量 （N， 千克/公顷）
中	110～150	130～170	170～210	210～250	250～290	290～330	
较高	150～190	90～130	130～170	170～210	210～250	250～290	
高	>190	<90	90～130	150～170	170～210	210～250	

相对于其他作物，黄瓜生长周期比较长，所以在不同的生长阶段，对各种元素养分的需求不一样，在幼苗期阶段，对氮的需求比较高，到开花结瓜时，对磷、钾的需求量达到高峰，这个时候要减少氮肥的用量。另外，黄瓜是可以多次结瓜的作物，所以在收获一批次黄瓜之后要根据黄瓜生长期的需肥特点再追施一次氮、钾、磷肥，保障下一批黄瓜能够获得好的收成。但是，如果氮肥施入过多，会引起土壤中的肥料浓度太高，严重的时候会导致烂根。因此，要根据不同土壤质地、茬口和肥料种类、气候条件、土壤水分、苗情等适当调整肥料施用量、施用次数、施用间隔时间（表5-8、表5-9）。

（2）黄瓜生长期氮肥追施次数推荐　见表5-8。

表5-8　不同土壤质地黄瓜生长期氮肥追施推荐次数

土壤质地	黄瓜生长期			
	1~2个月	2~3个月	3~6个月	10个月
沙土	2~4次	8~12次	12~19次	14~17次
砂壤土	2次	3~5次	8~11次	12~15次
壤土	1~2次	2~4次	6~10次	10~12次
黏壤土和黏土	1~2次	1~2次	2~4次	6~8次

（3）各种肥料一次施用量最大限量推荐　见表5-9。

表5-9　黄瓜施用各种肥料一次施用量最大限量（千克/公顷）

肥料种类	沙土	砂壤土	壤土	黏土
尿素	90~150	150~270	180~360	180~360
硫酸铵	270~360	270~540	360~720	360~720
普钙	360	540	720	720
硫酸钾	45~135	90~180	135~270	135~270
复合肥	270~450	360~540	540~600	540~750

（4）磷肥施用量　见表5-10。

表5-10　黄瓜土壤有效磷等级及其不同目标产量磷肥施用量（P_2O_5，千克/公顷）

肥力等级	有效磷（毫克/千克）	目标产量（鲜黄瓜，吨/公顷）					备注
		<50	50~80	80~120	120~160	160~200	目标产量（吨/公顷）
低	<25	90~120	120~150	150~180	180~210	210~250	施肥量（P_2O_5，千克/公顷）
较低	25~40	60~90	90~120	120~150	150~180	180~210	
中	40~65	30~60	60~90	90~120	120~150	150~180	
较高	65~90	<30	30~60	60~90	90~120	120~150	
高	>90	0	0	<60	<90	<120	

注：磷肥总量的60%作基肥，40%作追肥施用。

（5）钾肥施用量　见表5-11。

表5-11　黄瓜土壤有效钾等级及其不同目标产量钾肥施用量（K₂O，千克/公顷）

肥力等级	速效钾 （毫克/千克）	目标产量（鲜黄瓜，吨/公顷）					备注
		<50	50~80	80~120	120~160	160~200	目标产量 （吨/公顷）
低	<90	180~200	200~230	230~270	270~310	310~350	
较低	90~120	150~180	180~200	200~230	230~270	270~310	施肥量 （K₂O， 千克/公顷）
中	120~165.0	120~150	150~180	170~200	200~230	230~270	
较高	165.0~220	90~120	120~150	140~170	170~200	200~230	
高	>220	<90	90~120	110~140	140~170	170~200	

注：钾肥总施用量的30%作基肥于预整地时施用，70%作追肥分次施用。

（四）施肥配方推荐

黄瓜的施肥，在增施有机肥料和深翻改土的基础上，应着重考虑氮、磷、钾三元素的施用，同时注重钙、镁、铁、锰、锌等元素养分的施用。黄瓜喜钾，施用硫酸钾型控释肥，根据黄瓜对营养元素的需求特点，适宜的黄瓜专用控释肥配比（氮-磷-钾）主要包括22-8-12、18-9-18、17-9-19、22-10-15、22-7-18等和水溶肥（氮-磷-钾＋TE）15-15-30＋TE、31-10-10＋TE、20-10-20＋TE等。黄瓜专用控释肥中一般都加入了黄瓜生产所需的中微量元素。建议因地制宜选择适宜配比的黄瓜专用配方肥。

（五）黄瓜无土栽培营养液配方

1. 大量和中量元素肥料用量配方　硝酸钙900毫克/升，硝酸钾810毫克/升，硫酸镁500毫克/升，过磷酸钙840毫克/升。

2. 微量元素肥料用量配方　EDTA铁钠盐20~40毫克/升，硫酸亚铁15毫克/升，硼酸2.86毫克/升，硼砂4.5毫克/升，硫酸锰2.13毫克/升，硫酸铜0.05毫克/升，硫酸锌0.22毫克/升，钼酸铵0.02毫克/升。

（六）黄瓜施肥方法推荐

黄瓜为无限花序，多次生长蔬菜作物，结果期较长，为此在施足基肥的基础上，追肥的合理性（肥料、时间、用量、次数）等都直接决定了黄瓜的产量和各项品质等，要酌情追施肥料，追施肥料的时期重点在黄瓜的幼苗期、花期、盛瓜期等生长阶段。黄瓜的主要施肥期：定植前施基肥、促苗肥、促瓜肥，盛瓜期追肥。

1. 底肥　黄瓜对氮、磷、钾等营养元素的需要量大，消耗营养物质的速度也快，所以黄瓜施肥时底肥一定要施足，底肥以有机物为主，化肥为辅。定植（播种）前可在畦内按行开沟，深、宽各30厘米，铺施有机肥和复合（混）肥总用量的20%作底肥，每公顷可施腐熟有机肥60~75吨、过磷酸钙300~450千克。育苗移栽地块的底肥在移栽前一次施入，即在起垄前施于栽植行垄底部，进行条沟施，避免作物根系与肥料接触；直播地块注意种肥隔离，肥料施在种子侧位下方6~8厘米处。

2. 追肥　黄瓜的主要追肥为促苗肥、促瓜肥、盛瓜期追肥（4~6次）。追肥要少量多次，酌情施用。

促苗肥或促瓜肥。一般追施一到两次。复合肥（水溶肥）总用量的15%作促苗肥，随水浇苗（水肥一体）；底肥充足、土壤肥力较高且幼苗生长旺盛地块，可不施或少施促苗肥，只施促瓜肥，促瓜肥可随浇苗水施，或行间开沟施。

盛瓜期追肥。此时期施肥间隔可缩短至10天左右，或者是每大批量采摘一次就冲施一次肥料，补充下一茬黄瓜对养分的需求，可有效降低黄瓜畸形。复合肥（水溶肥）总用量的65%分次条施或穴施，10~15天追1次；随浇苗水施用，7~10天追施1次。

根外追肥。结瓜盛期可以叶面喷施1%的尿素水溶液，为了补充磷、钾元素的不足，可叶面喷施0.5%的磷酸二氢钾，土壤微量元素不足时应及时补充微量元素，叶面喷施0.1%的硼砂或多元素微肥2~3次，以提高产量，防止瓜秧早衰和减少畸形果。

参 考 文 献

陈志杰，张锋，梁银丽，等.2008.不同灌溉方式对温室嫁接黄瓜根系分布影响的研究［J］.中国生态农业学报，16（4）：874-877.

范凤翠，张立峰，李志宏，等.2012.日光温室番茄根系分布对不同灌溉方式的响应［J］.河北农业科学，16（8）：36-40，44.

郭再华，贺立源，徐才国.2005.低磷胁迫时植物根系的形态学变化［J］.土壤通报，36（5）：760-764.

孔庆波，姚宝全，章明清，等.2011.福建主要蔬菜氮磷钾营养特性及其施肥指标体系研究Ⅲ.氮磷钾最佳用量和比例［J］.福建农业学报，26（4）：620-626.

李冬梅，魏珉，张海森，等.2005.氮磷钾养分配比对温室土培黄瓜产量及品质的影响［J］.华北农学报，20（3）：87-89.

李娟，章明清，姚宝全，等.2011.福建省主要蔬菜氮磷钾营养特性及其施肥指标体系研究Ⅱ.主要蔬菜氮磷钾施肥效应及其土壤养分丰缺指标［J］.福建农业学报，26（3）：432-439.

邵蕾，王丽霞，张民，等.2009.控释肥类型及氮素水平对氮磷钾利用率的影响［J］.水土保持学报，23（4）：170-175.

田利英，李胜利，余路明，等.2018.控释肥种类及用量对黄瓜植株生长及果实产量的影响［J］.河南农业科学，47（6）：59-63.

王鑫.2007.控释复合肥对保护地黄瓜产量和品质效应的影响［J］.陇东学院学报（自然科学版）（1）：61-64.

肖深根，施晋杰，郑志华，等.2007.根系分区施肥对黄瓜干物质生产的影响［J］.湖南农业大学学报（自然科学版），33（5）：614-616.

肖深根，施晋杰，郑志华，等.2007.根系分区施肥对黄瓜植株生长与果实产量的影响［J］.中国农学通报，23（8）：256-259.

于淑芳，高弼模，杨力，等.2001.土壤有效养分与黄瓜生育及产量的关系研［J］.中国蔬菜（2）：24-25.

于舜章.2009.山东省设施黄瓜水肥一体化滴灌技术应用研究［J］.水资源与水工程学报，20（6）：173-176.

章明清，李娟，孔庆波，等.2011.福建主要蔬菜氮磷钾营养特性及其施肥指标体系研究Ⅰ.需肥动态模型及其特征参数分析［J］.福建农业学报，26（2）：284-290.

第三节 南 瓜

南瓜（学名：*Cucurbita moschata*），为葫芦科南瓜属的一个种，一年生双子叶蔓生草本植物。南瓜又称倭瓜、番瓜、饭瓜、番南瓜、北瓜等，原产墨西哥到中美洲一带，世界各地普遍栽培。明代传入中国，现南北各地广泛种植。根据南瓜的主要食用器官或加工对象，可分为肉用南瓜、籽用南瓜、茎用南瓜三大类。我国肉用南瓜包括中国南瓜、印度南瓜、西葫芦三个系列。其中，中国南瓜包括嫩瓜食用型、老瓜食用型，印度南瓜以食用老瓜和加工制粉为主，西葫芦以食用嫩瓜为主；我国籽用南瓜包括中国南瓜、印度南瓜、美洲南瓜和黑籽南瓜、灰籽南瓜等系列；茎用南瓜是以采摘嫩茎叶为生产目的，近年来培育的新品种类型，包括中国南瓜、印度南瓜、美洲南瓜等。在生产上，根据南瓜籽粒外观可分为白板型（雪白片）、光板型、裸仁型（无壳）、毛边型和黑籽型等种类。黑籽型按其籽粒大小又可分为大籽类型和小籽类型（林德佩，2000；龙荣华，李洪文，沙毓沧等，2020）。

一、南瓜根系的类型及其构成

南瓜的根系由主根、侧根、根毛三部分组成。根系入土深，分布范围广，根毛多而长，吸收水分和养分能力强；主根分生出许多一次、二次和三次侧根，每天可伸长 6 厘米，一级侧根有 20 余条，一般长 50 厘米左右，最长的可达 140 厘米，并可分出三级以上侧根，形成强大的根群。在南瓜的匍匐茎节上，能发生不定根，可深入土中 20～30 厘米，起固定枝蔓并辅助吸收水分和营养的作用（宋海星，李生秀，2004；刘世全，曹红霞等，2014）。一株南瓜的根系总长可达 20 多千米。由于南瓜根系强大，对水肥吸收能力强，对土壤要求不严格，在旱地或瘠薄的土壤中均能正常生长发育，但以砂壤土或壤土最适宜生长，可得到优质产品。如果在含水量高的土壤中栽培时，果实含糖量会有所下降（高静，梁银丽等，2008；高静，2008）。

二、南瓜根系在土层中的分布特征

南瓜的根与其他葫芦科植物一样，种子发芽长出直根后，以每日生长 2.5 厘米的速度扎入土中，入土深度可达 200 厘米。一般直根深度 60 厘米左右，但主要根群分布在 10～40 厘米的耕层中。南瓜在播种后 25～30 天，其侧根分布的半径可达 85～135 厘米，播种后 42 天，直根深达 75 厘米，在地表以下 45 厘米的范围内，许多侧根向水平方向伸展，其长度可达 40～75 厘米。南瓜匍匐茎节上的不定根入土深度可达 20～30 厘米，具有固定枝蔓并辅助吸收水分及营养的作用。有研究结果表明，合理灌水施氮不仅可以调控根系生长发育，同时还影响根系在土层中的垂直分布。合理施氮能够促进细根根系在垂直方向上的土壤中生长发育，而且施氮对细根根系生长的作用要大于灌水的作用。小南瓜 90% 根系主要集中在 0～40 厘米土层，且随土层深度的增加，根系密度呈指数下降，土层根系长度比例也依次递减，0～20 厘米土层根系长度所占比例最大，为 71.41%～75.15%；20～40 厘米土层根系长度次之，为 19.1%～21.54%；40～60 厘米土层所占比例最少，为

5.29%～8.34%。灌水量相同时，0～20厘米土层根系长度所占比例随施氮量增加逐渐增大，40～60厘米土层所占比例逐渐降低，表现出高氮营养浅根化的趋势；施氮量相同时，0～20厘米土层根系长度所占比例随灌水量增加而升高，40～60厘米土层所占比例逐渐减少，说明灌水较少使得土壤含水量偏低，促使根系向土壤剖面深处延伸，吸收下层土壤水分以供植株生长发育（刘世全，曹红霞，张建青，胡笑涛，2014）。

　　有研究结果表明，小南瓜产量与细根根长和根表面积之间均呈显著相关关系，适量水、氮供给主要通过对细根根长的影响进而影响小南瓜的产量。灌水和施氮对小南瓜总根长作用表现为：氮素作用＞水分作用＞水氮交互作用。南瓜细根根长随施氮量和灌水量增加而增加，当灌水量和施肥量分别为 1 239.33 米^3/公顷和 282.33 千克/公顷峰值时，小南瓜细根根长（直径小于 2 毫米）出现最大值；施氮量和灌水量超过其峰值时，根长反而会减少。氮素和水分对细根根长的作用表现为：氮素作用＞水分作用（刘世全，曹红霞，张建青，胡笑涛，2014）。还有研究表明，细根根系分布和数量与土壤中氮含量有较好的相关关系，而且适量施氮有助于细根根系的生长。细根（直径小于 2 毫米的根）根系具有很大的吸收面积，是植物吸收水分和养分并维持其生长的主要器官。其数量和分布影响着作物吸收水分和养分以及满足自身生长发育的需求（宋海星，李生秀，2004；董肖杰，李淑文，柴彦亮等，2009；孔清华，李光永，王永红等，2009）。

三、南瓜施肥技术推荐

（一）南瓜最佳施肥时间和空间位点

　　针对南瓜的需肥特点，生产上施肥应以基肥为主，追肥为辅。

　　基肥：以农家肥料为主，化肥为辅，深耕 30 厘米左右，翻耕整平后沿垄墒定植线撒施或集中施于 10 厘米深的定植沟耕层中，起垄做墒，移栽定植于垄墒。

　　追肥：南瓜移栽定植缓苗后，结合浇水追施发棵肥 1～2 次，其中在伸蔓期或封行前施用有机肥，在膨果期施用氮肥，将有机肥与化学肥料混合均匀后于第二、三个果膨果期施用。进入结果期，追肥位置应逐渐向垄墒的两侧距离南瓜主根根部和埋茎节处 20～30厘米位点环状条施或穴施。

（二）南瓜需肥特点

　　南瓜枝叶繁茂、根系发达，入土深，分布广，对土壤要求不严格，即使种在较瘠薄的地块也能生长。在含有机质丰富的疏松、中等肥力土壤和增施厩肥、堆肥等有机肥料条件下，可充分发挥其生产力。而在黏重较肥沃的土壤中，则往往因茎叶徒长而引起落花落果，不利高产。一般早熟品种宜选择土层深厚、排水良好、升温快的砂质壤土为好；晚熟品种则宜选择保水保肥力强的壤土种植，适宜的土壤 pH 6.5～7.5。南瓜生长期长、结瓜多、需肥量多，整个生育期对养分的吸收量以钾和氮最多，其次为钙，镁和磷的吸收量较少。

　　南瓜的吸肥水平和种类因生育时期的变化而变化。幼苗期需肥较少，进入果实膨大期是需肥量最大的时期，尤其是对氮素的吸收急剧增加，钾素也有相似的趋势，磷素吸收量增加较少。南瓜在生长前期氮肥过多，易引起茎叶徒长，延迟开花，造成头瓜易脱落；过晚施用氮肥则影响果实膨大。进入结瓜期，是典型的营养生长和生殖生长并进的阶段，养分争夺比较突出，氮、磷和钾的供应必须充足、均衡，才能保证营养生长和生殖生长的正常进行。据日本宫崎农业试验站研究表明，南瓜从定植到拉秧的137天中，前1/3的时间内对氮、磷、钾、钙、镁的吸收量增加缓慢，中间1/3的时间增长迅速，而最后1/3时间内增长最为显著。全生育期氮、磷、钾、钙、镁的吸收量以钾和氮最多，钙居中，镁和磷最少。产量的增加与氮、磷、钾、钙、镁的吸收总趋势基本一致，也是在最后1/3的时间内迅速上升。

总之，可将南瓜不同生育期氮、磷、钾的吸收特点概括为：氮在结果前期吸收缓慢，并逐渐增加，果实膨大期开始吸收急剧增多；磷的吸收比较平稳；钾的吸收与氮吸收过程相似，但果实膨大期吸收特别突出；钙的吸收在结果前期逐渐增加，吸收量与氮、钾相似，但后期吸收比氮、钾少；镁的吸收在结果前和结果期类似于磷，果实内种子发育时需要量增加，容易缺镁。

据有关研究，每生产1 000千克南瓜需吸收氮（N）3.5～5.5千克、磷（P_2O_5）1.5～2.2千克、钾（K_2O）5.3～7.29千克、钙（CaO）4～6千克、镁（MgO）1～3千克，合理充足的养分环境对南瓜膨大、增产等均有明显效果。

（三）南瓜施肥量推荐

参见表5－12。

表5－12　南瓜土壤养分丰缺指标及其施肥量推荐

肥力等级	土壤养分含量（毫克/千克）			施肥量（千克/公顷）		
	碱解氮	有效磷	速效钾	N	P_2O_5	K_2O
高	>276	>47	>132	95.0～135.0	25.0～35.0	140.0～160.0
中	276～136	47～14	132～75	135.0～149.0	30.0～45.0	160.0～180.0
低	<136	<14	<75	149.0～153.0	45.0～60.0	180.0～200.0

在生产实践中，如果施用化肥数量过多，会导致作物根区土壤中的肥料浓度过高，出现烧根现象，特别是在土壤水分较少或者旱情严重的时间段。因此，南瓜的施肥管理，肥料的施用要本着少量多次的原则进行，要根据肥料种类、气候条件、土壤水分、苗情和不同土壤质地、茬口等适当调整肥料施用量、施用次数、施用间隔时间，具体可参考表5－8、表5－9。

据有关研究，生产高糖低硝酸盐南瓜施肥量N∶P_2O_5∶K_2O配方比例为1∶0.42∶0.37；优质南瓜最佳施肥量N∶P_2O_5∶K_2O配方比例为1.00∶0.83∶0.28（高静，梁银丽，贺丽娜等，2008）。

水分和肥力过高或过低都会降低土壤中有机质的含量，土壤含水量在60%～70%时，有利于有机质和速效磷的合成，80%～90%土壤含水量有利于碱解氮的合成，随着施肥量的不断增加，土壤碱解氮的增加幅度呈上升趋势，但会抑制速效钾的合成。因此，适宜的水分和肥料供应有利于提高南瓜产量，在水分适宜时（60%～70%土壤含水量），应控制氮肥用量，避免氮磷肥互作的抑制作用而导致其肥效降低，在水分胁迫时（40%～50%土壤含水量），产量随着施肥量的增加而下降。60%～70%土壤含水量时施纯氮95～120千克/公顷，施氧化磷40～75千克/公顷，施氧化钾35～80千克/公顷，N∶P_2O_5∶K_2O＝

1.0∶0.42∶0.37 对南瓜高产优质和土地可持续利用最为有益（高静，梁银丽，陈甲瑞等，2008；高静，2008；董肖杰，李淑文，柴彦亮等，2009；佟玉欣，胡军祥，李玉影等，2014；邹冰雪，王曼曼，屈淑平等，2018）。

有关研究表明，在温室大棚种植条件下，综合考虑产量、水氮利用效率以及根系生长分布，灌水量为 1 100 米^3/公顷、施氮量为 250 千克/公顷为小南瓜较优的灌水施氮组合（刘世全，曹红霞等，2014）。

（四）南瓜施肥方法推荐

1. 重施基肥　针对南瓜的需肥特点，生产上应重视施用基肥。基肥要以充分腐熟的优质有机肥料为主，约占总施用量的 1/3～1/2，一般每公顷需 45 000～60 000 千克。南瓜生长所需的磷、钾肥可大部分作基肥，与有机肥混合一起施入土层中。在有机肥不足的情况下，每公顷可施氮、磷、钾复合肥 225～300 千克。基肥在整地时可土表撒施、集中按穴施用或条带状施用，但以集中施用在作物根系生长区域最好。

2. 巧施追肥　南瓜在有机质丰富的土壤中生长良好，应根据植株生长与土壤肥力状况确定施肥量及养分组合。在施足有机肥料的前提下，追肥应以速效性氮肥为主，配合施用磷肥和钾肥。氮肥的追施量一般占总施肥量的 1/2～2/3。苗期追肥以氮肥为主，一般每公顷施用尿素 75～90 千克，南瓜移栽缓苗期之后，如果苗势较弱，叶色淡而发黄，可结合浇水追施发棵肥 1～2 次促苗生长，每公顷追施稀粪水 3 750～4 500 千克；如果瓜蔓生长点部位粗壮上翘，叶色深绿时不宜施肥，以防徒长、化瓜；由于南瓜从雌花现蕾到第一朵花坐果，很容易因茎叶徒长而化瓜，所以这段时间应注意蹲苗，控制施肥。当果实表面绒毛退去幼瓜长至 6～10 厘米时再追施 1 次，并及时灌水，以促进果实膨大生长。以后当第三、四个瓜坐果后再追施 1 次，防止植株早衰，保证果实发育的养分供应。后期蔓叶有早衰现象时，用 0.5%～1% 尿素进行叶面喷施，可延缓叶片早衰，有利于果实光合产物积累。

若结果期叶色淡绿或发黄，则应及时追施肥料，以满足南瓜生长发育对氮、磷、钾肥的需要。此期追肥一般分三次，第一次在伸蔓期或封行前，坐住 1～2 个幼瓜时，施用有机肥；第二次在膨果期，施用氮肥；第三次视植株的生长情况在第二、三个果的膨果期时施用有机肥和化肥，每公顷可施用尿素 150～225 千克、硫酸钾 75～150 千克，或充分腐熟的稀粪尿水 15 000～22 500 千克。

当南瓜结果 2～3 批后，根部出现部分蜡黄叶时进行埋茎节处理，埋离根部最近的 4～6 茎节，埋土深度在 15～25 厘米左右，埋茎土采用肥沃土壤并拌有少量有机肥，并保持其湿润状态，这样处理可增产 20%～40%。

追肥时要根据植株生育期根系在土层分布特点，合理确定施肥部位。苗期追肥应靠近植株根系附近区域作轮状施肥，以促进瓜苗发棵；进入结果期，追肥位置应逐渐转向主根的外围，多进行条施。如果不收嫩瓜，以收成熟瓜为目的，后期可不再追肥，但要加强水分管理，注意及时抗旱或排涝。南瓜生长中后期，根系活力和吸肥能力下降，应注意采用根外追肥的方法补充养分，防止早衰。可用 0.2%～0.3% 的尿素溶液，或 0.5%～1% 的氯化钾溶液，或 0.2%～0.3% 的磷酸二氢钾溶液 750～900 千克/公顷，交替喷雾。每隔 7～10d 喷施 1 次，可连喷 2～3 次。

参 考 文 献

董肖杰，李淑文，柴彦亮，等.2009.不同供水条件对小南瓜产量及根系发育的影响［J］.农业工程学报，25（增刊1）：17-20.

高静，梁银丽，陈甲瑞，等.2008.黄土高原地区南瓜优质施肥模式研究［J］.干旱地区农业研究，26（3）：86-89，108.

高静，梁银丽，贺丽娜，等.2008.黄土高原南瓜高糖低硝酸盐施肥模式研究［J］.中国生态农主学报，16（6）：1371-1374.

高静.2008.水肥交互作用对黄土高原南瓜生理特性及其产量品质的影响［D］.杨凌：西北农林科技大学.

孔清华，李光永，王永红，等.2009.地下滴灌施氮及灌水周期对青椒根系分布及产量的影响［J］.农业工程学报，25（13）：38-42.

林德佩.2000.南瓜植物的起源和分类［J］.中国西瓜甜瓜（1）：36-38.

刘世全，曹红霞，张建青，等.2014.不同水氮供应对小南瓜根系生长、产量和水氮利用效率的影响［J］.中国农业科学，47（7）：1362-1371.

龙荣华，李洪文，沙毓沧，等.2020.云南南瓜［M］.昆明：云南出版集团（云南科技出版社）.

宋海星，李生秀.2004.水、氮供应和土壤空间所引起的根系生理特性变化［J］.植物营养与肥料学报，10（1）：6-11.

佟玉欣，胡军祥，李玉影，等.2014.平衡施肥对籽用南瓜产量效益、品质及养分循环的影响［J］.北方园艺（16）：173-177.

邹冰雪，王曼曼，屈淑平，等.2018.不同氮磷钾配比对籽用南瓜干物质积累及产量的影响［J］.北方园艺（7）：26-30.

第四节 菜　豆

菜豆（学名：*Phaseolus vulgaris* L.），又名四季豆，是经济价值较高的豆科作物，属一年生缠绕或近直立草本双子叶植物，既可作粮食利用，又可当蔬菜食用。依其生长习性可分为蔓生种、半蔓生种和矮生种。依菜豆豆荚壳纤维化的情况分为软荚种和硬荚种。豆荚有绿、黄及紫色斑纹等。根据籽粒大小，可分为大粒种（百粒重40克及其以上）、中粒种（百粒重25～40克）、小粒种（百粒重小于25克及其以下）；种子颜色有黑、白、红、黄褐及各种花斑等（浙江农业大学，1978；颜启传，黄亚军等，1996）。菜豆对土质的要求不严格，但适宜生长在土层深厚、排水良好、有机质丰富的中性壤土中。菜豆喜温暖，不耐低温霜冻。生长适宜温度为15～25℃，10℃以下的低温或30℃以上的高温影响生长和正常结荚，开花结荚适温为20～25℃。属短日照植物，但多数品种对日照长短的要求不严格，栽培季节主要受温度的制约。

菜豆原产于美洲，我国菜豆主产区主要分布在黑龙江、内蒙古、吉林、云南、四川、贵州、山西、陕西、甘肃等土地相对贫瘠的干旱半干旱地区。在海南、广东等省份，以及云南南部、中部以及北部和四川南部等低热河谷地区可冬季反季栽培，生产效益好。

一、菜豆根系的构成

菜豆根系由主根、侧根、根毛三部分组成。当一级侧根长到20厘米左右时，长出二级侧根，之后随生育进程，相继长出三级侧根、根毛，形成庞大的菜豆根系。

二、菜豆根系在土层中的分布特征

菜豆根系发达，苗期根的生长速度较地上部快，分布范围也较广，播种后，从种子萌动，主根伸长到子叶出土展平时，主根长10厘米左右，已生出7~8条一级侧根；从第三片真叶出现到第四片真叶展开，30天左右，主根可深入土层40~50厘米，侧根半径达30厘米左右，根群初步形成；幼苗期菜豆株高15~20厘米时，根系生长速度快于地上茎叶生长速度，主根已有大量侧根长出，根系已完全形成，主根可深入地下50~60厘米，侧根半径可达60厘米，但侧根根群主要分布在15~40厘米的耕层内；开花结荚期菜豆形成了主根深70厘米左右，侧根半径80厘米左右的发达根系，根瘤群数量最多，固氮效果达到高峰，占根瘤一生固氮总量的80％。

种荚成熟阶段菜豆整个植株开始衰老，根系木栓化速度加快，根系日趋衰落，固氮活性迅速下降，最后萎缩、残破，颜色由粉红色变褐色，同根一起枯萎死亡。

菜豆的根易木栓化，根系的再生能力弱，因此栽培上通常以直播为主，若育苗移栽，必须在1或2片复叶时进行，带大土坨移栽才能保证较高的成活率。

三、菜豆施肥技术推荐

（一）菜豆施肥时间和空间位点

菜豆施肥要根据菜豆品种的生育期长短而定。矮生菜豆生育期短，开花集中，在施足基肥的基础上，早施追肥。蔓生菜豆除基肥外要分期追肥。

基肥要施农家肥（有机肥），测土配施磷肥、钾肥、氮肥，在整地时施入，以促进根系生长和提高根瘤菌活性。

追肥在花前少施，花后多施，结荚盛期重施。苗期追肥以薄肥为主，以防落花和延迟结荚。矮生菜豆在团棵现蕾和蔓生菜豆伸蔓时，测土配施磷肥、钾肥、氮肥。此后，蔓生菜豆仍需继续追肥2~3次，而矮生菜豆只需施1~2次；蔓生菜豆生育期长，在盛荚期后可再追肥1~2次，以保持植株良好营养条件，促进花序连续抽发，延长采收期。

基肥施于豆粒种子侧位下方6~10厘米土层空间位点，有机肥在预整地时沟施于豆种两侧下位，或于播种之后盖塘；追肥应施于菜豆苗根茎水平方向8~13厘米处5~8厘米深的土层中，有利于菜豆根系吸收，提高肥料利用率。也可根据种植户自身经济条件，采用水肥一体化精准灌溉（滴灌、喷灌），遵循少量多次灌溉方法，节省生产成本。

（二）菜豆需肥特点

菜豆的生育周期主要分为发芽期、幼苗期、抽蔓期、开花结荚期。菜豆适宜土层深厚、腐殖质含量高、土质疏松、排水良好的壤土和砂壤土，菜豆不耐盐碱，土壤pH

6.2～7.0可为根瘤菌生长繁殖创造良好环境。菜豆对肥料的需求以钾、氮较多，磷相对较少。在幼苗期和孕蕾期要有适量氮肥供应，才能保证丰产。菜豆的整个生长期要求耕层土壤保持湿润状态。由于根系发达，能耐一定程度的干旱，但开花结荚时对缺水或积水尤为敏感，水分过多，会引起烂根。菜豆根瘤菌对磷敏感，适量的磷可达到以磷增氮的作用。

据有关机构研究，菜豆在整个生长发育阶段对钾肥和氮肥需求较多，其次为磷肥，一般每收获1 000千克（鲜）产品需要氮3.37千克、氧化磷2.26千克、氧化钾5.94千克。另外在缺硼、钼等微量元素地区适当喷施硼、钼等微量元素养分对植株的生长发育也有促进作用。其需肥规律为：在生育初期茎、叶生长时对氮、钾肥的吸收量较大，其中对钾肥需要量较多，此时菜豆对缺钾很敏感；到开花结荚期随着豆荚的发育，对氮钾肥的需求量逐渐增加。直到豆荚内种子发育时，钾、氮的吸收量才减少并维持在一定水平。幼苗茎叶中的氮钾也随着生长中心的改变逐渐转移到荚果中去。由于菜豆根瘤菌没有其他豆类植物发达，所以在生产上应及时供应适量氮肥，有利于获得高产和改善品质，但过多则会引起落花和延迟成熟。磷肥的吸收量虽比氮、钾肥少，但根瘤菌对磷特别敏感。根瘤菌中磷的含量比根中多1.5倍。因此，施磷肥可以达到以磷增氮的明显增产效果。

当缺乏氮肥时，菜豆植株矮小，生长不良，叶小色浅，不易发秧。不同种类的氮肥对菜豆生长发育有不同的影响。菜豆属喜硝态氮肥（NH_3^+-N），铵态氮肥（NH_4^+-N）过量时，影响生长发育，植株中上部叶片会褪绿，且叶面稍有凹凸，根发黑，根瘤少而小，甚至看不到根瘤。磷肥缺乏时，使植株和根瘤菌生育不良，开花结荚少，菜豆嫩荚和种子产量、品质都会降低。钾能明显影响菜豆的生长和产量，土壤中钾肥不足，影响产量。微量元素硼和钼对菜豆的生长发育和根瘤菌的活动有良好的作用，缺乏这些元素就会影响植株的生长发育，适量施用钼酸铵可以提高菜豆的产量和品质。

菜豆不同品种对养分的需要量不同，一般蔓生型品种吸收养分较矮生型品种多。其中：

矮生种类菜豆生育期短，从开花盛期就进入了养分吸收旺盛期，在嫩荚开始伸长时，茎叶的无机养分向嫩荚的转移率：N为24%，P_2O_5为11%，K_2O为40%。到了荚果成熟期，氮的吸收量逐渐减少，而磷的吸收量逐渐增多。

蔓生种类菜豆的生育期较长，生长和发育相对较迟缓，大量吸收养分的时间也相对延迟。嫩荚开始伸长时，才进入养分吸收旺盛期，但日吸收量较矮生种类菜豆大，生育后期仍需吸收大量的氮。荚果伸长期，茎叶中的无机养分向荚果中转移也较矮生种菜豆少。在肥料管理上矮生种类与蔓生种类之间应区别对待。

总之，菜豆对氮、磷、钾养分的吸收随生长量增加而增加。菜豆对氮、磷、钾的营养临界期在苗期，而最大效率期一般在盛花至结荚期，这两个时期是施肥关键时期。因此，菜豆施肥一定要把握好其需肥特点，结荚后该施则施，苗期至开花结荚前不该施时不施或看苗少施。

（三）菜豆施肥量推荐

参见表5-13。

表5-13 菜豆施肥量推荐

肥力等级	目标产量（千克/公顷）	施肥量（千克/公顷）			
		氮（N）	磷（P_2O_5）	钾（K_2O）	腐熟有机肥
高	31 500～38 500	90～135	60～90	120～165	15 000～20 000
中	24 000～30 000	120～168	75～105	145～195	20 000～30 000
低	15 000～22 500	160～215	90～135	155～220	30 000～50 000

注：有机肥做基肥，氮、钾肥分基肥和追肥施用，磷肥全部作基肥，化肥和农家肥，或商品有机肥3 000～6 000千克/公顷）混合施用。

（四）菜豆施肥方法推荐

菜豆的施肥要点：施足基肥，苗期施少量薄肥，抽蔓期控，结荚期促，重视钾、氮、磷配方施肥，不偏施氮肥。

菜豆施肥要根据菜豆品种的生育期长短而定。矮生种类菜豆生育期短，开花集中，在施足基肥的基础上，适宜早施追肥，促其早发和多分枝，达到早开花结果，实现提早成熟的目的。蔓生种类菜豆生长期较长，开花结荚期较长，除施足基肥外要分期追肥，应注重中、后期追肥，多次施氮、磷、钾等肥料，防止植株早衰，延长结果期。

1. 基肥 基肥的施用要以有机肥为主，化肥为辅。化肥可选择尿素、普通过磷酸钙或磷酸二铵、硫酸钾。

2. 追肥 菜豆追肥，要遵循花前少施，花后多施，结荚盛期重施的原则。根据菜豆田间长势、耕地肥力等情况适时追施肥料。播种后20～25天，在菜豆花芽开始分化时，若土壤肥力较低，基肥施用不足的地块，豆苗有缺肥症状时，应及时追肥。但苗期施用氮肥过多，会使菜豆徒长，因此，是否追肥应根据植株长势而定，而且苗期追肥以少量薄肥为主，以防落花和延迟结荚。施纯氮15～20千克/公顷，或20％～30％稀人畜粪尿22 500千克/公顷，或在150 00千克/公顷稀粪尿中加入60～75千克/公顷硫酸钾浇施。矮生菜豆在团棵现蕾时、蔓生菜豆伸蔓时，施有机肥15 000～18 000千克/公顷，或施纯氮60～75千克/公顷。此后，蔓生菜豆仍需继续追肥2～3次，而矮生菜豆只需施1～2次，每次施稀人粪尿22 500千克/公顷，加过磷酸钙270～300千克/公顷和硫酸钾150～225千克/公顷。蔓生菜豆生育期长，在盛果期后可再追肥1～2次。结荚盛期根外追肥。用0.3％～0.4％的磷酸二氢钾或微量元素肥料叶面喷施3～4次，每隔7～10天施1次。设施栽培可补充二氧化碳气肥，以保持植株的良好营养条件，促进花序连续抽发，延长采收期。

参 考 文 献

杜艳，于艳梅，侯宇.2015.菜豆不同施肥量肥料对比试验［J］.陕西农业科学，61（7）：38-39.
冯国军，费艳，南丽，等.1997.菜豆氮磷钾肥配施的研究［J］.北方园艺，113（2）：47-48.
胡永军，刘春香.2010.菜豆大棚安全高效栽培技术［M］.北京：化学工业出版社.
徐毅.2006.菜豆四季高效栽培技术［J］.当代蔬菜（3）：45-46.
颜启传，黄亚军，等.1996.农作物品种鉴定手册［M］.北京：中国农业出版社：284.
浙江农业大学.1978.蔬菜栽培学各论［M］.北京：农业出版社：290-305.

郑少文，邢国明，聂红玫，等 . 2010. 有机肥施肥量及施肥方式对菜豆生长和产量的影响［J］. 河北农业科学，14（10）：59-61.

周丹，王天鸿，郑少文，等 . 2020. 有机肥和化肥配施对菜豆生长和产量的影响［J］. 山西农业科学，48（5）：739-744.

第五节　茄　　子

茄子（学名：*Solanum melongena* L.），为茄科茄属。茄直立分枝草本至亚灌木，高可达1米。茄子又叫矮瓜、白茄、吊菜子、落苏、茄子、紫茄等。根据果皮的颜色，可分为紫茄、红茄、绿茄、白茄等类型。紫茄有深紫色、浅紫色、黑紫色、紫红色，也有紫绿相间条纹色；绿茄有深绿色、浅绿色、青绿色，也有白绿相间条纹色；白茄有纯白色、黄白色等。

按果实的形态（植物学）分类，茄子分为圆茄类、长茄类和卵（矮）茄类三个变种。圆茄果实为圆球形，果实大，单株结果较少，单果重约300～1 000克，肉质较紧密，质地硬，品质好。长茄果实为细长形或长棒形、短棒形，先端有的有尖嘴或鹰嘴状突起，果皮薄，肉质疏松，柔软，种子较少。卵（矮）茄果实椭圆形或扁圆形，形似灯泡，果肉有的较松软，有的较致密，品质好。根据成熟期可分为早熟、中熟和晚熟三类。

茄子的分枝、结果习性。茄子的分枝有一定的规律性。一般在主茎生长6～9片真叶以后分生第一朵花，在第一朵花下面的主茎叶腋抽生的第一对侧枝代替主茎生长，形成Y形。以后每一侧枝生长2～3片叶之后，又分生一花芽和一对次生侧枝，并开花结果。依次类推。主茎的叶腋也可抽生侧枝并开花结果，但这些枝叶较弱，果实成熟晚，所以一般需要摘除。

茄子的果实着生也有规律。每分枝一次，就可以结一层果实。可根据果实出生顺序依次叫做"门茄"、"对茄"、"四门斗"、"八面风"等。茄子所结果实不在两杈侧枝的正中，而是在侧枝上。第一朵花结的果实称之为"门茄"或"根茄"；第二次分生侧枝上结2个果实，称为"对茄"或"挑担茄"；第三次分生侧枝结4个果实，称为"四门斗"或四母茄"；第四次分枝结的果实一般有八个，称为"八面风"。依次以几何级数增加，最后结的果实称"满天星"。花果的生长发育与其生长环境条件、土壤养分供给状况、植株长势有着密切的关系。土壤养分充足，生长环境良好，植株生长健壮，枝叶茂盛，花多果多；反之，则花少果少。因此，茄子栽培中，要加强肥水管理，协调好营养生长与生殖生长的关系，才能获得优质高产。

生产实践中，为防止茄子倒伏，合理空间布局，一般都设立支架。

一、茄子根系的类型及其构成

茄子根系由主根和侧根构成，主根发达，侧根和不定根少，主根垂直伸长，并从主根上分生侧根，再分生2级、3级侧根，共同组成以主根为中心的根系。茄子根系木质化较早，再生能力较差，不易产生不定根，因此不适宜多次移栽，在幼苗移栽时应尽量减少伤根，并在栽培技术措施上为根系发育创造肥沃、疏松的土壤条件，提高根系的呼吸强度，增加对水、肥的吸收量，以促进根系生长健壮。

二、茄子根系在土层中的分布特征

茄子根系发达，主根粗壮，成株根系能深入土层达130～170厘米，沿水平伸长的侧根比较短，但在地表下5～10厘米处，侧根的横向生长较强，有发达的横向生长侧根，这些根从中途斜向下伸展，或者分生很多向下的根，根的横向伸展可达100～130厘米。杨振宇、张富仓、邹志荣（2010）研究发现，茄子根系入土深度随耕层深度而变化。主要分布在0～20厘米土层，20厘米以下土层根质量迅速减小，并且在垂直方向上呈对数递减趋势，主要根群分布在0～33厘米土层中，耕层加深根系密度和质量逐渐减小。施氮的多与少对其根系的土层分布有一定的影响。低氮能够促进根系的伸长，而高氮则抑制了根系的伸长和深扎，随着施氮量的增加，分布在20厘米土层下的根干重占总根干重的比率显著下降，出现高氮营养浅根化趋势，中等施氮水平有利于茄子根系生长、水分利用和产量的提高。根系的发育情况一般和品种、土质及土壤的肥力等有关。壤质土中，茄子的根量多，根系发育好；在黏土和砂土中，根的数量少。一般来说，土壤肥力高、腐殖质含量多，毛根和须根的数量会大幅度增加。

茄子主根虽扎得比较深，但由于叶片面积较大，蒸腾散发的水分较多，故抗旱性弱，品种间抗旱能力差异较大。茄子根系对氧的要求严格，在排水不良的土壤中易造成根系腐烂，因此生产上栽培茄子时应选择土层深厚、排水良好的土壤。

三、茄子施肥技术推荐

（一）最佳施肥时间和空间位点

茄子的生长期长，枝叶繁茂，需肥多且耐肥，所以生长期内适时适量施肥是保证茄子丰产的主要措施。茄子的施肥分为基肥和追肥，以保证肥效的释放期与各个生育阶段的需肥规律同步。

适量施用基肥。要深耕深施肥料，开沟施入之后起垄，结合预整地整平作畦（垄），或作墒，以便引导根系向土壤深层延伸，提高吸水吸肥能力。

定植后的追肥。茄子定植后，当门茄达到"瞪眼期"（花受精后子房膨大露出花），果实开始迅速生长，追施第一次肥，开沟或打穴集中施用，施后覆土盖严，施于距离根茎水平方向7～13厘米处5～10厘米深的土层中。

第二次追肥。对茄"瞪眼期"后3～5天，果实长到4～5厘米时进行，要重施一次粪肥或化肥，方法与施第一次肥相同。

第三次追肥。"四门斗"开始发育，果实长到4～5厘米时是茄子需肥的高峰，进行第三次追肥，数量应视当时茄子植株生长旺盛程度与果实生长情况而定，如果此阶段植株长势旺而均衡，可适当加大施肥量，以便促使果实加速生长，并保持植株生长旺盛，利于"恋秋"栽培。

此外，在门茄收获后，应结合追施有机肥做一次培土，即在垄间开沟施有机肥或化肥时，将肥料埋在土中后，再将土培在每垄茄子的根部，这样做的好处是可把根系附近的土壤疏松一次，有利于改善土壤通透性，增强微生物活动，有利于根系吸收养分，同时还对不断增加结果的茄秧起到稳定生长的作用，不致发生"倒秧"。

（二）茄子的需肥特性

茄子是喜肥作物，而且具有侧枝层层升高，果实数目成倍增长的生育特点，需要有充足的养分供应，才能使茎叶和果实得到正常的生长发育，提高茄子的坐果率。在营养条件好时，落花少，营养不良会使短柱花增加，花器发育不良，不宜坐果。此外，营养状况还影响开花的位置，营养充足时，开花部位的枝条可展开4～5片叶，营养不良时，展开的叶片很少，落花增多。

氮素对植株生长、花芽分化和果实膨大有特别重要的作用。氮素充足，植株茎叶茂，生长苗壮，可大幅度提高果实产量；磷可促进根系生长和花芽分化；钾可提高产量和改善品质。茄子对氮、磷、钾的吸收量，随着生育期的延长而增加。在幼苗期，需磷、钾肥供应充足，以促进根系发达、基叶粗壮，提高花芽分化。苗期对氮、磷、钾养分的吸收量分别仅为其总量的0.05%、0.07%、0.09%；开花初期吸收量逐渐增加，盛果期至末果期养分的吸收量约占全生育期的90%以上，其中盛果期占2/3左右，尤其需要大量的氮、钾，以充分供给果实发育膨大需要，否则影响经济产量的形成。各生育期对养分的要求不同，生育初期的肥料主要是促进植株的营养生长，随着生育期的推进，养分向花和果实的输送量增加。在盛花期，氮和钾的吸收量显著增加，这个时期如果氮素不足，花发育不良，短柱花增多，产量降低。从全生育期来看，茄子对钾的吸收量最多，氮、钙次之，磷、镁相对较少。根据茄子吸肥量较多、生育期长等特点，每生产1 000千克的茄子大约需要吸收N 2.70～3.30千克、P_2O_5 0.70～0.94千克、K_2O 4.70～5.10千克、CaO 1.2千克、MgO 0.5千克。

（三）茄子施肥量推荐

1. 有机肥推荐　茄子根系发达，比较喜肥耐肥，适于在富含有机质及保水保肥力较强的土壤栽培，有机肥料来源丰富，肥效好，含有氨基酸、微量元素、酶、细胞分裂素、多胺、抗生素等物质，对调节土壤微生态环境，促进作物生长、抗病（茄子黄萎病等）、延缓衰老、改善产品品质，提高产量均有显著作用，与化学肥料相比往往产生更佳应用效果。施用有机肥可提高茎粗，适量施用有机肥料可改善茄子品质，可提高茄子可溶性蛋白、维生素C、可溶性固形物和可溶性总糖的含量。

施用有机肥是生产绿色、健康蔬菜的首选（表5-14）。

表5-14　茄子土壤有机质等级及其有机肥基肥推荐施用量

有机质 （克/千克）	很丰富	丰富	中	缺乏	很缺	极缺
	>40	30.1～40	20.1～30	10.1～20	6～10	<6
农家肥 （吨/公顷）	50～80	80～110	110～130	130～160	160～180	180～210
商品有机肥 （吨/公顷）	2～4	4～6	6～8	8～10	10～12	12～14

2. 氮肥推荐　见表5-15。

表 5-15　茄子土壤有效氮分级及其氮肥施用量（N，千克/公顷）

肥力等级	碱解氮 (毫克/千克)	经济产量（鲜茄子，吨/公顷）						备注
		<25	30	35	40	50	55	目标产量 (鲜茄子, 吨/公顷)
极低	<32	135~150	150~165	165~180	180~195	195~210	210	施肥量 (N, 千克/公顷)
低	32~80	115~130	130~145	145~160	160~175	175~190	190	
中	80~160	95~110	110~125	125~140	140~155	155~170	170	
高	>160	75~90	90~105	105~120	120~135	135~150	150	

3. 磷肥推荐　见表 5-16。

表 5-16　茄子土壤有效磷分级及其磷肥施用量（P_2O_5，千克/公顷）

肥力等级	有效磷 (毫克/千克)	经济产量（鲜茄子，吨/公顷）						备注
		<25	30	35	40	50	55	目标产量 (鲜茄子, 吨/公顷)
极低	<12	90~110	110~130	130~150	150~170	170~190	190	施肥量 (P_2O_5, 千克/公顷)
低	12~20	70~90	90~110	110~130	130~150	150~170	170	
中	20~33	50~70	70~90	90~110	110~130	130~150	150	
高	>33	0	0	50~70	70~90	90~100	100	

注：磷肥全部作基肥于预整地时施用。

4. 钾肥推荐　见表 5-17。

表 5-17　茄子土壤有效钾分级及其钾肥施用量（K_2O，千克/公顷）

肥力等级	速效钾 (毫克/千克)	经济产量（鲜茄子，吨/公顷）						备注
		<25	30	35	40	50	55	目标产量 (鲜茄子, 吨/公顷)
极低	<19	130~160	160~190	190~220	220~250	250~280	280	施肥量 (K_2O, 千克/公顷)
低	19~41	100~130	130~160	160~190	190~220	220~250	250	
中	41~77	70~100	100~130	130160	160~190	190~220	220	
高	>77	40~50	50~70	70~100	100~130	130~160	160	

注：钾肥总施用量的 30% 作基肥于预整地时施用，70% 作追肥分次施用。

（四）茄子施肥方法推荐

茄子施肥应遵循以下几个原则：氮、磷、钾和中微量元素肥料平衡施用，有机肥和无机肥配合施用；有机肥作基肥，无机肥作追肥；磷钾肥作基肥早施，速效氮肥作追肥，有机液肥与氮肥混合追施。

1. 育苗期施肥　育苗期主要是培育壮苗，围绕达到幼苗茎粗苗壮、节间短、根系发达，定植时幼苗现蕾的壮苗标准进行施肥，为定植后抗逆性强提高活棵率打基础。其做法是在每10平方米苗床上施入过筛后的腐熟有机肥100～150千克、过磷酸钙与硫酸钾各0.5千克，混拌均匀，即可播种。苗期追施氮肥1千克，如果土温低，可用0.1%的尿素喷施叶面，使叶片变绿，以培育壮苗，促进花芽分化。

2. 大田基肥　根据土壤肥力情况选择施用腐熟有机肥，分别选择施用磷肥、钾肥，肥料品种为过磷酸钙和硫酸钾。

大田基施化肥，施用基肥总量的2/3在整地时施用，1/3在移栽定植前做基肥塘施，以保证定植后苗期养分供应。为防止作物缺素症的发生，可以在基肥中每公顷添加硼、铁、锌、铜等微量元素各15～30千克。偏酸土壤，可以在整地时施入适量生石灰以中和土壤酸性。

3. 定植后追肥

（1）成活后至开花前　以"促"为主，促使植株生长健壮，为开花结果打基础，追肥次数多，浓度低。中等肥力土壤，一般在定植4～5天（缓苗期）即可结合浇水追施入粪肥或化肥，根据土壤肥力，纯氮总施用量的20%～30%在苗期施用，苗情长势好，苗健壮可不施或少施。方法是：晴天土干时，人畜粪经稀释后与尿素混合搅拌均匀浇施茄苗，阴雨天可追施尿素，或尿素与经稀释后的人畜粪混合搅拌均匀施用。追肥后要浅中耕除草，一般3～5天追肥一次，直至茄子开花。

（2）开花后至坐果前　此期以"控"为主，应适当控制肥水供应，以利开花坐果。若追肥不当，很容易引起植物徒长，导致茄子落花落果。植株长势良好，可以不施肥；若没有施足基肥或由于土壤肥力较低，植株长势差，可在天晴土干时追施人畜粪或以氮肥为主的化肥，根据土壤肥力，纯氮总施用量的30%～40%在开花至坐果期施用，施肥品种选择硫酸铵或尿素。

（3）门茄坐果后至四门斗茄采收前　门茄坐稳果后，对肥水的需求量开始增大，应及时浇水追肥，肥随水浇施或水肥一体滴灌、喷灌。根据土壤肥力，选择纯氮总施用量的30～50%、钾肥总施用量的70%作追肥，肥料品种应以硝酸钾、硝酸钙等为主；可在茄子大批采摘后追施一次肥料，追肥方式以冲施、滴灌、喷灌或叶面喷施为主。其中：

门茄"瞪眼"后。晴天2～3天追施一次经稀释的人畜粪液，雨天土湿时3～4天追施一次较高浓度的人畜粪液，或在下雨之前埋施尿素和钾肥，尿素和钾肥按1:1的比例混合均匀；对茄和四门斗茄相继坐果膨大时，对肥水的需求达到高峰。

对茄"瞪眼"后。3～5天要重施一次粪肥或化肥，可随水浇施，根据天气状况和土壤水分的多寡确定肥水的掺兑浓度。四母斗茄果实膨大时，再重施一次粪肥或氮肥。

（4）四门斗茄采收后。此期为盛果期，主要以供水管理为主，配合稀释的淡粪水浇施，一般每采收一次茄子追施一次粪水。结果后期可进行叶面施肥，以补充根部吸收养分的不足。

参 考 文 献

黄巧义，卢钰生，唐拴虎，等．2011．茄子氮磷钾养分效应研究［J］．中国农学通报，27（28）：279-285．

练小梅．2014．粤北高寒山区茄子测土施肥技术指标体系研究和建立［J］．现代农业科技（8）：87-89．

卢家柱，赵贵宾，颉建明，等．2016．不同施氮量对茄子产量、品质及肥料利用率的影响［J］．华北农学报，31（3）：205-211．

杨振宇，张富仓，皱志荣．2010．不同生育期水分亏缺和施氮量对茄子根系生长、产量及水分利用效率的影响［J］．西北农林科技大学学（自然科学版），38（7）：141-148．

张燕燕，唐懋华，缪其松，等．2015．不同施肥处理对秋植茄子生长及产量的影响［J］．中国土壤与肥料（1）：33-37．

张杨珠，汤宏，龙怀玉，等．2014．不同施肥结构对茄子和辣椒产量及氮磷钾养分吸收的影响［J］．湖南农业科学（15）：36-39．

中国农业科学院蔬菜花卉研究所．2001．中国蔬菜品种志［M］．北京：中国农业科学技术出版社．

第六节 辣（甜）椒

辣椒（学名：*Capsicum annuum* L.），为茄科辣椒属草本植物。在我国大部分地区为一年生作物，在热带、亚热带地区的云南等地能成为多年生木本的"辣椒树"。辣椒在各地叫法名称有所不同，多叫辣椒，四川叫海椒、陕西叫辣子、秦椒，也叫番椒、辣茄等；云南叫牛角椒、长辣椒、菜椒、灯笼椒等。辣椒起源于中南美洲热带地区，明末时期传入我国，也有说我国云南西双版纳是辣椒起源地之一。目前我国有辣椒栽培的地区主要有四川、贵州、湖南、云南、陕西、河南等省，作为蔬菜或者调味品，辣椒是一种大众化蔬菜，现在世界各国普遍栽培。

辣椒属还有另外 4 个栽培种，即灌木状辣椒（*Capsicum frutescens*）、黄灯笼辣椒（*C. chinense*）、浆果状辣椒（*C. baccatum*）和绒毛辣椒（*C. pubescens*）。

辣椒茎直立生长，茎基部木质化，较坚韧。茎的高度因品种和栽培环境条件不同而差异较大，一般为 30～150 厘米。

辣椒的分枝生长与开花结果具有很强的规律性，它是从底部由下向上逐层分枝、逐层开花挂果的，而且上部的分枝量的多少直接决定着开花结果量的多少。

正常情况下，当辣椒长到 8～12 片叶时，苗株顶部就会长出花蕾，花蕾下面会生长出 2～3 个一级分枝，当新抽生的一级分枝长出叶片后，一级分枝的顶部又会再长出新的花蕾，新花蕾下会再次抽生二级分枝，二级分枝长出叶片后，其顶部还会长出新花蕾，新花蕾下会再次抽生三级侧枝，以此循环。

从辣椒生长发育的整体规律看，辣椒是按照 1 叶 1 蕾 2 分枝的规律生长发育的，而且辣椒的分枝量和结果量从底部向上部，基本呈 2 倍式增长，所有辣椒的产量基本来源于植株中上部的分枝结果量，在合理范围内，中上部分枝越多，辣椒开花挂果数越多，辣椒的产量就会越大。需要注意的是，辣椒每次分枝时一般只会长出 2 个或 3 个分权，所有同一层级的分枝的开花与结果一般是同期进行的。

辣椒多为双杈状分枝，也有三杈分枝。辣椒多数株冠较小，其中小果型品种分枝较多，植株高大。辣椒的分枝结果习性很有规律，根据辣椒茎的分枝习性可分为无限分枝型和有限分枝型，多数品种属于无限分枝型。

无限分枝型品种的特点：当植株高大，生长健壮，主茎长到9～16片真叶时，顶芽分化成花芽，形成第1朵花，在花蕾下2～3节形成2～3个侧枝，以后每个侧枝顶芽又分化为花芽，形成第2层花，花蕾下又可形成2～3个侧枝。在生长条件良好时，可不断分化花芽和形成分枝。果实着生在分杈处。多数品种在主茎或分枝顶端形成花芽后，形成两个分枝，称作二杈分枝，但当温差较大、营养条件好时，可形成三杈分枝。

有限分枝型品种的特点是，植株生长矮小，主茎长到一定叶数后，顶部出现花簇封顶，植株顶部形成多个果实。花簇下部的叶腋处还可抽生一级侧枝，在生长良好时一级侧枝的叶腋处还可抽生二级侧枝，在一级侧枝和二级侧枝的顶部仍然形成花簇封顶，但多不结果，以后植株不再分枝生长。各种簇生椒属于有限生长类型。

按照坐果的先后，在主茎上第一次分杈处形成的果实称为"门椒"。"门椒"是一级分枝处（第一个分枝）的第一批花长成的一个辣椒果实，即第一批果，一般长在辣椒第一个分杈部位往上0.5厘米左右的位置，这个位置的辣椒果实就叫做"门椒"。

"对椒"，是辣椒二级分枝杈，第二次分枝口上方新开花朵（第二批花）长出的两个辣椒果实（第二批果），一般辣椒植株的第二次分枝有两个，每个二级侧枝叶腋分杈上方0.5厘米左右的位置上各会长出一个辣椒果实，这两个辣椒果实因为是成对长出的，所以我们就把它们叫做"对椒"。辣椒是按照1叶1蕾2分枝的规律继续生长的，此后新分枝杈口上方花朵新长出的辣椒果实，在数量上一般分别为4个、8个、16个等，在名称上我们一般依次把它们叫作四面斗椒（也叫四母斗椒）、八面风椒、满天星椒等。辣椒侧枝的发生能力与品种有关。

辣椒主茎的各节位上均可抽生形成侧枝，侧枝的过度生长，往往会消耗大量的养分，又会造成田间郁闭，故对于易形成侧枝的品种，应及时将底部的侧枝剪除。

辣椒果实为浆果，下垂或介于两者之间，果形有灯笼形、圆锥形、牛角形、羊角形、线形、圆球形、方形等。嫩果果色多为绿色，彩色椒的嫩果果色还有白色、紫色等，成熟果实有红色、黄色、橙色、褐色等。多数品种成熟果色为红色。辣椒种子扁平，为肾形，表皮微皱，淡黄色，千粒重为4～7克。种子寿命为3～5年，生产上所用的种子年限为2～3年。

一、辣椒根系的类型及其构成

辣椒的根系由主根、侧根、根毛组成。主根发育旺盛，垂直向下生长，主根上均匀地分生侧根，从主根上分生出来的侧根成为一级侧根，一级侧根再分叉形成二级侧根，二级侧根又再分叉形成三级侧根等，如此不断分叉形成纺锤体状根系。通常在距离根端1毫米左右处有一段1～2厘米的根毛区，上面密生的根毛是吸收水分的器官。根系各部位的吸收能力有所不同，较老的木栓化根只能通过皮孔吸水，吸水量很小，吸收作用主要由幼嫩的新根和根毛进行，合成作用也是在新生根的细胞中最旺盛。因此，在栽培中要促进根系不断产生新根，发生根毛。此外，辣椒根系对土壤中氧气的要求比较严格，它不耐旱，又怕涝，必须选择疏松、透气性良好的土壤，增施有机肥，才能获得丰产。

二、辣椒根系在土层中的分布特征

辣椒主根上粗下细，在疏松的土壤中，一般可深入 40～50 厘米。在耕层浅、缺少养分和板结的土壤中入土则较浅，育苗移栽的辣椒，由于主根被切断，其生长受抑制，深度一般为 25～30 厘米；移栽时主根被切断所发生的侧根，主要分布在深 10～20 厘米的土层中；侧根的生长部位多发生与子叶生长方向平行，在主根上对称分布为主，分布于植株周围水平方向 25～45 厘米的土层中；育苗移栽的辣椒根系主要分布在 5～20 厘米土层内。主要根群分布在 10～15 厘米以内的土层中（康林玉，王静，刘周斌，欧立军，2017）。

辣椒与番茄、茄子等茄科属蔬菜相比较，其根系不算发达，主要表现在主根粗、根量少、根系的生长速度慢。地上部长出 2～3 片真叶时，才能生长出较多的二级侧根。茎基部不易发生不定根，根受伤后的再生能力也较弱，根的木栓化较早，不易产生不定根。因此，培育强壮的根系和育苗中保护好根系是获得辣椒丰产的基础。采用塑料营养钵盘育苗或用纸筒、营养土块育苗，减少移栽的次数，尽量在小苗时移栽。定植苗时注意少伤根。

三、辣椒施肥技术推荐

（一）辣椒需肥规律

辣椒的生长需要充足的养分，对氮、磷、钾三要素肥料均有较高的要求。在各个不同的生长发育期，需要的肥料种类和数量也有差别。幼苗期植株幼小，需肥量少，但肥料质量要好，此时需要充分腐熟的农家肥和一定比例的磷、钾肥，尤其是磷肥。辣椒在幼苗期就进行花芽分化，氮和磷肥对幼苗的发育和花的形成都有显著影响。磷不足，不但发育不良，而且花的形成迟缓，产生的花朵数也相对少，并形成不能结实的短花柱，因此，幼苗期养分供应不足，尤其是氮磷，对辣椒的生育和产量的影响是不可弥补的，所以，苗期是辣椒需肥的关键时期，因此苗期供给优质全面的肥料是获得高产的关键。

移栽后至初花期对氮的吸收也不多。初花期，枝叶开始全面发育，需肥量不太多，可适当施一部分氮肥、磷肥，促进根系发育。值得注意的是，此时间若氮肥施用过多，植株容易发生徒长，推迟开花坐果，而且枝叶嫩弱，容易感染多种病害。

初花以后对氮肥的需求量不断增加。盛花期对氮、磷、钾肥的需求量逐步增大，盛花期至盛果期是氮肥最大效率期。氮肥供枝叶发育，磷肥、钾肥促进植株根系生长和果实膨大以及增加果实的色泽。

辣椒的辣味亦受氮、磷、钾肥含量比例的影响。氮肥多，磷肥、钾肥少时，辣味降低；而磷肥、钾肥多时则辣味较浓，且香味增加。因此，在生产管理过程中适当搭配氮、磷、钾的比例，不但可以提高辣椒的产量，也可以适当地改善其品质。一般来说，从幼苗到现蕾，对氮、磷、钾的吸收量较小，约占总吸收量的 5%；从现蕾到开花，约占总吸收量的 11%；从初花到盛花结果，约占吸收总量的 34%；盛果期植株营养生长转弱，对磷钾的需要量最多，约占吸收氮、磷、钾总量的 50%。从生育阶段来说，辣椒开花到坐果，需要氮肥多；坐果到成熟，需要钾肥多。

有研究证明，每生产 1 000 千克鲜辣椒约需纯氮 3.5～5.4 千克、五氧化二磷 0.8～1.3 千克、氧化钾 5.5～7.2 千克、氧化钙 1.5～2.0 千克、氧化镁 0.45～0.72 千克。总体而言，辣椒对氮、磷、钾三元素的需求比例及其吸收量顺序为钾＞氮＞磷，同时辣椒对锌、钙、铁、硼等都有不同程度的需求。

（二）辣椒施肥最佳时期和空间位点

根据辣椒生长所需的养分需求规律，施足充分腐熟的农家肥和磷、钾肥，确保幼苗到现蕾均衡供应磷、钾肥，尤其是磷肥；巧施追肥，在生长期追肥 2～3 次。第一次在幼果期，第二次在盛果期，第三次在采收前，这时追肥要猛追猛促，基本上每隔一周就要追施一次人粪尿肥。

垄体分层施肥，垄上双行移栽。作基肥施用的农家肥（商品有机肥）总量的 60％于耕耙碎垡前全田施用，理墒时农家肥总量的 40％、磷肥总量的 60％、钾肥总量的 30％施于墒体中心线位置、墒高 1/4 处，垄上栽植双行辣椒。追肥施于辣椒主茎基部水平方向 8～12 厘米处 6～10 厘米土层中，沟施或穴施追肥。

（三）辣椒施肥量推荐

1. 辣椒氮肥施用量推荐　见表 5 - 18。

表 5 - 18　辣椒的土壤有效氮分级及其氮肥施用量（N，千克/公顷）

| 肥力等级 | 碱解氮（毫克/千克） | 目标产量（鲜椒，吨/公顷） | | | | | | 备注 |
		<15	20	30	40	50	60	目标产量（吨/公顷）
极低	<32	175～230	220～270	260～310	300～370	360～410	400～430	
低	32～75	140～175	170～220	220～260	270～310	310～360	350～410	
较低	75～117	100～140	130～170	160～190	180～220	210～280	270～360	施肥量（N，千克/公顷）
中	117～145	75～100	90～130	115～150	140～180	170～210	200～300	
较高	145～175	50～75	60～90	70～115	100～140	130～170	170～200	
高	>175	<50	40～60	50～70	70～90	90～130	130～170	

2. 辣椒磷肥施用量推荐　见表 5 - 19。

表 5 - 19　辣椒土壤有效磷分级及其磷肥施用量（P_2O_5，千克/公顷）

| 肥力等级 | 有效磷（毫克/千克） | 目标产量（鲜椒，吨/公顷） | | | | | | 备注 |
		<15	20	30	40	50	60	目标产量（吨/公顷）
极低	<2.6	90～110	110～120	120～130	130～150	150～170	170～180	
低	2.6～7.0	70～90	100～110	110～120	120～130	130～150	150～170	
较低	7.0～13.0	50～70	90～100	90～110	110～120	120～150	130～150	施肥量（P_2O_5，千克/公顷）
中	13.0～25.0	30～50	60～90	60～90	90～110	110～120	120～130	
较高	25.0～43.0	<30	30～50	40～60	60～90	90～110	110～120	
高	>43.0	0	0	<25	40	60	70	

注：磷肥总量的 60％作基肥，40％作追肥施用。

3. 辣椒钾肥施用量推荐 见表 5 - 20。

表 5 - 20 辣椒土壤有效钾分级及其钾肥施用量（K₂O，千克/公顷）

| 肥力等级 | 速效钾(毫克/千克) | 目标产量（鲜椒，吨/公顷） | | | | | | 备注 |
		<15	20	30	40	50	60	目标产量(吨/公顷)
极低	<43.5	180~240	240~270	270~320	320~370	370~420	420~450	
低	43.5~77.5	150~180	180~240	240~270	270~320	320~370	370~420	
较低	77.5~112.5	105~150	150~180	180~240	240~270	270~320	320~370	施肥量(K₂O,千克/公顷)
中	112.5~165.0	80~105	105~150	150~180	180~240	240~270	270~320	
较高	165.0~225.5	53~80	80~105	105~150	150~180	180~240	240~270	
高	>225.5	<53	53~80	80~105	105~150	150~180	180~240	

注：钾肥总施用量的 30% 作基肥于预整地时施用，70% 作追肥分次施用。

4. 辣椒无土栽培施肥浓度推荐 无土栽培辣椒氮、磷、钾最优组合为纯氮：352～388 毫克/升、氧化磷：54～62 毫克/升、氧化钾：337～409 毫克/升。

（四）辣椒施肥方法推荐

辣椒施肥，应根据辣椒生长的需肥特点，要遵循增钾、补磷、控钙，重施基肥，巧施追肥的原则。

1. 基肥 辣椒要求土壤肥沃、疏松、通气良好，因此，必须施足有机肥，改良土壤结构，满足辣椒生长需要。基肥以腐熟有机肥和含氮、磷、钾养分高而全的优质肥料为主，以供全生育期生长所需。辣椒基肥一般施腐熟有机肥 75～120 吨/公顷，根据土壤肥力状况确定，土壤肥力高则少施，肥力低则多施。其总量的 60% 全田撒匀后耕翻，耙细耥平，有机肥总量的 40% 与磷肥总量的 60%、钾肥总量的 30% 混合均匀于作垄（畦）或开沟时施在垄（畦）体内，然后起垄定植。

2. 追肥 辣椒是陆续开花结果，收获期较长，追肥是取得高产的关键。追肥一般在傍晚进行，将肥料施于距离根部 15 厘米左右环沟或穴中，完成作业后随即灌溉浇水。也可以采用水肥一体化技术施肥。追肥原则是少量多次的方法，避免一次追施过量对作物造成伤害。

辣椒产品可分为鲜椒食用、制作干椒两种。其中，做鲜椒的追肥时偏氮肥，但是不能过量，否则旺长坐果率低。制作干椒的重点在坐果上红后，在追施氮肥的基础上偏施钾肥，钾是决定干椒颜色、品质的元素。

移栽后应根据植株长势及时追肥，前期以腐熟粪尿肥、饼肥、生物肥为主。在辣椒初花期后，坐住果时进行第一次追肥。当大部分植株门椒坐果后，浇第二次水，并结合浇水，重施一次肥料，以磷钾肥及微量元素肥料为主。在盛果期，一般采收一次施肥一次，结合浇水追施高氮高钾型肥料，宜在采收前 1～2 天施用。

3. 叶面喷肥 辣椒生长期间，最好结合防治病虫害，坐果后适当喷施 0.2%～0.4% 的尿素和磷酸二氢钾溶液 750 千克/公顷，7 天 1 次，可有效防止落花落果。在鲜椒采收高峰期，辣椒需要吸收大量的镁肥，使用 0.5%～1% 的硝酸镁溶液，每公顷 750 千克左右，连喷几次。

4. 注意事项 要控氮增钾：初花期应少施氮肥，以防茎叶徒长和落花落果。如茎上部明显增粗，叶片过大，叶柄向下弯曲，会使门椒在开花后落果，一旦出现这类现象，就要控制氮肥用量，增施钾肥加以矫正。防止烧根：人粪尿一定要经过腐熟后加水稀释后施用；化肥要结合浇水进行追施，每次用量不宜过多。

看叶片长势确定是否追肥。辣椒坐果后，有适量的鲜嫩心叶，为生长正常，慎重追肥，且以追施钾肥为主；节间短、花位高、叶片小、新叶无鲜嫩心叶为生长衰弱，应当及时补施追肥。新叶过圆为氮肥过量，不易坐果，应当调高钾肥施用比例。

视长势定坐果。辣椒坐果前长势强的，可以保留对椒，甚至门椒，但要注意长势减弱后是否及时摘除；坐果前长势弱的，不留对椒，甚至门椒，先促进营养生长。

无籽果早疏。正确辨认授粉不良的无籽果实并疏除，以确保精品果率。

叶片可调节熟期。早去除下部叶片，对根有抑制作用，可以促进果实早熟，抓紧上市时可以使用此法。如果保留果实周围大量叶片，可延长果实的滞采期30天左右。

参 考 文 献

付云章，聂龙兴，何晓滨，等.2015.文山州旱地红壤辣椒的土壤养分丰缺及推荐施肥指标体系研究 [J].中国农技推广，31 (11)：63-66.

黄科，刘明月，蔡雁平，等.2002.氮磷钾施用量与辣椒品质的相关性研究 [J].西南农业大学学报 (4)：349-352.

康林玉，王静，刘周斌，等.2017.土壤类型对辣椒根系和果实显微结构影响的研究，中国农学通报，33 (28)：73-80.

孔清华，李光永，王永红，等.2009.地下滴灌施氮及灌水周期对青椒根系分布及产量的影响 [J].农业工程学报，25 (13)：38-42.

李娟，章明清，姚宝全，等.2011.福建省主要蔬菜氮磷钾营养特性及其施肥指标体系研究Ⅱ.主要蔬菜氮磷钾施肥效应及其土壤养分丰缺指标 [J].福建农业学报，26 (3)：432-439.

刘开明，付朝玉，潘桂莲，等.2010.辣椒测土配方施肥"3414"肥效试验研究 [J].中国园艺文摘 (5)：18-20.

刘顺国，韩晓日，刘小虎.2015.辽宁省保护地主要蔬菜土壤养分丰缺指标建立初探 [J].农业科技与装备，9 (255)：7-10.

罗群胜.2014.粤北高寒山区辣椒测土施肥技术指标体系的建立 [J].长江蔬菜 (8)：57-61.

王银花，申丽霞，梁鹏，等.2018.不同微润灌溉周期下辣椒根系生长与产量的关系 [J].节水灌溉 (3)：11-13，18.

夏兴勇，彭诗云，朱方宇，等.2009.辣椒氮、磷、钾施肥效应模型初探 [J].辣椒杂志 (4)：34-38，41.

章明清，李娟，孔庆波，等.2011.福建主要蔬菜氮磷钾营养特性及其施肥指标体系研究Ⅰ.需肥动态模型及其特征参数分析 [J].福建农业学报，26 (2)：28.

第七节 豌 豆

豌豆（学名：*Pisum sativum* L.），为豆科蝶形花亚科豌豆属。豌豆又称荷兰豆、金豆、毕豆、寒豆、食荚豆等，属一年生（春播）或两年生（秋播）草本攀缘性长日照植物，喜冷凉湿润气候，耐寒不耐热。原产地中海和中亚地区，是世界重要的栽培作物之一，种子及嫩荚、嫩苗均可食用；是蔬菜中的重要豆科作物之一，按食用部位分为食鲜荚型和食鲜粒型、干籽粒型。食鲜荚型分为小荚豆、大荚豆及甜脆荚豆三类。四川、云南、河南、湖北、江苏、青海、江西等省份均有栽培。近年来云南省种植面积较大，主要分布于海拔 1 550～2 200 米的山区、坝区。

一、豌豆根系的类型及其构成

豌豆为直根系作物，具有豆科植物典型的直根系和根瘤菌，由较发达的直根和细长的侧根和根瘤菌，以及侧根上的比侧根细的分枝根（二级侧根、三级侧根等）组成。

二、豌豆根系在土层中的分布特征

据编者观察，豌豆主根发育早而迅速，土壤墒情较好的地块，播种后 6 天幼苗尚未出土前，主根便伸长 6～8 厘米，播后 10 天幼苗刚出土时，已有 10 多条侧根，播后 20 天两片复叶刚展开时，主根可长达 16 厘米左右，但幼苗期其根系生长比较慢，花芽开始分化时，根系生长达到高峰期，开花前根系长势迅速减弱，豆荚发育时稍有增强，到豆荚膨大时趋于停止。豌豆的初生根（直根）入土深度可达 110～200 厘米，但根群（侧根）主要分布在 0～20 厘米耕层之内，占根系总干重 83.59%，随土层深度增加根系量减少；水平方向距离主茎 0～12 厘米耕层根系占根系总干重 72.79%，0～15 厘米耕层根系占根系总干重 85.43%，距离主茎越远根系量越少。

有试验研究结果表明，随着生育期的推进，豌豆的总根长、根表面积呈先增后减的趋势，开花期达到最大，各生育期的总根长与豌豆产量呈极显著正相关。还有研究表明，秸秆覆盖和免耕地膜覆盖优化豌豆根系分布，与传统耕作相比，增大了根长和根表面积，豌豆苗期和成熟期 0～10 厘米土层根系分布均明显增多，花期 20～40 厘米土层根系分布比例增加，优化了根系空间分布，从而增强了作物根系的吸收能力，最终使得作物产量和水分利用效率提高，豌豆苗期 0～10 厘米土层根系增加有利于充分利用这一时期的少量降水，花期较多的根系分布于 20～40 厘米土层有利于作物充分吸收利用较深层次土壤水分，提高全生育期作物根系吸收能力（张明君，李玲玲，谢军红，彭正凯等，2017）。

土壤含水量低时，植物为了寻找更多的水源，由地上部向根部运输的同化物增加，加快了根系生长，使得总根长、根系表面积增加，从而提高其抗旱能力。有关研究发现，轻度水分胁迫可以促进豌豆根系侧根的发育，诱导根系产生更多数量的二级侧根与三级侧根，增加根毛的数量（录亚丹，郭丽琢，李春春，曹智，2018），这种细而长且根毛较多的根系能够扩大吸收范围，有效地吸收土壤中分布不均的水分，对抵御干旱十分有利，因此苗期土壤适度干旱可达到蹲苗的目的，但蹲苗时间不宜过长，而在花期和灌浆期任何程度的水分胁迫均抑制了根系的生长，栽培实践中为了保证根系的良好发育和获得较高产量，必须充足供应水分。施用不同形态的氮肥，对豌豆根系生长有较大影响。有试验结果表明，正常供水条件下，施用硝态氮可以有效促进侧根的发生，使根系长度增加，有利于提高豌豆的根长、根体积和根表面积,而铵态氮能够有效增加根系直径,使根系变短加粗,有利于土壤养分、水分吸收(录亚丹,郭丽琢,李春春,曹智,2018)。

三、豌豆施肥技术推荐

(一)豌豆需肥规律

豌豆营养生长阶段,生长量小,养分吸收也少,到了开花、坐荚以后,生长量迅速增大,养分吸收量也大幅增加,豌豆一生中对氮、磷、钾三要素的吸收量以氮素最多,钾次之,磷最少。豌豆生长发育需氮量较大,尤其是豆粒发育时,需要大量的氮来保证,豌豆根瘤虽然能够固定土壤和空气中的氮素,但仍需依赖土壤供氮或施用氮肥补充。施用氮肥要考虑根瘤的供氮状况,在生育初期,如施氮过多,会使根瘤形成延迟,并引起茎叶生长过于茂盛而造成落花落荚;在收获期供氮不足,则收获期缩短,产量降低。增施磷、钾肥可以促进豌豆根瘤的形成,防止徒长,增强抗病性。据研究报道,每生产 1 000 千克豌豆干籽粒需要吸收氮 3.4~11.5 克、氧化磷 1.2~5.8 千克、氧化钾 5.7~12.3 千克,其比例大致为 1:0.36~0.38:0.92~0.81。若采摘嫩豆荚,吸收量相应减少,一般每生产 1 000 千克菜用鲜豌豆荚需要吸收氮 3.37 千克、氧化磷 2.26 千克、氧化钾 5.96 千克,其比例为 1:0.67:1.78。从豌豆出苗到始花期,吸收的氮占总吸收量的 40%,到开花末期累计吸收氮可达 99%。从出苗到开花末期,磷、钾的吸收也分别达到了 66% 和 83%。可见,开花结荚期是豌豆吸收养分最多的时期。豌豆根瘤菌有较强的固氮能力,在适宜条件下,每公顷豌豆每年可从大气中固定氮素 60~75 千克。因此,豌豆生育期吸收的氮很大一部分来自自身固氮,在施肥时要加以注意。

(二)豌豆施肥最佳时间及其施肥位点

基肥。将充分腐熟的有机肥、磷肥等施于垄体高 1/3 处中心线,使土壤与肥料充分混合均匀,或作种肥,采用种子侧下位施肥方法,将肥料施于豌豆播种行水平方向距种子 5~7 厘米,垂直方向 7~10 厘米的土层中。水肥一体化滴灌,滴灌管布设于距离根茎 5~7 厘米处。

追肥。追施肥料建议采用兑水冲施,或水肥一体化滴灌,滴灌管布设于距离根茎 5~7 厘米处。

(三)豌豆施肥量推荐

1. 豌豆氮肥施用量推荐 见表 5-21。

表 5-21 豌豆土壤养分推荐施用量(N,千克/公顷)

肥力等级	目标产量(鲜豆荚,吨/公顷)						备注
	<12	15	18	21	24	27	目标产量(吨/公顷)
高	<60	60~90	90~120	120~150	180~210	210~240	施肥量(N,千克/公顷)
中	<90	90~120	120~160	160~190	190~230	230~260	
低	<130	130~160	160~190	190~230	240~260	260~280	

注:氮肥不宜作豌豆种肥施用,宜作追肥分次施用。

2. 豌豆磷肥施用量推荐 见表 5-22。

表 5-22 豌豆土壤养分推荐施用量（P_2O_5，千克/公顷）

肥力等级	目标产量（鲜豆荚，吨/公顷）						备注
	<12	15	18	21	24	27	目标产量（吨/公顷）
高	<50	50~60	60~70	70~75	75~85	85~95	施肥量（P_2O_5，千克/公顷）
中	<70	70~80	80~90	90~100	100~110	110~120	
低	<80	80~90	90~100	100~110	110~120	120~130	

注：磷肥 50%~100% 作基肥、种肥施用。

3. 豌豆钾肥施用量推荐 见表 5-23。

表 5-23 豌豆土壤养分推荐施用量（K_2O，千克/公顷）

肥力等级	目标产量（鲜豆荚，吨/公顷）						备注
	<12	15	18	21	24	27	目标产量（吨/公顷）
高	<35	35~55	55~75	75~95	95~115	115~135	施肥量（K_2O，千克/公顷）
中	<45	45~65	65~85	85~105	105~125	125~145	
低	<55	55~75	75~95	95~115	115~135	135~155	

（四）施肥方式推荐

有试验研究结果表明，云南耕地土壤中氮和钾是限制豌豆产量的主要养分因子，施氮钾的增产效果明显，其次是磷。豌豆施肥的总体原则是以有机肥为主，化肥为辅；以根部施肥为主，根外施肥为辅；追肥要根据植株长势轻施勤施。提苗肥可使用碳酸氢铵、尿素和各种复合（混）肥等；花荚肥可以用尿素、硫酸钾、复合肥等。

一般情况下，豌豆种肥不宜施用氮肥，而磷肥可作基肥、种肥施用。在氮、磷、钾配方施肥的基础上，每公顷施钼酸铵 45 千克、硼砂 6 千克，其节肥、增产、增收效果较明显。在高肥力田地土壤种植豌豆采用种肥不施氮肥，磷肥 50%~100% 作种肥施用，追肥 12~15 次的施肥技术，豌豆可获得最高产量。豌豆单种，垄上双行 30 万株/公顷播种密度的田地建议采用以下施肥技术：

（1）基肥 在播前预整地时每公顷施有机肥 45~75 吨，磷肥总施用量的 100%、氮肥总施用量的 15~22%、钾肥总施用量的 50% 或草木灰 1 500 千克于预整地时施用在耕地表面，通过耕整翻入耕层整平。起垄或做墒备播种，确保苗全、苗肥壮。烤烟田套种豌豆不宜施用底肥和种肥，以免烟叶回青。

（2）适时追肥 为使豌豆多分枝、多开花、多结荚，要根据植株的长势适时早施追肥，特别是氮素肥料。幼苗长势较弱，可在豌豆苗三台复叶期追施第一次肥，现蕾期追施第二次肥，第三次追肥可在结荚初期施；幼苗长势好则在花蕾期追施第一次肥，结荚期第二次施肥。在雨季前施入或施肥后浇水，或兑水浇施，或水肥一体化滴灌，这样能加快植株的吸收。之后每隔 7~10 天施肥一次，促豌豆苗株肥壮。若土壤肥力高，长势旺盛，可以酌情减少追肥次数和数量，每采摘一次追肥一次。

花期选择晴天 10～15 天喷施一次叶面肥。每公顷用磷酸二氢钾 2.25～3.0 千克和硼砂 1.5 千克兑水 900～1 050 千克喷雾，喷施 2～3 次。

参 考 文 献

李继明，赵丽娟 .2009. 干旱区豌豆配方施肥试验研究 [J] . 甘肃农业科技（2）：17-19.

李玲，杨涛，宗绪晓 .2016. 豌豆氮磷钾肥效研究 [J] . 作物杂志（2）：145-150.

刘欣雨，郑殿峰，冯乃杰，等 .2018. 寒地豌豆种植技术研究 [J] . 黑龙江八一农垦大学学报，30
（4）：1-5.

录亚丹，郭丽琢，李春春，等 .2018. 干旱胁迫和氮素形态对豌豆根系生长的影响 [J] . 中国农学通
报，34（3）：19-25.

马瑶，师进霖，宋云华，等 .2006. 甜脆豌豆施肥数学模型研究 [J] . 江西农业学报，18（6）：
95-97.

吴金花，张应华，李成春，等 .2015. 澄江县菜豌豆控肥技术研究 [J] . 蔬菜（12）：31-34.

杨绍聪，费勇，段永华，等 .2010. 氮素用量及施肥方法对菜豌豆根瘤量和产量的影响 [J] . 中国农
学通报，26（22）：196-200. 张明君，李玲玲，谢军红，等 .2017. 不同耕作方式对陇中旱农区春小
麦和豌豆根系空间分布及产量的影响 [J] . 应用生态学报，28（12）：3917-3925.

赵建华，孙建好，李伟绮，等 .2013. 施肥与栽培措施对豌豆/玉米间作高产高效模式的影响 [J] . 中
国土壤与肥料（2）：37-41.

第八节 白 菜

白菜 [学名：*Brassica pekinensis*（Lour.）Rupr.]，为芸薹属芸薹种白菜亚种的一个变种，以绿叶为产品的一二年生草本植物。白菜又名大白菜、结球白菜、包心白菜等，原产我国东北，栽培历史悠久，中国各地广泛栽培。栽培面积和消费量在中国居各类蔬菜之首。我国主要栽培有大白菜和小白菜 2 个品种，大白菜（学名：*Brassica campestris* L. ssp. *pekinensis*），别名结球白菜、北京白菜、黄芽菜、包心白菜等；小白菜（学名：*Brassica campestris* L. ssp. *chinensis* Makino），又名不结球白菜、青菜、油白菜、小青菜等。长江以南地区秋、冬、春季都可种植，其茎叶可食。

一、白菜根系类型及其土层中的分布特征

白菜根系发达，为肥大肉质直根，属于直根系，有较发达的根系，主根直径下细上粗，因品种不同而略有不同，其直径一般约 3～7 厘米，向地下直立延伸，团棵时主根深达 60 厘米，结球期根系最大分布直径约 80 厘米。主根上生有两纵行侧根，每行侧根又由左右两排次侧根组成。上部产生的侧根长而粗，下部产生的侧根细而短。侧根可分生大量的 2～3 级、4 级乃至 5～7 级侧根，形成发达的网状根系。多为水平生长，主要根群分布在距地表 20～35 厘米的耕层，主要的吸收根分布在距地表 40 厘米以内，其中 90% 根系集中在地表下 30 厘米的土层中，分布在较浅土层，多利用浅土层中的养分和水分，而利

用深土层中养分和水分的能力差。

大白菜分为大根系统和小根系统两大根系系统，大根系统的根直径为 3.5～4.5 厘米，小根系统的根直径为 1.5～2.5 厘米；大根系白菜只在山东省原产地的西部有分布，小根系则普遍分布（林维申，1980）。

二、白菜施肥技术推荐

（一）白菜需肥规律

1. 大白菜 大白菜的全生育期要经过苗期、莲座期和包心期三个时期，是一种需肥量较多的蔬菜，其养分需要量由于不同生育时期的生长量和生长速度不同而有所差异。据北京市海淀区农业科学研究所 1983 年对大白菜的施肥试验研究表明，在苗期（播种起约31 天），大白菜生物量仅占生物总产量的 3.1%～5.4%，吸收的氮占吸氮总量的 5.1%～7.8%，吸收的磷占吸磷总量的 3.24%～5.29%，吸收的钾占吸钾总量的 3.56%～7.02%；进入莲座期（播种 31～50 天共 19 天期间内），其生物量增加较快，占生物总量的 29.18%～39.54%，养分吸收明显加快，吸收的氮占吸氮总量的 27.50%～40.10%，吸收的磷占吸磷总量的 29.10%～45.03%，吸收的钾占吸钾总量的 34.61%～54.04%；在包心初期到中期（播种 50～69 天共 19 天内），生物量增长较快，占生物总量的44.36%～56.44%，这一时期增加的重量是决定总产量高低和大白菜品质的关键时期，吸收的氮占吸氮总量的 30%～52%，吸收的磷占吸磷总量的 32%～51%，吸收的钾占吸钾总量的 44%～51%；在包心后期至收获期（自播种起 69～88 天共 19 天内），生物量增长速度下降，相应吸收养分量也减少，此阶段增加的生物量占生物总产量的 10%～15%，吸收的氮占吸氮总量的 11%～26%，吸收的磷占吸磷总量的 16%～24%，吸收的钾一般不到吸钾总量的 10%。

从不同生育阶段的养分吸收情况看，大白菜移栽后 15 天吸氮量占总吸氮量的 10%，移栽后 30 天是快速吸收氮的阶段，移栽后 30 天至收获期，吸氮量占总吸氮量的 80%；磷的吸收，大白菜移栽后前 30 天的吸磷量相对较少，仅为总吸磷量的 15%～20%；随着大白菜的生长发育，磷的吸收量逐步增加，移栽后 30～45 天，磷的吸收量占全生育期的40%～55%，直至收获期也表现较高的吸收量。钾的吸收高峰出现较晚，在移栽后的 30～60 天，此时期钾的吸收量占全生育期钾吸收总量的 80% 左右。可见，大白菜对氮、磷、钾的最大吸收期出现在移栽后 30～60 天，其吸收量占总吸收量的 80% 左右（黄运湘，曾艳，张杨珠等，2011）。可见，大白菜氮、磷、钾的需要量在不同生育期差异明显，且有前期吸收少、后期剧增的特点，即幼苗对氮、磷、钾的吸收量占全生育期的吸收量很低，莲坐期吸收量急剧上升，结球期达到峰值。因此，大白菜莲座及结球初期是需肥最多的时期，是大白菜产量形成和施肥的关键时期。

据有关研究，大白菜生育期长，产量高，养分需求量极大，对钾的吸收量最多，其次是氮、钙、磷、镁。每生产 1 000 千克大白菜约需要从土壤中吸收氮（N）1.8～2.6 千克、磷（P_2O_5）0.8～1.2 千克、钾（K_2O）3.2～3.7 千克，其比例约为 1∶0.45∶2.1。

充足的氮素营养对促进形成肥大的绿叶和提高光合效率有重要意义，如果氮素供应不足，则叶片由外向内逐渐发黄、干枯，植株矮小，组织粗硬，严重减产；如果氮肥过多，易造成叶大而薄，包心不实，品质差，抗病性降低，不耐贮存。磷能促进细胞的分裂和叶原基的分化，加快叶球的形成，促进根系生长发育。磷素缺乏时，植株矮小，叶片暗绿，结球迟缓。钾素能增强光合作用，促进叶片有机物质的制造和运转。钾肥供应充足，可使叶球充实，产量增加；缺钾时，外层叶片边缘呈带状干枯，严重时可向心部叶片发展。大白菜是喜钙作物，外叶含钙量高达 5%～6%，而心叶中的钙含量仅为0.4%～0.8%。环境不良，管理不善时，会发生生理缺钙，出现干烧心病，严重影响大白菜的产量和品质。

2. 小白菜　小白菜是以叶为产品的园艺作物，产量高，需肥量大，对氮的要求最为敏感。氮素供应充足则叶绿素增多，碳水化合物随之增多，促进了叶球的生长而提高了产量。若氮素过多而磷、钾不足，不仅造成小白菜外皮厚、叶大而薄，结球不紧心包差、产量低、品质下降，而且叶片含水量高，抗病力减弱，采收后小白菜不耐贮藏，易腐烂，生长后期易发生病虫害。磷能促进叶原基分化，使外叶发生快，球叶的分化增加。充分供给钾肥，使白菜叶球充实，产量增加，并且还增加了白菜中养分的含量。

有研究表明，从不同生育阶段的养分吸收情况看。小白菜移栽后 15 天进入快速吸氮阶段，吸氮量占总吸氮量的 10%～15%，移栽 15～30 天达高峰值，吸氮量占全生育期的40%～50%；之后逐渐减慢，直至收获期。移栽后 30 天至收获期，吸氮量占总吸氮量的80%；磷的吸收，在小白菜移栽 15 天后便进入快速吸收阶段，吸收量在 15～45 天占全生育期的 80%～90%，收获期小白菜吸磷量大大减少，仅为吸收总量的 2%～10%。吸钾高峰出现在移栽后的 15～45 天，其中 15～30 天的吸钾量约占全生育期吸钾总量的 50%以上，45～60 天的吸钾量不及全生育期吸钾总量的 10%。从以上可见，小白菜对 NPK 的最大吸收期出现在移栽后 15～45 天，占养分吸收总量的 80%，前期和后期吸收养分均较少（黄运湘，曾艳，张杨珠等，2011）。

另有研究结果也表明，小白菜以移栽后 30 天之后吸氮量最高，占小白菜整个生育期总吸氮量的 70%以上。移栽后前 15 天的吸氮量不到小白菜总吸氮量的 10%，移栽后15～30 天不到 20%。小白菜在生育前期吸氮能力较弱，随着植株的生长，吸氮能力逐步增强，移栽后 30～45 天，其日均吸氮量最高，尤其是施用专用肥的处理。移栽后前15 天的吸磷总量仅占全生育期吸磷总量的 5%左右，移栽后 15～30 天的吸磷总量最大，约占全生育期吸磷总量的 60%～70%。生育中期为植株生长旺盛期，其磷肥的日均吸收量也达到了最大。对钾素的吸收与对氮素和磷素的吸收动态相似，但比对氮素和磷素的吸收平稳，移栽后 30～45 天吸钾量约占全生育期吸钾总量的 50%～60%，移栽后 30～45 天为植株的生长旺盛期，日均吸钾量最高（曾艳，张杨珠，龙怀玉，周卫军等，2009）。

小白菜全生育期吸收氮（N）、磷（P_2O_5）、钾（K_2O）比例约为 1：0.23：1.06。

（二）白菜施肥最佳时间及其空间位点

1. 大白菜　大白菜施肥应以基肥为主，基肥、追肥相结合，追肥以氮钾肥为主，适当补充微量元素的原则。莲座期之后加强追肥管理，包心前期需要增加一次追肥，采收前2 周不宜追施氮肥。

基肥。预整地时农家肥（商品有机肥）与化肥混合施用，使肥料与耕层土壤充分混合均匀。

追肥。施于植株根茎水平方向8～12厘米沟施或者穴施于距土表6厘米土层，或水肥一体化滴灌。

2. 小白菜 小白菜植株较矮小，须根发达，根系分布浅，吸收能力较弱，生长期相对较短，生长过程中要不断地供给充足的肥水，多次追施速效氮肥、钾肥，才能获得优质的小白菜。

基肥。预整地时农家肥（商品有机肥）与化肥混合施用，使肥料与耕层土壤充分混合均匀。

追肥。在施足基肥的基础上，直播定苗后或移栽成活后及时追肥，每隔10～15天浇施一次氮、钾肥溶液，或水肥一体化滴灌，或在行间开8～10厘米深沟条施。

（三）白菜施肥量推荐

白菜施肥原则：根据土壤肥力条件和目标产量，优化氮磷钾肥用量；以基肥为主，基肥追肥相结合；追肥以氮肥为主，氮磷钾肥合理搭配，适当补充微量元素。种植之后加强水肥管理，采收前一周停止施用氮素肥料；酸度大的土壤有效钼等微量元素含量较低，应注意施用微量元素肥料；菜地土壤酸化严重时应适量施用石灰或土壤调理剂；提倡施用腐熟农家肥或商品有机肥，使土壤疏松，培肥地力，促进生长。

1. 大白菜施肥量推荐

（1）大白菜土壤养分丰缺指标 见表5-24。

表5-24 大白菜土壤有效养分丰缺指标（毫克/千克）

肥力等级	碱解氮	有效磷	速效钾	相对产量（%）
高	>260	>42	>172	95
中	188～260	42～12	172～66	95～75
低	<188	<12	<66	<75

（2）大白菜氮肥施用量推荐 见表5-25。

表5-25 大白菜土壤养分推荐施用量（N，千克/公顷）

肥力等级	碱解氮（毫克/千克）	目标产量（鲜菜，吨/公顷）						备注
		<45	45～55	55～65	65～75	75～85	85～95	目标产量（鲜菜，吨/公顷）
高	>260	<168	168～188	188～208	208～228	228～248	248～268	施肥量（N，千克/公顷）
中	188～260	<188	188～208	208～228	228～248	248～268	268～298	
低	<188	<208	208～228	228～248	248～268	268～298	298～318	

注：施肥总量的20%作基肥，80%作追肥。

（3）大白菜磷肥施用量推荐 见表5-26。

表 5-26　大白菜土壤养分推荐施用量（P_2O_5，千克/公顷）

肥力等级	有效磷（毫克/千克）	目标产量（鲜菜，吨/公顷）						备注
		<45	45～55	55～65	65～75	75～85	85～95	目标产量（鲜菜，吨/公顷）
高	>42	0	0	<16	16～23	23～30	30～37	施肥量（P_2O_5，千克/公顷）
中	42～12	<12	12～19	19～26	26～33	33～40	37～47	
低	<12	<19	19～26	26～33	33～40	40～47	47～54	

注：磷肥全部做基肥。

（4）大白菜钾肥施用量推荐　见表 5-27。

表 5-27　大白菜土壤养分推荐施用量（K_2O，千克/公顷）

肥力等级	速效钾（毫克/千克）	目标产量（鲜菜，吨/公顷）						备注
		<45	45～55	55～65	65～75	75～85	85～95	目标产量（鲜菜，吨/公顷）
高	>172	0	<150	150～170	170～190	190～210	210～230	施肥量（K_2O，千克/公顷）
中	172～66	<150	150～170	170～190	190～210	210～230	230～250	
低	<66	<170	170～190	190～210	210～230	230～250	250～270	

注：施肥总量的 20% 作基肥，80% 作追肥。

2. 小白菜施肥量推荐

（1）小白菜土壤养分丰缺指标　见表 5-28。

表 5-28　小白菜土壤有效养分丰缺指标

肥力等级	碱解氮（毫克/千克）	有效磷（毫克/千克）	速效钾（毫克/千克）	相对产量（%）
高	>190	>90	>160	>95
中	115～190	45～90	120～160	75～95
低	60～115	15～45	80～120	50～75
极低	<60	<15	<80	<50

（2）小白菜氮肥施用量推荐　见表 5-29。

表 5-29　小白菜土壤养分推荐施用量（N，千克/公顷）

肥力等级	碱解氮（毫克/千克）	目标产量（鲜菜，吨/公顷）						备注
		<20	25	30	35	40	45	目标产量（鲜菜，吨/公顷）
高	>190	<80	80～90	90～100	100～110	110～120	120～130	施肥量（N，千克/公顷）
中	115～190	<90	80～100	100～110	110～120	120～130	130～140	
低	60～115	<100	100～110	110～120	120～130	130～140	140～150	
极低	<60	<110	110～120	120～130	130～140	140～150	150～160	

注：施肥总量的 20% 作基肥，80% 作追肥。

（3）小白菜磷肥施用量推荐　见表 5 - 30。

表 5 - 30　小白菜土壤养分推荐施用量（P_2O_5，千克/公顷）

肥力等级	有效磷（毫克/千克）	目标产量（鲜菜，吨/公顷）						备注
		<20	25	30	35	40	45	目标产量（鲜菜，吨/公顷）
高	>90	0	<19	19~22	22~25	25~30	30~40	施肥量（P_2O_5，千克/公顷）
中	45~90	0	<23	23~26	26~29	30~40	40~50	
低	15~45	<25	25~30	30~40	40~50	50~60	60~70	
极低	<15	<45	45~55	55~65	65~75	75~85	85~95	

注：磷肥全部做基肥。

（4）小白菜钾肥施用量推荐　见表 5 - 31。

表 5 - 31　小白菜土壤养分推荐施用量（K_2O，千克/公顷）

肥力等级	有效钾（毫克/千克）	目标产量（鲜菜，吨/公顷）						备注
		<20	25	30	35	40	45	目标产量（鲜菜，吨/公顷）
高	>160	<55	55~65	65~75	75~85	85~95	95~105	施肥量（K_2O，千克/公顷）
中	120~160	<65	65~75	75~85	85~95	95~105	105~115	
低	80~120	<85	85~95	95~105	105~115	115~125	125~135	
极低	<80	<95	95~105	105~115	115~125	125~135	135~145	

注：施肥总量的 20% 作基肥，80% 作追肥。

3. 施肥方法推荐

（1）小白菜　根据小白菜生长需肥特点和土壤养分含量情况，结合当前小白菜施肥实际水平进行综合分析确定施肥量（表 5 - 28、表 5 - 29、表 5 - 30、表 5 - 31）。

施足基肥。全部有机肥、磷肥、钾肥和施用总量 20% 的氮肥条施或撒施作基肥施用。基肥建议施用过磷酸钙，以预防白菜"干烧心"病。

适期追肥。施用总量 80% 的氮肥作追肥。施肥量应少量多次，前少后多。春小白菜一般在定植后 7 天或直播地苗龄 15 天后开始施用，全生育期追肥 3 次，第一次施 20% 氮肥，第二次施 40% 氮肥，第三次施 20% 氮肥，追肥量比秋冬小白菜略低；夏小白菜缓苗肥要早施。结合灌溉作追肥撒施或水肥一体化施用。

（2）大白菜　根据大白菜需肥规律、土壤养分状况和肥料效应，通过土壤测试，确定相应的施肥量（表 5 - 24、表 5 - 25、表 5 - 26、表 5 - 27）和施肥方法，按照有机与无机相结合、基肥与追肥相结合的原则，实行平衡施肥。

施足基肥。氮肥总施用量的 20%～30%、钾肥总施用量的 50%～60% 和有机肥、磷肥全部作基肥施用，结合耕翻整地与耕层充分混匀。具体方法，是在预整地耕耙前先将60% 的有机肥撒在地面耙入浅土中，起垄前把 40% 的有机肥、作基肥施用的氮、钾肥撒在计划起垄的垄中心线浅沟中条施，与土壤混合均匀，然后起垄。

适期追肥。施好提苗肥：为保证幼苗期得到足够养分，在基肥施用量不足或较少的地块需要追施速效性肥料作为"提苗肥"。每公顷用硝酸铵60千克或硫酸铵75千克，于移栽（直播）前施于播种（移栽）穴、沟侧位3～5厘米土层，播种（移栽）时使种苗与肥料隔离。

发棵肥：发棵肥应在田间有少数植株开始团棵时施用；直播大白菜施肥应在植株边缘开8～10厘米的小沟内施入肥料并覆土盖严肥料。移栽白菜则将肥料施入沟穴中，与塘土拌匀后再栽菜苗（注意根系与化肥隔离）。大白菜莲座期生长速度和生长量都较大，是产量形成的重要时期，充足的肥水供应保证莲座叶旺盛生长是丰产的关键。莲座期要适时施氮、钾肥料。若莲座后期有徒长迹象，则须采取"蹲苗"办法。

结球肥：结球初期叶环外层叶迅速生长，生长量最大，对氮素养分的需要量特别高，应重视这一次追肥。结球中期，叶球内叶子迅速生长而充实内部，生长量也很大，为了延长外叶的功能，延缓叶片衰老，应根据土壤肥力状况进行追肥。分别于结球初期、结球中期追施氮、钾肥料，其中结球初期氮、钾肥料施用量可较大一点，结球中期少施一点。将化肥与腐熟的有机肥混合均匀，在行间开8～10厘米深沟条施为宜，或水肥一体化滴灌施用。

参 考 文 献

侯金权，张杨珠，龙怀玉，等.2009.不同施肥处理对白菜的物质积累与养分吸收的影响［J］.水土保持学报，23（5）：200-204.

黄运湘，曾艳，张杨珠，等.2011.不同施肥处理对白菜干物质积累与养分吸收的影响［J］.湖南农业科学（1）：32-36.

康妙英.2009.大白菜的营养特性与施肥技术［J］.山西农业科学，37（4）：93-94.

李娟，章明清，姚宝全，等.2011.福建省主要蔬菜氮磷钾营养特性及其施肥指标体系研究Ⅱ.主要蔬菜氮磷钾施肥效应及其土壤养分丰缺指标［J］.福建农业学报，26（3）：332-439.

李淑仪，张桥，廖新荣，等.2009.广东叶菜测土施肥技术指标体系磷素指标初步研究［J］.广东农业科学（4）：25-32，53.

廖新荣，李淑仪，张育灿，等.2009.广东叶菜测土施肥技术指标体系钾素指标初步研究［J］.广东农业科学（4）：33-37.

林维申.1980.中国白菜分类的探讨［J］.园艺学报，7（2）：21-27.

刘晓东，牟金贵，闫凤岐，等.2016.滴灌条件下配方施肥对坝上地区大白菜生产的影响［J］.河北农业科学，20（3）：52-57，61.

史庆馨.2005.大白菜的营养特性与科学施肥技术［J］.北方园艺（1）：21.

肖起通.2016.三明市辖区大白菜氮磷钾推荐施肥指标研究［J］.中国农学通报，32（30）：113-119.

曾艳，张杨珠，龙怀玉，等.2009.不同施肥条件下小白菜的物质积累与养分吸收［J］.湖南农业大学学报（自然科学版），35（1）：33-38.

张桥，李淑仪，梁兆朋，等.2009.广东叶菜测土施肥技术指标体系氮素指标初步研究［J］.广东农业科学（4）：24-27.

中国农业科学院蔬菜花卉研究所.2001.中国蔬菜品种志［M］.北京：中国农业科学技术出版社.

第九节 薯蓣（山药）

山药（学名：*Dioscorea opposita* Thunb.），又名薯芋、白苕、山薯等，为薯蓣科薯蓣属中能够形成地下肉质块茎（根状茎）的栽培种（野生种），为一年生或多年生缠绕性藤本植物，在我国一般作为一年生蔬菜或中药材栽培，主要产品为肥大的肉质块茎（根块茎）。山药在植物学的分类为：植物界、被子植物门、单子叶植物纲、百合目，缠绕草质藤本。世界栽培山药分为亚洲群、美洲群和非洲群三个种群，我国栽培的山药属于亚洲群，有普通山药和田薯两个种。地下块茎有长圆柱形、圆筒形、纺锤形、掌状或团块状，垂直生长，表面密生须根，其断面肉色有白色、红褐色、黑褐色、紫红色等，具黏液。根状茎长而粗壮，可达 60 厘米长，外皮有红褐、黑褐、紫红等色泽。茎通常带紫红色，右旋，无毛。单叶，在茎下部的互生，中部以上的对生。雄花序为穗状花序，长 2～8 厘米，近直立，2～8 个着生于叶腋。蒴果不反折，种子着生于每室中轴中部。花期 6～9 月，果期 7～11 月（黄文华，封文雅，2016；罗宜富，2015；陆树刚，2015）。

我国目前栽培的有田薯、山薯、条薯、长薯四个种类。长薯按其块茎形态又可以分为三个类型：扁块型（扁形）山药，如云南脚板薯、浙江瑞安红薯等；圆筒型块茎呈短圆形或不规则形山药，如台湾圆薯、浙江黄岩薯药等；长柱型块茎圆形长柱状山药，如江苏沛县花籽山药、河南焦作怀山药、山东挤宁米山药等（陆树刚，2015）。

一般山药的一个全生长周期，要经过发芽、生长和休眠等阶段。随着一年四季气候条件的变化，山药依次进入发芽期、甩蔓（条）发棵期、块茎膨大期和休眠期四个阶段（邵文斌，2011）。

山药发芽期。从山药块茎的顶芽（或不定芽）开始萌芽到出苗为发芽期。山药栽子出苗较快，大田条件下需 20～30 天；山药段发芽时间较长，历时 40～50 天；零余子发芽较快，一般 20～25 天。在发芽过程中，由芽顶向上抽生芽条，由芽基向下形成块茎。与此同时，于芽基内部从各个分散的维管束外围细胞产生根原基，继而根原基穿出表皮，逐渐形成山药的吸收根系。当块茎长到 1～3 厘米时，芽条便破土而出。山药栽子和零余子一般只能形成一个芽和一个块茎，栽山药块茎段可以形成多个芽和多个块茎。

山药甩蔓发棵期。山药从芽条出土到现蕾开花，开始形成零余子为止，为甩蔓发棵期，时间 50～60 天。这个时期为块茎形成初期，芽条出土后迅速生长，7～10 天后达 1 米左右，这时第一叶片展开，继而茎叶不断生长和侧枝发生。山药栽子根的数量不再增加，须根大量发生，并向深度和广度发展，山药的主要吸收根系初步形成。同时山药块茎继续向下生长，在块茎的周围发生大量的不定根。

这个时期山药植株由完全依靠种薯营养生长转到依靠山药茎叶营养生长的时期。此期的生长中心，以地上部藤蔓和地下部根系生长为主，块茎的生长量较小，主要向纵深生长，增粗较少，块茎的颜色较浅，为乳白色。在栽培措施上应重点抓好中耕松土，促根下扎，清除田间杂草，追施苗肥，促进藤蔓早发快长。

山药块茎膨大期。山药从现蕾开花到茎叶生长基本稳定为块茎膨大期，历时 60～80 天。又可以分为块茎膨大盛期和块茎膨大末期两个阶段。这个时期是地上部藤蔓和地下部块茎同时旺盛生长的时期，但生长中心已由藤蔓生长转移到块茎上来。块茎干重的 85% 以上是在这个时间段内形成的。此期的山药管理重点是防止藤蔓徒长和早衰，促进生长中心向块茎转移，延长块茎膨大期的时间，为块茎生长创造良好条件，均衡氮、磷、钾肥的施用，及时抓好病虫草害的防治，加强田间管理，及时排除田间积水，并防止干旱缺水。

山药休眠期。从霜降前山药叶片开始脱落至块茎第二年萌芽之前的时期为休眠期。

一、山药根系的形态及其特点

山药的根系属于须根系，由栽子根和块茎根两部分组成。种薯播种后，先从幼芽基部内各分散的维管束外围细胞发生的线状不定根，称为栽子根，也叫嘴子根。栽子根一般每株 12～23 条，多的 25 条以上，直径 1～2.3 毫米，长度 42～120 厘米，是山药在土壤中吸收水分和养分的主要根系，以供应庞大的地上部茎蔓和地下部块茎生长需要。山药出苗后新块茎长到 8～13 厘米时，在新块茎上端，由皮层细胞形成的不定根，均匀地分布在块茎表面，随着块茎的生长而不断向下延伸，称为块茎根，也叫须根。块茎根的数量很多，且不同品种块茎根的数量不同，长柱型品种每个块茎一般有 500～2 000 条，长度 4～20厘米，直径 0.5 毫米左右。幼苗出土后栽子根的数量不断增加，同时在栽子根上发生很多侧根，侧根上又长侧根，依次称为一级侧根、二级侧根等。栽子根和侧根上还生长着许多根毛，源源不断地吸收水分和养分，供植株生长需要。栽子根多弯曲，颜色初期为白色，后期逐渐老化变成褐色或黑褐色，栽子根的数量与播种材料、栽培技术、土壤条件等多方面因素有关。一般带顶芽的栽子根较多，山药块茎段和零余子较少；土壤疏松肥沃、管理较好的条件下栽子根较多，相反栽子根的数量较少。在栽培上增加栽子根的数量，维持其旺盛的生命力，减少损伤，是山药高产稳产的基础。块茎根，特别是在近嘴子根处的块茎根，可协助嘴子根固定块茎，从土层中吸收水分和养分，吸收土壤深层的肥水，为植株和茎根生长提供营养。但到了块茎下端特别是在土壤深层的不定根则很短，也很细，基本上没有吸收水分和养分的能力。块茎根初期为白色，后期变成褐色，并随着块茎的生长从块茎上端向下端逐渐死亡，而在块茎下端距生长点 10 厘米左右的地方不断生长出新根。块茎根一般情况下呈水平生长，在土壤特别干旱时，块茎可以长出大量的纤维根，纤维根具有吸水能力。

山药根的结构只有初生结构，没有次生结构，因此，山药的根不能增粗。

二、山药根系在土层中的分布特征

山药属浅根性作物，根系不甚发达，而且多分布在土壤浅层。山药种薯萌芽后，在茎的下端便长出 12 条左右的粗根，称为栽子根，开始多是横向辐射状生长，达 100 厘米，主要分布于 20～30 厘米的土层中。其中大多数栽子根集中在地表下 5～10 厘米处生长，这些根系吸收的养分占山药全部根系吸收养分的绝大部分，而距离土壤表层 30 厘米以下的山药根系主要起固定作用，对养分的吸收能力很弱。

当每条根长到 20 厘米左右以后，向下层土壤延伸，最深可延伸到地下 60～80 厘米，与山药块茎深入土层的深度相适应，但一般很少有超过山药地下块茎的深度。

山药栽子根的分布状况与土壤、施肥、栽培方式等有密切关系。一般情况下，在土壤疏松、土层深厚的砂壤土中比在黏土中分布广；深翻培垄栽培比挖沟栽培的分布广；施肥深的比施肥浅的分布广。中耕对栽子根的分布也有一定的影响，中耕松土能切断地表根，改善土壤的性状，有利于栽子根向深层发展，提高植株的抗旱能力。

山药块茎根随着块茎的生长而水平分布于不同的土层内，一般情况下靠近块茎上端的块茎根分布广，靠近块茎下端的分布范围小，以块茎为中心呈圆锥形分布。

三、山药施肥技术推荐

(一)山药需肥特点

山药发芽期，植株生长缓慢，吸收较少的氮、磷、钾。甩蔓发棵期，植株生长速度开始加快，在生长量增加的同时，养分吸收量也随之增加，其中对氮的吸收量增加较多。块茎生长盛期，茎叶的生长速度达到最大值，块茎迅速生长和膨大，需要吸收大量的氮、磷、钾养分特别是磷钾肥，要特别注意防止缺肥早衰。在山药生长前期，藤蔓良好生长需要施用速效氮肥；在块茎生长盛期，钾肥可以促进块茎膨大与物质积累；生长后期要注意氮肥的施用，防止藤蔓生长旺盛；施肥时忌用含氯肥料，否则土壤中氯离子过量会使藤蔓生长旺盛，块茎产量降低、品质下降、易碎易断，不耐贮藏和运输（刘思平，袁庆，黄文华，2005；申星，马娟娟，2011）。

施用不同形态氮素组合的氮肥对大多数农作物的生长都有不同程度的促进作用（胡波，葛仁山，李晓，徐春森，2015），而铵态氮与硝态氮是适宜山药吸收、提高氮肥利用率的最优组合；磷与山药苗期生长以及中后期块茎形成和淀粉积累密切相关；钾对山药后期块茎淀粉累积有十分重要的作用（王志良，常艳丽，2011）。而种肥和有机肥的不当施用，会导致山药生长点烧坏或山药块茎畸形（李瑞国，刘晓霞，2005）。

山药的生育期较长，需肥量大，特别喜肥效较长的有机肥。对养分的吸收动态与植株鲜重的增长动态基本一致。据有关研究，每生产 1 000 千克山药块茎，需纯氮 3.65～4.58 千克、五氧化二磷 0.82～1.06 千克、氧化钾 4.2～4.74 千克，所需氮、五氧化二磷、氧化钾的比例为 1.00∶0.18～0.29∶0.98～1.15，不同生长期的需肥量和种类不一样（司焕森，2013；邵文斌，2011）。

(二)山药最佳施肥时间和空间位点

基肥施用过深，导致施用的肥料过多集中在耕层下部土壤中，耕层上部土壤中的养分供应不足，致使山药的吸收根系不能吸收到足够的养分，而根茎下部的根系对养分的吸收能力又相对较低，所以会导致山药生长不良。同时肥料施用过深，山药幼嫩的根茎尖端在下扎时遇到肥料，还会将根茎尖端烧坏，影响块茎的产量和质量。因此，山药施肥要浅施基肥、巧施浅施追肥。

浅施基肥。山药吸收根入土较浅而块茎入土较深，因此，一定要选择土层深厚、疏松，且 3 年内未连作山药的砂壤土或壤土栽培，深翻 35 厘米以上，开春后作高畦或沟垄栽植。由于山药的主要吸收根系分布在上层土壤中，因此基肥浅施于表土层，采取先栽植种块，随后翻土施肥的方法。基肥宜选用干粪、草木灰或土杂肥和氮肥、磷肥、钾肥与土拌匀。

巧施浅施追肥。前期山药主要以地上茎叶生长为主，地下茎增长较缓慢，需肥量也较少，追肥主要在生长的中后期。山药出苗整齐后施一次人粪尿肥，以后每隔 20～30 天施一次。施肥可在离植株 30 厘米处挖一条 6～10 厘米深的施肥沟。植株现蕾后，地下块茎迅速伸长的同时，也逐渐进入膨大增粗增重时期，需肥剧增，此时应重施一次追肥，穴施或沟施，施肥后覆土，以保证块茎伸长和膨大有充足的养分。在茎蔓满架时，如发现有脱肥现象，可再追一次肥，用量比前一次要少。最后一次则在收获前 40 天左右时看植株长势，补肥一次，以提高块茎产量和品质。

（三）山药施肥量推荐

结合当地土壤肥力水平和山药养分需求特性，因地制宜选择以下推荐施用量。肥料的施用应以基肥为主，追肥为辅；有机肥为主，化肥为辅，有机肥与化肥配合施用。氮、钾肥则根据适种山药的土壤特性和山药的生长发育特性遵循基肥轻施、追肥重施、分次施用的原则。根据磷肥施入土壤中移动性较差且肥效期较长的特点，全部做基肥（王志良，常艳丽，2011；刘泽斌，2013；葛鑫，陆纪元等，1997；张月萌，司焕森等，2018；王泽永，2018）。

1. 山药土壤养分丰缺指标　见表 5-32。

表 5-32　山药土壤有效养分丰缺指标

肥力等级	碱解氮（毫克/千克）	有效磷（毫克/千克）	速效钾（毫克/千克）	相对产量（%）
高	>276	>47	>132	>90
中	276～136	47～14	132～75	75～90
低	<136	<14	<75	<75

2. 山药施氮量推荐　见表 5-33。

表 5-33　山药土壤养分推荐施用量（N，千克/公顷）

肥力等级	碱解氮（毫克/千克）	目标产量（鲜块茎，吨/公顷）					备注
		<25	30	35	40	45	目标产量（鲜块茎，吨/公顷）
高	>276	<250	250～270	270～290	290～310	<310.0	施肥量（N，千克/公顷）
中	276～136	<270	270～290	290～310	310～330	330.0～350	
低	<136	<290	290～310	310～330	330～350	>350.0	

注：施肥总量的 20% 作基肥，80% 作追肥。

3. 山药施磷量推荐 见表5-34。

表5-34 山药土壤养分推荐施用量（P_2O_5，千克/公顷）

肥力等级	有效磷（毫克/千克）	目标产量（鲜块茎，吨/公顷）					备注
		<25	30	35	40	45	目标产量（鲜块茎，吨/公顷）
高	>47	<68	68～78	78～88	88～98	<98	施肥量（P_2O_5，千克/公顷）
中	47～14	<78	78～88	88～98	98～108	108～118	
低	<14	<88	88～98	98～108	108～118	>118	

注：磷肥全部做基肥。

4. 山药施钾量推荐 见表5-35。

表5-35 山药土壤养分推荐施用量（K_2O，千克/公顷）

肥力等级	有效钾（毫克/千克）	目标产量（鲜块茎，吨/公顷）					备注
		<25	30	35	40	45	目标产量（鲜块茎，吨/公顷）
高	>132	<280	280～300	300～320	320～341	<341	施肥量（K_2O，千克/公顷）
中	132～75	<300	300～320	320～341	341～360	360～380	
低	<75	<320	320～341	241～360	360～380	>380	

注：施肥总量的20%作基肥，80%作追肥。

（四）施肥方法推荐

1. 基肥 重施有机肥。一般高产田每公顷需施腐熟有机肥45～75立方米、磷酸二铵350～400千克、尿素250～300千克、硫酸钾150千克左右，于整地前撒施田间，耕翻于25厘米左右的土层中。沙田种植山药，基肥应该注意选择迟效性的且不容易流失的肥料，如磷肥、石灰、微量元素肥料等。至于氮肥和钾肥，只需全生育期肥料总量的1/3和1/4做基肥，全面撒施于田间耕翻于土层中就可以了。

2. 追肥 如果基肥施用较多，则少追肥或者不追肥，为确保山药高产，一般追施2～3次。在地上植株长到1米左右时，追施一次高氮复合肥或浇施一次稀粪尿15 000～22 500千克/公顷，以后每隔一周左右追施一次，3次即可。山药膨大期以施用磷钾含量较高的多元素复合肥为主，最好采取冲施的方法。生长后期可叶面喷施0.2%磷酸二氢钾和1%尿素，防早衰。尤其需要注意的是，山药的吸收根系分布浅，发生早，呈水平方向伸展，施肥时应施入浅土层以供山药根系吸收。

漏水漏肥的沙土地块种植山药，氮肥和钾肥全生育期施用总量的2/3和2/4做追肥，分次施用。

参 考 文 献

葛鑫，陆纪元，谢吉先，等.1997.肥料运筹对山药膨大及产量的影响［J］.长江蔬菜（4）：29-30.

胡波，葛仁山，李晓，等.2015.不同形态氮素对肥料利用率影响的研究［J］.化肥工业，42（3）：95-98.

黄文华，封文雅.2016.山药在植物学上的分类探讨［J］.绿色科技（23）：29-31.

李瑞国，刘晓霞.2005.高念山药生产中常见问题及预防措施［J］.蔬菜（3）：26-27.

刘思平，袁庆，黄文华.2005.山药高产栽培土壤条件和施肥技术［J］.农技服务（1）：22-23.

刘泽斌.2013.山药"3414"肥效试验研究［J］.现代农业科技（1）：77-81.

陆树刚.2015.植物分类学［M］.北京：科学出版社.

罗宜富.2015.世界薯蓣科植物的分类及分布［J］.贵州农业科学，43（10）：21-23.

邵文斌.2011.山药生物学特性及高产高效栽培技术［J］.现代农业科技（3）：148-149.

申星，马娟娟，孙西欢，等.2011.根系吸氮研究进展［J］.山西水利（10）：33-35.

司焕森.2013.麻山药养分需求特性及最佳施肥技术研究［D］.保定：河北农业大学.

王泽永.2018.祁山药种植的最适施肥水平和搭架高度研究［J］.安徽农学通报，24（10）：47-48.

王志良，常艳丽.2011.山药的高产施肥技术［J］.农家参谋—种业大观（8）：41.

张月萌，司焕森，薛澄，等.2018.不同施肥水平对山药生长发育的影响及基于产量反应的养分用量推荐［J］.中国土壤与肥料，（6）：126-135，191.

第十节　芋

芋［学名：*Colocasia esculenta*（L）.Schott］，又名芋艿、芋头，为天南星科芋属，多年生块茎草本植物。叶互生，叶片盾状卵形或略显箭头形，先端渐尖。叶柄长而肥大，柄色绿、红、紫或黑紫色，叶柄直立或扩展，下部膨大成鞘。叶和叶柄组织形成大量气腔。叶脐处的叶面常具暗紫色斑，有密集的乳头，存蓄空气形成气垫。其块茎是由短缩茎累积养分膨大形成的地下肉质球茎，称为"芋头"或"母芋"。具有独特的圆柱、圆球、椭圆、卵圆、长圆等外观形状。块茎上有显著的叶形环，节上有棕色鳞片毛为叶鞘残迹。块茎节上是腋芽，可以发育成新的块茎，有的品种则发生葡萄茎，顶端膨大成块茎。块茎顶芽生长成新株，腋芽隐生，当顶芽受损后，由强壮的腋芽代替。块茎成为新株后，随着叶子的繁茂而膨大，节上的腋芽可分蘖长成小芋。

出苗初期长出的叶片较小，生长盛期所长的叶片数大，对产量影响也最大。

播种时的种芋发芽后，形成新株，随着植株生长、顶芽基部短缩茎，逐渐膨大而成球茎，称为母芋。种芋因营养物质消耗而干缩，甚至腐烂。短缩茎每伸长一节，地面就长出一张叶片。一般情况下，定植80天左右，成熟叶面积越大，保持时间越长，母芋也越大，且每一张叶片为一节母芋，每张叶片生长期越长，母芋节间越长；叶片越大，进行光合作用，制造养分输送到短缩茎中积累的越多，母芋越粗。母芋每一茎节均有1个腋芽。以母芋中、下部茎节位健壮腋芽分蘖形成球茎，称为子芋，每株可分化出2～4个幼小的子芋，子芋同母芋一样出土出叶、茎节上发根，若生长季节和环境条件适宜，按此习性分蘖可形成孙芋、曾孙芋。培土早、厚，子芋少且柄长。母芋旺长，子芋少且弱。生产上早期应排除早出的子芋，以集中养分供给母芋生长。

芋通常以食用地下块茎和花茎为主，叶柄食用较少，常作一年生作物栽培。根据生长发育特性和分蘖习性等，把芋分为多头芋、多子芋和魁芋王类三种。按照园艺学分类法，可分为块茎用芋变种，叶柄用芋变种，叶柄、块茎兼用芋变种，花茎用芋变种和块茎、花茎兼用芋变种五类。按栽培类型可以分为水芋、水旱兼用芋、旱芋等。根据块茎肉质颜色，可分为香芋、白芋（子芋）、红芋、紫芋等。

香芋。香芋（学名：*Colocasia esculenta*），拉丁学名［*Colocasia esculenta*（L.）*Schoot*］，又称地栗子、黄栗芋，泽泻目天南星科芋属，块茎个头大，芋肉白色、质松软者品质上等。味稍淡，常作中菜或中式甜品食材原料。原产于广西桂林地区荔浦市的地方品种，名叫荔浦芋，又名魁芋、槟榔芋，常被称为香芋。其外观圆柱形，表皮棕黄色，单个母芋重1 000～2 500克，最大达5 000克。芋肉乳白色带紫红色槟榔斑纹，肉质细嫩、松酥可口、芳香气浓、味美独特，富含淀粉、蛋白质及各种氨基酸。栽培学称之为槟榔芋。各地均有栽种。

香芋根系发达，在地表下5～8厘米处生有匍匐茎呈水平生长，其上陆续着生块茎，呈近球状，表面黄褐色，有浅褐色轮纹，肉洁白，质地致密。根据外观，香芋可分为白芽香芋、红芽香芋等。白芽香芋长白芽，且通体偏白；红芽香芋长红芽，通体白中略带少许红色。白芽香芋生育期较红芽香芋短。根据块茎大小、表皮光滑程度和轮纹的粗细，香芋又分为细皮香芋和粗皮香芋两种。细皮香芋块茎表面较为光滑，轮纹较细，块茎较小，一般10～20克，肉质细腻，香味浓郁，口感好，软糯香甜。粗皮香芋块茎表面较为粗糙，食用口感较细皮香芋略差，但其块茎较大，一般30～40克，大者可达150克。其主食部分为球茎，叶柄可腌制腌菜，作青饲料等，球茎纤维少，淀粉含量高，食用沙又香。云南各地均有栽培。

香芋叶为盾形，宽大而肥厚，生长旺盛期水分蒸发量大，肥水要求高。无茸毛，质地脆弱，具有较长的肉质叶柄，叶柄具空孔易断，生长旺盛期怕风害。

紫芋。紫芋（拉丁学名：*Colocasia tonoimo* Nakai），是天南星科芋属植物，各地均有栽培。在云南称红芋或花芋，分类上属于紫芋种（*Colocasia tonnimo*），云南省各地都有分布，而昆明地区和滇南、滇西栽培普遍。块茎、叶柄、花序均可作蔬菜食用，而以花茎的风味最佳。多以采收花茎为主。紫芋块茎粗厚、可食；侧生小球茎若干枚，紫芋倒卵形，多为少具柄，表面生褐色须根，亦可食。叶1～5，由块茎顶部抽出，高1～1.2米；叶柄圆柱形，向上渐细，紫褐色；叶片盾状，卵状箭形，光泽无茸毛，正面绿色，反面粉红色，叶柄肉质，下部鞘壮，上细下粗。着生于球茎上，高可达2米以上；基部具弯缺，侧脉粗壮，边缘波状，长40～50厘米，宽25～30厘米。肉穗花序，花黄色，顶部带紫色，花期7～9月。花序柄单一，外露部分长约12～15厘米，粗1厘米，先端污绿色，余与叶柄同色。佛焰苞管部长4.5～7.5厘米，粗2～2.7厘米，多少具纵棱，绿色或紫色，向上缢缩、变白色；檐部厚，席卷成角状，长19～20厘米，金黄色，基部前面张开，长约5厘米，粗1.5～2.5厘米。每一母芋抽生花茎数取决于母芋的营养状况，一般抽生5～9根。花茎肥嫩，紫红色，高50～100厘米。

狗爪芋。狗爪芋是多年生块茎植物，常作一年生作物栽培。属多子芋，晚熟品种。云南各地有栽培。易分蘖，母芋与子芋丛生，子芋稍多，孙芋较少。球（块）茎倒卵形，褐色，肉白色。肉质滑糯，味清香。株高80～90厘米，叶片阔卵形，肉质叶柄，绿色。叶柄具空孔易断，生长旺期怕风害。

一、芋的根系类型及其耕层分布特征

芋头的根可分为定根、不定根,定根和不定根上分生的侧根为一级侧根,一级侧根分生二级侧根,侧根上分生形成根毛;不定根、侧根、根毛形成庞大的芋头根系。侧根系可以代替根毛进行养分、水分的吸收。

定根生长于种芋新生的茎基部;不定根生长于母芋和子芋、孙芋中下部的茎节上。

芋的根为白色或红色肉质纤维根,再生能力弱,着生于块茎(母芋和子芋、孙芋)中下部的茎节上。根据芋头根系产生的部位和形态可将其根系分为种根和苗根二类。种根产生在种芋上和顶芽的基部,根细、色深、寿命较短。苗根产生在母芋、子芋以及孙芋上,根粗、乳白色,寿命长,是芋头的主要根系。

芋头的根系属于浅根系,大部分根群分布在距土表 25 厘米以内的土层中,离植株周围 30 厘米左右。在有机质多、肥沃的土壤中芋头根系发育较好,贫瘠的土壤根系发育较差。

芋头植株生长初期,根系分布较浅,不耐旱,随着植株的生长,根系逐渐发达,逐步向土层较深处生长,耐旱力有所增强。

二、芋头施肥技术推荐

(一)芋头需肥规律

芋的生长包括种芋萌发、根系和叶片生长、植株基部形成缩短茎、缩短茎膨大形成母芋,母芋的腋芽活动分蘖形成子芋,子芋的腋芽活动分蘖又形成孙芋等过程。

孙敬东、蔡克华、李琳、程绍义、张富春的研究报道,根据芋头器官形成的顺序和特征,芋头的一生可划分为三个生育时期,即苗期、旺盛生长期和后期。

苗期:出苗至第 5 片叶开始伸出,以地上部生长为中心,同时也可分化出幼小的子芋。

旺盛生长期:第 6 片叶至叶片全部伸出。球茎干重处于直线增长期,是吸收肥水的高峰期。

后期:叶片全部伸出至收获,球茎含水率下降,干重上升,是淀粉积累的主要时期。

据有关研究,芋头球茎的形成过程大致可分为球茎分化形成期、球茎膨大期和淀粉快速增长期。子芋和孙芋等的分化以及膨大过程是交错进行的,历时长达近二个月,所以在芋头生产上,如何促子芋、孙芋早分化、早膨大是芋头高产的关键。

据有关研究,芋头在其一生中,吸钾肥最多,氮、磷肥次之,芋头是喜钾作物。在施肥时期上,由于苗期植株体内含氮、钾元素较多,磷在旺盛生长期含量最高,苗期次之,所以氮、磷、钾肥均可作基肥施用。因芋头的生育期长,需肥量大,所以在旺盛生长的始期应适量追肥。每生产 100 千克球茎需要纯氮 1～1.2 千克、五氧化二磷 0.8～0.84 千克、氧化钾 1.6～1.68 千克(李琳,2016;程绍义,赵镭等,1990)。

氮肥和钾肥对芋头的产量和品质都有显著影响,但钾肥比氮肥的影响大,且氮肥与钾肥间存在交互效应。姚源喜等 1991 年研究表明,芋头的氮素吸收高峰从出苗后 93 天开始,而芋头的磷、钾吸收高峰从出苗后 109 天开始。程绍义、赵镭等 1990 年和李琳 2016

年研究发现，芋头在根、叶柄、叶片生长发育的苗期对肥料的吸收较少，母芋开始膨大时对氮、磷、钾的吸收开始增加，到子芋和孙芋萌发时吸收量进一步增大。殷剑美等的研究表明，芋头对氮、磷的吸收高峰期除了膨大期外还有苗期，而钾的吸收则主要在地下球茎膨大盛期之前。此外，虽然地膜覆盖可以显著提高芋头产量及芋头的干物质含量，但是地膜覆盖后芋头的生长发育提早，生长量增大，容易出现脱肥和早衰现象，因此应增加施肥量并做到及时追肥。

(二) 芋头最佳施肥时间和空间位点

芋生长期长，需肥量大，要获得高质、高产，除施足基肥外，还须多次追肥。一生中需追肥 2～3 次，否则将影响产量。苗期生长慢，需肥不多，一般在幼苗具 2～3 片真叶时或移栽成活以后追施提苗肥，为第 1 次肥。在芋苗 5～6 片真叶，大部分种芋开始分蘖时，已经旺盛生长，需肥量增加，应追施分蘖肥（发棵肥），为第 2 次肥。7～8 片真叶时，是地下球茎开始膨大时期，应追施第 3 次肥，这时肥料应适当重施追肥，以促使球茎膨大。

具体追肥次数和用量应根据土壤肥力和基肥施用情况，以及不同品种和不同地区条件灵活掌握，如土壤肥力较低，基肥较少，品种中晚熟，无霜期长地区，均应适当增加追肥次数或追肥数量；反之，则适当减少。生长前期追肥以氮为主，生长盛期追肥以氮、钾并重，生长后期地上部生长转缓，植株不再增高，应不再追肥，以免引起地上部徒长，不利于球茎膨大和养分贮藏。

基肥。在畦面上按行距 80～90 厘米开 15～20 厘米深的沟，将基肥施入沟中，施后与土掺匀，整平畦面。芋头直接播种于沟中。

追肥。靠近植株周围 10～15 厘米处挖 5～8 厘米深的浅沟，将肥料均匀撒施于沟内，施后结合培土平沟。有分蘖苗长出土时进行一次追肥，施在离种植穴稍远的地方，植株周围 15～20 厘米处挖 3～5 厘米深的浅沟，施肥后立即进行小培土，培土厚度 5～7 厘米，以抑制子芋、孙芋顶芽萌发及生长，并适时割除子芋茎叶，减少养分消耗，使母芋、子芋、孙芋充分膨大，发生大量不定根，增加抗旱能力，提高产量和品质。

子芋大量发生，孙芋陆续发生时应及时进行 1 次追肥，应在两棵芋头之间进行穴施，施后进行培土，培土厚度 5～7 厘米。将沟泥培覆于芋株周边，并保持植株四周壅土均匀，以确保芋形端正，同时注意把旁边的子芋芽埋入土中。

芋头植株部分芋叶开始有落黄现象时，应控制肥水，以免新叶不断生长，影响球茎成熟和淀粉积累。但土壤肥力较低，基肥施用量较少地块，应追施肥料，结合培土补施 1 次钾肥，以利淀粉积累。要在两棵芋头之间打穴深施，施肥后进行大培土，培土要高于畦面 7～10 厘米。为抑制其叶片生长，当母芋露出土面需再培土 1 次，在芋株周围培成 1 个土墩。

与此同时，要根据芋头单株和群体叶面积分布密度、季节，尽早把多余的侧芽茎叶剪除，以免消耗养分，影响母芋、子芋、孙芋生长，以促进淀粉的积累。

(三) 芋头施量推荐

根据张富春、李琳、邓永辉、曹榕彬、殷剑美的研究结果，芋头施肥量推荐如下：

1. 芋头土壤养分丰缺指标 见表 5 - 36。

表 5-36 芋头土壤有效养分丰缺指标

肥力等级	碱解氮 （毫克/千克）	有效磷 （毫克/千克）	速效钾 （毫克/千克）	相对产量（%）
高	>110	>75	>193	>95
中	53～110	49～75	135～193	75～95
低	21～53	49～15	46～135	50～75
极低	<21	<15	<46	<50

2. 芋头土壤施氮量推荐　见表 5-37。

表 5-37　芋头土壤养分推荐施用量（N，千克/公顷）

肥力等级	碱解氮 （毫克/千克）	目标产量（鲜块茎，吨/公顷）					备注
		<15	20	25	30	35	目标产量 （鲜块茎， 吨/公顷）
高	>110	<108	108～128	128～148	148～168	<168.0	施肥量 （N， 千克/公顷）
中	53～110	<128	128～148	148～168	168～188	188.0～225	
低	21～53	<148	148～168	168～188	188～235	235.0～304.0	
极低	<21	<188	188～208	208～228	228～304	>304.0	

注：施肥总量的 20%作基肥，80%作追肥。

3. 芋头土壤施磷量推荐　见表 5-38。

表 5-38　芋头土壤养分推荐施用量（P$_2$O$_5$，千克/公顷）

肥力等级	有效磷 （毫克/千克）	目标产量（鲜块茎，吨/公顷）					备注
		<15	20	25	30	35	目标产量 （鲜块茎， 吨/公顷）
高	>75	<75	75～90	86～106	106～118	<118	施肥量 （P$_2$O$_5$， 千克/公顷）
中	49～75	<90	90～106	106～118	118～132	132～165	
低	49～15	<106	106～118	118～132	132～165	165～215	
极低	<15	<132	132～146	146～165	165～215	>215	

注：磷肥全部作基肥。

4. 芋头土壤施钾量推荐　见表 5-39。

表 5-39 芋头土壤养分推荐施用量（K$_2$O，千克/公顷）

肥力等级	有效钾 （毫克/千克）	目标产量（鲜块茎，吨/公顷）					备注
		<15	20	25	30	35	目标产量 （鲜块茎， 吨/公顷）
高	>193	<116	116～137	137～160	160～180	<180	施肥量 （K$_2$O， 千克/公顷）
中	135～193	<137	137～160	160～180	180～201	201～240	
低	46～135	<160	160～180	180～201	201～250	250～325	
极低	<46	<201	201～225	225～245	245～325	>325	

注：施肥总量的 20%作基肥，80%作追肥。

(四)施肥方法推荐

芋头生长期长,产量高,需肥量大,除施足基肥外还应分次追肥。

施足基肥。芋头的根系是肉质须根,伸展力较弱,而根系分布较深,球茎有向上生长的习性,所以芋头喜欢土层深厚、疏松肥沃的土壤。在种植前要深翻30厘米以上,使土壤疏松、通透性良好,要结合整地施足基肥,保持土壤养分的持续供应。每公顷施农家肥30~40吨,按氮:五氧化二磷:氧化钾=1.2:1:2的比例施基肥,使肥土混合均匀。

适时追施。在施足基肥后还要多次追肥,保证芋头高产、高质需求。追肥一般以速效肥为主,生长期要追肥3~4次,主要施肥有促苗肥、分蘖肥、子芋肥、孙芋肥和壮芋肥。幼苗期一般不追肥,若土壤较贫瘠或幼苗长势弱,可在幼苗前期追1次提苗肥,追肥以氮肥为主,追肥量要少。分蘖和第五片叶全部伸出时是球茎膨大与叶片生长并进,球茎生长盛期,主茎4~5片叶初期、中期,应追肥2~3次,施肥量前少后多,逐渐增加,氮、磷、钾肥要配合施用。后期应控制追肥,避免贪青晚熟。

一般大田生产应以氮肥为主,增施钾肥,配施磷肥。芋头的高产田必须重视钾肥的施用。

参 考 文 献

蔡克华.1995.云南特产蔬菜—红芋 [J].长江蔬菜 (5):20-21.

蔡克华.2002.云南特产蔬菜—芋头花 [J].长江蔬菜 (4):10.

曹榕彬.2016.福建宁德花椰菜和槟榔芋施肥指标体系研究与应用 [J].云南农业大学学报(自然科学),31 (5):902-909.

程绍义,赵镭,陈秀生,等.1990.芋头需肥规律的研究 [J].土壤肥料 (4):34-36.

邓永辉,邓真旺.2014.槟榔芋测土施肥技术指标体系研究 [J].现代农业科技 (8):84-86.

柯卫东,黄新芳,李巧梅,等.2001.水生蔬菜种植资源研究概况 [J].长江蔬菜 (2):15-24.

李琳.2016.芋头NPK需肥规律与施用技术研究 [D].荆州:长江大学.

孙敬东,孙旭明.2014.芋头栽培 [M].北京:中国农业出版社.

王琼芬.2014.红芋高产栽培技术 [J].云南农业 (10):27-28.

姚源喜,李俊良,刘树堂,等.1991.芋头(*Colocasia esculenta*)吸收养分的特点及其分配规律的研究 [J].土壤通报,22 (2):84-86.

殷剑美,张培通,王立,等.2016.芋头植株养分含量和积累动态分析 [J].江苏农业科学,44 (10):200-2004.

张富春.2010.永定六月红芋氮磷钾施肥效应和适宜用量研究 [J].福建农业学报,25 (3):332-335.

第十一节 芦 笋

芦笋(*Asparagus officinalis* L.),又称露笋、石刁柏、芦尖、龙须菜、笋尖等,为天门冬科天门冬属多年生草本植物,原产地中海沿岸、小亚细亚及原苏联高加索、伏尔加河和额尔齐斯河泛滥区,西伯利亚和中国黑龙江沿岸亦有野生种,我国山东、河南、安徽等省有大面积栽培,近年引入云南栽培。移栽定植1次可连续采收10~15年(刘保真,鲁自芳等，2014；陈光宇，2005；苏保乐，2003)。

芦笋是一种药食兼用的营养保健型名贵蔬菜，是世界十大名菜之一，在国际市场上有"蔬菜之王""蔬菜中的人参"的美誉，被列于蔬菜榜第3名，排在甘薯和玉米之后。近年来，在国际市场上十分紧俏，供不应求，在我国市场上也日益畅销，生产发展迅速，已成为一种具有广阔发展前景的特色经济作物（陈光宇，2005；刘保真，鲁自芳等，2014)。

芦笋的食用部位是春、夏、秋季由地下茎节上抽生的幼嫩茎，其质地细嫩肥大，顶芽圆尖，鳞片包被紧密的幼嫩茎，质细味美。营养学家和素食界人士研究表明，芦笋嫩茎除含有丰富的蛋白质、氨基酸、多种维生素与糖类等外，还含有防癌、治癌的天然抑制剂芳香异硫氰酸，是健康食品和全面的抗癌食品。用芦笋治疗淋巴腺癌、膀胱癌、肺癌、肾结石和皮肤癌有极好的疗效，对其他癌症、白血症等，也有很好效果。国际癌症病友协会研究认为，芦笋可以使细胞生长正常化，具有防止癌细胞扩散的功能。辅助治疗肿瘤疾患时应保证每天食用才能有效。另外，芦笋富含叶酸，孕妇在妊娠、婴儿和青春期等快速生长期间，补充叶酸有利于宝宝智力的发育，芦笋是补充叶酸的重要食物来源。因此备受世人青睐，市场需求日益增加（习嘉民，谭施北等，2017；刘保真，鲁自芳等2014)。

一、芦笋根系的类型

芦笋为须根系，根据其形成时间、部位、形态及作用的不同，分为初生根、储藏根、吸收根三种类型。

1. 初生根　初生根是指伴随着种子的发芽而最先产生的根，故也叫种子根，它是由胚根发育而成的。初生根短而纤细，寿命较短，仅几个月的寿命。它的主要作用是吸收水分供种子萌芽。

2. 储藏根　也叫肉质根，储藏根是随着初生根的延伸和幼茎的形成，在幼茎与初生根的交接处逐渐膨大，形成鳞茎盘。鳞茎盘上方凸起，着生大量的鳞芽，下方生根，这些根呈肉质状，这些根的特点是多肉质，粗细均匀，直径4～6毫米，长度可达1～3米，寿命长。储藏根从外向内由表皮、薄壁组织和中柱三部分构成。薄壁组织是贮藏同化产物的主要场所，中柱的主要作用是运输水分和养分。因此，储藏根除贮藏吸收、运输根所吸收的养分和水分外，还是储藏茎叶形成同化产物的器官。随着鳞茎盘的扩展，储藏根逐步增多。据测定，一个长2.5厘米的鳞茎盘，能产生35条根，长15厘米的鳞茎盘，储藏根多达140条。储藏根每年春季开始生长延伸，冬季停止。当年生长部分为白色，第2年后逐渐变成浅褐色。每条贮藏根寿命可达3～6年。贮藏根切断后无再生能力，因此应避免损伤。

3. 吸收根　吸收根是在储藏根的表面着生的白色纤细根，也叫纤维根。吸收根的作用是从土壤中吸收水分和养分，供植株生长发育。纤维根的寿命很短，一般每年春季从肉质根的皮层四周发生大量的纤维根，当年冬季休眠期间枯萎，第二年春季再大量发生新根。但是气候温暖地区，如果条件适宜，纤维根寿命可在1年以上，而且冬季也会发生纤维根。

芦笋根系的发育次序为初生根—肉质根—吸收根。

二、芦笋根系在土层中的分布特征

芦笋的根群发育特别旺盛，具有长、粗、多的特点。肉质贮藏根多数分布在距地表30厘米的土层内，寿命长，只要不损伤生长点，每年可以不断向前延伸，一般可达2米左右。

芦笋的根群极其发达，根系的分布一般呈水平发展，并且稍微向下倾斜。在疏松、深厚的土壤中，横向分布长度最大可达3~3.7米，种植3年左右的芦笋分枝须根根毛主要分布在30~60厘米；垂直方向根系伸长可达3米以上，但大多分布在离地表15~45厘米的土层内，其中较粗根系在15~20厘米土层占70%左右，分枝须根根毛主要分布于9.0~15厘米土层。定植当年的秋季，1.5米行距的相邻两垄间的根群即已交错在一起，随着株龄的增长，根群逐步扩大。据测定，一株两年生的芦笋植株有482条根，6年生芦笋的根数可达1000条以上，根的总长度超过900米，肉质根的粗度达5毫米，长度近1米。随着株龄的增长，根群逐步扩大。肉质根茎其生长点不受损伤，可不断伸长，最深达3米，横向分布2~3米，芦笋定植后2~3年，垄行间1.6~1.8米就布满了根系，相互交织（刘保真，鲁自芳，2014）。

三、芦笋施肥技术推荐

（一）芦笋需肥规律

芦笋为多年生宿根性植物。供食用的产品嫩茎由地下茎抽生，抽生嫩茎的多少，质量的优劣与上一年或养根期的养分供给状况关系密切。据习嘉民、谭施北、郑金龙、易克贤等（2017），马振、杨克军等（2017），杨林、李书华等（2017）的研究，每生产1000千克芦笋嫩茎，吸收养分量为纯N 10.14千克、P_2O_5 2.84千克、K_2O 4.02千克、CaO 0.89千克、MgO 0.90千克；养分带走量为N 6.34千克、P_2O_5 1.71千克、K_2O 2.60千克、CaO 0.77千克、MgO 0.67千克。芦笋对养分的吸收随植株的生长规律而变化。冬季植株处于休眠状态，基本上不吸收矿质养分。春季土温回升，鳞芽开始萌动，贮藏根伸长，老根部位发生新的吸收根。此时，养分吸收已开始增加，但是，尽管嫩茎不断采收，养分吸收并不多。采收结束后，地上部茎叶和地下新根大量发生和生长，养分吸收迅速增加。因此，地上茎叶旺长期是芦笋养分吸收量最多的时期，也是重点施肥期。

芦笋在不同生育时期消耗养分的基本规律主要为：采收时期（4~6月）总消耗等于嫩茎消耗和根部消耗的50%。其中，消耗氮素1.82千克，占总量的1/3多一点；消耗磷素0.545千克，不足总消耗量的1/3；消耗钾素1.676千克，占总消耗量的1/4多一点。可见，采收期肥力消耗氮素相对多些，其次为钾素。这是我们确定采收期施肥原则的主要理论依据之一。地上部分茎秆和枝叶主要是采笋结束到9月上旬形成，消耗纯氮5.13千克，占总量的近2/3；消耗纯磷1.252千克，占总量的2/3多一点；消耗纯钾4.53千克，占总量的73%。充分说明了芦笋采收后施肥量是总量的2/3还要多，这一阶段是芦笋消耗养分的主要时期。

从以上可见，芦笋全生育期对氮、钾的需求较多，磷次之。芦笋在每个生长发育阶段对营养成分的需求不一样，在采收期，芦笋对氮和钾的吸收量显著高于磷，更高于钙和镁；采收以后，氮和钾的吸收量仍最高，其中对钾的需求量超过了对氮的需求，停止采收后钙的吸收量大大超过磷，成为仅次于钾和氮的第三大主要元素，而磷和镁的吸收，则随着植株的生长呈缓慢增长的趋势。

氮肥在芦笋的生长过程中吸收量最大，氮肥充足时，芦笋植株生长旺盛，茎叶浓绿色，光合作用面积大，效率高，同化养分积累量就比较多。

磷肥可促进根系发育，增加嫩茎的甜味和色泽，增加嫩茎的粗度，采收时品相好。磷肥不足时，植物生长不良，根系生长受阻，叶红紫色，嫩茎风味变淡，易出现扁平笋和空心笋。若要避免产量下降，在采收期之前最好增施五氧化二磷。

钾肥的吸收量较大，它对芦笋的生长及产量、品质影响较大，钾肥不仅影响产量还能提高抗病性，抗虫害。在提高植株抗逆能力，减轻病虫害发生及危害的同时，还可促进蛋白质的合成和根系的生长。

钙肥在芦笋秋茎生长期的需要量，仅次于钾和氮，这个时期植株对钙的需求量增大，钙肥可使芦笋植株的组织坚固，增强抗病能力，促进根系发育。钙在芦笋植株内有助于碳水化合物的代谢和蛋白质的运转，有利于光合同化物质向贮藏根系运输和积累。

由此可见芦笋施肥并不是一件简单的事，不同时期植株对营养成分的需求量不同，相同时期植株对营养成分需求量也有所不同，比如多施氮肥的地块容易板结并缺少钙，这时候就要多补充含钙、含氮肥料。

（二）芦笋施肥时间及其空间位点

基肥一般在深、宽各40厘米的定植沟（穴）内施入，幼龄芦笋追肥，于早春首批幼茎萌发出土前，离芦笋植株15～20厘米处开10厘米深的浅沟线状施或点（穴）状中施入；成年期芦笋追肥，春季采收前可结合耕翻垄土和培垄，在行间距离笋株20～30厘米处开施肥沟，以不伤根为宜，施肥后覆土。

（三）芦笋施肥量推荐

芦笋栽培中要多施用有机肥料，使土质疏松肥沃，有利于地下茎及根系发展。肥料施用量要根据芦笋嫩茎产量、地上茎重量和地下鳞茎及肉质根生长量的大小、土壤的肥沃程度及肥料利用率等因素综合考虑。

基肥。移栽定植整地前，每公顷施有机肥45 000～75 000千克、N-P_2O_5-K_2O为18-18-18三元复合肥750千克，土肥翻匀，整平，按行距130～150厘米开挖种植沟，沟面宽20～30厘米，深30～40厘米，在种植沟中每公顷施入有机肥45 000～75 000千克或商品有机肥3 000千克，覆土20～30厘米备定植。

追肥。在土壤养分含量较低，渗透性较强的砂质土壤，每公顷芦笋产量7 500千克以上田块，氮、磷、钾肥最佳施肥方案为纯N 345～420千克/公顷、P_2O_5 240～315千克/公顷、K_2O 135～180千克/公顷，氮、磷、钾配方比例为1：0.7：0.4。

中等肥力地块，氮（N）、磷（P_2O_5）、钾（K_2O）的施肥比例以10：7：9效果最好，产量为15 000千克/公顷的施肥指标为：开沟施有机肥（完全腐熟）60 000千克/公顷的基础上，施纯氮（N）385～450千克/公顷、磷（P_2O_5）290～320千克/公顷、钾（K_2O）375～405千克/公顷，全部有机肥和60％的化肥，在采笋结束时一次施入，30天后将40％的化肥作追肥施入。

1 年龄生芦笋最佳施肥量纯 N 为 426 千克/公顷、P_2O_5 为 291 千克/公顷、K_2O 为 117 千克/公顷。

高等肥力地块，4～5 年龄芦笋，每公顷施有机肥（完全腐熟）30 000～45 000 千克/公顷的基础上，施纯氮（N）232～352 千克/公顷、磷（P_2O_5）60～90 千克/公顷、钾（K_2O）225～300 千克/公顷，全部有机肥和 60% 的化肥，在采笋结束时一次施入，30 天后将 40% 的化肥作追肥施入。

（四）芦笋施肥方法推荐

根据生长阶段的施肥管理。施肥方法：分别于采笋前、采笋中、采笋结束后分次酌情施用。采用水肥一体自动灌溉，土壤施肥采用开沟条或点（穴）施。

1. 育苗期施肥　育苗期可用肥沃的土壤和腐熟的圈肥和畜禽粪按一定的比例混合调制。混合后再每立方米拌入干鸡粪 15～20 千克、过磷酸钙 0.5～1 千克、草木灰 5～10 千克或氮磷钾三元复合肥 1～1.5 千克，这样能充分地满足幼苗生长所需。

2. 整地施基肥　芦笋喜疏松、肥沃的土壤环境，所以在定植前要将土壤深耕一次，翻耕前每公顷施经无害化处理的有机肥 45 000～75 000 千克或商品有机肥 250 千克、氮磷钾三元复合肥 50 千克，耙细整平，使土肥翻匀，做畦。行距 1.5～1.7 米，定植沟宽 30～40 厘米，深 40 厘米。定植沟宜南北向开挖，挖沟时上、下层泥土应分开，再在深、宽各 40 厘米的定植沟穴内，分层施入腐熟有机肥 45 000～60 000 千克、氮磷钾复合肥 600 千克、饼肥 300～750 千克，覆土 20～30 厘米。回填时将上层熟土填在底部，以利于芦笋根的发育。

3. 移栽定植至第一茬采收前施肥　定植后幼苗开始萌发新枝，这一阶段是促进芦笋根盘及其鳞茎健壮生长，为今后长期丰产丰收奠定基础的关键阶段。因此，必须要供应充足的水分和养分，要根据地块土壤肥力情况酌情追施肥料。要围绕培育根盘及其鳞茎健壮、根系生长进行施肥，实施高磷、高氮、中钾配方施肥策略。结合当地实际适时调整施肥量及其施肥次数。

生产实践中，可根据种植地设施设备情况和经济条件在以下两种施肥方式中选择其中一种施肥方式（下同）。

（1）水肥一体化施肥　建议采用每 7～8 天一次滴灌施肥频率（栗岩峰，李久生，李蓓，2007），可提高肥料利用效率（下同）。水溶复合肥（N-P_2O_5-K_2O=15-15-15）45 千克/（公顷·次）+根力素混配滴灌，每 20～30 天 1 次；水溶复合肥（N-P_2O_5-K_2O=15-15-15）45 千克/（公顷·次）+农用硝酸钾 45 千克/（公顷·次）混配滴灌，每 10～12 天 1 次，促进根盘及其鳞茎健壮、根系生长。

（2）土壤施肥　移栽定植初期的生长量较小，根盘及其鳞茎相对较小，根系还不发达，追施肥应少量多次，并以速效性肥料为主。第一次追肥在定植后 20～30 天进行，以尿素或氮、磷、钾复合肥为主。每公顷的施用量为尿素 90～105 千克、氮磷钾三元复合肥 300～450 千克，开浅沟线状施或点（穴）壮施，浅沟（穴）离芦笋植株 15～20 厘米，施肥后浇水一次，以便芦笋根系更好吸收利用。第一次施肥后间隔 30 天左右施第二次肥，再隔 30 天左右追施第三次肥。第一次在植株左边开沟（穴），第二次在植株右边开沟（穴），第三次又恢复到左边开沟（穴）。每次均开浅沟（穴）施肥，肥料用量可逐次适当增加，施后覆土。除追施尿素和氮、磷、钾复合肥外，还要施氯化钾及微生物复合肥，至临近采笋时要施有机肥或绿肥。

4. 采笋期施肥 围绕生长嫩笋进行施肥，实施高钾、高氮、中磷配方施肥策略，结合当地实际适时调整施肥量及其施肥次数。

（1）水肥一体化施肥 清园后开沟施腐熟农家肥 60 000～90 000 千克/公顷；水溶复合肥（N-P_2O_5-K_2O＝15-15-15）45 千克/（公顷·次）＋农用硝酸钾 45 千克/（公顷·次）混配后于清园后滴灌 1 次；水溶复合肥（N-P_2O_5-K_2O＝15：15：15）45 千克/（公顷·次），采笋期间每 10～12 天滴灌一次。夏季不施有机肥，以防烧苗。

在夏秋季采笋期滴灌追施水溶性肥，施高氮型配方肥（复合肥）一次，与施高钾型配方肥（复合肥）两次交替使用，一般每 12～15 天按每公顷 90～120 千克追施一次，共 10～12 次，滴灌施肥浓度 0.2%～0.5%。

（2）土壤施肥 清园后开沟施腐熟农家肥 60 000～90 000 千克/公顷，复合肥（N-P_2O_5-K_2O＝17：17：17）1 200～1 800 千克/公顷。

5. 留养母茎期施肥（复壮肥） 留养母茎 60～130 天为养根期，以促进留养的地上嫩茎形成健壮植株，以养根为主。围绕母茎枝叶光合作用产生的营养向根盘及其鳞茎、根系输送，为芦笋根盘及其鳞茎、根系健壮生长提供充足的营养，满足来年或下一茬新嫩茎的健壮生长发育。实施高磷、高氮、中钾配方施肥策略。结合当地实际适时调整施肥量及其施肥次数。

（1）水肥一体化施肥 春母茎、秋母茎留养期间滴灌追施 1～2 次高氮型水溶配方肥（复合肥），每公顷一次施用量为 90～120 千克，每 15～20 天一次；或施水溶复合肥（N-P_2O_5-K_2O＝15-15-15）45 千克/（公顷·次）＋农用硝酸钾 60 千克/（公顷·次），混配后于养根期滴灌 1 次；水溶复合肥（N-P_2O_5-K_2O＝15-15-15）60 千克/（公顷·次），于养根期滴灌每 15～20d 一次。以上施肥方案交替使用，同时滴灌腐殖酸＋氨基酸水溶肥料。

（2）土壤施肥 清园后开沟施腐熟农家肥 60 000～90 000 千克/公顷，复混（合）肥（N-P_2O_5-K_2O＝17：17：17）1 200～1 800 千克/公顷，尿素 300～450 千克/公顷，普通过磷酸钙 450～600 千克/公顷。其中：

春母茎留养成株后每公顷施氮磷钾三元复混（合）肥 150～225 千克。夏笋采收期间，前期间隔 20 天、后期间隔 15 天追肥一次，每公顷用量为氮磷钾三元复混（合）肥 225～300 千克，共 2～3 次。

春母茎拔除后秋母茎留养前，结合垄（墒）中耕松土开沟施腐熟有机肥 15 000～22 500千克/公顷或三元复混（合）肥 375 千克/公顷。

秋母茎留养后，视植株长势，前期可间隔 15 天每公顷加氮磷钾三元复混（合）肥 225～300 千克，共 2～3 次；后期可结合防病治虫喷施 1～2 次含钾叶面肥。

成龄笋园在 8～9 月中旬时应再追施一次秋发肥，每公顷追施氮磷钾复混（合）肥 750 千克、尿素 300 千克、硼肥 22.5～30.0 千克。重施钾肥、硼肥，可增加芦笋的营养品质和增强抗茎枯病的能力。

12 月中下旬冬季拔秆清园后，开沟施腐熟有机肥每公顷 22 500 千克加三元复混（合）肥 450～750 千克。对钙、硼、锌等中、微量元素缺乏的田块，结合冬季施肥补充，或可采用肥水同灌进行追肥。

6. 休根期 留养的母茎进入正常衰老枯黄，不施肥不浇水。

7. 适时浇水 芦笋虽较耐旱但对水分要求十分敏感，采笋期间，要根据芦笋生长的需求浇水，土壤含水量保持在16%左右有利于提高嫩笋的产量和质量，随温度升高，土壤水分蒸发量增大，可适当增加土壤湿度，一般隔10～15天浇1次水。尤其是高产品种更应及时浇水，否则容易造成嫩笋顶芽鳞片松散，质量下降。采笋结束后结合施肥灌大水1次，浇水前首先要施足肥料，待芦笋嫩茎抽出地面之后再行浇水，因为此时采过嫩笋的伤口尚未愈合，过早浇水，容易灌伤根茎引起植株死亡。秋季生长季节出现秋旱时要适时浇水1～2次，在封冻前12月浇水1次，以防冬旱。在土壤含水量低于16%时，要适时浇水。

8. 反季节芦笋的灌水追肥 我国北方芦笋产区嫩笋采收上市时间一般为4～10月，云南、广东等省份可利用其独特的自然气候条件，采用温室大棚、地膜覆盖等一系列技术措施，在云南省双柏县等地开展秋冬季反季芦笋生产获得成功，填补了11月至次年3月芦笋市场空白，取得了较好的经济效益。

芦笋虽有一定的耐旱能力，但在采笋期间要保障有16%左右的土壤含水量，低于16%的土壤含水量则会造成受旱，受旱的芦笋瘦小带苦味。要取得较高产量，需7～10天灌水一次，雨季要注意排水除渍。芦笋是多年生经济作物，需肥量大，除定植时重施基肥外，从第二年开始，为保证秋冬季反季芦笋的产量和品质，每年的8～10月营养生长期应重施以有机肥为主的夏秋肥，每公顷施肥量为30 000～37 500千克，为次年1～3月的冬早春笋丰收打下基础。追肥：氮（N）：磷（P_2O_5）：钾（K_2O）配比为5:3:4，成年期采笋年产量达30 000千克/公顷时，年施肥总量为：每公顷施纯氮870千克、磷（P_2O_5）540千克、钾（K_2O）660千克。定植当年植株生长量小，需肥量小，定植1～2年需肥量为成年期的30%～50%；定植3～4年需肥量为成年期的70%，定植5年后接近标准。

参 考 文 献

陈光宇.2005.芦笋无公害生产技术［M］.北京：中国农业出版社.
陈国徽，高冰可，熊文，等.2016.不同氮肥用量对绿芦笋产量及采摘期的影响研究［J］.安徽农学通报，22（5）：52-53.
孔凡林.1990.芦笋高产与氮、磷、钾肥的关系及其数模探讨［J］.宁夏农林科技（4）4：28-30.
李保华，于继庆，牟萌，等.2015.氮磷钾肥对于2年生芦笋生育指数的影响［J］.中国农学通报，31（34）：65-69.
栗岩峰，李久生，李蓓.2007.滴灌系统运行方式和施肥频率对番茄根区土壤氮素动态的影响［J］.水利学报，38（7）：857-864.
刘保真，鲁自芳，徐振贤，等.2014.芦笋高产栽培新技术［M］.南昌：江西科学技术出版社.
马振川，杨克军，习金根，等.2017.芦笋种质营养器官大量元素含量分析［J］.热带作物学报，38（3）：463-471.
苏保乐.2003.芦笋金针菜出口标准与生产技术［M］.北京：金盾出版社：1-20.
习嘉民，谭施北，郑金龙，等.2017.芦笋各器官养分含量及累积特性研究［J］.热带农业科学，37（5）：10-13.

杨光波，寇晓华，邹建武 . 2013. 弥勒反季芦笋种植技术研究与应用［J］. 长江蔬菜（9）：43-45.

杨恒山，谷永丽，张瑞富，等 . 2011. 不同磷肥用量对绿芦笋产量及营养品质的影响［J］. 土壤通报，42（2）：426-430.

杨林，李书华，李霞，等 . 2017. 不同氮磷钾配施对芦笋生长和产量的影响［J］. 农学报，7（2）：48-54.

于二敏，李衍素，闫妍，等 . 2015. 不同氮钾肥配施对大棚芦笋产量品质的影响［J］. 北方园艺（20）：41-46.

张瑞富，杨恒山，刘晶，等 . 2013. 不同钾肥用量对绿芦笋产量及营养品质的影响［J］. 中国农学通报，29（28）：165-168.

第六章

葱蒜类蔬菜

葱蒜类蔬菜是指单子叶纲的百合科葱属中以嫩叶、假茎、鳞茎或花薹为食用器官的二年生或多年生草本植物，因其具有辛辣气味，多作为调味品，故又称为香辛类蔬菜。这类蔬菜主要包括大蒜、洋葱、韭菜、大葱、分葱、香葱、胡葱、韭葱及薤等，其中原产我国的有韭菜、大葱、分葱、薤等。

第一节 大　蒜

一、生物特点

大蒜（学名：*Allium sativum* L.），为百合科葱属植物的地下鳞茎。大蒜整棵植株具有强烈辛辣的蒜臭味，蒜头、蒜叶（青蒜或蒜苗）和花薹（蒜薹）均可作蔬菜食用。从蒜头和蒜瓣外皮颜色来分，有紫皮蒜和白皮蒜；由蒜瓣的大小分，有大瓣蒜和小瓣蒜，大瓣蒜和小瓣蒜都有紫皮和白皮品种。在植物形态学上，大蒜鳞茎本身是由变态枝条发育而来，其节间短缩为鳞茎盘，鳞茎盘的基部和边缘着生根系，其上部长叶和芽的原始体。经过花芽分化后，顶芽形成花薹，侧芽膨大形成蒜瓣。大蒜的繁殖方式为无性繁殖，繁殖器官为母体上的一个侧芽，即鳞芽。一个成龄的大蒜植株，由根、假茎、叶、花薹、鳞茎等组成。叶包括叶片和叶鞘，叶片扁平披针形，表面有蜡粉，较耐旱，叶鞘环绕茎盘而生，多层叶鞘抱合形成假茎（路水先，高丁石等，1997；黄伟，任华中，陈洪锋等，2000）。

大蒜的鳞茎圆球形或扁圆球形，是由多个鳞芽发育肥大而成的，外层由干缩成膜状的叶鞘包被，鳞芽即茎盘上的侧芽膨大发育后形成的蒜瓣，是大蒜的营养贮藏器官和食用部分，也是无性繁殖材料。

大蒜有叶用蒜苗、茎用蒜薹、鳞茎用蒜头，其中以生产蒜头居多。大蒜全生育期 210~270 天，云南早熟大蒜全生育期 150 天左右。蒜薹高产品种有彭州"二水早"、昭通紫皮蒜等；蒜瓣高产品种有"温江红七星"、"温江四六瓣"以及云南大学选育的滇剑春蒜 1 号、滇剑春蒜 2 号等品种。

二、大蒜根系在土层中的分布特征

大蒜根为白色弦线状浅根性根系，着生在鳞茎盘的基部和边缘，交替更新生长，多为 80~90 条根，累计 130 多条根；根毛退化，根表面光滑，根系分布浅，主要根群分布在 5~

25 厘米内的土层中，横向伸展直径在 30 厘米左右范围以内。因根系在土壤中分布浅，根量较少，吸收水肥能力和耐旱力较弱，对土壤营养和水分的要求较高。所以表现喜湿、喜肥的特点。

大蒜用蒜瓣繁殖，播种前蒜瓣基部已形成根的突起，播后遇到适宜的条件，一周内便可发出 30 余条须根，而后根的数量增加缓慢，而根的长度迅速增加。退母后又发生一批新根，采收蒜薹后根系不再增长，并开始衰亡。一般进入炎热夏季，大蒜的根系和叶片开始枯萎而转入休眠。

三、最佳施肥时间及其施肥位点

（一）大蒜需肥特征

据路水先、高丁石等（1997），黄伟、任华中、陈洪锋等（2000）研究报道，大蒜是需肥多而且又耐肥的蔬菜，增施有机肥和合理配方施用氮、磷、钾肥可显著增产。从各种元素吸收量来看，氮的吸收最多，其次是钾、钙、磷、镁，其吸收量比例是 $1:0.25\sim0.35:0.85\sim0.95:0.5\sim0.75:0.6$。每生产 1 000 千克鲜大蒜需要 N $4.5\sim5.0$ 千克、P_2O_5 $1.1\sim1.3$ 千克、K_2O $4.4\sim4.7$ 千克，其吸收比例为 $1:0.23\sim0.26:0.98\sim0.94$。可见，大蒜在生长过程中对氮、磷、钾养分的需求中以氮最多，钾次之，磷较少。蒜薹伸长期到蒜头膨大期是其需肥高峰期。大蒜属喜硫作物，除了需要吸收氮、磷、钾元素养分以外，对钙、镁、硫的需求也相对较大，尤其是硫，硫对提高大蒜品质有重要作用，适当应用硫肥可使蒜头和蒜薹增大增重，并可减少畸形蒜薹和蒜头散瓣。对硼、锌等微量元素也较敏感，增施上述微量元素有增产和改善品质的作用。因此，合理施肥是夺取大蒜丰产的重要措施之一。

大蒜各生育期对养分的吸收。以秋播大蒜为例，越冬前的幼苗期对氮的吸收量占吸收总量的 7.4%，返青后占总量的 5.4%，进入花芽和鳞茎分化期占总量的 18.1%，蒜薹伸长期氮吸收达到高峰，可占总量的 38.3%，抽薹后进入鳞茎膨大期，氮吸收量开始减少，占总量的 30.7%，前期充足的氮可以促进地上部生长，积累足够的光合产物供蒜头的发育。

磷的吸收。在退母前吸收量仅占总量的 17.1%；进入蒜薹伸长期，磷的吸收量最高，约占总量的 62%；鳞茎膨大期，磷的吸收渐缓，约占总量的 20%。

对钾的吸收。在退母前吸钾量占总量的 21.2%；蒜薹伸长期占 53.1%，是全生育期吸钾量最大的时期；鳞茎膨大期吸收量占总量的 25.6%，吸钾量趋缓。采用合适的施肥技术，满足大蒜各生育期的养分要求，才能达到优质丰产的目的。

增施钾肥可使大蒜的外观品质得到改善，单果重增加，有实验证明，大蒜施用钾肥有明显的增产作用。在相等氮磷肥的水平条件下，施钾肥比不施钾肥的每公顷增产 900～3 555 千克，增产率为 17.3%～47.4%，施 1 千克氧化钾可增产大蒜 4.67～23.7 千克。硫是大蒜品质的构成因素，适当增加硫元素有使蒜头增重、蒜薹增长、降低畸形和裂球的作用。

（二）大蒜最佳施肥时间及其施肥位点

大蒜是以收获地下茎为主要产品的作物，属于二年生草本植物，根系为弦状须根，主要分布在 5～25 厘米的土层内，属于浅根系植物，根系不发达，吸肥能力弱，对水肥反应敏感，因此，大蒜的施肥量较一般作物多。大蒜施肥主要以有机肥为主，配施少量的化肥；以基肥为主，追肥为辅。基肥以有机肥为主，化肥为辅。

基肥。基肥的施用一般是将有机肥施用总量的一半在耕地前均匀地撒施在土壤表面，结合耕地，将肥料翻入耕层土壤；另一半在播种时，集中进行沟施，并使肥、土混合均匀，然后播种。

磷肥的施用最好是浅施、集中施或分层施。可在耕地前施用一部分，另一部分在耕后点栽大蒜瓣时施用，或在整地后浅施在 6～10 厘米耕层，以利幼苗吸收利用，培育壮苗，提高磷肥当季利用率。钾肥可在耕地时，随耕地随撒施，翻入耕层土壤即可。

若以碳酸氢铵或有机肥作基肥时，要开沟埋施，或随水浇施，施用后结合整地使肥料与土壤混合均匀。

追肥。根据大蒜的需肥特点和长势，以蒜头和蒜薹为目标产品的大蒜，整个生育期一般需追肥 3～4 次。第一次施肥，大蒜齐苗后，施一次清淡粪尿液提苗，忌施碳酸氢铵，以防烧伤幼苗；第二次施肥，于退母期（4～5 叶）施用，以氮肥为主；第三次施肥，于鳞茎膨大期（9～10 叶）即蒜薹将露苞时重施一次，施尿素、硫酸钾型复合肥；第四次施肥，于采薹 50％左右时施硫酸钾型复合肥。以蒜头为目标产品的大蒜 7～6 片叶时是追施肥料的关键时期，以蒜苗为目标产品的大蒜只施退母肥，并且在青蒜苗采收前 30 天禁止追肥。每次施肥之后需浇透水，或采用水肥一体化灌溉技术。

四、大蒜施肥技术

在推荐的化肥施用量中扣减有机肥提供的氮、磷、钾养分量之后作为有机肥替代化肥的氮、磷、钾化肥施用量。

（一）施肥量推荐

据闫童、刘士亮等（2013），黄伟、任华中、陈洪锋等（2000）的研究结果，大蒜土壤养分丰缺指标和施肥量推荐如下（表 6-1）

表 6-1　大蒜土壤有效养分丰缺指标及其施肥量推荐

	肥力等级	极高	高	中等	低	极低
土壤养分含量 （毫克/千克土）	碱解氮	＞233	200～233	123～200	56～123	＜56
	有效磷	＞104	82～104	42～82	14～42	＜14
	速效钾	＞326	256～326	122～256	36～122	＜36
施肥量 （千克/公顷）	N	150～195	195～230	230～332	332～450	450～528
	P_2O_5	90～118	118～129	129～166	166～230	230～255
	K_2O	180～216	216～239	239～302	302～408	408～451

（二）施肥方法推荐

根据大蒜的生长特点及其吸收养分的规律，大蒜施肥主要有基肥和追肥。在肥料种类的选用上，应以有机肥为主，化肥为辅；肥料施用方法，应以基肥（含种肥）为主，追肥为辅，将施肥总量的 60％～70％用作基肥，余下的作追肥。施用化学肥料，以氮肥为主，增施磷、钾肥，适量施用含硫、铜、硼、锌等中微量元素肥料。氮素化肥 2/3 作基肥施用，1/3 作追肥施用。磷、钾肥绝大部分作基肥施用。

1. 施足基肥 选择土层深厚、肥沃、疏松、排水良好的砂质土壤为大蒜种植地。将有机肥施用总量 75～100 吨/公顷的一半在耕地前均匀地撒施在土壤表面，结合耕地，将肥料翻入土壤中；另一半与磷、钾、钙、镁、硫等肥料混合于播种时施于播种沟，并使肥、土混合均匀，使肥料在 6～10 厘米的土层，然后播种，以利幼苗吸收利用，培育壮苗，提高肥料当季利用率。

2. 巧施追肥 大蒜追肥应分次进行，以退母期（4 叶左右）和鳞芽及花芽分化期（7～8 叶）为主，蒜薹伸长期和鳞茎膨大期为辅。采用这样的施肥方法，大蒜生长稳健，可以减少"花蒜"，每公顷具体需施多少肥，应视耕地土壤的肥瘦与施肥水平的高低而定。做到早熟品种早追施，中晚熟品种迟追施，以促进幼苗长势旺，茎叶粗壮，到烂母期少黄尖或不黄尖。

（1）适时施用提苗肥 秋播大蒜幼苗 3～4 片叶，假茎高 10 厘米左右，可追一次腐熟的粪肥，每公顷施 15～22.5 吨，促进出苗后迅速发根长苗，提高秋播大蒜的越冬性能。提苗肥一般在出苗后 1 个月左右施用。对于幼苗期长的秋播大蒜，应重视提苗肥施用，而对于幼苗期短的春播大蒜，在肥力较高、施足基肥的情况下，可以不施提苗肥。

（2）越冬肥 又叫"腊肥"。施用越冬肥是为了保证幼苗顺利越冬，提高抗寒性。一般在进入越冬期时施用有机肥料。对于冬季不太寒冷的地区，越冬肥可以不施。

（3）施好返青肥 在春季气温回升，大蒜的心叶和根系开始生长时开沟施肥一次，施氮肥或有机肥，此时应追施热性肥。对于已施过提苗肥和越冬肥的，返青肥可不施或与催薹肥合并施用。

（4）催薹肥 在鳞芽和花芽分化完成、蒜薹孕育或开始抽生时施用催薹肥。由于此时进入大蒜花芽、鳞芽分化期，植株生长旺盛，生长量和需肥量先后达到高峰期，所以催薹肥是一次关键性的追肥，一般要求重施，可追施一次氮、钾肥，约占追肥总量的 30%～40%。

（5）催头肥 催薹肥施后 25～30 天，蒜薹露苞时施用。此时正是大蒜生长最旺盛，生长量达到高峰，需肥量也最多的时期。这次追肥也应重施，以满足蒜薹采收和蒜头膨大对养分的需要。同时结合防病喷施叶面肥，确保大蒜丰收。

3. 注意事项 大蒜忌连作，也不宜与韭菜、洋葱等葱蒜类作物重茬种植。重茬地的大蒜出苗率低，容易缺乏营养，产量低，商品性差。大蒜的根系弱、吸收力差，而需肥又多，根据这一特点，应本着多次、少量的原则施肥，施肥后注意立即浇水，以利吸收。大蒜忌施碳酸氢铵，以防烧伤幼苗。

参 考 文 献

黄伟，任华中，陈洪峰，等 .2000. 葱蒜类蔬菜高产优质栽培技术［M］. 北京：中国林业出版社 .
路水先，高丁石，许红安，等 .1997. 葱蒜类蔬菜高产技术［M］. 北京：中国农业科学技术出版社 .
闫童，刘士亮，刘洪产，等 .2013. 大蒜土壤养分丰缺及推荐施肥指标体系研究［J］. 中国土壤与肥料（6）：72-76.

第二节　大　葱

一、生物特点

大葱（学名：*Allium. fistulosum* L. var. *gigantum* Makino），为葱种下的一变种，区别于分葱（小葱）变种与红葱（楼葱）变种。大葱植株地上部的外形很像洋葱。叶圆筒形而中空，它的叶鞘茎部包含成假茎，若进行培土软化，便造成棍状的"葱白"。葱白是主要食用部分。大葱依据假茎（葱白）的形态与分蘖性分为棒葱、鸡腿葱和分蘖大葱三个类型。为2年生耐寒性蔬菜。根为白色弦线状须根，粗度均匀，分生侧根少，吸肥力弱，需肥量大，属喜肥耐肥作物（路水先，高丁石等，1997）。

大葱适应性较强，对条件要求不十分严格，以土壤疏松、土层深厚、透气性好，土壤养分充足、有机质含量丰富、排水畅通、病虫害较少发生的地块种植。适宜在pH为6.9～7.6的土壤生长。砂质土、黏重土、盐碱地都不利于种植。

大葱由管状叶身和筒状叶鞘组成，新叶黄绿色、实心的，成龄叶深绿色，长圆锥形，叶身中空，每株5～8枚叶。大葱的叶鞘既是营养贮藏器官又是主要的产品器官，层层套合的叶鞘形成假茎（葱白），假茎的长度除与品种有关外，还和培土有关系，通过培土为假茎提供黑暗、湿润的环境，使叶鞘部分不断伸长、加粗，提高产品的质量和产量。

大葱产量的高低主要取决于假茎的长度和粗度，而假茎的生长又受发叶速度、叶数多少、叶面积大小影响。其内因受品种特性和先期抽薹的影响，外因受温度、水分、光照、土壤养分的综合影响。一般叶数较多，假茎越高越粗；叶身生长越壮，叶鞘越肥厚，假茎越粗大。大葱属于两年生耐寒性蔬菜，整个生育期分营养生长和生殖生长两个时期。从第一片真叶出现到越冬为幼苗期，历时40～50天。此期气温偏低，生长量较少，管理上以防止幼苗徒长、安全越冬为主，故需肥量很少。

二、大葱根系在土层中的分布特征

大葱的根系为白色弦线状须根，着生于短缩茎的茎节部，随着大葱茎的伸长，新根陆续发生，发根力较强；因根的分支能力弱，根上无根毛，因而吸收水分和养分的能力较弱。大葱的根系再生能力较弱，当已发生的根系被切断后，断裂后的根系不能发生侧根，移栽成活后大葱的生长主要依靠新生的根吸收养分和水分。大葱的根数可达50～100条，长可达45厘米，平均长30～40厘米，根直径1～2毫米。随着叶片的增多和培土的加高，根系分布在培土层和地下40厘米的土层中，根群主要分布在27～30厘米土层内。根的横展半径13～16厘米。

三、最佳施肥时间及其施肥位点

（一）大葱生长需肥规律

大葱生育阶段一般可分为发芽期、幼苗期、缓苗期、葱白旺盛生长期和开花结实期五个时期。大葱属喜肥耐肥作物，对氮、钾养分的反应十分敏感，在氮、磷、钾肥料供应充足的情况下，增施中微量元素养分对大葱的生长和品质也有一定的作用。大葱叶的生长需要较多的氮肥，如果氮肥供应不足，大葱叶数少，面积小，而且叶身中的营养物质向葱白中运输贮存的也少，缺氮不仅影响大葱的生长，而且也影响葱白的品质。钾肥仅次于氮肥，参与大葱光合作用和促进糖类的运输，特别是在葱白膨大期，钾肥供应不足会严重影响产量和品质。磷能促进新根发生，增强根系活力，扩大根系吸收养分和水分的面积和吸收能力，对培育壮苗、提高幼苗抗寒性和产量有重要作用。据林昌华（2006），张西森、李玉伦等（2014）的研究，大葱全生育期吸收的养分 $K_2O>N>P_2O_5$，$N：P_2O_5：K_2O$ 之比为 $1：0.14：1.27$，每生产 1 000 千克大葱需吸收纯氮 $2.7\sim3.3$、五氧化二磷 $0.5\sim0.6$ 千克、氧化钾 $3.3\sim4.0$ 千克。其中，生长前期需氮量较大，生长后期需磷、钾量较大。苗期需氮量占总需氮量的 13% 左右；绿叶生长期需氮量占总需氮量的 50%；葱白生长成期需氮量占总需氮量的 35% 左右。苗期对磷十分敏感，适时适量地施入磷肥可促进苗期生长发育，确保植株长势健壮，为优质稳产奠定基础。如苗期缺磷，苗高明显矮化，影响后期植株生长，直接导致减产。生长盛期及葱白形成期要及时增施钾肥，对葱白的生长具有显著的促进作用。除氮磷钾营养元素之外，适时施用钙、锌、锰、硼和硫等微量元素肥料，可使葱白粗且长，葱味浓郁，提高大葱品质，增加产量。

葱白生长初期，氮磷钾养分的吸收量分别占总量的 6.51%、7.26%、8.08%；进入葱白旺长期后对氮磷钾的吸收开始明显增多，氮磷钾的吸收量分别占总量的 64.33%、75.20%、58.75%；葱白充实后期，对氮磷钾的吸收仍比较多，分别占总量的 19.16%、12.24%、25.51%（林昌华，2006）。

从以上可看出，大葱幼苗期、定植缓苗期大葱生长缓慢，干物质积累少，吸收的养分也少，氮磷钾三要素中对氮与钾元素吸收的量较多。在假茎充实的葱白旺盛生长期，大葱干物质累积迅速，吸收的养分最多，吸收的氮磷量分别高达全生育期吸收量的近半数及其以上，大葱生长后期干物质积累较慢，吸收的养分也较少，但所吸收的磷、钾比例明显提高，分别占全生育期吸收总量的 44.1% 和 36.4%。

（二）大葱最佳施肥时间及其施肥位点

大葱是以假茎为主要收获产品的葱蒜类园艺作物，其假茎的长度和粗度是形成产量的关键因素。根据大葱的生长发育规律和需肥特点以及根系在土层中的分布特点，大葱施肥分为育苗期施肥、定植后施肥。

1. 育苗期施肥 基肥。在整地前撒施于地面，然后浅耕细耙，使肥料与土壤充分混合后整平做畦播种。为控制秋播苗越冬期秧苗不至于过大，避免越冬期通过春化阶段，越冬后抽薹开花，一般越冬前不施肥、浇水。越冬期为确保幼苗安全过冬，在土壤开始上冻时，可结合浇越冬水追施少量的氮、磷肥，并在地面铺1~2厘米厚的土杂粪、圈粪等。翌年春天葱苗返青时，结合浇返青水追施返青提苗肥，在幼苗旺盛生长前期和中期，根据幼苗长势及苗床肥力状况，可各追施一次速效性氮肥，定植前控肥控水炼苗，提高定植后的成活率。

2. 定植后施肥 基肥。一般全田撒施与集中沟施相结合，全田撒施是在地块耕翻前全田撒施，集中沟施是在开挖栽植葱沟后在沟内集中施用。但用于栽培大葱的地块，栽葱沟要求较深，为便于开挖葱沟，一般采取免耕法，直接开挖栽葱沟进行沟施。沟距与沟的深浅因栽培大葱的品种类型而异，长葱白型品种的栽葱沟间距要大些，一般为70~90厘米为宜，沟也要深些宽些；短葱白型品种的栽葱沟间距为50～60厘米，开挖沟深20～30厘米。基肥的施用深度一定要在栽葱沟土表层下的15厘米左右土层中。

追肥。大葱生长期间的追肥，应遵循前轻、中重、后补的原则，在追肥中有机肥与化肥结合，以氮肥为主，重施钾肥，兼顾磷肥。追肥要与中耕、培土和浇水相结合。立秋至白露是大葱的叶片旺盛生长期，要追施"攻叶肥"，以确保叶部生长，为大葱优质高产奠定足够的光合营养面积。可分为立秋、处暑两次追施攻叶肥。立秋第一次追肥，施在沟背上，中耕使肥、土混合后划入沟中。处暑第二次追肥，施后中耕、培土、浇水。白露以后至霜降，是大葱发棵期，即葱白形成期，大葱的生长和需肥量都较大，要重施追肥，应在白露和秋分各追施一次发棵肥。白露第三次追肥，秋分第四次追肥。霜降以后，随着气温的不断降低，大葱生长缓慢，葱叶部的营养物质向葱白转移，进入葱白充实期，此时一般不需要追肥。但应根据植株长势情况而定，若出现脱肥早衰情况，可酌情补充施用速效氮肥。

四、大葱施肥技术推荐

根据大葱需肥规律、土壤养分含量状况和肥料效应，通过土壤测试，确定相应的施肥量和施肥方法，按照有机与无机相结合、基肥与追肥相结合的原则，实行平衡施肥（林昌华，2006；梁新安，邵秀丽等，2013；张西森，李玉伦等2014）。

（一）施肥量推荐

参见表6-2。

表6-2　大葱土壤肥力等级及其施肥量推荐

土壤肥力等级	施肥量（千克/公顷）			目标产量（吨/公顷）	土壤养分测试值			
	氮（N）	磷（P_2O_5）	钾（K_2O）		有机质（%）	碱解氮（毫克/千克）	有效磷（毫克/千克）	速效钾（毫克/千克）
高肥力	350～380	150～170	280～300	66～78	1.3～1.5	90	30	120
中肥力	390～420	180～210	400～450	55～66	1.8	120	60	150

大葱最高产量施肥量纯氮394.1千克/公顷、氧化磷193.6千克/公顷、氧化钾225千克/公顷，目标产量55 805千克/公顷；最佳经济施肥量纯氮391.4千克/公顷、氧化磷192.7千克/公顷、氧化钾225千克/公顷，目标产量55 803千克/公顷。

（二）施肥技术推荐

大葱施肥分育苗期和定植及其以后大葱生长期两个阶段。育苗期施肥以培育壮苗为主要任务，定植及其以后施肥的主要任务是提高大葱产量和质量。

1. 大葱育苗期施肥技术　育苗期要重视基肥的施用，一般每公顷施30 000～45 000千克优质土杂肥、圈肥和600～900千克过磷酸钙作基肥，整地前撒施于地面，然后浅耕细耙，使肥料与土壤充分混合后整平做畦播种。播种时每公顷撒施尿素75千克或复合肥150～225千克作种肥，使种肥与畦土均匀混合，耙平畦面播种，以免伤种。为了控制秋播苗越冬期秧苗不至于过大，避免越冬期通过春化阶段，越冬后抽薹开花，一般越冬前不施肥、不浇水。越冬期为确保幼苗安全过冬，在土壤开始上冻时，可结合浇越冬水追施少量的氮、磷肥，并在地面铺施 1～2 厘米厚的土杂粪、圈粪等，使幼苗安全越冬。翌年春天葱苗返青时，结合浇返青水追施返青提苗肥，一般每公顷施磷酸铵 150 千克。在幼苗旺盛生长前期和中期，根据幼苗的长势，可各追施一次速效性氮肥，每公顷施硫酸铵 75～150 千克或尿素 45～75 千克。定植前控肥控水炼苗，提高定植后的成活率。

2. 大葱定植地块施肥技术　大葱定植地块施肥分基肥与追肥两部分。

（1）定植前施足基肥　以腐熟有机肥为主，化肥为辅。基肥的施用深度要在 15 厘米左右，一般每公顷施 75 000～120 000 千克。含磷钾少的土壤每公顷增施磷酸钙 375 千克、草木灰 2 250 千克或硫酸钾 150 千克。此外，每公顷可再撒施磷酸铜 30 千克、硼酸 15 千克。全田撒施与集中施用相结合，全田撒施是在土地耕翻前撒施于田面，然后耕整使肥料耕翻于耕层中；集中施是开葱沟后在沟内集中施用。基肥总施用量的 40% 全田撒施，60% 集中施用。为便于开挖葱沟，节省耕地作业费用，一般采取免耕法，开沟前不翻耕土地，直接挖沟进行沟施，基肥只进行集中沟施，将肥料施在定植沟底层。

（2）定植后巧施追肥　定植后的葱苗生长缓慢，当度过雨季后，天气逐渐转凉，大葱植株进入旺盛生长期，老叶逐渐枯黄，新叶不断发生。在具备良好的营养状况和黑暗的条件，可以促使多发叶和叶鞘的生长。田间追肥，应掌握前轻、中重、后补的原则，在追肥中有机肥与化肥结合，以氮肥为主，重施钾肥，兼顾磷肥。追肥要与中耕、培土和浇水相结合。立秋至白露是大葱的叶片旺盛生长期，对水肥的需要增加，要结合浇水追施"攻叶肥"，以确保叶部生长，为大葱优质高产奠定足够的光合营养面积。

①立秋以后。气温逐渐降低，根系吸收功能转入旺盛期，进入了发叶盛期，对水肥的需要量增加，在立秋至白露期间，浇水的原则是"轻浇、早晚浇"，结合浇水追施"攻叶肥"，为第一次施肥。每公顷施用腐熟的农家肥 22 500 千克、过磷酸钙 300～375 千克、硫酸钾 150 千克，以促进叶部快速发育。将施在沟背上，中耕使肥、土混合后划入沟中。

②处暑以后。第二次追肥，每公顷施饼肥 750～1 500 千克、人粪尿 750 千克、过磷酸钙 450 千克、草木灰 1 500 千克，施后中耕、培土、浇水。

③白露以后。天气凉爽，昼夜温差加大，大葱进入了大葱发棵期，即葱白形成时期，也是肥水管理的关键时期，要重施追肥，应在白露和秋分各追施一次发棵肥。追肥以速效性氮肥为主，以尿素为好。白露第三次追肥，每公顷施硫酸铵 225～300 千克或尿素 150～225 千克、草木灰 1 500 千克或硫酸钾 150～225 千克。秋分第四次追肥，每公顷施尿素 225～300 千克或复合肥 300～450 千克、草木灰 1 500 千克或硫酸钾 150～225 千克。

浇水的原则是"勤浇、重浇"，经常保持土壤湿润，以满足葱白的生长需要。施后中耕、培土、浇水。

④霜降以后。随着气温的不断降低，叶身生长日趋缓慢，葱叶部的营养物质向葱白转移，进入葱白充实期，叶面水分蒸腾减少，此时应逐渐减少浇水，一般不需要追肥，但应根据植株长势情况，如出现脱肥早衰情况，可酌情补施速效氮肥，一般每公顷施尿素 150～225 千克为宜。收获前 7～8 天应停止浇水，以提高大葱的耐贮性。

3. 施肥配方　土壤有机质 19.0g/千克、碱解氮 122.9 毫克/千克、有效磷 249.0 毫克/千克、速效钾 280.0 毫克/千克、pH 6.9 的地块，水肥一体化灌溉纯氮 265.5～442.5 千克/公顷、氧化磷 84.3～140.55 千克/公顷、氧化钾 84.3～140.55 千克/公顷。大葱专用控释肥配比（氮-磷-钾）可选择 21-7-19 和 18-7-23 等，肥料中添加了微量元素锌和硼，有利于大葱的营养平衡（林昌华，2006；张乐森，王振华等，2013）。

4. 注意事项 青葱栽培不追求葱白产量，一般不需要育苗，在施肥上以促进叶片生长为主，应多选氮素比例高的控释肥料。

参 考 文 献

梁新安，邵秀丽，张慎璞，等.2013.大葱标准化生产施肥配方技术研究［J］.北方园艺，37（12）：172-174.

林昌华.2006.平衡施肥对大葱、甘蓝产量及其商品性状的影响［D］.海口：海南大学.

路水先，高丁石，许红安，等.1997.葱蒜类蔬菜高产技术［M］.北京：中国农业科学技术出版社.

张乐森，王振华，孟凡山，等.2013.保护地大葱水肥一体化滴灌施肥应用研究［J］.节水灌溉（11）：17-24.

张西森，李玉伦，李建伟，等.2014.潍坊出口大葱"3414"肥效试验研究［J］.内蒙古农业科技（3）：60-61.

第三节 洋 葱

一、生物学特征

洋葱（学名：*Allium cepa* L.），为百合科二年生或多年生草本植物。又称球葱、圆葱、玉葱、葱头、荷兰葱、番葱、皮牙子等。鳞茎粗大，近球状；鳞茎由紫红色、黄色或白色纸质至薄革质外皮包被，内皮肥厚，肉质；洋葱的叶由叶身和叶鞘两部分组成。叶身浓绿色，呈圆筒状，中空，腹部有凹沟（是幼苗期区别于大葱的形态标志之一）。洋葱的管状叶直立生长，具有较小的叶面积，叶表面被有较厚的蜡粉，是一种抗旱的生态特征；叶鞘肥厚呈鳞片状，密集于短缩茎的周围，形成鳞茎（俗称葱头）；花葶粗壮，高可达100 厘米，中空的圆筒状，在中部以下膨大，向上渐窄，下部被叶鞘；伞状花序球状，白色小花；蒴果。按栽培物种，可分为普通（"短日"类型，"长日"类型，中间类型）、分蘖、顶生、红皮、黄皮、白皮等栽培类型。要求肥沃疏松富含有机质（大于 1.5%）、通气良好的中性偏酸土壤。洋葱对土壤的酸碱度比较敏感，适宜于 pH 6.0～6.5 的土壤。在盐碱地栽种易引起黄叶和死苗。在砂质壤土上易获得高产，但在黏壤土上的产品鳞茎充实，色泽好，耐贮藏。普通洋葱按照鳞茎皮色，可以分为红皮洋葱、黄皮洋葱、白皮洋葱三类。

洋葱在营养生长期，要求凉爽的气温，中等强度的光照，疏松、肥沃、保水力强的土壤，较低的空气温度，较高的土壤湿度，并表现出耐寒、喜湿、喜肥的特点，不耐高温、强光、干旱和贫瘠。在高温长日照时进入休眠期。

二、洋葱根系在土层中的分布特征

洋葱的根为弦线状须根，着生于短缩茎盘的底部，胚根入土后不久便会萎缩，因而没有主根，根系较弱，无根毛，吸肥能力差，大部分根系密集分布在 20 厘米以内的表层土壤中，根系入土深度和横向伸展直径均为 30～40 厘米，在耕层浅的土壤中，最长根的延伸也可接近 100 厘米左右。故根系耐旱性较弱，吸收水分和养分的能力较弱。

洋葱根系生长的地下温度比地上部低，10 厘米耕层土壤温度 5℃时即可生长；10～15℃为最适宜生长的温度；24～25℃时，根系生长缓慢。洋葱生育初期，根的扩展较为缓慢。在温暖地区，秋栽葱头的根系 1～2 月缓慢生长，从 3 月下旬起根部生长比较活跃，4 月达到最高峰，5 月下旬根系生长开始衰退，后期生长速度缓慢，到收获前趋于停滞状态。

洋葱根系的生长与地上部的生长具有一定的相关性，根系的强弱直接影响茎叶的生长和鳞茎的膨大。在叶部进入旺盛生长期之前，首先出现的是发根盛期。所以，在高产栽培中要注意协调好促根与发棵之间的关系。

三、最佳施肥时间及其施肥位点

(一) 洋葱生长需肥规律

洋葱根系吸肥力较弱，但产量高，吸收养分的数量较一般农作物多。因此，洋葱生长发育需要充足的营养条件。各生育阶段对养分的需求有所不同。在叶生长期以前对养分的吸收量比较少，叶生长期开始增加，且以氮、钾为主；到鳞茎开始膨大时，养分吸收量急剧增加，直到膨大盛期，磷、钾仍维持较多的吸收，但氮的吸收明显下降。由于各生育期氮、磷、钾吸收数量上的差别，各生育期吸收氮、磷、钾的比例也随之变化。幼苗期氮（N）：磷（P_2O_5）：钾（K_2O）为 7.9：1：9.1，叶片生长期为 5.5：1：4.7，鳞茎膨大期为 4.0：1：2.7，植株返青期为 7.2：1：3.3，抽薹孕蕾期为 5.1：1：4.7，开花结籽期为 4.7：1：3.5。因此，施肥时要满足洋葱的这些需肥要求。幼苗期以氮素为主，鳞茎膨大期增施磷钾肥，能促进鳞茎膨大和提高品质。在一般土壤条件下施用氮肥可显著提高产量。洋葱全生育期对氮磷钾的吸收比例为 1：0.40：0.92，但随着生育期的推进，磷钾吸收比例升高，在鳞茎膨大期达 1：0.92：9.04。洋葱幼苗期吸收的氮磷钾主要分配在叶片中；发棵期则以鳞茎和叶片分配率较高；鳞茎膨大期则主要分配在鳞茎中，在这一时期分配率分别达 75.88%、87.77% 和 71.81%。每生产 1 000 千克洋葱鳞茎需氮（N）2～2.4 千克、磷（P_2O_5）0.7～0.9 千克、钾（K_2O）3.7～4.1 千克、氧化钙 1.16 千克、氧化镁 0.33 千克。有研究证明，施用铜、硼、硫等肥料增产效果较好。

(二) 洋葱最佳施肥时间和施肥位点

洋葱生长发育周期大致可分营养生长期、鳞茎休眠期和生殖生长期。营养生长期又可分为幼苗期、叶片生长期和鳞茎膨大期。洋葱的幼苗期，从长出第一片真叶到定植为幼苗期。这一时期以叶片分化为主，植株生长很缓慢，对养分吸收较少，故此时期应严格控制施肥，以防生长过度而导致先期抽薹。

洋葱的叶片生长期，由定植到长出 6～7 片真叶为叶片生长期。这一时期叶片生长迅速，鳞茎开始增长，但增长量不大。此时期由于气温低，生长缓慢，故翌春植株返青时应适当追肥。

洋葱的鳞茎膨大期，从植株长出 6～7 片真叶到鳞茎收获时为鳞茎膨大期。叶片在这一时期迅速增长，以后由于养分集中供应鳞茎的生长而迅速衰败，此时期吸收养分较多，是追肥的关键时期，故应加强肥水管理。洋葱施肥分为育苗床施肥、移栽田施肥。

1. 育苗床施肥　以有机肥为主，使苗床土与所施腐熟有机肥均匀混合，幼苗期可结合浇水追施腐熟人粪尿或追施氮肥，以促进幼苗生长。

2. 移栽田施肥　移栽定植施肥分基肥、追肥。基肥同样以有机肥为主，结合整地施在 15～18 厘米土层中，使耕层土壤与所施腐熟有机肥均匀混合，总施用量的 10% 氮肥及 50% 钾肥作基肥施于移栽沟（塘）中，使肥土均匀混合。追肥在洋葱缓苗后进行，第一次追肥要早施，鳞茎膨大期是重点追肥期，要追施 2～3 次"催头肥"。要根据苗情决定施用时间和数量。氮肥总施用量的 20% 在移栽后 15 天左右兑水追施，氮肥总施用量的 70% 和钾肥总施用量的 50% 于鳞茎膨大初期兑水追施，或水肥一体化分次滴灌施用。

四、施肥技术推荐

（一）洋葱施肥量推荐

参见表 6-3。

表 6-3　洋葱土壤肥力等级及其施肥量推荐

肥力等级	施肥量（千克/公顷）			目标产量（吨/公顷）	土壤养分测试值			
	氮（N）	磷（P$_2$O$_5$）	钾（K$_2$O）		有机质（%）	碱解氮（毫克/千克）	有效磷（毫克/千克）	速效钾（毫克/千克）
上等	280～360	320～370	260～310	110～140	1.3～1.5	90	30	120
中等	400～430	380～412	300～350	96～110	1.8	120	60	150

注：在前作为烤烟或者前作施用钾肥较多的土壤条件下，适当增施磷肥，不施钾肥也可获得最佳产量和经济效益。

（二）洋葱施肥技术推荐

根据洋葱的生长发育特点和需肥规律，其施肥可以分为育苗床施肥和定植田块施肥。

1. 育苗床施肥　洋葱育苗床要选择 2～3 年内未种过葱蒜类蔬菜和棉花的地块，选择疏松肥沃、保水力强的土壤，施足底肥，一般每 10 平方米育苗畦施用腐熟有机肥 25～30 千克，再加五氧化二磷 0.08～0.15 千克，浅耕细耙做成平畦。幼苗期可结合浇水追施腐熟人粪尿 17～20 千克，或追纯氮 0.09～0.12 千克，以促进幼苗生长。幼苗出土后要保持土壤湿润，每 10 天左右浇 1 次水。苗高 10 厘米左右时进行间苗，每 10 平方米追施 1 次复合肥 0.12～0.15 千克，追肥后浇水两次。

育苗田应与生产大田隔离。

2. 定植田块施肥

（1）重施基肥　洋葱一般在日平均气温降到 10℃ 左右之前定植活棵，使幼苗在土壤封冻前长出新根，度过缓苗期，利于安全越冬。

洋葱根系吸水吸肥能力较弱，产量高，需肥量大，故需施足基肥。洋葱忌连作，在前茬种植过施肥较多的瓜果类蔬菜地块上种植较好。定植前施腐熟有机肥 45 000～60 000 千克/公顷，与复混（合）肥 450 千克/公顷肥料混匀后，结合翻耕、整地把肥料施入 15～18 厘米土层中，然后移苗栽植，为洋葱根系吸收土壤养分创造良好的环境条件。酸性土壤可施入

450～600千克/公顷的草木灰，磷肥不足的田块加施五氧化二磷55～90千克/公顷。

（2）巧施追肥 冬前定植的洋葱，缓苗后即进入越冬期，为使露地定植的洋葱幼苗安全越冬，在土壤即将封冻前，适时浇越冬水后，撒盖一层马粪或干草，以保温保墒。翌年返青前清除畦内碎草，及时中耕，提高地温，促进根系生长。

洋葱一般追肥3～4次。第一次在定植后7天内，轻施壮苗肥，每公顷施浓度20%的人粪尿12 000千克，以后浓度逐渐增大，或硫酸铵150千克，加水12 000千克浇施。第二次在开春后，叶片旺盛生长开始时，每公顷施浓度30%的人粪尿12 000千克，或硫酸铵150千克，加水12 000千克，结合中耕培土浇施。第三次在叶片生长将要结束的时候，施复合肥225～300千克/公顷，或腐熟粪尿肥45 000千克/公顷，结合追肥及时浇水。第四次在葱头开始膨大时，每公顷施浓度50%的人粪尿12 000千克，或硫酸铵150千克、硫酸钾75千克，加水12 000千克，结合中耕除草浇施，或施沤制好的饼肥液15 000千克/公顷，并结合追肥每隔4～5天浇1次水，促进鳞茎迅速膨大。

（3）补施磷肥 磷对洋葱幼苗期的发育十分重要，直接影响洋葱株高和叶数的增加。洋葱一旦出现缺磷症状后再向土壤追施磷肥不会及时满足洋葱的需求，必须在基肥中配加磷肥来预防，但可以采用叶面喷施磷酸二氢钾的方法作为应急措施。补施磷肥时要特别注意量的控制，如果磷素吸收过剩，则会引起鳞茎外部的鳞片缺钙，内部鳞片缺钾，鳞茎盘（底盘）缺镁，肌腐、心腐和根腐等生理病害发生严重。

五、洋葱种植注意事项

（一）合理选择栽培品种

洋葱品种多，在种植时应选择当地多年种植的抗病品种，其他地方的优质品种并不一定适合当地环境。如云南部分州市，种植品种有红冠、红太阳、戈匹等红皮洋葱，黄皮洋葱有维克德、玉皇、红太阳1号、红太阳2号、红太阳9号、天堂等。

（二）科学安排栽培时间

栽培时间，云南各地一般在9月上中旬至10月中下旬之间播种为宜，播种过早易于抽薹，播种偏晚，越冬前苗小苗弱，越冬困难，且产量低。

参 考 文 献

常绕玲，周艳华，梁兰.2011.洋葱产量与不同施肥水平的效应研究［J］.农业系统科学与综合研究，27（2）：223-227.

王克安，杨宁，吕晓惠，等.2015.洋葱氮磷肥配施效应模型构建及其推荐用量研究［J］.中国土壤与肥料（2）：57-61.

赵锴，徐坤，徐宁，等.2009.洋葱氮磷钾养分吸收与分配规律的研究［J］.植物营养与肥料学报，15（1）：241-246.

赵锴.2008.洋葱对氮磷钾吸收分配规律及优化施肥方案研究［D］.泰安：山东农业大学.

周绍翠，马开华，白莲，等.2010.元谋县干热河谷测土配方施肥洋葱"3414"肥效试验［J］.绿色科技（8）：73-75.

第四节 韭 菜

一、生物学特征

韭菜（学名：*A. tuberosum* Rottl. ex Spreng.），又称丰本、草钟乳、起阳草、懒人菜、长生韭、壮阳草、扁菜等，为百合科多年生宿根草本植物。适应性强，抗寒耐热，根茎横卧，鳞茎狭圆锥形，簇生；鳞式外皮黄褐色，网状纤维质；叶基生，条形，扁平；叶片由叶鞘和叶片组成，叶片扁平狭长，表面有蜡粉，叶鞘抱合成圆筒状的假茎。伞形花序，顶生，株高 20～45 厘米。按食用部分可分为根韭、叶韭、花韭、叶花兼用韭 4 种类型。按韭菜叶片的宽度可分为宽叶韭和窄叶韭两类。南方部分地区可常年生产，北方冬季地上部分枯死，地下部进入休眠，春天表土解冻后萌发生长。

一两年生的韭菜营养茎为短缩的茎盘，随着株龄的增长，营养茎不断向上生长，由逐次发生的分蘖和茎盘连接成权状分枝称为根状茎，叶鞘基部的假茎膨大呈葫芦状的鳞茎，是贮藏养分的器官，植株通过春化后，鳞茎的顶芽分化为花芽，抽生花茎，嫩茎可食。

两年生以上韭菜，每年都有抽生花茎，花茎顶端着生伞形花序（30～60 朵白色小花），蒴果。

二、韭菜根系在土层中的分布特征

韭菜为弦线状须根系，没有主侧根，根数多，有 40 条左右。其根着生于短缩茎基部，短缩茎为茎的盘状变态，下部生根，上部生叶。按食用分类，可分为吸收根、半贮藏根和贮藏根 3 种。如根韭的根为贮藏根。韭菜的主要根群分布在 30 厘米的耕作层中，最深可入土 50 厘米左右，水平分布一般在 30 厘米以内，最远可达 50 厘米。1～4 年生韭菜随着株龄的增长，分蘖数和须根量相应增多，但每个分蘖的平均根数保持在 10～20 条之间。在新根形成的同时，1 年生以上的韭菜根系逐渐变成褐色、干枯和死亡。根的平均生理寿命大致为 1.5 年。1～2 年生的韭菜，根系着生在盘状的短缩茎上。随着株龄的增加，下部老根随鳞茎盘（根状茎）的向上延伸而逐渐衰老死亡，春季发生新的根状茎，在新的根状茎一侧发生新的根系，随着新分蘖的不断形成而不断发生新根，生根的位置和根系附着的鳞茎盘（根状茎）不断向上延伸生长。生有旧根的地方不再发生新根，老根陆续变褐、干枯和死亡。通过新、老根系的更替，吸收功能逐年延续，保证了韭菜生命的延续，这种新老根系不断更替的现象称为换根。韭菜茎盘上不断产生新的分蘖，新根着生在根状茎基部，随着分蘖有层次地向土表上移，这种新根不断向土表上移的现象称为跳根。在一般栽培管理条件下，每年上移新根系（跳根）高度约 1.5～2 厘米，若不能进行及时的培土护根，就易使根茎部外露，出现倒伏，甚至因得不到土壤的保护而干枯。

韭菜根系分枝少，只有春季发生的新根可再长出 3～4 级非常细弱的侧根，所以，韭菜吸收水分和养分的能力相对其他深根性蔬菜较弱，只有土壤肥沃、肥水供应充足，才能使韭菜植株生长健壮。

根是韭菜高产的基础，它同时具有吸收功能、贮藏功能和新陈代谢功能。韭菜的根一年四季都具有贮藏养分的功能，特别是到了秋季，这种功能更加突出。在越冬休眠期间，植株制造的养分主要都贮藏在根系中，成为第二年春季韭芽萌发的营养基础。因此，韭菜生产成败的关键就在于是否注意养根，一年当中不可收获次数过多，每次收获必须注意留茬，不可伤害根状茎，也称"韭葫芦"。

三、最佳施肥时间及其施肥位点

（一）韭菜生长需肥规律

韭菜种植一次可多年收获，是一种喜肥作物，耐肥力强，满足韭菜对养分的需求，不但有利于当年叶片的生长和分蘖，增加当年的产量，而且还可增加下一年的产量，延迟衰老。其需肥量因株龄不同而不同。当年播种的韭菜，特别是发芽期和幼苗期胚根和子叶的生长由种子的胚乳供给养分，此时的幼根发育尚不完全，一般还不能吸收利用土壤中的养分。幼苗期由于生长量小，根系吸收肥料的能力弱，所以吸肥量也少。进入旺盛生长期以后，生长速度加快，叶片迅速生长，同时不断长出新根，生长量增大，吸肥量增加，应加强肥水管理。进入秋凉以后，分蘖生长量加大，又出现一次吸肥高峰期。冬季天气寒冷，进入休眠期，植株生长基本停止，根系也基本停止吸收，植株所需的营养依靠根茎中贮藏的养分供应，维持其生命活动和恢复下年的生长。

株龄不同，需肥量有一定的差别。当年移栽播种的韭菜，特别是发芽期和幼苗期需肥量少。1年生韭菜，一般只进行营养生长，2年以上的韭菜才能分化花芽，使营养生长和生殖生长交替重叠进行。2～4年生韭菜，分蘖力强，生长量大，产量也高，需肥量相应增加，需肥较多。幼苗期虽然需肥量小，但其根系吸收肥料的能力较弱，如果不施入大量充分腐熟的有机肥，很难满足其生长发育的需要。所以随着植株的生长，要及时观察叶片色泽和长势，结合浇水，进行追肥。韭菜进入收割期以后，因收割次数较多，必须及时进行追肥，补充肥料，满足韭菜正常生长的需要。在养根期间，为了增加地下部养分的积累，也需要增施肥料。

韭菜对肥料的要求，以氮肥为主，钾肥次之，磷肥较小。据有关研究，每生产1 000千克韭菜需要纯氮5～6千克、五氧化二磷1.8～2.4千克、氧化钾6.2～7.8千克。只有氮素肥料充足，叶片才能肥厚、鲜嫩，但氮素过多易造成韭菜倒伏。增施磷钾肥料，可以促进细胞分裂和膨大，加速糖分的合成和运转。施钾过多，会使纤维变粗，降低品质。施入足量的磷肥，可促进植株的生长和植株对氮的吸收，提高产品品质。增施有机肥可以改良土壤，提高土壤的通透性，促进根系生长，改善品质。可见，氮与磷、钾肥配合施用，可以提高植株的抗倒伏性，促进糖分合成与运输，增加产量，提高品质。

（二）韭菜最佳施肥时间及其施肥位点

韭菜是喜肥作物，耐肥力强，其需肥量因生长阶段和株龄的不同而有所不同。韭菜施肥分为育苗床施肥、移栽田施肥。

1. 育苗床施肥 育苗床施肥分为苗床期基肥和追肥。育苗床及育苗田基肥。耕地前将有机肥撒施在地表，耕翻入土，平整作畦，作畦后在畦面上还可以撒施一定量的腐熟优质有机肥。如果有机肥数量少，以集中撒施育苗畦内为宜，撒施后与畦面土混合均匀。

育苗床期追肥。在苗床或育苗地内的幼苗期韭菜生长量小，耗肥量少，但由于幼苗相对比较弱小，根系不发达，吸肥力弱，除施足基肥外还应分期追施速效化肥，促进生长，使幼苗生长健壮。当幼苗出土、真叶放出后根系逐渐增多，即幼苗 2～3 片真叶时可追一次提苗肥，施肥后要及时浇水。幼苗 4～5 片叶时，可再追一次肥。施肥量基本与第一次追肥相同。苗期每 20 天左右可追一次肥，阴雨天要排水防涝，保持畦面见干见湿。韭菜苗长至 18～20 厘米高时是韭菜定植适期。

2. 移栽田施肥 移栽定植田的施肥可分为基肥和追肥。定植基肥。定植前在定植地内应施入鸡、鹅、牛等充分腐熟的有机肥，为韭菜生长创造一个比较好的生活环境。采用撒施，耕翻入土，整平地后按栽培方式作畦或开定植沟，畦内或沟内再施入优质有机肥，使肥料与土壤混合均匀后即可定植。定植后追肥。移栽成活后才能开始追肥，一般每隔 5～6 天追施一次至开始收割，之后每收割一次追肥 1～2 次。抽薹时不施肥，开花后再施肥，以促进分蘖。施肥时间，每年停止收割韭菜时一次，当韭菜萌发 2～4 厘米时结合中耕松土施有机肥一次。施肥时不能单一施用氮肥，时间掌握在每次收割韭菜后 3～4 天新叶长出后施入，氮、磷、钾肥充分混匀后，按顺垄开沟施入，或水肥一体化滴灌、喷灌。

四、施肥技术推荐

根据王磊、郭明超等（2013），郭明超（2012），冯武焕、孙升学等（2007）的研究报道结果，推荐如下施肥技术。

（一）韭菜施肥量推荐

根据韭菜生长发育规律及其需肥特点，要获得高品质的韭菜，氮磷钾推荐施用量如下：

1. 设施栽培

①低肥力土壤。施氮（N）340～500 千克/公顷、磷（P_2O_5）243～338 千克/公顷、钾（K_2O）382～595 千克/公顷。

②中肥力土壤。施氮（N）237～410 千克/公顷、磷（P_2O_5）233～405 千克/公顷、钾（K_2O）554～763 千克/公顷。

③高肥力土壤。施氮（N）206～305 千克/公顷、磷（P_2O_5）164～225 千克/公顷、钾（K_2O）230～328 千克/公顷。

2. 露地栽培 在中等肥力土壤上，露地栽培的韭菜适宜的氮、磷、钾肥用量为：施氮（N）450～530 千克/公顷、磷（P_2O_5）378 千克/公顷、钾（K_2O）440 千克/公顷，N：P_2O_5：$K_2O=1$：0.77：0.90。

韭菜适宜施用的氮肥品种为硫酸铵和尿素，施用碳酸氢铵、硝酸铵和氯化铵的增产效果较差，特别是在石灰性土壤上不要施用碳酸氢铵、硝酸铵等。

（二）定植地块施肥

1. 定植当年施肥

（1）施足基肥 定植前深翻整地和施足基肥是韭菜连年持续高产的基本保障，一般在定植前结合深翻整地，每公顷施腐熟有机肥 45 000～75 000 千克，通用型硫基复合肥 750 千克左右。

（2）追肥 韭菜株高 5 厘米和 10 厘米时，结合浇水追肥两次，每次每公顷追施高氮复合肥 150 千克左右。进入旺盛生长期后，应加强肥水管理，一般每公顷追施硫基复合肥 300 千克左右。

2. 定植第二年施肥

（1）春季　春季气温回升，韭菜开始返青，应及时清除地面枯枝残叶，土壤化冻 10 厘米以上时，松土保墒提温，促进生长，并结合浇水，每公顷追施复合肥 225～300 千克。进入采收期每次收割后，锄松周围土壤，待 2～3 天后韭菜伤口愈合，新叶快出时进行浇水、追肥，一般每公顷追施复合肥 300 千克左右。

（2）夏季　春韭菜采收后进入养根期，在 4～5 个月内应施肥 2 次。第一次每公顷施高氮复合肥 225～300 千克，第二次每公顷施高氮钾复合肥 225 千克左右。

（3）秋季　秋季是韭菜积累养分的主要时期，应加强肥水，减少收割次数，或不再收割。一般在立秋后，每公顷施用复合肥 225 千克左右。

3. 施用草木灰　草木灰是良好的水溶性速效钾肥，有利于韭菜发根、分蘖，有明显的增产效果。棚室韭菜主发病害是灰霉病，撒施草木灰可降低灰霉病的发病率。草木灰吸水量大，能迅速降低土壤含水量，降低棚内空气湿度，控制病菌传播，同时，对韭菜根蛆有一定的防治作用。因此，在韭菜生长期内可以适当增施草木灰。

参 考 文 献

冯武焕，孙升学，于世锋，等.2007. 韭菜精准施肥技术研究 [J]. 中国农学通报，23（5）：246-248.

郭明超.2012. 韭菜高产优质化施肥技术研究 [D]. 泰安：山东农业大学.

王磊，郭明超，贺洪军.2013. 设施韭菜幼苗施肥方案优化研究 [J]. 中国农学通报，29（19）：159-163.

第七章

中药材

第一节　白　芨

白芨［学名：*Bletilla sfriata*（Thunb.）Reiehb. f］，别名良姜、紫兰、白根、连及草、地螺丝、小白鸡娃等，为兰科植物。白芨不仅具有较高的观赏价值，亦是我国重要的中药材之一。多年生草本，高 20～70 厘米，叶 4～5 枚，先端渐尖，基部下延成鞘、抱茎、无柄、无缘；基部互相套叠成茎状，中央抽出花葶。总状花序顶生，有花 3～8 朵；花紫色或淡红色，直径约 5 厘米，由 3 枚萼片、2 枚花瓣和 1 枚特化的唇瓣组成；唇瓣 3 裂，上面有纵褶片；雄蕊与花柱合生而成合蕊柱，合蕊柱顶端有一个花药，前上方有一个柱头凹穴。蒴果圆柱形，长 3～5 厘米，直径 1 厘米，两端稍尖，具 6 纵肋。花期 4～5 月，果期 7～9 月。白芨多生于山坡草地、疏林、山谷阴湿处。地下有粗厚的根状茎，如鸡头状，为假鳞球茎，呈三角状扁球形或规则菱形，多有 2～3 个爪状分枝，长 1.5～5 厘米，厚 0.5～1.5 厘米。表面灰白色或黄白色，有数圈同心环节和棕色点状须根痕，上面有突起的茎痕，下面有连接另一块茎的痕迹，常数根相连，有须根。肉质肥厚，断面类白色，角质样（蒋家顺，杨利华等，2018；张满常，段修安等，2015）。

开花后假鳞茎开始膨大，逐渐生长为 V 形。在秋季，V 形鳞茎的 2 个尖端开始花和叶的分化并生长为可见的芽。

白芨属共有 6 种，主产于贵州、四川、湖南、湖北、安徽、河南、云南、广西、浙江等省份（张满常，段修安等，2015），在云南省主要分布于文山、普洱、丽江、楚雄等地。

据蒋基勇、李德章等（2018）研究报道，白芨一个完整的生长周期是 1 年，通常第 2 年假鳞茎能长到 3 个，第 3 年增长到 6 个，第 4 年增长到 12 个，是典型的倍增繁殖。超过 4 年的白芨假鳞茎，不但不增长，反而会因假鳞茎拥挤而腐烂。因此划分白芨生育期以 1 年为基础，采用 3 年期划分。白芨生育期一般可以分为苗期、移栽起苗期（齐苗期）、齐苗普遍期、四叶期、抽薹开花期、生长旺盛期、休眠期、采挖期。

苗期。在白芨工厂化集中培育的白芨苗通称为苗期。

齐苗期。移栽后的第 2 年起，是齐苗期，春季（3～4 月）移栽比秋季（9～10 月）移栽更容易定根起苗。

齐苗普遍期。出苗一叶率达到 80% 以上，称为齐苗普遍期。

四叶期。白芨通常只有 3～6 片叶，4 叶持续时间 20 天左右，且多在 4 叶后抽薹开花。四叶期是白芨累积营养迎接抽薹开花的关键时期。

抽薹开花期。白芨抽薹顶生总状花序开放，主花期一般在春末夏初，但有的白芨植株也可在夏末至秋初抽薹开花。白芨留薹开花的植株可促进块茎生长，提高产量，因此白芨种植不采用去薹壮根方式。

生长旺盛期。白芨开花后进入生长旺盛期，一般在 5～6 月，块茎快速增长，为进入休眠期进行养分积累。

休眠期。一般在 8～9 月逐渐停止生长并进入休眠，称为休眠期。由于白芨是 3～4 年采收，每年都有 1 次休眠期，白芨休眠期的根系可吸收养分和水分，对营养物质巩固和积累有促进作用，因此休眠期不能忽视肥水管理。

采挖期。白芨在移栽 3～4 年采收品质最好，产量最高，采挖期通常指第 3 年（或第 4 年）。8 月进入休眠期后，白芨茎叶逐渐枯黄时品质最好，是采挖的最佳时期。

白芨是喜肥、喜阴、喜湿怕涝作物，雨后需排涝除渍，旱季土壤需保持湿润，林下或遮阴栽培（陈善波，刘娜等，2017；王伟生，2018）。

一、白芨根系类型及其构成

白芨为须根系作物，其根系由假鳞球茎根、茎基部与假鳞球茎结合部长出的根和由根分生的一级侧根和二级侧根组成。

二、白芨根系在土层中的分布特征

白芨为浅根性药用植物，其块茎在土中 10～15 厘米以上，其根在土壤中呈斜向生长，多集中在 15～30 厘米的土层中，其中在 10～20 厘米土层中的根系占比达 60% 以上。

三、白芨施肥技术推荐

(一) 白芨需肥规律

李姣红（2007）研究结果表明，白芨属于喜肥植物，其体内不同部位氮、钾元素含量分布差异较大，磷元素含量差异很小。氮、磷素主要分配积累在地下部，钾素主要分配积累在地上部。不同生育时期白芨氮、磷、钾积累与分配有所不同。随白芨苗及其块茎的生长发育，氮积累呈 S 形曲线；白芨磷积累与钾积累趋势相似，地上部积累呈升—降—升规律，而块茎中积累量波动小。地上部磷积累在块茎开始膨大时就开始下降；钾积累持续到块茎膨大速度加快时开始下降，而块茎中积累量波动较小，块茎膨大速率加快，钾的积累速率也加快，并且钾的积累速率大于磷的积累速率，而且其积累速率持续升高至移栽定植 4 年左右的采收时期。

钾积累下降较晚和积累速率大于磷的原因，可能由于磷的临界期一般要比钾、氮的临界期出现得早。

从营养元素输送积累部位看。四叶期前氮元素主要分布在白芨地上部，从块茎形成初期至块茎膨大末期，白芨地上部氮元素含量一直降低，老块茎、次年生块茎、新生块茎氮素呈递增趋势；在白芨整个生长期，氮素主要分配在地下部，并随着白芨的生长呈现上升趋势，其中地下部各个部位均呈现新增生块茎＞次年生块茎＞老块茎规律。

白芨体内各部位磷元素含量变化趋势相同，且差异很小；从磷的时空变异看，各部位磷元素含量均呈现先降低后升高的趋势；磷素主要分配在地下部，主要分配在新增生块茎中，次年生块茎、老块茎中磷积累量相对较低。

白芨钾素的分布与分配规律基本呈现同一趋势，从各个时期采样分析结果看，均呈现地上部＞新增生块茎＞次年生块茎＞老块茎的规律；从时空变异看，白芨块茎膨大期初期至块茎膨大中期，地上部钾含量缓慢升高后迅速降低，块茎中钾含量先升后降变幅不大，且这段时期钾元素的吸收积累主要集中在地上部。

氮是白芨能否提高产量的限制因素，其次是磷，钾肥的供应对白芨产量的影响最小。合理施用氮磷钾肥料对白芨体内钙、镁、锌、铁、锰的吸收积累有促进效应。

白芨中的氮磷钾养分主要分配在地下部分，钾素主要分配在地上部。白芨生长初期，体内不同部位钙镁积累差异不大，随着白芨干物质的增加，钙、镁积累呈下降趋势；微量元素锌、铁、锰在白芨的积累主要集中在新增生块茎中，次年生块茎、老块茎中积累次之，地上部最少，这是由于元素本身的移动性和白芨吸收营养元素的特性所决定的。在栽培白芨过程中，应根据植株对中量元素和微量元素的需求和土壤的供给能力，适当配施微量元素肥料。

氮磷钾施用量过高或过低都不利于白芨多糖的积累，磷肥供应的多少对白芨块茎多糖含量影响最大，钾对多糖含量影响最小，氮磷钾合理配合施用，才能提高白芨块茎中的多糖积累；氮磷钾对白芨蛋白质含量影响大小次序为钾素＞磷素＞氮素。土壤 pH 7.3、有机质含量 45.6 g/千克、全氮 2.78g/千克、全磷 0.33g/千克、全钾 8.5g/千克、碱解氮 44.94 毫克/千克、速效磷 4.0 毫克/千克、速效钾 150.0 毫克/千克的地块，施纯氮 180 千克/公顷、氧化磷 157.5 千克/公顷、氧化钾 45 千克/公顷，氮、磷、钾（$N : P_2O_5 : K_2O$）为 1：0.4：0.2 的配比能有效促进白芨的生长发育，提高白芨氮磷钾的吸收积累利用。7 月下旬至 9 月中旬为白芨块茎的膨大期。氮肥对产量的影响最大，其次是磷肥，钾肥的供应对白芨产量的影响最小（李姣红，张崇玉等，2009；韩凤，罗川等，2019）。

（二）最佳施肥时间和空间位点

根据白芨生长规律和根系土层分布特性，移栽前施基肥，应在耕层中使肥料与土壤均匀混合。追肥，水肥一体化灌溉，或施于距离白芨块茎 7～10 厘米处 5～7 厘米深的土层中，可穴施或沟施覆土。第一年追肥，于 6 月中下旬至 7 月上中旬白芨移栽起苗期（齐苗期）施用一次氮、磷、钾肥和腐熟农家肥，8 月中下旬追施氮素肥料；第 2～4 年追肥，每年施肥 2 次，分别于 2 月底至 3 月初和 6 月中下旬至 7 月上中旬追施氮、磷、钾肥和腐熟农家肥。根外追肥视苗情长势强弱，于抽薹开花期、生长旺盛期喷施，若苗情长势弱，叶片颜色淡黄的可分别喷施 1%尿素、0.2%磷肥、0.2%微量元素肥料。

白芨移栽后，需要在土壤表面覆盖一层腐殖土，以减少土壤水蒸发，有利于白芨地块土壤保持水分、吸收土壤养分。

（三）施肥量推荐

据李姣红、张崇玉等（2009），韩凤、罗川等（2019），郑维强、张秀玥等（2010），张长煜（2018），周颖、张家春（2019）的研究报道，白芨施肥量推荐如表 7-1。

表 7-1　白芨土壤养分推荐

肥力等级	碱解氮（毫克/千克）	有效磷（毫克/千克）	速效钾（毫克/千克）	氮（N）	磷（P₂O₅）	钾（K₂O）	农家肥
高	>110	>75	>193	<160.0	<48	<210	35 000
中	53～110	49～75	135～193	160.0～225	48～90	210～255	45 000
低	21～53	49～15	46～135	225.0～290.0	90～135	255～300	60 000
极低	<21	<15	<46	>290.0	>135	>300	75 000

注：每公顷酌情施用硫酸锌、硼肥各 15 千克，钼酸铵 1.5 千克。

白芨林下栽培时，不同施肥量对白芨块茎生长均有一定的影响，随着施肥量的增加，白芨块茎长、块茎宽、分芽数及块茎重量的生长量逐渐增大（陈善波，刘娜，武华卫等，2017；蒋家顺，杨利华等，2018；王伟生，2018）。因此，建议在林下栽培时，应在种植前施足有机肥，在快速生长期追施氮肥，在开花期和块茎膨大期追施氮磷钾复合肥，以促进白芨块茎的生长发育。

（四）白芨施肥技术措施推荐

白芨为浅根性药用植物，其块茎在 10～15 厘米土层中，故要求土层厚度 30～40 厘米，具有一定的肥力，含钾和有机质较多的微酸性至中性土壤，有利于白芨块茎生长，产量高。土层瘦薄，易于板结的土壤，块茎生长不正常，呈干瘪细小状态，产量低。过于肥沃的土壤和含氮量过多的土壤，会引起白芨地上部分徒长，块茎反而长得很小，产量也不高。因此，合理配施氮磷钾肥料是获得白芨高产优质的前提。

过量氮肥会使白芨植株受损，适时适量施氮可促进白芨块茎的生长。白芨追施氮肥的最佳时期是 7 月底 8 月初，氮肥宜分次施用，以保证营养生长阶段的氮素需要，同时能兼顾后期白芨对氮肥的需求，为后期生殖生长阶段和白芨块茎膨大期提供充足氮源。

1. 基肥　在整地的时候重施有机肥。方法是将有机肥均匀撒于地面后深翻土壤深度 30～40 厘米，使肥料与土壤充分混合。

2. 追肥　采用穴施的方式，或水肥一体化灌溉，有助于植株根部吸收养分。

白芨移栽后，应及时追肥以满足生长发育对养分的需求，肥料可分为有机肥和无机肥，追肥应根据白芨栽培地块土壤质地、水分状况、气候条件及肥料种类灵活掌握。追肥适宜在晴天或者阴天进行。

（1）移栽第一年追肥

①土壤追肥：7 月上中旬追施氮肥、磷肥、钾肥、经充分腐熟的饼肥或农家肥；8 月底追施氮肥。

②根外追肥：1%尿素、0.2%磷肥、微量元素 0.2%。

（2）移栽第 2～4 年追肥

①土壤追肥：每年施肥 2 次，分别于 2 月底至 3 月初和 7 月中下旬，追施氮肥、磷肥、钾肥、经腐熟的饼肥或农家肥。

②根外追肥：1%尿素、0.2%磷肥、微量元素 0.2%。

3. 施肥原则 重施有机肥，增施磷钾肥，有机肥必须充分腐熟，若采取农家肥自然堆放发酵的方式，要堆放腐熟一年左右才能施用。氮肥宜分次施用。施用化肥时，要严格控制浓度，水肥一体化灌溉或 1：50～100 倍稀释后浇施，施肥后 6 小时内如遇大雨，需重新浇施肥。或施于距离白及块茎 7～10 厘米处 5～7 厘米深的土层中，穴施或沟施覆土。烈日、下雨不宜施用。

4. 施肥时间与间隔 由于白及生长缓慢，相对于粮食作物来说，需肥量较少，多采用薄肥勤施的方法进行施肥。在每年的春秋二季，是白及生长比较旺盛的时候，施肥间隔要缩短，夏秋季则延长或不施。春季土壤施肥间隔 15 天一次，叶面施肥 15～20 天一次，可将土壤施肥、叶面施肥两种施肥方式交叉避开。

5. 施肥忌讳 白及不能施用鸡粪和氯化钾。

参 考 文 献

陈善波，刘娜，武华卫，等.2017.不同施肥对白及林下栽培生长量的影响［J］.四川林业科技，38（6）：20-26.

丁德蓉.1999.施肥措施对白芷早期抽薹与产量的影响研究［J］.中草药，30（2）：135-137.

韩凤，罗川，刘杰，等.2019.氮磷钾配比对白及生长和产量的影响［J］.时珍国医国药，30（5）：1200-1202.

蒋基勇，李德章，聂祥，等.2018.刍议基于农业气象要素划分白及生育期［J］.山西农经，（20）：69.

蒋家顺，杨利华，贾平，等.2018.不同施肥种类及施用量对林下种植白及产量的影响试验［J］.林业调查规划，43（4）：129-133.

李姣红，张崇玉，罗光琼.2009.氮磷钾配施对白及产量和多糖的影响［J］.中草药，40（11）：1803-1805.

李姣红.2007.白及营养特性与施肥效应研究［D］.贵阳：贵州大学.

王伟生.2018.白及育苗与林下栽培技术［J］.安徽林业科技，44（3）：61-63.

张长煜.2018.栽培措施对白及生长和次生代谢物含量的影响［D］.杨凌：西北农林科技大学.

张光强，罗光琼，周奇，等.2015.不同有机底肥及其数量对白及产量的影响［J］.医学信息（10）：259-260.

张金霞，杨平飞，杨琳，等.2017.蚯蚓粪对白及产量及药材品质的影响［J］.中药材，40（11）：2507-2510.

张满常，段修安，王仕玉，等.2015.白及中药材栽培技术研究进展［J］.云南农业科技（5）：61-63.

张秀玥，李明荣，张启东，等.2009.不同微肥施用量对白及产量及品质的影响［J］.贵州农业科学，37（2）：31-32.

郑维强，张秀玥，罗光琼，等.2010.不同处理对白及产量及品质的影响［J］.医学信息（下旬刊），23（4）：138-139.

周颖，张家春.2019.药用植物白及施肥研究进展［J］.耕作与栽培，39（4）：27-30.

第二节 滇 重 楼

一、生物学特性

滇重楼即云南重楼，隶属于延龄科重楼属植物，全世界该属植物有 24 个种，分布于欧亚大陆的热带至温带地区。我国为该属植物的分布中心之一，有 19 个种，大部分省份均有分布，云南、贵州、广西以及四川等省份最多。其中，云南分布最广，多达 14 种（李恒，1998），大部分草坡都可以药用，而且药用价值最高，被 1995 年版和 2000 年版《中华人民共和国药典》收载，学名为滇重楼 [Paris polyphylla Smith var. yunnanensis (Franch.) hand.-Mazz.] 或七叶一枝花 [Paris polyphylla var. chinensis (Franch.) hara] 的干燥根茎。历史上滇重楼野生资源十分丰富，自然生长在海拔 1 400～3 100 米的常绿阔叶林、云南松、灌丛、背阴草坡处或阴湿山谷中，为阴生植物。有"宜荫畏晒，喜湿忌燥"的习性，喜湿润、荫蔽、气候凉爽的环境，在地势平坦、灌溉方便、排水良好，含腐殖质多、有机质含量较高，疏松肥沃的砂质壤土中生长良好。滇重楼生长过程中，要求较高的空气湿度和遮蔽度。其生境的年平均气温 12～13℃，无霜期 270 天以上。年降雨量 825～1 200 毫米，降雨量集中在 6～9 月间，空气湿度在 75% 以上，土壤夜潮，能满足滇重楼生长发育对土壤含水量的需求。因此，在种植滇重楼时，搭建的荫棚遮阴度需在 60%～70% 之间，散射光能可有效促进滇重楼的生长。

滇重楼生育期分为幼龄（苗）期、成熟（年）期两个生长发育阶段。幼龄（苗）期为滇重楼种子萌发后，第一年幼苗至开花结实前的营养生长期，称之为苗期；从种子萌发出苗，历时 4～5 年的营养生长发育之后滇重楼进入生殖生长阶段，开始开花、结果，此阶段为成熟（年）期。滇重楼实生苗一般在生长 6 年后开始开花结实。

滇重楼为多年生宿根草本植物，地上茎最高可达 2 米，地下有肥大横生根状茎（简称根茎，下同），大多生长在表土层，与土表面基本成平行状态。根茎多呈紫黑色，基部有 1～3 片膜质叶鞘抱茎。叶通常 7～10 枚轮生，长 7～11 厘米，宽 2.5～5.0 厘米，为倒卵状披针形或倒披针形，先端渐尖或急尖，基部楔形至圆形，长 4～9.5 厘米，宽 1.7～4.5 厘米，常具 1 对明显的基出脉，叶柄长 1.8～6.0 厘米。花梗从茎顶抽出，顶端着生一花，两性，花被两轮，外轮被片 4～6，绿色，卵形或卵状披针形，内轮花被片与外轮同数，条形，长为外轮花被的 1/3 或近等长，黄绿色，常在中部以上变宽，雄蕊 2～3 轮，8～10 枚，花药长 1～2 毫米。花丝很短，仅为花药的 1/4～1/3，药隔突出于花药之上，子房近球形，具棱，花柱短。蒴果近球形，绿色，不规则开裂。种子多数，卵球形，有鲜红的外种皮。花期 4～7 月，蒴果 10～11 月开裂。果实膨大期 20 天，果实成熟期 40 天，花期不明显。6 月底 7 月初在茎基前端形成白色越冬芽。每年秋末冬初，地上部分倒苗、枯萎、脱落，茎痕侧下方根茎顶端的分生组织分化出顶芽，顶芽在第二年发育成新的地上部分。成熟（年）期的重楼 1 年内的生长发育过程为：根茎顶芽出土抽茎（出苗）→展叶（茎伸长）→展花→花粉囊开放→花粉囊干枯→高生长停止（根茎形成新的顶芽）→果裂→地上茎枯萎→倒苗。

综合考虑土壤 pH 对滇重楼生长、营养状况、药用部位生物量积累和总皂苷含量的影响，建议在滇重楼人工栽培土壤 pH 应控制在中性范围为 6.50～7.50，最适生长的土壤 pH 为 4.5～

6.3；适宜栽培土壤类型为强淋溶土、高活性强酸土、红砂土、始成土、黑钙土、铁铝土、冲积土、薄层土、低活性淋溶土、黑土、粗骨土（毛玉东，梁社往，何忠俊，2011）。

滇重楼是名贵道地中药材，其药用部位主要为生长于地下的根茎，具清热解毒、消肿止痛、凉肝定惊的功能，在临床上广泛用于功能性子宫出血、神经炎、外科炎性反应等，且均有较显著的疗效，亦是云南白药、宫血宁等中成药的重要原料。

二、滇重楼根系类型及其在土层中的分布特征

滇重楼的根可分为定根、不定根。胚根突破种皮伸长发育成的主根为定根，根茎上着生的根多数为不定根。主要由根直径在 0.25～0.40 厘米之间的粗大根组成，多数根在其根系的中部或下部分生侧根。定根和不定根上分生的侧根为一级侧根，一级侧根分生二级侧根；分生的一级侧根较少，二级侧根极少。不定根、侧根、根毛形成庞大的重楼根系。侧根可以代替根毛进行养分、水分的吸收。

2020 年 12 月，双柏县爱尼山乡六合村委会观测，滇重楼根长多为 50～65 厘米，少量为 70～80 厘米。其中，根长 50 厘米，根直径 0.2～0.3 厘米有三级侧根的 4 根，占 7.4%，二级侧根根直径多数为 0.2～0.3 厘米。丛（株）距 35～40 厘米的行距土层中根直径 0.2 厘米的根较少，而 0.3 厘米的较多；25～30 厘米株距土层中根直径 0.2 厘米及以下的根较多，而 0.3 厘米根直径的根极少。行距之间的土层中根系密集，一级侧根、二级侧根分布多，三级侧根少。

重楼的根为乳白色弦状肉质纤维根，主要着生于新生的根茎顶芽基部和根茎下侧的茎节上。据重楼根产生的部位和形态可将其分为胚根（主根）和苗根二类。胚根由重楼种子长出形成第一条重楼根主根；苗根着生于根茎顶芽的基部和生长期 28 个月左右的根茎下侧的茎节上，根粗、乳白色，寿命长，是重楼的主要根系；根细、色深，则寿命较短。

重楼根的生命周期一般 28 个月左右，生长期 13 个月左右的根茎茎节上一般很少长出新根系，生长期 24 个月以上的根系开始逐渐死亡，生长期 36 个月及其以上的根茎上基本不着生根系。根茎繁殖和种子繁殖的苗的根可以在切断的伤口处萌生新根；人工栽培的重楼根群分布在垂直方向距土表 60 厘米以内的土层中，最深达 60～80 厘米土层。其中，距土表 15～20 厘米根密度大于 20～25 厘米土层，随耕层加深，根系密度逐渐减小，距土表 0～12 厘米和 23 厘米以下土层根密度较小。横向主要分布在植株周围 0～60 厘米或 70～80 厘米。其中，0～30 厘米根密度最大，35 厘米以上逐渐减少。在株行距 35 厘米×35 厘米行间土层根直径 0.2 厘米及其以下的占 75%，根直径 0.3 厘米及其以上的占 25%。

据本书作者在云南省双柏县爱尼山乡多年观测结果，垂直方向上，根群主要分布在 60 厘米耕层中，其中：5～19 厘米耕层根密度大于 15～30 厘米耕层，19 厘米以下相对较少；0～35 厘米耕层根密度大于 40～60 厘米耕层，40 厘米耕层及其以下随耕层加深根系逐渐减少，70～80 厘米土层中有少量观察到。横向主要分布于植株周围 0～60 厘米，其中：0～30 厘米耕层根密度最大，35～40 厘米的行间耕层中根密度大于 25 厘米株间的根层。

土壤有机质丰富、肥沃的地块重楼根系粗壮、发达，贫瘠土壤中根系少而且细弱。重楼植株生长初期根系分布较浅，不耐旱，随着植株的生长，其根系逐渐发达，逐步向较深土层伸长，耐旱力有所增强。

野生自然生长状态下，根茎生长在0～15厘米土壤表层范围内。人工栽培的根茎生长在0～20厘米土层中，其根与根茎多呈11～14度角入土生长，之后部分根在土层中基本呈水平伸展。

三、滇重楼施肥技术推荐

（一）滇重楼需肥规律

重楼是一种喜肥的物种之一，在土层深厚、疏松肥沃、有机质含量高或速效肥力较高的中性砂质壤土、壤土中，土壤通透气性和保肥性较好，滇重楼生长良好，产量较高；土壤板结、贫瘠的黏性土和排水不良的低洼地，对滇重楼的生长不利。施用有机肥可以增加土壤有机质含量，改良土壤、促进土壤疏松透气、增加土壤微生物的种类和数量，有利于重楼生长健壮，并增强对病虫的控制能力。

土壤肥力高低和土壤类型是决定滇重楼高产的关键因素。李金龙、熊俊芬、张海涛等（2016年）研究报道，在土壤供钾量丰富，供氮量中等，供磷量不足的土壤中，单施氮、磷、钾对滇重楼根茎增产率影响较小，氮、磷、钾配施对滇重楼根茎增产率影响最大。N、P_2O_5、K_2O施用量分别为517.5千克/公顷、270千克/公顷、0千克/公顷时，滇重楼根茎增长率达87%，为最高；适量的氮肥和磷肥可提高滇重楼新、老根茎的皂苷含量，增施钾肥会使滇重楼新根茎皂苷含量降低。当氮肥（N）和磷肥（P_2O_5）施用量分别为345千克/公顷和270千克/公顷时，滇重楼新、老根茎总皂苷含量最高；钾肥（K_2O）施用量为0千克/公顷时，滇重楼新根茎总皂苷含量最高。

不同形态氮及其组合对滇重楼产量及有效成分的积累影响较大。何忠俊、杨威、韦建荣等（2010）和毛玉东、梁社往等（2011）的研究表明，在等量氮肥条件下，不同形态氮肥单施对滇重楼生物量增重百分数、根茎增重百分数、新根茎皂苷含量和新根茎皂苷产量的影响基本一致，其顺序为铵态氮肥＞酰胺态氮肥＞硝态氮肥。但单施对生长和光合速率的促进作用明显小于不同形态氮肥的配施。所有单施和配施处理中，新根茎皂苷含量以单施铵态氮肥的最高；以酰胺态氮肥为主，硝态氮肥为辅配施的处理，滇重楼的生物量增重百分数、根茎增重百分数和新根茎皂苷产量均较高。而综合考虑不同形态氮及其组合对滇重楼生长、根茎增重和总皂苷产量为主要指标时，最佳施氮量以酰胺态氮肥与硝态氮肥的比例以6∶4为宜。另外，土壤中镁、锌、钼、钙等微量元素缺乏对滇重楼生长、产量、品质有一定的影响。还有何忠俊、曾波、韦建荣等（2010）研究发现，施钙水平在40～80毫克/千克时，滇重楼的生长、总生物量累积、营养元素含量、药用部位生物量累积和总皂苷含量都较好。

大量的研究结果表明，滇重楼的生长需肥量较大，氮、磷、钾的有效供给对滇重楼的产量有很大的影响，尤其是对磷肥和氮肥的需求量很高。连续施用适量的氮、磷、钾化肥，虽然能明显提高土壤肥力，对滇重楼的增产效果明显，但单纯施用无机肥料容易引起土壤板结，滇重楼烂根，尤其在氮化肥施用量较大时，会降低出苗率和存活率，因此，无机化肥只能配合有机肥适量施用，这是因为通过长期施用充分腐熟的堆肥或厩肥有加速土壤氮、磷、钾的积累和提高有效养分和含量的作用，施用有机肥对提供氮、磷、钾养分起到重要作用，并补充了部分中微量元素。而连年单一施用无机化肥，只能略为提高土壤碳、氮、磷库，且由于土壤中其他养分的耗竭，施肥的增产作用下降。因此，滇重楼栽培应根据土壤肥力条件，进行有机肥料与无机肥料配合施用，以有机肥料为主，无机肥料为辅适量施用。

（二）最佳施肥时间和空间位点

苗床期施足基肥，使肥土混合均匀；移栽定植前结合整地，施足基肥。定植成活之后，在每年的秋冬季节重楼处于休眠状态时（11月下旬至12月上旬）施基肥。4～6月视苗情浇施稀薄人粪尿或经堆捂发酵腐熟的营养土于行间距根部15～20厘米，深5厘米的浅沟（穴）覆土，农家肥充足的种植户可以铺施在根部。

（三）滇重楼施肥量及其施用方法

根据滇重楼的需肥特性及生长规律，有针对性地通过土壤施肥及时补充养分，从而使滇重楼根茎的品质达到最佳水平。

滇重楼为浅根性喜肥植物，要根据根系在土层中的分布规律及其生长发育特点合理施用，应以有机肥为主，辅以复合肥和各种微量元素肥料。有机肥包括充分腐熟的农家肥、家畜粪便、油枯及草木灰、作物秸秆等，禁止直接施用人粪尿。

滇重楼施肥分为基肥和追肥。基肥分为苗床期基肥、移栽定植基肥和定植之后每年冬季的基肥，基肥以农家肥、沤肥、堆肥和油枯饼等有机肥为主，适当补充磷肥和钾肥；追肥分为苗床期追肥、移栽定植之后地上茎生长期的土壤追肥、根外追肥。

1. 苗床期

①基肥。要施足基肥，整地时施用充分腐熟的农家肥料25 000～45 000千克/公顷，使肥土充分混合均匀。

②追肥。种子出苗后的第1～2年仅为单叶，到第3年50%以上的幼苗有4～5叶。种子出苗前不施肥，第1年和第2年幼苗可不追肥或少量追肥，根据苗情，用0.5%～1.0%尿素水溶液浇施2～3次；于11月下旬至12月倒苗休眠后施冬肥，将充分腐熟的堆肥和从林下收集的腐殖土打碎混合，过粗筛，直接覆盖在墒面上，厚3～5厘米，在作肥料的同时，冬季具有保墒的作用。第3年滇重楼需肥量增加，尤其是对氮肥和磷肥的吸收量较高，可开始追肥，通常在7月下旬，每平方米施复合肥40克或充分腐熟的人、畜粪尿稀释液或沼液稀释液3千克，若未出圃，第4年可以随着苗的生长和苗情适当加大追肥量和增加施肥次数，并可根据苗情于7～8月进行叶面施肥，促进植株生长，用0.2%磷酸二氢钾或微量元素肥料喷施，每隔15天喷施1次，共3次，喷施应在晴天傍晚进行。要适时浇水，保持苗床土壤含水量在20%～30%之间。

2. 移栽定植及其之后

①基肥。一是移栽定植前，结合整地，施足基肥。将充分腐熟的农家肥施入至移栽定植塘（沟）底层，细碎耙平土壤，使耕作层肥、土充分混合均匀，形成高20厘米的墒（垄），待移栽定植。二是定植之后，在每年的秋冬季节重楼处于休眠状态时（11月下旬至12月上旬）施基肥。选晴天，对表土进行浅中耕松土之后施用，把与磷肥和钾肥拌混均匀，堆沤3个月以上使其充分腐熟的有机肥（农家肥、家畜粪便、油枯、草木灰、作物秸秆等）铺施于重楼墒（垄）面，厚3～5厘米，或每公顷施过磷酸钙750千克＋林下腐殖土45 000千克作为基肥，或者每公顷施腐熟农家肥45 000千克＋中药材专用栽培基质4 500～7 500千克，铺施于墒（垄）面。

②追肥。应做到熟、细、匀、足。应根据滇重楼的生长情况配合施用N、P、K肥。滇

重楼的 N、P、K 施肥比例一般为 1∶0.5∶1.2，出苗展叶至旺长期每公顷共施用尿素、过磷酸钙、硫酸钾各 150 千克、300 千克、180 千克；或每公顷施用复合肥（N∶P∶K＝15∶15∶15）180 千克，兑水浇施，或水肥一体化分次灌溉。根据其生长发育不同阶段的需要和土壤水分含量的多少确定生长发育不同阶段的施用量，土壤水分含量大的时段每公顷施用尿素 60 千克，土壤水分含量小则减少施用量。采用少量多次的方法追施肥料，以避免肥料浓度过大影响滇重楼正常生长。出苗展叶后施用以氮为主的氮、磷、钾肥料，将肥料施在行间根部浅沟（穴）中用土覆盖，或兑水浇施于行间；4～5 月撒施草木灰；6～7 月以磷、钾肥为主，施在行间浅沟（穴）中用土覆盖，或兑水浇施于行间，浇施 3 次，每间隔 15 天浇施 1 次；尿素和水的比例为 1～2∶100，复合肥和水的比例为 1∶50；生长旺盛期（7～8 月）可进行叶面施肥促进植株生长，每隔 15 天喷施 0.5% 的尿素和 0.2%磷酸二氢钾水溶液 3 次；入冬前剪除清理枯枝，施充分腐熟的厩肥盖住休眠芽，保护芽头安全越冬，促进翌年发苗粗壮。每隔 15 天检查一次土壤墒情，适时浇水，保证土壤含水量保持在 20%～30% 之间。

(四) 土壤酸碱度调节

对过度偏酸的土壤 pH 小于 5.5 的土壤，可撒施生石灰（约 150 千克/公顷），灭菌的同时可调节酸碱度，将滇重楼种植地土壤 pH 控制在 5.5～6.5，以增加植株生长活力，有利于重楼块根加快生长和提高品质。

参 考 文 献

陈翠，康平德，杨丽云，等.2010.云南重楼高产栽培施肥研究 [J].中国农学通报，26（5）：97-100.

国家药典委员会.2010.中华人民共和国药典 [S].一部.北京：中国医药科技出版社：243-244.

何忠俊，杨威，韦建荣，等.2010.氮素形态及其组合对滇重楼产量及有效成分的影响 [J].云南农业大学学报，25（1）：107-112.

何忠俊，曾波，韦建荣，等.2010.钙对滇重楼生长和总皂苷含量的影响 [J].云南农业大学学报，25（5）：664-668.

何忠俊.2008.滇重楼营养特性与合理施肥技术体系研究 [D].北京.中国科学院.

李恒.1998.重楼属植物 [M].北京：科学出版社.

李剑美，漆丽萍，尚宇南，等.2016.滇重楼播种技术研究 [J].热带农业工程，40（1）：13-19.

李金龙，熊俊芬，张海涛，等.2016.氮、磷、钾对滇重楼产量及皂苷含量的影响 [J].云南农业大学学报（自然科学），31（5）：895-901.

毛玉东，梁社往，何忠俊，等.2011.土壤 pH 对滇重楼生长、养分含量和总皂苷含量的影响 [J].24（3）：985-989.

苏泽春，王泽清，李兆光，等.2015.云南重楼的高产优质栽培技术初探 [J].江西农业学报，27（1）：61-65.

太光聪，方其仙，李行，等.2012.滇重楼栽培技术及有效成分积累研究综述 [J].安徽农业科学，40（16）：8881-8883.

韦美丽，陈中坚，黄天卫，等.2015.滇重楼栽培研究进展 [J].文山学院学报，28（3）：11-14.

张海珠，李杨，张彦如，等.2019.菌根真菌处理下滇重楼对营养元素的吸收和积累 [J].环境化学，38（3）：615-625.

第八章

附　录

第一节　附　录　表

一、双柏县 1951—2020 年化肥施用量与主要农作物播种面积、产量统计

见附录表 1-1。

附录表1-1 双柏县1951—2020年化肥施用量与主要农作物播种面积、产量统计

单位：面积：公顷；总产，产量：万千克

年度	总播种面积	1.粮食作物 面积	总产	单产（千克/公顷）	化肥施用量（万千克）氮肥	磷肥	钾肥	复合肥	合计	总播种面积施用量（千克/公顷）	备注	2.烤烟（烟叶）面积	总产	3.油料（含花生）面积	总产
1951	11 470.66	10 867.50	1 680.40	1 546.26					0.00	0.00				492.80	33.60
1952	12 228.47	11 547.40	2 168.30	1 877.74					0.00	0.00			0.90	561.00	38.40
1954	13 482.33	12 602.47	2 760.40	2 190.36					0.00	0.00			0.30	695.00	43.20
1955	14 574.67	12 866.27	3 011.10	2 340.31		0.20			0.20	0.14	商品量		1.00	1 449.93	40.30
1957	17 227.00	14 474.27	3 615.00	2 497.54	0.66	0.10			0.76	0.44	商品量	1 179.53	36.10	1 202.13	55.00
1959	17 544.20	14 955.20	2 639.80	1 765.14					0.00	0.00	商品量	637.67	54.90	1 307.67	32.40
1960	23 853.33	21 432.87	3 177.90	1 482.72					0.00	0.00	商品量	625.20	43.60	598.60	21.60
1962	20 802.67	19 772.47	3 575.00	1 808.07	0.50				0.50	0.24	商品量	319.27	19.10	336.33	32.40
1964	22 208.80	20 935.20	4 028.50	1 924.27					0.00	0.00	商品量	317.67	34.00	340.13	30.70
1965	21 228.40	19 843.93	3 622.10	1 825.29	28.70	34.00			62.70	29.54	商品量	357.33	61.50	506.60	43.00
1968	20 256.87	19 283.80	3 807.10	1 974.25					0.00	0.00	商品量	321.13	45.90	278.00	25.50
1970	20 204.49	18 880.30	4 209.20	2 229.41	121.30	24.50			145.80	72.16	商品量	289.93	37.80	278.73	17.00
1973	21 029.20	18 917.20	4 350.80	2 299.92	91.80	127.90	1.10		220.80	105.00	商品量	411.40	66.90	499.73	40.40
1976	18 224.53	16 034.60	3 959.60	2 469.41					0.00	0.00	商品量	404.47	70.60	656.27	60.00
1977	18 496.00	16 394.33	3 183.00	1 941.52					0.00	0.00	商品量	400.00	52.40	576.13	25.80
1978	19 327.20	17 104.07	4 378.00	2 559.62	121.90	138.60			260.50	134.78	商品量	421.87	66.37	556.40	30.16
1979	19 152.47	17 059.87	3 328.50	1 951.07	259.72	29.85	4.00	5.90	299.47	156.36	商品量	432.33	81.02	470.07	14.61
1980	19 130.80	17 251.60	2 770.75	1 606.08	62.00	8.60	0.1	2.3	73.00	38.16	折纯量	338.80	61.32	539.47	20.12
1981	19 808.46	18 030.67	3 882.00	2 153.00	58.70	4.70	0.10	13.30	76.80	38.77	折纯量	361.33	66.76	468.40	49.83

（续）

年度	总播种面积	1. 粮食作物 面积	总产	单产（千克/公顷）	化肥施用量（万千克）氮肥	磷肥	钾肥	复合肥	合计	总播种面积施用量（千克/公顷）	备注	2. 烤烟（烟叶）面积	总产	3. 油料（含花生）面积	总产
1982	19 980.07	18 083.73	3 672.50	2 030.83	60.90	5.80	0.7	7.83	75.23	37.65	折纯量	485.87	124.57	449.00	66.64
1983	19 326.87	17 577.60	2 962.50	1 685.38	72.40	10.20	0.10	11.22	93.92	48.60	折纯量	357.73	58.61	370.40	45.94
1984	19 390.93	17 503.93	4 023.20	2 298.46	76.30	9.20	2.850	10.00	98.35	50.72	折纯量	594.47	109.91	325.60	61.91
1985	19 740.53	16 883.93	3 956.00	2 343.06	75.60	6.70	1.0	8.16	91.49	46.3	折纯量	1 486.07	223.76	367.87	29.51
1986	19 003.20	16 704.07	3 228.00	1 932.46	95.60	15.10	0.75	10.44	121.89	64.14	折纯量	1 295.40	232.30	375.13	32.13
1987	18 894.13	16 861.33	3 744.40	2 220.70	82.80	8.40	1.30		92.50	48.96	折纯量	1 039.20	164.78	318.33	30.74
1988	19 277.93	16 731.87	3 209.20	1 918.02	121.30	15.80	1.30	17.20	155.60	80.71	折纯量	1 459.97	247.45	268.67	22.34
1989	20 559.67	17 638.60	4 284.30	2 428.93	90.30	11.00	10.70		112.00	54.48	折纯量	1 689.13	261.93	284.07	41.31
1990	21 298.93	18 466.80	4 490.50	2 431.66	166.50	13.10	1.90		181.50	85.22	折纯量	1 766.47	214.50	265.60	52.40
1993	23 609.53	16 332.87	4 159.70	2 546.83	375.20	116.40	9.70	325.90	827.20	350.37	商品量	5 016.67	711.39	334.73	388.30
1994	24 533.07	18 132.67	4 886.10	2 694.64	391.70	145.40	16.00	292.10	845.20	344.51	商品量	4 486.40	521.50	295.67	42.90
1995	24 662.80	17 896.80	5 078.50	2 837.66	466.10	172.10	7.60	388.60	1 034.40	419.42	商品量	4 653.73	698.40	300.13	48.20
1996	25 472.33	18 514.33	5 303.90	2 864.75	524.00	190.80	7.70	422.20	1 144.70	449.39	商品量	4 778.33	912.90	349.47	46.40
1997	25 549.27	18 382.33	5 475.40	2 978.62	605.40	239.10	11.20	513.30	1 369.00	535.83	商品量	4 812.07	1 191.70	354.40	49.50
1998	24 561.07	19 734.73	5 951.30	3 015.65	650.40	246.30	18.00	410.90	1 325.60	539.72	商品量	2 294.53	425.00	430.33	63.40
2000	24 396.13	19 197.73	6 194.60	3 226.74	305.20	58.10	6.50	192.00	561.80	230.28	折纯量	2 379.60	490.94	590.33	72.10
2001	24 705.13	18 892.20	6 369.60	3 371.55	344.10	46.90	9.30	238.80	639.10	258.69	折纯量	2 292.73	447.06	578.67	78.30
2002	24 125.07	16 695.87	5 829.60	3 491.64	355.60	63.10	9.20	27.30	455.20	188.68	折纯量	2 371.53	550.90	598.80	64.60
2003	23 288.73	16 497.20	5 696.00	3 452.71	363.80	71.10	22.60	26.60	484.10	207.87	折纯量	2 359.33	533.10	476.27	57.20
2004	22 732.67	15 441.53	5 843.00	3 783.95	367.20	64.50	15.30	33.20	480.20	211.24	折纯量	2 433.33	609.40	513.73	62.70

（续）

项目 年度	总播种面积	1. 粮食作物			化肥施用量（万千克）					总播种面积施用量（千克/公顷）	备注	2. 烤烟（烟叶）		3. 油料（含花生）	
		面积	总产	单产（千克/公顷）	氮肥	磷肥	钾肥	复合肥	合计			面积	总产	面积	总产
2005	23 232.20	15 030.87	5 277.40	3 511.04	367.10	76.90	7.50	40.90	492.40	211.95	折纯量	3 179.73	771.80	582.20	75.70
2006	23 175.87	15 081.67	5 478.00	3 632.22	379.90	82.60	8.90	44.10	515.50	222.43	折纯量	3 371.60	745.90	593.80	81.40
2007	23 418.13	15 311.73	5 554.90	3 627.87	395.40	89.80	12.60	48.40	546.20	233.24	折纯量	3 386.67	754.90	631.87	83.40
2008	23 463.13	15 320.27	5 696.60	3 718.34	408.70	92.00	13.60	52.30	566.60	241.49	折纯量	3 482.80	891.80	599.53	84.90
2009	23 613.33	14 958.20	5 713.20	3 819.44	416.30	95.00	12.40	54.20	577.90	244.73	折纯量	3 481.87	890.90	1013.20	154.40
2010	23 960.06	14 623.86	4 212.80	2 880.77	426.00	98.40	8.40	64.90	597.70	249.46	折纯量	3 917.53	943.50	1 064.47	47.90
2011	25 581.33	16 561.47	5 940.10	3 586.70	440.20	104.80	9.40	72.90	627.30	245.22	折纯量	3 901.87	823.40	1 063.73	178.10
2012	30 727.00	19 112.60	7 780.00	4 070.61	493.60	114.00	13.10	87.80	708.50	230.58	折纯量	4 535.00	1 002.60	1 083.07	178.50
2013	33 636.33	20 051.13	7 977.40	3 978.53	503.10	121.90	15.50	104.60	745.10	221.52	折纯量	4 446.67	845.90	1 450.47	210.00
2014	33 928.53	20 140.73	8 173.20	4 058.05	496.80	119.80	16.50	108.20	741.30	218.49	折纯量	4 192.33	820.80	1 342.93	250.20
2015	34 295.27	20 371.53	8 300.50	4 074.56	510.20	130.80	20.20	120.60	781.80	227.96	折纯量	3 650.13	785.10	1 433.60	259.00
2016	34 976.60	20 573.67	8 442.10	4 103.35	717.50	197.60	28.80	345.60	1 289.50	368.68	折纯量	3 646.67	730.50	1 359.47	251.30
2018	35 659.20	19 224.67	8 065.70	4 195.49	645.20	188.80	29.40	368.60	1 232.00	345.49	折纯量	3 433.33	695.50	1 329.40	247.60
2019	37 344.53	19 543.73	8 136.60	4 163.28	641.00	190.80	31.90	355.40	1 219.30	326.50	折纯量	3 433.33	695.50	1 342.47	254.40
2020	39 350.13	14 414.20	8 246.10	5 720.82								3 436.67		1 382.40	268.30

项目 年度	4. 糖料（甘蔗）		5. 蔬菜（含菜用瓜）		6. 瓜果类（果用瓜）		7. 水果（园林水果）		(1) 苹果		(2) 柑橘		(3) 梨		(4) 香蕉	
	面积	总产	面积	总产	面积	总产	面积	总产	面积	产量	面积	产量	面积	产量	面积	产量
1951	35.2	303.8	75.2	2 338.9												
1952	36.33	326.9														

（续）

年度	4. 糖料（甘蔗）面积	总产	5. 蔬菜（含菜用瓜）面积	总产	6. 瓜果类（果用瓜）面积	总产	7. 水果（园林水果）面积	总产	(1) 苹果 面积	产量	(2) 柑橘 面积	产量	(3) 梨 面积	产量	(4) 香蕉 面积	产量
1954	44.33	166.3		2 365.6				8.3								
1955	100.27	413.6		2 491.1				8.7								
1957	320.87	750.0		2 576.6				9								
1959	253.73	386.9		2 253.5				69.4								
1960	212.4	223.3	781.33	2 234.8				80.5								
1962	99.27	119.7	176.93	24 350				81.6								
1964	155.87	216	351	2 613.9				77.3								
1965	178.2	42.3	181.13	2 683.4				79.4								
1968	139.73	279.8	257.53	2 955.7				87.5								
1970	178.93	301	347.2	3 070.5				42.6								
1973	230.4	378.2	595.47	3 334.8				46.3								
1976	260	410.6	579.6	3 268.1				45.3								
1977	242.4	354.6	584.53	3 345.5				46.4								
1978	232	350.35	585.13	3 385.6			97.33	54.0	97.33	11.68				25.9		1.74
1979	210	328.25	599.73	3 457.7			131.13	51.05	78.6	0.5	1.13	0.05	29.13	22.75	5.27	3.55
1980	180.2	305.8	690.6	3 449.6			148.67	56	98.6	6	4.73		31.13	29.00	5.00	1.5
1981	161.93	261.55	680.53	3 476.3			127.33	67.5	73.67	7	15.47		31.2	33	3.33	1.5
1982	152.93	260.15	646.27	3 513.7			153.93	74.35	82.2	1.9	5.13		29.67	34.05	12.47	3.05
1983	154.73	284.75	675.47	3 537.7			156.2	96.42	80.07	8.85	5.87		34.8	43.5	6.93	1.5
1984	156.27	338.3	681.6	3 553.8			101.27	105.25	56.87	4.16	6.2		27.73	58.95	2.27	1.48
1985	149.8	383.4	693.2	3 572.5			96.13	196.06	52.13	4.16	4.53		19.27	137.95	2.13	2

（续）

项目/年度	4. 糖料（甘蔗）面积	总产	5. 蔬菜（含菜用瓜）面积	总产	6. 瓜果类（果用瓜）面积	总产	7. 水果（园林水果）面积	总产	（1）苹果 面积	产量	（2）柑橘 面积	产量	（3）梨 面积	产量	（4）香蕉 面积	产量
1986	131.13	278.1	385.8	3 596.5			61.33	121.8	24.27	5.37	6.93		14.8	52.56	13.07	2.73
1987	130.4	307.11	413.93	3 623.2			135.4	122.74	57.07	5.4	12.4	4.45	14.13	62.42		2.75
1988	154.60	395.56	422.20	3 657.90				124.13	58.67	5.5	13.2	4.5	15.33	72.95		2.8
1989	176.73	546.08	442.47	3 698.00				164.95	85.2	6.9	13.4	33.57	12.33	71.98	3.73	3.29
1990	185.47	481.00	553.87	3 714.00				140.23	148.73	4.87	9	1.42	17.67	79.47	3.47	2.67
1993	251.73	686.03	646.80	3 724.70				177.7		39.28		16.09		78.89		
1994	320.87	1 345.70	564.80	3 724.70				332.2								
1995	421.27	1 295.30	634.27	3 722.00				352.3								
1996	478.60	1 741.50	653.87	3 732.70				344.5								
1997	383.13	1 202.40	738.93	3 727.30				259		64.2		10.3		102.7		
1998	542.13	1 724.40	600.13	3 730.00				221.7		64.6		39.5		69.5		
2000	406.67	1 577.80	932.53	3 724.70				230.3								
2001	463.40	1 584.60	1 720.20	3 814.70				577.4		86.2		56.4		61.6		34.4
2002	506.53	1 675.70	2 959.20	4 088.20				277.5		74.9		55.3		48.2		57.8
2003	406.47	1 326.40	2 709.27	3 300.20				545.8		40.7		33.2		45.1		110.7
2004	307.80	973.30	2 634.53	3 538.60	125.00	234.90		595		58.3		32.2		88.6		123
2005	269.87	870.80	2 594.80	3 652.40	89.53	144.40		481.5		60.5		32.3		50.6		122.1
2006	247.67	740.30	2 579.86	3 776.00	102.67	203.60		552.4		65.9		32.1		57.5		121.2
2007	258.93	808.00	2 617.33	3 869.50	78.07	125.20		471.6		49.3		32.5		72.1		96.9

（续）

项目 年度	4. 糖料（甘蔗）		5. 蔬菜（含菜用瓜）		6. 瓜果类（果用瓜）		7. 水果（园林水果）		(1) 苹果		(2) 柑橘		(3) 梨		(4) 香蕉	
	面积	总产	面积	总产	面积	总产	面积	总产	面积	产量	面积	产量	面积	产量	面积	产量
2008	263.67	818.70	2 585.47	3 938.90	62.53	110.00		471								
2009	259.93	761.40	2 800.60	4 311.70	57.20	124.50										
2010	231.13	575.90	2 978.53	3 599.10	84.87	114.70										
2011	183.47	305.00	2 856.47	4 359.10	67.53	160.70										
2012	209.73	394.50	4 720.00	6 794.80	61.20	151.10										
2013	229.07	568.50	5 868.33	8 243.20	110.33	162.10										
2014	278.93	734.20	6 312.33	9 889.00	105.80	149.00		476.6								
2015	298.07	767.50	6 761.53	10 197.70	111.13	181.30										
2016	337.53	952.30	6 858.47	10 582.10	108.67	207.00		774.2								
2018	593.33	2 074.10	7 395.07	11 523.50	98.00	133.80										
2019	744.67	2 606.00	7 960.33	12 392.50	37.33	63.50		1 283.4								
2020	849.20	5 463.10	8 379.47	13 123.40	16.40	35.60										

注：表中相关数据分别摘自：1951—2000年相关数据摘自双柏县统计局2001年相关数据摘自双柏县编制的《双柏县统计历史资料汇编》(1951—2000年)。1978—1990年作物播种面积和产量摘自云南省农牧渔业厅《发展成就下》，83页。1955—1979年化肥数据摘自《云南省农业统计资料汇编》(手抄本)，为商品实物量；1980—1990年氮、磷、钾肥为纯量。摘自云南省农收渔业厅1992年6月编制《云南省农业统计资料汇编》(1978—1990年) 74页，80页，86页。1986年的复合肥为商品实物量。1979—1998年复合肥为商品实物量。其余年为摘自《双柏县供销合作社志》(1952—1987年)。(1989年双柏县供份为折纯量。其中：1979年、1980年、1982年、1983年，1985年，1986年油水果产品为商品实物量。摘自《大写的云南60年辉煌历程》(发展成就下，83页、苹果、销合作社编，其余年度按氮磷钾含量30%折纯量摘录。1951—2008年油料、甘蔗、蔬菜、水果产量合计摘自《大写的云南60年辉煌历程》或《双柏县统计年鉴》。其余年份数据摘自相应年度的《双柏县领柑橘、梨、香蕉分品种水果数据摘自《双柏县统计年鉴》或《双柏县统计资料手册》《双柏县领导干部经济工作手册》或《双柏县经济工作资料提要》。

二、双柏县 1951—2020 年粮食农作物氮磷钾养分带出农田（地）情况汇总

见附录表 1-2。

附录表 1-2　双柏县 1951—2020 年粮食农作物氮磷钾养分带出农田（地）情况汇总

单位：面积：公顷；产量：万千克

项目 年度	农作物播种总面积	水稻 面积	水稻 产量	玉米 面积	玉米 产量	小麦 面积	小麦 产量	蚕豆 面积	蚕豆 产量	豌豆 面积	豌豆 产量	杂粮 面积	杂粮 产量	带出农田（地）养分（万千克） N	P₂O₅	K₂O	小计
1951	11 470.66	6 099.33	1 211.60	1 628.4	229.50	416.87	26.30	1 297.73	94.1			1 425.13	834.31	45.49	19.9	46.03	111.45
1952	12 228.47	6 446.2	1 582.40	1 791.27	289.80	437.73	29.70	1 362.6	110.4					49.55	23.3	52.11	124.97
1954	13 482.33	6 537.87	2 025.90	1 856.73	330.00	573.00	36.50	1 975.60	165.90					63.59	29.6	66.34	159.56
1955	14 574.47	6 712.40	2 365.40	1 805.53	263.20	652.20	44.00	1 993.67	169.60					69.92	33.4	74.35	177.68
1957	17 308.00	6 662.80	2 736.80	1 694.80	292.50	1 282.80	104.00	2 531.20	298.60					87.38	39.8	89.35	216.50
1959	17 544.20	5 236.40	1 821.50	1 690.60	325.30	2 052.73	111.50	2 800.53	199.00					62.80	28.0	63.33	154.14
1960	23 853.33	3 275.40	1 427.30	7 314.73	1 089.80	2 247.27	95.40	3 195.53	239.80					75.17	29.8	69.54	174.48
1962	20 802.67	6 124.00	2 178.60	4 722.40	613.70	2 538.07	206.10	2 738.20	296.00					86.01	36.6	83.65	206.21
1964	22 208.80	6 500.73	2 353.00	5 210.87	864.00	2 370.07	134.50	2 890.47	339.00					96.40	40.5	92.88	229.74
1965	21 228.40	6 113.33	1 786.40	4 996.53	914.40	1 859.87	144.00	2 774.53	417.50					89.22	34.4	80.63	204.28
1968	20 256.87	6 232.67	2 157.10	4 393.73	691.20	2 411.73	222.90	2 985.87	386.30					92.61	37.7	87.14	217.48
1970	202 147.80	6 508.27	2 591.90	4 130.20	786.80	2 278.80	172.50	2 982.20	364.20					102.21	43.3	99.18	244.73
1973	21 029.20	6 019.80	2 534.10	4 434.20	935.80	2 832.13	259.90	3 015.53	384.90					108.42	44.9	103.45	256.77
1976	18 224.53	4 894.6	2 077.8	4 188.93	898.9	2 773.13	399.8	2 799.33	367.4					100.51	40.2	93.45	234.12
1977	18 496.00	5 047.87	1 719.5	4 039.67	596.5	2 792.33	293.50	2 747.60	379.00					82.08	32.1	74.91	189.08
1978	19 327.2	5 237.53	2 338.00	4 063.93	1 005.5	3 001.670	357.5	2 889.47	410.00	1 397.07	159.27	1 753.73	226.00	116.75	46.1	108.73	271.57
1979	19 152.67	5 051.33	1 817.00	4 377.47	1 042.0	2 986.070	159.0	2 933.27	178.00			1 516.67	103.00	82.31	34.7	79.97	196.97
1980	19 130.8	4 419.27	1 320.0	4 897.6	772.5	3 127.270	272.0	2 830.20	238.50	1 341.60	90.56	1 862.93	145.5	73.81	28.6	67.82	170.20

（续）

年度	农作物总播种面积	水稻 面积	水稻 产量	玉米 面积	玉米 产量	小麦 面积	小麦 产量	蚕豆 面积	蚕豆 产量	豌豆 面积	豌豆 产量	杂粮 面积	杂粮 产量	带出农田（地）养分（万千克） N	P₂O₅	K₂O	小计
1981	19 808.46	5 403.93	2 140.5	4 737.4	1 124.5	3 085.400	280.0	2 793.87	186.00			1 870.60	127.50	95.94	40.8	93.84	230.54
1982	19 980.07	5 472.33	1 944.0	4 731.6	976.0	2 788.930	269.0	2 879.80	275.00			2 124.00	194.50	92.44	37.7	87.50	217.61
1983	19 326.87	4 919.73	1 372.0	4 660.07	788.5	2 619.670	283.0	2 934.07	281.00			2 345.13	220.00	75.68	29.1	68.70	173.53
1984	19 390.93	5 635.33	2 385.0	4 210.13	939.5	2 475.670	281.5	2 934.07	224.50	1 892.33	139.09	2 143.80	177.00	103.39	43.8	101.68	248.88
1985	19 740.53	5 523.6	2 538.0	3 826.4	920.0	2 338.070	159.5	3 014.60	202.00			2 089.20	114.00	96.72	42.8	97.44	237.01
1986	19 003.20	5 383.53	2 071.5	3 792.07	671.5	2 275.130	119.0	3 034.00	225.50			2 099.67	120.5	79.87	34.6	79.08	193.59
1987	18 894.13	5 314.53	2 207.5	3 997.53	823.5	2 205.670	235.8	2 973.00	281.60	1 976.67	148.25	2 236.20	176.00	98.22	40.6	94.78	233.60
1988	19 277.93	4 873.13	1 944.6	3 988.67	595.9	2 341.000	255.6	3 018.67	236.90			2 303.20	144.3	79.94	33.9	77.86	191.71
1989	20 559.67	5 215.67	2 309.8	4 108.47	1 110.5	2 796.530	347.3	3 103.53	305.70			2 201.80	179.5	107.91	44.4	102.79	255.06
1990	21 298.93	5 330.80	2 640.8	4 210.4	1 030.1	2 937.670	374.2	3 082.93	257.50	2 077.00	127.74	2 377.20	157.4	115.42	48.8	113.12	277.33
1993	23 609.53	4 355.27	2 167.20	3 059.73	933.60	3 247.67	431.40	3 240.53	381.80			2 274.00	213.80	106.82	42.5	99.17	248.48
1994	24 533.07	4 721.73	2 587.50	3 361.33	1 212.7	3 830.07	492.00	3 381.33	371.10			2 673.93	197.60	124.60	50.6	117.66	292.89
1995	24 662.8	4 495.20	2 623.1	3 558.8	1 281.6	3 790.40	535.8	3 342.07	392.50			2 546.27	218.8	129.74	52.3	121.81	303.85
1996	25 472.33	4 430.27	2 683.8	3 578.27	1 380.9	4 187.93	574.5	3 471.67	417.60					134.32	54.0	125.61	313.90
1997	25 549.27	4 369.13	2 791.9	3 439.27	1 402.0	4 317.47	626.7	3 387.87	398.20			2 698.00	230.4	139.74	56.4	131.42	327.58
1998	24 561.07	4 324.47	2 839.1	4 203.13	1 863.9	4 587.60	579.4	3 315.53	362.50			3 154.60	277.1	149.82	60.4	140.92	351.13
2000	24 396.13	4 210.93	3 018.5	3 822.73	1 906.8	4 131.33	578.5	3 275.40	294.60			3 757.34	396.2	152.45	62.8	145.97	361.22
2001	24 705.13	3 939.33	2 956.8	3 786.47	2 059.1	3 574.13	456.6	3 349.07	362.60			1 264.80	183.5	153.05	62.1	144.57	359.71
2002	24 125.07	3 845.53	2 723.8	3 450.93	1 895.6	2 888.530	417.4	3 460.53	445.20			969.47	140.6	146.28	57.8	135.34	339.45
2003	23 288.73	3 833.60	2 634.7	3 548.47	1 802.5	2 479.060	389.2	3 642.93	524.10			813.20	116.7	144.85	56.1	131.82	332.77

（续）

年度	农作物总播种面积	水稻 面积	水稻 产量	玉米 面积	玉米 产量	小麦 面积	小麦 产量	蚕豆 面积	蚕豆 产量	豌豆 面积	豌豆 产量	杂粮 面积	杂粮 产量	带出农田（地）养分 N	带出农田（地）养分 P$_2$O$_5$	带出农田（地）养分 K$_2$O	小计（万千克）
2004	22 732.67	3 780.80	2 746.2	3 299.67	1 912.8	2 343.470	358.1	3 356.87	469.10	1 728.00	191.8	706.20	134.8	152.54	59.5	140.80	352.80
2005	23 232.2	3 335.20	2 276.3	3 248.13	1 774.1	2 545.00	403.7	3 342.33	490.00	1 608.00	178.9	753.93	129.9	140.39	52.9	126.35	319.61
2006	23 175.87	3 559.67	2 478.7	3 206.07	1 729.9	2 805.800	462.4	3 233.27	485.20	1 565.73	186.6	645.87	124.8	145.53	55.6	132.41	333.57
2007	23 418.13	3 612.93	2 487.1	3 212.27	1 762.8	2 876.400	470.5	3 274.07	501.60	1 684.20	201.6	569.60	115.9	148.03	56.3	134.28	338.62
2008	23 463.13	3 544.27	2 483.2	3 345.07	1 909.1	2 982.600	499.0	3 236.13	510.20	1 565.60	186.6	523.67	89.6	152.32	57.7	137.60	347.59
2009	23 613.33	3 502.40	2 504.6	3 453.4	1 951.5	3 007.130	505.1	2 874.73	454.80	1 515.87	191.00	521.60	88.2	151.38	58.0	138.13	347.54
2010	24 031.67	2 401.40	1 639.2	4 383.2	2 216.2	2 967.330	103.0	2 772.87	132.50	1 502.33	36.2	550.27	45.4	105.15	41.9	98.53	245.56
2011	25 581.33	3 467.33	2 295.9	4 017.8	2 158.8	3 385.600	565.4	2 971.73	480.30	1 844.20	234.4	592.93	86.6	156.44	58.4	140.23	355.03
2012	30 727.00	3 164.00	2 404.2	5 793.33	3 391.0	3 015.20	562.5	3 176.87	574.20	2 135.27	363.9	1 293.80	212.1	200.25	72.3	176.08	448.64
2013	33 636.33	2 719.13	2 041.8	6 538.73	3 978.9	3 351.60	547.4	3 008.47	551.80	2 026.07	326.3	1 791.00	266.3	204.89	72.3	177.30	454.52
2014	33 198.52	2 594.00	1 864.3	6 648.4	4 205.3	3 535.270	631.7	2 824.73	529.10	2 346.73	391.60	1 461.60	270.5	210.14	73.3	180.85	464.32
2015	34 295.27	2 563.80	1 960.5	7 187.2	4 279.2	3 564.000	667.2	2 776.33	524.10	2 253.07	362.70	1 472.27	280.9	214.21	75.3	185.05	474.52
2016	34 976.6	2 596.07	1 990.9	7 381.87	4 341.8	3 542.600	692.7	2 676.80	514.00	2 363.67	398.10	1 383.33	281.8	217.86	76.7	188.65	483.17
2018	35 659.2	3 242.2	2 132.4	7 127.07	4 029.3	4 089.27	809.6	1 763.13	438.00	1 640.93	327.8	942.07	203.3	209.85	75.6	184.48	469.95
2019	37 344.53	2 842.73	1 857.4	7 486.47	4 257.4	3 424.6	667.4	2 246.53	567.50	1 949.33	391.9	1 118.13	244.1	214.15	74.2	183.36	471.76
2020	39 350.13	2 709.13	1 751.5	7 640.73	4 388.8	3 487.07	682.00	2 090.33	538.7			2 815.4	616.4	205.02	71.5	174.36	450.86

注：在70多年的统计史料中，杂粮的统计口径变化较大。1978年之前豌豆、高粱、大豆等统计为杂粮，其余年份将豌豆、大豆等统计为杂粮。据李洪文等编著的《双柏县耕地地力调查与评价》（中国农业出版社，2014年，428页）、高祥照等编著的《肥料实用手册》（中国农业出版社，2002年）、北京农业大学编著的《肥料手册》（1985年，农业出版社）等资料，百千克经济产量需要N、P$_2$O$_5$、K$_2$O量分别是：水稻2.25千克，1.25千克，2.70千克；玉米2.57千克，0.86千克，2.14千克；春小麦3.00千克，1.00千克，2.50千克；蚕豆5.08千克，0.67千克，2.21千克[李洪文，叶春莲，李春莲等，蚕豆测土配方施肥指标体系初报，中国农学通报，2015，31（36）：78-86]；豌豆3.09千克，0.81千克，2.86千克；杂粮3.09千克，0.86千克，2.86千克，0.23千克，0.68千克。

三、双柏县1951—2020年经济农作物氮磷钾养分带出农田（地）情况汇总

见附录表1-3。

附录表1-3 双柏县1951—2020年经济农作物氮磷钾养分带出农田（地）情况汇总

单位：面积：公顷；产量：万千克

项目 年度	花生 面积	花生 产量	油菜籽 面积	油菜籽 产量	甘蔗 面积	甘蔗 产量	烤烟 面积	烤烟 产量	蔬菜 面积	蔬菜 产量	薯类 面积	薯类 产量	带出农田（地）养分（万千克） N	P$_2$O$_5$	K$_2$O	小计
1951	492.8	33.6			35.2	303.8			75.20				2.86	0.649	2.188	5.70
1952	561.00	38.4			36.33	326.9				2 338.9			12.35	2.599	13.199	28.15
1954	695.00	43.2			44.33	166.3		0.3		2 365.6			12.59	2.597	13.179	28.36
1955	1 449.93	40.30			100.27	413.60	1 133.33	1.00		2 491.10			13.60	2.893	14.753	31.24
1957	1 202.13	55.00			320.87	750.00	593.33	31.00		2 576.60			26.27	5.997	32.366	64.63
1959	1 307.67	32.40			253.73	386.90	580.07	51.50		2 253.50			30.09	6.973	39.628	76.69
1960	598.60	21.60			212.40	223.30	260.93	40.70	781.33	2 234.80			25.12	5.764	33.006	63.89
1962	336.33	32.40			99.26	119.70	275.07	16.80	176.93	2 435.00			17.92	3.914	21.557	43.39
1964	340.13	30.70			155.87	216.00	353.33	30.70	351.00	2 613.90			23.64	5.311	29.856	58.80
1965	506.60	43.00			178.20	420.30	321.13	59.10	181.13	2 683.40			35.26	8.139	46.073	89.47
1968	278.00	25.50			139.73	279.80	273.13	45.90		2 955.70			30.16	6.883	39.352	76.39
1970	278.73	17.00			178.93	301.00	342.20	32.70	347.20	3 070.50			25.36	5.732	32.734	63.83
1973	499.73	40.40			230.40	378.20	348.20	62.00	595.47	3 334.80			38.58	8.849	50.358	97.78
1976	656.27	60.00			260.00	410.60	349.6	66.50	579.60	3 268.10			41.31	9.465	53.241	104.02
1977	576.13	25.8			242.4	354.6	373.8	48.2	584.53	3 345.5			32.66	7.451	42.581	82.69
1978	61.87	7.4	486.87	20.23	232.0	350.35		62.65	585.13	3 385.60	100.27	21.50	38.37	9.262	51.516	99.14

（续）

年度	花生 面积	花生 产量	油菜籽 面积	油菜籽 产量	甘蔗 面积	甘蔗 产量	烤烟 面积	烤烟 产量	蔬菜 面积	蔬菜 产量	薯类 面积	薯类 产量	带出农田（地）养分（万千克） N	P_2O_5	K_2O	小计
1979	85.8	7.33	368.27	5.54	210.0	328.25	365.07	75.53	599.73	3 457.70	148.73	22.50	42.36	10.068	57.916	110.35
1980	147.53	6.92	378.33	12.65	180.2	305.8	285.87	57.72	690.6	3 449.60	77.07	18.00	36.22	8.615	48.589	93.43
1981	135.53	12.32	293.47	24.64	161.93	261.55	313.00	62.23	680.53	3 476.30	110.27	14.00	38.82	9.320	51.457	99.60
1982	153.4	18.45	284.33	36.97	152.93	260.15	435.47	120.02	646.27	3 513.70	63.53	9.00	60.59	14.702	82.294	157.58
1983	140.47	8.63	224.67	32.55	154.73	284.75	297.47	54.06	675.47	3 537.80	76.8	11.00	36.33	8.788	47.600	92.72
1984	139.8	25.69	178.4	30.75	156.27	338.3	536.47	106.21	681.6	3 553.80	81.8	8.50	56.09	13.520	75.491	145.10
1985	191.33	19.49	170.87	4.53	149.8	383.4	1 426.27	219.23	693.2	3 572.50	77.87	14.00	94.72	22.724	133.586	251.03
1986	162.2	18.05	206.13	12.49	131.13	238.13	1 237.53	116.14	385.8	3 596.50	101.4	15.50	58.19	13.876	79.836	151.90
1987	181.8	16.67	134.4	11.95	130.4	307.11	979.53	159.78	413.93	3 623.20	113.8	13.10	73.80	17.680	102.741	194.22
1988	168.0	14.19	90.8	6.01	154.6	395.56	1 393.87	241.4	422.2	3 657.90	172.2	25.30	102.96	24.833	145.998	273.80
1989	184.4	26.89	93.00	10.77	176.73	546.08	1 644.13	257.67	442.47	3 698.00	167.6	23.00	110.30	26.642	155.697	292.63
1990	187.933	32.62	77.53	15.57	185.47	481.01	1 710.13	210.26	553.87	3 714.00	154.0	20.50	93.94	22.651	131.142	247.74
1993		14.96		23.87	251.73	686.03	5 016.67	711.39	646.80	3 724.70	145.93	30.80	272.55	66.481	393.456	732.49
1994		26.70		16.20	320.87	1 345.70	4 486.40	521.50	564.80	3 724.70	130.80	22.70	206.28	50.294	296.081	552.65
1995	300.13	48.2			421.27	1 295.3	4 653.73	698.4	634.27	3 722.00	130.87	24.00	269.79	65.529	197.800	533.12
1996	349.47	46.4			478.6	1 741.5	4 778.33	912.9	653.87	3 732.70			346.49	84.191	254.377	685.06
1997		28.9		20.6	383.13	1 202.4	4 812.07	1 191.7	738.93	3 727.30	169.93	25.90	445.43	108.651	326.417	880.50
1998		50.2		13.2	542.13	1 724.4	2 294.53	425.0	600.13	3 730.00	134.67	25.1	174.09	42.431	247.775	464.30
2000	590.33	72.1			406.67	1 577.8	2 379.6	490.9	932.53	3 724.70			197.44	47.708	280.729	525.88
2001		55.9		22.4	463.4	1 584.6	2 292.73	447.1	1 720.2	3 814.70			182.39	44.326	258.658	485.37

（续）

年度\项目	花生 面积	花生 产量	油菜籽 面积	油菜籽 产量	甘蔗 面积	甘蔗 产量	烤烟 面积	烤烟 产量	蔬菜 面积	蔬菜 产量	薯类 面积	薯类 产量	带出农田（地）养分（万千克） N	P_2O_5	K_2O	小计
2002		36.9		27.7	506.53	1 675.7	2 371.53	550.9	2 959.2	4 088.20			219.65	53.520	313.852	587.02
2003		29.00		28.20	406.47	1 326.4	2 359.33	533.1	2 709.27	3 300.20			209.06	51.007	299.614	559.68
2004			513.73	62.7	307.8	973.3	2 433.33	609.4	2 634.53	3 538.60			236.55	58.071	339.841	634.46
2005			582.2	75.7	269.87	870.8	3 179.73	771.8	2 594.8	3 652.40			295.45	72.537	425.347	793.34
2006			593.8	81.4	247.67	740.3	3 371.6	745.9	2 579.87	3 776.00			286.78	70.435	412.256	769.47
2007			631.87	83.4	258.93	808.00	3 386.67	754.9	2 617.33	3 869.50			290.60	71.390	417.671	779.66
2008			599.53	84.9	263.67	818.7	3 480.00	891.6	2 585.47	3 938.90			339.72	83.377	489.408	912.50
2009			1 013.2	154.4	259.93	761.4	3 480.00	890.9	2 800.6	4 311.70			344.84	85.312	493.575	923.73
2010			1 064.47	47.9	231.13	575.9	3 916	943.5	2 978.53	3 599.10			354.29	86.523	512.604	953.41
2011			1 063.73	178.1	183.47	305	3 900.00	823.3	2 856.47	4 359.10			321.43	79.745	458.173	859.35
2012			1 083.07	178.50	209.73	394.50	4 533.33	1 002.60	4 720.00	6 794.80			395.05	97.357	563.211	1 055.62
2013			1 450.47	210.00	229.07	568.50	4 446.67	845.90	5 868.33	8 243.20			346.99	85.799	489.993	922.78
2014			1 342.93	250.20	278.93	734.20	4 195.53	821.00	6 312.33	9 889.00			347.18	86.071	486.798	920.05
2015			1 433.60	259.00	298.07	767.50	3 650.13	785.10	6 761.53	10 197.70			336.16	83.440	469.966	889.56
2016			1 359.47	251.30	337.53	952.30	3 646.67	730.50	6 858.47	10 582.10			318.09	78.937	443.471	840.50
2018			1 329.40	247.60	593.33	2 074.10	3 433.33	695.50	7 395.07	11 523.50			311.20	77.339	432.747	821.29
2019			1 342.67	254.40	744.67	2 606.00	3 433.33	695.50	7 960.33	12 392.50			316.00	78.576	438.632	833.21
2020	97.13	37.1	1 269.8	228.00	849.20	5 463.1	3 436.67	695.5	8 379.47	13 123.4	461.93	147.70	328.59	82.76	458.08	869.43

注：百千克经济产量需要 N、P_2O_5、K_2O 量分别是：油菜 5.80 千克、4.30 千克、6.80 千克；花生（荚果）6.80 千克、1.30 千克、3.80 千克；甘蔗（鲜茎）0.19 千克、0.07 千克、0.30 千克；烤烟（鲜叶）4.10 千克、1.00 千克、6.00 千克；蔬菜 0.39 千克、0.08 千克、0.46 千克；薯类（鲜）0.45 千克、0.24 千克、0.98 千克。表中薯类为原粮，鲜薯类与原粮之比 5：1。

四、双柏县 1951—2020 年水果氮磷钾养分带出农田（地）情况汇总

见附录表 1-4。

附录表 1-4　双柏县 1951—2020 年水果氮磷钾养分带出农田（地）情况汇总

单位：面积：公顷；产量：万千克

项目 年份	合计		苹果		柑橘		梨		香蕉		带出农田（地）养分（万千克）			
	面积	产量	面积	产量	面积	产量	面积	产量	面积	产量	N	P_2O_5	K_2O	小计
1951														
1952														
1954		8.30									0.040	0.008	0.084	0.13
1955		8.70									0.042	0.009	0.089	0.14
1957		9.00									0.044	0.009	0.092	0.14
1959		69.40									0.336	0.068	0.706	1.11
1960		80.50									0.390	0.079	0.819	1.29
1962		81.60									0.395	0.080	0.831	1.31
1964		77.30									0.374	0.076	0.787	1.24
1965		79.40									0.384	0.078	0.808	1.27
1968		87.50									0.424	0.086	0.891	1.40
1970		42.60									0.206	0.042	0.434	0.68
1973		46.30									0.224	0.045	0.471	0.74
1976		45.3									0.219	0.044	0.461	0.72
1977		46.4									0.225	0.045	0.472	0.74
1978		54.00	97.33	11.68			25.9			1.74	0.261	0.053	0.550	0.86
1979	51.05		78.6	0.5	1.13	0.05	29.13	22.75	5.27	3.55	0.247	0.050	0.520	0.82
1980	56.00		98.6	6.0	4.73		31.13	29	5	1.5	0.271	0.055	0.570	0.90
1981	67.50		73.67	7	15.47		31.2	33	3.33	1.5	0.327	0.066	0.687	1.08
1982	74.35		82.2	1.9	5.13		29.67	34.05	12.47	3.05	0.360	0.073	0.757	1.19
1983	96.42		80.07	8.85	5.87		34.8	43.5	6.93	1.5	0.467	0.094	0.982	1.54
1984	105.25		56.87	4.16	6.2		27.73	58.95	2.27	1.48	0.509	0.103	1.071	1.68
1985	196.06		52.13	4.16	4.53		19.27	137.95	2.13	2.00	0.949	0.192	1.996	3.14
1986	121.80		24.27	5.37	6.93		14.8	52.56	13.07	2.73	0.590	0.119	1.240	1.95
1987	122.74		57.07	5.400	12.4	4.45	14.13	62.42		2.75	0.594	0.120	1.249	1.96
1988	124.13		58.67	5.5	13.2	4.5	15.33	72.95		2.8	0.601	0.122	1.264	1.99
1989	164.95		85.2	6.9	13.4	33.57	12.33	71.98	3.73	3.29	0.798	0.162	1.679	2.64

（续）

年份\项目	合计		苹果		柑橘		梨		香蕉		带出农田（地）养分（万千克）			
	面积	产量	面积	产量	面积	产量	面积	产量	面积	产量	N	P₂O₅	K₂O	小计
1990		140.23	148.73	4.87	9.00	1.42	17.67	79.47	3.47	2.67	0.679	0.137	1.428	2.24
1993		177.70		39.28		16.09		78.89			0.860	0.174	1.809	2.84
1994		332.20									1.608	0.326	3.382	5.32
1995		352.30									1.705	0.345	3.586	5.64
1996		344.50									1.667	0.338	3.507	5.51
1997		259.00		64.2		10.3		102.7			1.254	0.254	2.637	4.14
1998		221.70		64.6		39.5		69.5			1.073	0.217	2.257	3.55
2000		230.30									1.115	0.226	2.344	3.68
2001		577.40		86.2		56.4		61.6		34.4	2.795	0.566	5.878	9.24
2002		277.50		74.9		55.3		48.2		57.8	1.343	0.272	2.825	4.44
2003		545.80		40.7		33.2		45.1		110.7	2.642	0.535	5.556	8.73
2004		595.00		58.3		32.2		88.6		123	2.880	0.583	6.057	9.52
2005		481.50		60.5		32.3		50.6		122.1	2.330	0.472	4.902	7.70
2006		552.40		65.9		32.1		57.5		121.2	2.674	0.541	5.623	8.84
2007		471.60		49.3		32.5		72.1		96.9	2.283	0.462	4.801	7.55
2008		471.00									2.280	0.462	4.795	7.54
2009											0.000	0.000	0.000	0.00
2010														
2011														
2012														
2013														
2014		476.6									2.307	0.467	4.852	7.63
2015														
2016		774.2									3.747	0.759	7.881	12.39
2018		1283.4									6.212	1.258	13.065	20.53
2019														
2020														

备：百千克经济产量需要 N、P₂O₅、K₂O 量分别是：苹果（果实）0.30 千克、0.08 千克、0.32 千克；柑橘 0.60 千克、0.11 千克、0.40 千克；梨 0.45 千克、0.09 千克、0.37 千克、钙 0.44 千克、镁 0.13 千克；高秆香蕉每产 1 000 千克吸收氮、磷、钾分别为 5.9 千克、1.1 千克、22 千克，矮秆香蕉则为 4.8 千克、1.0 千克、18 千克。综合分析结果，水果百千克经济产量需要 N、P₂O₅、K₂O 量分别是 0.484 千克、0.098 千克、1.018 千克。

五、作物形成百千克经济产量养分需要量

见附录表 1-5。

附录表 1-5 作物形成百千克经济产量养分需要量

作物		收获物	形成 100 千克经济产量所吸收的养分量（千克）			氮（N），磷（P₂O₅），钾（K₂O）推荐施用量参考比例
			氮（N）	磷（P₂O₅）	钾（K₂O）	
粮食作物	籼稻	籽粒	1.9	0.54~1.1	2.40~2.67	
	粳稻	籽粒	1.92~2.45	0.79~1.10	2.59~2.98	
	冬小麦	籽粒	3.00	1.25	2.50	
	春小麦	籽粒	3.00~3.6	0.40~0.6	1.5~2.6	
	大麦	籽粒	2.45~2.85	0.49~0.86	1.49~2.30	
	青稞	籽粒	2.57~2.66	1.33~1.42	2.19~2.38	
	苦荞麦	籽粒	3.3	1.5	4.3	
	玉米	籽粒	2.57	0.86~1.20	2.00~2.14	
	冬玉米	籽粒	3.5~4.0	1.2~1.4	4.5~5.5	1.0 : 0.35 : 1.35
	谷子	籽粒	2.50	1.25	1.75	
	高粱	籽粒	2.60	1.30	1.30	
	甘薯	鲜块根	0.35~0.7	0.17~0.18	0.55~0.748	2.0 : 1.0 : 4.0
	马铃薯	鲜块根	0.35~0.55	0.20~0.22	1.06~1.30	
	冬马铃薯	鲜块根	0.230~0.237	0.053~0.071	0.433~0.623	
	蚕豆	豆粒	4.80~6.03	0.74~1.40	2.10~3.36	
	白芸豆（多花菜豆）					1.0 : 0.87 : 2.65
	大豆	豆粒	5.3~8.3	1.0~1.8	1.3~3.98	4.0 : 1.0 : 2
	豌豆	豆粒	3.09	0.86	2.86	
经济作物	花生	荚果	6.80	1.30	3.80	
	棉花	籽棉	5.00	1.80	4.00	
	油菜	菜籽	5.02~5.8	0.96~2.5	4.15~4.3	1.0 : 0.43 : 0.74
	芝麻	籽粒	8.23	2.07	4.41	
	烤烟	烤干烟叶	2.2~3.0	1.20~2.00	4.8~6.3	
	烟草	鲜叶	4.10	0.70	1.10	
	大麻	纤维	8.00	2.30	5.00	
	甜菜	块根	0.40	0.15	0.60	
	甘蔗	鲜茎	0.15~2.00	0.07~1.30	0.15~0.3	
	开割橡胶		0.31~0.42 千克/（株·年）	0.06~0.08 千克/（株·年）	0.12~0.18 千克/（株·年）	
	橡胶		0.16~0.22 千克/（株·年）	0.06~0.14 千克/（株·年）	0.18~0.34 千克/（株·年）	
	咖啡（幼树龄）					1.0 : 0.5 : 0.3
	咖啡（成龄）	鲜果	0.65	0.24	1.35	1.0 : 0.3 : 0.5

（续）

| 作物 | 收获物 | 形成100千克经济产量所吸收的养分量（千克） | | | 氮（N），磷（P$_2$O$_5$），钾（K$_2$O）推荐施用量参考比例 |
		氮（N）	磷（P$_2$O$_5$）	钾（K$_2$O）	
黄瓜	商品	0.273	0.13	0.347	
黄瓜	果实	0.40	0.35	0.55	1.0∶0.2～0.6∶0.8～1.52
苦瓜	商品	0.528	0.176	0.689	
西葫芦	商品	0.547	0.222	0.409	
苦瓜	果实	0.528	0.18	0.69	
架豆	商品	0.337	0.23	0.59	
架芸豆	果实	0.81	0.23	0.68	
荷兰豆	鲜豆荚	0.94	0.29	0.56	3.2∶1.0∶1.9
豇豆	商品	0.405	0.253	0.875	
豇豆	鲜豆荚	0.410	0.250	0.880	1.0∶0.61∶2.15
甜椒	商品	0.513	0.107	0.646	
辣椒	干椒（云南丘北）	4.5～5.4	1.00	5.5～6.2	
辣椒	鲜椒	0.43～0.519	0.086～0.11	0.54～0.648	
茄子	商品	0.324	0.09	0.449	
茄子	果实	0.30～0.32	0.94～0.10	0.40～0.51	
番茄	商品	0.35	0.095	0.389	
番茄	果实	0.39～0.45	0.12～0.18	0.42～0.58	
胡萝卜	商品	0.243	0.08	0.568	
胡萝卜	块根	0.24～0.45	0.069～0.183	0.51～0.696	
萝卜	块根	0.35～0.6	0.5～1.0	0.6～0.8	1.0∶0.15∶1.4
萝卜	商品	0.309	0.191	0.580	
小萝卜	商品	0.216	0.025	0.285	
甘蓝	商品	0.299	0.099	0.223	
生姜	根茎	0.9～1.0	0.25～0.35	1.3～1.5	1.0∶0.3∶1.5
结球甘蓝	全株	0.50	0.13	0.22	
卷心菜	叶球	0.41	0.05	0.38	
洋葱	葱头	0.198～0.27	0.38～0.75	0.23～0.266	
大葱	商品	0.184	0.064	0.106	
大葱	全株	0.166	0.081	0.162	1.0∶0.22∶0.84
大蒜	蒜头	1.48	0.35	1.34	1.0∶0.24∶0.91
大蒜苗	商品	0.506	0.135	0.179	
葱头	商品	0.237	0.07	0.41	

蔬菜园艺作物

（续）

| 作物 | 收获物 | 形成100千克经济产量所吸收的养分量（千克） | | | 氮（N），磷（P$_2$O$_5$），钾（K$_2$O）推荐施用量参考比例 |
		氮（N）	磷（P$_2$O$_5$）	钾（K$_2$O）	
蔬菜园艺作物 小香葱	全株	0.35	0.15	0.18	
香菜	商品	0.364	0.139	0.884	
莴苣（莴笋）	全株	0.21	0.071	0.318	
莴笋	商品	0.21	0.071	0.318	
大白菜	商品	0.19	0.09	0.342	
大白菜	全株	0.15~0.22	0.06~0.07	0.20~0.31	1.0∶0.29∶1.41
小白菜	商品	0.161	0.094	0.391	
油菜	商品	0.76	0.033	0.206	
花椰菜	全株	0.77~1.10	0.21~0.321	0.91~1.2	1.0∶0.3∶0.7
芹菜	商品	0.20	0.093	0.388	
芹菜	全株	0.16~0.255	0.08~0.136	0.367~0.42	1.0∶0.5∶1.4
西芹	全株	2.79	0.0687	0.5688	
菠菜	全株	0.16	0.08	0.179	
菠菜	商品	0.248	0.086	0.529	
生菜	商品	0.37	0.145	0.328	
韭菜	商品	0.369	0.085	0.313	
茴香	商品	0.379	0.112	0.234	
菜花	商品	1.09	0.21	0.491	
冬瓜	商品	0.136	0.05	0.216	
水果（鲜果） 香蕉	果实	0.87	0.104	1.999	1.0∶0.2~0.5∶1.1~2.0
甜瓜	果实	0.25~0.35	0.13~0.17	0.44~0.68	
火龙果	果实	0.47	0.098	0.938	1.0∶0.21∶1.99
枇杷	果实				1.0∶0.60∶0.80
荔枝	果实	1.35~1.88	0.31~0.49	2.08~2.52	1.0∶0.25∶1.42
龙眼	果实	0.401~0.480	0.146~0.158	0.754~0.896	1.0∶0.30∶1.7~2.0
芒果	果实	0.17	0.023	0.200	1.0∶0.13∶1.15
柑橘（温州蜜橘）	果实	0.60~0.8	0.11	0.40	1.0∶0.11~0.18∶0.65~0.72
苹果（红富士）	果实	0.8~1.0	1.0~1.2	0.8~1.0	2.0∶1.0∶2.0
苹果（国光）	果实	0.30	0.08	0.32	
石榴	果实	1.90	0.90	1.30	1.0∶0.47∶0.68
梨	果实	0.45~0.47	0.15~0.23	0.45~0.48	
甜柿（次郎甜柿）	果实	0.84	0.94	0.94	1.0∶0.24∶0.93
柿（富有）	果实	0.59	0.14	0.54	
葡萄（玫瑰露）	果实	0.56~0.78	0.46~0.74	0.74~0.89	1.0∶0.4~0.5∶1.0~1.2
雪桃	果实	7.8千克/（亩·年）	3.0千克/（亩·年）	10.0千克/（亩·年）	
桃（白凤）	果实	0.3~0.6	0.1~0.2	0.3~0.7	1.0∶0.5∶1.0
杨梅	果实	0.13~0.14	0.005	0.14~0.15	

（续）

作物		收获物	形成 100 千克经济产量所吸收的养分量（千克）			氮（N），磷（P₂O₅），钾（K₂O）推荐施用量参考比例
			氮（N）	磷（P₂O₅）	钾（K₂O）	
其他作物	桑树	鲜桑叶	0.6	0.229	0.48	5.0：3：4
	滇重楼					1：0.5：1.2
	三七	干根茎	1.85	0.5～1.0	2.28	一年生和三年生 2：1：3，二年生 3：1：4
	白芨					1：0.4：0.2
	玫瑰苗期					3：01：02
	玫瑰压枝后					3：1：3
	万寿菊					1：0.4：0.8

注：①一般大田作物包括相应的茎、叶等营养器官的养分数量，籽实为风干重；②蔬菜园艺作物除标明的以外，均为鲜重；③大豆、花生等豆科作物主要借助根瘤菌固定空气中的氮素，从土壤中吸收的氮素仅占 1/3 左右。

参考文献：①何晓滨，段庆忠，尹增松 . 2017. 云南省主要农作物科学施肥技术 [M]. 昆明：云南出版集团公司云南科技出版社；②李洪文等 . 2014. 双柏县耕地地力调查与评价 [M]. 北京：中国农业出版社：428；③张福锁，陈新平，陈清等 . 2009. 中国主要作物施肥指南 [M]. 北京：中国农业大学出版社；④洪丽芳，付利波，苏帆 . 2008. 高肥力植烟土壤氮素调控 [M]. 北京：中国大地出版社；⑤高祥照等 . 2002. 肥料实用手册 [M]. 北京：中国农业出版社；⑥北京农业大学 . 1985. 肥料手册 [M]. 北京：农业出版社。

六、主要作物适宜的土壤 pH

见附录表 1-6。

附录表 1-6 主要作物适宜的土壤 pH

大田作物				园艺园林作物			
作物	pH	作物名称	pH	作物名称	pH	作物名称	pH
水稻	5.0～6.5	蚕豆	6.0～7.0	甘蓝	6.0～7.0	茶	5.0～6.0
小麦	6.0～7.5	棉花	5.0～6.0	花椰菜	5.5～7.5	香蕉	6.0～7.0
大麦	6.5～8.0	黄麻	6.0～7.0	芹菜	6.0～7.0	柑橘	5.0～6.5
红薯	5.0～6.0	甘蔗	6.0～8.0	菠菜	6.0～7.5	桃	6.0～7.5
马铃薯	5.0～6.5	烟草	5.0～6.0	胡萝卜	5.5～7.0	李	6.0～8.0
玉米	5.5～7.5	向日葵	6.0～7.0	洋葱	6.0～7.0	梨	6.0～7.5
大豆	6.0～7.0	苕子	6.0～8.0	番茄	5.5～7.5	葡萄	5.5～7.0
花生	5.0～6.5	紫云英	5.5～7.0	萝卜	6.0～7.0	油桐	6.0～7.0
油菜	6.0～7.0	豌豆	6.0～7.5	黄瓜	5.5～7.0	西瓜	5.0～6.0

七、植物养分氮、磷、钾元素与氧化物之间的换算及其换算关系

（1）氮（N） 全氮（N，克/千克），作物吸收量（千克）换算成 NH_4^+ 的系数 1.00。

（2）磷（P） 全磷（P，克/千克），作物吸收量（千克）换算成 P_2O_5 的系数 2.292。氧化物（P_2O_5）＝磷（P）×2.292；氧化物（P_2O_5，克/千克）换算成全磷（P，克/千

克）的系数 0.436 62。全磷（P，克/千克）＝氧化物（P_2O_5，克/千克）×0.436 62。氧化物（P_2O_5，克/千克）＝全磷（P）÷0.436 62。

（3）钾（K）　全钾（K，克/千克），作物吸收量（千克）换算成氧化物（K_2O）的系数 1.20 或 1.15：氧化物（K_2O）＝全钾（K）×1.20；氧化物（K_2O，克/千克）换算成全钾（K，克/千克）的系数 0.829 79；全钾（K，克/千克）＝氧化物（K_2O，克/千克）×0.829 79。氧化物（K_2O，克/千克）＝全钾（K，g/千克）÷0.829 79。

（4）单质磷（P）、钾（K）转化为氧化磷（P_2O_5）、氧化钾（K_2O）的换算　其换算系数是根据 P、K 在 P_2O_5、K_2O 中的分子量占比计算出来的。同理，也可以计算镁、硫等氧化物与单质元素的换算系数。例氧化磷（P_2O_5），[（P×2）÷（P×2＋O×5）]×100％＝0.436 62。氧化钾（K_2O），[（K×2）÷（K×2＋O）]×100％＝0.829 79。分子式中该元素的分子量：氧 16，磷 31，钾 39。

八、无土栽培部分植物营养液配方摘录

在配制植物营养液时，栽培作物种类及其所需要的肥料条件不同，进而营养液配方也有所不同。下面摘录几种营养液配方，可按需求选择配方使用或作为参考。在所列的配方中，2 番茄营养液配方二至配方三和 3 黄瓜营养液配方至 11 霍格兰和阿农通用营养液配方为大量元素配方，微量元素配方按 12 微量元素用量所列的微量元素用量添加。

1. 园艺均衡营养液配方（用量单位毫克/升）　硝酸钙 950，硝酸钾 810，硫酸镁 500，磷酸二氢铵 155，EDTA 铁钠盐 15～25，硼酸 3，硫酸锰 2，硫酸锌 0.22，硫酸铜 0.05，钼酸钠或钼酸铵 0.02。

2. 番茄营养液配方（用量单位毫克/升）

配方一（陈振德等，1994）：尿素 427，磷酸二铵 600，磷酸二氢钾 437，硫酸钾 670，硫酸镁 500，EDTA 铁钠盐 6.44，硫酸锰 1.72，硫酸锌 1.46，硼酸 2.38，硫酸铜 0.20，钼酸钠 0.13。

配方二（荷兰温室园艺研究所，1989）：硝酸钙 1216，硝酸铵 42.1，磷酸二氢钾 208，硫酸钾 393，硝酸钾 395，硫酸镁 466。

配方三（山东农业大学）：硝酸钙 590，硝酸钾 606，硫酸镁 492，过磷酸钙 680。

3. 黄瓜营养液配方（用量单位毫克/升）

配方一（山东农业大学）：硝酸钙 900，硝酸钾 810，硫酸镁 500，过磷酸钙 840。

配方二（日本山崎）：四水硝酸钙 826，硝酸钾 607，磷酸二氢铵 115，七水硫酸镁 483。

4. 西瓜营养液配方（山东农业大学，用量单位毫克/升）　硝酸钙 1 000，硝酸钾 300，硫酸镁 250，过磷酸钙 250，硫酸钾 120。

5. 甜瓜营养液配方（日本山崎，用量单位毫克/升）　硝酸钙 826，硝酸钾 607，硫酸镁 370，磷酸二氢铵 153。

6. 绿叶菜营养液配方（用量单位毫克/升）　硝酸钙 1 260，硫酸钾 250，磷酸二氢钾 350，硫酸镁 537，硫酸铵 237。

7. 莴苣营养液配方（用量单位毫克/升）　硝酸钙 658，硝酸钾 550，硫酸钙 78，硫

酸铵 237，硫酸镁 537，磷酸一钙 589。

8. 芹菜营养液配方（用量单位毫克/升）

配方一：硫酸镁 752，磷酸一钙 24，硫酸钾 500，硝酸钠 644，硫酸钙 337，磷酸二氢钾 175，氯化钠 156。

配方二（王学军，1987）：硝酸钙 295，硫酸钾 404，重过磷酸钙 725，硫酸钙 123，硫酸镁 492。

9. 茄子营养液配方（用量单位毫克/升） 硝酸钙 354，硫酸钾 708，磷酸二氢铵 115，硫酸镁 246。

10. 甜椒营养液配方（日本山崎，用量单位毫克/升） 硝酸钙 354，硫酸钾 607，磷酸二氢铵 96，硫酸镁 185。

11. 霍格兰和阿农通用营养液配方（Hoagl 和 Arnon，用量单位毫克/升） 硝酸钙 945，硫酸钾 607，磷酸二氢铵 115，硫酸镁 493。

12. 微量元素用量（各配方通用，用量单位毫克/升） EDTA 铁钠盐 20～40，硫酸亚铁 15，硼酸 2.86，硼砂 4.5，硫酸锰 2.13，硫酸铜 0.05，钼酸铵 0.02，硫酸锌 0.22。

以上摘录的营养液配方是无土栽培成株用的配方，工厂化育苗用的营养液，从成分、配方以及配制技术等方面都与栽培成株的要求基本相同，只是育苗使用的浓度应比栽培成株浓度要低。许多日本资料显示，幼苗期的营养液浓度与成株栽培比较，应略稀一些，有人主张育苗液浓度应为成株标准浓度的 1/2 或 1/3，有人主张使用配方的标准浓度。据山东农业大学无土育苗多年的研究结果，果菜类蔬菜育苗的营养液浓度为成株栽培浓度的 1/2，对植株的正常生长发育没有影响。目前，蔬菜工厂化育苗多是采用混合基质，营养液是作为补充营养，一般不要用过高的浓度。喷洒的营养液浓度过高，蒸发量过大时，幼苗叶缘容易受害，穴盘基质中也容易积累过多的盐分，影响幼苗正常生长发育。

第二节 世界和部分国家（地区）1978—2015 年耕地面积和世界部分国家（地区）1990—2016 年主要作物收获面积

一、世界和部分国家（地区）1978—2015 年耕地面积

见附录表 1-7。

附录表 1-7 世界和部分国家（地区）1978—2015 年耕地面积

单位：千公顷

国家和地区	年份								
	1978	1980	1983	1985	1988	1990	1993	1995	1997
世界总合计	1 326 363	1 331 998	1 336 263	1 347 871	1 355 260	1 356 743	1 342 826	1 361 711	1 379 114
♯中国	99 389.5	99 305.2		96 846.3	95 720	95 100	95 100	94 970	94 970

（续）

国家和地区	年份								
	1978	1980	1983	1985	1988	1990	1993	1995	1997
孟加拉国	8 915	8 913	8 862	8 866	9 179	9 544	9 450	8 456	7 916
♯印度	164 593	164 742	164 968	165 630	165 780	165 869	166 100	166 100	161 950
印度尼西亚	18 000	18 000	18 000	19 500	21 156	20 253	18 900	17 130	17 941
伊朗	14 192	12 981	14 400	14 900	15 660	16 150	16 650	16 969	17 750
以色列	325	325	315	327	343	348	350	352	351
日本	4 344	4 294	4 238	4 209	4 170	4 121	4 024	3 970	3 915
缅甸	9 558	9 573	9 613	9 593	9 552	9 567	9 579	9 540	9 556
朝鲜	1 590	1 610	1 640	1 660	1 690	1 700	1 700	1 700	1 700
韩国	2 079	2 060	2 032	2 009	1 997	1 953	1 877	1 787	1 724
巴基斯坦	19 713	19 994	19 971	20 202	21 393	20 484	20 790	21 050	21 034
菲律宾	5 080	5 204	5 300	5 350	5 430	5 480	5 520	5 520	5 120
泰国	16 108	16 515	17 293	17 693	17 728	17 494	17 600	17 085	17 085
土耳其	25 123	25 354	23 696	24 595	24 786	24 647	24 481	24 654	24 654
越南	5 999	5 940	5 850	5 616	5 460	5 339	5 500	5 509	5 509
埃及	2 395	2 286	2 308	2 305	2 310	2 284	2 450	2 817	2 834
尼日利亚	27 730	27 850	28 135		29 285	29 539	29 850	30 371	28 200
♯南非	12 570	12 440	12 355		12 355	13 440	12 365	14 915	15 360
加拿大	44 920	45 620	46 000	45 950	45 900	45 870	45 420	45 420	45 560
墨西哥	22 740	23 000	23 138	23 150	23 150	23 150	23 150	25 700	25 200
美国	188 755	188 755	187 765	187 765	185 742	185 742	185 742	185 742	176 950
阿根廷	25 000	25 000	25 000	25 000	25 000	25 000	25 000	25 000	25 000
♯巴西	35 800	38 632	40 900	42 428	47 000	45 600	42 000	53 500	53 300
法国	17 353	17 472	17 669	17 923	17 813	17 999	18 255	18 310	18 305
德国	12 086	12 030	11 967	11 957	11 948	11 971	11 676	11 835	11 832
意大利	9 451	9 483	9 128	9 050	8 958	9 012	9 030	8 105	8 283
荷兰	780	790	801	826	869	879	906	881	900
波兰	14 709	14 621	14 474	14 511	14 464	14 388	14 305	14 210	14 059
♯俄罗斯联邦	227 500	226 417	226 700	227 156	227 520	224 900	129 500	130 970	126 024
西班牙	15 640	15 558	15 592	15 564	15 577	15 335	14 981	15 246	14 344
乌克兰							33 334	33 286	33 081
英国	6 949	6 931	6 912	7 006	6 876	6 607	6 081	5 928	6 380
澳大利亚	42 518	44 031	44 817	47 150	47 000	47 900	46 300	48 148	52 875
新西兰	2 500	2 500	2 500	2 500	2 569	2 561	2 450	1 579	1 555

（续）

国家和地区	年份								
	1999	2002	2005	2007	2009	2012	2013	2014	2015
世界总合计	1 369 110	1 404 130	1 412 140		1 381 200	1 395 890	1 407 840	1 417 150	1 425 930
♯中国		142 620	143 300	140 630	110 000	105 920	105 720	105 700	119 000
孟加拉国	8 100	8 020	7 950	7 970	7 570	7 680	768	7 670	7 760
♯印度	161 750	161 720	159 650	158 650	157 920	156 200	157 000	156 360	156 460
印度尼西亚	17 941	20 500	23 000	22 000	23 600	23 500	23 500	23 500	23 500
伊朗	17 300	15 020	16 530	16 870	17 210	17 710	14 880	14 690	14 690
以色列	351	340	320	310	300	290	290	300	300
日本	4 503	4 420	4 360	4 330	4 290	4 250	4 240	4 220	4 200
缅甸	9 548	9 860	10 070	10 580	11 040	10 820	10 770	10 790	10 880
朝鲜	1 700	2 500	2 800						
韩国	1 699	1 680	1 640	1 600	1 600	1 520	1 500	1 480	1 460
巴基斯坦	21 234	21 450	21 280	21 500	20 430	2 119	30 470	30 440	30 440
菲律宾	5 550	5 700	5 700	5 100	5 400	5 550	5 590	5 590	5 590
泰国	14 700	15 870	14 200	15 200	15 300	16 560	16 810	16 810	16 810
土耳其	24 138	25 940	23 830	21 930	21 350	20 580	20 570	20 710	20 650
越南	5 750	6 700	6 600	6 350	6 280	6 400	6 410	6 410	7 000
埃及	2 834	2 900	3 000	3 020	2 880	2 800	2 740	2 670	2 900
尼日利亚	28 200	30 200	32 000	36 500	34 000	35 000	34 000	34 000	34 000
♯南非	14 753	14 750	14 750	14 500	14 350	12 000	12 500	12 500	12 500
加拿大	45 560	45 660	45 660	45 100	45 100	45 920	45 920	46 020	43 610
墨西哥	24 800	24 800	25 000	24 500	25 130	23 130	22 980	22 990	22 910
美国	176 950	176 020	174 450	170 430	162 750	155 110	151 840	154 600	152 260
阿根廷	25 000	33 700	28 500	32 500	31 000	39 290	39 700	39 200	39 200
♯巴西	53 200	58 980	59 000	59 500	61 200	72 610	76 010	80 020	80 020
法国	18 361	18 450	18 510	18 430	18 350	18 290	18 310	18 330	18 480
德国	11 821	11 790	11 900	11 880	11 950	11 830	11 880	11 870	11 850
意大利	8 545	8 290	7 740	7 170	6 880	7 120	6 830	6 730	6 600
荷兰	914	920	910	1 060	1 050	1 010	1 040	1 050	1 030
波兰	14 072	13 920	12 140	12 500	12 540	10 930	10 790	10 930	10 890
♯俄罗斯联邦	124 975	123 470	121 780	121 570	121 750	119 750	122 240	123 120	123 120
西班牙	13 680	13 740	13 700	12 700	12 500	12 400	12 570	12 280	12 340

（续）

国家和	年份								
地区	1999	2002	2005	2007	2009	2012	2013	2014	2015
乌克兰	32 670	0	32 450	32 430	32 480	32 520	32 530	32 530	32 540
英国	5 917	5 750	5 730	6 090	6 050	6 210	6 270	6 230	6 010
澳大利亚	47 979	48 300	49 400	44 180	47 160	47 110	46 220	46 960	46 130
新西兰	1 555	1 500	1 500	870	470	580	550	590	590

注：1978 年、1983 年、1988 年、1993 年资料来源于联合国粮农组织《生产年鉴》1994 年，德国 1988 年及以前为原联邦德国和民主德国之和。1980 年、1985 年、1990 年、1995 年资料来源于联合国粮农组织《生产年鉴》1996年，世界合计中 1990 年及以前未包括前苏联各共和国，1995 年数据包括前苏联各共和国。中国 1978 年、1980 年、1985 年数据来源于中国国家统计局。♯表示为金砖国家，《金砖国家联合统计手册（2021）》中文版编委会（中国统计出版社有限公司，2022 年 2 月）。

2002 年、2005 年数据来源于粮农组织数据库。2007 年、2009 年、2012 年资料来源于世界银行 WDI 数据库。

二、世界和部分国家（地区）1990—2016 年主要作物收获面积

见附录表 1-8。

附录表 1－8　世界和部分国家（地区）1990—2016 年主要作物收获面积

单位：千公顷

国家和地区	年份 1990	1994	1995	1997	1998	2000	2004	2006	2008	2009	2010	2013	2016
世界总合计	920 415	836 973	928 214	859 011.0	939 151	883 128.4	1 040 605.0	1 032 283.1	1 037 520.0	1 026 359.9	1 019 292.20	1 079 621.7	1 090 697.6
#中国	148 362	114 388	129 912	119 441.0	132 427	123 667	140 251.0	139 219.9	135 729.4	138 201.7	139 221.50	143 957.3	146 112.9
孟加拉国	1 504	11 759	1 365	12 059.0	1 482	13 020.5	13 753.0	13 881.1	14 032.3	13 747.6	14 212.9	14 591.1	14 393.8
#印度	136 249	127 176	138 689	120 248.0	142 353	132 031	150 064.0	149 660.8	146 550.8	142 872	142 997.3	150 514.2	147 774.5
印度尼西亚	17 010	16 489	19 056	18 394.0	18 818	18 088	19 696.0	19 258.2	20 304.8	21 169.4	21 306.9	21 385.2	21 520.9
伊朗	11 095	10 001	11 009	10 017.0	10 705	9 015.83	11 104.0	10 740.5	9 575.8	11 095.3	11 185.5	11 403.6	10 052.2
以色列	222.2	94	208	98.0	199	116	175.0	192.7	154.1	168.6	167.8	176	158.7
日本	3 167	2 701	2 902	2 596.0	2 599	2 513.7	2 655.0	2 665.6	2 670.1	2 575.3	2 559	2 528.9	2 412.4
缅甸	6 952	8 609	8 546	9 386.0	7 706	8 794.2	9 920.0	11 462.4	10 672.4	10 711.1	11 005.3	10 706.4	9 914.7
朝鲜	548	1 813	535	1 542.0	540	44	2 059.0	1 982.6	1 961.2	1 932.5	1 966.8	2 023.7	1 947.8
韩国	1 875	1 450	1 614	1 359.0	1 603	1 534.5	1 414.0	1 378.9	1 301.8	1 297.9	1 264	1 203.5	1 129.7
巴基斯坦	16 370	13 553	17 379	13 663.0	16 805	14 628.8	20 801.0	21 502.3	18 930	19 027.9	18 123.4	18 630	18 962.1
菲律宾	8 358	6 949	7 996	7 174.0	6 855	7 934	8 439.0	8 620.1	9 040.9	9 171.2	8 765.5	9 345.9	9 488.6
泰国	12 726	11 387	12 762	12 203.0	13 757	13 562.4	14 611.0	14 336.5	14 776.6	15 626.1	15 519.6	17 857.3	14 121.6
土耳其	16 474.02	14 227	16 571.01	14 658.0	17 094.11	14 728.8	17 214.0	16 936.6	13 453.3	14 042.8	14 206	13 741.6	13 632.2
越南	7 344	7 676	8 485	8 382.0	9 239	9 539.2	10 500.0	10 476.4	10 635.5	10 426.7	10 634.7	11 108.9	10 905.8
埃及	3 259	2 617	3 684	2 801.0	3 584	3 296	4 161.0	4 393.1	5 025.8	4 610.2	4 109.4	4 332.7	4 702.7
尼日利亚	18 602	12 340	22 577	20 695.0	23 099	23 470	37 336.0	34 211	32 900.5	26 983.9	26 450.9	31 693.3	37 107
#南非	6 975	6 515	6 084	6 964.0	5 553	5 851.8	5 357.0	4 145.4	4 892.7	4 343.4	4 585.0	5 346	3 891.8
加拿大	24 201	24 751	23 657	25 129.0	24 879	24 299	23 599.0	23 578.7	24 469.8	22 684.3	21 231.2	25 975.9	24 766

（续）

国家和地区	1990	1994	1995	1997	1998	2000	2004	2006	2008	2009	2010	2013	2016
墨西哥	12 644.002	11 155	12 767	11 535.0	13 426	14 072	13 207.0	12 353.1	12 639.4	11 268.2	12 284.5	12 282	12 928.6
美国	96 511	90 900	94 497	95 130.0	98 183	91 117	101 059.0	97 496.6	97 770.6	95 220	96 327.1	96 774.7	99 517.9
阿根廷	15 432	14 967	16 265	17 945.0	18 559	20 441	26 080.0	26 142.7	27 281	26 370.3	29 150.5	32 269.7	34 353.4
‡巴西	38 930	36 301	40 086	35 985.0	37 537	38 747.9	54 296.0	53 698.5	56 027.2	55 778.7	56 348.8	64 131.1	68 529.4
法国	11 464	9 402	10 829	10 715.0	12 007	11 532	12 169.0	12 148.2	12 510.8	12 389.7	12 739.2	12 455.6	12 761.3
德国	8 646	7 930	8 376	8 460.0	8 876	8 557	9 657.0	8 942.0	9 213.2	9 202.7	8 855.9	8 773.7	8 413.7
意大利	6 888.05	4 594	6 239.02		6 263	5 879		5 374.1	5 605.5	5 045.2	5 042.6	4 904.7	4 739.8
荷兰	354	306	336	320.0	335	247	511.0	483.1	484.8	473.1	462.1	462.9	424.4
波兰	9 698	9 276	9 837		9 983	9 654		10 244.2	10 501.3	10 477.5	10 295.6	9 354.3	9 226.2
‡俄罗斯联邦		56 141	55 714	53 884.0	51 858	41 226.5	44 526.0	46 569.7	49 335.9	46 916.3	37 485.1	46 089.7	51 124.3
西班牙	2 378.62	6 789	2 112.22	7 044.0	2 036.15	18	8 889.0	8 493.9	8 766.3	7 972.4	7 752.9	7 962.2	8 096.8
乌克兰						13 155	16 958.0	17 255.6	19 124.3	18 768.8	18 267.5	19 833.1	18 156.9
英国	4 284	6 709	3 854	4 115.0	4 173	3 372	4 018.0	3 745.6	4 163.2	3 994.3	3 940.1	4 028.4	3 961.5
澳大利亚	14 292	12 271	15 832	17 408.0	18 573	20 126	20 524.0	19 205.6	22 298.3	22 163.7	22 188.4	21 945	20 400.1
新西兰	224	151	197.4	167.0	206.4	182	221.0	189.00	215	248	219	223.3	218.8

资料来源：联合国 FAO 数据库；中国 1990 年数据来源于中国国家统计局。国外按收获面积计算。中国的黄麻及黄麻类纤维指黄红麻；中国 1990 年及以前数字为前联邦德国和前苏联国合计数。2004 年、2006 年、2008 年、2010 年为俄罗斯联邦。1997 年资料来源：联合国粮农组织《生产年报》(1997 年 3/4 季)。

中国 1990 年作物数据包括：谷物、豆类（主要为大豆）、薯类、油料（花生、油菜籽）、麻类（黄红麻、苎麻、亚麻）、糖料（甘蔗、甜菜）、烟叶（烤烟）、蔬菜、茶园、果园。其余年度数据来源库的作物收获面积，1990 年、1995 年、1998 年面积包含：谷物（稻谷、小麦、玉米）、大豆、油料（花生、芝麻、油菜籽、黄麻及黄麻类纤维、甘蔗、甜菜、茶叶、烟叶、水果。2004 年面积包含：谷物、大豆、花生、芝麻、油菜籽、甘蔗、甜菜、茶叶、烟叶、水果、1994 年、1997 年、2000 年面积来源于联合国 FAO 数据库包含：谷物、大豆、花生、芝麻、油菜籽、甘蔗、甜菜、茶叶、根茎植物、籽棉、麻及麻类纤维、水果、茶叶、烟叶（不含瓜类）、2007 年、2008 年、2009 年、2010 年、2013 年、2016 年面积包含：谷物、大豆、根茎类作物、花生、油菜籽、籽棉、黄麻及黄麻类纤维、甘蔗、甜菜、黄麻类纤维、水果（不含瓜类）。

第三节　论文、报告

一、双柏县大力发展节水农业面临"三大"瓶颈

双柏县大力发展节水农业面临"三大"瓶颈

李洪文

　　水资源短缺已成为制约我县社会和经济发展的瓶颈。而发展节水农业要根据当地自然、经济、社会等诸多条件，遵循因地制宜的原则，根据不同地区、不同作物的不同要求，研究集成不同的节水农业技术模式推广应用。就目前来说，可供选择的节水农业技术模式有很多种，但每一种节水农业技术模式都有一定的适宜范围，必须因地制宜，因作物制宜，才能发挥节水农业技术模式的优势。发展我县节水农业面临的瓶颈主要是：

　　一是"节水农业"模式推广受阻。

　　就我县目前的情况看，大致有四种节水农业模式，各模式有其适应范围：

　　（1）以现代滴灌、喷灌、微灌为主体的节水农业模式。主要由流转土地较多、具有一定经济实力的农业新型经营主体在应用，灌溉规模较小。主要在双柏县大庄、大麦地等低热河谷地带的蔬菜、水果和部分烤烟等高产值作物上应用。

　　（2）以常规地面节水灌溉为主体的节水农业模式。适用于灌溉规模较大、利用地表水为主、经济条件有限的小农户、农业新型经营主体。是我县主要的节水农业模式，应用面积较大。一般采取简易的田间节水灌溉技术，即平整土地、划小畦块、细流沟灌和隔沟沟灌，采用坐水点播种、移栽时浇灌定根水、适时浇灌活苗水等节水灌溉制度。

　　（3）常规地面节水灌溉、喷微灌和农艺、管理措施相结合的综合节水农业模式。适用于地面灌溉规模大、经济与技术实力很强的地区，以及规模经营的农业新型经营主体。

　　（4）水肥一体化远程自动灌溉节水农业模式。主要适用于高产值作物，经济实力较强的农业新型经营主体也在应用，灌溉规模小，单位面积需要的投资额度大。该项技术模式在双柏县大麦地镇100多亩阳光玫瑰葡萄生产基地示范应用。

　　从以上的情况可见，各种节水农业技术的推广应用，要因地制宜，因作物制宜的同时，还要根据农户的经济条件、农作物产值、当地水土、气候以及生产规模等相衔接，才能充分发挥其经济效益。我县农业生产主要以小农户分散经营为主，农业新型经营主体为辅，单位面积收益较低，加之发展节水农业需要增加农业生产的投入，严重制约了我县节水农业发展。

　　二是"节水农业"模式认识不足。

　　（1）农民节水意识薄弱。大多数农民受文化程度影响，对节水农业模式认识有着一定程度上的不足，导致他们缺乏水源危机意识。很多地方的都习惯性地使用大漫灌的传统方式进行农业灌溉，认为有河就有水，水源用不完，对水资源短缺问题认识不到位，缺乏水源危机意识，节水灌溉意识薄弱，导致大量水源被浪费。此外，农村居民用水难以实现循环利用，也是一大浪费现象。

　　（2）对我县发展旱作节水农业的战略地位和长期性、艰巨性认识不足。灾年抓得紧，

丰年抓得松，旱作区抗旱能力不强，靠天吃饭的局面没有从根本上得到改变。我县虽然从1990年以来就实施中低产田改造、土地综合开发等农田基本建设，农田基础条件得到了一定改善，但目前仍有50%左右的农田属中低产田，特别是山区梯田台地抵御自然灾害能力更弱，基本上处于"雨养农业"的状况。

（3）实现节水农业发展的有关行业部门的协调还需进一步加强。农业、水利、农机等涉农部门之间的协调认识存在一定差距，使得工程节水与农艺节水结合得不够紧密，一定程度上限制了节水农业整体效益的发挥。

（4）节水制度实施力度不够大。改变传统农业发展模式，推动节水农业的发展，缺乏强有力的政策支持。国家已经出台了推动节能减排技术进步的相关法规，出台了大量节能条例，其中就包括节水条例。但即使如此，由于我县财力有限，节水法规实施仍然是不到位，农业节水工作推进缺乏财政支持。主要表现在近年来我县的水利工程在输水、配水工程建设中还以明渠为主，管道建设较少，水利工程在输水、配水、灌水过程中主要依靠自然河道、明渠输配水，水量损失较大的现象没有根本改观。

三是"节水农业"自然条件制约。

受地理条件和地形地貌等自然条件的影响，耕地零散破碎，对建设农业节水工程增加了难度，增加了单位面积投入，制约着相关效益发挥。另外，就是部分地块缺乏应有的水源，无水可用。

（此文于2020年7月7日提交县委办、政府办）

二、大棚芦笋四季生产技术集成与应用

大棚芦笋四季生产技术集成与应用

李洪文[1]　龙荣华[2]　周晓波[1]　李春莲[1]　陈卫兵[3]　吴孟满[3]

（1. 双柏县农业技术推广服务中心，2. 云南省农业科学院园艺作物研究所，3. 双柏县农盛农业发展有限公司）

邮政编码：675100，电话：0878－7731397，联系人：李洪文，15891846705；邮箱：69773152@qq.com

地址：云南省双柏县妥甸镇光明路28号，双柏县农业农村局

芦笋（*Asparagus officinalis* L.）又称露笋、石刁柏、芦尖、龙须菜、笋尖等，是天门冬科天门冬属多年生草本植物，是世界十大高档名菜之一，除具有丰富的营养外，还有抗氧化、抗癌、降血脂、提高人体免疫力等多种保健功效，是一种食药兼用型蔬菜，多吃芦笋是补充叶酸的重要食物来源，妊娠期妇女、婴儿常吃芦笋补充叶酸，有利于宝宝智力发育。近年来，在国际市场上十分紧俏，供不应求，在我国市场也日益畅销，生产发展迅速，已成为一种具有广阔发展前景的特色经济作物。近年引入云南栽培。移栽定植1次可连续采收10～15年。2021年云南省种植面积4万多亩，其中楚雄州5 000多亩。

为充分利用芦笋适应性强，市场前景好的优势，于2018年引进盛丰F1等芦笋新品种在双柏县大庄镇进行试验示范，利用云南优越的气候条件，因地制宜集成推广了大棚芦

笋避雨防病、大棚芦笋水肥一体膜下滴灌、秋冬季大棚内搭盖薄膜增温保温四季高效栽培技术。促进芦笋无公害产品和绿色产品规范化、标准化生产，进一步提高了种植效益。应用面积由 2019 年的 3 亩，扩大到现在的 500 多亩，初步形成了芦笋新品种与大棚避雨栽培防病、大棚水肥一体膜下滴灌、秋冬季大棚内搭盖薄膜增温保温栽培相匹配、市场行情与生产技术适时相配套的种植格局，保证嫩笋在一年四季的市场行情较好的时间段采收上市，实现芦笋生产高产高效目标。

据生产实践结果，大棚芦笋四季生产技术，一是清园管理及其采收嫩笋上市时间可灵活安排，顺应市场行情变化，经济收益好；二是可有效减少化肥使用量 20%～43%，土壤有机质提高 5%，化学农药使用量减少 25% 以上，1～2 级嫩笋产品率提高 10% 以上，该项技术的应用节约了农业投入品和人力成本。据统计，每亩年产量在 1 200～2 600 千克，可增收 250～600 元，节约成本约 150 元。秋冬季市场行情较好时间段，产地每千克销售价在 25～40 元，春夏正季 15～20 元，市场前景广阔。与此同时，耕地土壤质量得到有效提升，生态环境得到有效改善，芦笋品质得到显著提高。

1 大棚及其相关设施

相关设施应符合国家相关技术标准。

1.1 大棚架建。采用镀锌钢管、竹材等为棚架材料。单体钢架拱型棚棚宽 8 米或 6 米，棚长一般不超过 60 米；连体钢架大棚连栋数量不超过 10 栋。棚顶高 3.2～3.5 米，棚内距地面 1.7～2.0 米处增设铁线以方便铺盖薄膜增温。拱棚以南北向为佳，棚架强度达到当地农用大棚的抗风抗雪要求。

1.2 覆膜。棚架顶部覆盖多功能大棚膜，膜厚 0.06～0.08 毫米，薄膜宽度为棚宽加 2.0～3.0 米；裙膜厚度 0.06～0.08 毫米。

1.3 水肥一体滴灌系统。滴灌系统由"水源-水泵-总过滤器-地下或地面输水管-水阀-末端过滤器-田间输水管-滴灌管"组成。

根据灌溉面积和水源情况，选用合适流量和扬程的水泵。若水源高于田块 10 米以上，可以自流灌溉。

应用内镶式滴灌管需安装不少于 120 目的网式过滤器或叠片式过滤器。根据种植规模配备施肥装置，可采用比例施肥器、文丘里注肥器等。

水源至田块的地下或地面输水管管径依输水流量而定；棚内的地面输水管宜采用 Φ25 毫米的黑色聚乙烯管。

采用内镶式滴灌管，每畦铺设 2 条或 1 条滴灌管。

2 相关要求

产地环境应符合 NY/T 391—2013 绿色食品产地环境质量要求；水源水质应符合 GB 5084 的要求；所施肥料符合 NY/T 496—2010 肥料合理使用准则通则和 NY/T 394—2013 绿色食品肥料使用准则要求；所施农药符合 NY/T 393—2020 绿色食品农药使用准则要求。

3 品种选择

芦笋是多年生植物，一次种植可以连续收获 15 年以上，因此，应因地制宜选择优质丰产、早熟、抗逆性强、适应性广、商品性佳的杂交一代品种，如盛丰 F_1、TC30F_1 等。

4 地块选择

选择地势平坦、排灌方便、土层深厚、土质疏松、富含有机质、保肥、保水性好、土壤 pH 6～6.7，3 年或 3 年以上未种植过百合科植物的肥沃壤土或砂壤土。

5 育苗

3～5 月播种。72 孔或 50 孔穴盘育苗，将配制好的营养土装入穴盘，每个空穴盘的营养土装 2/3，于播种前一天浇足底水，每个孔穴点播 1～2 粒经催芽露白的种子，盖上 1 厘米厚的营养土，浇透水，在营养土表面覆盖薄膜。出苗及时揭除覆盖薄膜，出苗后，保持土壤湿润。

6 整地施基肥

栽培芦笋田深耕晒垡。每亩施经无害化处理的有机肥 4 000～6 000 千克或商品有机肥 250 千克、氮磷钾三元复合肥 50 千克，土肥翻匀，打碎整平，做畦。行距 1.3～1.4 米，定植沟宽 20～30 厘米，深 40 厘米。定植沟宜南北向开挖，挖沟时上、下层泥土应分开，在种植沟中施入有机肥每亩 3 000～5 000 千克或商品有机肥每亩 200 千克，覆土 20～30 厘米。回填时将上层熟土填在底部，以利于芦笋根的发育。

7 定植

可于 5 月至 8 月定植。苗龄 50～60 天，苗高 20～25 厘米，茎粗 0.5～0.6 厘米，即可定植。行距 1.5～1.8 米，株距 25～30 厘米，每亩栽苗 1 778～1 058 株。按株行距在定植沟中将大苗、壮苗和弱苗分别集中带土移栽，单行定植。栽苗深度 6～12 厘米，覆土并浇透水。

8 清园

生长期随时割除枯老枝、病弱枝，并带离田间销毁。

将开始枯黄、老化的地上茎枝全部割除，并对地面及其大棚进行彻底消杀处理，为生产嫩笋作准备。移栽定植 210 天左右时第一次清园，留养生长健壮、茎粗 1.0 厘米以上、分布均匀间隔 5～10 厘米的茎枝 3～5 枝，其余采收嫩笋。以后每年清园两次，或在市场行情好时清园。

母茎经过 3～4 个月的生长，大部分植株已开始老化，或已感染病害，生活力下降时，将母茎地上茎枝割除并彻底清园。用多菌灵 200～300 倍液喷施闷棚 2～3 天，彻底土壤消毒，增施有机肥并配合施用氮磷钾复合肥，浇一遍透水。清园换头时间可根据芦笋市场行情灵活掌握。

9 移栽定植至第一茬采收前施肥

围绕培育根盘及其鳞茎健壮、根系生长进行施肥，高磷、高氮、中钾配方施肥。结合当地实际适时调整施肥量及其施肥次数。

9.1 水肥一体化施肥

水溶复合肥（N-P_2O_5-K_2O=15-15-15）3 千克/（亩·次）+根力素混配滴灌，每 12～20 天一次；水溶复合肥（N-P_2O_5-K_2O=15-15-15）3 千克/（亩·次）+农用硝酸钾 3 千克/（亩·次）混配滴灌，每 25～30 天一次，促进根盘及其鳞茎健壮、根系生长。

9.2 土壤施肥

定植 20d 后，每亩施尿素 30 千克。定植 50 天后，每亩施有机肥、氮磷钾三元复合肥

50 千克，开沟施后覆土。

10 采笋期施肥

围绕生长嫩笋进行施肥，高钾、高氮、中磷配方施肥。结合当地实际适时调整施肥量及其施肥次数。

10.1 水肥一体化施肥

清园后开沟施腐熟农家肥 4 000～6 000 千克/亩；水溶复合肥（$N-P_2O_5-K_2O=15：15：15$）3 千克/（亩·次）＋农用硝酸钾 3 千克/（亩·次）混配后于清园后滴灌一次；水溶复合肥（$N-P_2O_5-K_2O=15：15：15$）3 千克/（亩·次），采笋期间每 10～15 天滴灌一次。夏季不施有机肥，以防烧苗。

在夏秋季采笋期滴灌追施水溶性肥，施高氮型配方肥（复合肥）一次与施高钾型配方肥（复合肥）两次交替使用，一般每 10～15 天按每亩 6～8 千克追施一次，共 10～12 次。滴灌施肥浓度 0.2%～0.5%。

10.2 土壤施肥

清园后开沟施腐熟农家肥 4 000～6 000 千克/亩，复合肥（$N-P_2O_5-K_2O=17：17：17$）80～120 千克/亩。

11 留养母茎期施肥

留养母茎 60～130 天，围绕母茎枝光合作用产生的营养向根盘及其鳞茎、根系输送，恢复其健壮生长进行施肥，养根为主。以高磷、高氮、中钾配方施肥。结合当地实际适时调整施肥量及其施肥次数。

11.1 水肥一体化施肥

春母茎、秋母茎留养期间滴灌追施 1～2 次高氮型水溶性配方肥（复合肥），每亩用量为 6～8 千克，每 10 天 1 次；或施水溶复合肥（$N-P_2O_5-K_2O=15：15：15$）3 千克/（亩·次）＋农用硝酸钾 4 千克/（亩·次），混配后于养根期滴灌 1 次；水溶复合肥（$N-P_2O_5-K_2O=15：15：15$）4 千克/（亩·次），混配后于养根期滴灌每 12～15 天一次；同时滴灌腐殖酸＋氨基酸水溶肥料。

11.2 土壤施肥

清园后开沟施腐熟农家肥 4 000～6 000 千克/亩，复合肥（$N-P_2O_5-K_2O=17：17：17$）80～120 千克/亩，尿素 20～30 千克/亩，普通过磷酸钙 30～40 千克/亩。其中：

春母茎留养成株后每亩施氮磷钾三元复混（合）肥 10～15 千克。夏笋采收期间，前期间隔 20 天、后期间隔 15 天追肥一次，每亩用量为氮磷钾三元复（混）合肥 15～20 千克，共 2～3 次。

春母茎拔除后秋母茎留养前沟施腐熟有机肥 1 000 千克或三元复混（合）肥 25 千克。

秋母茎留养后，视植株长势，前期可间隔 15 天每亩加氮磷钾三元复混（合）肥 15～20 千克，共 2～3 次；后期可结合防病治虫喷施 1～2 次含钾叶面肥。

12 月中下旬冬季拔秆清园后，沟施腐熟有机肥每亩 1 500 千克加三元复混（合）肥 30～50 千克。对钙、硼、锌等中、微量元素缺乏的田块，结合冬季施肥补充，或可采用肥水同灌进行追肥。

12   休根期

留养的母茎进入正常衰老枯黄，不施肥不浇水。

13   中耕除草与培土

采收绿芦笋，于开春浇水或雨后嫩茎出土前结合浅中耕适当培土、除草。采收白芦笋的，应在清园后嫩茎出土前培土成垄，保持地下茎上方土层厚25～30厘米。

14   水分管理

移栽定植后的幼株期保持根区土壤湿润，促进活棵。活棵后遵循"少量多次"的灌水原则，控水促根，土壤持水量保持60%左右。留养母茎期间田间土壤持水量保持50%～60%；采笋期间土壤保湿，持水量保持70%～80%。休眠期前浇一次透水，雨季注意排水。

15   留养母茎养根

15.1   母茎质量要求。选择生长健壮、直径1厘米以上、无病虫斑，且分布均匀，间隔距离5～10厘米的嫩茎作为母茎留养，其余嫩茎适时采收。

15.2   适时留养母茎。移栽当年先留茎，培育根盘，促进鳞茎健壮发达，适时剪除长势较弱的嫩笋、弱茎、有病虫斑的茎，每丛盘留养健壮新母茎3～6枝；移栽定植210天左右清园管理，采笋10～20天，每丛盘留养母茎3～5枝，之后，随芦笋年龄的增加，留养母茎的适期可逐渐推迟到6～9月，并根据芦笋长势、土壤肥力、施肥量、市场行情等情况和采笋期、休根期等综合考虑。

芦笋开始抽生嫩茎时，可对抽生的嫩茎进行采收。采收一段时间后，再开始留养母茎。一般要求是：

15.2.1   春母茎。2～3年生芦笋在3月下旬至4月上中旬留养，4年生以上芦笋在4月下旬至5月上旬开始留养。具体留茎时间，以全田笋茎芽出土整齐，选晴好天气进行。留母茎枝数，根据芦笋种植年龄和根盘大小而定（下同），二年生每丛盘留养3～4枝，3年生留养4～5枝，4年生以上留养6～9枝。均匀留养，其余嫩茎适时采收。留养的母茎要选茎粗1～1.5厘米的实心茎，且要均匀分布，不要靠在一起（下同）。母茎经过3～4个月生长进入衰老期或茎枝逐渐枯黄时根据市场行情确定是否清园，市场行情好则进行清园管理（下同）。

15.2.2   秋母茎。秋母茎留养宜在8月中旬至9月上旬进行，三年生以内每丛盘留6～10枝，三年生以上留10～15枝。其余嫩茎适时采收。11月下旬至12月上旬秋母茎逐渐枯黄时根据市场行情确定是否清园。

16   疏枝打顶与防倒伏

母茎留养期间，棚内笋株应及时整枝疏枝。芦笋主茎长至80～100厘米时，掐去茎尖，使芦笋植株保持在较矮的高度。与此同时，应及时在芦笋行中打桩防止倒伏，每隔5米打一根1.5米高的竹竿或木棍，用托幕线或塑料绳皮双向将芦笋夹在中间固定植株，母茎长至120厘米高时，摘除顶芽以控制植株高度，增强芦笋植株抵抗风雨、防止倒伏的能力。

17   雌株花果摘除

当雌株可见幼果或花枝时，适时将其剪除。

18 大棚温度管理

18.1 冬季覆膜保温增温。12月上旬至翌年1月下旬低温期间采用多层覆盖保温，在开沟增施有机肥的同时，采用大棚套中棚和小拱棚保温，棚内地面覆盖单层地膜保温，提高地温。促进嫩笋提早萌发、采收，产生更高的经济效益。

如棚外气温低于0℃，应在棚内小拱棚或地膜上加盖草帘、无纺布等覆盖物，以确保棚内气温不低于5℃。

18.2 嫩笋采收期间的温度管理。出笋期白天棚内气温控制在25～30℃，夜间保持12℃以上。如棚温超过35℃，应打开大棚两端，掀裙膜通风降温。

19 大棚避雨栽培防病

夏秋季保留顶膜避雨栽培。

20 带母茎采笋

留足预定的母茎之后母茎生长期间，适时剪除新抽生出土的嫩笋、弱小笋等，即带母茎采笋。采笋时间的长短可根据芦笋生长情况、市场行情等综合考虑确定。

21 病虫害防控

21.1 土壤消毒。一般在留母茎前3～5天，用石灰粉或石灰氮、75%敌克松可湿性粉剂800～1 000倍液、40%芦笋青粉剂600倍液洒浇芦笋丛盘及周围土壤，以杀死土壤中病菌，降低病源基数，保护留养母茎免受其侵害。

21.2 防病保茎。当留养的母茎长至5厘米高时，用40%芦笋青粉剂50倍液喷涂笋茎，隔天喷涂一次，连喷涂3～4次；母茎分枝后，用40%芦笋青粉剂200～300倍液喷施，隔2天喷一次，连喷3～4次；放叶后，用40%芦笋青粉剂400～600倍液喷施，前期隔3～5天喷一次，后期隔5～7天喷一次，直至母茎成熟。以后视母茎生长情况隔10～15天再喷施一次。

清园和发病初期可用25%吡唑醚菌酯乳剂2 000倍水溶液，或80%代森锰锌可湿性粉剂800倍水溶液，或80%乙蒜素乳剂800～1 000倍水溶液等防治茎枯病；80%代森锰锌可湿性粉剂800倍液防治褐斑病，每隔7天浇根1次，连续2～3次。

21.3 适时施药防治虫害。10%吡虫啉可湿性粉剂2 000倍液，1.8%阿维菌素乳油3 000～6 000倍液交替喷施防治蓟马、蚜虫；1%联苯·噻虫胺颗粒剂3～4千克/亩撒施防治蝼蛄。

22 适时采收时间

采收白芦笋的，当垄土表面出现裂缝时，于清晨扒开表土，将笋刀插入笋头下17～25厘米处采割，并填平孔洞。出笋盛期应早、晚各采割1次。采收绿芦笋的，当嫩茎高20～30厘米，顶部鳞片未散开时，离土面1～2厘米处用刀或剪刀割下，用湿毛巾包好，于清晨平齐土面采割。

23 适宜区域：

在云南省中北部海拔1 550～1 400米区域可推广。

（芦笋保护地栽培技术规程团体标准就是在参考此文的基础上提炼而成。此文发表于楚雄科技2021年第3期）

三、双柏农业科技70年

双柏农业科技70年

双柏县农业农村局　李洪文

（双柏县妥甸镇光明路28号，邮编：675100，电话15891846705，邮箱：469773152@qq.com）

70年来，双柏县农业科技工作者，一代接着一代，围绕境内自然生态资源和得天独厚的特色生态农产品资源优势，引进一批又一批农作物新品种、土壤肥料新技术，开展试验示范，组装集成适宜我县推广应用的农业新技术，为我县农业持续健康发展，产业基地建设，培育农业知名品牌和农业供给侧结构性改革，推动高原特色现代农业转型跨越发展提供了技术支撑。近70年来农业科技事业取得了辉煌成就，概括起来有以下几个方面：

1. 开展了全县域的土壤普查和农业资源调查区划，耕地质量调查与评价

土壤普查和农业资源调查区划。1982年至1984年开展了第二次全国土壤普查，查清了我县当时的土地、气候、水利资源利用现状；主要土壤类型、土种及其分布，土壤理化现状和生产性能；根据耕地生产能力、肥力水平、养分状况、障碍因素、环境质量，对耕地地力进行科学合理分等定级，将全县耕地分为7个等级；编绘出版五万分之一比例的《土地利用现状图》、《土壤图》、《土地评级图》和十万分之一比例的《双柏县土地利用现状》、《双柏县土壤图》、《双柏县土地评级图》、《双柏县土壤改良利用分区图》，县级编制出版了《双柏土壤》一书和腊版刻印的《大庄区土壤》、《法裱区土壤》、《雨龙区土壤》、《安龙堡区土壤》、《大麦地区土壤》、《爱尼山区土壤》（含目前的独田乡）、《碍嘉区土壤》、《妥甸区土壤》、《妥甸镇土壤》九个区（镇）土壤，初步建立了土壤档案。在基本查清了土壤、气候、水资源状况以及各类土壤中障碍生产发展因素的基础上，参考《双柏县农业气候》（云南省楚雄州气象局农业气候区划中片组，1982年8月）、《双柏县主要农作物品种志》（双柏县种子公司，1982年10月）、《楚雄州农作物品种普查资料汇编》（楚雄州种子公司，1985年4月）、《云南省果树地形垂直分布示意图（1：2.5万）》（云南省区划办，1983年10月）的基础上，编写了《双柏县种植业区划》、腊版刻印了《双柏县各区（镇）乡镇农业作物适应海拔温度雨量参考图表》（双柏县农业区划办公室，1984年6月），为农业区划规划、农业综合开发、配方施肥、基地建设结构调整、建立"两高一优"农业示范区提供了科学依据。并根据土壤的宜种性、障碍因素、养分丰缺状况，在因土种植、因土改良、因土因作物施肥等方面取得显著的经济、社会效益。丰富和发展了我县土壤肥料科学，普及了土肥科技知识，加强了土肥机构队伍建设。

耕地地力调查与评价。利用大量的野外调查数据，借助计算机技术，创建地理信息系统（GIS）支持下的《县域耕地资源管理信息系统》平台，建立了耕地地力空间数据库和属性数据库，完成全县耕地地力评价，摸清了我县耕地的生产能力、肥力水平、养分状况、障碍因素、环境质量，对耕地地力进行科学合理评价，为科学合理施肥、耕地质量建设、种植业结构调整、优势资源合理利用、优势主导产业发展、无公害农产品生产、生态环境保护、农业综合生产能力稳步提高提供科学指导依据。借助数学模型集成技术，对

县域耕地立地条件、土壤管理、气候条件、土壤理化性状、施肥管理水平、田间肥效试验数据、耕地土样等基础数据进行系统的统计、分析和综合评价。创建了地理信息系统（GIS）支持下的《县域耕地资源管理信息系统》平台，建立了耕地地力空间数据库和属性数据库，应用《县域耕地资源管理信息系统》平台对我县 54.18 万亩（第二次国土调查）耕地地力等级进行评价，分等定级；以土壤图、土地利用现状图和行政区划图作空间叠加形成的图斑作为评价的基础单元，每个田块都能在图上找到确切的位置，具有真实的大地三维坐标，在属性库中具有相应的属性数据，极大地提高了评价结果的实用价值，使土壤本身的属性数据能在三维空间上表达，充分体现了土壤作为一个自然体在空间上自然分布的特征，也反映了社会因素的空间差异和人为因素对土壤的影响，基本克服了传统的地力评价结果不能随空间和时间动态变化的弊端，使地力评价结果更加科学、合理和实用，为开展其他各种专业评价奠定了良好的基础，具有广阔的应用前景。

通过耕地地力调查与评价，获得了双柏县耕地养分以及空间和属性数据库，耕地地力分级面积、中低产田类型与面积、各等级耕地土壤类型及其土种面积地域空间分布，年均温和≥10℃积温等值段耕地面积及其乡镇分布，耕地养分分级面积和耕地地力等级海拔分段及其乡镇分布，耕地土壤属性状况等；摸清了双柏县耕地土壤类型、数量及其地域空间分布，揭示了近 40 年来双柏县耕地土壤理化性状、养分地域时空演变规律、地力水平、中低产田类型及其限制因素等；特别是发现了土壤酸化、耕层变浅和耕地养分失衡等重大共性问题。为因土种植、因土施肥提供了科学依据。编绘了双柏县土壤分布图，土地利用现状图，耕地地力等级图，耕地土壤有机质、全氮、有效磷、有效钾等养分分布图，地势分布立体模型与土壤取样点位图、土壤酸碱度分布图、气候分区图、年均温等值线图、≥10℃积温等值线图、年均降水量等值线图、坡度分级图等成果图 26 幅。编著了《双柏县耕地地力调查评价成果报告（2008—2015 年）》，出版发行了《双柏县耕地地力调查与评价》专著。

测土配方施肥。通过对 33 组 "3414" 田间肥效试验、11 组氮钾二元二次试验、44 组施肥配方校正试验、12 组 2＋x 试验数据的统计分析，编撰刊印了《双柏县国家测土配方施肥项目 2009—2015 年成果报告》。双柏农业历史上第一次创建了主要农作物土壤养分校正系数、土壤养分供应量、农作物需肥规律和肥料利用率、土壤氮磷钾养分丰缺指标等基本参数，分别建立了主要农作物肥力分区施肥指标体系；建立了主要作物氮磷钾肥料效应数学模型，为确定作物合理施肥量提供技术支持；开发了 "频率分析与施肥决策技术" 软件，构建了测土配方施肥数据管理系统和县域测土配方施肥专家系统，创建了精准施肥技术体系，解决了以往田间肥效试验推荐施肥量偏差较大的问题，推荐了水稻、玉米、小麦、蚕豆、油菜等 5 种作物的施肥配方 28 个、大配方 6 个，建立土壤肥力监测点 24 个（其中国家级肥力监测点 5 个），发表论文 9 篇。2009—2019 年测土配方及其配方肥料推广应用在水稻、玉米、果蔬等主要农作物上累计 17.8 万公顷以上，相关成果获得云南省农业厅农业技术推广三等奖 3 项次、县政府科技进步一等奖 1 项次；相关论文获省土肥学会优秀论文二等奖 1 项次，州科协优秀论文一等奖 1 项次、二等奖 3 项次。

2. 在灌溉、施肥、病虫草害预测预报和绿色防控以及高产高效耕作栽培上推广了一大批先进适用技术与综合技术体系，对指导粮、油、果、菜、茶、烟等生产发挥了重要作用

特别值得一提的是测土配方及其配方肥料、水肥资源高效利用节水农业技术、水肥一体化技术、间作套种和地膜覆盖技术、温室大棚技术对我县农业发展的贡献尤为突出。

据农业部门统计，截至目前，测土配方及其配方肥料推广应用在水稻、玉米等主要农作物平均粮食 487.5～655.5 千克/公顷，提高肥料利用率 2.8％以上；在干果、水果、烤烟、茶叶等经济林果上推广应用施肥配方及其配方肥料技术分别增收节支 1 867.5 元/公顷、1 236.7 元/公顷、1 479.0 元/公顷、1 167.0 元/公顷；水肥一体化技术推广应用面积累计 6 万亩以上，与畦灌相比，节水率 30％～40％；与传统技术施肥相比，节省化肥 40％～50％；与此同时，节省施肥及浇水劳动力。测土配方及其配方肥料和水肥一体化技术的推广应用，对促进粮经作物稳定增产、农业节本增效、农民持续增收和节能减排发挥了积极作用。

3. 通过引进示范推广良种，充分挖掘农业增产的潜力

通过试验示范集成推广良种良法栽培技术，挖掘当地光、热、水、土等资源利用，实现农业增产潜力发挥，极大地促进了农业生产效率；引进试验示范推广粮食、蔬菜、水果等新优品种，满足农业供给侧改革发展需要，先后引进试验示范推广适宜我县立体农业气候的水稻等主要农作物新优品种，并更新换代 7 批次，主要蔬菜作物新优品种更新换代 3 批次，水果（瓜果等）作物新优品种更新换代 2 批次。农业作物病虫害综合防控技术的应用，最大限度地减少了农业生产损失。

一批批农业科技的推广应用使我县农业科技整体水平有了很大提高，使我县农业综合生产能力不断增强。粮食等主要农产品单产逐年提高，实现自给有余，为种植业结构调整，扩大种植烤烟、果蔬等经济作物奠定了物质基础。据双柏县统计局统计，粮食产量由 1951 年的 1 680.4 万千克，到 1994 年的 4 886.1 万千克，比 1951 年增产 3 205.7 万千克，增 190.74％；2018 年粮食产量达 8 065.7 万千克，较 1951 年增产 6 385.3 万千克，增 379.99％；2018 年比 1994 年增产 3 179.6 万千克，增 65.07％。烟叶总产量由 1952 年的 0.90 万千克增加到 1994 年的 521.5 万千克，增加了 642.7 倍多；2018 年烟叶总产量达 695.5 万千克，而且全县烟叶合格率、平均千克价大幅提升，千克均价烟叶由 1994 年的 16.8 元增加到 2018 年的 29.35 元，2020 年提升到 33.85 元。农业产值由 1952 年的 570.7 万元，增加到 1994 年的 10 997.0 万元，增产值 10 423.3 万元，增 1 826.41％；到 2018 年农业产值达 94 490 万元，比 1994 年增产值 83 493.0 万元，增 759.23％。

4. 建立了县乡镇农业技术推广体系

1973 年起，初步建立了地（州）、县、公社（乡镇）三级农业技术推广机构体系，每个公社（乡镇）农科站配备 2～3 名集体人员专职从事农业新技术引进示范推广，大队（村委会）配一名农科员指导生产队（村民小组）农业科技组开展当地农业生产先进经验总结、推广应用。先后推荐公社（乡镇）农科站、大队（村委会）农科员、生产队农业科技组部分工作业绩突出人员到农业院校等学习相关专业，毕业后充实到县、公社（乡镇）农科站；1990 初，乡镇农科站成为农业行业领域设置到乡镇级的国家农业科技推广机构，实现定编制、定人员。建立了有农业经济经营管理、农业技术推广服务中心、畜牧兽医服务中心、农机化推广服务、水产技术推广服务等县乡镇农业技术推广机构体系。2019年以来，随着社会经济的发展，县乡镇农业技术推广体系形成了以公益性农业技术推广机构体系为主，涉农企业、农民专业合作社、农业专业服务组织等为补充的多元化推广服务体系。

目前，我县粮食生产稳定，农产品供需基本平衡，农民温饱问题得到解决，市场经济体制也基本形成。这不仅说明新中国成立70年特别是改革开放40多年来，我县农业和农业科技取得的成就中，农业科技发挥的巨大作用，主要表现在三个方面。

一是极大地提高了资源利用率。

间、复、套种技术的推广，大大提高了复种指数和土地利用率。部分农作物播种面积实现了立体复合立体种植和多熟制，复种指数达到137.6%，幼林果园间套种技术、玉米豆类间套种技术、烤烟地和玉米地周边套种云南南瓜技术等在适宜区域推广应用，种植制度改革充分开发利用当地土、肥、水、气、热资源取得初步成效，新中国成立初期一年一熟区域推广一年二熟，一年二熟区域推广一年三熟、一年四熟。多熟制种植模式在适宜区域广泛推广应用。低热河谷地带形成了秋冬季节种植果蔬作物抓钱，春夏季节种植粮食作物抓粮，中海拔地带抓粮烟促增收，高海拔地带抓粮果保增收的生产布局。

二是极大地提高土地生产率和投入产出率。

1980年我县水稻、玉米单产，分别由1951年的1986.45千克/公顷、1409.36千克/公顷，提高到2986.92千克/公顷、1577.3千克/公顷，比1951年增长了50.37%、11.92%，这很大程度上得益于良种和各项农业技术的推广应用。

我县农作物良种覆盖率由1951年的不到0.3%，提高到1980年的43.6%，到2003年提高到68.9%，到2018年的92.0%以上。水稻、玉米等新品种先后经历了7次更新换代，每一次良种更新换代，使农作物单产水平都出现一次大的提高和突破。20世纪80年代初，推广桂朝2号水稻良种，示范样板区最高单产首次突破11 484.0千克/公顷，结束了示范样板区最高单产长期在7 986.52～7 476.82千克/公顷之间徘徊的历史，促进双柏水稻单产达到2 986.92千克/公顷以上；80年代中期至2010年代以来，先后推广汕优63、岗优22、明两优系列、宜香优系列等杂交水稻和楚粳系列等良种及其高产配套栽培技术，使水稻高产示范单产提高到11 797.7千克/公顷、12 189.0千克/公顷、12 264.0千克/公顷、12 760.5千克/公顷；全县水稻单产由1951年的1 986.45千克/公顷提高到1990年的4 953.85千克/公顷、2012年的7 598.61千克/公顷，到2016年的7 668.90千克/公顷水平，2018年达7 718.4千克/公顷。在玉米上，京杂6号、七三单交、会单、楚单系列、红单系列、云瑞系列、路单系列等玉米新品种及其高产配套技术的推广应用，玉米单产由1951年的1 409.36千克/公顷，增加到2012年的5 853.28千克/公顷，到2016年5 881.71千克/公顷，2018年达6 513.0千克/公顷。使粮食生产连续上了几个台阶，这充分表明了良种巨大的增产作用。杂交水稻、杂交玉米品种的推广应用，为我县粮食生产连续上台阶做出了重大贡献。我县玉米、水稻单产的逐年提高，其中杂交玉米、杂交水稻新品种立下了汗马功劳，特别是岗优、汕优系列杂交水稻、楚粳系列水稻品种和玉米杂交种会单、楚单系列品种单产水平较高且持续稳定。

三是设施农业技术集成应用、低热河谷自然资源的综合开发，突破了资源自然条件限制，改变了农业生产的季节性，拓宽了农业生产的时空分布，为城乡居民提供丰富了新鲜瓜果蔬菜。

与此同时，促进了农业机械化、规模化、产业化、精准化发展，加快推动了我县农业由传统农业向现代农业转变，为我县农业发展提供了有力支撑，为国民经济持续健康发展和社会大局稳定发挥了重要作用。但我们也要清醒认识到，我县农业基础依然薄弱，农业发展中依然存在农产品供求结构不平衡，农业科技与新时期现代农业绿色发展需求还有较大差距，农业科技是粮烟、果蔬、油糖等产业绿色发展的短板，需要进一步着力加强。在今后的工作中，我们将以农业绿色发展为目标，引进集成一批全程绿色高效农业技术模式，示范引领绿色高效农业技术推广应用，推进农药、化肥减量增效、病虫可持续治理，持续保持和提高耕地土壤质量，助力农业绿色高效发展，保障农业生产、农产品质量和生态环境安全做出新贡献。（此文发表于楚雄科技 2019 年第 3 期总第 160 期，录入本书时文中内容有增加）。

四、老百姓小餐桌见证双柏农业七十年发展成就

老百姓小餐桌见证双柏农业七十年发展成就
双柏县农业农村局　李洪文

粒米看世界，箸间显变迁。从新中国成立初期到现在的 70 年来，老百姓感受最深的是小餐桌上的变化，杯盘碗盏中折射出城乡居民从定量分配（供应）时期渴望吃得饱，到 20 世纪 80 年代初期以来吃得饱、吃得好，再到 21 世纪以来的吃得新鲜、吃得营养、吃得健康、吃到风味；拿着粮票、肉票等才能买粮、买肉，只有过年过节、重要亲朋到家来才能吃上肉，这些定格在老一代人记忆深处的场景，早已不复存在。

和全国各地一样，支撑起双柏老百姓小餐桌变化，小餐桌一年比一年丰盛，米袋子满、菜篮子鲜、果盘子甜的，是农业生产技术水平不断提高，农业生产能力持续增强，是各级农技推广部门认真履行先进实用技术推广、动植物疫病及农业灾害的监测预报和有效防控等职责，为进一步提高我县粮油、果蔬、畜禽等重要农产品生产能力提供技术支撑，带给老百姓满满的获得感和幸福感，为调整作物种植结构，发展烟草等经济作物提供物质基础，为农业农村持续稳定发展作出了重大贡献。

粮油、烟草、果蔬生产。从"大水、大肥、大药"的粗放生产方式，向资源节约环境友好的绿色发展方式转变。在化肥农药科学施用上，从 20 世纪七八十年代增产导向的过量施用，向目前提质增效导向的科学施用转变，实现了化肥农药从过量施用到现在的零增长、负增长转变。全面推广了测土配方施肥、农作物适期精准施肥、水肥一体化的施肥模式，病虫害专业化无人机统防统治、绿色防控，化肥农药减量增效技术、实用高质高效标准化生产技术，有机肥替代化肥行动稳步推进。农作物良种更新换代步伐加快，良种覆盖率由 1951 年的不到 0.3%，提高到 1980 年的 43.6%，到 2003 年提高到 68.9%，到 2018 年的 92.0% 以上；双柏特色农作物品种、立体气候、耕地土壤等资源得到合理开发，多熟制栽培技术普及率逐年提高，设施栽培、滴灌喷灌等实用技术在蔬菜、水果等作物上推

广应用。粮食等主要农产品产量大幅度增加，2018年全县粮食总产量达到 8.07 万吨，比1951年的 1.68 万吨，增加近 6.39 万吨，增长 4.7 倍；油料产量达到 2 476 吨，比 1951年的 336 吨，增加了 2 140 吨，增长 7.37 倍。蔬菜从少到多，从多到优质、到特色，2018年产量达 11.52 万吨，成为农民增收的产业；水果从无到有，从有到优，2018年产量达 1.5 万吨，品种结构进一步优化。蔬菜、水果实现周年均衡供应。烟叶生产量规模逐年扩大，从规模发展到优质提质增效，总产量逐年增加的同时，烟叶合格率、优质烟叶比例不断提高，千克均价由 1973 年的 2.73 元提高到 1994 年的 16.80 元，2018 年再提高到29.35 元，2020 年再提高到 33.85 元。农业产值由 1952 年的 570.7 万元，逐年增加，到2018年达 94 490 万元，比 1952 年增产值 93 919.3 万元，增 164.57 倍。

畜禽生产。生猪、山羊、肉牛、鸡等畜禽良种、良料、良法、良舍配套的现代畜禽养殖技术在全县得到广泛应用，养殖场经营管理水平显著提高，畜禽规模化养殖稳步发展。山地畜牧业生产基础条件不断改善，生产方式快速转变，畜牧生产向规模化、产业化和现代化不断推进，畜牧业主导产业地位逐步确立，畜禽养殖规模由小到大，畜牧业综合生产能力由弱变强，传统粗放的低水平、小规模分散养殖方式逐步被规模化、专业化、产业化高效经营所取代，畜牧养殖数量大幅度增长，为丰富居民"菜篮子"发挥了重要作用。全县生猪、羊、大牲畜牧存栏量由 1952 年的 25 474 头、14 801 只、37 737 头，到 2018 年存栏量分别达到 227 250 头、198 550 只、74 441 头，比 1952 年分别增 7.91 倍、12.42倍、0.97 倍。生猪、羊、大牲畜牧出栏量由 1956 年的 1 819 头、627 只、1 094 头，到2018年出栏量分别达 217 060 头、97 474 只、19 144 头，比 1956 年分别增 7.91 倍、12.42 倍、0.97 倍。

特别是近年来，土壤改良保育、农业面源污染治理、旱作节水、测土配方施肥、农作物适期精准施肥、化肥农药减施等农业提质增效技术的推广应用，推动我县农业由"藏粮于仓"向"藏粮于技"、"藏粮于地"转变，由"广种薄收"向"科技提质增效"转变，为提高我县粮食综合生产能力，保障国家粮食安全，促进农民增收提供了坚实的支撑。

引进试验示范推广了一批果菜茶有机肥替代化肥、畜禽健康养殖、稻鱼综合种养等绿色技术和模式，农业面源污染治理、农业废弃物综合利用、农村环境综合治理等技术示范应用不断加强，化肥、农药利用率显著提升并实现施用量负增长。畜禽集中养殖场（区）废弃物由直接排放向集中处理、生态循环利用模式转变，实现畜禽粪污无害化、资源化利用。

五、双柏县高效节水农业发展情况、存在问题及未来五年发展计划（2021—2025）

双柏县高效节水农业发展情况、存在问题及未来五年发展计划（2021—2025）

双柏县农业农村局 李洪文

2020 年 5 月 22 日

双柏县是一个典型的资源性缺水传统农业大县，而且水资源分布极不平衡，资源性、工程性、水质性缺水并存，水资源供需矛盾突出，水资源利用整体效率不高，已成为影响全县经济发展、粮食安全、社会安定和环境改善的主要制约因素。农业用水量占全县总用水量的 85.6% 以上，但截至目前，在我县农业高效节水工作中，还存在着财政投入不足、应用成本过高等，影响到了实际实施应用效果，需要不断优化节水方式和技术手段，实现农产品的长期有效供给，促进农业的可持续发展。

1. 高效节水农业发展情况

近年来，滴灌和微灌在双柏县呈现出了良好的发展态势，在低热河谷地带，大庄镇、大麦地镇、妥甸镇等产业发展较好的部分乡镇，水果、蔬菜等高产高效大田作物应用具有很好的效果，蔬菜、水果生产过程中应用水肥一体化滴灌已由土地流转承包经营大户向小农户辐射，在玉米、菜豆、豌豆、花椒等生产上推广应用面积逐年增加，高效节水农业管理应用水平有了突破性提高，节本增效明显，对高效节水农业发展有较大的推动作用。到 2019 年底，双柏县高效节水农业面积为 44 400.5 亩，仅占当年总播种面积的 4.5% 左右。其中，水肥一体化面积 2.45 万亩。使全县农业生产用水效率明显提升，推进了蔬菜、水果、烤烟、粮食等生产基地的快速发展，加快了土地流转进程，为全县农业产业化建设起到了十分重要的示范带动作用。但是总体看，双柏县高效节水农业面积还十分有限，雨养农业、靠天吃饭依然是农业生产现状，大力实施高效节水农业工程建设，提高农业灌溉效率是一项长期而艰巨的任务。

2. 存在问题

（1）投资成本高，小农户无力承担。由于高效节水农业工程的前期需投入的资金量较大，部分农户不愿意发展高效节水农业，更愿意采用前期投入少的大水漫灌，浪费水资源的灌溉方法，而且不用日常维修和养护高效节水灌溉系统，这无形中阻碍了双柏高效节水农业的发展。

（2）耕地零散碎片化，单位面积投资成本高。双柏县农村经济发展相对滞后，耕地零散碎片化，"小地块"不利于高效节水农业工程机械化作业，亩均投入成本过高，管理不便造成效益产出不明显，挫伤了小农户发展高效节水农业的积极性，出现了搞不搞节水都一样、搞节水反倒花钱、不搞节水反倒省事，从而导致农业高效节水不能规模化、标准化建设，最终导致高效节水工程上马了，但是看不到节水、增产的效益。

（3）农民现代化用水观念落后。当前，我县大多数农业生产都是分散性农业生产经营体系，而针对高效节水工程而言要求的是规模化、集约型经营管理，因此，现有的农业生产体系无法与科技化的节水工程相匹配，极大程度地阻碍了新技术的发展。而且，受教育水平、地域特色等因素的影响，农民对现代化节水技术的使用理念还不到位，很多农民无法接受新思想、新技术，导致高效节水工程的宣传受到了限制，难以实现田间高效节水体系集约化管理。

（4）末级渠系不配套。对于我县采用以地表水为主作为供水水源的高效节水工程，末级渠系的配套情况直接影响到高效节水工程的灌水保证率和工程发挥效益，尤其是农渠和毛渠的疏通程度、防渗程度、小闸门等建筑物配套情况。部分农业高效节水项目区农渠、毛渠由于未防渗，闸门等建筑物不配套，出现淤积、堵塞、被占用现象比较突出，毛渠流量远小于蓄水流量，降低了高效节水工程灌水保证率。

(5) 田间供电电源电压不稳定、过低。双柏县田高水低现象比较普遍，农业高效节水工程的运行能源均采用电能，由于主要农区电网维护不及时、不到位，造成供电电压不稳定、过低现象，会对高效节水工程系统运行造成损伤。

3. 未来五年发展计划

(1) 目标。以膜下滴灌、垄膜上滴灌两大技术为主，推进水肥一体化技术应用，使农田高效节水技术示范推广面积每年稳定在 10 万亩以上，通过开展农田高效节水技术的示范推广，达到应用膜下滴灌技术，亩节水 150～200 立方米，亩节肥 20%～30%，亩增收 100～200 元；应用垄膜沟灌技术，亩节水 80～100 立方米，亩增收 60～100 元，使项目区灌溉水的利用率提高 10% 左右。

(2) 实施重点。在抓好水资源综合利用田间配水渠道配套建设的基础上，积极开展膜下滴灌技术的推广与提升，实施水肥一体化技术，实现水肥耦合，达到节水、节肥、省工、增效的目的。规范垄膜沟灌技术的推广，注重农艺与农机有机结合，注重大田种植与设施农业相互兼顾，注重经济作物与粮食生产协调配比。

①膜下滴灌技术主要在高效经济作物及设施农业方面推广应用。在现有滴灌推广应用面积 4.44 万亩的基础上，5 年累计新增 50 万亩，即 2021—2025 年每年 10 万亩。

②膜下滴灌水肥一体化技术以设施农业为重点，兼顾其他灌溉农业区。5 年累计实施膜下滴灌水肥一体化技术 15 万亩（含每年 500 亩的水肥一体化物联网远程自动控制技术示范），2021—2025 年平均每年 3 万亩。

③垄膜上滴灌技术重点在蔬菜和粮食作物上推广应用。玉米重点采用半膜平铺起垄沟灌和全膜沟播沟灌技术；马铃薯、蔬菜重点采用半膜垄作沟灌技术；油菜等密植作物重点采用全膜微垄节水技术；经济林果（含水果）重点采用根区膜下滴灌覆草节水水肥一体化技术。其中，2021 年示范推广面积 1 000 亩，2022 年 1 500 亩，2023 年 20 000 亩，2024 年 25 000 亩，2025 年 30 000 亩。

④围绕高效节水农业工程机械化作业目标，全域实施旱涝保收农田建设。在农民自愿的基础上，通过互换地的方式，采用小块并大块、零星变整体的方式，将原来零星、碎片化分散的农民分散的土地，整合成一块土地，实现耕地的集零为整，输水管路到田间地头，农业生产用水便捷，涝能排，便于农民机械化作业，集中管理，提高生产效率。

(3) 主要任务。

①稳定粮食种植，强化优势产业。发展高效节水农业要将稳定粮食种植面积与发展高效特色优势产业相结合，坚持区域化布局、产业化经营、标准化生产。强化节水农业在我县烤烟、蔬菜、水果、道地中药材等产业发展中的作用。进一步挖掘农艺节水潜力，改革种植制度，建立与水资源条件相适应的高效节水耕作制度和农业种植结构，扩大低耗水作物种植面积，变对抗性种植为适应性种植。大力推广先进节水灌溉技术，逐步改变传统的灌溉方式，积极推进高效经济作物和园艺产业发展，扩大蔬菜、瓜类、葡萄等种植规模，加快日光温室和塑料大棚发展步伐，大力示范推广有机生态无土栽培等无公害生产技术，发展高品质、高附加值和反季节、超时令的农产品，扩大高效集约型农业生产规模。特别是低热河谷地带，不断扩大经济价值高、耐旱性能强的大枣和牧草种植面积，最大限度减少水资源浪费，提高用水效益。

②鼓励土地流转，创建核心示范区。鼓励种植大户、家庭农场实施农田高效节水技术，对于流转土地 50 亩以上的优先给予地膜、水溶肥等补贴。创建一个县级水肥一体化物联网远程自动控制技术示范核心区，将核心示范点与测土配方施肥、粮菜果高产创建、优良品种示范、病虫综合防控、深松耕、少免耕等技术有机结合起来；根据区域优势和种植作物，每乡镇每年要建立一个节水核心示范区，通过以点带面，推动灌区高效农田节水技术推广。

③加强技术培训，创新技术模式。县农业技术推广服务中心（土壤肥料工作站）负责全县农田高效节水技术的示范推广工作，并成立技术指导小组，通过现场指导、印发挂图和画册等多种形式加强技术培训、宣传，每年培训农田高效节水示范户 300 户，使项目区每个农户至少有 1 人接受过 1 次技术培训；每年培训乡镇技术人员 20 人次，农民 1 200 人次，连续培训 5 年。加强推广、科研和教学等单位的合作，联合进行技术攻关，开展高效农田节水的水肥一体化自动控制技术、精准施肥技术、配套品种、种植模式、农机具配套等方面的试验研究及其示范。重点推进水溶性肥料的技术研发与推广，探索区域统一供肥模式，及时研究解决沿江、沿河等河水灌区膜下滴灌水肥一体化应用中存在的突出问题，积极示范推广水肥一体化物联网远程自动控制技术；扩大密植作物全膜微垄节水技术；山区、山坡等地带进一步完善小水截流利用，用好用足天上水，充分利用现有的小水池、集雨窖等雨水集流工程实施垄膜滴灌技术，并采用移动滴灌、注水补灌等技术措施，在作物生育的关键时期进行补充灌溉和水肥一体化技术的应用；不断总结创新高效节水生产技术体系和技术规程，指导农民科学灌水、规范种植，完善灌区农业节水技术路线，构建高效节水农业技术体系，探索灌区高效节水农业发展新模式。

六、双柏县鲜菜价格偏高情况调研报告

双柏县鲜菜价格偏高情况调研报告

李洪文[1]　赵春秋[1]　周晓波[1]　仇红光[1]　佘成丽[2]　张青[3]

1　双柏县农业农村局　2　双柏县妥甸镇农业农村服务中心

3　双柏县爱尼山乡农业农村服务中心

（1，2 云南省双柏县妥甸镇光明路 28 号 云南省双柏县妥甸镇光明路，邮编：675100；3 云南省双柏县爱尼山乡海资底街 6 号，邮编：675106）

"民以食为天，蔬菜占半边"，说明蔬菜是保障民生的重要物资，其价格是否合理、稳定是安天下、稳民心的大事、要事。与楚雄等周边县市相比，双柏县乡镇政府在地特别是县城妥甸镇的生鲜蔬菜价格过高，加大了城乡居民特别是中低收入群体的生活负担。《关于 2019 年 6 月楚雄州居民消费价格总体水平及食品、粮食和蔬菜价格变动情况的通报》（楚调明电〔2019〕9 楚机发 374 号），农业农村局组织相关工作人员组成课题组，于 2019 年 7 月 20～30 日对楚雄市区部分蔬菜市场和双柏县各乡镇主要蔬菜市场进行了调查，对双柏县主要蔬菜价格形成过程及其因素进行了初步调研。为制定科学惠民的蔬菜价格形成机制、建立健全双柏县蔬菜市场价格运行保障体系提供参考。现将调研情况报告如下：

1. 双柏县与楚雄市区部分蔬菜市场新鲜蔬菜价格现状

据市场调查，目前，双柏妥甸蔬菜市场价格与楚雄市区部分蔬菜市场价格相比（表1），城镇居民日常生活必需的蔬菜品种中，部分蔬菜品种零售价格受市场调节的影响，同时期比楚雄高，部分品种比楚雄低，部分品种与楚雄持平，其差价一般在0.2～0.8元/千克，但楚雄市区各农贸市场之间和各超市之间的同一品种蔬菜零售价也有较大差价。以茄子为例，双柏妥甸镇兴贸路农贸市场零售价为5～6元/千克，楚雄和瑞祥农贸市场、楚雄福乐多超市零售价与双柏妥甸镇兴贸路农贸市场零售价格一样，鹿城大厦双柏商场零售价6.9元/千克，比楚雄福乐多超市的5～6元/千克高1.9～0.9元/千克；洋芋，双柏妥甸镇兴贸路农贸市场零售价为3.8～4.2元/千克，楚雄市和瑞祥农贸市场4～5元/千克，楚雄市东兴农贸市场4.5～4.9元/千克，楚雄福乐多超市零售价3.5～4.0元/千克，楚雄沃尔玛零售价2.95元/千克，双柏物美廉超市3.90元/千克，鹿城大厦双柏商场3.98元/千克；黄瓜，双柏妥甸镇农贸市场零售价为4～5元/千克，楚雄和瑞祥菜农贸市场、楚雄东兴农贸市场分别为5～6元/千克，比双柏妥甸镇兴贸路农贸市场零售价高1元/千克，高20％～25％；小嫩白菜（青菜），双柏妥甸镇兴贸路农贸市场零售价为4～5元/千克，楚雄和瑞祥农贸市场、楚雄东兴农贸市场分别为5～6元/千克，4～5元/千克，楚雄福乐多超市零售价4～5元/千克，楚雄沃尔玛零售价3.8元/千克，双柏物美廉超市3.80元/千克，双柏鹏达超市3.0元/千克等等，同一蔬菜品种、同一时段，楚雄市区的各农贸市场之间和双柏县城各超市之间，其零售价格都有一定的差异，甚至于零售价格上午与下午之间都有差异。因此，在今后的较长一个时期，蔬菜零售价格季节性阶段波动将成常态。

4～5月我县妥甸镇兴贸路农贸市场的冬早蔬菜价格比楚雄等周边城市低，8～9月夏秋蔬菜淡季，部分稀缺蔬菜品种又从楚雄等地农贸市场调入以调剂余缺则价格比楚雄高。但是总体情况是，双柏县县城妥甸和乡镇在地的新鲜蔬菜价格受日需求量和销售量有限的影响，历史上都比楚雄高。蔬菜价格剧烈波动，严重影响了社会的和谐稳定和居民的日常生活水平，给社会经济健康运行带来严峻挑战。

表1 双柏县与楚雄主要蔬菜品种零售价格调查汇总

单位：元/千克

品种及其价格 \ 地点	妥甸	大庄	鄂嘉	法脿镇	安龙堡	大麦地	爱尼山	独田	楚雄和瑞祥菜市场	楚雄东兴菜市场	楚雄福乐多超市	楚雄沃尔玛	双柏物美廉	双柏鹏达超市	鹿城大厦双柏商场
小嫩瓜（姜柄瓜）	6～7	5～6	4	2.5	6		6		5～6		5～6			7	8.9
洋芋	3.8～4.1	3～3.5			3.5	5	6	1.8	4～5	4.5～4.9	3.5～4.0	2.95	3.9	3～3.8	3.98
莲花白	2.6～3.0	2.5～3					4					1.7	4.6		
小嫩白菜（青菜）	4～5	3～4	4	1.5	4	2	4	3	5～6	4～5	4～5	3.8	3.8	3	
黄瓜	4～5	4～6			6		6		5～6	5～6	8～10	5.56		7	5.9

（续）

地点 品种及其价格	妥甸	大庄	鄂嘉	法脿镇	安龙堡	大麦地	爱尼山	独田	楚雄和瑞祥菜市场	楚雄东兴菜市场	楚雄福乐多超市	楚雄沃尔玛	双柏物美廉	双柏鹏达超市	鹿城大厦双柏商场
茄子	5~6	4~5	5		3.2	4	6.5		5~6		5~6			5	6.9
番茄	6~7	4~6	5		6			6			6~8	4.76		8	
葫芦		4~5				4					7~8		7		4.8
四季豆		4~5					8					6.98	6		6.9
青花菜	5~6	5~6		2.0					8~10			7.98	5		7.9
娃娃菜		3~4			3.2								3~4		
白菜		4~6	6	2.5										11	7.9
苦瓜				4										7	
麻叶青				3										4	2.9
白萝卜				3											

2. 双柏县生鲜蔬菜价格形成因素分析

2.1 蔬菜价格的形成过程

2.1.1 消费市场群体与日销售量小是价格偏高主因。

据有关资料统计分析，2013—2018 年我县城镇居民家庭恩格尔系数在 34.57%～41.63% 之间，较 2010 年有所减少，近年来的恩格尔系数逐年变化不大，食品支出比较稳定，蔬菜作为城镇居民生活的必需品，人均需求弹性较小，蔬菜价格对蔬菜消费量的影响也不显著。因此，我县碣嘉等 7 个乡镇所在地常住人口和蔬菜消费市场群体基本稳定，日销售量小，有的乡镇平均每天只有 300 千克左右，最高的乡镇 1 000 多千克；妥甸镇城区常住人口有所增加，但截至目前，日均只有 5 000 人左右从集市购买蔬菜，蔬菜日销售量有限（表 2），日平均蔬菜销售量只有 2.5 吨左右，营销蔬菜从业人员 110 人左右，还有部分流动的自产自销农户在临时销售蔬菜，零售商为了自身的利益和养家糊口，将其日常生活成本分摊在零售蔬菜中以增加收入。

2.1.2 外地蔬菜多，双柏蔬菜内销少、外销多，不能就近销售也是价格偏高的又一主因。

据调查，目前（表 2）双柏县妥甸镇妥甸街有 5 家超市设有蔬菜销售专区零售蔬菜，兴贸路农贸市场在经营的固定摊位 17 个（户）、临时摊位 50 个（户），自产自销流动销售农户平均每天 15 户左右。在随机抽样调查的 9 户固定摊位业主中（表 3），全部从楚雄市区农贸市场批发的 8 户，占调查户数的 88.89%；自产自销为主、楚雄市区农贸市场批发为辅的 1 户，占调查户数的 11.11%；兴贸路农贸市场固定摊位业主零售的蔬菜 98% 以上是从楚雄市区的农贸市场批发来的。在随机抽样调查的 5 户临时摊位业主中（表 4），楚雄市区农贸市场批发为辅、双柏妥甸批发为主的 1 户，占调查户数的 20.0%；全部自产自销的 3 户，占调查户数的 60.0%；自产自销为辅、楚雄市区农贸市场批发为主的 1 户，占调查户数的

20.0%；在调查的 5 家零售蔬菜的超市中，所售蔬菜全部从楚雄市区农贸市场批发的 4 户，占调查户数的 80.0%；从昆明市区农贸市场批发的 1 户，占调查户数的 20.0%。造成这个局面的主要原因是受批零差价丰厚利润的诱惑驱使，促使过去部分自产自销农户也放弃蔬菜种植，转而以楚雄等地批发到双柏零售为主。所以现在蔬菜营销行业间很多人都觉得种菜还不如贩菜，导致县城周边蔬菜种植面积逐年减少，菜源量减少。而双柏辖区内种植生产的蔬菜大多数又销往楚雄、元谋、玉溪等周边县市和昆明市区、省外。据统计，2019 年 1～7 月双柏县蔬菜种植大户及其以上生产量各类蔬菜 7 931.98 吨，其中，县内销售 286.05 吨，占3.61%；州内县外销售 344.7 吨，占 4.35%；省内州外 2 495.5 吨，占 31.46%；省外4 804.73 吨，占 60.57%。就近销售的数量极少。

2.1.3 生产环节。

种子秧苗价格。蔬菜种子秧苗价格相对比较稳定，对当年蔬菜价格的影响并不显著。

肥料农药费用。化肥农药价格的波动对蔬菜价格变动直接影响。蔬菜生产过程中，病虫害发生频繁，化肥农药的使用量较大。特别是大棚蔬菜对化肥、农药等农资需求量更大。农资价格上涨会直接推动蔬菜生产成本增加。

人工成本。蔬菜是劳动力密集型产品，占蔬菜生产成本的相当大一部分。近年来，蔬菜价格季节性上涨与劳动力季节性短缺也有一定的关系。

表 2 双柏县蔬菜流通销售户数、蔬菜价格和从业人员情况统计

| 项目 | 自产自销 | | 专职批发商 | | 专职零售商 | | 常年从集市购买蔬菜的人数（人/天） | 蔬菜需求量（吨/天） | 备注 |
乡镇	户	从业人员（人）	户	从业人员（人）	户	从业人员（人）			
妥甸镇	50	50			17	60	5 000	2.5	不含中小学校在校生
大庄镇	3	10			5	6	310	0.155	不含中小学校在校生
鄂嘉镇	40	40			7	10	2 100	1.05	不含中小学校在校生
法脿镇	35	35			15	15	150	0.075	不含中小学校在校生
安龙堡乡	20	15			2	4	320	0.16	不含中小学校在校生
大麦地镇	1 850	3 850			11	22	100	0.05	不含中小学校在校生
爱尼山乡	19	19			1	3	72	0.036	不含中小学校在校生
独田乡	15	15	0	0	1	1	60	0.03	不含中小学校在校生
合计	2 032	4 034			58	120	8 112	4.056	

填表说明：①自产自销包括蔬菜量少时零售、旺季量多时的批发；②常年从集市购买蔬菜的人数，为辖区内日常生活需从集市购买蔬菜的人数，辖区内中小学校日常所需蔬菜如果在当地集市采购，则将中小学校的在校生统计在内；③蔬菜需求量按常年从集市购买蔬菜的人数，人均每天消费 0.5 千克生鲜蔬菜计算。

设施成本。农业生产设施、机具折旧，生产服务支出以及人工费用、土地费用等；设施农业生产前期投入成本较高，而且极易受到台风、雨雪等风险影响。而且设施蔬菜上市时间多为反季节的，因此，设施蔬菜价格较高。

2.1.4　流通环节。

收购批发成本。包括收购、清洗、加工、包装、装卸、运输以及一部分损耗等。

调查显示，收购价与批发价的差价率在不同的品种之间差别比较大，平均差价率达到了42%～58%。收购价与批发价的差价率个别蔬菜品种达100%～125%，部分品种为50%～70%。可见城镇居民从市场购买到的蔬菜价格与地头的价格的差距，看出蔬菜价格由"伤农"的收购价变成了"伤民"的过程。

零售成本。包括摊位费、人工费、蔬菜损耗等等。批零差率少数部分蔬菜品种高达110%～180%，多数品种加价水平占蔬菜零售价的一大半还多，平均达到40.4%～53.7%。

从相关调查数据上看，零售环节存在着暴利，但从我们对部分零售户的调查结果来看，并不完全如此。我们对妥甸镇随机抽取调查的结果是：

（1）固定摊位业主。妥甸镇兴贸路农贸市场随机抽取调查9户结果（表3），户均月蔬菜零售额21 373.33元，其中，纯收入（未扣除人工费、损耗等，下同）8 549.33元，扣除户均每月支出的摊位费、水电费2 247.22元，纯收入（未扣除人工费、损耗，下同）6 302.11元，按平均30天一个月计算，平均每户每天纯收入210.07元；9户业主销售蔬菜纯收入占家庭总收入占比85.6%；按调查户20个从业人员加权平均计算，从业人员加权平均月人均蔬菜零售额20 904元，其中，加权平均月人均纯收入（未扣除人工费、损耗等，下同）8 361.6元，按平均30天一个月计算，平均每人每天纯收入278.72元。

表3　双柏县蔬菜流通业主销售经营情况现场调查（妥甸镇兴贸路农贸市场固定摊位）

户主（业主）	居住地（乡镇、村居委会）	流通模式				销售情况				店铺（摊位）或零售点所在地	摊位费（元/年）	水电费（元/年）	备注
		自产自销（临摊）	批发商（蔬菜来源地）		专职零售商（蔬菜来源地）	月销售收入（元）		从业（人）	销售蔬菜纯收入占家庭总收入占比（%）				
			自产	周边县或乡镇采购	楚雄	双柏	销售额	纯收入（未扣除人工费等）						
杨光应	妥甸街，家庭人口7				√		21 000	8 400	4	80	妥甸	26 800	1 350	
懂必发	妥甸街，家庭人口3				√		12 360	4 944	3	70	妥甸	25 600	1 200	
尹久	妥甸街，家庭人口3				√		21 000	8 400	1	100	妥甸	26 400	1 200	
王平	绿色家园，家庭人口4人	各一半√			各一半√		39 000	15 600	2	80	妥甸	19 800	1 350	

（续）

户主（业主）	居住地（乡镇、村居委会）	流通模式					销售情况				店铺（摊位）或零售点所在地	摊位费（元/年）	水电费（元/年）	备注
		自产自销（临摆）	批发商（蔬菜来源地）		专职零售商（蔬菜来源地）		月销售收入（元）		从业（人）	销售蔬菜纯收入占家庭总收入占比（%）				
			自产	周边县或乡镇采购	楚雄	双柏	销售额	纯收入（未扣除人工费等）						
张贵芳	阳光水岸，家庭人口3人				√		21 000	8 400	2	80	妥甸	23 400	1 350	
陈丽	妥甸街，家庭人口3				√		24 000	9 600	2	80	妥甸	47 000	1 450	
张红艳	东兴湖，家庭人口3				√		30 000	12 000	2	100	妥甸	22 600	1 200	
张小燕	凹子村，家庭人口3				√		12 000	4 800	2	100	妥甸	22 600	1 200	
王正兰	妥甸街，家庭人口3				√		12 000	4 800	2	80	妥甸	17 000	1 200	
户平均							21 373.3	8 549.3		85.56		25 688.89	1 277.78	

　　填表说明：①流通模式列的选项，在该户相应蔬菜来源地选项列下打√；②销售情况为月平均数。零售纯收入占销售额的30%～40%，批发纯收入占销售额的15%～20%，自产自销纯收入扣除种植蔬菜所需的种子、化肥、农药等费用后的所得，一般占销售额的65%；③销售蔬菜纯收入占家庭总收入占比，为该户家庭总收入中销售蔬菜纯收入所占的比例。

　　填报单位：双柏县农技中心，妥甸市监所　填报人：李洪文、王志刚

　　（2）超市。妥甸镇妥甸街调查了设有蔬菜销售专区的超市5户结果（表4），户均月蔬菜零售额45 600.00元，其中，纯收入（未扣除人工费、蔬菜销售专区租赁费、损耗等，下同）18 240.00元，按平均30天一个月计算，平均每户每天纯收入608.00元；按调查户19个从业人员加权平均计算，从业人员加权平均月人均蔬菜零售额56 842.11元，其中，加权平均月人均纯收入22 737.00元，按平均30天一个月计算，平均每人每天纯收入757.90元。

　　（3）临时摊位业主。妥甸镇兴贸路农贸市场随机抽取调查5户结果（表4），按调查户5个从业人员加权平均计算，从业人员加权平均月人均和户均月蔬菜零售额6 376.00元，其中，纯收入（未扣除人工费、损耗等，下同）3701.00元，扣除户均每月支出的临时摊位费、水电费417.33元，纯收入（未扣除人工费，下同）3 283.67元，按平均30天一个月计算，平均每位从业人员和每户每天纯收入109.46元。5户临时摊位业主平均销售蔬菜纯收入占家庭总收入占比21%。

以双柏县 2018 年城乡常住居民人均年可支配收入达 3 4402 元、10 144 元对比，这些被调查的蔬菜零售户的家庭月人均纯收入，固定摊位业主零售蔬菜月人均纯收入（扣除水电费，未扣除人工费，下同）6 107.85 元，人均年纯收入达 73 294.2 元，临时摊位业主零售蔬菜月人均纯收入 3 283.667 元，人均年纯收入 39 404.04 元，超过了双柏县 2018 年城乡常住居民人均年可支配收入。

综合考虑到蔬菜零售所付出的人力成本、资金和劳动时间，即使固定摊位业主按每户蔬菜零售户付出 2 个完全劳动力，每月按 30 个工作日计算，户均每月 12 215.7 元的蔬菜零售纯收入（含劳动力成本，下同），每个劳动力每天有 203.6 元的收入。临时摊位业主按每户蔬菜零售户付出 1 个完全劳动力，户均蔬菜零售纯收入每月 3 283.667 元。蔬菜零售环节的劳动生产率较低。由于近年来蔬菜零售市场的提升改造，加上其他业态（超市、中小学校食堂统一采购、直销点）竞争，使得销售蔬菜户均日销量总体上呈下降趋势，劳动生产率还将逐步降低，如果没有较高的批零差价为支撑，蔬菜零售行业将难以为继。

2.2 调查结果的初步分析

2.2.1 蔬菜生产成本呈刚性上涨的趋势不可避免，但价格仍由供求主导的格局短期内无法改变。首先从城镇化的发展趋势和县城扩大建设，原有蔬菜生产基地被征用，蔬菜生产基地越来越远离城镇，意味着物流成本和损耗将增大。再次是丰厚的批零差价。批零差率少数部分蔬菜品种高达 110%～180%，多数品种加价水平占到蔬菜零售价的一大半还多，平均达到 40.4%～53.7%。另一方面，大量的农业农村劳动力进入城镇就业，从蔬菜的生产者变为消费者，而且随着人们生活水平的提高，对蔬菜的摄入量与过去相比有了很大的提高。供需矛盾的存在是近些年来蔬菜价格持续、全面上涨的根本原因。

2.2.2 蔬菜的生产成本和服务成本与年俱增，生产方的组织化程度低，在蔬菜价格形成机制中种植户缺少话语权，其必要生产成本并不能成为蔬菜最终零售价格中的固定成本，只要出现供大于求的情况，收益不抵种植成本的情况极有可能一再出现。

2.2.3 价格形成链条长，包括的费用较多，对最终价格影响大，但这是市场选择的结果。目前，从种植户来说规模化农场式经营不是主流，必须有收购商来完成收购，收购商只有集中出售给批发商是最为经济的选择。对零售商来说，个体菜贩从批发市场进货赚取差价无疑是最快最好的赚钱选择，大型卖场要做到品种和供给量均衡、连续，产品质量符合要求，也会选择专门的综合批发商，而不愿意和较多的供应商发生蔬菜批发关系。

2.2.4 各环节均为劳动密集型产业，蔬菜价格中不但要体现菜农利益，也要体现其他从业者的利益。蔬菜流通的各环节是劳动密集型的，从事者多为文化程度不高，以家庭结构为主的小商小贩，其中不少为从乡镇、村进城经商的人口，蔬菜零售是当前就地解决就业的一个途径之一。因而菜价中的人工费用不仅仅包括从业者本人的人工成本，还意味着一家老小的吃、住、行，包括孩子的教育等全部的生活成本及其积累，摊到菜价中的单位成本自然非一般的水平。还必须看到农贸市场蔬菜零售的劳动生产率十分低下，必然导致较高的零售成本。因此，我们不仅要认识到价格与供求有关，更要认识到不同流通主体的经营特征对市场价格的影响。从实例调查样本研究的角度看，这是市场自发形成的生存链条，虽然说其中包括的部分成本不合理，造成了流通环节加价过多，解决之道却是相当的复杂。

表4　双柏县蔬菜流通业主销售经营情况现场调查（妥甸镇兴贸路农贸市场临摊和妥甸街街超市）

户主（业主）	居住地（乡镇、村、居委会）	流通模式					销售情况				店铺（摊位）或零售点所在地点	摊位费（元/年）	水电费（元/年）	备注
		自产自销（临摊）	批发商（蔬菜来源地）		专职零售商（蔬菜来源地）		月销售收入（元）		从业（人）	销售蔬菜纯收入占家庭总收入占比（%）				
			自产	周边县或乡镇采购	楚雄	双柏	销售额	纯收入（未扣除人工费等）						
杞燕	妥甸下村、家庭人口4				少√	多√	9 000	3 600	1	60	妥甸	7 560	560	临摊
尹凤珍	河尾	√					6 000	3 900	1	10	妥甸	3 600	240	临摊
杞存有	太和江	少√			多√		5 400	3 510	1	10	妥甸	7 560	240	临摊
李兰芬	新会	√					10 500	6 825	1	20	妥甸	5 040	240	临摊
李凤仙	上王家	√					980	670	1	5	妥甸		256	流动
户平均							6 376	3 701	5	21	妥甸	4 752		
双柏物美廉超市					√		45 000	18 000	4		妥甸			超市
双柏鹏达超市					√		12 000	4 800	2					超市
天天乐超市					√		81 000	32 400	6					超市
双柏生锋超市						昆明	30 000	12 000				45 240	260	蔬菜超市
鹿城大夏双柏商场							60 000	24 000	6					超市
户平均							45 600	18 240	19					

填表说明：①流通模式列列的选项，在该户相应蔬菜来源地选项下打√；②销售情况为月平均数。③销售纯收入占销售额的30%~40%，零售纯收入占销售额的15%~20%。自产自销纯收入扣除种植蔬菜所需的种子、化肥、农药等费用后的所得，一般占销售额的65%；③销售蔬菜纯收入占家庭总收入占比，为该户家庭总收入中销售蔬菜纯收入所占的比例。

填报单位：双柏县农技中心、妥甸县监所　　填报人：李洪文、王志刚

3 流通环节成本较高是存在的主要问题

3.1 环节多。农产品从田间到餐桌要经过农产品经纪人或运销商、批发市场、农贸市场等环节，每个流通环节都涉及人工费、加工费、存储费、摊位费等。每个环节通常平均加价率在40%~80%，经过层层加价，价格不断提高，最终消费者支付了较高的价格，而农民却没有从中获益，农产品市场呈现出"中间笑，两头叫"的局面，从而导致我县县城周边蔬菜种植户越来越少，多数蔬菜零售户大多从楚雄市区农贸市场批发运回双柏零售，双柏本地蔬菜内销少、外销多造成难以自给自足，外调的品种、数量逐年增大，消费者还要为中间环节的各种费用买单。

3.2 损耗大。由于农村道路设施仍然比较落后，承载力低，道路狭窄，坑洼较多，路况糟糕，缺少道路养护，增加运输困难，不利农产品快速运输。另外，保鲜储藏、冷链物流系统等流通设施因成本较高，普及率较低，尤其不利于鲜活农产品的流通，造成我县农产品进入流通领域后损失严重，鲜活农产品的损耗一般达到1/3还多。

3.3 经营者负担重。摊位费、水电费等较近年之前来有所上涨。

4 双柏新鲜蔬菜价格偏高的应对措施建议

调查结果显示，影响我县主要蔬菜市场供应价格形成的因素是多方面的，要加强市监局、商务局、发改局等相关部门配合，建议从以下几个方面，进一步增强政府调控能力，建立健全双柏蔬菜供应价格的长效机制，平抑蔬菜价格，将菜价稳定在种植农户有积极性、流通环节受益人群、城镇居民都能接受的零售价格水平上，形成既惠民益农，又稳定物价的良好经济环境。

4.1 培育和建立蔬菜生产基地，促进蔬菜生产组织方式的升级。加快"公司＋农户"、"基地＋连锁店"生产经营模式建设，因地制宜、突出特色、区域布局，推动蔬菜生产向现代化、规模化、组织化转型，培育和建立城郊型蔬菜产区、反季节型蔬菜产区、外向型蔬菜产区生产基地，丰富蔬菜品种资源量，改变我县辖区种植蔬菜和可供给品种少、淡旺两季菜价波动的局面，扶持蔬菜大棚设施建设，增强辐射带动能力，以达到降低成本、稳定供应，预防蔬菜因供应中断或不稳定而导致蔬菜价格暴涨、暴跌，促进蔬菜产业持续健康发展。

4.2 充分体现农贸市场的公益性。农贸市场应发挥公益性，尽量减少收费项目，减轻摊贩成本负担。同时，建议为绿色农产品搭建更多销售平台，开展绿色蔬菜的产销对接。

4.3 坚持涉农产品的补贴优惠政策。加强对农产品价格、产量、气候条件等各方面的关注，坚持制定行之有效的补贴优惠政策，让菜农享受到切实的实惠。

4.4 完善合理有效的蔬菜保险。广泛听取菜农、种植基地等各方声音，制定针对蔬菜作物生长或产量的单独保险项目，减轻基地成本投入。将蔬菜作物保险责任期时间设定在出险率高的月份，调动菜农参保的积极性，更有利于规避种植风险。

4.5 坚持"政府引导、产销对接、企业运作、保障供应、惠民利企"的基本原则，把尊重市场规律与政府调控有机结合，以建立和利用价格调节基金为支撑，约定责权利为手段，大力推动蔬菜生产环节建基地、建大棚，流通环节建冷库、零售环节建专售商店的"三项建设"工作，促进蔬菜产销直接对接，减少流通环节和费用，探索和创新双柏县蔬菜价格形成机制和稳定物价的新模式。

4.6 鼓励辖区种植户与零售商建立长期直销经营合作关系。

4.6.1 建立多种直销经营模式，减少流通环节平抑零售价格。一是"农超对接"、"农校对接"；二是建立直销经营商店，每200户以上小区住户建一个100平方米的直销经营商店；三是直销宾馆、饭店、城镇居民家庭、中小学校和党政机关、部队等食堂。通过实行大中型合作社进入超市或进城办店直销，小型蔬菜合作社通过"组团"进城市办店直销，农业企业与社区蔬菜直营店结合，种植户与社区蔬菜直营店对接直销，超市与城镇周边的农业合作社合作建立"菜农＋合作社＋社区蔬菜直营店"的新的直销模式，减少流通环节，实现蔬菜价格平稳运行。

4.6.2 出台政策，引导种植农户将蔬菜直销到消费者手中。制定《双柏县蔬菜等主要农产品直销经营监督管理办法》，对主要农产品直销宾馆、饭店、城镇居民家庭、超市、中小学校和党政机关、部队等食堂的数量、质量、种植规模、品种数量等业绩突出的种植户、基地给予奖励。将主要农产品直销活动工作作为"农民丰收节"的主要活动内容之一，将蔬菜直销经营数量、质量、种植规模、品种数量、消费者口碑等业绩作为奖励依据。在"农民丰收节"活动期间开展主要农产品直销启动仪式，对上一菜季业绩突出的蔬菜种植户和直销经营店业主给予物质奖励。主要农产品直销启动仪式每年开展一次，或者给蔬菜直销经营商店从业人员安排"公益岗"。根据直销经营规模的大小，100平方米的小店安排1～2名公益性岗位，100平方米以上的大店安排2～4名公益性岗位。公益性岗位工资由政府发放，采取"卖得多赚得多"，则连续安排"公益岗"的绩效考核制度，以增加其工作积极性。同时还应采取人为监督、巡店督促等方式，以确保蔬菜品质、数量，以增加经营者的营业利润。

4.7 合理制定市场准入制度，规范蔬菜市场经营主体行为。

建立蔬菜直销经营准入和退出机制，实行严格的目标考核、效益评定和扶持的挂钩办法，引导蔬菜直销经营主体守法经营和诚信经营，自觉履行保障供应和稳定价格的义务。一是严格资质监管。规定必须具备基本条件，培训上岗，按规定享受扶持政策；二是实行产销对接、保障供应、稳定价格等契约管理，把蔬菜生产基地、冷藏设施以及蔬菜直销经营商店供应链运作有机衔接起来，鼓励蔬菜生产者以协议（合同）方式与宾馆、饭店、超市、城镇居民家庭、中小学校和党政机关、部队等食堂签订直销配送，形成完整、畅通供应和调控链条，根据蔬菜种植面积和直销数量、质量评优补助；三是完善监管制度。对蔬菜直销经营商店名称、经营品种、实际经营品种比例做统一规范，指导蔬菜直销经营商店建立台账制度。

（此文发表于现代农业科技［J］，2019年第24期总758期，263-266页，内容有增减）

七、在2015年楚雄州学术技术带头人年会上的交流发言

在2015年楚雄州学术技术带头人年会上的交流发言
双柏县农业局 李洪文

（2015年12月25，楚雄）

尊敬的各位领导、老师，亲爱的同学们：

大家下午好！我是来自双柏县农业局的李洪文，现在双柏县农业局种植业管理股工作。

自 2005 年 8 月，我被州中青年学术技术带头人选拔办遴选为楚雄州第四批中青年学术技术带头人培养人选以来，一是充分利用学术带头人这个群体中浓郁的学术氛围，把握好这一难得的机会，珍惜荣誉，牢记使命，抓住机遇，工作中更加注重能力提升，增强"本领恐慌"意识，自觉加强学习，加快知识更新，优化知识结构，不断吸取新知识，不断提升自身学术理论水平和科研能力；开拓创新，努力提高学术技术水平，真正达到在学习中拓宽视野、更新观念、提高能力的目的，并努力做到学以致用，为彝州经济社会又好又快发展作出应有的贡献。二是更加注重作用发挥，坚持"有所为有所不为"，更好地发挥好带头引领作用，牢牢把握农业农村经济建设的动态和发展方向，做好"传、帮、带"，将学习心得和技术传授给他人，带动人才梯队建设，努力营造百花齐放、百家争鸣的良好氛围；三是更加注重品行修养，自觉遵守职业道德规范，保持廉洁本色，用高尚的品德、人格、气质、情趣塑造学术技术带头人的良好形象。

近十年来，以不断提高学术理论水平和科研能力，服务农业生产为主导，牢树技术立身、推广立业的理念，坚持"三个结合，实现两个带动、同步提高，三个促进"。

三个结合：一是结合实际，服务决策。以前瞻性的视角，从全省、全国的角度，把握经济脉搏，聚焦社会热点，关注新潮流、新动向，探讨新的发展模式，积极主动、创造性地开展工作，以双柏农业农村经济可持续健康发展为主要工作任务。围绕双柏农业农村经济社会短期、中期、长期发展目标及中心工作，以及无公害（绿色）、有机食品生产基地建设；种植业结构调整与产业建设与开发；马龙河、绿汁江等低热河谷地带生态植被退化、水土流失区和林分退化生态脆弱区植被修复，确保国土生态安全；优化农业、林业、工业、交通、水利、城镇、农村居民点等用地结构和空间布局，促进国土生态安全；耕地质量建设与监测管理；高标准农田地建设；农村土地有序集中流转；以泥石流滑坡等地质灾害隐患地带居民点迁村并点为主建设和扩大中心村，促进农村居民点空间地域合理布局等热点、难点、重点问题自立课题项目或者根据上级有关部门的安排，积极开展相关调查研究，取得一批新成果，先后撰写了 28 分调查研究报告提交州、县有关部门，对全县经济、社会发展中带有全局性、战略性和综合性的问题，提出了许多具有建设性的建议，为上级领导决策和指导全县农业生产、农村工作提供服务。其中通过县委、县政府等四部门的领导和人大代表、政协委员就调查研究报告中所提出的部分建议进行了分别调研，部分相关建议被采纳分别写入到"十一五"、"十二五"农业农村经济发展规划中逐步进行落实，部分建议被采纳分别写入到县委、县政府当年指导全县农业、农村经济工作的指导意见、实施方案等相关文件中在全县施行，畜禽养殖出村进山，经济有效防控畜禽疫病，无公害绿色农产品生产，耕地质量建设与管理，建设高标准基本农田，耕地资源合理配置促进种植业结构调整、产业培植等，部分建议经过提炼加工，写入《双柏县耕地地力调查与评价》一书的第八章耕地资源分区与改良利用、第九章耕地资源合理保护与可持续利用等的相关章节中供广大读者参考。

二是结合我县高原特色农业发展对农业科技的需求，引进、消化推广农业新技术。以发展高原特色农业对农业科技的实际需求为重点开展新技术引进、试验、示范攻关，吸收消化、推广、促进双柏农业生产每年都登上一个新台阶，农民收入逐年增长。先后主持实施了省级和国家级测土配方施肥项目、863计划306主题（电脑农业）项目、农作物秸秆还田技术集成与示范、农作物垄覆膜根域集水节水栽培技术集成示范与应用等项目；组织指导实施省级、国家级粮食作物高产创建项目和州县自主立项的农业科技项目，云南高原特色双柏县大麦地反季鲜食葡萄规模化连片开发种植、枣类规模化连片开发种植等项目。

在云南省农科院研修期间，先后参与实施了中国—加拿大农业科技合作平衡施肥示范项目，国家科技部科技基础专题项目"全国七大湖泊（水库）污染治理技术研究—沿滇池周边农业面源污染综合防治技术研究"项目可行性研究报告的撰写申报和实施。

参与了省攻关项目《云南省主要外销蔬菜可持续发展关键技术集成研究及产业化示范》项目、国家科技部科技基础专题项目《云南及周边地区农业生物资源调查》项目等。

三是结合培养目标，向省农业科学院有关学科专家请教学习，向州级同行求教，采用参加学术研讨会和学术讲座、听、看、自学、实干的综合学习方法，广泛阅读了大量相关科技文献资料，努力提高学术技术水平。将自己三十多年来的科技工作积累的经验，通过梳理归类提炼，编撰相关学术论文、专著，使之成为公共资源分享给同行，2006年至今，先后在国家级、省级科技期刊发表《测土配方施肥对云南楚雄水稻产量的影响》、《紫砂泥田水稻"3414"肥料效应田间试验》、《云南紫泥田水稻测土配方施肥试验初报》、《建设好双柏县国家级楚雄高科技农业园区的思考》、《高原特色农业区中低产田地改良措施探讨》、《田间肥效试验数据的频率分析和施肥决策》等论文17篇，其中在学术期刊综合影响度0.86的2篇，综合影响度0.36的2篇；合作或者主持编著《云南土壤培肥技术》、《农田土壤培肥》、《云南保健蔬菜栽培》、《云南蔬菜种质资源》、《双柏县耕地地力调查与评价》专著五部，其中，主持编著1部，合作编著担任副主编1部，合作编著编委3部。计算机软件著作权登记一项，正在办理登记计算机软件著作权相关手续一项。

实现两个带动，即：一是带动我县农业科技人员根据农业农村经济发展需求开展相关学术研究。近年来，在我县农业科技人员中逐步形成了传、帮、带的良好学术氛围，在科技人员之间结合工作实际和研究课题进行学术交流，并以无主题讨论的方式探讨农业新技术发展趋势和生产中遇到的实际问题。二是带动科技人员建言献策，服务县委政府科学决策，学术带头人和科技骨干先后提出了要根据双柏县土地现状、地理气候特征，"确立主导产业，实行区域布局，依靠龙头带动，发展规模经营"和"高海拔抓林果、中海拔抓粮烟、低海拔抓热作"的农业立体空间布局的发展思路；结合产业布局，整合涉农资金，因地制宜开展土地开发整理，水电路综合配套，建设高标准农田地，促进土地集中连片有序流转，促进农业招商等建议上报县委、县政府被采纳，多项建议已经由县委、县政府责成有关职能部门办理，部分建议正在实施当中，已初步显现良好的发展势头。

同步提高，即：学术带头人和全县农业科技人员的学术技术水平得到同步提高。

三个促进，即：一是促进我县高原特色农业持续发展，农民持续增收，2008年全县粮食总产5 696.6万千克，农业产值37 120万元，占全县农林牧渔业产值的46.3%，农民人均年可支配收入2 479元。

到 2014 年全县粮食总产达 8 170 万千克，农业总产值 76 395 万元，占全县农林牧渔业产值的 44.6%；农村常住居民人均年可支配收入 6 300 元，增长 12%；二是促进优势自然资源的有序开发。低热河谷优势自然资源开发有序推进，鲜食葡萄规模化连片开发种植面积突破万亩，基本建成了云南高原特色反季鲜食葡萄生产基地；以绿汁江、马龙河流域为主的冬季反季蔬菜开发带动全县冬季反季蔬菜种植基地建设稳步推进，面积达 3.42 万亩；枣类规模化连片开发种植项目正在稳步推进。中海拔区域的粮食、烤烟产业持续健康发展，到 2014 年全县粮食总产达 8.17 万吨，烟叶收购量 789 万千克，实现产值 2.15 亿元，"两烟"税收达 6 074 万元。高海拔区域的林果基地建设稳步推进，通过低效林改造、森林抚育、林果产业开发等项目的实施，核桃、花椒、冬桃等林果和林产品产业持续健康发展。

三是促进无公害（绿色）农产品生产。组织、参与的无公害（绿色）农产品生产试验示范项目稳步推进。近十年来，先后组织各相关股、站（大队）通力协作，通过对农业投入品监管检查，杜绝销售高毒、剧毒禁用农药、禁用化学品及使用有害化学物质的行为，限用低毒性农药，强化源头控制，有效净化农业投入品市场，积极开展无公害（绿色）标准化生产技术的引进、试验、示范和推广、培训工作，组织龙头企业、专业合作社、大户签订农产品质量安全承诺书，指导建立农产品生产过程记录档案，落实生产主体责任，稳步推进农产品质量安全体系建设，有效促进了无公害（绿色）标准化生产技术的推广应用，蔬菜、水果、茶叶等规模化、标准化、专业化生产步伐加快。到目前，以白竹山茶叶为主的无公害（绿色）茶叶生产技术体系已经形成，无公害（绿色）优质茶叶基地和品牌创建工作取得新成效；水果、蔬菜等无公害（绿色）标准化生产体系建设工作进展顺利。农业标准化生产，无公害（绿色）农产品认证工作稳步推进，到目前，已认证无公害农产品 11 个，绿色食品 4 个；茶叶、葡萄等 5 个绿色食品认证申报材料已提交上级有关部门。

通过这些工作的开展，我县农产品质量、规模、效益逐步提升，为满足不同层次的消费群体对粮食、蔬菜、水果等农产品的消费需求，基本实现周年均衡供应，农产品生产逐步向优质、高效、生态、安全的方向推进，带动全县农业产业发展奠定了基础。

我被选拔为学术技术带头人培养人选以来至今，在上级有关部门相关领导、同行和学术团队成员的关心、支持下，先后荣获地厅级科技进步二等奖 1 项，地厅级农业技术推广三等奖 1 项，县处级科技进步一等奖 1 项；分别荣获云南省农业科学院、云南省农业科学院环资所优秀学员；楚雄州有突出贡献的优秀专业技术人才奖；荣获地厅级优秀学术论文二等奖 1 项，分别荣获县处级优秀学术论文一等奖、二等奖、三等奖各 1 项；县处级先进工作者 1 项。

以上是我近十年来，立足岗位，围绕中心工作认真履职所做的部分主要工作，取得的一点点成绩，得到同行的肯定和上级有关部门的认可，但离上级主管部门的要求还有一定的距离，在今后的工作中，我将进一步加强学习，提高自己的业务技能，努力工作，脚踏实地，为我县农业登上新台阶、在虎乡双柏全面建成小康社会的宏伟大业中多做贡献。

谢谢大家。

八、在 2020 年县科技人才工作座谈会上的交流发言

在 2020 年县科技人才工作座谈会上的交流发言
双柏县农业农村局　李洪文

尊敬的各位领导，各位专家，同志们：

大家好！

我是双柏县农业农村局的李洪文。

发言之前，请允许我分享一个小故事和一条信息。

这个小故事就是，我最佩服的学者。这个学者，提出一个概念或一个关键词，通过不断的研究、提炼，将其创建为一种较为系统的科技知识体系，被决策者采纳，成为国家或者地方政府的建设项目、政策，成为投资几亿甚至几十亿的项目、政策。如石漠化（荒漠化）、石漠化地区治理、中医农业、中彝医农业等等；再比如畜禽养殖的出村进山等等。畜禽养殖的出村进山是我在 2012 年成书，2014 年出版发行的学术专著第九章中提出的，巧合的是张小新、尹世祥、黎正国、李天福等我县畜禽养殖业界的成功人士进行了实践。

一条信息。就是根据有关人士统计，全国各省区市上报的"十四五"期间规划新型基础设施建设的投资总额高达 30 万亿之巨，其中财政补助资金将接近 10 万亿。仅云南省的规划规模就高达 5 万亿元。据悉，有关智囊团成员、学者建议，将通过向国内外发行国债、国家财政补助、项目运营商招商入股等多渠道筹集建设资金。

我参加工作 39 年来，先后在乡镇和县级从事农业科技引进试验示范推广工作，参与或主持主要作物优良品种、土肥水新技术等推广应用，促进粮油、果蔬生产持续发展，农业农村经济社会健康发展献出了自己的光和热。今天能参加这次座谈会，和在座的各位领导以及专家学者代表们一起交流，感到万分荣幸，心情十分激动。

弹指一挥间，我从事农业科技工作已经 39 年了。39 年来，双柏县粮油、果蔬生产从"大水、大肥、大药"的粗放生产方式，一步步向资源节约、环境友好的绿色发展方式转变。在化肥、农药科学施用上，从 20 世纪七八十年代以增加产量为导向的过量施用，逐步向提质增效、保护生态环境为导向的科学施用转变，从人工和畜力辅助施肥向水肥一体化灌溉施，土壤肥料技术工作从盲目施肥到根据作物需肥规律和土壤类型特点科学施肥，环境友好型肥料、环保施肥技术示范推广工稳步推进，耕地土壤健康保育工作步伐加快。实现了化肥、农药从过量施用到现在的零增长、负增长、精准施用转变。测土配方施肥、农作物适期精准施肥、水肥一体自动（智能化）灌溉施肥、病虫害专业化无人机统防统治、绿色防控、化肥农药减量增效等技术得到推广应用，有机肥替代化肥行动稳步推进，主要作物新优品种更新换代步伐加快，从 20 世纪的十多年更换一次品种，到目前的三至五年更换一次主栽品种，支撑持农业生产健康稳定发展。科技宣传培训从黑板报、现场集中、家纺座谈口头宣讲向图文并茂的幻灯片展示与远程视频个性化互动培训指导相结合转变。为推动我县农业由"广种薄收"向"科技提质增效"转变，由"藏粮于仓"向"藏粮于技"、"藏粮于地"转变打基础，为提高我县粮食综合生产能力，保障国家粮食安全、促

进农民增收提供了技术支撑。

39年来，一步步从食物短缺，到小餐桌一年比一年丰盛，米袋子满、菜篮子鲜、果盘子甜的发展和变化；农村住房一步步从草屋、土掌房到土墙瓦房，再到如今的两层及其以上的砖墙钢筋混凝土"大洋房"、独栋别墅；村容村貌由泥泞路、垃圾遍地、污水横流到卫生、干净、整洁的巨大变化。使我们感到由衷的喜悦和欣慰，这些变化凝聚了我们县历届各级领导干部和农业科技人员的汗水，彰显出13万双柏人民和一届届各级领导干部的智慧与勤劳。39年来，我在各相关领导的关心和培养下，从一名高中生逐步成长为一名技术过硬、小有成就的技能型人才，高级农艺师。回忆当年，积极学习与本职工作有关的各方面知识，一步一个脚印，兢兢业业，踏踏实实，靠坚强的毅力和好学的精神鞭策自己，不断适应工作需要，适应个人发展需要。我在大庄乡工作的近20年中主要负责杂交玉米、杂交水稻等优良品种和复合（混）肥、硫酸钾等新肥料新技术的试验示范推广工作；调入双柏县农业局之后，负责全县土壤肥料新技术推广工作，开展土肥水新技术引进试验示范推广工作，集成推广测土配方施肥（配方肥料）、稻鱼共生生态种养殖、水肥一体灌溉、良种良法配套、有机肥替代部分化肥等农业新技术、新成果10余项，取得了良好的社会经济效益。水肥一体智能远程调控灌溉技术示范开始起步。

我和我的同事伴随着双柏农业农村经济持续健康发展一起共同成长，为建设美丽、富饶、和谐双柏共同努力，正所谓一分耕耘一分收获，我和我的同事共同实施完成的"万亩多熟制示范"、"专用复合肥示范"、"野生蔬菜开发"等12项科技成果分别荣获省、州、县有关部门的奖励。通过梳理、提炼、总结，将自己承担或主持的农业科技工作，撰写成学术论文、专著。在国家、省级科技期刊发表第一作者论文36篇，其中荣获优秀论文7篇；2006年至今，先后在国家级、省级科技期刊发表《测土配方施肥对云南楚雄水稻产量的影响》、《紫砂泥田水稻"3414"肥料效应田间试验》、《云南紫泥田水稻测土配方施肥试验初报》、《建设好双柏县国家级楚雄高科技农业园区的思考》、《高原特色农业区中低产田地改良措施探讨》、《田间肥效试验数据的频率分析和施肥决策》等论文17篇，其中在学术期刊综合影响度0.86的2篇，综合影响度0.36的2篇；合作或者主持编著《云南土壤培肥技术》、《农田土壤培肥》、《云南保健蔬菜栽培》、《云南蔬菜种质资源》、《双柏县耕地地力调查与评价》、《云南南瓜》等七部，其中，主编1部，合作编著担任副主编2部，合作编著编委4部。计算机软件著作权登记一项，本行业相关专利7项次。学术领域涉及耕地土壤改良培肥、农作物品种资源、耕地质量调查评价、农业面源污染治理、保健蔬菜栽培、双柏南瓜等7部，其中2部专著得到州、县有关部门的资助。

39年来，上级有关部门给了我很多荣誉和发展空间，本人先后获得云南省农技推广先进工作者、全国第一次农业普查工作先进个人、楚雄州有突出贡献的优秀专业技术人才，双柏县委县人民政府授予特大自然灾害抢险救灾工作先进个人、楚雄州中青年学术技术带头人、农业部2014—2016全国农牧渔业丰收奖农业技术推广贡献奖、农业农村部第一届"互联网＋农技推广"服务之星等荣誉称号。再多的荣誉已成过去，我将会继续努力，为建设美丽、富饶、和谐新双柏尽职尽责，为双柏农业农村经济发展出力，刻苦进取，做一名优秀的技能人才。结合自身成长的亲身经历充分说明，双柏是一块适合人才成长的宝地，双柏县委、县政府是一个重视人才、尊重人才的政府，给各类人才成长和发挥作用创造了许多有利条件，在此提出几点建议，不妥之处，请大家批评指正。

1. 各相关职能部门分工负责，密切协作，高标准超前谋划，稳步推进基于大数据、产业互联网、物联网、人工智能、5G、数据中心等的数据资源和数字技术发展新型基础设备设施建设，争取我县"十四五"规划部分项目入列国家、省、州新型基础设施建设项目，承接国内外大数据、人工智能、物联网产业技术成果资源与我县农业产业发展需求有效对接，推动科技成果转移转化、提质增效，促进双柏农业农村经济提质增效，转型升级，破解阻碍农业农村经济健康快速发展、乡村振兴瓶颈的主要工作来抓紧抓实。

（1）建设一定密度的北斗卫星地面导航定位基准站。建立全县统一的北斗卫星地面导航定位基准站数据处理分发中心，统筹公益服务与社会化服务，为将来建设物联网智慧农业、智慧公路、智慧城市奠定基础。

（2）加大高标准农田地建设力度。因地制宜，将河道治理、土地整治、生态环境整治等项目整合，通过对现有耕地进行"小块并大块、多块变一块"，将原先分散、零碎的土地通过户间交换、调整等方式整治为大块土地，并深耕、培肥改良。因地制宜、科学合理、实用为原则，修筑匹配合理科学的桥、涵、闸等建筑物，并对田间生产道路路面进行硬化，使其达到田间路网畅通无阻；雨季排洪通畅，旱季水源充分保障；灌溉管道网络智能输水便捷；田间电网电压稳定安全可靠；宽带网线和无线网络全覆盖，信息输送畅快稳定；使田间水路、道路成网互通互连，方便微型、小型、中小型智能农业机械开展人机智能远程协作管控耕整地、播种/育苗、移栽、植保、灌溉施肥、收获等智能化、自动化作业的高标准农田。

（3）争取相关项目，因地制宜引进人机智能远程协作管控技术在种养殖中的全程应用示范，与巩固提升脱贫攻坚成果紧密结合起来。引进具有启停、行驶、转向、避障等人机智能远程协作管控的智能农机装备。支持、引导畜禽养殖、水产养殖和粮油、蔬果生产农业新型经营主体开展农业物联网人机智能远程协作管控技术操作系统软件开发示范应用，实现环境感知、数据传输、智能控制、远程服务、决策分析等功能，使田间地头以及种养殖场的相关设施设备实现无线连接，实现蔬菜、水果、生猪黄牛、山羊等高产值高效益品种种养殖、营销基本实现全程人机智能远程协作精准动态管控，提升农业生产的标准化、集约化和自动化、智能化水平，破解农业新型经营主体生产运营过程中青壮劳动力短缺，运行成本高的问题，推动双柏农业跨越式发展，实现种养殖产业产前、产中、产后全产业链管理智能化远程管控，确保"盒马鲜生"等外销鲜生菜、果、肉生产基地发展壮大，行稳至远。

（4）及早谋划，推动中（彝）医药原理和方法（中彝医农业）在农业生产过程中的应用研究成果在双柏县落地应用，为康养小镇、康养社区建设提供健康、生态、环保、原汁原味的食材奠定基础。应用中药材、果蔬、粮油、烟叶、林木等部分植物之间相生相克（化感、自毒作用、促生长）机理和药用植物中部分代谢产物活性成分驱虫、抑制植物病原菌和害虫繁殖发生或驱避的特性，实行间作套种、施用植物生长代谢产物活性成分提取液，降低或减轻病虫害发生程度。

（5）培育公益性服务、社会化服务相互补充的专业化服务体系。创建县延伸到乡镇、村（居）委会，乡镇延伸到村小组和农业新型经营主体、到地块的水肥一体智慧灌溉等相关设备安装、维护专业化、公益性服务体系。为种养殖业生产、营销提供农业物联网人机智能远程协作管控技术服务。

2. 以《生物多样性公约》第十五次缔约方大会 2021 年 5 月在昆明召开为契机，加紧谋划挖掘哀牢山（双柏）生物多样性资源开发定位。

3. 推进技能人才引进、培养与双柏农业农村经济发展需求相结合。根据经济发展和产业结构调整的需要，立足我县高原特色现代农业产业、一县一业、一村一品牌和五大产业发展对人才需求动向，主动调整各类人才引进、培训策略。

4. 支持鼓励劳动者走技能成才之路。鼓励劳动者学习新知识和新技术，钻研岗位技能，积极参与技术创新和项目攻关，不断提高运用新知识解决新问题、运用新技术创造新财富的能力。建议开展免费技能培训，职业技能竞赛等活动，促进干部职工、劳动者学技术学技能，掀起努力钻研技术技能的新热潮，营造有利于技能人才成长的社会环境。我希望更多的技能人才能够来到双柏这片热土，为双柏创建物联网智慧农庄、智慧无人农场，农业农村持续健康发展共同出力。让更多有志在双柏贡献青春的有识之士人成长成才，在虎乡双柏这块美丽的土地上实现梦想。

最后，祝大家工作顺利，身体健康，全家幸福！谢谢大家！

九、楚雄州 2018 年化肥减量增效示范样板现场观摩会议交流发言材料

楚雄州 2018 年化肥减量增效示范样板现场观摩会议交流发言材料
（2018 年 9 月 5 日）
李洪文

尊敬的各位领导，各位代表，大家下午好！

我受局领导的委托，向各位领导，各位代表介绍我们县近年来的工作情况。

近年来土壤肥料工作采取有机肥替代减量、精准施肥减量、新型经营主体示范带动减量等措施，建立化肥农药减量增效核心示范区和样板田，做给农民看，带着农民用。对新型经营主体、适度规模经营者提供科学施肥服务，对所需的肥料等予以适当补助的方式推进化肥使用量零增长行动深入开展。

1 明晰"减肥"路径

化肥使用量零增长行动是一项系统性、全面性工作，面广量大，指标明确，要求高。为确保目标实现，找准切入点和有效载体最为关键，结合双柏实际，着重抓了下列几项工作：

以测土配方施肥项目为抓手，推进化肥减量增效。在不断提高测土配方施肥服务新水平的基础上，把配方施肥与化肥减量行动相结合，协同推进。一是准确掌握土壤养分信息，并相应开展肥效试验。二是细化完善配方。汇总分析土壤测试和田间试验数据结果，建立主要作物施肥指标体系，参照省级区域大配方，研制本区域内配方并公开发布。全县制定、优化主要粮油作物肥料配方 36 个，区域大配方 11 个。三是扩大技术覆盖面。在保证主要粮食作物测土配方施肥技术全覆盖的同时，着力开展园艺经济作物测土配方施肥工作，努力拓展节肥空间，全县测土配方施肥技术推广覆盖率达到 95% 以上。四是推进配

方肥到田。与肥料生产经营企业营销店铺建立农企对接合作关系，深入开展农企合作，建立配方肥经销网点 120 多个，大力推广配方肥进村到田。去年全县推广测土配方施肥技术面积 49.32 万亩，推广配方肥 1.97 万吨（商品），亩均节本增效 73.3 元。五是做好施肥技术指导服务工作。在关键农时季节积极组织技术人员认真开展施肥技术指导服务工作。引导农民实现有机肥和化肥合理配施，积极推进化肥深施，减少肥料养分损失，着力提高肥料利用率。

以推广施肥新技术为手段，提高化肥利用率。一是示范推广种肥同播技术。施用缓释肥，减少追肥，着力解决玉米等旱地作物追肥费工费时问题。2018 年在玉米高产创建核心区组织实施种肥同播技术示范 50 亩。二是推广水肥一体化技术。结合高效节水灌溉，重点在蔬菜、水果、西瓜等高效经济作物上示范推广滴灌施肥、喷灌施肥等技术，促进水肥一体施用，提高肥料和水资源利用效率。去年全县水肥一体化技术推广面积超过 1.8 万亩次，减少化肥用量（折纯量）1.73 万千克。三是推广适期施肥技术。改变传统"一炮轰"施肥习惯，合理确定基肥施用比例，推广因时、因地、因作物、因墒情分期施肥技术。因地制宜推广主要作物叶面喷施和果树根外施肥技术。主要粮食作物化肥利用率比 2016 年提高 1.1 个百分点。

以实施畜牧养殖企业粪尿无害化处理为契机，开展秸秆过腹还田提升耕地质量。重点推广秸秆粉碎还田、快速腐熟还田、过腹还田等综合利用技术，使秸秆取之于田、用之于田；2017 年全县农作物秸秆还田率达到 80% 以上，比上年同期增加 10 个百分点。通过近几年连续秸秆还田，我县耕地土壤有机质含量稳中有长，养分得到循环利用，为化肥使用零增长提升了地力基础。

以有机肥替代化肥为载体，减少化肥使用量。一是积极引导农业新型经营主体，利用畜禽粪便、秸秆等因地制宜积制有机肥与购买商品有机肥相结合加大单位面积有机肥应用量。二是积极引导农民积造农家肥，实施高温堆肥，利用田边、沟边、路边废弃的小麦、玉米等秸秆进行高温堆肥，积制高温堆肥，每年 2.6 万吨，比上年同期增加 0.3 万吨。三是因地制宜，积极推广间、混、套种绿肥技术。通过增施有机肥、翻压绿肥等方式替代部分化肥。

以培育新型经营主体为助力，发挥示范带动作用。紧紧依托种植大户、家庭农场、农民合作社和农业企业等农业新兴经营主体，通过鼓励其开展肥料统配统施等服务。采取专家指导、测土配方、直接补贴、示范推广、肥效对比、送肥到田等方式，开展了配方肥应用和施肥方式转变示范。建立双柏县农盛农业发展有限公司大庄镇大庄社区农产品生产基地等新型农业经营主体示范样板 3 个，示范面积 3 500 亩。整合农业发展专项等涉农项目资金 30 多万元，以物化补助的方式鼓励其使用配方肥。更大范围带动农民科学施肥，实现节本增效。另外建立了干海子优质水稻有机肥替代化肥减量增效百亩示范区、新会稻鱼鸭生态共生种养殖耕地保护与质量提升示范区。

2 狠抓工作落实

为确保化肥使用量零增长落到实处，工作中强化"六抓"。

一抓《方案》制定，明确目标任务。在调研基础上组织专家编写了《双柏县到 2020 年化肥使用量零增长行动方案》并正式印发。《方案》结合全县实际，提出着重把小麦、玉米、蔬菜以及设施农业等经济园艺作物作为化肥减量增效的重点；把秸秆还田和有机肥部分替代无机肥作为实现农业持续发展的动力；把改进施肥技术、施肥方式作为提高肥料利用率的重要途径；把推广高科技新型肥料作为化肥减量的主要手段；把加大宣传与培训作为实现化肥零增长行动的关键突破点。紧紧依托种植大户、家庭农场、农民合作社和农业企业等新型经营主体，集成推广化肥减量增效技术。力争到2018年在全省率先实现化肥使用量零增长。

二抓组织领导，细化责任到人。成立由农业局局长任组长、分管副局长任副组长，县农技中心土肥站、植保站、茶桑站、畜牧站等相关股站主要负责同志为成员的化肥使用量零增长行动领导小组，加强协调指导，细化责任到人，按照《到2020年化肥使用量零增长行动方案》的要求，进一步明确各级农业部门职责，把责任落实到单位，把目标分解到年度，把任务细化到项目。

三抓政策保障，加大扶持力度。将化肥使用量零增长的理念和要求，在农业绿色增产模式攻关、蔬菜标准园建设、茶桑果品标准园建设、健康养殖场创建、农村新能源建设、保护性耕作等国家、省重大项目建设内容中进行贯彻和体现，协同联合，共同推进化肥使用量零增长行动。

四抓科技支撑，增强服务能力。成立测土配方施肥（化肥使用量零增长行动）专家指导组，提出具体技术方案，开展指导服务，确保各项关键技术落实到位。同时积极研究制定蔬菜、果树等经济（园艺）作物肥料配方，实现主要农作物肥料配方全覆盖。

五抓宣传培训，营造良好氛围。利用广播、电视、报刊、互联网等媒体，加大化肥使用量零增长行动宣传力度，扩大宣传覆盖面，切实做到电视上有图像、广播里有声音、报纸上有文章，全方位、多角度、深层次宣传化肥使用量零增长行动的重要意义、具体措施和重要作用，引导农民群众转变施肥方式，做到家喻户晓，人人皆知，形成领导重视、社会支持、群众参与的浓厚氛围。同时，进一步加强新型经营主体从业人员的培训力度，把化肥使用量零增长行动重点措施纳入新型职业农民培训、农村实用人才培训重点内容。大力宣传科学施肥知识，增强农民科学用肥意识，着力提高种粮大户、家庭农场、专业合作社科学施肥技术水平。

六抓新产品、新技术试验与示范推广。近年来，土肥站开展了大量新型肥料试验示范工作，实施完成了缓控释肥、水溶肥、配方肥等新型肥料在小麦、玉米等作物上的试验示范6个，积累了大量新型肥料试验研究数据，为新型肥料推广提供第一手资料。同时，充分利用测土配方施肥项目资金，开展土肥新技术试验研究与示范推广应用。同时，开展化肥深施，水肥一体化等技术的宣传推广。通过试验示范，明确了以缓控释肥推广、配方肥应用、秸秆还田为主要模式的化肥减量增效技术措施，并在全县进行示范推广。为实现化肥使用量零增长打下坚实基础。

各位领导、各位同行，推进科学施肥，提高肥料利用率，控制施肥总量，提升耕地质量，是实现粮食生产和农业可持续发展的重要途径。今天，全州推进化肥使用量零增长行动生物有机肥替代化肥减量增效现场观摩会议在双柏县召开，这是对双柏县土肥工作既是鼓舞又是鞭策。下一步，双柏农技中心土肥站将进一步争取上级有关部门领导的支持，着力把化肥使用量零增长行动与各种农业项目相结合，特别是要把"到2020年化肥使用量

"零增长行动"的宣传与培训工作融入到各类农业培训项目中。做好"到2020年化肥使用量零增长行动"的技术层面工作,搞好试验示范研究,积累科学数据,建立系统的"到2020年化肥使用量零增长行动技术指导意见"。

多部门参与联合,探索创新机制,做到农艺、农机、农企有机结合,为实现"到2020年化肥使用量零增长提供技术支撑。

今后,我们将以化肥施用量零增长为核心目标,牢固树立"增产施肥、经济施肥、环保施肥"理念;采用"精、调、改、替"技术路径,以测土配方施肥、耕地质量保护与提升项目为抓手,采用协作组机制推进全县化肥减量增效。在协同推进主要作物化肥用量零增长的同时,力争2018—2019年重点在油菜作物上率先实现零增长(单位面积用量);2019年在玉米、水稻作物上实现零增长;2020年在蔬菜、水果作物上实现化肥用量负增长。指导各乡镇根据县域作物需肥特点,明确年度重点作物、细化重点区域,实现化肥使用量零增长。

今天,全州耕地质量保护与提升暨蔬菜化肥减量增效现场观摩培训会议在我县召开,既是对我们县土肥工作的肯定,更是鞭策。下一步,我们将以此次会议为契机,认真贯彻落实会议精神,向老大哥县(市)学习借鉴工作经验,把工作做得更好。祝各位领导、各位代表身体健康、工作顺利!

十、着力提高农业质量效益和竞争力

着力提高农业质量效益和竞争力
双柏县农业农村局 李洪文

围绕我县现有基础和条件,充分发挥立体农业气候优势,因地制宜,以全方位创新的理念引导种植业、养殖业及其加工业在品种、规模、技术、管理以及生产方式、生产方法、营销模式等全方位创新,着力延伸产业链、提升价值链、打造供应链,不断提高农业质量效益和竞争力,促进农民增收、乡村振兴,巩固脱贫攻坚成果。

一要加快农业供给侧结构性改革。要以适应经济发展新常态的理念,着重搞好农产品供给侧结构性改革,对供过于求的农产品要降库存、降产能、调结构;对供不应求的农产品要诚信经营,在确保和进一步提高农产品质量的前提下,按照市场需求预测适度扩大生产规模;对供求平衡的农产品要着眼于提高产品质量,稳定市场与销售,加快推进稻渔综合种养等循环经济模式发展。

二要打造"三产融合"的新业态,提高农业质量效益和竞争力。开展农村一二三产业融合发展推进行动,建设一批现代农业产业园和农村产业融合发展先导区,促进农产品加工就地就近转化增值。强化产地市场体系建设,加快建设布局合理、分工明确、优势互补的区域性和田头两级产地市场体系,加快推进特色种养业、农产品精深加工业、休闲农业和乡村旅游、信息服务、电子商务等农村新产业新业态提档升级步伐,加快完善农村物流基础设施网络,创新农产品流通方式,推进电子商务进农村综合示范,大力发展农产品电子商务。推动乡村休闲旅游品牌建设,建设一批美丽休闲乡村、乡村民宿等精品线路和农村创新创业园区,培育农村新产业新业态,促进农村一二三产业融合发展,延伸产业链、提升价值链、打造供应链，提高农业质量效益和竞争力。

三要强力推动智慧农业、数字农业发展，降成本、增效益。通过创建数字农业谷、人机智能远程交互协作动态管控共享平台，建设无人农庄、无人农场、高标准农田地等示范基地，带动物联网水肥一体智能远程动态调控，具有启停、行驶、转向、避障等人机智能远程协作动态管控功能的智能农机等现代化农业技术装备在种植养殖以及产品营销管理中全程运用，实现人机智能远程协作农田耕整、作物精准播栽、精准施肥施药管理，病虫害精准识别防控、精准采收产品和畜禽养殖精准饲喂、粪便清除处理、疫病精准识别防控、精准屠宰加工，以及农产品出入库、分级加工、冷鲜物流等智能化远程精准管控，为我县农业生产提供智能化决策、精准化种养，可视化远程诊断、远程控制管理、灾害预警、决策分析等服务，提升农业生产的标准化、集约化和自动化、智能化水平，破解农业新型经营主体生产运营过程中青壮劳动力短缺，运行成本高的问题，推进农业生产方式转变，实现农业降成本、提质量、增效益。

四要围绕发展数字农业，一二三产融合发展，引、培农业农村相关的专业人才。引进和培育与我县推进一二三产业融合发展需求相匹配的数量适中、能力水平高、职级结构优，具有吃苦耐劳、开拓创新、献身双柏的农业农村科技队伍。在引进人才、培养人才、留住人才上下苦功夫，通过不断创新机制，引育、留用并重，因才施策，持续培养和挖掘人才，在人才引、培、留、用各环节上发力。注重及时发现人才、集聚人才和用好人才，才能更好地满足一二三产融合发展对人才的需求。

五要加快推进盒马鲜生、粤港澳大湾区绿色农产品生产加工供应基地建设。积极参与绿色农产品生产加工供应联盟会议，促进政策、要素、主体交流互动。按照"一县一业""一县一特"要求，加快鲜生菜、果、肉和中药材产业基地建设，发展壮大，为康养小镇、康养社区建设提供健康、生态、环保、原汁原味的食材，为推进生物医药大健康产业发展奠定基础。与此同时，要紧盯特色抓生产，紧盯品质抓加工，紧盯品牌抓销售，依据区域产业基础和资源禀赋，打造优势主导特色农产品，深度融入沪滇粤苏产业链。

六要抓好畜禽生产。强化调度，加快生猪补栏增养，服务大型养殖企业项目落地，推进养殖产业转型升级，抓好非洲猪瘟等畜禽疫病防控，确保完成畜禽生产年度目标任务。

七要深入实施"藏粮于地、藏粮于技"战略。严守耕地保护红线，巩固"大棚房"清理整治成效，确保耕地面积不减少；巩固提升农村人居环境整治和美丽乡村建设成果，及早谋划、稳步推进农村人居环境整治和美丽乡村建设"迁村并居"项目科研、项目申报，为美丽乡村建设奠定基础。

八要抓好农业面源污染防治。深入推进农药、化肥减量增效行动，加强生物农药、配方肥和有机肥替代化肥技术推广应用。加快推进农作物秸秆、农药包装物、地膜等废弃物回收利用，实现变废为宝、循环利用。

九要深化农村改革。加快推进"两改革一发展"，确保按期完成农村集体产权制度改革任务，产权制度改革、农村"三变"改革和村集体经济股份制改革要实现年初预定目标任务。加快推进农村宅基地确权登记工作，稳妥推进农村宅基地改革，加快农业综合执法改革。

十要打造农业"名品牌"。要积极实施农业品牌提升行动，培育一批叫得响、过得硬、有影响力的农产品区域公用品牌、企业品牌、农产品品牌。引导培育以品牌为核心整合经济要素，带动经济发展的高级经济形态，实施乡村振兴战略，推动农业转型升级，满足人民美好生活需要。

各有关部门要密切配合，加快建立农业品牌目录制度，全面加强农业品牌监管，构建农业品牌保护体系。创新品牌营销方式，讲好农业品牌故事，加强农业品牌宣传推介。加强市场潜力大、具有市场竞争优势的农业品牌建设，打造知名农业品牌。

十一要加快推进农业"标准化"建设步伐。加快建立与农业高质量发展相适应的农业标准及技术规范，健全完善农业全产业链标准体系。引进转化先进农业标准，加快与国外先进标准全面接轨。建立生产记录台账制度，实施农产品质量全程控制生产基地创建工程，深入推进化肥减量增效行动，加快实施化学农药减量替代计划，着力推进绿色防控，强化兽药和饲料添加剂使用管理，逐步提高农业投入品科学使用水平。在盒马鲜生、粤港澳大湾区绿色农产品生产加工供应基地、现代农业产业园全面推行全程标准化生产。

十二要实施跨区调水管网输送水网体系建设，解决部分农区水源短缺问题。在适时耕作，加深耕层，用好用足天上水，确保耕层土壤蓄住水，提高水资源综合利用效率的基础上，分期分批实施主要农区骨干库、塘、沟渠管网输送水联网体系建设，构建骨干水库、河流之间的沟渠、管网远程智能管控输送水联网体系，调节余缺水源，实现跨地域、跨农区调水，为城乡居民生活用水、农业生产用水、生态环境建设用水提供水源保障。

十三要深入研究谋划"十四五"农业农村发展规划。深入开展调研，科学设定"十四五"农业农村发展目标，谋划一批具有全局性、基础性、战略性的重大工程。推动脱贫攻坚和乡村振兴有效衔接，突出数字农业、智慧农业、数字乡村建设，在政策、举措、机制、路径等方面提出有针对性意见建议。

（此文于 2020 年 11 月 16 日提交县人民政府办公室）

十一、双柏县科技兴农工作推进情况及存在的短板

双柏县科技兴农工作推进情况及存在的短板

双柏县农业农村局 李洪文

1 双柏县科技兴农工作推进情况

近年来，我县紧紧围绕实施农业产业化战略，通过科技人员责任落实、技术跟进服务落实，主要科技措施落实，示范样板面积（园区）落实，科技兴农步伐稳步推进，以种养殖节本增效技术、新品种新技术引进试验示范、良种良法配套、水肥一体化节水农业、设施农业、测土配方施肥、农作物和畜禽病虫害绿色防控、适用农机具示范推广等为主要内容的科技兴农工作取得了明显成效。烟草、水果、蔬菜、茶叶和牛、羊、猪等基本实现生产技术规范化，县域土壤肥料、立体气候、畜禽和植物物种等自然资源得到有效开发利用，广大农村干部群众在推广应用种养殖适用新技术、新品种、新机具的实践中尝到了科技致富的甜头，科技意识日趋增强，学科技、用科技的热情空前高涨。粮、菜、果、肉生产供应充足丰富，保障不同收入群体的消费需求。烟叶生产提质增税效果明显。实现蔬菜周年生产，周年供应，秋冬反季节时鲜蔬菜上市品种丰富，价格稳定。农业龙头企业、产

品品牌培育发展步伐加快，农业品牌影响力不断提升，现代农业产业园区建设取得初见成效。到2019年底，农业龙头企业达47家、各类农业新型经营主体达3632户，农业"三品一标"认证58个，支撑我县种养殖业发展的适用新技术、新品种、新机具得到普及推广，科技进步对农业增长中的贡献率逐年提升，有力地推动了全县农业和农村经济的发展。

2 双柏县科技兴农工作存在短板

（1）人员拉用频繁，机制不顺畅。在乡镇上和县级部门将事业单位人员拉用到公务员岗位上工作是普遍现象。拉用的原因有三个方面，一方面是公务员少而事业单位人员多，为了保证工作的整体推进不得不拉用；另一方面是多年不进年轻公务员，老龄化问题突出，有些老同志不会用电脑，只得从事业单位抽调人员以维持正常的公务运转；第三方面是因重点工作和突击性工作的需要，如脱贫攻坚、经济普查、重点工程协调等等，只得抽调相应人员组成办公室。这一现象的普遍存在，在一定程度上削弱了农业技术试验、示范推广工作人员力量。

（2）农业科技干部队伍老化，年龄结构失调。县级事业编制单位由于新进人员少，大多数事业编制人员的年龄都在45岁以上，后备力量明显不足，整个队伍出现"青黄不接"、年龄断层，不利于科技兴农事业发展。

（3）乡镇农技人员力量弱、部分人员综合业务素质较低。基层乡镇农技部门权属管理因经历了三权下放，回收，再下放，管理体制几度变更，长期不顺，农技人员的凝聚力受到了冲击。乡镇农技人员从事政府行政工作成了"主业"，农技推广与服务成"副业"，主次颠倒，农技推广时间和精力得不到保证。专职搞农技推广的农技人员寥寥无几，上级农业主管部门的"主管"作用已经被弱化。在支持力度上尤其是资金安排上不能与其他事业单位一视同仁，政治上过问少、业务上指导少、生活上关心少，一些地方不仅不支持农业服务中心工作，还占用其资产，导致一些乡镇资产被挪用。

（4）农技人员知识结构单一，与产业发展需求脱节。不少农技人员只懂粮油作物种植，不懂优质高新作物栽培技术，农业专业技术人员结构不合理，农作物栽培专业人员多，经济特产、水产等专业人员少，不适应农业结构战略性调整的需要，如在县、乡两级农技推广机构中，竟只有2名是果蔬专业出身的，1名热作专业，而且现在这3名技术人员目前已没有从事所学专业相关的工作。尤其是面对当前农村种养殖结构调整、发展现代高效益农业的新需求，相当部分农技人员的知识储备不够、技术更新慢，对农业新品种种养及加工技术等不熟悉，对农民迫切需要的市场行情和产前、产后服务束手无策，不能满足发展现代高效益农业的需要。如目前县委政府将大力发展的澳洲油茶、中药材等产业项目，我县农业科技人员中缺乏这方面的专业知识。一是"知识断层"。由于农业科技人员获得进修、培训的机会很少，知识陈旧，缺乏创新，知识结构不适应现代农业发展需要。乡镇农技员极少参加县级以上业务培训，县级大部分农技人员也少有机会参加进修和正规培训，知识储备、更新远远跟不上农业发展需求。二是"技能断层"。年轻农技人员有较新的农业理论知识，但安排到乡镇农技部门就业后，长期被抽调从事非农业工作，脱离农业实践，脱离农技推广队伍。随着老一代技术员退休，新老接力将中断。三是"服务断层"。表现在农业科技与生产脱节。目前，实施高端技术研究的都是大学科研院校，其与基层推广、与农户相脱节，很好的研究成果因为基层农技推广队伍建设的"断层"，在"最后一公里"断了线。

（5）农民经营规模过小，造成农业科技水平较低。受地形地貌和自然条件的影响，耕地零碎，目前，我县千家万户的单个农户经营的耕地面积较小，而且零散分散，导致科技成果的应用空间有限，且由于目前农村实行的是家庭联产承包责任制，这种经营体制的一个最大特点就是农村人口的分散经营，土地的使用规模受到巨大的限制。

（6）中高级专业技术职称岗位设置比例低，相关待遇难落实。由于中级、副高、正高专业技术职称岗位设置比例低，中级、副高、正高专业技术职称岗位少，特别是全局130多位职工正高级职称岗位只有1个。首先是造成我局2013年之前取得中级专业技术职称的8位职工，因没有空岗位，相关待遇没有落实，只能享受相应职称的最低级；再就是部分专业技术人员在初级、中级、副高岗位上履职，业绩突出的优秀职工，其基本条件、业绩已达到申报相应的中级、副高、正高职称，但因没有空岗位无法申报晋升。在事业单位，职称上不去，工资待遇也就上不去，对行业工作发展和县域产业发展需求的中高级专业人才引进政策导向影响很大。有的优秀职工在初级、中级、副高职称岗位上干到退休都将无法申报晋升。这些人员，实践经验丰富，专技功底也过得硬，工作业绩突出，只因没有相应的职称岗位，干到退休都无法申报晋升，严重打击了部分职工的工作积极性、主动性，部分年轻职工看到自己晋升职称没有希望，工作主动性和积极性下滑的现象有待解决。

3 加强科技兴农工作的对策建议

针对以上问题，双柏县必须以"科技"为主线，以"人才"为纽带，全面构筑农业产业的竞争优势，构建优势产业群体，延伸产业链条，推进农业产业优化升级，全力打造"宜居宜业宜商宜游"的现代康养目的之乡。

一是县中心为龙头，以乡镇村农技服务组织为主体，以农业龙头企业、科技示范和农民专业合作社为纽带，上挂大中专院校、科研院所等科研单位，下联专业户、科技示范户的农技推广与培训网络，逐步构建"专家组—技术指导员—新型经营主体—科技示范户—辐射带动农户"的农业科技成果转化快捷通道，积极推行专业合作社、"公司＋基地＋农户"等现代模式，初步满足分散的小规模经营农户和新型经营主体的科技需求，使科技成果尽快转化为现实生产力。

二是稳定、强化农技推广队伍，应切实尊重知识、尊重人才，不得抽调专业技术人员从事与专业技术无关的工作。

三是创造现有专业技术人员学习提高的机会，并进行提高培训，对长期在生产第一线工作群众公认、业绩突出的技术人员，在工资、补贴、福利和技术职称评定以及解决其家庭困难等方面应给予照顾，以解除他们的后顾之忧，安心本职工作，对在农业科技成果转化和科技兴农中做出突出贡献的人员应给予重奖，以充分调动他们的工作积极性。

四是构建覆盖农业生产营销各环节全方位宽领域的农业科技全程服务组织体系。要使农业部门的技术试验示范推广组织、供销部门的物质技术服务组织、农户自办的服务经营组织和社会上其他科技服务组织几路大军协同发展，构建培育覆盖种养殖生产、精深加工、营销各环节相关领域服务内容、形式以及技术服务层次的全方位、多层次宽领域、多

形式从田间（圈舍）到餐桌的全程服务组织体系。

五是积极探索科技兴农新路子，在市场经济条件下，要围绕发展农业产业化，巩固提升已有龙头企业，以农民创办的各种民营科技组织和专业合作社为依托，创建一批新的科、农、工、贸一体化的龙头企业，以产促科技，以科技兴产业，逐步形成以产业开发为主导、科农工贸一体化的农业科技体系。同时，搭建创业平台，引导、鼓励和支持那些"有资金、有技术、有项目、有销路、有意愿"的外出务工、创业成功返乡人士和大学生回乡创业者，发展农业产业，推动农业农村科技进步。

（2020 年 4 月 23 日此文提交上级有关部门）

十二、关于建设山地自行车、摩托车、汽车等越野竞技竞赛综合园区的建议

关于建设山地越野车、摩托车竞技赛综合园区的建议
双柏县农业农村局　李洪文

我是双柏县农业农村局的李洪文。据了解，山地汽车、摩托车等越野竞技赛是汽车、摩托车道路比赛项目之一，是在有天然障碍或人工设置的复杂地形且在封闭线路上进行的竞赛赛事，赛道由上下陡坡、左右弯道、起伏路、石子路、沙地、土坎、林间路、沼泽路、泥泞路等地形、地貌组成。汽车、摩托车越野赛事是一项惊险刺激又极具观赏性的竞赛运动。也是体育运动竞赛的一种。

1　目的意义

随着社会的发展，人民生活的不断提高，汽车、摩托车等现代交通工具进入普通家庭。汽车、摩托车、自行车越野竞技赛运动（简称：山地越野车赛事，下同）逐渐成为山地越野运动员和山地越野爱好者寻求惊险、刺激和挑战，展示自我、找到快乐、释放压力、锻炼身体，给人以奋发向上的激励项目之一。山地越野车赛事集惊险、刺激和挑战于一体，备受广大汽车运动员和爱好者的喜爱和追捧。近年来，此类项目的参与者和爱好者群体不断发展壮大，建设山地越野车赛事园区，为满足山地越野车赛事爱好者的需求，吸引更多山地越野车赛事爱好者能够参与到这项文旅运动中找到快乐、释放压力、锻炼身体的良好愿望提供竞技场所，为提升汽车文化产业链提供平台。通过举办山地越野车赛事活动展示双柏奋进、时尚、开放、包容的新时代形象，以备受山地越野车赛事爱好者和相关领域专家学者高度关注的山地越野车体育赛事活动为契机，面向全国展现"新双柏、新面貌、新经济"，极致塑造双柏县"体育＋旅游文化、旅游＋健康养生"名片，推动体育赛事、食宿消费，引领县域经济转型升级，将对促进双柏文游、餐饮、旅居、康养等经济发展带来积极的深远的影响。值得一提的是山地越野车赛道综合园区（简称园区，下同）和山地马拉松赛道若建设成功，将是我国唯一自主知识产权的山地越野车赛事园，市场发展潜力巨大。

2　山地越野车竞赛综合园区建设地点及其规模内容

2.1　拟建设项目内容。一个中心园区，两条马拉松赛事专用赛道。

2.1.1　一个中心园区可按竞技竞赛区，依地形地貌因陋就简分别布局越野汽车、摩

托车、自行车等赛区，其间或周边区域因地制宜分别布局规划建设观赛台阶、急救援救区、娱乐休闲区、健身康养区、餐饮住宿区等。这个中心园区，也可以按照山地越野车、摩托车竞技赛公园模式建设。

2.1.2 两条马拉松专用赛道可按乡村马拉松和山地马拉松赛事专用赛道建设。其中，乡村马拉松半程赛事专用赛道可以布局建设于中心园区内，山地马拉松赛事专用赛道可布局建设于查姆湖周边。

2.1.3 竞技赛事赛道。

（1）山地越野车赛事竞技赛道。依地形地貌分别建设山地汽车、山地摩托车、山地自行车等越野赛事赛道，赛道按照永久性专业赛场标准建设和施工，赛道路面采取新技术和新材料铺设。

（2）马拉松赛事专用赛道。分别规划建设山地马拉松赛事专用赛道、乡村马拉松半程赛事专用赛道及其相关配套基础设施。在功能布局上，要以车和人的容量为出发点，设计足够的空间，全面考量桥梁、沟涵渠的设计规划，保证主要沟涵渠的贯通，广场起点的位置要以自然、生态、绿化为主，确保设计效果变成建成效果。

2.1.4 赛事补给点。参赛选手和观赛群众可以在补给点品尝到双柏土特产品和美食。赛事期间每天可供1 500人左右食宿的伴山酒店、餐馆、特色美食一条街（特色美食园区）推出以双柏特有的新街鸡、黑山羊、小白芋、双柏谷花鱼、鲩鱼、野生食用菌、中药材等本地优质食材为主的美食，让广大游客品尝到真正的“双柏味道”。在赛事终点，特意设置特色产品展示专区，集中展出双柏早熟鲜食葡萄、砂糖橘、人参果、茶叶等农副产品，供参赛选手和观赛游客品尝、购买。

2.1.5 配套工程。急救、健身（室内、室外）、娱乐、休闲、餐饮、住宿等相关设施场所建设，要确保4G、5G通信网络无缝全覆盖。

2.2 **拟建设地点及其优势**。山地越野车竞技赛园区建议选址于双柏县大庄镇柏子村村委员会锅底塘村后山、前山一带至蚂蚁诅咒山3平方千米的低山丘陵地带，或至代么古村委员会依拿尼村、密码郎村、大平掌、小平掌与干海资村委会波西厂村一带之间一带方园面积10多平方千米的低山丘陵地带，那里的植被稀少，水土流失，是双柏县水土流失较为严重、植被生态环境改善治理最难的区域。而且这一带的地形地貌大多已自然形成了可供山地越野车竞技赛的赛道，招商引资因陋就简就地形地貌在过去的赶牛路上作适当的修整，在危险地段增设防护墩成为山地越野车竞技赛道。如果能争取到该项目建设，其用地环评获准批复可能性很大。

山地越野车竞技赛园区位于双柏县大庄镇柏子村村委员会锅底塘村，距离昆明125千米，距离安楚高速公路19千米（沿彩鄂公路），距离玉楚高速公路3.5千米（沿彩砓公路），园区内各自然村之间的公路已经通达，如彩鄂公路从园区中心穿过，而且园区中目前已建成的乡村公路有干海资上村至代么古公路（硬化路面）、干海资上村至波西厂村小尖山通村道路已与彩砓路连通（部分路段为硬化路面），大寨至锅底塘公路（土路）、锅底塘至波西厂连接的防火公路、机耕路相连通，现有简易路可保证越野车、摩托车通达园区中的各个山头，交通相对便利。拟建园区区域属于低山丘陵地带，赛道可以依自然地形地貌就天然的坡地、沟坎、山梁顺势而建，不仅可提升比赛时车队对赛车调校和车手操控的难度，增加赛事惊险刺激，竞争更激烈，场面更精彩，增强其观赏性，让观众观赏到更加放松更加狂野的山地越野车赛事，而且可以节省部分投资。

2.3 **项目建设拟实现的目标**。结合双柏人文经济和生态环保与健康养生特色整体发展规划，招商引资建设3～5年，按照国际汽联和中国汽车摩托车运动联合会汽车专业比赛场地标准建设。项目建成后可由投资主体业主与有资质的相关俱乐部联合经营，也可以委托相关俱乐部经营。

通过以山地越野车为载体，形成以"山地运动"为牵引，加快查姆湖景区、老黑山景区、白竹山景区创5A步伐，启动建设妥甸至哀牢山（碌嘉）国家5A级旅游景区，大力发展乡村旅游，推进查姆湖周边至原储木场至河尾河国际康养旅游度假区建设，形成"4个5A＋6个4A"全域景区阵列，持续打造"高山康养""避暑纳凉""森林植被奇观""康养科普、研学"等旅游品牌，培育形成"文体农旅"融合发展新格局，持续唱响"秘境双柏、清凉双柏、魅力碌嘉——清新哀牢山"旅游品牌，让双柏"山水之城·美丽之地"焕发新的风采。

坚持以"城乡一体化发展思路，以国际视野、长远眼光建设世界赛事名县为目标，以细致、精致、极致的标准"，全力建设"最美赛道"，展示"虎乡双柏"魅力。在功能上，要以车和人的容量为出发点，设计足够的空间，全面考量赛道、桥梁的设计规划，保证主要沟渠的贯通，广场起点的位置要以自然、生态、绿化为主，确保设计效果变成建成效果。

项目建成后，承接经国家体育总局批准，列入年度全国体育竞赛计划和中国汽车运动联合会赛历的顶级赛事。通过山地越野赛场园区项目的综合运营开发，丰富山地汽车越野赛事项目，挖掘巨大的时尚运动文化、美食与康养药膳潜力。将汽车、摩托车、自行车等山地越野与自驾游、房车、野外露营等进行综合开发，建成一个集汽车运动与文化、娱乐休闲、餐饮住宿（伴山酒店）、商业服务为一体的大型综合性汽车越野赛事主题文化园区。将双柏建设成为国内山地越野车竞赛最高标准的体育示范县。构建以赛车运动为平台，汽车服务产业为基础，体育运动与休闲产业为特色，打造以"运动释压、康养休闲"理念为主题的汽车旅游和竞技运动、休闲产业体系。拟每年于北方和东南沿海地区需要避暑的时间段和冬季举办各类汽车、摩托车等山地越野竞技运动赛事，吸引山地自行车、山地汽车、山地摩托车越野竞技爱好者参与竞赛，或外地游客参与竞赛，吸引外地游客前来观看竞技赛聚集人气，带动当地餐饮业和旅店住宿业等的持续发展，以此为双柏县巩固提升脱贫攻坚成果，实现乡村振兴，农民脱贫致富奔小康提供支撑。

通过招商引资建设，投资商的盈利点主要有，一是举办赛事期间出租园区内或园区周边特色美食一条街或特色美食园区里面的摊位费；二是园区内或园区周边与越野车竞技赛园联合体酒店客房收入分成；三是汽车厂厂家新款汽车参赛宣传广告费或有关企业的赞助、广告费等。

3 主要措施

3.1 **部门配合抓落实**。教育体育、文化旅游、自然资源、生态环保、林业草原、农业农村、交通运输、发展改革、公安交警、市监督等部门依照相关法律法规互相配合向上争取支持。

依托山地、峡谷、水体等地形地貌及现有资源，发掘发展山地运动、水上运动、户外拓展、户外露营、户外体育运动、定向运动、养生运动、极限运动、传统体育运动、徒步旅行、探险等户外康体养生产品，推动体育、旅游、度假、健身、赛事等业态的深度融合发展。

开展园区文旅发展规划，招商，组织实施。

组织美食与康养药膳食材生产，为餐饮业开展美食与康养药膳服务提供生态环保食材。发展绿色种植业、生态养殖业，开发适宜于特定人群的具有特定保健功能的生态康养食品，同时结合生态观光、组织开展农事体验、食品加工体验、餐饮制作体验等活动，推动康养食品产业链的综合发展。

3.2 **围绕"运动释压、康养休闲"理念为主题打好"三张牌"。**

一是森林康养牌：我县森林覆盖率达84%，以空气清新、环境优美的森林资源为依托，开展包括森林游憩、度假、疗养、运动、养生、养老以及食疗（补）等多种业态集合的森林康养品牌创建。

二是气候康养牌：我县地处低纬高原地带，冬暖夏凉，气候宜人，相对于北方和东南沿海地区来说，可以利用季节性宜人的自然气候（如负氧离子、阳光、温度等）条件为康养资源，在满足康养消费者对特殊环境气候的需求下，配套各种健康、养老、养生、度假等相关产品和服务，通过开发培育形成综合性气候康养品牌。

三是美食与康养药膳牌：以林下种植地道中药材为先导，充分利用山地林下野生地道中药材、食用菌等生态环保食材丰富等的优势，挖掘民间养生药膳秘方、美容秘方、养生甜品配方、养生茶秘方、美食秘方等生态养生零添加辅材食品，使之达到养生与美味并重、山珍与海味同在、食材与烹饪技艺交融，实现药膳食疗与康养多元化格局。积极发展滋补养生中药膳食文化，中医药膳食疗滋补养生产业。与此同时，因地制宜建设发展中医养生馆、针灸推拿体验馆、中医药调理产品的发展。

3.3 **精心策划，打造"一赛一节"和运动休闲品牌**。深入挖掘双柏县民族特色运动休闲资源，与全国汽车场地越野锦标赛相互联动、提升，形成具有地方特色的全民运动休闲品牌。将园区打造成一个健康、时尚活力的休闲运动嘉年华景区，同时也将带动园区周边村庄的赛事观光、乡村游。

3.4 **强化拓展服务**。在举办竞技赛事期间，因地制宜举办生态果蔬小吃街、药膳食疗康养小吃街、越野赛自驾帐篷节、活力达人选拔赛、山地越野车试驾活动等。

将双柏特色小吃、周边山野乡村土特产和楚雄、易门、新平等周边县市的一些知名小吃请到现场，融合集市、拍卖、互动为一体，邀请园区及周边的农家乐、农庄、有机果蔬生产单位进行摆摊售卖，美食、养生药膳、有机蔬果、畜禽产品等现场售卖。组织开展特色农产品拍卖、吃西瓜大赛、超级大胃王、果蔬拼盘等形式多种多样的活动。举办以帐篷—舞台—篝火为主线的越野赛自驾帐篷节。现场提供越野车试驾活动，可以让游客体验一把挑战自我，征服赛道的美妙感觉。让更多的人发现双柏、认识双柏、了解双柏。

3.5 **加强绿色有机农产品生产，为体育＋旅游文化产业发展服务**。通过高端智慧农业示范区创建、探索高质量高标准农田建设模式，建设一批"农田肥沃、设施齐全、道路畅通、科技先进、高产高效、绿色生态"的高质量高标准农田，开工建设河道治理工程，不断提高防洪标准，改善沿河、沿江生态水系，美化和营造沿河、沿江生态景观，提高生态景观品味。骨干农业龙头企业（专合组织）培育发展，强化立体农业气候资源综合开发，实现粮食、水果、蔬菜、大庄蚕豆、干果、大庄谷花鱼、滇黄牛、云岭黑山羊、双柏黑山羊、撒坝猪等绿色（有机）种养殖提质增效，为体育＋旅游、健康休闲＋旅游文化产业发展提供生态环保食材。

3.6　**加强农村人居环境整治改善，提升农村生态环境**。以加快推进美丽乡村建设步伐为契机，组织开展"最美旅游宜居康养村镇、最美宜居民宿"创建评比活动，在"一个中心园区两条马拉松道"沿线及其周边区域实施"生态美、环境美、城市美、乡村美、山水美"工程建设，实现"河畅、水清、岸绿、景美"，构建双柏独特的自然与人文景观，向前来旅游康养宾客展示人与自然、人与村落、村落与自然和谐共存的美丽田园景色，着力打造"养生福地、生态双柏"品牌，进一步提升旅游康养宾客和当地群众的获得感、幸福感和安全感。

3.7　**实施跨区调水管网输配送水管网体系建设，解决局部水资源短缺问题**。在适时耕作加深耕层，用好用足天上水，确保耕层土壤蓄住水，因地制宜配套相关储水设施设备，蓄储应用屋顶、棚面自然降水，提高水资源综合利用效率的基础上，分期分批实施主要农区骨干库、塘、沟渠、管网输配运送水联网体系建设，构建骨干水库、河流之间的沟渠、管网远程智能管控输运送水联网体系，调节余缺水源，实现跨农区调水，为城乡居民生活用水、农业生产用水、生态环境建设用水提供有力保障。

3.8　**围绕山地越野车竞技赛与山地马拉松赛园区创建山地田园美景**。

一是超前做好景观改造规划建设。因陋就简，依山形地貌进行整治，将前往山地越野车赛与山地马拉松赛园区的道路及其视野内的梯地、台田、山形地貌以及河道、村庄、水路管网等，以"一村一景"的思路进行农村生活环境个性化塑造和特色化提升、整治、改造规划建设，使农村地形地貌及其森林景观与田园风光、山水资源和乡村文化相融合，因地制宜改造成为山水风光型、生态田园型、古村保护型、休闲旅游型等多形态、多特色的美丽乡村，基本实现村庄公园化，农村生态环境田园化、山清水碧生态美、科学规划形态美，"镇镇有特色，村村有美景"，为发展各具特色的乡村休闲旅游业打基础。

二是开展"情系故里，共建家园"活动，动员原籍双柏农村的各界人士，特别是事业有成的人士，支持家乡经济建设。通过"情系故里，共建家园"评选"光彩之星"、名誉村长等形式多样的活动，鼓励在外地创业的各界人士，特别是事业有成的人士支持家乡建设，回报父老乡亲。

3.9　**以"一村一品、一村一业"为思路，开展"企村结对"共建活动**。通过村企共建、城乡互联，整合土地山林资源、跨区域联合开发、以股份制形式合作开发等多种方法，实施一批特色旅游业、商贸服务业、高效农业、产供销共建、种养殖一体、精深加工联营等产业化项目，让更多的农民实现就地就近创业就业。为实现"上规模、出品牌"的农业发展模式，为做大做强现代农业、智慧农业夯实基础。

（此文已于2020年3月提交时任政协副主席，兼任农业农村局局长的王清宏同志）

十三、退休座谈会交流发言稿

退休座谈会交流发言稿
——农业科技工作者的辉煌岁月与未来展望
2023 年 10 月 20 日
李洪文

尊敬的各位领导、亲爱的同事们：

大家好！我来自双柏县农业技术推广服务中心，参加工作 41 年了，是一名从农业科技战线退休的老兵。在这个充满欢声笑语的日子里，我非常荣幸能够与大家聚在一起，回顾过去的辉煌岁月，展望未来的美好前景。

首先，我要感谢组织上多年来对我的关心和支持。是党的正确领导，让我们这些农业科技工作者在工作中不断成长，为农业事业的发展作出了自己的贡献。同时，我也要感谢我的同事们，是你们的陪伴与支持，让我在工作中感受到了团队的力量和温暖。

回首过去，我为自己能够投身于农业科技事业而感到自豪。在工作中，我见证了农业科技的发展和进步，由传统农业向现代农业转型，也亲身参与了许多重大科研项目，取得了许多令人瞩目的成果。先后引入了一些农业新技术，如杂交水稻、杂交玉米等粮、油、菜、果新优品种和测土配方施肥、水肥一体化灌溉等土肥水新技术，以及温室大棚、地膜覆盖等高效栽培技术，这些技术的引进极大地提高了农业生产效率，实现了四季瓜果飘香。亲身经历了从吃不饱、穿不暖，到吃饱、穿暖，再到吃好、吃健康，穿好、穿漂亮。这些成果不仅为农业发展提供了有力支撑，也为我们双柏县争得了荣誉。在此，我要感谢那些与我并肩作战的同事们，是你们的共同努力，让我们取得了这些铭记双柏农业农村发展历史的成就。

但是，本人工作中的缺点和失误、挫折和教训也有不少；在单位这个大家庭共同生活中磕磕碰碰、风风雨雨也是难以尽言。直到现在，我除了希望得到领导和同事们的谅解之外，我常在心底感到愧疚和惋惜——因为毕竟人生能有几个 40 年呢？

每当我想到这一点，就会引发深深的感慨。正像赵本山在一个小品中说的，"如果能让我再重新活一次的话"，会怎么样？我想，我一定会把工作和生活中的方方面面较之过去处理得更好更妥帖一些；但是恐怕难得再有这第二个 40 年了！我的这个感慨也许会引起不少人，尤其是年长者的共鸣，也许会对未退休的不少人，尤其是年轻人有所启迪。

那就是一定要珍惜退休前的大好时光，尽可能地把工作做得更好些，把方方面面的事情处理得稳妥些，力求为社会做出更大的贡献。这样，一个人等到退休之时，"当回首往事的时候，他不会因为虚度年华而悔恨，也不会因为碌碌无为而羞愧。"借我退休之时，我愿把这一遗憾化作对在座还未退休的同事，尤其是青年同事们的一点希望，这个希望若能起到启发和激励作用，也算是我对今后本单位工作的一个长远支持吧！

如今，我们已经退休了，但我的心依旧留在农业科技事业上。我们希望能够为农业科技事业的发展继续贡献力量，为培养更多的农业科技人才贡献自己的余热。我相信，只要我们心系农业、情系科技，就一定能够为农业农村事业的发展作出新的贡献。

在未来的日子里，我希望我们能够继续保持联系，共同关注农业科技事业的发展，为我们的国家繁荣昌盛贡献自己的力量。同时，我也希望组织上能够继续关心和支持我们这些老同志，让我们能够发挥余热、安享晚年。

最后，再次感谢各位领导和亲爱的同事们，祝愿我们的座谈会圆满成功，也祝愿大家身体健康、家庭幸福、万事如意！

谢谢大家！

参 考 文 献

陈欢，曹承富，孔令聪，等.2014.长期施肥下淮北砂姜黑土区小麦产量稳定性研究［J］.中国农业科学，47（13）：2580-2590.

陈磊，郝明德，张少民.2006.黄土高原长期施肥对小麦产量及肥料利用率的影响［J］.麦类作物学报，26（5）：101-105.

郭颖，王俊，吴蕊，赵牧秋，等.2009.有机肥对设施菜地土壤硝态氮垂直运移的影响［J］.土壤通报（4）815-819.

黄绍敏，宝德俊，皇甫湘荣.2000.施氮对潮土土壤及地下水硝态氮含量的影响［J］.农业环境保护，19（4）：228-229，241.

李庆逵.1986.现代磷肥的研究进展［J］.土壤学进展（2）：1-7.

李书田，金继运.2011.中国不同区域农田养分输入、输出与平衡［J］.中国农业科学，44（20）：4207-4229.

李宗新，董树亭.2008.同施肥条件下玉米田土壤养分淋溶规律的原位研究［J］.应用生态学报，19（1）：65-70.

吕家珑，张一平，张君常，等.1999.土壤磷运移研究［J］.土壤学报，36（01）：75-77.

蒙好生，冯娇银，胡冬冬，等.2017.植物根系发育与养分的吸收［J］.山西农业科学，45（6）：1048-1052.

苏德纯.1995.从土壤中磷的空间分布特征探讨提高磷肥及土壤磷有效性的新途径［J］.磷肥与复肥，31（10）：74-76.

王树起，韩晓增，李晓慧，等.2010.缺磷胁迫下的大豆根系形态特征研究［J］.农业系统科学与综合研究，26（2）：192-196.

王伟妮，鲁剑巍，李银水，等.2010.当前生产条件下不同作物施肥效果和肥料贡献率研究［J］.中国农业科学，43（19）：3997-4007.

王小龙.2001.喷灌条件下沙土地速效养分移动特性研究［J］.河南职技师院学报（6）：29-30.

徐进，俞劲炎，赵渭生.1989.土壤物理因素影响钾素转化和扩散的初步研究［J］.浙江农业大学学报，15（4）：396-402.

徐猛.2013.作物根系构型特征与水肥利用效率关系的研究［J］.现代农业科技（14）：230.

闫湘，金继运，何萍，等.2008.提高肥料利用率技术研究进展［J］.中国农业科学，41（2）：450-459.

严小龙，廖红，戈振扬，等.2000.植物根构型特性与磷吸收效率［J］.植物学通报，17（6）：511-519.

张晓雪.2012.施肥部位对大豆氮磷钾吸收及产量的影响［D］.哈尔滨：东北农业大学.

朱兆良，金继运.2013.保障我国粮食安全的肥料问题［J］.植物营养与肥料学报，19（2）：259-273.

图书在版编目（CIP）数据

主要农作物根区精准定位施肥技术 / 赵文浩主编
北京：中国农业出版社，2024.10．——ISBN 978-7-109
-32220-2

Ⅰ. S147.2

中国国家版本馆 CIP 数据核字第 2024XX00372 号

主要农作物根区精准定位施肥技术
ZHUYAO NONGZUOWU GENQU JINGZHUN DINGWEI SHIFEI JISHU

中国农业出版社出版
地址：北京市朝阳区麦子店街 18 号楼
邮编：100125
责任编辑：李 昕
责任校对：沙凯霖 刘丽香
数字编辑：李 沂 郭晨茜、李婧
印刷：中农印务有限公司
版次：2024 年 10 月第 1 版
印次：2024 年 10 月北京第 1 次印刷
发行：新华书店北京发行所
开本：787mm×1092mm 1/16
印张：22.25
字数：557 千字
定价：198.00 元

版权所有 · 侵权必究
凡购买本社图书，如有印装质量问题，我社负责调换
服务电话：010-59195115 010-59194918

图书在版编目（CIP）数据

主要农作物根区精准定位施肥技术 / 李洪文等主编. --
北京：中国农业出版社，2024. 10. -- ISBN 978-7-109
-32220-2

Ⅰ. S147.2

中国国家版本馆 CIP 数据核字第 2024XN9097 号

主要农作物根区精准定位施肥技术

ZHUYAO NONGZUOWU GENQU JINGZHUN DINGWEI SHIFEI JISHU

中国农业出版社出版

地址：北京市朝阳区麦子店街 18 号楼

邮编：100125

策划编辑：贺志清

责任编辑：史佳丽　贺志清

版式设计：王　晨　　责任校对：吴丽婷

印刷：中农印务有限公司

版次：2024 年 10 月第 1 版

印次：2024 年 10 月北京第 1 次印刷

发行：新华书店北京发行所

开本：787mm×1092mm　1/16

印张：22.25

字数：527 千字

定价：128.00 元